建筑防火设计指南

（第二版）

张格梁　编著

中国建筑工业出版社

图书在版编目(CIP)数据

建筑防火设计指南 / 张格梁编著. — 2版. — 北京：
中国建筑工业出版社，2022.6
ISBN 978-7-112-28760-4

Ⅰ. ①建… Ⅱ. ①张… Ⅲ. ①建筑设计—防火—指南
Ⅳ. ①TU892—62

中国国家版本馆CIP数据核字(2023)第092286号

本书内容以现行国家标准《消防设施通用规范》GB 55036—2022和《建筑防火通用规范》GB 55037—2022的通用性防火技术规定为主线，综合各类建筑设计（包括：城市消防规划、工业建筑、民用建筑、汽车库、汽车加油加气加氢站等）防火技术要求，从建筑防火设计的基本理论概念出发，由浅入深地对城市消防规划要点、建筑耐火等级构成、建筑防火分区、建筑防火构造、防火间距、建筑防爆、安全疏散、消防给水及灭火设施、建筑防烟与排烟、建筑消防电气等各方面设计中如何遵循相关技术规范原则并采取合理的技术措施，作了系统详细的讲解，同时兼顾了与相关专业技术规范规定的链接。对相近规范规定，作了适当的比对和归纳，为读者提供一些较为直观的技术要求综合表格，阅读中可减少查考相关规范规定的麻烦。

本书可供建筑设计、工程管理和消防管理人员业务参考，也适用于专业院校作为教学参考书。

责任编辑：徐仲莉　万李　张磊
责任校对：党蕾
校对整理：董楠

建筑防火设计指南（第二版）
张格梁　编著
*
中国建筑工业出版社出版、发行（北京海淀三里河路9号）
各地新华书店、建筑书店经销
北京红光制版公司制版
北京市密东印刷有限公司印刷
*
开本：787毫米×1092毫米　1/16　印张：25¼　字数：626千字
2023年6月第二版　2023年6月第一次印刷
定价：**79.00**元
ISBN 978-7-112-28760-4
(38883)

版权所有　翻印必究
如有内容及印装质量问题，请联系本社读者服务中心退换
电话：(010) 58337283　QQ：924419132
（地址：北京海淀三里河路9号中国建筑工业出版社604室　邮政编码：100037）

前　言

为迎合读者追随消防科技进步的思索，便利延伸解读与时俱进的国家标准建筑防火设计技术规范条文，本书内容致力密切跟踪现行国家标准消防技术规范颁布及修订信息，竭力尽能作适时丰富补充修改，以利读者领略规范技术，为建筑防火设计提供参考。自本书第一版于2018年面世以来，深得广大读者青睐，也得到专家学者高度评价，认为本书非常有启发性，内容全面，是难得的消防设计参考文献。某些专业院校将本书作为教学参考书。欣幸本书为助力读者延伸解读现行国家标准消防技术规范条文，领悟规范内涵和技术要点，解难析疑，拓展建筑防火设计思路，以致妥善采取防火技术措施，致力防患和免灾的基本消防安全目标更深入人心。根据现行国家标准《消防设施通用规范》GB 55036—2022和《建筑防火通用规范》GB 55037—2022等有关技术规范条文规定，现将文本内容又做以全面修订，呈献第二版。

我国的消防工作方针是“预防为主、防消结合”。科学合理的建筑防火设计，是体现“预防为主、防消结合”理念的一个重要方面，也是预防建筑火灾，减少火灾危害的根本途径之一。

随着时代科技进步和国民经济建设的飞速发展，建筑防火设计作为一项融汇诸多专业的综合技术，也不断发展进步和推陈出新，并始终体现着科学防患和免灾的基本消防安全目标。科技进步也让人们在认真总结同火灾作斗争的经验和教训中受到启迪，从而激励人们防灾治本的聪慧思维，不断推动消防科学技术的进步和发展，有关国家标准消防设计通用技术规范得以新编，相关专业规范也不断得以适时充实、完善、修订和更新。

《中华人民共和国消防法》规定：“建设工程的消防设计、施工必须符合国家工程建设消防技术标准。建设、设计、施工、工程监理等单位依法对建设工程的消防设计、施工质量负责”。

科学合理的建筑防火设计，其消防设施应能有利于预防火灾的发生；如发生火灾能得当控制火灾的影响范围，且能切实有效地扑救火灾，并可保证火灾时人员的安全疏散，能充分体现“主动防火”与“被动防火”相结合的理念。

如果建筑防火设计麻痹大意，未能严格遵循国家有关消防技术标准，很容易造成建筑的消防安全性能先天不足，万一发生火灾，会导致扩大火灾危害、增大火灾损失的后果。比如：

在高层建筑和大型公共建筑周边，如因建筑布局不合理或无环形消防车通道及消防救援操作场地，会导致消防救援车辆装备不能接近起火部位，灭火救援战斗无法展开，使消防救援行动受到阻碍，消防装备“望火兴叹”。

在建筑内安全疏散设计中，如因安全疏散出口数量不足、通道不畅、疏散逃生路线未能直达安全地带，或者公共活动场所疏散路线不简捷、标识不清等，均容易导致发生火灾时的应急疏散行动遭遇“迷宫效应”，致使遇险人员不能尽早撤离危险环境得以安全逃生。

在建筑防火隔断设计中，如因防火（或防烟）分区不合理、防火分隔或防烟分区措施不当，或防火（防烟）分隔设备的连锁控制机关失灵，则会使防火（防烟）分隔设施形同虚设，极容易导致火灾的蔓延范围跨越防火分区界限而“火烧连营”。继而会造成按单个防火分区设计的消防自救灭火能力成为“杯水车薪”的后果。

在消防供配电设计中，如因建筑用电负荷等级不符合消防供电要求，消防配电组织不合理，没有可靠的备用电源，容易导致火灾救援时的供水、供电、报警、灭火、防烟、隔断、照明、广播等消防设备运行中断，甚至整个火灾监测和消防指挥控制系统处于瘫痪状态，致使消防设施不能有效地阻止火灾的蔓延扩大。

探究各类建筑火灾发生和蔓延的原因，通常人们都会意识到直接原因和间接原因，却往往意识不到被灾情表象掩盖的根本原因。对火灾的原因分析，无非大致有：

直接原因——用火不慎、吸烟、电气、设备损坏、违章作业、纵火、小孩玩火等；

间接原因——管理疏忽、职责松懈、有章不循、人们的消防和逃生知识不足等。

火灾中导致财产损失扩大或人员伤亡增加的最根本原因，往往是建筑防火设计不合理，甚至违背防火设计规范、规定，在设计中未能全面体现有效预防火灾、控制火灾蔓延和快速扑灭火灾且保证人员安全疏散的基本消防安全目标。因未能采取可靠的限制火灾蔓延扩大的防火分隔措施，或无安全合理的疏散路线和符合要求的安全出口等设施，以致遗留下一旦发生火灾受灾范围蔓延扩大、受困人员无路逃生的重大隐患。因为设计考虑不周，会使受困遇险人员在火灾威逼下惊恐环顾却找不到“绝处逢生”之路，继而陷入濒于危难的绝望之中。那绝望中惜别人世的哭号，时刻在敲响着建筑防火设计必须致力科学防患和免灾的警钟。

如何才能在建筑防火设计中不留或少留“伤痕”呢？那就要充分认识到：建筑防火设计必须符合国家工程建设消防技术标准，因为科学合理的建筑防火设计是避免建筑发生火灾和减少建筑火灾损失的根本途径之一。在设计中，对消防安全功能考虑得越充分，就越能科学预防火灾；即使发生了火灾，也能凭靠切实有效且利于日常管理的消防安全设施及时成功扑救，最大限度地减少火灾损失。比如：

在城市道路交通规划设计中，如何保证地震灾害时消防救援应急通道畅通？

对建筑平面和空间布局设计，如何更有利于消防救援和安全疏散？

对建筑内部如何合理划分防火和防烟分区？

在设计防火隔断时，如何避免“隔而不断”？

在安全疏散设计中，如何保证安全出口，且在疏散过程中不会再遇“危险”？

在采用剪刀式楼梯间时，如何实现两条疏散路线的功能？

对建筑防火间距不足的相邻建筑，如何设置防火墙避免火灾蔓延？

在防排烟设计中，如何设置挡烟垂壁更切合实际？

在消防供配电设计中，如何保证可靠的消防电源？等等。

类似问题，往往是设计者疑惑或容易疏忽的。然而，恰恰是某些貌似符合防火规范规定的建筑设计，却可能因对消防技术措施考虑不周而使建筑物潜藏下火灾的隐患和危险。

如果说，建筑结构设计是建筑物安全使用功能的骨架，那么建筑防火设计则是建筑物安全使用功能的内脏。因为存在重大火险隐患的建筑投入使用后，则会始终面临着火灾的威胁，就像人患有的顽症一样，无以摆脱灾难的逼近。如果万一发生了火灾，所留下的“伤痕”会自然淋漓着设计和管理者的负罪感和疏虑的忏悔。

建筑防火设计的根本，是尽可能地处理好“使用功能”和“消防安全”之间的关系，即建筑防火设计既要符合有关防火规范要求，也要满足使用功能要求，更要能为建筑工程竣工投入使用后的消防安全管理创造可靠的利于使用和管理的条件。

要处理好建筑“使用功能”和“消防安全”之间的矛盾，在执行防火规范时，不能简单、教条地去“遵守”，而是要通过综合分析建设工程的科学布局、防火间距、合理分区、安全疏散、通风排烟、有利消防救援等各方面的可行条件，精心探索合情合理的设计对策，以使建筑防火设计在体现适应“功能”“管理”和“安全”各方面尽可能完美。以尽可能减少因建筑火灾而留下的“伤痕”，这也是每个建筑设计者的职责所在。

面对人们对安全需求日益增长、对社会防控火灾能力提高更加期待的形势，笔者愿与建筑防火设计有关人员交流学习和运用建筑防火设计技术的收获心得。通过总结和吸取多年来建筑防火设计方面的经验和教训，针对执行建筑防火设计规范中遇到的疑难问题，深入学习理解规范内涵，探索适当技术对策，并咨询有关规范管理部门，使一些疑问得以解惑。积淀多年来建筑防火设计方面的经验和体会，酝酿了本部书稿。

本书初稿承蒙时任应急管理部天津消防研究所消防规范研究室主任倪照鹏研究员执笔审改，并就丰富完善书稿内容提出卓识建议；规范组王宗存研究员帮助修改书稿，并提供有关信息，对解难析疑提出宝贵建议；吉林市城乡规划设计院的领导和同仁，对编写本书给予了大力支持和帮助。在此，深表谢意。

因为建筑防火设计是汇集多专业的贯彻“预防为主、防消结合”方针的综合防火技术，涉及专业面较宽，编写中大有力不从心之感。本书旨在为建筑防火设计和消防安全管理人员在理解建筑防火规范内涵、准确执行防火规范规定、拓展建筑防火设计思路、妥善采取防火安全措施等方面提供点滴参考。由于笔者在学习、贯彻、执行建筑防火技术法规实践中，限于认知能力和技术水平，对某些技术领域的知识还比较浅薄，对技术规范的学习、掌握必定有局限性。因有些见解缘于参考资料，恐与国家标准规范条文有相悖之处；加之，在引据和对有关规范条文相关规定作比对、归纳时，可能有误解。书中难免有疏漏和错误，恳请读者给予批评指正。

目　录

1 建筑防火设计的有关概念、术语

1.1 有 关 概 念

1.1.1 建筑防火设计原则

为了预防建筑火灾，减少火灾危害，保护人身和财产安全，建筑防火设计必须遵循国家有关方针政策，针对建筑和火灾特点，从全局出发，统筹兼顾，做到安全适用、技术先进、经济合理。防火设计应体现防患未然和有效控制火灾影响范围并保证安全疏散的原则。

建筑防火设计是体现我国“预防为主、防消结合”消防工作方针的重要方面，也是防止建筑火灾事故、减少火灾危害的根本途径之一。在防火设计中要严格遵循国家现行技术标准规范和消防安全的有关规定，做到科学合理，经济适用，使消防设施有利于预防、控制和扑救火灾，并保证人员在火灾时的安全疏散，体现“主动防火”和“被动防火”相结合的理念。

建筑防火设计的宗旨是遵循国家消防技术法规，采取科学技术手段，从根本上落实建筑防火技术措施，致力防患和免灾。时刻不偏离有效预防、控制、扑救火灾且保护人员安全疏散的基本消防安全目标。切合新建、改建、扩建工程在规划、设计、施工和维护中的防火实际，设计中必须严格执行国家标准技术规范。工程建设所采用的技术方法和措施，应符合国家标准《消防设施通用规范》《建筑防火通用规范》的要求；对创新性的技术方法和措施，应进行论证并符合规范规定的有关性能的要求。对于火药、炸药及其制品和花炮的厂房（仓库）建筑防火设计，以及建筑防雷设计，应符合相关国家标准规范的专门规定。[69][72]

在建筑防火设计中，必须保证建筑的防火性能和设防标准应与建筑的高度（埋深）、层数、规模、类别、使用性质、功能用途、火灾危险性等相适应。

1. 建筑防火应达到如下目标要求：

1）保障人身和财产安全及人身健康；

2）保障重要使用功能，保障生产、经营或重要设施运行的连续性；

3）保护公共利益；

4）保护环境、节约资源。

2. 建筑防火应符合下列功能要求：

1）建筑的承重结构应保证其在受到火或高温作用后，在设计耐火时间内仍能正常发挥承载功能；

2）建筑应设置满足在建筑发生火灾时人员安全疏散和避难需要的设施；

3）建筑内部和外部的防火分隔应能在设定时间内阻止火灾蔓延到相邻建筑或建筑内的其他防火分隔区域；

4）建筑的总平面布局及与相邻建筑的间距应满足消防救援的要求。[72]

1.1.2　建筑高度的确定

建筑高度一般是指自建筑的设计地面至建筑物最高处的高度。在防火设计中，一般按以下几种计算结果确定：

1）当建筑为坡屋面时，应按自建筑物室外设计地面至建筑檐口的高度和自室外设计地面至建筑屋脊的高度分别计算，表示为建筑屋脊和檐口两处的高度。

2）当建筑为平屋面有女儿墙时，应按自建筑物室外设计地面至女儿墙顶点高度计算；无女儿墙时按自建筑室外地面至屋面檐口顶点高度计算。

3）当同一座建筑物有多种屋面形式时，建筑高度应按分别计算的结果中取较大值。

4）对处于阶梯式地坪的建筑，当同一建筑内位于不同高程地坪上的使用房间之间有防火墙分隔，各房间有符合要求的对外安全出口，且可沿建筑周边设置环形消防车道或沿建筑的两个长边设置消防车道（如贯通式或尽端式车道）时，可据不同高程的室外地面分别计算各自的建筑高度，或者按其中建筑高度最大者确定。

5）建筑屋顶上局部突出的瞭望塔、冷却塔、水箱间、微波天线间或设施、电梯机房、排风和排烟机房等以及楼梯出口小间等辅助用房占屋面面积比率不大于1/4者，可不计入建筑高度内。

6）单层公共建筑，即便建筑高度超过24m，也不视为高层民用建筑。[4]

7）对于机场、广播电视、电信、微波通信、气象站、卫星地面站、军事要塞等设施的技术作业控制区内及机场航线控制范围内的建筑，建筑高度应按建筑物室外设计地坪至建（构）物最高点计算。

8）历史建筑，历史文化名城（名镇、名村）、文化街区、文物保护区、风景名胜区、自然保护区的保护规划区内建筑，建筑高度按建筑物室外设计地坪至建筑最高点计算。[19]

1.1.3　建筑层数的确定

建筑层数是指建筑的自然层数，确定时要注意以下几种情况：

1）建筑的地下室、半地下室的顶板面高出室外设计地面的高度不大于1.50m者，可不计入建筑层数内。

2）设置在建筑底部且室内净高不大于2.20m的自行车库、储藏室、敞开空间，可不计入建筑层数内。

3）建筑屋顶上局部突出的设备用房、出屋面的楼梯间等，可不计入建筑层数内。[4][5]

4）住宅楼的层数计算，应符合下列要求：

（1）当住宅楼的所有楼层的层高不大于3m时，层数应按自然层数计。

（2）当住宅和其他功能空间处于同一建筑物内时，应将住宅部分的层数与其他功能空间的层数叠加计算建筑总层数。当建筑中有一层或若干层的层高大于3m时，应对大于3m的所有楼层按其高度总和除以3m进行层数折算，余数小于1.50m时，多出部分可以不计入建筑层数，余数大于或等于1.50m时，多出部分应按1层计算。

例如：当居住建筑的首层或首层及 2 层设置商业服务网点时，如设置 1 层网点的高度超过 4.50m，计算该住宅建筑的总层数时，应将首层的商业服务网点按 2 层计算。如设置 2 层网点的高度超过 7.50m，则视为 3 层公共建筑，就不能称为“网点”，该建筑也不能称为“设置商业服务网点的居住建筑”了。

(3) 层高小于 2.20m 的架空层和设备层不应计入自然层数。

(4) 高出室外地面小于 2.20m 的半地下室，可以不计入地上层数内。[18][51]

1.1.4 防火间距的计算起止点

对于防火间距的起止点的确定，要求如下：

1. 建筑防火间距的起止点

1) 建筑之间的防火间距，应按相邻建筑外墙的最近水平距离计算，当外墙有凸出的可燃性构件时，应从其凸出部分外缘算起。

2) 储罐与建筑的防火间距，应为距建筑最近的储罐外壁至相邻建筑外墙的最近水平距离；储罐之间的防火间距应为相邻两储罐外壁的最近水平距离。

3) 建筑物与道路路边的防火间距，应按建筑物外缘距道路最近一侧路边的最小水平距离计算。

4) 建（构）筑物与铁路的防火间距，按建（构）物边缘至铁路中心线的距离计算。[5]

5) 地下建（构）筑物的防火间距，从地面出入口、通气口、采光窗等开口边缘算起；如有出口建筑物，按地上出口的建筑外缘计算。[15]

2. 场地、装置、设备防火间距的起止点

1) 堆场与建筑的防火间距，应为距建筑物最近的堆垛外缘至相邻建筑外墙的最近水平距离；堆场之间的防火间距应为相邻两堆场、堆垛外缘的最近水平距离。

2) 变压器与建筑的防火间距，从距建筑外缘最近的变压器外壁算起。[5]

3) 停车场与建筑物的防火间距，从靠近建筑物的最近停车位置边缘算起。[7]

4) 生产装置、设备之间的防火间距，从相邻的装置外缘或设备外壁算起。[14]

5) 加油加气加氢站内有关设施或建筑与相邻设施或建筑的防火间距计算起止点：

(1) 对于管道、储气井、加油（气）机，按其中心线至建筑或设施外缘计算；

(2) 对于建筑物按建筑物的外墙轴线计算；

(3) 对于卸车点，按接卸油、LPG（液化石油气）、LNG（液化天然气）、液氢罐车的固定接头计算；

(4) 对于其他设备按设备的外缘计算。[8]

3. 架空电力线路的防火间距起止点

1) 架空电力线路与建筑物、可燃材料堆场、作业场地等安全防护距离，应按导线边线最大弧垂计算风偏后的延伸水平距离加上安全防护距离之和计算。[48][49]

2) 架空电力线路与易燃材料堆场、可燃液体（气体）罐区及甲、乙类厂（库）房的防火间距，按距边线外的具体规定线路杆（塔）高度的倍数计算。[5]

3) 加油加气站与架空线路的安全间距，按架空电力线、通信线路的中心线计算。[8]

1.1.5 建筑构件的耐火极限测定

耐火极限，是指在标准耐火试验条件下，建筑构件、配件或结构从受火的作用时起，到失去承载能力，或完整性被破坏，或失去隔热作用时止所用时间，以小时（h）表示。[5][27]

建筑构件耐火极限的测定方法，是根据建筑构件或结构所处空间火灾类型，按照模拟相应类型火灾及其对结构或构件的作用确定的，所采用火灾升温曲线有如下三种情况（图 1-1）：

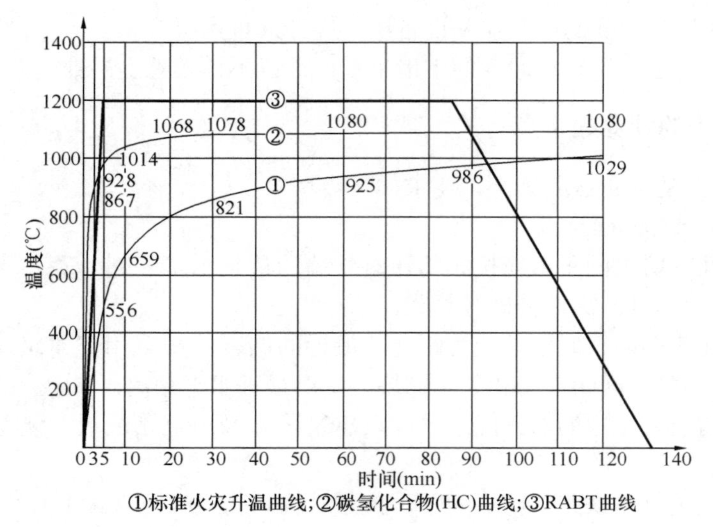

图 1-1 建筑构件耐火极限试验升温曲线

1. 标准火灾升温曲线

常见的工业与民用建筑的建筑构件，其耐火极限的测定均以 ISO834 的标准时间-温度曲线为基础，如 BS476：20 部分、DIN4102、AS1530 及 GB/T 9978 等。这种测定方法主要针对处于纤维质类火灾环境中的构件，该标准时间-温度曲线是以建筑内常见可燃物的燃烧率为基础，环境为可保证火灾充分燃烧的空间。[3]

2. 碳氢化合物（HC）曲线

化工行业的建筑构件，其耐火极限测定大多采用碳氢化合物（HC）曲线。因石油、化合物等材料的燃烧率大大高于木材等纤维质材料的燃烧率，HC 标准时间-温度曲线的特点是在其发展初期带有爆燃-热冲击现象，火灾温度在最初 5min 之内达到 928℃，20min 后稳定在 1080℃。这种时间-温度曲线可模拟在特定环境或高潜热值燃料燃烧的火灾发展状况。[4]

采用该标准升温曲线测试时，一般建筑构、配件或结构的耐火极限判定标准为：从受火的作用时起，到失去承载能力，或完整性被破坏，或失去隔热作用时止所用时间；隧道的耐火极限的判定标准为：受火后，当距离混凝土底表面 25mm 处钢筋的温度超过 250℃，或者混凝土表面的温度超过 380℃时，则判定为达到耐火极限。[5]

3. RABT 曲线

对通行化学危险品车辆的隧道，其结构的耐火极限测定所采用的是 RABT 等曲线。如 RABT 曲线，模拟的是火灾初期升温快、有较强的热冲击，随后由于缺氧状态快速降温的隧道火灾。因隧道的空间相对封闭、热量难以扩散，隧道发生火灾时，温度在 5min 之内将快速升高到 1200℃，比化工火灾的 HC 曲线还要快，在 1200℃持续 90min 后，温度开始下降（时间大约30min）。因为隧道内的火灾，先使隧道内混凝土在高温下因内部水分气化而产生爆裂；当充分干燥的混凝土长时间暴露在高温下时，随着混凝土内各种材料的结合水分的蒸发而失去结合力，使混凝土表面逐层酥化脱落，甚至穿透拱顶结构，以至钢筋受热、受力作用变形、结构垮塌。[4]

隧道采用该标准升温曲线测试时，耐火极限的判定标准为：受火后，当距离混凝土底表面25mm处钢筋的温度超过300℃，或者混凝土表面的温度超过380℃时，则判定为达到耐火极限。[5]

1.1.6 防火分区的划分

防火分区，是在建筑内部采用防火墙、楼板及其他防火分隔设施分隔而成，能在一定时间内防止火灾向建筑的其余部分蔓延的局部空间。

划分防火分区的目的，主要是为了控制火灾蔓延，便于消防救援和减少火灾危害与损失。因此，在划分防火分区时，要注意与建筑内部空间功能布局和结构形式等相结合，做到科学、合理、可靠。

1. 对于单层建筑

防火分区的划分，需在防火分区界限处设置防火墙、耐火楼板或采取与防火墙或耐火楼板等效的其他防火分隔设施，如防火卷帘、水幕系统等。

2. 对于多层和高层建筑

防火分区的划分，除在防火分区平面界限处设置防火墙等分隔设施外，还需要考虑楼层间竖向空间的防火分隔物——梁和楼板的耐火极限问题。根据火灾对建筑结构的影响条件，地上建筑火灾的高温对建筑结构的影响，主要取决于火灾的不同发展阶段的温度影响。火灾一般都要经过初起、发展和熄灭三个阶段。因地上建筑物具有门、窗、洞口自然通风和墙体散热的条件，火灾现场的温度在火灾的衰减与熄灭阶段会逐渐下降，火灾对建筑结构的影响也逐渐减弱。所以，通过设置防火墙和一定耐火极限的梁和楼板等分隔设施，可以达到防火分区的目的。

3. 对于地下建筑

防火分区的防火分隔物——梁和楼板受火灾高温影响的时间，因自然通风散热条件差，在火灾延续时间内会一直受到火灾和高温的作用。故作为地下建筑的防火分区分隔设施的梁和楼板的耐火极限一般都要高于地上建筑防火分区构件的耐火极限。

而且，不论地上和地下建筑，严格地说，各楼层防火分区的界限位置，应当在同一建筑轴线贯通上下各层的位置进行划分。即每层防火分区的竖向分隔体（防火墙、防火卷帘等），均应设置在上下楼层对应的同一轴线上。[4]

1.1.7 居住建筑下部设置商业服务网点

居住建筑包括住宅、公寓和宿舍。设置在居住建筑首层或首层及二层的建筑面积之和不超过300m^{2}的小型营业性商业用房（如：百货、副食、邮政、储蓄、理发等），为商业服务网点。其设置应满足如下要求：

1. 商业服务网点只能设在居住建筑下部的首层或首层及二层

商业服务网点只能设在居住建筑下部的首层或首层及二层，且每个网点的总建筑面积不应超过300m^2。这些小型营业性用房尽管面积不大，但它只有设置在居住建筑下部的首层或首层及二层，才能称其为“居住建筑下部商业服务网点”，而且不改变居住建筑的建筑名称定性，该建筑称为“设有商业服务网点”的居住建筑。

2. 在居住建筑首层或首层及二层设置的网点外不应再毗连接续设置“网点”

设置在居住建筑下部的首层或首层及二层的商业服务网点的建筑外墙，可能超出该居住建筑主体的投影范围，因每网点隔间的大部分面积处于上部居住建筑主体投影范围内，故每个隔间均属于设在居住建筑下部的商业服务网点。但是，不能在已凸出居住建筑主体投影范围的网点隔间墙外再毗连接续设置“网点隔间”。因为在网点隔间墙外贴邻“接续”的部分，已离开了居住建筑下部，则不能视作居住建筑下部的“网点”，而应按居住建筑外的“商店”等公共建筑论处。[5][51]

3. 商业网点必须设为独立的防火分区

设在居住建筑下部的商业服务网点，必须设为独立的防火分区。各商业网点之间及其与居住部分之间，应采用耐火极限不低于1.50h的楼板和耐火极限不低于2.00h且无门、窗洞口的防火隔墙严密分隔；其安全出口、疏散楼梯必须独立设置，与居住部分截然分开。[5]

1.2 术 语 解 释

1.2.1 有关建筑构件

1. 耐火极限——在标准耐火试验条件下，建筑构件、配件或结构从受火的作用时起，到失去承载能力、完整性被破坏、失去隔热作用时止所用时间，以小时（h）表示。

2. 不燃性构件——用不燃性材料做成的建筑构件。

3. 难燃性构件——用难燃性材料做成的建筑构件或用可燃性材料做成而用不燃性材料作保护层的建筑构件。

4. 可燃性构件——用可燃性材料做成的建筑构件。

5. 防火墙——在室外独立设置竖向分隔体，或者直接设置在建筑物基础上或框架、梁等承重结构上，防止火灾蔓延至相邻建筑或相邻水平防火分区的耐火极限不低于3.00h的不燃性墙体。

6. 防火隔墙——建筑内防止火灾蔓延至相邻区域的耐火极限不低于规定要求的不燃性墙体。[5]

7. 防火门——在一定时间内连同框架能满足规定耐火性能要求的门。据其耐火极限分为三级：甲级1.50h，乙级1.00h，丙级0.50h。[45]

8. 防火窗——在一定时间内连同框架能满足耐火稳定性和耐火完整性要求的窗。据其耐火极限分为三级：甲级1.50h，乙级1.00h，丙级0.50h。[46]

9. 防火玻璃——在防火门、窗上安装的透光玻璃，按耐火性能分为A、B、C三类：

A类防火玻璃，能同时满足耐火完整性、耐火隔热性要求；

B类防火玻璃，能同时满足耐火完整性、热辐射强度要求；

C类防火玻璃，仅能满足耐火完整性要求。[47]

10. 防火卷帘——在一定时间内连同框架能满足耐火性能要求的卷帘。

11. 防火幕——能阻止火灾产生的烟和热气通过的活动式的幕。[27]

12. 防火堤——可燃液体的储罐发生泄漏事故时，防止液体外流和火灾蔓延的构筑物。[14]

1.2.2 有关燃烧和爆炸

1. 起火——物质开始燃烧。

2. 引燃——在外部热源的作用下，使物质开始燃烧。

3. 氧指数——在规定条件下，材料试样在氧、氮混合气流中，维持平稳燃烧所需的最低氧气浓度，以氧所占空间体积百分数（%）表示。[27]

4. 闪燃——在液体表面产生足够的可燃蒸气，能在遇火时出现液面上有火焰迅速掠过，一闪即灭的燃烧现象。

5. 闪点——在规定的试验条件下，可燃性液体或固体表面产生的蒸气与空气形成的混合物，遇火源能够闪燃（即一闪即灭的瞬间燃烧）的液体或固体的最低温度（用闭杯法测定）；当液体（或升华固体）温度超过闪点，遇火源将持续正常燃烧[40]。

6. 爆炸下限——可燃的蒸气、气体或粉尘与空气组成的混合物，遇火源即能发生爆炸的最低浓度（可燃蒸气、气体的浓度，按体积比计算）。

7. 热辐射——热能以电磁波形式的传递。[4]

8. 沸溢性油品——含水并能在燃烧时可产生热波作用的油品，如原油、渣油、重油等（泛指当储罐内储存的介质温度升高时，由于热传递作用，使罐底水层急速气化，而会发生沸溢现象的黏性烃类混合物）。[27]

9. 释放源——可释放出能形成爆炸性混合物的物质所在的位置和地点。但在确定释放源时，不应考虑工艺容器、大型管道或储罐等的毁坏性事故，如炸裂等。

10. 爆炸危险区域——爆炸性混合物出现的或预期可能出现的数量达到足以要求对电器设备的结构、安装和使用采取预防措施的区域。[28]

1.2.3 有关城市规划

1. 城市建成区——城市行政区内实际已经成片开发建设、市政公用设施和公共设施基本具备的地区。[52]

2. 城市中心区——城市中重要市级公共设施比较集中，人群流动频繁的公共活动区域。

3. 道路红线——规划的城市道路（含居住区级道路）用地的边界线。

4. 建筑红线——也称建筑控制线，是有关法规或详细规划确定的建（构）筑物基底位置不得超出的界线。

5. 容积率——在一定范围内，建筑面积总和与用地面积的比值。[17]

6. 快速路——采用中间分隔、全部控制出入、控制出入口间距及形式，实现连续交通流，具有单向双车道或以上的多车道，并配有配套的交通安全与管理设施的城市道路。

7. 主干路——在城市道路网中起骨架作用，连接城市各主要分区的交通性干路。

8. 次干路——在城市道路网中起集散交通功能，与主干路结合组成干路网的区域性干路。

9. 支路——连接次干路与居住区、工业区、交通设施等内部道路，解决局部地区交通，以服务功能为主的道路。

10. 道路建筑限界——为保证车辆和行人正常通行，规定在道路的一定宽度和高度范围内不允许有任何设施及障碍物侵入的空间范围。[58]

11. 厂外铁路——工厂（或分厂）、仓库外部的铁路走行线，如国家铁路网线路、相邻工厂（或分厂）的专用铁路线等。

12. 厂内铁路——工厂（或分厂）、仓库内部的铁路走行线、码头线、货场装卸线以及露天采矿场、储木场等地区内的永久铁路。[12]

13. 厂外道路——厂矿围墙（厂矿区）范围外的道路，包括对外道路、联络道路等。

14. 厂内道路——厂矿围墙（厂矿区）范围内的道路。

1.2.4 有关建筑设计

1. 民用建筑——供人们居住和进行公共活动的建筑的总称。

2. 居住建筑——供人们居住使用的建筑。

3. 公共建筑——供人们进行各种公共活动的建筑。[19]

4. 重要公共建筑——发生火灾可能造成重大的人员伤亡、财产损失和社会影响的公共建筑。[5]

5. 建筑小品——既有功能要求，又有点缀、装饰和美化作用的、从属于某一建筑空间环境的小体量建筑、游憩观赏设施和指示性标志物等的统称。[17]

6. 多层厂房（仓库）——2 层及 2 层以上，且建筑高度不大于 24m 的厂房（仓库）。

7. 高层厂房（仓库）——2 层及 2 层以上，且建筑高度大于 24m 的厂房（仓库）。

8. 高架仓库——货架高度大于 7m 且采用机械化操作或自动化控制的货架仓库。

9. 高层建筑——建筑高度大于 27m 的住宅建筑和其他建筑高度大于 24m 的非单层建筑。

10. 裙房——在高层建筑主体投影范围外，与高层建筑主体相连且建筑高度不大于 24m 的附属建筑。[5]

11. 居住建筑下部商业服务网点——设置在居住建筑下部的首层或首层及二层，每个分隔单元建筑面积不大于 300m^{2}的商店、邮政所、储蓄所、理发店等小型营业性用房。

12. 物流配送建筑——集货物装卸、分拣、包装、储存、配送等两种及以上功能为一体的建筑。[5]

13. 层高——建筑物各层之间以楼、地面面层（完成面）计算的垂直距离；屋顶层由该层楼面面层（完成面）至平屋面的结构面层或至坡屋顶的结构面层与外墙外皮延长线的交点计算的垂直距离。

14. 设备层——建筑物中专为设置暖通、空调、给水排水和变配电等的设备及管道且供人员进入操作用的空间层。[19]

15. 避难层（间）——建筑内用于人员暂时躲避火灾及其烟气危害的楼层（房间）。

16. 老年人照料设施——可容纳老年人总数大于或等于 20 床（人），为老年人提供集中照料服务的公共建筑，包括老年人全日照料设施和老年人日间照料设施。不包括老年大学、老年活动中心等其他专供老年人使用的、非集中照料的设施或场所。[20]

17. 儿童活动场所——指托儿所、3岁以下婴幼儿托育服务机构、幼儿园的儿童用房、小学校的教学用房和用于12周岁及以下儿童游艺、非学科类校外培训等活动的场所。

18. 地下（半地下）室——房间地面低于室外设计地面的平均高度大于该房间平均净高1/2者为地下室；房间地面低于室外设计地面的平均高度大于该房间平均净高1/3，且不大于1/2者为半地下室。[5]

19. 汽车库——用于停放由内燃机驱动且无轨道的客车、货车、工程车等汽车的建筑物。

20. 修车库——用于保养、修理由内燃机驱动且无轨道的客车、货车、工程车等汽车的建（构）筑物。

21. 停车场——专用于停放由内燃机驱动且无轨道的客车、货车、工程车等汽车的露天场地或构筑物。

22. 地下汽车库——地下室内地坪面与室外地坪面高度之差大于该层车库净高1/2的汽车库。

23. 半地下汽车库——地下室内地坪面与室外地平面的高度之差大于该层车库净高1/3且不大于1/2的汽车库。

24. 高层汽车库——建筑高度大于24m的汽车库或设在高层建筑内地面层以上楼层的汽车库。

25. 机械式汽车库——采用机械设备进行垂直或水平移动等形式停放汽车的汽车库。

26. 敞开式汽车库——任一层车库外墙敞开面积大于该层四周外墙体总表面积25%，敞开区域均匀布置在外墙上且其长度不小于车库周长的50%的汽车库。[7]

27. 多层汽车库——建筑高度小于或等于24m的两层及以上的汽车库或设在多层建筑内地面层以上楼层的汽车库。[7]

28. 加油加气加氢站——为机动车加注车用燃料，包括汽油、柴油、LPG（石油液化气）、CNG（天然气）、LNG（液化天然气）、氢气和液氢的场所，是加油站、加气站、加油加气合建站、加油加氢合建站、加气加氢合建站的统称。

1）加油站——具有储油设施，使用加油机为机动车加注汽油、柴油等车用燃油并可提供其他便利性服务的场所。

2）加气站——具有储气设施，使用加气机为机动车加注LPG（液化石油气）、CNG（压缩天然气）或LNG（液化天然气）等车用燃气并可提供其他便利性服务的场所。

3）加油加气合建站——具有储油（气）设施，既能为机动车加注车用燃油，又能加注车用燃气，也可提供其他便利性服务的场所。

4）加油加氢合建站——既为汽车的油箱充装汽油和柴油，又为氢燃料汽车的储氢瓶充装氢气或液氢的场所。

5）加气加氢合建站——既为燃气汽车储气瓶充装压缩天然气或液化天然气，又为氢燃料汽车的储氢瓶充装氢气或液氢的场所。

6）加油加气加氢合建站——为汽车油箱充装汽油或柴油，为天然气汽车的储气瓶充装压缩天然气或液化天然气，为氢能汽车储氢设备充装氢气或液氢的场所。

7）加氢设施——加氢工艺设备与管道等系统的统称，包括高压储氢加氢设施、液氢储氢加氢设施、氢燃料储运设施等。

29. 站房——用于加油加气（氢）站管理、经营和提供其他便利性服务的场所。

1）加油岛——用于安装加油机的平台。

2）加气（氢）岛——用于安装加气（氢）机的平台。

3）自助加油站（区）——具备相应的安全防护设施，可由顾客自行完成车辆加注燃油作业的加油站（区）。

30. 埋地油（LPG、LNG）罐——罐顶低于周围 4m 范围内的地面，并采用直接覆土或罐池充砂方式埋设在地下的卧式油品（液化石油气、液化天然气）储罐。

31. 加（卸）油油气回收系统——将给汽油车辆加（卸）油时产生的油气回收至埋地油罐（或将汽油油罐车卸油时产生的油气回收至油罐车里）的密闭油气回收系统。

32. 橇装式加油（或 LNG）装置——即在刚性底架（可带箱体）上，将工艺设备整体或部分装置于一个橇体上的设备组合体。

1）加油装置——将地面防火防爆储油罐、加油机、自动灭火装置等设备整体装置于一个橇体的地面加油装置。

2）LNG 设备——将 LNG 储罐、加气机、放空管、泵、汽化器等 LNG 设备全部或部分装配于一个橇体上的设备组合体。

33. CNG 储气设施——压缩天然气储气瓶（组）、储气井和车载储气瓶组的统称。

1）CNG 储气瓶组——通过管道将多个压缩天然气储气瓶连接成一个整体的压缩天然气储气装置。

2）储气井——竖向埋设于地下，用于储存 CNG（压缩天然气）或氢气的管状设施，由井底装置、井筒、内置排液管、井口装置等构成。[8]

34. CNG 固定储气设施——安装在固定位置的地上或地下 CNG（压缩天然气）储气瓶组和储气井的统称。

35. CNG 储气设施的总容积——压缩天然气固定储气设施与所有处于满载或作业状态的车载压缩天然气储气瓶（组）的几何容积之和。

36. LPG 加气站——为 LPG（液化石油气）汽车储气瓶充装车用 LPG，并可提供其他便利性服务的场所。

37. LNG 加气站——具有 LNG（液化天然气）储存设施，使用 LNG 加气机为 LNG（液化天然气）汽车储气瓶充装车用 LNG 燃料，并可提供其他便利性服务的场所。

38. L-CNG 加气站——能将 LNG（液化天然气）转化为 CNG（压缩天然气），并为 CNG 汽车储气瓶充装车用 CNG，并可提供其他便利性服务的场所。

39. LNG/L-CNG 加气站——LNG（液化天然气）加气站与 L-CNG（将液化天然气转化为压缩天然气）加气站联建的统称。

40. CNG 加气站——CNG（压缩天然气）常规加气站、CNG 加气母站、CNG 加气子站的统称。

1）CNG 常规加气站——从站外天然气管道取气，经过工艺处理并加压后，通过加气机给汽车 CNG（压缩天然气）储气瓶充装车用 CNG，并可提供其他便利性服务的场所。

2）CNG 加气母站——从站外天然气管道取气，经过工艺处理并增压后，通过加气柱给 CNG（压缩天然气）车载储气瓶充装 CNG，并可提供其他便利性服务的场所。

3）CNG 加气子站——用车载储气瓶组拖车运进 CNG（压缩天然气），通过加气机为汽车 CNG 储气瓶充装 CNG，并可提供其他便利性服务的场所。

41. 储氢加氢装置

1）储氢容器——储存氢气的压力容器，包括罐式和瓶式储氢压力容器。

2）储氢瓶组——将若干个瓶式压力容器组装在一个橇体上并配置相应的连接管道、阀门、安全附件，用于储存氢气的装置。

3）加氢机——用于向氢能汽车储氢设备充装氢气或液氢，并带有控制、计量、计价装置的专用设备。[8]

42. 地下（半地下）LNG 储罐

1）地下 LNG 储罐——罐顶低于周围 4m 范围内地面标高 0.2m，并设置在罐池中的 LNG 储罐。

2）半地下 LNG 储罐——安装在罐池中，且罐体一半以上安装在周围 4m 范围内地面以下的 LNG（液化天然气）储罐。

43. CNG（氢气）加（卸）气设备——是用于向长管拖车或管束式集装箱储气瓶充装（卸）CNG（氢气），并带有计量装置的专用设备。[8]

44. 加气机——安装在平台上，用于向燃气汽车储气瓶充装 LPG（液化石油气）、CNG（压缩天然气）或 LNG（液化天然气），并带有计量、计价装置的专用设备。

45. 作业区——加油加气加氢站内布置工艺设备的区域。

1）工艺设备——设置在加油加气加氢站内的液体燃料卸车接口、油罐、LPG 储罐、LNG 储气罐、LNG 储气瓶、储气井、储气容器、液氢储罐、加油机、加气（氢）机、加（卸）气（氢）柱、通气管（放空管）、CNG 和氢气长管拖车、LPG 泵、LNG 泵、CNG 压缩机、液氢增压泵、液氢汽化器等的统称。[8]

2）安全边界——该区域的边界线为设备爆炸危险区域边界线加 3m，对柴油设备为设备外缘加 3m。

46. 辅助服务区——汽车加油加气加氢站用地红线范围内作业区以外的区域。

47. 汽油设备——为机动车加注汽油而设置的汽油罐（含其通气管）、汽油加油机等固定设备。

48. 柴油设备——为机动车加注柴油而设置的柴油罐（含其通气管）、柴油加油机等设备。

49. 自助加油站（区）——具备相应安全防护设施，可由顾客自行完成车辆加注燃油作业的加油站（区）。

50. 卸车点——接卸汽车罐车所载油品、LPG（液化石油气）、LNG（液化天然气）、液氢的固定地点。

51. 电动汽车充电设施——为电动汽车提供充电服务的相关电器设备，如低压开关柜、直流充电机、直流充电桩、交流充电桩和电池更换装置等。[8]

1.2.5 有关建筑消防设施

1. 防火分区——在建筑内部采用防火墙、楼板及其他防火分隔设施分隔而成，能在一定时间内防止火灾向同一建筑的其余部分蔓延的局部空间。

2. 防烟分区——在建筑内部采用挡烟设施分隔而成，能在一定时间内防止火灾烟气向同一建筑的其余部分蔓延的局部空间。

3. 消防通道——供消防人员和消防装备接近或进入建筑物的通道。

4. 安全出口——供人员安全疏散用的楼梯间和室外楼梯的出入口或直通室内外安全区域的出口。

5. 疏散楼梯——具有足够防火能力并作为竖向疏散通道的室内或室外楼梯。

6. 敞开楼梯间——在楼梯间入口处未设置防火防烟分隔设施的楼梯间。

7. 封闭楼梯间——在楼梯间入口处设置门，以防止火灾的烟和热气进入的楼梯间。

8. 防烟楼梯间——在楼梯间入口处设置防烟的前室、开敞式阳台或凹廊（统称前室）等设施，且通向前室和楼梯间的门均为防火门，以防止火灾的烟和热气进入的楼梯间。[5]

9. 消防电梯——火灾时供消防员使用的专用电梯。

10. 消防控制室——设有专门装置以接收、显示、处理火灾报警信号，控制消防设施的房间。

11. 消防水源——供灭火用的人工水源和天然水源。[27]

12. 高压消防给水系统——能始终保持满足灭火设施所需的系统工作压力和流量，火灾时无须消防水泵直接加压的给水系统。

13. 临时高压消防给水系统——平时不能满足水灭火设施所需的系统工作压力和流量，火灾时需启动消防水泵以满足水灭火设施所需压力和流量的给水系统。

14. 低压消防给水系统——能满足消防车或手抬泵等取水所需压力（不小于0.10MPa，从地面算起）和流量的给水系统。

15. 消防水池——供固定或移动消防水泵吸水的蓄水设施。

16. 高位消防水池——设置在高处并利用重力直接向水灭火设施供水的蓄水设施。[60]

17. 消火栓——与供水管路连接，由阀、出水口和壳体等组成的消防供水（或泡沫溶液）的装置。[27]

18. 消火栓系统——由消防供水管网、消火栓和相关控制阀及其他组件等组成的系统。平时管网内充满水的为湿式系统；平时管网内不充水，火灾时向管网充水的为干式系统。[60]

19. 自动喷水灭火系统——由洒水喷头、报警阀组、水流报警装置（水流指示器或压力开关）等组件以及管道、供水设施组成灭火系统。系统形式有闭式和开式两种。

1）闭式系统有如下几种：

（1）湿式系统——由湿式报警阀装置、喷头、管路等组成，并在准工作状态时管道内充满用于启动系统的有压水的闭式系统；

（2）干式系统——由干式报警装置、喷头、管路和充气设备等组成，并在准工作状态时配水管内充满用以启动系统的有压气体的闭式系统；

（3）预作用系统——由火灾报警系统、闭式喷头、预作用阀等组成，在准工作状态时配水管内不充水，由火灾自动报警系统自动开启雨淋报警阀后，转换为湿式系统的闭式系统；

（4）重复启闭预作用系统——能在扑灭火灾后自动关阀、复燃时再次开阀喷水的预作用系统。

2）开式系统有如下两种：

（1）雨淋系统——由火灾自动报警系统或传动管控制，自动开启雨淋报警阀和启动供水泵并向开式洒水喷头供水的自动喷水灭火系统。

（2）水幕系统——由开式洒水喷头或水幕喷头、雨淋报警阀组或感温雨淋阀及水流报警装置（水流指示器或压力开关）等组成，用于挡烟阻火和冷却防火防烟分隔体的喷水系统。如：

①防火分隔水幕——密集喷洒形成水墙或水帘的水幕；

②防护冷却水幕——冷却防火卷帘等分隔物的水幕。[29]

20. 泡沫灭火系统——由水源、水泵、泡沫液供应源、空气泡沫比例混合器、管路和泡沫产生器组成的灭火系统。[30]

21. 干粉灭火系统——由干粉供应源、输送管路、喷嘴和控制阀等组成的灭火系统。

22. 二氧化碳灭火系统——由二氧化碳供应源、输送管路、喷嘴和控制阀等组成的灭火系统。[27]

23. 防烟系统——采用机械加压送风或自然通风的方式，阻止烟气进入防烟空间（如楼梯间、前室、避难层等）的系统。

24. 排烟系统——采用自然排烟或机械排烟的方式将建筑物内的烟气排至建筑物外的系统。

1）自然排烟——利用敞开或可开启的门、窗、洞口等，通过对流方式排除建筑内的烟气；

2）机械排烟——利用机械力强制排除建筑内的烟气。

25. 挡烟垂壁——设置在建筑内顶棚下，用于阻挡烟气羽流的水平流动以形成一定蓄烟空间的烟气阻隔设施。

26. 清晰高度——烟层底部至室内地平面的高度。[61]

27. 火灾自动报警系统——探测火灾早期特征、发出火灾报警信号，为人员疏散、防止火灾蔓延和启动自动灭火设备提供控制与指示的消防系统。

28. 报警区域——将火灾自动报警系统的警戒范围按防火分区或楼层等划分的单元。

29. 探测区域——将报警区域按探测火灾的部位划分的单元。

30. 联动控制信号——由消防联动控制器发出的用于控制消防设备（设施）工作的信号。

31. 联动反馈信号——受控消防设备（设施）将其工作状态信息发送给消防联动控制器的信号。[25]

1.2.6 有关灭火器械

1. 灭火器——由灭火剂储存筒体、器头、喷嘴等部件组成，借助驱动压力可将充装的灭火剂喷出的灭火器具。

2. 消防车——供消防部门用于灭火、辅助灭火或消防救援的机动消防技术装备，根据需要设计制造成适宜消防队员乘用、装备各类消防器材或灭火剂的车辆。

3. 举高消防车——装备举高和灭火装置，可进行登高灭火或消防救援的消防车。

4. 照明消防车——主要装备发电设备和照明设备的专勤消防车。

5. 云梯消防车——装备伸缩式云梯（可带有升降斗）、转台及灭火装置的消防车。

6. 消防炮——设置在消防车顶、地面及其他消防设施上的灭火剂喷射炮。

7. 灭火剂——能够有效地破坏燃烧条件，终止燃烧的物质。

8. 充实水柱——由水枪喷嘴起到射流90%水柱水量穿过380mm圆孔处的一段射流长度。

9. 消防水带——两端均带有消防接口，用于输送灭火剂的软管。

10. 消防水枪——喷射水用的消防枪。

11. 消防吸水管——一端带有消防接口，另一端带有消防滤水器，或两端均带有消防接口，供消防泵从天然水源或消火栓吸水的管。[27]

1.2.7 有关防火间距和疏散

1. 防火间距——防止着火建筑在一定时间内因辐射热引燃相邻建筑的间隔距离。

2. 安全防护间距——利于火灾扑救，防止事故影响和对装置设备进行安装、检修、维护的安全距离。

3. 明火地点——室内外有外露火焰或赤热表面的固定地点（民用建筑内的灶具、电磁炉等除外）。

4. 散发火花地点——有飞火的烟囱或进行室外砂轮、电焊、气焊（割）等作业的固定地点。

5. 安全疏散——引导人员向安全区撤离。

6. 安全出口——供人员安全疏散用的楼梯间、室外楼梯的出入口或直通室内外安全区域的出口。

7. 袋形走道——只有一个疏散方向的走道。

8. 疏散走道——自各场所的疏散出口到安全出口的一段走道。

9. 避难走道——采取防烟措施且两侧采用耐火极限不低于3.00h防火隔墙，用于人员安全通行至室外的走道。[5]

10. 疏散时间——建筑物内或建筑物某个区域的所有人员从发出疏散信号至抵达最终安全出口或安全区的时间。

11. 事故照明——在正常照明中断时，用于疏散的照明设施。[27]

1.2.8 有关特殊物品及设备

1. 特殊贵重设备或物品——主要指价格昂贵、稀缺设备、物品。

2. 重要设施设备——影响生产全局或正常生活秩序的重要设施、设备，或者失火后影响大、损失大、修复时间长的设施、设备。[4]

3. 推闩式外开门——门闩具有锁具的功能，人在房间里时只要向外推门闩，锁具会自动打开，同时将门推开；而人在房间外面没有钥匙则打不开的门，是人员集中场所应急疏散的专用门。[3]

4. 安全拉断阀——在一定外力作用下自动断开，断开后的两节均具有自封闭功能的装置。该装置安装在加油机或加气机、加（卸）气柱的软管上，是防止软管被拉断而发生泄漏事故的专用保护装置。[8]

2 城市规划设计中的消防要求

《中华人民共和国城乡规划法》规定："制定和实施城乡规划，应当遵循城乡统筹、合理布局、节约土地、集约发展和先规划后建设的原则，改善生态环境，促进资源、能源节约和综合利用，保护耕地等自然资源和历史文化遗产，保持地方特色和传统风貌，防止污染和其他公害，并符合区域人口发展、国防建设、防灾减灾和公共卫生、公共安全的需要。""城市的建设和发展，应当优先安排基础设施以及公共服务设施的建设，妥善处理新区开发与旧区改建的关系，统筹兼顾进城务工人员生活和周边农村经济社会发展、村民生产与生活的需要。"[2]

《中华人民共和国消防法》规定："地方各级政府应当将包括消防安全布局、消防站、消防供水、消防通信、消防车通道、消防装备等内容的消防规划纳入城乡规划，并负责组织实施"，对"城乡消防安全布局不符合消防安全要求的，应当调整完善；公共消防设施、消防装备不足或者不适应实际需要的，应当增建、改建、配置或者进行技术改造"。[1]

城市的安全与防灾，是对城市环境的基本要求。城市的消防规划，则是非常必要的城市防灾措施。其编制，应执行预防为主、防消结合的消防工作方针，遵循科学合理、经济适用、适度超前的规划原则。[67]

在城市总体规划、分区规划及详细规划设计阶段，都涉及确定和落实建筑布局、与消防相关的城市公用设施布局及消防站与消防设施的设置问题。城市规划应将消防设施建设纳入其中，与其他市政基础设施统一规划、统一设计、统一建设，并保证其在修建性详细规划设计阶段得到落实。

作为修建性详细规划，它是以城市总体规划、分区规划或控制性详细规划为依据，制定用以指导各项建筑和工程设施的设计和施工的规划设计，是根据城市发展方向和目标具体落实城市的功能分区、道路网络、基础设施、城市防灾、居住小区和配建设施等建设工程，并为实施城市规划建设和消防安全管理提供有利条件的关键设计。

在各阶段的规划设计中，只有审慎、严谨地按国家规范和规定落实各项消防设施建设内容，才能保证城市建设的健康发展，适应和谐社会的消防安全需要。要避免城市规划设计因疏于考虑消防安全事项造成城市消防安全功能的"先天不足"而导致城市建设和发展受限的历史缺憾。

因此，在城市规划设计时要注意把握如下原则：

1）城区规划布局与功能分区应科学合理；

2）城市道路规划应保证消防车通道；

3）城区布局中应合理确定消防站址和规模；

4）城市给水规划应保证消防水源及设施；

5）城市供电规划应满足消防要求；

6）城市电讯规划要适应消防需求。

2.1　城市规划布局与功能分区应科学合理

城市的总体布局与功能分区的规划，蕴含着消防规划的基本条件。其主要目标有两个：

1）通过城区的合理布局，避免城市发生大火和重大、特大火灾；

2）科学完善城市消防基础设施，合理确定建筑防火间距，充分发挥“预防为主、防消结合”的防灾作用，有效地减少火灾损失。

2.1.1　城市大火的教训

城市大火，一般是指烧毁房屋50栋以上，或过火面积3万m^2以上的火灾。造成城市大火的主要原因是：强风、地震和战争。

1. 强风

强风会造成火灾现场的飞火和热辐射的加剧，容易导致“火烧连营”，如：

1974年5月21日，我国北方某县城一场大火，延烧了18km^2；

1983年4月17日，我国北方某市过火三条街，火灾面积8万m^2，有2800人无家可归。

2. 地震

地震会造成生产、生活用火点扩散，电气短路、断路以及爆炸和剧毒危险品的泄漏，其灾害程度不可估量。地震不单是毁坏建筑，同时会引起火灾扩大蔓延，其次生灾害更为严重，如：

1975年2月4日，海城地震，地震引起火灾60起，抗震棚火灾3142起，地震死亡人数400人。

1976年7月28日，唐山大地震，地震引起火灾36起，抗震棚火灾452起，地震死亡人数24.2万人。[40]

3. 战争

战争造成的火灾是不堪设想的，如：

第二次世界大战期间，美军为摧毁日本的战争意志和军事工业、海空设施，派飞机对日本连续实施大规模的战略空袭。到1945年8月中旬二战结束，美机共出动14569架次，投炸弹17万多吨。战火烧毁房屋74万栋，占东京建筑的54%，火灾面积达142km^2。

城市大火给人们留下的教训是深刻的。但不论多大的火灾，一般都是由小火发展起来的。城市大火的教训，激发了人们预防火灾、控制火灾的意志和智慧。使人们愈加对城市科学合理的消防规划，寄予信赖和期待。

2.1.2　合理划分城市的功能分区

为了使城市规划布局实现科学合理的功能分区，既要满足城市生产、生活需要，更要符合防灾要求，在规划设计中，应注意如下问题：

1. 合理划分城市功能分区

根据城市布局的不同形式，尽可能利用有利的自然地形、交通干道、河流和绿地等划分功能分区。划分时，既要尽量避免区域内不同城区功能的混杂、干扰，又要避免建筑群内不同类别建筑火灾危险的互相影响；既不简单按功能搞绝对集中，又不使城区功能过度分散零乱，以免妨碍区域内的合理用地组织。要从历史发展的观点，顾及今后的城市发展、改造和更新，为完善城市总体功能和提高城市品位，加强总体规划布局和功能分区的预见性。

城市中的不同功能分区，要根据环境特点和火灾危险性，结合地形、水体、主导风向等条件合理确定：

1）凡散发可燃气体、蒸气、粉尘的易燃易爆工厂、储罐区，不应布置在城市主导风向的上风侧和窝风地带，更不要设在空气阴影区里（图 2-1）。甲、乙类仓库、罐区、易燃物堆场等，要尽量布置在市区边缘的安全地带。可燃液体的专业储库和堆场、石油化工生产区，要布置在城市河流的下游区域，并尽量位于邻近江河的城镇、重要桥梁、大型锚地、船厂等重要建筑物的下游，以避免给城市建设和发展留下后患。

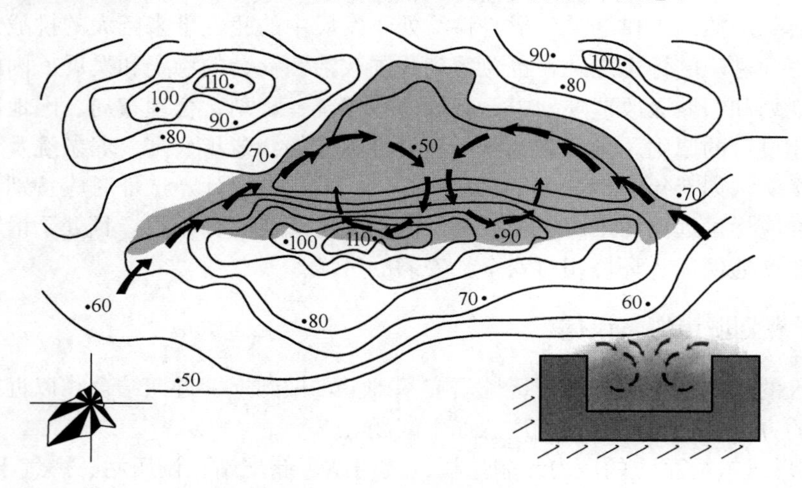

图 2-1 空气阴影区示意图

2）必须将生产、储存易燃易爆化学物品的工厂、仓库设在城市边缘的独立安全区域，并远离居住区和重要公共建筑、重要科研单位及重要的桥梁、交通枢纽工程等；与公众聚集的场所要保持规定的防火间距。即使在满足防火间距条件下，也尽量不要将民用建筑布置在甲、乙类厂（库）房，甲、乙、丙类液体储罐，可燃气体储罐和可燃材料堆场的附近。[5]

3）石油化工企业应采取防止泄漏的可燃液体和受污染的消防水排出厂外的设施。[14]

4）在城市功能分区布局中，应合理确定居住区的布置，保证防火间距、消防车道和消防水源等市政基础设施条件。不宜将居住区布置在邻近甲（乙）类生产区和仓储区、可燃液体储罐区、可燃气体储罐区和可燃材料堆场等区域附近地段。[20]

2. 城市交通和园林绿化系统规划应与城市防火分区密切结合

1）城市总体规划中，应根据城市性质、城市规模和地理、气象等情况，在划分政治、文化、教育、生产、仓储等不同功能性质的小区时，设计若干防火分区，且按现行国家标准《建筑设计防火规范》GB 50016 等的要求留足防火间距，利用街路和绿化作防火隔离。

2）城区内新（改、扩）建时，应当尽量建造一级、二级耐火等级的建筑，控制三级耐火等级建筑，严格限制四级耐火等级的建筑。[44]

3）在高层和超高层建筑密集区、大型娱乐设施、体育设施、高级宾馆、重点文物名胜、古建筑、人员集中场所和高容积率居住区的边缘，在临近街道的地段，应规划耐火等级较高的建筑，以使各类建筑群边缘的较高耐火等级建筑与街道绿化一体形成防火隔离带。

3. 对旧城区应制定科学合理的改造规划

1）对布局不合理的旧城区，应制定科学合理的改造规划。尤其是影响区域消防安全的高火险单位和建筑物，以及耐火等级较低、相互毗连的建筑密集区或大面积棚户区，均应纳入旧城区改造规划之内。要完善消防水源和消防给水及市政消火栓系统。对城镇建成区内影响消防安全的既有厂房和仓库等采取限期迁移、改变使用性质、开辟防火间距和消防车通道等措施，改善消防条件，消除不安全因素。[72]

2）适应社会发展，加强城镇老年人照料设施及活动场所的建设规划。我国已正式进入老年型社会。严峻的人口老龄化形势将给处于发展中的我国带来巨大的挑战。关心老年人是社会文明和进步的标志之一，也关系到我国政治和社会的稳定和发展。因此，在城市建成区详细规划和旧城区改造规划中，必须遵守“统一规划、合理布局、因地制宜、综合开发、配套建设”的原则，做好对老年人照料设施（如：老年公寓、养老院及老人护理院等）和活动场所（如老年大学、老年活动中心等）的规划设计。选址时应特别考虑适宜的周边环境，并应尽量远离污染源、噪声源及危险品生产及储存用地，且处于诸不利因素的上风向，选在交通便捷、环境相对安全、安静的区域。[59]

2.1.3 科学规划城市燃气设施

城市燃气的规划布置，应在可行性研究基础上，做到远、近期结合，以近期为主，确定合理可靠的方案。在布置时，应注意如下问题。

1）城市燃气输配系统的压力级制选择以及门站、储配站、调压站、燃气干管的布局，应根据燃气的供应来源、设备条件、施工运行等因素，科学比较、择优合理确定，布置在安全地段。

2）城市燃气输配设施的选址，应在城市或区域边缘的地势平坦、开阔地带，并宜在全年最小风向频率的上风侧，避开地震带、地基沉陷和废弃矿井等地段。

3）合理选择城市输送可燃气体管道的位置，管道走向必须避开军事设施、易燃易爆仓库、国家重点文物保护单位的安全保护区，并应避开机场、车站、码头、国家级自然保护区等区域。

4）严禁在城市输送燃气干管上修建任何建筑物、构筑物或堆放物资。管道井和阀门井盖处应当设置标志。

5）液化石油气供应基地（包括储存、储配、灌装各站）的布局，应符合城市总体规划的要求，且应远离城市居住区、村镇、学校、影剧院、体育馆等人员集聚场所。

供应基地的站址要尽量选择在所在地区全年最小频率风向的上风侧，且应是地势平坦、开阔、不易积存液化石油气的地段。同时，应避开地震带、地基沉陷和废弃矿井等地段。

6）在城市规划中，应合理选择液化石油气供应站的瓶库、煤气和天然气调压站的位置，并采取有效的消防措施，确保安全。[37]

2.1.4 合理确定城市输油管道和设施的位置

输油管道的线路，应根据城市建设发展规划，在方便施工和确保运行安全的原则下，通过对沿途地区的地形、地貌、水文、气象、地震等综合分析和技术经济比较确定线路总体走向。一般，应注意如下问题。

1）管道走向不得通过城市饮用水源一级保护区、飞机场、火车站、海（河）港码头、军事禁区、国家重点文物保护范围和国家级自然保护区的核心区。

2）合理选择城市输送原油、成品油、液化石油气管道的位置，并应与地上建筑物保持足够的防火安全距离。有关距离要求可按表 2-1 确定：

输油管道与建筑物的防火间距　　表 2-1

建筑名称 管道敷设	居住区和重要公共建筑	机场、海（河）港码头	大中型水库、水工建（构）筑物	公路（路边）	铁路（用地）	架空电线		国家文物保护范围	军工厂、军事设施	易燃易爆仓库
						110kV 以下	110kV 以上			
原油及成品油	5m	20m	20m	3m	3m 以外距铁路线 25m	1 杆	1 杆加 3m	协商	协商	协商
液化石油气	50m	50m	40m	10m	50m	1 杆	1 杆加 3m	100m	100m	100m

3）中间站场和大中型穿跨越工程位置选择，应符合线路总体走向；局部线路走向应根据中间场站和大中型穿越工程位置进行调整。[6]

4）严禁在输送管道的上部地面修建任何建筑物、构筑物或堆放物资。管道井和阀门井盖处应当设有标志。

2.1.5 合理确定汽车库的位置

在进行汽车库、修车库、停车场选址和总平面设计时，应根据城市规划要求，合理确定汽车库、修车库、停车场的位置、防火间距、消防车道和消防水源等。在确定汽车库位置时，应注意如下问题：

1）汽车库不应布置在易燃、可燃液体或可燃气体的生产装置区内和物资场所区内。

2）汽车库不应与甲、乙类厂房（仓库）贴邻或组合布置。

3）汽车库、修车库不应与托儿所、幼儿园、中小学校的教学楼、老年人照料设施和活动场所、病房楼等组合建造，当确需组合布置时，汽车库应设置在建筑的地下部分，并应与建筑的上部严格分隔。

4）Ⅰ类修车库应单独布置，Ⅱ、Ⅲ、Ⅳ类修车库可设置在一、二级耐火等级建筑的首层，或者与其贴邻；但不允许与甲乙类厂房、仓库、明火作业的场所或托儿所、幼儿园、中小学教学楼、老年人照料设施和活动场所、病房楼及人员密集场所组合或贴邻建造。[7]

2.1.6 合理确定汽车加油、加气、加氢站的位置

汽车加油、加气、加氢站的规模和站址选址，应符合城乡规划、环境保护和防火要求，应根据资源条件、市场需求、周边环境等因素统筹确定。站址应选在交通便利，用户使用方便的地点。设计应注意如下方面：

1. 应限制建站级别和交通条件

1）在城市中心区不应建设一级加油加气加氢站、CNG（压缩天然气）加气母站[72]。

2）城市建成区内的加油加气加氢站，宜靠近城市道路，但不宜选择在城市干道的交叉路口附近。[8]

2. 合理确定建站形式

在汽车加油加气加氢站规划设计时，应遵循有利节约土地、有利经营管理、有利事业发展的原则，符合如下要求：

1）合理选择向加油加气加氢站供油、供气、供氢的方式

向加油加气加氢站供应汽油、柴油、LPG、LNG、液氢，可采取罐车（或罐式集装箱）运输或管道输送的方式。供应CNG、氢气，可采用长管拖车、管束式集装箱运输或管道输送的方式。[8]

2）合理确定加油加气加氢站的建站形式

（1）加油站可与除CNG（压缩天然气）加气母站外的其他加气站联合建站。

（2）加油站、CNG加气站可与加氢设施联合建站。

（3）加油加气加氢站可设置电动汽车充电设施。

（4）橇装式加油装置不得用于企业自用、临时或特定场所之外的场所，并应单独建站。

3）合理确定CNG（压缩天然气）储气设施的总容积

CNG（压缩天然气）储气设施的总容积，应根据设计加气汽车的数量、每辆汽车的加气时间、母站服务的子站个数、规模和服务半径等因素确定。

在城市建成区内，CNG加气站储气设施的总容积应符合下列要求：

（1）CNG加气母站储气设施的总容积不应超过120m^3。

（2）CNG常规加气站储气设施总容积不应超过30m^3。

CNG常规加气站可采用LNG储罐作补充气源，但LNG罐储罐容积、CNG储气设施的总容积和加气站的等级划分，应符合表4-39的要求。

（3）CNG加气子站内设置的固定储气设施总容积不应超过18m^3；采用储气井时，其总容积不应超过24m^3。

（4）CNG加气子站内无固定储气设施时，站内停放的CNG长管拖车不应多于2辆。

（5）除橇装式加油装置所配置的防火防爆油罐外，加油站的汽油罐和柴油罐应埋地设置，严禁设在室内或地下室内。

4）可设置柴油尾气处理液加注设施

为适应清洁燃料的发展需要，站内可设置柴油尾气处理液加注设施。其布置应符合下列要求：

(1) 不符合防爆要求的设备，应布置在爆炸危险区域之外，且与爆炸危险区域边界线距离不应小于 3m。

(2) 对符合防爆要求的设备布置，可按柴油加油机对待。

(3) 当柴油尾气处理液的储液箱（罐）或橇装设备布置在加油岛上时，容量不得超过 1.2m^3，且储液箱（罐）或橇装设备应在距岛的两侧边缘 100mm 和岛端 1.2m 以内布置。

5) 电动车充电设施应布置在辅助服务区内[8]

3. 建站设计必须符合有关标准规定

汽车加油加气加氢站的建站设计，除应符合《汽车加油加气加氢站技术标准》GB 50156—2021 外，尚应符合国家现行有关标准规定。如：

1) 橇装式加油装置的加油站设计与施工，尚应符合现行行业标准《采用橇装式加油装置的汽车加油站技术规范》SH/T 3134 的有关规定。

2) CNG 加气站、LNG 加气站与城镇天然气储配站的合建站和 CNG 加气站与城镇天然气接收门站的合建站的设计，尚应符合现行国家标准《城镇燃气设计规范》GB 50028 的有关规定。

3) CNG 加气站与天然气输气管道场站合建站的设计与施工，尚应符合现行国家标准《石油天然气工程设计防火规范》GB 50183 的有关规定。

4) 加油站内乙醇汽油设施的设计，尚应符合现行国家标准《车用乙醇汽油储运设计规范》GB/T 50610 的有关规定。

5) 电动汽车充电设施的设计，尚应符合国家现行标准《电动汽车充电站设计规范》GB 50966 的规定。

6) 储存 CNG、LNG、氢气和液氢的设备，应符合国家特种设备的相关规定。

2.1.7 合理确定地铁车站的布局

在地铁车站的总体规划布局中，应合理确定和处理好如下要求与关系：

1) 应符合城市规划、城市交通规划、环境保护和城市景观的要求；

2) 妥善处理好与地面建筑、地下管线、地下构筑物等之间的关系；

3) 妥善处理好车站的出入口、风亭的位置与周边环境及城市规划要求的关系；

4) 应考虑公厕位置，并根据需要与可能在靠近位置设置自行车和汽车停放场地。[9]

2.2 城市道路规划设计中的消防车通道要求

科学合理的城市道路规划，应当是功能清楚、系统分明，通过不同等级道路的互相沟通，使城市的道路网络构成一个相互协调、有机联系的整体，使交通流量在全市能够均衡分布，避免过分集中于主要路段，造成交通阻塞的被动局面。

现行国家标准《建筑设计防火规范》GB 50016 规定，街区内的道路应考虑消防车的通行。[5]路网的布局应满足消防车等应急通行的需要。通而不畅的城市道路，等于没有应急通行的消防车通道，势必妨碍消防队迅速出动，并会贻误抢险救灾的有利时机，增加火灾导致的财产损失和人员伤亡，甚至造成不良社会影响。

消防车通道的设计应尽可能利用城市街区内的交通道路，但该道路应满足消防车通行、转弯和停靠的要求。凡是不能利用街区道路作为消防车通道的工厂、仓库、材料堆场、公共建筑、封闭院落、高层建筑，以及供消防车取水的天然水源和消防水池等，均应设计可供消防车通行的道路。

2.2.1　消防车通道布局要适应城市消防给水管网布置和消防车性能要求

1. 消防车通道的中心线间的距离不宜大于160m

消防车通道的中心线间的距离不大于160m，这是消防车通道的理想路网间距。因为沿路布置的室外消火栓间距是120m，每个消火栓保护半径是150m。当道路间距不超过160m时，路网内的建筑物就都能处于2个室外消火栓的保护范围之内（图2-2）。

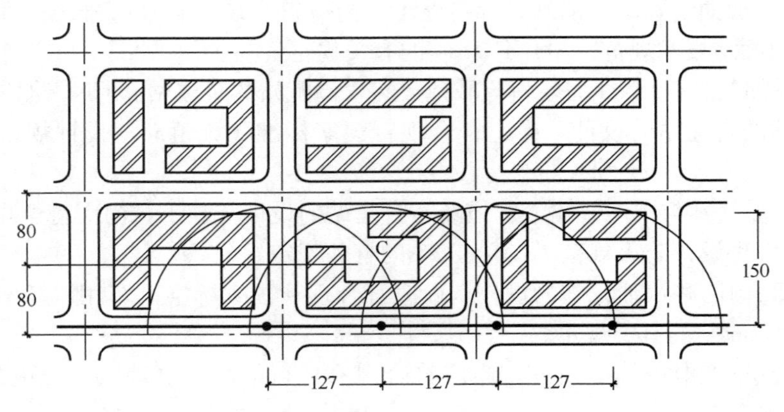

图2-2　城市的理想路网和市政消火栓布置示意图

2. 沿街建筑物超长时应设计穿越建筑物的消防车通道

为适应沿城市街路布设的市政消火栓保护半径和普通消防车的供水能力，当建筑物沿街部分的长度超过150m或沿街建筑加上建筑侧翼的总长度超过220m时，应设计穿越建筑物的消防车通道（图2-3）。当确有困难时，应沿建筑物周边设计环行消防车通道。

对于临近（或骑跨）台地高差地段的沿街建筑物，因建筑物的前后地面高差较大，当其沿街建筑长度超过150m，无可能设计穿越台地高差进入侧翼建筑院落或沿建筑周边环行的消防车通道时，应在沿街建筑长度不超过150m处以及与侧翼建筑连接处的适当部位的纵断面，设计能“竖向断解”超长建筑的防火墙 。通过防火墙“隔断分解”，则使沿街的“各段”建筑 ，均能适应市政消火栓保护半径和普通消防车供水能力 。

3. 消防车通道宜靠近室外消火栓

消防车通道的有效路面与室外消火栓距离不宜大于2m；与供消防车取水的天然水源取水点或消防水池取水口距离不宜大于2m。以避免因距离过大，难以进行消防车吸水管连接，无法消防供水。

2.2.2　消防车通道设计要适应消防救援需要

在工业建筑或装置区周围、民用建筑周围、工厂厂区内、仓库库区内、城市轨道交通的车辆基地内、其他地下工程的地面出入口附近，均应设计可通行消防救援车辆并与外部公路或街道相连通的道路。[72]

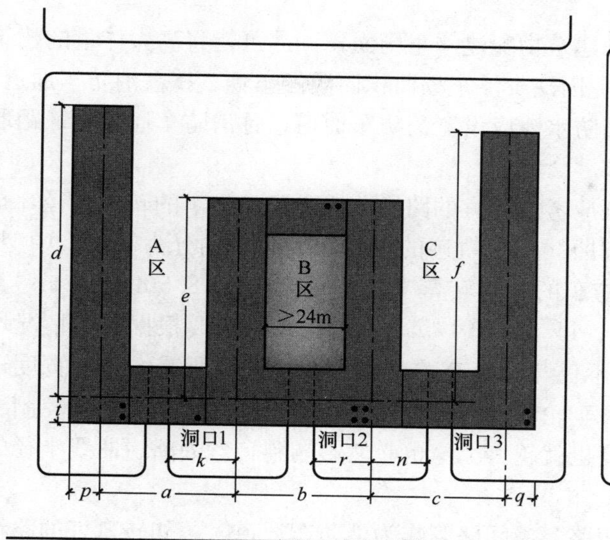

• 当沿街建筑长度>150m或加两翼总长度>220m时，应设置穿过建筑物的消防车通道。

例如：

1.当$a+b+c+p+q>150$m时应开设洞口1(或洞口3)；

2.当$d+t$(或$f+t$)≤150m时，A区(或C区)边侧可不开设洞口；

3.当A区：$d+a+e>220$m时，或者C区：$e+c+f>220$m时，应开设洞口1或洞口3；

4.B区：当建筑的围合院落短边长度>24m时，应设进入内院的消防车通道，应开设洞口2；

5.凡无通道间隔的毗连建筑，视为建筑连续长度一并计算。

图 2-3　沿街建筑开设洞口

1. 消防车通道设计的基本要求

1）消防车通道设计应满足消防车快速通行和救援的需要

消防车通道可利用城乡、厂区等交通道路，但应满足消防车快速通行、转弯和停靠救援作业的要求。在进行消防车通道规划设计时，须注意如下方面：

(1) 当消防车通道为单车道时，路面净宽度不应小于 4m；[5] 当消防车通道为双车道时，路面净宽度不应小于 7m；消防车通道的空间高度应满足如下要求：

① 当消防车通道通行路段上空设计有跨路的架空管线（或装饰牌楼等）时，其通道净空高度不应小于 4.5m 。

② 当消防车通道需穿越建筑物或需架空管线时，应保证穿越处的开设门洞或管线架空的高度要求：对于建筑高度不超过 100m 的建筑，其供消防车通道穿越的洞口宽度和高度均不应小于 4m ；对于建筑高度超过 100m 的建筑，其供消防车通道穿越的洞口宽度不应小于双车道（7m），空间高度不应小于 4.5m。[20]

(2) 消防车通道的通行段路面的坡度不宜大于 8%，不应大于 10% ；供消防车停靠的消防救援操作场地的坡度不宜大于 3%。

(3) 消防车通道的边缘距建筑外墙不宜小于 5m（当建筑墙外地面构造与消防车通道相同时，确定消防车通道的理论边线应在距建筑物外墙 5m 以外）。

(4) 消防车通道的路面和消防救援操作场地的地面，以及利用裙房屋顶平台设计消防车通道和消防救援操作场地的下面的建筑结构，应保证能安全承载重型消防车辆装备的满载重压。

(5) 消防车通道与建筑物之间不应布设妨碍消防车通行和停靠的树木、栅栏、小品等及架空的供电、通信、水汽管线等影响消防救援的障碍物。

(6) 当在消防车通道两侧设有厂房、仓库、汽车库、院落等有机动车出入的道口时，应在机动车上道之前设有机动车引道。避免起车时因无缓冲瞭望直接上道而影响消防救援车辆的快速通行。[19]

(7) 居住区详细规划设计，应保证建筑物配建停车场面积。尽可能将高大体量的建筑多退规划建筑红线，少“穿裙子”，避免因缺少停车场面积而滥停车辆、挤占消防车通道。

(8) 供消防车取水的天然水源和消防水池应设置消防车通道，且消防车通道边缘距取水点位置不宜大于2m。

(9) 消防车通道转弯处的路面宽度应考虑适宜的路缘曲线半径。汽车的转弯半径，是指在汽车回转时，汽车的前轮外侧循圆曲线行走轨迹的半径。消防车辆分为轻型、中型、重型三个系列。一般轻、中、重型消防车的最小转弯半径分别为7m、8.5m和12m；其转弯时的最外侧控制半径分别为8.5m、11.5m和14.5m。特殊车辆还要根据实际情况增大控制半径。[4]汽车行驶时的转弯半径不仅与车速有关，而且在转弯处所需的路面宽度还与车体的长度有关。车体越长，前后桥车轮转向与车轴的夹角相差越大，其最外侧控制半径也越大，转弯行驶中所需路面的宽度也就越大。这也必然影响到转弯处路缘曲线半径的合理确定。

当利用居住区道路、小区路、组团路、宅间路等作为消防车通道时，如转弯处的路缘曲线半径过小，转弯处的路面过窄，则会影响消防救援车辆的快速通行，甚至不能通行。所以，在规划确定道路转弯处路缘曲线半径时，既要满足车辆转弯半径，又要考虑到消防车速较快和特种车辆车体较长的因素。

消防车通道转弯处的道路弧线内侧路缘曲线半径，以不小于汽车转弯时的外侧控制半径（11.5～14.5m）减去车体宽度（2.6～3m）为宜，一般为9～12m；一些特种车辆的转弯时外侧控制半径可达16～20m。如行车路面不宽敞，其转弯处所需路缘曲线半径就要更大一些。

在城市道路交通专项规划设计中，应根据城市发展需要，考虑到该区域的规划建筑的建设规模布局和使用功能情况，根据不同建筑区域的消防救援所需特种救援装备车辆的转弯性能和该辖区消防站实际发展需要应配备的消防车辆装备情况，合理确定该区域的消防车通道宽度和道路转弯处的路缘曲线半径。比如：

① 非高层的一般居住区和一般厂区的消防车通道，应适合中型消防车辆的通行，其道路转弯处的路缘曲线半径不宜小于9m；

② 高层建筑或大型公共建筑区域，以及化工生产装置区域，其道路转弯处的路缘曲线半径应满足重型消防车辆的转弯需要，转弯半径不宜小于12m。如果消防车通道设计为路面较宽敞的多车道时，其道路转弯处的路缘曲线半径可适当减小一些。

常见各类消防车的尺寸及转弯半径可参考表2-2。

各类消防车的外形尺寸及转弯半径　　表2-2

消防车型号及名称	满载重量（t）	工作高度（m）	工作半径（m）	长（m）	宽（m）	高（m）	支腿跨距纵横向（m）	转弯半径（m）
CG18/30内座水罐车	11.0～19.0			7.20	2.40	2.80		9.20
CP10内座泡沫车	11.5～26.0			7.20	2.40	2.80		9.20
CPP30内座泡沫车	11.5～26.0			7.60	2.40	3.33		9.20
CE240二氧化碳车				7.20	2.40	2.60		9.20

续表

消防车型号及名称	满载重量(t)	工作高度(m)	工作半径(m)	长(m)	宽(m)	高(m)	支腿跨距纵横向(m)	转弯半径(m)
CF10干粉车	1.8～2.6			6.78	2.40	3.01		9.20
CST7水罐拖车	5.5～31.5			10.04	2.40	2.50		9.20
CFP2/2水泡沫干粉联合车	2.6～17.3			10.50	2.80	3.70		11.50
CZ15火场照明车	2.2～3.3			6.60	3.20	2.40		7.60
CT22直臂云梯车				7.20	2.50	2.90		10.00
CQ23曲臂举高车	11.1			11.20	2.60	3.74		12.00
火鸟举高车				15.70	2.50	3.70		15.00
登高平台车	9.6～33			10.70	2.49	3.66		10.70
博浪涛云梯消防车	27.0	40	19.6	17.10	2.50	4.00	6.5×6.0	12.00
徐工ZD53	33.3	53	17	7.70	2.50	3.40	5.8×6.0	12.00
锦重CDZ50	31.8	50	19	7.70	2.50	3.40	5.8×6.0	11.00

(10) 利用消防车通道停靠消防车进行救援作业的路面宽度，应能满足消防车辆装备的承载支腿跨距要求。一般重型消防装备车辆停靠作业时，其车身底盘支腿的纵向或横向跨距约为4～5m；对于特殊重型消防装备车辆（如云梯车、举高车、高喷车等）停靠时，其车身底盘支腿的纵向或横向跨距可达6～7m，单车道根本满足不了这类特殊消防车辆装备的停靠需要。所以，在建筑周边规划设计消防车通道时，应考虑安全停靠不同车辆装备的救援操作需要，将建筑周边路面适当加宽，并结合消防车通道设置消防救援操作场地，以适应重型消防车辆装备实施救援作业的场地要求。

2) 各功能区的消防车通道应便捷通畅

城区内各功能区的消防车通道应便捷通畅，并应保证各功能区内路网的对外出入口数量不少于2个，并符合下列要求：

(1) 工厂、仓库区的消防车通道

工厂、仓库区内的每个生产装置、建筑物、堆场、储罐区等均应设计消防车通道。各功能区道路网络的对外出入口数量均不应少于2个。

(2) 居住区的消防车通道

居住区各级道路（包括居住区道路、小区路、组团路和宅间路）均应保证消防、救护等车辆的通行、停靠和救援的需要。街区内的路口不应规划设置永久性路障，以免影响消防救援车辆的应急通行。

对于实行封闭式管理的居住小区内的消防车通道规划设计应注意如下方面：

① 居住小区内主要道路至少应有两个方向与外围道路网相连通；

② 每个小区内的道路布置至少应有两个对外出入口；

③ 机动车道对外出入口间距不应小于150m；

④ 当小区周边沿街建筑长度超过150m时，应根据沿街建筑规模具体情况，设计通行消防车的洞口：当沿街建筑高度不超过100m时，通车洞口的净宽度和净空高度应不小

于4m（宽）×4m（高）；当沿街建筑高度超过100m时，通车洞口应不小于7m（宽）×4.5m（高）；[17][20]

⑤ 对于体量较大的住宅建筑，消防车通道的设计应能保证居住的方便和安全，每个住宅单元至少应有一个出入口门前可以通行停靠消防或救护车等机动车辆，并在单元门前设计适应疏散和行车的缓冲地段，以利停车和救援；[18]

⑥ 当住宅与其他建筑合建，且住宅单元的安全出口开向其下部建筑屋顶，并将该屋顶平台作为住宅居民出行的室外“地面”时，应在审验该建筑结构安全和屋顶平台坚固耐用及安全疏散等方面可行条件下，力求该屋顶平台上面能够通行、停靠消防、救护等机动车辆，以利应急消防救援和安全疏散；

⑦ 对于小区内临时占路的贸易市场或营业摊点的布置，不得堵塞消防车通道和影响消火栓的使用。[5]

（3）步行商业街的消防车通道

步行商业街应设计消防车通道，其上空应尽量敞通。即使商业街设有顶棚时，一定要保证自然排烟，不要把商业步行街设计成“室内”封闭空间，以避免影响步行街的自然排烟和消防通视，影响消防救援行动展开。[69]

步行商业街的消防车通道设计应满足如下要求：

① 步行商业街的设计宽度，应在按人行流量计算的人行宽度之外，考虑消防车应急通行和救援所需通道宽度；

② 当步行商业街的长度超过150m时，尚宜在步行街中段设计从外部进入步行街的消防车通道。穿越步行街区的消防车通道应与城市道路网相连通；[21]

③ 步行街两侧建筑相对面临的距离和步行街端部的开口宽度，应满足消防车应急救援通道（宽度不小于4m）与两侧建筑的安全距离（均不小于2.5m）要求[17]，且不应小于9m。

（4）汽车加油加气加氢站的道路

汽车加油加气加氢站内的车辆出、入口应分开设计。车辆出入口、停车位、行车道设计要求应按车辆类型确定：

① CNG（压缩天然气）加气母站内，单车道或单车停车位的宽度不应小于4.5m，双车道或双车停车位的宽度不应小于9m；其他加油加气加氢站的车道或停车位，单车道或单车停车位的宽度不应小于4m，双车道或双车停车位的宽度不应小于6m；[8]

② 站内道路的转弯半径应按行驶车型确定，且不应小于9m；

③ 站内停车位应为平坡，道路坡度不应大于8%，且宜坡向站外；[55]

④ 加油加气加氢作业区的停车位地面和道路路面不应采用沥青铺设，避免发生火灾时可能因路面熔融而影响消防救援。[8]

2. 环形消防车通道设计范围及要求

对于占地面积大、建筑体量大、火灾危险性大、扑救难度大的建筑物，其周边应设计环形消防车通道，并应尽可能利用城市道路网络。

凡环形消防车通道，至少应有两处与其他行车道路网络连通，且连通点应分开布置，不应靠近，以免影响消防车的应急通行。环形消防车通道的设计范围及要求如下：

1）生产场所（厂房）、物资储存场所（仓库）、汽车库以下建筑均应设计环形消防车通道：

（1）高层生产场所（厂房）；

（2）占地面积大于 3000m^2 的单、多层甲、乙、丙类生产场所（厂房）；

（3）高层储存物资场所（仓库），占地面积大于 1500m^2 的储存乙、丙类物资场所（仓库）；

（4）飞机库；

（5）汽车库、修车库。

如果生产场所（厂房）、储存物资场所（仓库）、飞机库设计环行消防车通道确有困难时，至少应沿建筑物的两个长边设计消防车通道。[72]

如果汽车库、修车库周围设环形消防车通道或沿两个长边设消防车通道确有困难时，可沿建筑物的一个长边和另一边设消防车通道。[7]

2）可燃材料露天堆场区

可燃材料露天堆场区消防车通道设计，应有利于消防队从多方位实施灭火，并适应消防增援车辆的救援需要。

（1）对于储量较大的如下露天堆场应设计环形消防车通道：

①化纤或棉、麻、毛类 1000t 以上；

②秸秆、芦苇类 5000t 以上；

③木材类 5000m^3 以上。

（2）环形消防车通道设计要求：

① 当可燃材料堆场占地面积大于 30000m^2 时，应在环行消防车通道的环道内侧相对面之间增设与消防环道相连通的中间消防车通道，增设消防车通道的间距不宜超过 150m；

② 消防车通道与材料堆场堆垛的最小距离不应小于 5m；

③ 材料堆场的中间消防车通道与环形消防车通道连接处的路面宽度，应满足消防车的转弯半径需要。

3）液化石油气、可燃液体、可燃气体储罐区

（1）液化石油气储罐区、可燃液体储罐区和可燃气体储罐区均应设计消防车通道。对于储量较大的如下储罐区宜设计环形消防车通道：

①总储量 500m^3 以上的液化石油气储罐区；

②总储量 1500m^3 以上的甲、乙、丙类液体储罐区；

③总储量 30000m^3 以上的可燃气体储罐区。

（2）环形消防车通道设计要求：

对占地面积较大的储罐区，在环形消防车通道的环道内侧相对面之间，宜设计与消防环道相连通的中间消防车通道。[5]

4）民用建筑方面

下列民用建筑应设计环形消防车通道：

（1）高层民用建筑；

（2）座位数超过 3000 座的体育馆；

（3）座位数超过 2000 座的会堂；

（4）占地面积大于 3000m^2 的商店建筑、展览建筑；

（5）占地面积大于 3000m^2 的其他单层和多层公共建筑。

当设计环形消防车通道确有困难时，可沿该建筑的两个长边设计消防车通道。

对于住宅建筑和靠近山坡地或河道边受地理环境条件限制建造的公共建筑，可沿建筑的一个长边设计消防车通道。但为适应单侧消防救援的需要，应控制建筑进深不宜大于室内（临近道路一侧的）消火栓保护半径范围（即：20m 水带加 10m 充实水柱，不宜大于 30m）；对于高层建筑的该长边所在建筑立面应为消防车登高操作面。

3. 结合消防车通道设计消防救援场地的要求

消防车通道的布置应利于消防救援。在城市道路规划设计时，应注意妥善处理消防车通道与建筑物的消防救援操作场地的关系。一般规模较小的单、多层建筑物的火灾扑救，只需出动普通消防车，利用消防车通道就可成功实施消防救援。而有些大型公共建筑和高层建筑的火灾扑救，往往需要出动重型特种车辆或多种救援车辆装备协同作业，才能实现快速成功救援。所以，必须结合消防车通道设计消防救援操作场地。因为消防救援中往往有多种救援车辆装备（如指挥、泵浦、排烟、照明、云梯、登高、供水、救护等车辆）实施立体交叉作业的情况，某些特种救援车辆装备的停靠、起臂、梯台升降、旋转、救护、灭火等消防救援操作都需有必要的场地和空间。无论是单层、多层或高层建筑，均必须保证其消防救援通道畅通，并结合消防车通道设计能满足消防救援需要的操作场地。

1）一般单、多层建筑以消防车通道作为消防救援场地

（1）一般单、多层建筑的规模体量和进深较小，建筑内需疏散的人员不多，各防火分区的疏散出口都能直接面临消防车通道，其火灾扑救难度不会太大。这类建筑发生火灾，消防救援力量往往只是第一出动的消防队，出动的是普通消防车辆且数量较少，在无增援情况下，利用消防车通道作为救援场地就可以应对火灾现场救援形势。

（2）为利于消防救援，消防车通道与建筑物之间不应设有妨碍消防救援操作的障碍物（如架空管道、架空电力线或种植树木等）。[5]

2）重要公共建筑（或特殊建筑）的消防车通道和消防救援场地

在公共建筑布局中，会经常遇有人员密集、发生火灾后伤亡大、损失大、影响大的特殊建筑，或者超长、大进深的大体量建筑毗连布置等情况。此类公共建筑具有临街面超长、建筑物内空间大、进深大、人员多、功能混杂等特点，一旦发生火灾，人员疏散和灭火救援困难大，危害大。所以，设计时应处理好如下方面问题：

（1）控制建筑进深

公共建筑（或特殊建筑），无论是单一功能独立建造或多种功能组合建造，均宜将其建筑内场所空间的进深控制在 50m 以内。[4][5] 这样，有利于消防队赶赴火场战斗展开后，从建筑四周由外及里快速有效扑救火灾，并适应大空间建筑内人员自场所中间部位向周边安全出口疏散的最大允许疏散距离要求。

（2）在建筑周边设置双车道

大进深的公共建筑内的安全疏散设计，因受疏散距离制约，四周可能都需要设计安全疏散出口，所以其周边均应临近消防车通道，其路面宽度应按双车道（不宜小于 7m）的路面确定。对于建筑高度临界于高层建筑的多层超大进深的公共建筑发生的火灾，其灭火救援的难度并不亚于高层建筑，其消防车通道和救援操作场地宜参照高层建筑的有关要求

设计，以利于灭火救援、增援和抢险救护等车辆的应急停靠作业或通行。

（3）救援场地要宽敞无碍

对于重要公共建筑（或特殊建筑），应根据外部环境条件尽可能连续布置消防救援场地。设计应注意：

① 在临近建筑物主要出入口地段设计消防救援场地时，一定要尽可能创造宽敞的地面和空间环境。

② 对于冷库等特殊建筑的消防救援场地连续布置有困难时，可分散布置，救援场地的数量不应少于 2 块。[16]

③ 消防车通道（救援场地）与建筑物之间，距建筑物外墙有门、窗洞口部位的地面，不应布设妨碍消防救援车辆操作的障碍物。

④ 消防救援操作场地的边界，必须处于架空电力线路安全防护区以外。

总之，特殊或大体量公共建筑外部的交通环境条件，必须有利于消防队全方位实施灭火救援，且应保证灭火救援中的物质运输、抢险救护等车辆的应急通行不受到影响。要创造有利于消防队从多方位、动用多设备实施消防救援的场地和空间条件。

3）高层建筑的消防车通道和消防救援操作场地

高层建筑周边的消防车通道宽度不应小于双车道，净宽度不应小于 7m。这是消防救援、增援车辆应急会车和多设备交叉联合作业及应急疏散、救护等通行所必需的。消防救援操作场地可与消防车通道结合布置。

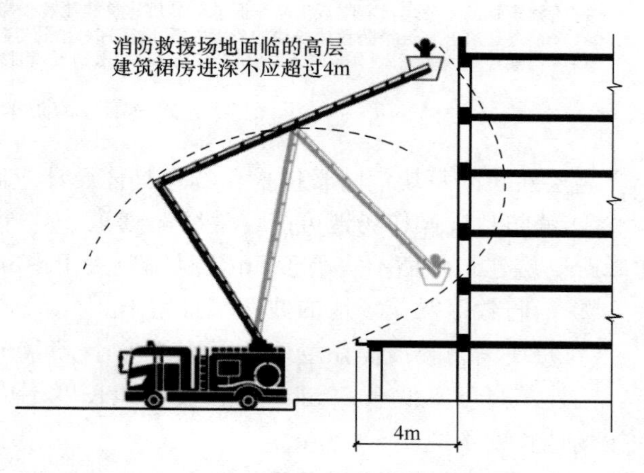

图 2-4 高层建筑裙房布置影响消防救援

（1）消防救援操作场地的布置条件

① 建筑高度超过 250m 的高层建筑，应至少沿建筑的一个长边或周边长度的 1/3 的底边连续布置消防救援操作场地，且消防车登高操作场地应至少布置在两个方向上。[20] 其他高层建筑应至少沿建筑的一条长边或周边长度的 1/4 且不小于一条长边长度的底边连续布置消防救援操作场地。在救援场范围内不宜布设裙房；如设计裙房，进深不应大于 4m（图 2-4、图 2-5）。

② 高层建筑的消防救援操作场地宜连续布置。当连续布置确有困难时，可间隔布置；未能连续布置的消防救援场地，应能保证临街立面均处于消防救援的保护范围内。[69]

③ 对于多形体组合、建筑体量较大、各立面建筑高度不同的高层建筑，应保证较高的建筑主体一侧能面临消防救援操作场地，并据其各立面临街的空间环境条件周密考虑适应消防救援的相关措施。

④ 对于临近台地高差界线处沿街路建造的高层建筑，当利用台地高差在建筑物的前、后两面均设有建筑功能区和出入口时，则应根据该建筑物前、后两面的不同建筑高度，分别设计消防救援操作场地。

（2）消防救援操作场地的设计要求

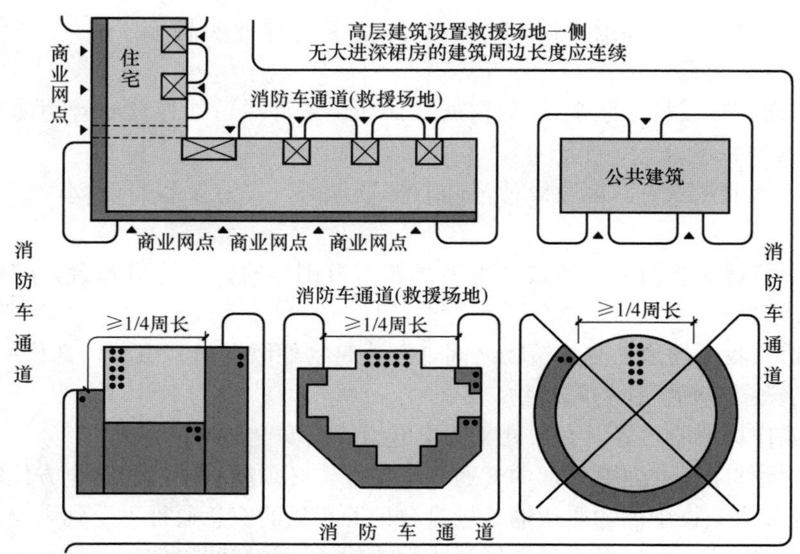

1.高层建筑物周围应设置环形消防车通道;
2.建筑物的主要出口应临近消防车通道:高层建筑的疏散楼梯、消防电梯等出入口应面临消防救援场地;
3.高层建筑在临近消防救援场地的范围内(疏散楼梯、消防电梯等出入口侧)不得设置进深>4m的裙房;
4.高层建筑要保证≥1/4的连续周边长度(且≥一个长边长度)临近消防车通道。

图 2-5 建筑物临近消防车通道示意图

高层建筑的每块消防救援操作场地具体设计应满足如下要求:

① 消防救援操作场地可结合消防车通道一体布置且应与消防车通道连通,救援场地边缘距高层建筑外墙不宜小于 5m,且不应大于 10m。

② 消防救援操作场地的坡度不宜大于 3%。

③ 每块消防救援操作场地的宽度不应小于 10m,救援场地长度应视不同建筑高度确定:当建筑高度不低于 50m 时,救援场地长度不应小于 20m;当建筑高度低于 50m 时,救援场地长度不应小于 15m。

④ 消防电梯的出入口必须临近消防救援场地。因为消防电梯是供消防人员专用的快速、便捷到达发生火灾楼层的竖向救援通道,远距离会耽误到达火场时机,影响消防救援。

⑤ 建筑物在与消防救援操作场地相对应的部位,应设有直通室外的楼梯或楼梯间首层直通室外的出入口。[5][72]在消防救援中,如消防电梯发生故障或其他原因不能使用时,消防救援人员须通过楼梯间向起火楼层进攻。在建筑物面临消防救援场地的一侧如没有直通楼梯间的入口,就会使消防人员在火情危急的困难情况下失去通过最便捷的路线进入救援通道(楼梯间)的机会,不能尽快到达起火楼层去抢救被困人员并进行灭火。

⑥ 对于高层公共建筑或单元式住宅建筑,应保证每层每个防火分区或使用单元的房间出入口和消防电梯入口都能与设有消防救援窗口的房间相连通。凡消防救援窗口均应面临消防救援操作场地。当高层主体下部设计有进深大于 4m 的裙房时,应避开对应消防救援场地及设有救援窗口的部位,以保证有利发挥消防救援操作场地功能。

⑦ 对于设置剪刀式楼梯的高层建筑,剪刀梯两梯段位于首层的对外出口都应面临消防救援操作场地。因为剪刀梯两梯段位于各楼层的前室是分别设置的,只有首层两梯段的

分别对外出口（或两楼梯首层出口汇合到一个公共区设集中对外出口）能面临救援场地时，才有利于消防队通过剪刀式楼梯间任一梯段进攻起火楼层。

⑧ 在建筑物面临消防救援场地一侧，不应布设影响消防救援车辆作业的障碍物（如架空电力线、市政管线、建筑小品或种植树木等），并须保证消防救援操作场地边界处于架空电力线路安全防护区以外。

⑨ 当高层主体建筑的首层（或地下）设有汽车库时，其汽车库出入口不应开向其所在主体建筑（针对上部建筑主体设计）的消防救援操作场地，以避免汽车库车辆出入影响高层主体建筑的消防救援。

⑩ 户外广告牌的设置不应遮挡建筑的外窗，以免影响外部灭火救援行动。

4）消防车通道或救援场地的地面承载能力要求

消防车通道或救援场地的地面结构的承载能力，应能适应大型、重型消防车辆装备的重载通行、停靠和救援作业的安全需要。在设计消防车通道和消防救援操作场地时，如果考虑不周，会遗留下因行车路面或救援操作场地的承载能力过小、道路或场地下面的公用工程管线埋深过浅、沟渠或检修井的盖板单薄等不安全隐患，从而造成地面结构不能承受消防救援车辆通行及停靠作业的重载，影响消防救援行动的展开。

对于利用地下建筑屋顶或高层裙房屋顶设计消防救援场地时，必须顾及救援场地下面的建筑结构防火安全问题。如地下建筑或裙房内一旦发生火灾，其建筑构件耐火极限必须保证在火灾延续时间内，其室内屋顶建筑结构安全和室外消防救援场地的永久性使用功能不受到影响。

为避免此类隐患发生，设计时应特别注意对救援场地地面（或救援场地下面房间的承载顶板）的建筑防火构造设计，要采取得当的可靠保护措施，以保证消防救援场地的永久性使用安全。比如：

（1）消防车通道和救援场地的位置确定，应尽可能避开敷设有地下管线或暗沟、检修井等部位；当不能避开时，应对地下暗沟、检修井等的盖板或敷设的管线等采取切实可靠的构筑承载及敷设安装节点加固保护措施，以保证消防车通道和救援场地能承载消防救援车辆装备的重载压力。

对于城市的不同功能区和各类建筑区的消防车通道和消防救援场地设计，尚应根据可能通行和停靠重型车辆的类型考虑其道路和场地的结构承载安全问题。各种消防车辆的满载重量范围，可参考表 2-3。[4][5]

（2）当高层公共建筑或住宅建筑利用其地下部分的建筑屋顶上面（室外“地坪”）或利用高层建筑裙房的屋顶平台作为消防救援操作场地时，该救援场地下面空间的顶部承重构件（梁和楼板）的建筑结构承载能力和耐火极限，必须保证地下空间一旦遭遇火灾后结构的完好性，以保证地上人员疏散和消防救援场地的安全。

各种消防车的满载总重量 **表 2-3**

消防车名称		主要型号	满载重量范围（t）
水罐车	轻型	SH5140GXFSG55GD、EQ144、SG35ZP、SP30、SG36	4.0～9.7
	中型	SG35GD、SG70、SG80、SG85、SG55、SG60、SG65、SG65A	11.0～19.0
	重型	SG120、SHX5350、GXFSG160、SG170	26.5～31.2

续表

消防车名称	主要型号	满载重量范围（t）
泡沫车	PM40ZP、PM55、PM80、PM85、PM50ZD、PM55GD、PM120	11.5～26.0
供水车	东风144、GS70、GS150P、GS140ZP、GS150ZP、GS1802P	5.5～31.5
干粉车	GF30、GF60	1.8～2.6
干粉一泡沫联用消防车	GF45、GF110	2.6～17.3
登高平台车	CDZ20、CDZ32、CDZ40、CDZ53	9.6～33.0
举高喷射消防车	CJQ25	11.1
抢险救援车	SHX5110、TTXFQJ73	14.5
消防通信指挥车	FXZ25、CX10	2.2～3.3
火场供给消防车	FXZ10、FXZ25A、XXFZM10、XXFZM12、TQXZ20、QXZ16	2.5～4.1

4. 回车场地设计要求

当设计尽端式消防车通道时，应在尽端处设计回车道路或回车场地[5]。设计尽端式消防车通道的长度不宜超过40 m[72]；即便是非尽端式单车道，在其每隔通视距离约120m或在转弯处影响通视地段，也应设计回车（或会车避让）场地。因为尽端式道路过长会耽误车辆回转，贯通的单车道过长会因为会车（或超车）影响阻碍应急救援车辆快速通行，也不利于一般车辆的会车通行。为避免单车道过长，宜在道路长度不超过120m的适当地点设计回车（或会车避让）场地，以利于一般车辆瞭望到消防救援车辆时，避让其应急通行。[17]会车避让处路段的宽度应不小于双车道。

设计回车场地时，面积应符合如下要求：

1）供普通消防车及一般车辆使用的回车场，不应小于12m×12m；

2）供中型消防车使用的回车场，不应小于15m×15m；

3）对于生产装置区、大型公共建筑区、高层建筑区等供大型消防车使用的回车场，不宜小于18m×18m。

5. 建筑物围合的内院和天井的消防救援通道设计

1）消防车通道设计

建筑物的封闭内院或天井，当其短边长度超过24m时，宜设计进入内院或天井的消防车通道（图2-3）。

2）消防人行通道设计

（1）当沿街建筑物的封闭内院及天井的短边长度不超过24m时，应设计穿越建筑物至内院或天井的消防人行通道。

（2）当建筑物沿街长度超过80m时，应在沿街建筑首层设计穿越建筑物的消防救援人行通道（可利用楼梯间）。[17]以利人员疏散，并为消防队从多方位实施救援提供通行条件。

在穿越建筑物或进入建筑物内院的消防通道两侧，不应布设影响消防车通行或救援人员通行及安全疏散的障碍物。

（3）在埋深大于15m的地铁车站公共区，应设计供消防救援通行的专用通道。[72]

6. 消防车通道与建（构）筑物之间应保持一定的安全距离

因消防车出动时行车速度较快，在其行驶中与两侧建（构）筑物之间，要留有人员避让或要驶入道路的车辆瞭望的安全距离；消防车辆应急停靠作业也需要与建（构）筑物保持一定的安全距离。消防车通道与建（构）筑物的最小间距，宜满足如下要求：

1）距生产场所（厂房）、高层民用建筑不应小于5m；

2）距有人行出入口的建筑外墙，不应小于2.50m；

3）距无人行出入口的建筑外墙，不应小于2m；

4）距单位围墙，不应小于1.50m；

5）据消防站的消防车库出口，不应小于15m；

6）距生产厂房、储存物资仓库、机动车库等建筑及其他场所、院落等出入口的距离不应小于5m；

7）距地下机动车库出口不应小于7.50m；

8）距材料堆场边缘、储装易燃（可燃）液体和可燃气体的室外设备外缘不应小于5m；

9）距储装不燃气体和不燃液体的室外设备外缘不应小于2m。

即使建、构筑物周边地面构造都与消防车通道的路面一致，其消防车通道的有效路面也均应从要求的与建筑物最小间距处向外算起（图2-6）。

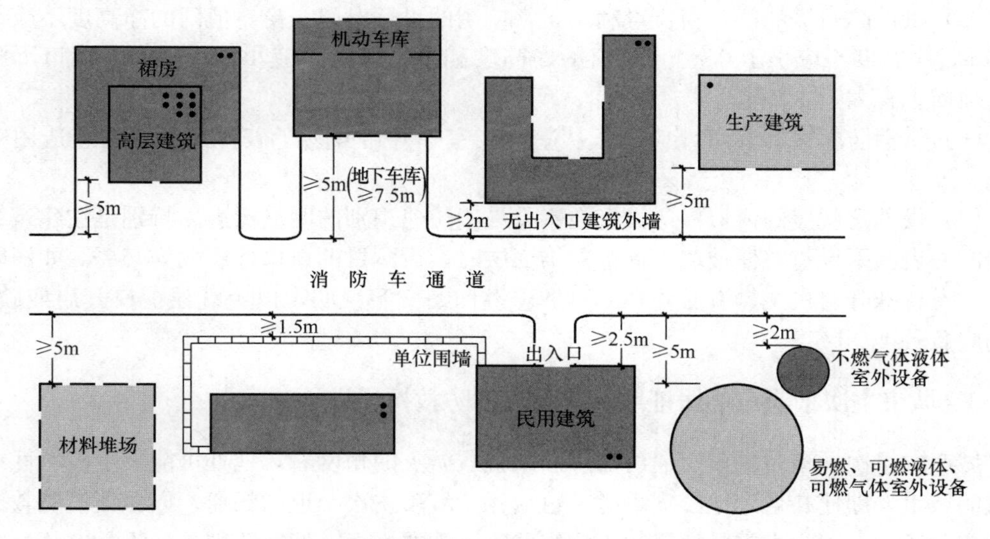

图2-6 消防车通道与各类建（构）筑物的间距

7. 消防救援窗口设计要求

消防队到达火场时，当遇有室内疏散楼梯和消防电梯等竖向通道被烟气封阻，或者因受火灾蔓延的影响，消防救援人员难以通过楼梯间进攻起火楼层接近着火部位时，则需寻找凭借消防云梯等登高设备凌空破窗而入的进攻火场机会，以迅速到达起火楼层，利用随车消防装备实施灭火救援。所以，除有特殊要求的建筑和甲类厂房可不设计供消防救援的窗口外，其他建筑外墙上应设计便于消防救援人员进入的窗口。

因为在临近消防救援场地的建筑外墙上设置的供消防救援进入的窗口，也是特殊应急情况下扑救火灾的机要关口和受困人员“绝处逢生”的希望窗口。所以，在厂房、仓库、公共建筑等临近消防救援场地的外墙上，应每层都设置可供消防救援人员进入的窗口。设置救援窗口的房间应与建筑内主通道（如各层走廊、楼梯间或前室等）相通，并能通达该防火分区或使用单元的任何部位。特别是公共建筑和无窗建筑（如仓库、洁净厂房、某些商业建筑等），更需要设置在室外能快速识别、利用消防云梯等登高设备易安全进入的消防救援窗口。[5]

消防救援窗口的设计，应符合下列要求：

（1）建筑物与消防登高操作场地相对应范围内的外墙上，对于无外窗建筑应逐层设计供消防救援窗口；对有外窗建筑应从第三层起，每层设计供消防救援的窗口。

（2）消防救援的窗口，其设置间隔不宜大于 20m，且每个防火分区不应少于 2 个。

（3）对于高层公共建筑的消防救援窗口，应设在与消防救援操作场地相对应的部位；每个防火分区或使用单元，应结合每个楼层的楼梯间、前室、走廊、房间或避难间等空间的连通情况合理设计可供消防救援的窗口，以利于从消防救援窗口的房间顺利进入其他各房间实施救援；对于单、多层建筑的消防救援窗口应临近消防车通道。

（4）对于冷库的消防救援窗口，应设在冷库的连接冷藏间、冰库、冷却间、冻结间的进出货物的穿堂通道的外墙上，每个防火分区救援窗口不应少于 2 个。在穿堂防火分区之间，应设计消防救援连通口，以保证消防救援人员能顺利到达库房各处。[16]

（5）供消防救援的门、窗口可利用正常使用的可开启门、窗，但门的净高度不应小于 1.40m、净宽度不应小于 0.80m ；窗的净高度和净宽度均不应小于 1.00m，窗口下沿距室内地面不宜大于 1.20m。[20]

（6）供消防救援的窗口，应易于从室内或室外开启并易于破拆，窗玻璃应选用安全玻璃。[72]

（7）供消防救援的窗口，应设有在室外易于快速识别的明显标志。特别是在建筑结构外墙的外表面附设有整体玻璃幕墙等装饰面层时，设醒目的窗口标志尤为必要。如消防救援窗口有特殊开启机关，有必要在醒目标志上加贴文字说明，以免耽误窗口开启或破拆，影响应急救援。[20]

2.2.3 城市主次干道应能保证地震灾害时消防救援通道

城市的主次干道是城市交通的命脉。从抗震防灾的角度看，地处可能发生破坏性地震区域的城市，即使在遇到地震灾害时，也应保持城市主次干道的畅通，以保证消防救援车辆的应急通行。因为火灾是地震次生灾害的一个重要方面，消防队则是抗震救灾的一支主要力量。在破坏性地震发生后，沿街建筑物遭破坏倒塌会压埋周围地面和道路，很容易中断交通。在处于破坏性地震区域城市道路规划设计中，沿城区主次干道两侧布置建筑时，则应考虑在受破坏性地震倒塌建筑的影响范围之外留有必要路面宽度能通行消防救援车辆。

1. 对破坏性地震烈度区的震害程度分析

地震烈度 7 度以上的地震属于破坏性地震。从《中国地震烈度表》GB/T 17742—2020 中可知，地震不同烈度（里氏）时，在地面上人的感觉和房屋震害程度及其他震害程度，描述见表 2-4。[50]

不同地震烈度区的建筑物破坏率是不同的。据有关部门对 3130 栋建筑的地震破坏程度调查统计结果，地震烈度达里氏 6～10 度时的建筑基本完好率、破坏率和倒塌率见

表 2-5。[10]

破坏性地震的震害程度 表 2-4

地震烈度（里氏）	在地面上人的感觉	房屋震害程度	其他震害程度
7 度	站立不稳，大多数人惊逃户外，骑自行车或驾乘汽车人员有感觉	房屋轻度损坏，局部开裂破坏，牌坊、烟囱损坏	地表出现裂缝及喷沙冒水，河岸出现塌方
8 度	摇晃颠簸，行走困难	建筑物结构破坏，独立烟囱损坏	路基塌方，地下管道破裂
9 度	难以站立，行动的人摔倒	建筑物普遍破坏，少数房屋倾倒，牌坊、烟囱等崩塌	干硬土上出现裂缝，铁轨弯曲
10 度	骑自行车会摔倒，处不稳状态的人会摔离原地，有被抛起感	建筑物普遍摧毁，房屋倾倒，烟囱从根部破坏倒塌	道路毁坏，山石大量崩塌、断裂，水面大浪扑岸
11 度		房屋普遍倒塌，呈毁灭性破坏	路基堤岸大段崩毁，地表产生很大变化，山崩滑坡
12 度		一切建筑物普遍毁灭	地形剧烈变化，山川易景，动植物遭毁灭

建筑结构地震破坏率统计分析表 表 2-5

地震烈度	基本完好率（%）		中度破坏率（%）		严重破坏率（%）		倒塌率（%）	
	砖混结构	框架结构	砖混结构	框架结构	砖混结构	框架结构	砖混结构	框架结构
6 度	45.9	—	11.2	—	0.6	—	—	—
7 度	40.8	3.4	12.2	48.3	8.8	13.8	0.5	—
8 度	37.2	25	24.8	25	18.2	16.7	0.3	25
9 度	1.6	10	30.7	20	37.5	46.7	22.4	13.3
10 度	0.3	—	5.6	2	13	10	78.6	82

城区的建（构）筑物，一般都布置在城区各级道路的两侧。如处于破坏性地震区域，建筑物遭到严重破坏或倒塌时，其破碎的建筑物体倾落必然会压埋周围的地面和道路，影响甚至中断交通。

2. 建筑物受震害倒塌不应压埋堵塞城市的主次干道

据分析，受破坏性地震影响的建筑物破坏和倒塌时，其倒塌倾落物所压埋的地面范围一般在自建筑物向外相当于 1/2 建筑高度范围以内。[11]规划设计时应考虑到：作为城市的主次干道，不能因路边建筑受震害倒塌而中断交通；在路面被压埋范围之外，还应有一定宽度能保证消防救援等车辆应急快速双向通行不受影响。应急通道宽度不宜小于 8m（即 4m×2），并宜设在道路中央。具体设置，应据城市道路的不同横断面形式确定。

城市道路的横断面形式，一般有单幅路、双幅路、三幅路及四幅路几种。

仅以三幅路为例，则要求靠近道路中心线的两侧各 4m 宽的有效行车路面不能被地震倒塌的建筑物压埋才行。

比如：规划道路红线宽度为 40m，建筑红线（每侧退道路红线 10m）为 60m。在道路红线宽度以内，每侧人行道各占 5m（含涉及分隔带、设施带、绿化带）宽，道路中心线两侧车行道各为 15m（含涉及分隔带、设施带、绿化带）宽。这样，自道路中心线至两侧建筑物外墙之间的 30m 内，在保留 4m 宽的应急通道之外，只有 26m 可以压埋。这就限定了在道路两侧规划建筑红线 60m 的位置上，建筑物的高度不能超过 52m（即 26m×2）高（图 2-7）。如果建筑高度超过 52m，则每超过 1m 高，其建筑边线就应后退规划建筑红线 0.5m；假如规划建筑物 100m 高，其建筑边线就应后退规划建筑红线 24m [即(100m−52m)×0.5]。这样，才能保证在地震灾害时，建筑物倒塌的压埋范围不影响消防救援的通道。

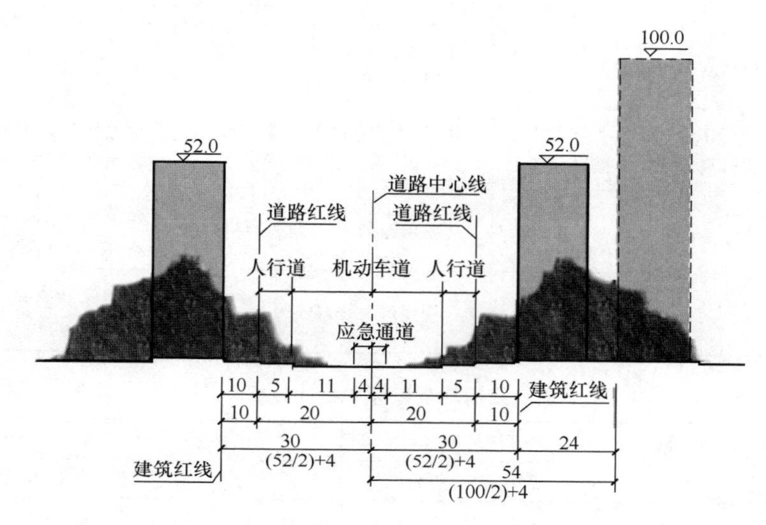

图 2-7 破坏性地震区城市抢险救灾通道示意图

所以，处于破坏性地震区域的城市，在城市的快速路、主干路、次干路两侧的规划建筑布局中，应适当控制沿街建筑物的建筑高度，并不要在街路两侧将较高建筑物对面布置。且应尽量避免建筑物“超高”又不多退建筑红线的情况发生，以保证道路两侧建筑限界内在遭遇破坏性地震灾害时，也能有供消防救援应急通行的必要道路宽度不会受到震害倒塌建筑物的阻碍影响。[11][58]

2.2.4 消防车通道与铁路平交的设计要求

1. 应设置备用消防车通道

消防车通道不宜与铁路正线平交。如必须与铁路平交时，应设置备用车道，正道与备用车道的间距应不小于一列火车的长度。一列车的长度，可参照货运或组合列车到发线的有效长度。国家Ⅰ、Ⅱ级铁路到发线长 750～1050m；Ⅲ级铁路到发线长 650～850m。一列货车或客车，长度一般不会超过 900m。所以，两个平交道口的间距不宜小于 900m。

列车提速之后，要求行车速度大于等于 120km/h 的地段，必须设置立交。在车站内、桥梁、隧道两端及进站信号机外方 100m 范围内不应设置道口；铁路曲线段不宜设置道口。[12]除企业铁路调度线外，设置道口的距离不应小于 2km。

2. 应设置瞭望明视区

消防车通道与铁路平交时，应设置火车司机瞭望机动车和机动车辆驾驶员瞭望火车的明视区。明视区设置具体要求如下：

1）当机动车辆行驶至距铁路道口不小于 50m 处时，运行的火车司机应能在不小于要求视距范围内瞭望到机动车；同时，机动车驾驶员应能侧向瞭望到不小于要求视距范围内的运行火车。

2）运行中的火车司机瞭望与铁路平交道路的最小明视距离为 850m。

3）机动车驾驶员侧向瞭望火车的最小明视距离为：

（1）当路段火车设计时速为 100km/h 时，不小于 340m；

（2）当路段火车设计时速为 80km/h 时，不小于 270m；

（3）当平交道口为线间距小于等于 5m 的双线铁路道口时，机动车驾驶员侧向瞭望最小视距还应增加 50m，多线道口按计算确定。[12]

如图 2-8 所示：自瞭望点 A（A′）至达视点 B（B′）、C（C′）之间的区域为机动车驾驶员瞭望火车的明视区。

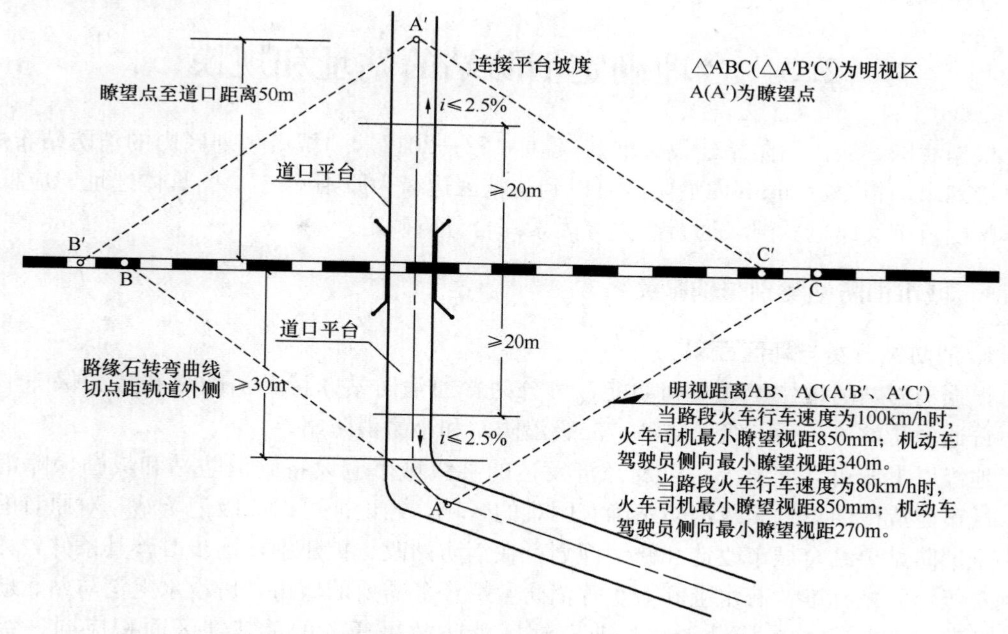

图 2-8　消防车通道与铁路平交的明视区示意图

同样，也可将自 B（B′）、C（C′）点至 A（A′）点之间的区域示意为火车司机瞭望机动车的明视区。只不过火车司机瞭望道路行驶机动车和机动车驾驶员瞭望行进中的火车是两个视距不等、范围大小不同的明视区。

在明视区内，不应布置影响通视的建（构）筑物或种植高大树种。如果保证不了明视区，或者机动车停在道口铁轨外 5m 处看不到要求最小视距内的火车时，就应在道口设置值班看守房。[12]

3. 消防车通道与铁路平交时的技术要求

1）消防车道与铁路宜垂直正交。必须斜交时，交叉角应大于 45°。

道口每侧的道路平面应为直线型，且直线段长度不应小于50m。在困难情况下，当计算机动车速大于等于60km/h时，与铁路平交的每侧道路直线段长度可为40m；当计算机动车速小于等于50km/h时，与铁路平交的每侧道路直线段长度可为30m。[12][58]

2）城市道路与铁路相交处，在铁路两侧应设置长度均不少于20m的道口平台。当道口仅通行普通汽车时，道口平台长度可为16m。

与道口平台连接的纵向坡度：通行铰接车时，不应大于2.5%；通行普通汽车时，可为3%。当受到条件限制难以达到上述要求时，通行铰接车时，不应大于3.5%；通行普通汽车时，可为5%。[12]

总之，城市的道路交通是城市存在和发展的必要条件。城市中的各个组成部分必须通过城市道路的沟通，才能形成相互协调、有机联系的城市总体功能。作为城市防灾抢险救援的消防车通道，是保护城市发展的重要安全通道，应当时刻保持畅通。

在城市道路交通专项规划设计中，只要认真面对经济和社会发展的新形势，研究可能遇到的新问题，认真执行有关规范、规定，这条密切关联城市生命线的消防车通道就一定能保持畅通。

2.3 合理确定消防站的站址和规模

根据我国《城市消防站建设标准》（建标152—2017），“城市规划区内的消防站布局，应以接到出动指令后5min内消防队可以到达辖区边缘为原则确定”。[36]具体选址，应根据各辖区的范围、路网状况、通行能力等因素综合分析确定。

2.3.1 城市消防站类别与辖区关系

1. 消防站分类与辖区面积

根据消防站的地位、规模和功能，可分为普通消防站、特勤消防站和战勤保障消防站。普通消防站可分为一级消防站、二级消防站和小型消防站。

地级以上城市（含地级）以及经济发达的县级城市应设特勤消防站和战勤保障消防站。城市建成区内设置一级消防站确有困难的区域，经论证可设二级消防站。对原有的普通小型消防站要结合城市改造和修编规划，在消防站改、扩建中，逐步改善其条件，力争达到二级消防站标准。有水上和航空等消防救援任务需要的城市，可设水上消防站、航空消防站等专业消防站。特勤消防站兼有辖区消防救援任务的，其辖区面积应同一级消防站。

消防救援的辖区面积：一级消防站不宜大于7km²；二级消防站不宜大于4km²；小型消防站不宜大于2km²。[36][67]

设在城市建设用地边缘地区、新区且道路系统较为畅通的普通消防站，其辖区面积不应大于15km²。有条件的，也可针对城市的火灾风险通过评估方法确定消防站的辖区面积。[36]

消防站辖区划定应结合城市地域特点、地形条件和火灾风险等，并应兼顾现状消防站辖区，不宜跨越高速公路、城市快速路、铁路干线和较大的河流。当受地形条件限制，被高速公路、城市快速路、铁路干线和较大的河流分隔，年平均风力在三级以上或相对湿度在50%以下的地区，应适当缩小消防站辖区的面积。[67]

2. 消防站的辖区面积与消防站的保护半径

消防站的辖区面积、保护半径、站址至辖区内最远点的实际行车路程的关系式如下：

$$A = 2R^2 = 2 \times (S/\lambda)^2;$$

$$S = (A/2)^{1/2} \times \lambda$$

式中 A——消防站辖区面积（km^2）；

R——消防站至辖区最远点的直线距离，即消防站保护半径（km）；

S——消防站至辖区最远点的实际距离，即消防车在4min内的最远行驶路程（km）；

λ——道路曲度系数，即消防车实际行程与至起火点直线距离之比，通常取1.3～1.5。

各类消防站的辖区面积、保护半径、站址至责任区最远点的实际路程见表2-6。

各类消防站的辖区面积、保护半径、站址至责任区最远点的实际路程　　表2-6

名称		消防站辖区面积（km^2）	保护半径（km）	最远点实际路程（km）
普通消防站辖区	小型消防站	2.0	1.0	1.3～1.5
	二级消防站	4.0	1.4	1.8～2.1
	一级消防站	7.0	1.87	2.4～2.8
特勤消防站兼辖区		7.0	1.87	2.4～2.8
城市用地边缘普通消防站辖区		15.0	2.74	3.56～4.11

3. 消防站的选址与消防车的行车时速

消防站宜设在所属辖区的适中地段。其选址，应能满足消防队在接到出动指令后5min内消防救援车辆可以到达该站辖区边缘（即消防站保护半径末端）的要求。这段时间为消防队从接到消防指挥中心出动指令，登车出动（时间约为1min），驱车赶赴火场（中途时间不超过4min），至到达火场战斗展开供水扑救之前的时间之和。按各级消防站至辖区最远点的行车路程计算，在消防救援车辆赶赴火场的途中不超过4min（即0.067h）时间内，其平均时速则不宜低于表2-7所列值。

各类消防站辖区的行车最远路程及平均时速　　表2-7

名称		辖区最远路程（km）	行进时间（min）	平均时速（km/h）
普通消防站辖区	小型消防站	1.3～1.5	4	19.4～22.4
	二级消防站	1.8～2.1	4	26.9～31.3
	一级消防站	2.4～2.8	4	35.8～41.8
特勤消防站兼辖区		2.4～2.8	4	35.8～41.8
城市用地边缘普通消防站辖区		3.56～4.11	4	53.1～61.3

这就需要在消防站规划选址设计中，应根据消防站辖区的规划布局和城市路网状况、交通流量、道路宽度、路面等级等因素综合分析，合理确定消防站址。必要时，可在城市道路交通专项规划设计中对区域路网部分路段的交通流量作适当限制和调整，以免影响该辖区消防救援车辆的行进速度。

2.3.2　消防站选址的设计要求

根据我国的城市生活形态和消防车的出车需要，消防站址的设计应注意如下事项：

1）站址应选在辖区内的适中位置和便于消防车出动的临街地段，并应尽可能靠近城市主、次干道和应急救援通道。[36]

2）消防站的执勤车辆主出入口距离人员密集的大型公共建筑的主要疏散出口不应小于 50m。

3）辖区内有生产、贮存危险化学品单位的消防站，应选在常年主导风向的上风方向；其用地边界距离加油站、加气站、加油加气合建站不应小于 50m，距离甲、乙类生产场所（厂房）和易燃易爆危险品储存场所（仓库）不应小于 200m[72]。

4）消防车的车库门应朝向城市道路，至道路规划红线的距离不应小于 15m（与其他建筑合建的小型站除外）。

5）消防站一般不应设在综合建筑中。特殊情况下，设在综合建筑中的消防站应有独立的功能分区，并设有专用的出入口。[36]

6）设置水上消防站的陆上基地的用地面积，应与二级消防站相同；河流、湖泊的消防艇靠泊岸线长度不应小于 100m；消防站趸船与基地的距离不应大于 500m。

7）航空消防站陆上基地，宜根据需要独立设计，用地面积应与一级消防站相同；当与机场建筑合建时，应有独立的功能分区。[67]

2.3.3　消防站的建设标准

1. 消防站的用地面积

消防站的建设用地，主要包括建筑占地、车位用地和室外训练场地面积等。配备有消防艇的消防站应有供消防艇停靠的岸线。各级消防站的建设用地面积确定，可参考表 2-8。

各级消防站的建设用地面积　　　　**表 2-8**

消防站类别	普通消防站			特勤消防站	战勤保障消防站
	一级消防站	二级消防站	小型消防站		
基本功能建设用地面积（m^2）	3900～5600	2300～3800	600～1000	5600～7200	6200～7900
容积率	0.5～0.6	0.5～0.6	0.8～0.9	0.5～0.6	0.5～0.6

注：小型消防站的容积率，当绿化用地难以保证时，宜控制在 1.0～1.1。

在确定各级消防站建设用地面积时，应注意如下几点：

1）上述指标应根据消防站建筑面积大小合理确定，面积大者取高限，小者取低限；

2）上述指标未包含道路、绿化用地，在确定总面积时，可按 0.5～0.6 的容积率进行测算；

3）消防站建设用地紧张且难以达到标准的特大城市，可结合本地实际，集中建设训练场地或训练基地，以保证消防员开展正常的业务训练。

2. 消防站的建设标准

1）建筑面积

各级消防站的建设标准，应根据消防站的类别和有利执勤备战、方便生活、安全使用等原则合理确定建筑面积，见表 2-9。

各级消防站的建筑面积　　表 2-9

消防站类别	一级消防站	二级消防站	小型消防站	特勤消防站	战勤保障消防站
建筑面积（m²）	2700～4000	1800～2700	600～1000	4000～5000	4600～6800

2）使用面积

各级消防站的使用面积指标，可参照表 2-10 确定。[36]

消防站各种用房的使用面积指标　　表 2-10

房屋类别	名称		普通消防站			特勤消防站
			一级消防站	二级消防站	小型消防站	
业务用房	消防车库	面积（m²）	540～720	270～450	120～180	810～1080
		车位数（台）	5～7	3～4		8～11
	通信室		30	30	30	40
	体能训练室		50～100	40～80	20～40	80～120
	训练塔		120	120		210
	执勤器材库		50～120	40～60	20	100～180
	被装营具库		40～60	30～40		40～60
业务用房	训练器材库		20～40	20		30
	清洗、烘干、呼吸器充气间（室）		40～80	30～40		40～60
	器材修理间		20	10		20
	图书阅览室		20～60	20		40～60
	会议室		40～90	30～60		70～140
	俱乐部		50～110	40～70		90～140
	灭火救援研讨、电脑室		40～60	30～50	15～30	40～80
	公众消防宣传教育用房		60～120	40～80		70～140
	干部备勤室		50～100	40～80	12	80～160
	消防员备勤室		150～240	70～120	70	240～340
辅助用房	餐厅、厨房		90～100	60～80	40	140～160
	家属探亲用房		60	40		80
	浴室		80～110	70～110	30～70	130～150
	医务室		18	18		23
	晾衣室（场）		30	20	20	30

续表

房屋类别	名称	普通消防站			特勤消防站
		一级消防站	二级消防站	小型消防站	
辅助用房	储藏室	40	30	15～30	40～60
	盥洗室、厕所	40～55	20～30	20	40～70
	理发室	10	10		20
	配电、锅炉、空调机房	20	20	20	20
	油料库	20	10		20
	其他	20	10	10～30	30～50
面积合计（m^2）		1784～2560	1168～1348	442～542	2663～3543

2.3.4 消防站的总平面布置

城市建设用地往往受到城区改造环境条件的限制，在平面布置时，应因地制宜，做到科学合理。既要考虑满足使用功能，又要兼顾旧城区改造过渡时期实施建设的可行性，做到瞻前顾后，有效利用土地。

以下示意方案，仅供参考：

1）特勤站或一级普通站，场地比较宽松时，可采取前车库、后训练场式（图 2-9）；

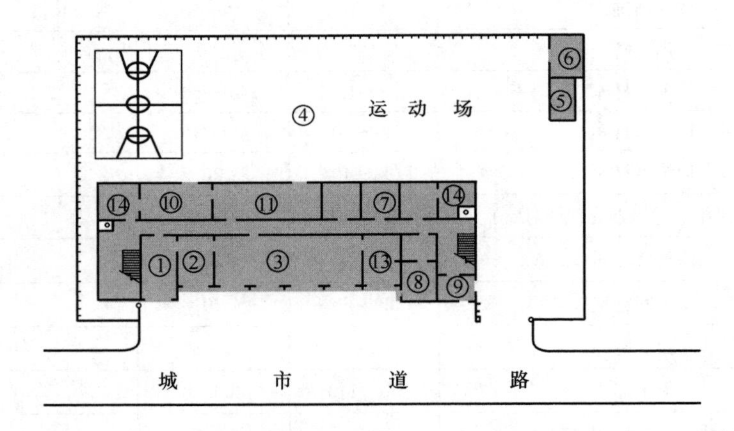

图 2-9 特勤、一级普通站（前车库、后训练场式）

2）特勤站或一级普通站，当规划用地狭长，且进深较小时，可采取车库和训练场地并列形式（图 2-10）；

3）二级普通站，在用地比较紧张的特殊情况下，也可采取将消防车库位置按规划建筑红线再向后多退 5～8m，将车库门前地面兼作训练场地形式（图 2-11）。

当然，在城市建设发展中，也往往会遇到用地特别紧张的情况，如在旧城区改造过渡时期，可结合本地实际，采取训练场与车库分离、训练塔与车库（站房）联体等形式。或者在城区的适中位置，建设集中训练场地或训练基地。

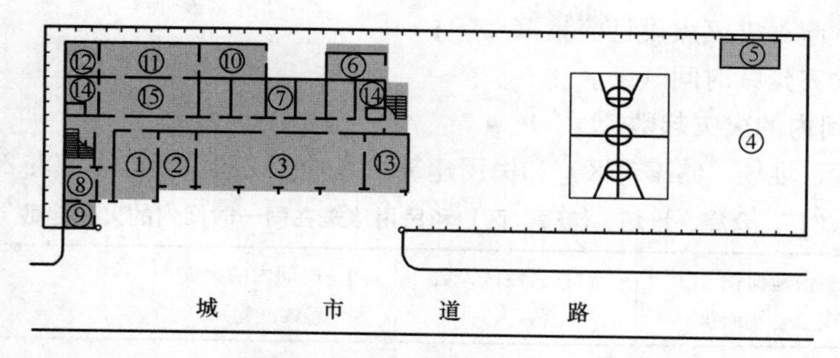

图 2-10　特勤、一级普通站（车库与运动场并列式）

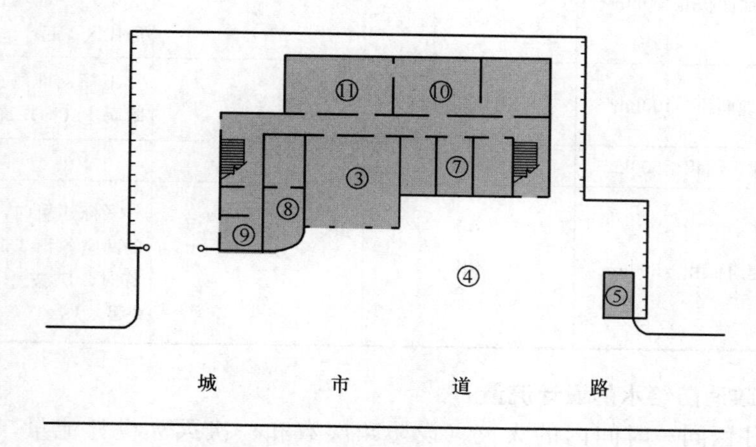

图 2-11　二级普通站（门前训练场式）

图 2-9、图 2-10、图 2-11 索引

①登高车库；②泡沫干粉车库；③泵浦车库；④训练场；⑤训练塔；
⑥器材库；⑦宿舍；⑧通信室；⑨收发室；⑩厨房；⑪餐厅；⑫仓库
⑬修理间；⑭滑竿井；⑮活动室

2.4　城市给水规划中的消防水源及设施

消防水源是最重要的消防基础设施。要顺利扑灭火灾，必须有充足的消防水源。城市总体规划中的给水专业规划，要考虑发生城市大火或者同时发生数次火灾的用水需要。

2.4.1　消防用水量

城市居住区、工厂、仓库和民用建筑的室外消防用水量应经计算确定。

1. 城市消防一次灭火用水总量

城市消防一次灭火用水总量为：同一时间的火灾起数和一起火灾灭火设计流量的乘积。火灾延续时间越长，一次灭火用水量越大。一次灭火的用水总量，可按下式计算：

$$W=3.6NQT$$

式中　W——灭火用水总量（m^3）；

　　N——同一时间火灾起数；

Q——一起火灾灭火设计流量（L/s）；

T——火灾延续时间（h）。

2. 同一时间内的火灾起数

工厂、仓库、堆场、储罐（区）和民用建筑的同时火灾起数不应小于表 2-11 要求。[60]

工厂、仓库、堆场、储罐（区）和民用建筑在同一时间内的火灾起数　　表 2-11

<table>
<tr><th>名　称</th><th>占地面积
（或总建筑面积）</th><th>附有居住区人数
（万人）</th><th>同一时间内的火灾
起数（起）</th><th>备　　注</th></tr>
<tr><td rowspan="3">工厂</td><td rowspan="2">占地面积≤100hm²</td><td>≤1.5</td><td>1</td><td></td></tr>
<tr><td>>1.5</td><td>2</td><td>工厂、堆场或储罐区 1 起，居住区 1 起</td></tr>
<tr><td>占地面积>100hm²</td><td>不限</td><td>2</td><td>工厂、堆场或储罐区 1 起，附属建（构）筑物 1 起</td></tr>
<tr><td rowspan="2">仓库和民用等建筑</td><td>总建筑面积≤500km²</td><td>不限</td><td>1</td><td></td></tr>
<tr><td>总建筑面积>500km²</td><td>不限</td><td>2</td><td>多栋建筑时，按需水量最大的两座各计 1 起，当为单栋建筑时，应按一半建筑体量计 2 起</td></tr>
</table>

3. 城市市政消防给水的设计流量

城市、居住区同一时间内的火灾（设防）次数和一次灭火设计流量，应符合如下要求：

1）城市市政消防给水的设计流量，应根据当地火灾统计资料、火灾扑救用水量统计资料、灭火用水量保证率、建筑的组成和市政给水管网运行合理性等因素综合分析计算确定。

2）城镇和居住区等市政消防给水设计流量，应按同时间内的火灾起数和一起火灾灭火设计流量经计算确定。同一时间内的火灾起数和一起火灾灭火设计流量不应小于表 2-12 的要求。

城镇和居住区同一时间内的火灾起数和一起火灾灭火设计流量　　表 2-12

<table>
<tr><th>人数 N（万人）</th><th>同一时间内的火灾起数（起）</th><th>一起火灾灭火设计流量（L/s）</th></tr>
<tr><td>N≤1.0</td><td rowspan="2">1</td><td>15</td></tr>
<tr><td>1.0<N≤2.5</td><td rowspan="2">30</td></tr>
<tr><td>2.5<N≤5.0</td><td rowspan="4">2</td></tr>
<tr><td>5.0<N≤20.0</td><td>45</td></tr>
<tr><td>20.0<N≤30.0</td><td>60</td></tr>
<tr><td>30.0<N≤40.0</td><td rowspan="2">75</td></tr>
<tr><td>40.0<N≤50.0</td><td rowspan="3">3</td></tr>
<tr><td>50.0<N≤70.0</td><td>90</td></tr>
<tr><td>N>70.0</td><td>100</td></tr>
</table>

3）工业园区、商务区、居住区等消防给水设计流量，宜根据其规划区域的规模和同一时间的火灾起数，以及规划中的各类建筑室内外同时作用的水灭火系统设计流量之和经计算分析确定。[60]

2.4.2 火灾延续时间

不同建（构）筑物（场所）的设计火灾延续时间不应小于表 2-13 要求。[60][72]

不同建（构）筑物（场所）的设计火灾延续时间（h）　　表 2-13

类别		名称	设计火灾延续时间（h）
工业建筑	生产场所（厂房）	甲、乙、丙类生产场所（厂房）	3.0
		丁、戊类生产场所（厂房）	2.0
	储存物资场所（仓库）	甲、乙、丙类储存物资场所（仓库）	3.0
		丁、戊类储存物资场所（仓库）	2.0
		易燃、可燃材料的露天、半露天堆场	6.0
		露天或半露天堆放煤和焦炭堆场	3.0
汽车库		汽车库、修车库、停车场	2.0
民用建筑	公共建筑	一类高层建筑	3.0
		建筑体积大于 100000m³ 的公共建筑	3.0
		其他公共建筑	2.0
	住宅建筑	一类高层住宅建筑	2.0
		其他住宅建筑	1.0
人民防空工程（平时使用的）		人防工程总建筑面积大于 3000m²	2.0
		人防工程总建筑面积不大于 3000m²	1.0
城市交通工程	城市交通隧道工程	一、二类	3.0
		三类	2.0
	城市轨道交通工程		2.0
	地铁车站		2.0
构筑物	生产装置	煤、天然气、石油及其产品的工艺装置	3.0
		可燃液体、液化烃的火车和汽车装卸栈台（区）	3.0
	储罐区	甲、乙、丙类可燃液体储罐（区）	4.0～6.0
		液化烃储罐（区）、液氨储罐	6.0
		液化石油气加气站（埋地储罐、地上储罐）	1.0～3.0
		可燃气体储罐（区）	3.0
		装卸液化石油气船码头	6.0
		装卸油品码头	4.0～6.0

2.4.3 消防水源及设施

可靠的消防水源，是扑救火灾的必要条件。在城市给水专业规划中，要充分研究利用本地区自然地理条件，考虑好消防水源建设。

城市消防水源可分为天然水源和人工水源两种：即可利用的天然江河湖海和人工水库、水池及城市供水管网。

1. 天然水源

天然的江河湖海、水库等水源可作为城市市政消防和建筑室外消防永久性天然消防水源。设计利用天然水源时，要注意如下问题：

1）凡是市区靠近江河湖海水库的地段，均应规划建设供消防车辆通行的车道和取水时停靠的码头或加水泵站。

2）利用天然水源时必须有可靠保证，并不受到枯水期影响，而且要有可靠的取水设施。

天然水源，平时可补充城市给水管网的消防水源不足。

2. 人工水源

主要是城市的市政储水池、给水管网和消防水池，这是城市中的主要消防水源。设计中要注意如下问题：

1）在城乡规划区域范围内，市政消防给水应与市政给水管网同步规划、设计与实施。

2）当市政消防供水不足或不能保证时，应设置消防水池。[60]设置消防水池的范围如下：

（1）无市政消火栓或消防水鹤的城市区域；

（2）无消防车通道的城市区域；

（3）消防供水不足的城市区域或建筑群；

（4）每个消防站辖区内至少应设置一个为消防车提供应急水源的消防水池，或者设置一处天然水源或人工水体的取水点。[67]

2.5 城市供电规划中的消防要求

2.5.1 城市供电规划的设计原则

城市供电系统的规划设计，应根据城市近期建设规模和城市发展规划，从全局出发，统筹兼顾，按如下原则确定：

1）按照用电负荷性质和地区供电条件合理确定；

2）做到远近期结合，以近期为主；

3）根据对城市政治、经济地位特别重要单位对供电可靠性的要求，需要确定一级负荷供电的建设规划。

2.5.2 城市供电规划中的消防要求

1. 确定一级负荷供电单位

对于城市的重要交通枢纽、重要通信枢纽、重要宾馆、大型体育场馆、经常用于国际活动的大量人员集中的公共场所、一类高层民用建筑、建筑高度大于50m的乙（丙）类厂房和丙类仓库等，应规划为一级负荷供电单位。[38]并应符合现行国家标准《供配电系统设计规范》GB 50052 规定的负荷分级要求。

2. 保证一级负荷的供电条件

在城市供电规划中，要保证使用性质重要、扑救火灾难度较大建筑物的消防电源达到一级负荷供电的条件。即应保证其用电由两个电源供电，当一个电源发生故障时，另一个电源不应同时受到损坏。

对于一级负荷中特别重要的负荷，譬如有因中断供电而可能发生中毒、爆炸和火灾等情况的用电负荷，则应视为特别重要的负荷。其电源除应由两个电源供电外，尚应增设应急电源，并严禁将其他负荷接入应急供电系统。[38]

3. 对供电设施采取强制安全防护措施

电力设施包括发电设施、变电设施、电力线路、电力调度设施等。对于发电、变电、换流、开关等厂、站内外的专用、消防等装置设施及其有关辅助设施，送配电线路及电力线路上的有关辅助设施，以及电力调度设施等，均需明确划为重点保护范围，以利于有关部门依法实施检查、管理和保护。主要保护措施有：

1）设立区界警示标志，标明各设施保护范围及安全距离，防止破坏设施和地基基础。

2）严禁在保护区内设置垃圾场、材料堆场，排放化学废料，堆置易燃物和易爆物。

3）严禁在保护区内新建建筑物、构筑物或种植竹子、树木及高棵植物。[48][49]

2.6 城市电信规划的消防需求

随着城市建设的快速发展，城市的消防应急抢险救援行动和以国家应急管理机构为主体，联合治安、交通、急救等机构的应急联合抢险救灾行动日渐频繁。这也对建立城市的现代化消防通信指挥系统提出了更加迫切的要求。为适应特大火灾、地震灾害、安全事故、空难、爆炸、恐怖事件和群众遇险事件等灾害事故及突发事件的统一指挥和有效处置的需要，必须建立与通信、网络等公共基础设施建设发展相协调的城市消防通信指挥系统，并做到安全实用、技术先进、经济合理。[66]

2.6.1 消防通信指挥系统的基本需求

城市电信规划在消防救灾通信方面，应体现系统化、科学化、现代化，实现报警快，接警迅速，调度指挥准确，通信畅通，适应现代化城市防灾救灾的需要。

面对时有发生的重大灾害事故，应建立健全消防、治安、交通、急救、人防、地震等机构应急联动抢险救灾的通信系统。通过流畅的通信网络平台可为消防指挥中心及救灾现场指挥员提供迅速掌控现场、英明决策部署、科学指挥调度的必要条件，更有利于各部门的联合作战。

城市电信规划，应能满足消防通信指挥系统的需求，应具有下列基本功能：

1）责任辖区和跨区域灭火救援调度指挥通信；

2）火场及其他灾害事故现场指挥通信；

3）消防通信指挥的信息管理；

4）消防通信指挥的业务模拟训练[66]；

5）城市消防通信指挥系统，应能集中接收和处理责任辖区火灾及以抢救人员生命为主的化学危险品泄漏、道路交通事故、地震及其次生灾害、建筑坍塌、重大安全生产事故、空难、爆炸及恐怖事件和群众遇险事件等灾害事故报警。[66][72]

2.6.2 消防通信指挥系统的功能要求

城市现代化消防通信，由有线通信、无线通信、图像传输和计算机处理等系统组成，其系统功能主要体现在消防指挥调度中心的接警、调度、指挥、联络、分析、遥控等方面。其主要功能应符合下列要求：

1）指挥中心能同时受理2起以上火灾报警和以抢救人员生命为主的化学危险品泄漏、道路交通事故、地震及其次生灾害、建筑坍塌、重大安全生产事故、空难、爆炸及恐怖事件和群众遇险事件等灾害事故报警。并能对同时受理的火灾和灾害事故报警进行科学合理的灭火救援调度指挥。

从消防指挥系统中心接到报警到消防站收到第一出动指令的时间不应超过45s。[66][72]

2）为保证消防通信指挥系统的安全运行，其系统功能应符合下列要求：

（1）重要设备或核心部件应有备份。

（2）消防通信指挥系统应相对独立，常年畅通。

（3）应能保证电话接警和调度指挥通信畅通。[66]

（4）火警电话的呼入线路或设备发生故障时，应能切换到应急接警电话线路或设备接警。[72]

（5）通过搭建消防（119）与交通（122）、救护（120）及其他重要部门的联动通信平台，实现各机构、各部门在应急状态的救援信息互联，由应急管理机构集中监管，科学指挥。

3）消防指挥中心应能自动显示各辖区消防站的作战实力，根据火灾情况指派辖区消防队和选派增援消防队，同时把有关指令和火灾情况准确地传送给他们。

4）显示记录各辖区消防队和增援消防队的出动情况，随时保持在消防车辆行进中和到达火场后与指挥员的通信联络。

5）实现有线、无线通信自动汇接，通信内容的自动录音、自动提取、记录打印。

6）显示市区重点保卫单位的位置、消防队（站）的分布以及受灾地区的道路、水源、地形等情况。

7）火灾救援现场实况录像传输、录音、计时，显示重要消防设施的联动遥控情况、气象情况等。

8）召开电话会议，日常消防业务管理及火灾统计等。

消防救援应急联动通信系统是个复杂的系统工程，其系统建设应根据各城市的具体情况制定可行方案。

在建设中，应充分利用现有资源，尽量满足各部门应急联动的作战需求，构建应急响应、灵活组合、平战结合、资源共享的应急联动平台。同时，尽可能融合信息网络、通信网络、数据库、地理信息系统以及卫星通信系统等，与通信资源进行完整、科学的系统集成，形成相关的运行规则体系，为重大灾害的应急联动救援通信提供可靠的保障。[13]

对于消防通信指挥系统的火警受理子系统和跨区域调度指挥子系统、现场指挥子系统等功能要求及其他技术要求，应符合现行国家标准《消防通信指挥系统设计规范》GB 50313的规定。

总之，城市规划目标在一定时期内指导城市发展影响深远，对消防安全设施的规划设计应高起点，尽可能地预见城市发展需求。只有实事求是，因地制宜地做好消防安全规划，才能保证城市的健康发展。这是促进社会和谐，维护社会稳定和公共安全所必需的。

3　建筑耐火等级和防火分区

建筑物是由各类建筑构件构成的。建筑构件的耐火性能好坏，决定着建筑物耐火等级的高低。建筑构件的耐火性能越好，建筑物的耐火等级越高。

建筑耐火等级分为一、二、三、四级。不同耐火等级的建筑，对其各种建筑构件耐火性能有不同要求。所以，建筑耐火等级的确定，离不开对建筑构件耐火性能的正确分析和选择。

3.1　建筑构件的耐火性能

3.1.1　建筑构件的分类

1. 按燃烧性能划分

按燃烧性能划分，建筑构件可分为可燃性、难燃性和不燃性三种构件：

1）可燃性构件：其构成的材料是能够被引燃，并能持续燃烧的可燃材料；

2）难燃性构件：其构成的材料是难以进行有焰燃烧的难燃材料，或者用可燃性材料做成而外保护层是不燃性材料；

3）不燃性构件：其构成的材料是不能燃烧的不燃材料。

2. 按建筑构件承载及使用功能划分

按建筑构件承载及使用功能划分，可分为屋顶、楼板、梁、柱、墙、楼梯等构件。

1）楼板：耐火等级为一、二、三级的建筑应为不燃性构件，四级建筑为难燃性构件；

2）梁：耐火等级为一、二、三级的建筑应为不燃性构件，四级建筑为难燃性构件；

3）柱：耐火等级为一、二、三级的建筑应为不燃性构件，四级建筑为难燃性构件；

4）墙：包括防火墙、承重墙、楼梯（电梯）间墙、走道隔墙、非承重墙和房间隔墙。其耐火性能大致要求如下：

（1）耐火等级为一、二级建筑的墙均要求为不燃性构件；

（2）耐火等级为三级建筑的墙，除非承重外墙和房间隔墙为难燃性构件外，其他均要求为不燃性构件；

（3）耐火等级为四级建筑的墙，除防火墙为不燃性构件，非承重外墙为可燃性外，其他均要求为难燃性构件。

3.1.2　建筑构件的耐火极限

各级耐火等级建筑的不同建筑构件，都有规定的耐火极限。如达不到规定耐火极限值，则须对不燃、难燃或可燃性建筑构件采取适当的防火保护措施，使其达到规定的耐火极限。

1. 耐火极限的具体含义

在建筑中起不同作用的建筑构件的耐火极限，其具体含义，体现在三个方面：

1）承重构件——包括建筑结构受压、受弯、受扭等构件，如梁、柱、墙、楼板等。其耐火极限是指从该构件受到火的作用时起，到构件自身解体或垮塌或挠曲变形，失去稳定性时为止的这段时间。

2）起防火分隔作用的构件——如楼板、隔墙、天棚等，其耐火极限是指构件从受到火的作用时起，到构件出现穿透裂缝和孔隙，使其失去完整性或隔热性的分隔作用时为止的这段时间。

3）起隔火作用的构件——如防火墙、防火分隔墙、防火门窗等。其耐火极限是指从构件的一面受到火的作用时起，到其失去完整性或背火面平均温升超过 140℃或单点温度超过 180℃时为止的这段时间。这个温度，是大部分可燃物将炭化起火的临界温度，超过这个温度，即使靠近构件背火面的可燃物没有直接受到火源的影响，也会炭化起火。

2. 各类建筑构件的燃烧性能和耐火极限

1）各类建筑构件的燃烧性能和耐火极限，可参见表 3-1。

各类建筑构件的燃烧性能和耐火极限　　表 3-1

序号	构件名称		结构厚度或截面最小尺寸（mm）	耐火极限（h）	燃烧性能
一	承重墙				
1	普通黏土砖、混凝土、钢筋混凝土实体墙		120	2.50	不燃性
			180	3.50	不燃性
			240	5.50	不燃性
			370	10.50	不燃性
2	加气混凝土砌块墙		100	2.00	不燃性
3	轻质混凝土砌块、天然石料墙		120	1.50	不燃性
			240	3.50	不燃性
			370	5.50	不燃性
二	非承重墙				
1	普通黏土砖墙	1)不包括双面抹灰	60	1.50	不燃性
			120	3.00	不燃性
		2)包括双面抹灰(15mm 厚)	150	4.50	不燃性
			180	5.00	不燃性
			240	8.00	不燃性
2	七孔黏土砖墙（不包括墙中空 120mm）	1)不包括双面抹灰	120	8.00	不燃性
		2)包括双面抹灰(15mm 厚)	140	9.00	不燃性
3	粉煤灰硅酸盐砌块墙		200	4.00	不燃性

续表

序号	构件名称		结构厚度或截面最小尺寸(mm)	耐火极限(h)	燃烧性能
4	轻质混凝土墙	1)加气混凝土砌块墙	75	2.50	不燃性
			100	6.00	不燃性
			200	8.00	不燃性
		2)钢筋加气混凝土垂直墙板墙	150	3.00	不燃性
		3)粉煤灰加气混凝土砌块墙	150	3.00	不燃性
		4)充气混凝土砌块墙	150	7.50	不燃性
5	空心条板隔墙	1)菱苦土珍珠岩圆孔	80	1.30	不燃性
		2)碳化石灰圆孔	90	1.75	不燃性
6	钢筋混凝土大板墙(C20)		60	1.00	不燃性
			120	2.60	不燃性
7	轻质复合隔墙	1）菱苦土板夹纸蜂窝隔墙，构造(mm)：2.5+50(纸蜂窝)+25	77.5	0.33	难燃性
		2）水泥刨花复合板隔墙(内空层 60mm)	80	0.75	难燃性
		3）水泥刨花板龙骨水泥板隔墙，构造(mm)：12+86(空)+12	110	0.50	难燃性
		4）石棉水泥龙骨石棉水泥板隔墙，构造(mm)：50+80(空)+60	145	0.45	不燃性
8	石膏空心条板隔墙	1）石膏珍珠岩空心条板(膨胀珍珠岩密度 50～80kg/m³)	60	1.50	不燃性
		2）石膏珍珠岩空心条板(膨胀珍珠岩密度 60～120kg/m³)	60	1.20	不燃性
		3）石膏珍珠岩塑料网空心条板(膨胀珍珠岩密度 60～120kg/m³)	60	1.30	不燃性
		4）石膏珍珠岩双层空心条板，构造(mm)：60＋50(空)＋60(珍珠岩密度 50～80kg/m³)	170	3.75	不燃性
		4）石膏珍珠岩双层空心条板，构造(mm)：60＋50(空)＋60(珍珠岩密度 60～120kg/m³)	170	3.25	不燃性
		5）石膏硅酸盐空心条板	60	1.50	不燃性
		6）石膏粉煤灰空心条板	90	2.25	不燃性
		7）增强石膏空心条板	60	1.28	不燃性
			90	2.50	不燃性

续表

序号	构件名称			结构厚度或截面最小尺寸(mm)	耐火极限(h)	燃烧性能
9	石棉龙骨两面钉石膏板隔墙	石棉石膏板	1）构造(mm)：10+64(空)+10	84	1.35	不燃性
			2）构造(mm)：8.5+103(填矿棉，密度为100kg/m³)+8.5	120	1.00	不燃性
			3）构造(mm)：10+90(填矿棉，密度为100kg/m³)+10	110	1.00	不燃性
		纸面石膏板	1）构造(mm)：11+68(填矿棉，密度为100kg/m³)+11	90	0.75	不燃性
			2）构造(mm)：12+18(空)+12	104	0.33	不燃性
			3）构造(mm)：11+28(空)+11+65(空)+11+28(空)+11	165	1.50	不燃性
			4）构造(mm)：9+12+128(空)+12+9	170	1.20	不燃性
			5）构造(mm)：25+134(空)+12+9	180	1.50	不燃性
			6）构造(mm)：12+80(空)+12+12+80(空)+12	208	1.00	不燃性
10	木龙骨两面钉(抹)材料的隔墙		1）石膏板，构造(mm)：12+50(空)+12	74	0.30	难燃性
			2）纸面玻璃纤维石膏板，构造(mm)：10+55(空)+10	75	0.60	难燃性
			3）纸面纤维石膏板，构造(mm)：10+55(空)+10	75	0.60	难燃性
			4）钢丝网(板)抹灰，构造(mm)：15+50(空)+15	80	0.85	难燃性
			5）板条抹灰，构造(mm)：15+50(空)+15	80	0.85	难燃性
			6）水泥刨花板，构造(mm)：15+50(空)+15	80	0.30	难燃性
			7）板条抹1：4石棉水泥隔热砂浆，构造(mm)：20+50(空)+20	90	1.25	难燃性
			8）苇箔抹灰，构造(mm)：15+70+15	100	0.85	难燃性

续表

序号	构件名称			结构厚度或截面最小尺寸(mm)	耐火极限(h)	燃烧性能
11	钢龙骨两面钉材料的隔墙	纸面石膏板	1) 构造(mm)：20＋46(空)＋12	78	0.33	不燃性
			2) 构造(mm)：2×12＋70(空)＋2×12	118	1.20	不燃性
			3) 构造(mm)：2×12＋70(空)＋3×12	130	1.25	不燃性
			4) 构造(mm)：2×12＋75(填岩棉，密度为100kg/m³)＋2×12	123	1.50	不燃性
			5) 构造(mm)：12＋75(填50mm玻璃棉)＋12	99	0.50	不燃性
			6) 构造(mm)：2×12＋75(填50mm玻璃棉)＋2×12	123	1.00	不燃性
			7) 构造(mm)：3×12＋75(填50mm玻璃棉)＋3×12	147	1.50	不燃性
			8) 构造(mm)：12＋75(空)＋12	99	0.52	不燃性
			9) 构造(mm)：12＋75(其中5.0%厚岩棉)＋12	99	0.90	不燃性
			10) 构造(mm)：15＋9.5＋75＋15	123	1.50	不燃性
		复合纸面石膏板	1) 构造(mm)：10＋55(空)＋10	75	0.60	不燃性
			2) 构造(mm)：15＋75(空)＋1.5＋9.5	101	1.10	不燃性
		耐火纸面石膏板	1) 构造(mm)：12＋75(其中5.0%厚岩棉)＋12	99	1.05	不燃性
			2) 构造(mm)：2×12＋75(空)＋2×12	123	1.10	不燃性
			3) 构造(mm)：2×15＋100(其中8.0%厚岩棉)＋15	145	1.50	不燃性
		双层石膏板	板内掺纸纤维，构造(mm)：2×12＋75(空)＋2×12	123	1.10	不燃性
		单层石膏板	1)构造(mm)：12＋75(空)＋12	99	0.50	不燃性
			2)构造(mm)：12＋75(填50mm岩棉，密度为100kg/m³)＋12	99	1.20	不燃性
		双层石膏板	1) 构造(mm)：18＋70(空)＋18	106	1.35	不燃性
			2) 构造(mm)：2×12＋75(空)＋2×12	123	1.35	不燃性
			3)构造(mm)：2×12＋75(填岩棉，密度为100kg/m³)＋2×12	123	2.10	不燃性

续表

序号	构件名称				结构厚度或截面最小尺寸(mm)	耐火极限(h)	燃烧性能
11	钢龙骨两面钉材料的隔墙	防火石膏板(板内掺玻璃纤维，岩棉密度为60kg/m^3)		1) 构造(mm)：2×12+75(空)+2×12	123	1.35	不燃性
				2) 构造(mm)：2×12+75(填40mm岩棉)+2×12	123	1.60	不燃性
				3) 构造(mm)：12+75(填50mm岩棉)+12	99	1.20	不燃性
				4) 构造(mm)：3×12+75(填50mm岩棉)+3×12	147	2.00	不燃性
				5) 构造(mm)：4×12+75(填50mm岩棉)+4×12	171	3.00	不燃性
		单层玻镁砂光防火板	硅酸铝纤维棉密度180kg/m^3	1) 8+75(填硅酸铝纤维棉)+8	91	1.50	不燃性
				2) 10+75(填硅酸铝纤维棉)+10	95	2.00	不燃性
		布面石膏板		1) 构造(mm)：12+75(空)+12	99	0.40	难燃性
				2) 构造(mm)：12+75(填玻璃棉)+12	99	0.50	难燃性
				3) 构造(mm)：2×12+75(空)+2×12	123	1.00	难燃性
				4) 构造(mm)：2×12+75(填玻璃棉)+2×12	123	1.20	难燃性
		矽酸钙板(氧化镁)	制板填岩棉，岩棉密度180kg/m^3	1) 构造(mm)：8+75(空)+8	91	1.50	不燃性
				2) 构造(mm)：10+75(空)+10	95	2.00	不燃性
		硅酸钙板	制板填岩棉，岩棉密度为100kg/m^3	1) 构造(mm)：8+75(空)+8	91	1.00	不燃性
				2) 构造(mm)：2×18+75(空)+2×8	107	2.00	不燃性
				3) 构造(mm)：9+100(空)+9	118	1.75	不燃性
				4) 构造(mm)：10+100(空)+10	120	2.00	不燃性

续表

序号	构件名称			结构厚度或截面最小尺寸（mm）	耐火极限（h）	燃烧性能
12	轻钢龙骨两面钉材料	耐火纸面石膏板	1）构造（mm）：3×12＋100（岩棉）＋2×12	160	2.00	不燃性
			2）构造（mm）：3×15＋100（50mm厚岩棉）＋2×12	169	2.95	不燃性
			3）构造（mm）：3×15＋100（80mm厚岩棉）＋2×15	175	2.82	不燃性
			4）构造（mm）：3×15＋150（100mm厚岩棉）＋3×15	240	4.00	不燃性
			5）构造（mm）：9.5＋3×12＋100（80mm厚岩棉）＋2×12＋9.5＋12	291	3.00	不燃性
		水泥纤维复合硅酸钙板	1）构造：4（水泥纤维板）＋52（水泥聚苯乙烯）＋4（水泥纤维板）	60	1.20	不燃性
			2）构造：20（水泥纤维板）＋60（岩棉）＋20（水泥纤维板）	100	2.10	不燃性
			3）构造：4（水泥纤维板）＋92（岩棉）＋4（水泥纤维板）	100	2.00	不燃性
		单层双面夹矿棉硅酸钙板		100	1.50	不燃性
				90	1.00	不燃性
				140	2.00	不燃性
		双层双面夹矿棉硅钙板	1）钢龙骨水泥刨花板，构造（mm）：12＋76（空）＋12	100	0.45	难燃性
			2）钢龙骨石棉水泥板，构造（mm）：12＋75（空）＋6	93	0.30	难燃性
13	两面用强度等级42.5硅酸盐水泥，1∶3水泥砂浆抹面隔墙	钢丝网架矿棉或聚苯乙烯夹芯板隔墙	1）25（砂浆）＋50（矿棉）＋25（砂浆）	100	2.00	不燃性
			2）25砂浆＋50（聚苯乙烯）＋25砂浆	100	1.07	难燃性
		钢丝网塑料夹芯板	（内填自熄性聚苯乙烯泡沫）隔墙	76	1.20	难燃性
		钢丝网石膏复合墙板	构造（mm）：15（石膏板）＋50（硅酸盐水泥）＋50（岩棉）＋50（硅酸盐水泥）＋15（石膏板）	180	4.00	不燃性
		钢丝网岩棉夹芯复合板		110	2.00	不燃性
		钢丝网架水泥聚苯乙烯夹芯板隔墙，构造（mm）：35（砂浆）＋50（聚苯）＋35（砂浆）		120	1.00	难燃性

续表

序号	构件名称		结构厚度或截面最小尺寸(mm)	耐火极限(h)	燃烧性能
14	增强石膏板墙	1）增强石膏板墙	60	1.28	不燃性
		2）增强石膏轻质内墙板(带孔)	90	2.50	不燃性
15	空心轻质板墙	1）孔径38mm，表面为10mm水泥砂浆	100	2.00	不燃性
		2）空心板(62mm孔)，两侧抹灰19mm(砂：碳：水泥＝5：1：1)	100	2.00	不燃性
16	混凝土砌块墙	1）轻集料小型空心砌块	330×14	1.98	不燃性
			330×19	1.25	不燃性
		2）轻集料陶粒混凝土块	330×240	2.92	不燃性
			330×290	4.00	不燃性
		3）轻集料小型空心砌块(实心墙体)	330×190	4.00	不燃性
		4）普通混凝土承重空心砌块	330×14	1.65	不燃性
			330×19	1.93	不燃性
			330×290	4.00	不燃性
17	纤维增强硅酸钙板轻质复合隔墙		50～100	2.00	不燃性
18	纤维增强水泥加压平板墙		50～100	2.00	不燃性
19	水泥纤维墙	1）水泥聚苯乙烯粒子复合板(纤维复合)墙	60	1.20	不燃性
		2）水泥纤维加压板墙	100	2.00	不燃性
20	增强水泥空心板墙	采用纤维水泥加轻质粗细填充集料混合浇筑，振动滚压成型玻璃纤维增强水泥空心板隔墙	60	1.50	不燃性
21	金属岩棉夹芯板隔墙	构造(mm)：双面单层彩钢板，中间填充岩棉(密度为：100kg/m³)	50	0.30	不燃性
			80	0.50	不燃性
			100	0.80	不燃性
			120	1.00	不燃性
			150	1.50	不燃性
			200	2.00	不燃性
22	轻质条板隔墙	构造(mm)：双面单层4mm硅钙板，中间填充聚苯混凝土	90	1.00	不燃性
			100	1.20	不燃性
			120	1.50	不燃性
23	轻集料混凝土条板隔墙		90	1.50	不燃性
			120	2.00	不燃性

续表

序号	构件名称		结构厚度或截面最小尺寸（mm）	耐火极限（h）	燃烧性能
24	灌浆水泥板隔墙	1）构造(mm)：6＋75(中灌聚苯混凝土)＋6	87	2.00	不燃性
		2）构造(mm)：9＋75(中灌聚苯混凝土)＋9	93	2.50	不燃性
		3）构造(mm)：9＋100(中灌聚苯混凝土)＋9	118	3.00	不燃性
		4）构造(mm)：12＋150(中灌聚苯混凝土)＋12	174	4.00	不燃性
25	双面单层彩钢板面玻镁夹芯板隔墙	1）内衬一层5mm玻镁板，中空	50	0.30	不燃性
		2）内衬一层10mm玻镁板，中空	50	0.50	不燃性
		3）内衬一层12mm玻镁板，中空	50	0.60	不燃性
		4）内衬一层5mm玻镁板，中填密度为100kg/m^{3}的岩棉	50	0.90	不燃性
		5）内衬一层10mm玻镁板，中填铝蜂窝	50	0.60	不燃性
		6）内衬一层12mm玻镁板，中填铝蜂窝	50	0.70	不燃性
26	双面单层彩钢面石膏复合隔墙	1)内衬一层12mm石膏板，中填纸蜂窝	50	0.70	难燃性
		2）内衬一层12mm石膏板，中填岩棉，岩棉密度为：120kg/m^3	50	1.00	不燃性
			100	1.50	不燃性
		3）内衬一层12mm石膏板，中空	75	0.70	不燃性
			100	0.90	不燃性
27	钢框架间填充墙、混凝土墙	1）当框架为用金属网抹灰保护：保护层厚度为：25mm	—	0.75	不燃性
		2)当框架为用砖面或混凝土保护：保护层厚度为：60mm	—	2.00	不燃性
		保护层厚度为：120mm	—	4.00	不燃性
三	柱				
1	钢筋混凝土柱		180×240	1.20	不燃性
			200×200	1.40	不燃性
			200×300	2.50	不燃性
			240×240	2.00	不燃性
			300×300	3.00	不燃性
			200×400	2.70	不燃性
			200×500	3.00	不燃性
			300×500	3.50	不燃性
			370×370	5.00	不燃性
2	普通黏土砖柱		370×370	5.00	不燃性

续表

序号	构件名称			结构厚度或截面最小尺寸（mm）	耐火极限（h）	燃烧性能
3	钢筋混凝土圆柱			直径 300	3.00	不燃性
				直径 450	4.00	不燃性
4	有保护层的钢柱	1）金属网抹 M5 砂浆	保护层厚度为：25mm	—	0.80	不燃性
			保护层厚度为：50mm	—	1.30	不燃性
		2）加气混凝土	保护层厚度为：40mm	—	1.00	不燃性
			保护层厚度为：50mm	—	1.40	不燃性
			保护层厚度为：70mm	—	2.00	不燃性
			保护层厚度为：80mm	—	2.33	不燃性
		3）C20 混凝土	保护层厚度为：25mm	—	0.80	不燃性
			保护层厚度为：50mm	—	2.00	不燃性
			保护层厚度为：100mm	—	2.85	不燃性
		4）普通黏土砖	保护层厚度为：120mm	—	2.85	不燃性
		5）陶粒混凝土	保护层厚度为：80mm	—	3.00	不燃性
		6）薄涂型钢结构防火涂料	保护层厚度为：5.5mm	—	1.00	不燃性
			保护层厚度为：7.0mm	—	1.50	不燃性
		7）厚涂型钢结构防火涂料	保护层厚度为：15mm	—	1.00	不燃性
			保护层厚度为：20mm	—	1.50	不燃性
			保护层厚度为：30mm	—	2.00	不燃性
			保护层厚度为：40mm	—	2.50	不燃性
			保护层厚度为：50mm	—	3.00	不燃性
5	有保护层的钢管混凝土圆柱（$\lambda \leqslant 60$）	1）金属网抹 M5 砂浆	保护层厚度为：25mm	$D=200$	1.00	不燃性
			保护层厚度为：35mm		1.50	不燃性
			保护层厚度为：45mm		2.00	不燃性
			保护层厚度为：60mm		2.50	不燃性
			保护层厚度为：70mm		3.00	不燃性
		2）金属网抹 M5 砂浆	保护层厚度为：20mm	$D=600$	1.00	不燃性
			保护层厚度为：30mm		1.50	不燃性
			保护层厚度为：35mm		2.00	不燃性
			保护层厚度为：45mm		2.50	不燃性
			保护层厚度为：50mm		3.00	不燃性
		3）金属网抹 M5 砂浆	保护层厚度为：18mm	$D=1000$	1.00	不燃性
			保护层厚度为：26mm		1.50	不燃性
			保护层厚度为：32mm		2.00	不燃性
			保护层厚度为：40mm		2.50	不燃性
			保护层厚度为：45mm		3.00	不燃性

续表

序号	构件名称			结构厚度或截面最小尺寸（mm）	耐火极限（h）	燃烧性能
5	有保护层的钢管混凝土圆柱（λ≤60）	4）金属网抹 M5 砂浆	保护层厚度为：15mm	D≥1400	1.00	不燃性
			保护层厚度为：25mm		1.50	不燃性
			保护层厚度为：30mm		2.00	不燃性
			保护层厚度为：36mm		2.50	不燃性
			保护层厚度为：40mm		3.00	不燃性
		5）厚涂钢结构防火涂料	保护层厚度为：8mm	D=200	1.00	不燃性
			保护层厚度为：10mm		1.50	不燃性
			保护层厚度为：14mm		2.00	不燃性
			保护层厚度为：16mm		2.50	不燃性
			保护层厚度为：20mm		3.00	不燃性
		6）厚涂钢结构防火涂料	保护层厚度为：7mm	D=600	1.00	不燃性
			保护层厚度为：9mm		1.50	不燃性
			保护层厚度为：12mm		2.00	不燃性
			保护层厚度为：14mm		2.50	不燃性
			保护层厚度为：16mm		3.00	不燃性
		7）厚涂钢结构防火涂料	保护层厚度为：6mm	D=1000	1.00	不燃性
			保护层厚度为：8mm		1.50	不燃性
			保护层厚度为：10mm		2.00	不燃性
			保护层厚度为：12mm		2.50	不燃性
			保护层厚度为：14mm		3.00	不燃性
		8）厚涂钢结构防火涂料	保护层厚度为：5mm	D≥1400	1.00	不燃性
			保护层厚度为：7mm		1.50	不燃性
			保护层厚度为：9mm		2.00	不燃性
			保护层厚度为：10mm		2.50	不燃性
			保护层厚度为：12mm		3.00	不燃性
6	有保护层的钢管混凝土方柱、矩形柱（λ≤60）	1）金属网抹 M5 砂浆	保护层厚度为：40mm	B=200	1.00	不燃性
			保护层厚度为：55mm		1.50	不燃性
			保护层厚度为：70mm		2.00	不燃性
			保护层厚度为：80mm		2.50	不燃性
			保护层厚度为：90mm		3.00	不燃性
		2）金属网抹 M5 砂浆	保护层厚度为：30mm	B=600	1.00	不燃性
			保护层厚度为：40mm		1.50	不燃性
			保护层厚度为：55mm		2.00	不燃性
			保护层厚度为：65mm		2.50	不燃性
			保护层厚度为：70mm		3.00	不燃性

续表

序号	构件名称			结构厚度或截面最小尺寸（mm）	耐火极限（h）	燃烧性能
6	有保护层的钢管混凝土方柱、矩形柱（λ≤60）	3）金属网抹M5砂浆	保护层厚度为：25mm	B=1000	1.00	不燃性
			保护层厚度为：35mm		1.50	不燃性
			保护层厚度为：45mm		2.00	不燃性
			保护层厚度为：55mm		2.50	不燃性
			保护层厚度为：65mm		3.00	不燃性
		4）金属网抹M5砂浆	保护层厚度为：20mm	B≥1400	1.00	不燃性
			保护层厚度为：30mm		1.50	不燃性
			保护层厚度为：40mm		2.00	不燃性
			保护层厚度为：45mm		2.50	不燃性
			保护层厚度为：55mm		3.00	不燃性
		5）厚涂钢结构防火涂料	保护层厚度为：8mm	B=200	1.00	不燃性
			保护层厚度为：10mm		1.50	不燃性
			保护层厚度为：14mm		2.00	不燃性
			保护层厚度为：18mm		2.50	不燃性
			保护层厚度为：25mm		3.00	不燃性
		6）厚涂钢结构防火涂料	保护层厚度为：6mm	B=600	1.00	不燃性
			保护层厚度为：8mm		1.50	不燃性
			保护层厚度为：10mm		2.00	不燃性
			保护层厚度为：12mm		2.50	不燃性
			保护层厚度为：15mm		3.00	不燃性
		7）厚涂钢结构防火涂料	保护层厚度为：5mm	B=1000	1.00	不燃性
			保护层厚度为：6mm		1.50	不燃性
			保护层厚度为：8mm		2.00	不燃性
			保护层厚度为：10mm		2.50	不燃性
			保护层厚度为：12mm		3.00	不燃性
		8）厚涂钢结构防火涂料	保护层厚度为：4mm	B≥1400	1.00	不燃性
			保护层厚度为：5mm		1.50	不燃性
			保护层厚度为：6mm		2.00	不燃性
			保护层厚度为：8mm		2.50	不燃性
			保护层厚度为：10mm		3.00	不燃性

续表

序号	构件名称			结构厚度或截面最小尺寸（mm）	耐火极限（h）	燃烧性能
四	梁					
1	简支的钢筋混凝土梁	1）非预应力钢筋	保护层厚度为：10mm	—	1.20	不燃性
			保护层厚度为：20mm	—	1.75	不燃性
			保护层厚度为：25mm	—	2.00	不燃性
			保护层厚度为：30mm	—	2.30	不燃性
			保护层厚度为：40mm	—	2.90	不燃性
			保护层厚度为：50mm	—	3.50	不燃性
		2）预应力钢筋或高墙钢丝	保护层厚度为：25mm	—	1.00	不燃性
			保护层厚度为：30mm	—	1.20	不燃性
			保护层厚度为：40mm	—	1.50	不燃性
			保护层厚度为：50mm	—	2.00	不燃性
2	有保护层的钢梁	LG 防火隔热涂料	保护层厚度为：15mm	—	1.50	不燃性
		LY 防火隔热涂料	保护层厚度为：20mm	—	2.30	不燃性
五	楼板和屋顶承重构件					
1	预制的钢筋混凝土楼板	1）非预应力简支圆孔空心楼板	保护层厚度为：10mm	—	0.90	不燃性
			保护层厚度为：20mm	—	1.25	不燃性
			保护层厚度为：30mm	—	1.50	不燃性
		2）预应力简支圆孔空心楼板	保护层厚度为：10mm	—	0.40	不燃性
			保护层厚度为：20mm	—	0.70	不燃性
			保护层厚度为：30mm	—	0.85	不燃性
2	四面简支的钢筋混凝土楼板	四面简支楼板	保护层厚度为：10mm	70	1.40	不燃性
			保护层厚度为：15mm	80	1.45	不燃性
			保护层厚度为：20mm	80	1.50	不燃性
			保护层厚度为：30mm	90	1.85	不燃性
3	现场浇筑捣制的整体式楼板	1）现浇整体式梁板	保护层厚度为：10mm	80	1.40	不燃性
			保护层厚度为：15mm	80	1.45	不燃性
			保护层厚度为：20mm	80	1.50	不燃性
		2）现浇整体式梁板	保护层厚度为：10mm	90	1.75	不燃性
			保护层厚度为：20mm	90	1.85	不燃性
		3）现浇整体式梁板	保护层厚度为：10mm	100	2.00	不燃性
			保护层厚度为：15mm	100	2.00	不燃性
			保护层厚度为：20mm	100	2.10	不燃性
			保护层厚度为：30mm	100	2.15	不燃性

续表

序号	构件名称			结构厚度或截面最小尺寸（mm）	耐火极限（h）	燃烧性能
3	现场浇筑捣制的整体式楼板	4）现浇整体式梁板	保护层厚度为：10mm	110	2.25	不燃性
			保护层厚度为：15mm	110	2.30	不燃性
			保护层厚度为：20mm	110	2.30	不燃性
			保护层厚度为：30mm	110	2.40	不燃性
		5）现浇整体式梁板	保护层厚度为：10mm	120	2.50	不燃性
			保护层厚度为：20mm	120	2.65	不燃性
4	钢梁、钢屋架	1）无保护层		—	0.25	不燃性
		2）钢丝网抹灰粉刷	保护层厚度为：10mm	—	0.50	不燃性
			保护层厚度为：20mm	—	1.00	不燃性
			保护层厚度为：30mm	—	1.25	不燃性
5	屋面板	1）钢筋加气混凝土板	保护层厚度为：10mm	—	1.25	不燃性
		2）钢筋充气混凝土板	保护层厚度为：10mm	—	1.60	不燃性
		3）钢筋混凝土方孔板	保护层厚度为：10mm	—	1.20	不燃性
		4）预应力钢混凝土槽形板	保护层厚度为：10mm	—	0.50	不燃性
		5）预应力钢混凝土槽瓦	保护层厚度为：10mm	—	0.50	不燃性
		6）轻型纤维石膏板		—	0.60	不燃性
六	吊顶					
1	木吊顶搁栅	1）钢丝网抹灰	水泥砂浆，厚度：15mm	—	0.25	难燃性
		2）板条抹灰	水泥砂浆，厚度：15mm	—	0.25	难燃性
		3）钢丝网抹灰	1：4 水泥石棉浆，厚度：20mm	—	0.50	难燃性
		4）板条抹灰	1：4 水泥石棉浆，厚度：20mm	—	0.50	难燃性
		5）钉氧化镁锯末复合板		13	0.25	难燃性
		6）钉石膏装饰板		10	0.25	难燃性
		7）钉平面石膏板		12	0.30	难燃性
		8）钉纸面石膏板		9.5	0.25	难燃性
		9）钉双层石膏板	各厚8(mm)	16	0.45	难燃性
		10）钉珍珠岩复合石膏板	穿孔板和吸声板各厚15mm	30	0.30	难燃性
		11）钉矿棉吸声板		—	0.15	难燃性
		12）钉硬质木屑板		10	0.20	难燃性

续表

序号	构件名称				结构厚度或截面最小尺寸(mm)	耐火极限(h)	燃烧性能
2	钢吊顶搁栅	1) 钢丝网抹灰			15	0.25	不燃性
		2) 钉石棉板			10	0.85	不燃性
		3) 钉双层石膏板			10	0.30	不燃性
		4) 挂石棉型硅酸钙板			10	0.30	不燃性
		5)两侧挂 0.5 厚薄钢板，内填密度为 $100kg/m^3$			40	0.40	不燃性
3	双面单层彩钢面夹芯板吊顶	中间填料密度为 $120kg/m^3$			50	0.30	不燃性
					100	0.50	不燃性
4	钢龙骨单面钉材料	1) 防火板，填密度 $100kg/m^3$ 岩棉，构造(mm)	构造：9+75(岩棉)		84	0.50	不燃性
			构造：12+100(岩棉)		112	0.75	不燃性
			构造：2×9+100(岩棉)		118	0.90	不燃性
		2) 纸面石膏板，构造(mm)	构造：12+2(填缝料)+60(空)		74	0.10	不燃性
			构造：12+1(填缝料)+12+1(填缝料)+60(空)		84	0.40	不燃性
		3) 防火纸面石膏板，构造(mm)	构造：12+50(填 $60kg/m^3$)		62	0.20	不燃性
			构造：15+1(填缝料)+15+1(填缝料)+60(空)		92	0.50	不燃性
七	防火门						
1	木质防火门	1)门扇内填充珍珠岩			—	—	—
		2) 门扇内填充氯化镁、氧化镁		丙级	40～50	0.50	难燃性
				乙级	45～50	1.00	难燃性
				甲级	50～90	1.50	难燃性
2	钢木质防火门	木质面板	1) 钢质或木质复合门框、木质骨架，迎(背)火面一面或两面设防火板，或不设防火板。门扇内填充珍珠岩，或氯化镁、氧化镁		—	—	—
			2) 木质门框、木质骨架，迎(背)火面一面或两面设防火板或钢板。门扇内填充珍珠岩，或氯化镁、氧化镁		—	—	—
		钢质面板	钢质或钢木质复合门框、钢质或木质骨架，迎(背)火面一面或两面设防火板，或不设防火板。门扇内填充珍珠岩，或氯化镁、氧化镁	丙级	40～50	0.50	难燃性
				乙级	45～50	1.00	难燃性
				甲级	50～90	1.50	难燃性

续表

序号	构件名称			结构厚度或截面最小尺寸(mm)	耐火极限(h)	燃烧性能
3	钢质防火门	钢质门框、钢质面板、钢质骨架。迎(背)火面一面或两面设防火板，或不设防火板。门扇内填充珍珠岩或氯化镁、氧化镁	丙级	40～50	0.50	不燃性
			乙级	45～70	1.00	不燃性
			甲级	50～90	1.50	不燃性
八	防火窗					
1	钢质防火窗	窗框钢质，窗扇钢质，窗框填充水泥砂浆，窗扇内填充珍珠岩，或氧化镁、氯化镁，或防火板。复合防火玻璃		25～30	1.00	不燃性
				30～38	1.50	不燃性
2	木质防火窗	窗框、窗扇均为木质，或均为防火板和木质复合。窗框无填充材料，窗扇迎(背)火面外设防火板和木质面板，或为阻燃实木。复合防火玻璃		25～30	1.00	难燃性
				30～38	1.50	难燃性
3	钢木复合防火窗	窗框钢质，窗扇木质，窗框填充水泥砂浆、窗扇迎(背)火面外设防火板和木质面板，或为阻燃实木。复合防火玻璃		25～30	1.00	难燃性
				30～38	1.50	难燃性
九	防火卷帘					
1	钢质防火卷帘	1）普通型防火卷帘(帘板为单层)		—	1.5～3.0	不燃性
		2）钢质复合型防火卷帘(帘板为双层)		—	2.0～4.0	不燃性
2	无机复合防火卷帘	1）无机复合卷帘(采用多种无机材料复合而成)		—	3.0～4.0	不燃性
		2）无机复合轻质防火卷帘(双层，不需水幕保护)		—	4.0	不燃性

注：1. λ 为钢管混凝土构件长细比，对于圆钢管混凝土 $\lambda = 4L/D$；对于方、矩形钢管混凝土，$\lambda = 2\sqrt{3}L/B$；L 为构件的计算长度。
2. 对于矩形钢管混凝土柱，B 为截面短边边长。
3. 钢管混凝土柱的耐火极限为根据福州大学土木建筑工程学院提供的理论计算值，未经逐个试验验证。
4. 确定墙的耐火极限不考虑墙上有无洞孔。
5. 墙的总厚度包括抹灰粉刷层，计算保护层时，应包括抹灰粉刷层在内。
6. 中间尺寸的构件，其耐火极限建议经试验确定，亦可按插入法计算。
7. 现浇的无梁楼板按简支板的数据采用。
8. 无防火保护层的钢梁、钢柱、钢楼板和钢屋架，耐火极限可按 0.25h 确定。
9. 人孔盖板的耐火极限可参照防火门确定。
10. 防火门和防火窗中的“木质”均为经阻燃处理。[5]

2）各类木结构建筑构件的燃烧性能和耐火极限值，可参见表 3-2。[5]

各类木结构建筑构件的燃烧性能和耐火极限 **表 3-2**

构件名称（尺寸：mm）			截面图和结构厚度或截面最小尺寸（mm）	耐火极限（h）	燃烧性能
承重墙	木龙骨两侧钉防火石膏板的承重内墙	1. 15 防火石膏板 2. 木龙骨：截面尺寸 40×90 3. 填充岩棉或玻璃棉 4. 15 防火石膏板 木龙骨的间距为 400 或 600	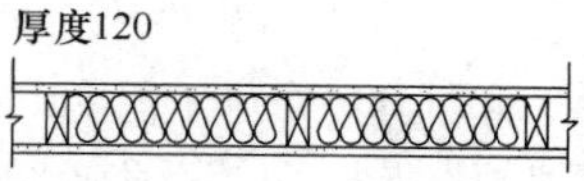 厚度120	1.00	难燃性
		1. 15 防火石膏板 2. 木龙骨：截面尺寸 40×140 3. 填充岩棉或玻璃棉 4. 15 防火石膏板 木龙骨的间距为 400 或 600	 厚度170	1.00	难燃性
	木龙骨两侧钉防火石膏板＋定向刨花板的承重外墙	1. 15 防火石膏板 2. 木龙骨：截面尺寸 40×90 3. 填充岩棉或玻璃棉 4. 15mm 定向刨花板 木龙骨的间距为 400 或 600	 厚度120 曝火面	1.00	难燃性
		1. 15 防火石膏板 2. 木龙骨：截面尺寸 40×140 3. 填充岩棉或玻璃棉 4. 15mm 定向刨花板 木龙骨的间距为 400 或 600	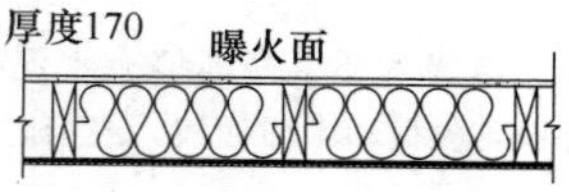 厚度170 曝火面	1.00	难燃性
非承重墙	木龙骨两侧钉防火石膏板的非承重内墙	1. 双层 15 防火石膏板 2. 双排木龙骨，木龙骨截面尺寸 40×90 3. 填充岩棉或玻璃棉 4. 双层 15 防火石膏板 木龙骨的间距为 400 或 600	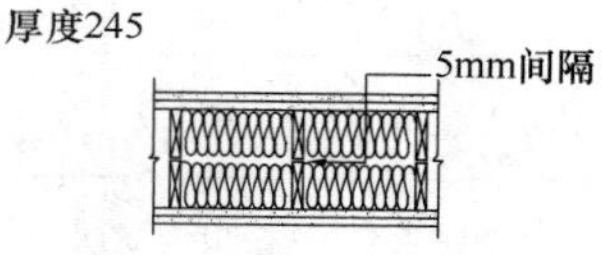 厚度245 5mm间隔	2.00	难燃性
		1. 双层 15 防火石膏板 2. 双排木龙骨交错放置在 40×140 的底梁板上，木龙骨截面尺寸 40×90 3. 填充岩棉或玻璃棉 4. 双层 15 防火石膏板 木龙骨的间距为 400 或 600	 厚度200	2.00	难燃性
		1. 12 防火石膏板 2. 木龙骨：截面尺寸 40×90 3. 填充岩棉或玻璃棉 4. 12 防火石膏板 木龙骨的间距为 400 或 600	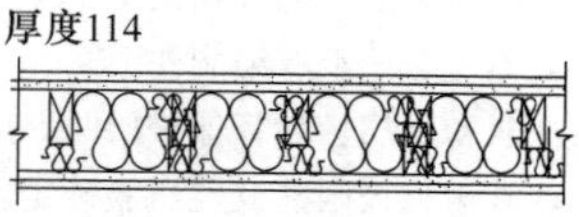 厚度114	0.75	难燃性
		1. 15 普通石膏板 2. 木龙骨：截面尺寸 40×90 3. 填充岩棉或玻璃棉 4. 15 普通石膏板 木龙骨的间距为 400 或 600	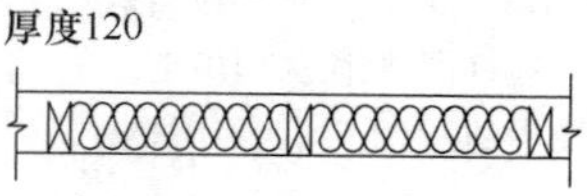 厚度120	0.50	难燃性

续表

构件名称（尺寸：mm）			截面图和结构厚度或截面最小尺寸（mm）	耐火极限（h）	燃烧性能
非承重墙	木龙骨两侧钉防火石膏板＋定向刨花板的非承重外墙	1. 12 防火石膏板 2. 木龙骨：截面尺寸 40×90 3. 填充岩棉或玻璃棉 4. 12 定向刨花板 木龙骨的间距为 400 或 600	厚度114 曝火面 	0.75	难燃性
		1. 15 普通石膏板 2. 木龙骨：截面尺寸 40×90 3. 填充岩棉或玻璃棉 4. 15 定向刨花板 木龙骨的间距为 400 或 600	厚度120 曝火面 	0.75	难燃性
		1. 12 防火石膏板 2. 木龙骨：截面尺寸 40×140 3. 填充岩棉或玻璃棉 4. 12 定向刨花板 木龙骨的间距为 400 或 600	厚度164 曝火面 	0.75	难燃性
		1. 15 普通石膏板 2. 木龙骨：截面尺寸 40×140 3. 填充岩棉或玻璃棉 4. 15 定向刨花板 木龙骨的间距为 400 或 600	厚度170 曝火面 	0.75	难燃性
柱	支持屋顶和楼板的胶合木柱（四面曝火）	1）横截面尺寸：200×280	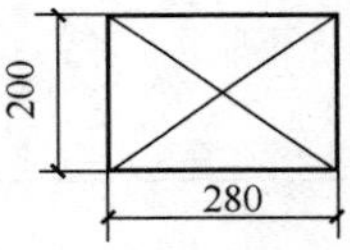 200 280	1.00	可燃性
		2）横截面尺寸：272×352 横截面尺寸在 200×280 的基础上每个曝火面厚度各增加 36	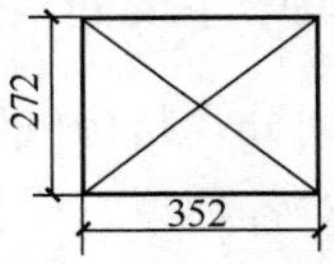 272 352	1.00	难燃性
梁	支持屋顶和楼板的胶合木梁（三面曝火）	1）横截面尺寸：200×400	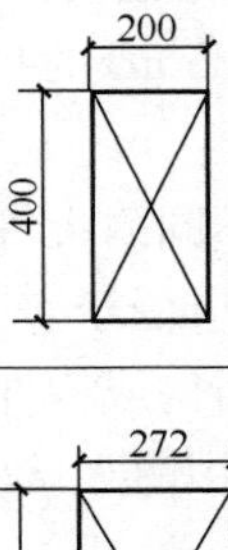 200 400	1.00	可燃性
		2）横截面尺寸：272×436 截面尺寸在 200×280 的基础上每个曝火面厚度各增加 36	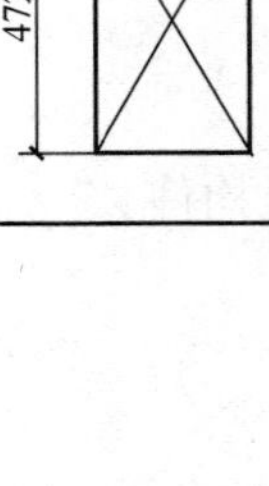 272 472	1.00	难燃性

续表

构件名称（尺寸：mm）		截面图和结构厚度或截面最小尺寸（mm）	耐火极限（h）	燃烧性能
楼板	楼面和棚面（复合厚）	1）楼面板为18刨花板或胶合板 2）楼板搁栅40×235 3）填充岩棉或玻璃棉 4）13mm隔声金属龙骨 5）顶棚为双层12防火石膏板 采用实木搁栅或工字木搁栅，间距400或600	厚度290	1.00	难燃性
楼板	楼面和棚面（单层厚）	1）楼面板为15刨花板或胶合板 2）楼板搁栅40×235 3）填充岩棉或玻璃棉 4）13隔声金属龙骨 5）顶棚为12防火石膏板 采用实木搁栅或工字木搁栅，间距400或600	厚度275	0.50	难燃性
吊顶	独立吊顶	1）实木楼盖结构40×235 2）木板条30×50（间距为400） 3）顶棚为12防火石膏板	独立吊顶厚度34，总厚度269 1) 2) 3) 406 406	0.25	难燃性

3.1.3 不同耐火等级建筑中主要建筑构件的燃烧性能和耐火极限

建筑的耐火等级级别划分，与构成建筑物的各种构件的燃烧性能和耐火极限有着密切关系。不同耐火等级建筑对各种建筑构件的燃烧性能和耐火极限有不同的要求。

1. 工业与民用建筑（住宅建筑除外）

1）对于建筑高度超过250m的民用建筑，其主要建筑构件的耐火极限，不应低于表3-3的要求。[20]

2）除木结构建筑外，不同耐火等级的工业与民用建筑（住宅建筑除外）主要建筑构件的燃烧性能和耐火极限不应低于表3-4的要求。

3）建筑中承重的下列结构或构件，应根据设计耐火极限和受力情况等进行耐火性能验算和防火保护设计，或采用耐火试验验证其耐火性能：

（1）金属结构或构件；

（2）木结构或构件；

（3）组合结构或构件；

（4）钢筋混凝土结构或构件。[72]

3.1 建筑构件的耐火性能

建筑高度超过250m的民用建筑主要建筑构件的燃烧性能和耐火极限（h）要求　表3-3

构件名称	承重柱（包括斜撑）、转换梁等转换构件	结构加强层桁架、梁，与梁结构功能类似构件、核心筒外围墙体	楼板、屋顶承重构件	疏散走道两侧隔墙、电气竖井、管道井等竖井井壁	房间隔墙
耐火极限（h）	不燃性 4.00	不燃性 3.00	不燃性 2.50	不燃性 2.00	不燃性 1.50

注：1. 建筑核心筒外围墙体指与环形疏散走道或其他非核心筒空间交界处的分隔墙体；

2. 当建筑中的承重钢结构采用防火涂料保护时，应采用厚涂型钢结构防火涂料。

不同耐火等级的工业与民用（除住宅外）建筑对主要建筑构件的燃烧性能和耐火极限（h）要求　表3-4

建筑构件名称		建筑耐火等级				备注
		一级	二级	三级	四级	
墙	防火墙	不燃性 3.00	不燃性 3.00	不燃性 3.00	不燃性 3.00	建筑高度大于250m为4.00。甲、乙类厂房和甲、乙、丙类仓库不应低于4.00
墙	承重墙	不燃性 3.00	不燃性 2.50	不燃性 2.00	难燃性 0.50	建筑高度大于250m为4.00
墙	非承重外墙	不燃性1.00（厂、库房0.75）	不燃性1.00（厂、库房0.50）	不燃性0.50（厂、库房难燃性）	可燃性（厂、库房难燃性0.25）	建筑高度大于250m的核心筒外围墙体为3.00
墙	疏散走道两侧隔墙	不燃性 1.00	不燃性 1.00	不燃性 0.50	难燃性 0.25	建筑高度大于250m的疏散走道两侧隔墙，电气竖井、管道竖井等井壁2.00
墙	楼梯间、防烟前室的墙，电梯井的墙，住宅单元之间的墙，住宅分户墙	不燃性 2.00	不燃性 2.00	不燃性 1.50	难燃性 0.50	汽车库的楼梯间的墙、防火隔墙2.00；一般隔墙一、二级不燃性1.00，三级不燃性0.50
墙	房间隔墙	不燃性 0.75	不燃性 0.50	难燃性 0.50	难燃性 0.25	建筑高度大于250m为1.50。二级厂房（仓库）、二级民用建筑采用难燃性时不应低于0.75
柱		不燃性 3.00	不燃性 2.50	不燃性 2.00	难燃性 0.50	建筑高度大于250m为4.00（包括斜撑、转换梁等转换构件）。单层厂房（仓库），一级2.50；二级2.00
梁		不燃性 2.00	不燃性 1.50	不燃性 1.00	难燃性 0.50	建筑高度大于250m的结构加强层桁架、梁及与梁结构功能类似构件3.00。二级单层丙类厂房设有自动灭火系统0.25。二级丁、戊类厂房（仓库）0.25

续表

建筑构件名称	建筑耐火等级				备注
	一级	二级	三级	四级	
楼板	不燃性 1.50	不燃性 1.00	不燃性 0.50 （厂、库房 0.75）	可燃性 （厂、库房 难燃性 0.50）	建筑高度大于 250m 为 2.50；大于 100m 为 2.00。汽车库设在其他建筑内时的分隔楼板 2.00；三级汽车库 0.50。民用建筑三级 0.50，四级燃烧体
屋顶承重构件	不燃性 1.50 （上人平屋顶 1.50）	不燃性 1.00 （上人平屋顶 1.0）	难燃性 0.50	可燃性	建筑高度大于 250m 为 2.50。 民用建筑二级 1.0，三级 0.50
疏散楼梯（坡道）	不燃性 1.50	不燃性 1.00	不燃性 0.50 （厂房、仓库 0.75）	可燃性	三级汽车库 1.00
吊顶 （包括吊顶搁栅）	不燃性 0.25	难燃性 0.25	难燃性 0.15	可燃性	二、三级耐火等级民用建筑中的门厅、走道应采用不燃性

注：1. 非承重外墙，除民用建筑、工业建筑的甲（乙）类仓库和高层仓库外，可采用不燃性构件 0.25h 或难燃性构件 0.50h。
2. 二级耐火等级民用建筑的房间隔墙，当房间建筑面积不超过 $100m^2$ 时可采用难燃性构件 0.50h 或不燃性构件 0.30h。
3. 二级耐火等级建筑楼板，当采用预应力钢筋混凝土楼板时，不应低于 0.75h。
4. 一级耐火等级工业建筑的单、多层厂房（仓库）的屋顶承重构件，当采用自动喷水灭火系统全保护时，不应低于 1.00。
5. 二级耐火等级建筑的吊顶，当采用不燃性构件时：汽车库 0.25h；其他建筑耐火极限不限。
6. 三级耐火等级的医疗建筑、中小学校的教学建筑、老年人照料设施及托儿所、幼儿园的儿童用房和儿童游乐厅等儿童活动场所的吊顶，应采用不燃性材料；当采用难燃性材料时，耐火极限不应低于 0.25h。
7. 二、三级耐火等级建筑中门厅、走道的吊顶应采用不燃性材料。
8. 建筑高度超过 100m 的工业与民用建筑的楼板耐火极限不应低于 2.00h。[72]

2. 住宅建筑

除木结构建筑外，不同耐火等级的住宅建筑，其建筑构件燃烧性能和耐火极限不应低于表 3-5 的要求。

住宅建筑构件的燃烧性能和耐火极限（h） **表 3-5**

构件名称		建筑耐火等级			
		一级	二级	三级	四级
墙	防火墙	不燃性 3.00	不燃性 3.00	不燃性 3.00	不燃性 3.00
	非承重墙、疏散走道两侧的隔墙	不燃性 1.00	不燃性 1.00	不燃性 0.75	难燃性 0.75
	楼梯间墙、电梯井墙、单元之间墙、分户墙、承重墙	不燃性 2.00	不燃性 2.00	不燃性 1.50	不燃性 1.00
	房间隔墙	不燃性 0.75	不燃性 0.50	难燃性 0.50	难燃性 0.35
柱		不燃性 3.00	不燃性 2.50	不燃性 2.00	难燃性 1.00

续表

构件名称	建筑耐火等级			
	一级	二级	三级	四级
梁	不燃性 2.00	不燃性 1.50	不燃性 1.00	难燃性 1.00
楼板	不燃性 1.50	不燃性 1.00	不燃性 0.75	不燃性 0.50
屋顶承重构件	不燃性 1.50	不燃性 1.00	难燃性 0.50	难燃性 0.25
疏散楼梯	不燃性 1.50	不燃性 1.00	不燃性 0.75	难燃性 0.50

注：1. 表中的外墙指除外保温层外的主体构件。

2. 二级耐火等级多层住宅建筑的楼板采用预应力钢筋混凝土楼板时，该楼板的耐火极限不应低于 0.75h。[18]

3. 承载消防救援场地重压的屋顶承重构件

当公共建筑或住宅建筑的对外安全出口开向其建筑下部的室外屋顶“地坪”或裙房屋顶平台，并利用该室外“地坪”或屋顶平台作为人员疏散场地和供消防车辆灭火救援操作场地时，该疏散和消防救援场地下面的屋顶承重构件（楼板）的承载能力，不应受到其下部空间火灾对构件需持续保持承载能力的时间（即耐火极限）的影响。对其屋顶承重构件（楼板）的承载能力，除应充分考虑消防救援投入重载车辆的集中荷载情况外，尚应对其构件的耐火极限要求能适应下部空间火灾的可能延续时间留有安全余地。救援场地下部空间的火灾延续时间，可根据具体使用功能或参考建筑的火灾延续时间分析确定。例如：

1）多层建筑的设计火灾延续时间是不少于 2.00h，其屋顶（楼板）承重构件的耐火极限要求则起码不宜低于 2.00h；

2）高层建筑的设计火灾延续时间是不少于 3.00h，其裙房屋顶（楼板）承重构件的耐火极限要求则起码不宜低于 3.00h。

虽然现行规范对此没做明确规定，但建筑设计时则须考虑：利用在建筑屋顶结构梁板上面做人员疏散场地和消防救援操作场地的建筑结构的防火安全问题。为保证承载结构的防火安全，应严格防火构造设计，确保建筑构件的耐火极限起码应不低于场所设计火灾延续时间的要求，据以确定钢筋保护层（或防火涂料喷涂层）的厚度。以保证在该疏散和救援场地（平台）下部场所即使发生火灾也不至于影响其上部平台（地面）的永久性使用功能。

4. 建筑材料的燃烧性能

1）材料燃烧性能的分级

建筑材料的燃烧性能分级，应符合《建筑材料及制品燃烧性能分级》GB 8624—2012 的有关要求。

该标准将建筑材料的燃烧性能分为四个等级：

A 级——不燃材料（制品）；

B_1级——难燃材料（制品）；

B_2级——可燃材料（制品）；

B_3级——易燃材料（制品）。[62]

2）以氧指数值判定材料的燃烧性能

（1）氧指数的概念

氧指数（OI）是维持材料稳定燃烧的最低氧气浓度，是按氧占试验材料燃烧空间体积的百分数体现的。比如，在正常条件下大气环境中的氧浓度为21%，因易燃和可燃材料的氧指数值接近正常的空气含氧浓度就能连续燃烧，而难燃材料的氧指数值高于正常的大气含氧浓度就不易燃烧。

如以氧指数值来判定材料的燃烧性能，则氧指数值高，表示材料不易燃烧；氧指数值低，表示材料容易燃烧。一般认为：当材料的氧指数值小于22%时，属易燃材料；当材料的氧指数值在22%～27%之间时，属可燃材料；当材料的氧指数值大于27%时，属难燃材料。

（2）材料的氧指数要求

国家标准《建筑材料及制品燃烧性能分级》GB 8624—2012对墙面保温泡沫塑料、窗帘幕布装饰织物、线缆套管及电器外壳等的燃烧性能分级和氧指数值提出了对应的分级判定准则：

B_1级：①保温泡沫塑料的氧指数值OI≥30%；
②窗帘幕布装饰织物的氧指数值OI≥32%；
③线缆套管及电器外壳的氧指数值OI≥32%。

B_2级：①保温泡沫塑料的氧指数值OI≥26%；
②窗帘幕布装饰织物的氧指数值OI≥26%；
③线缆套管及电器外壳的氧指数值OI≥26%。[62]

3.1.4 有关建筑耐火等级和建筑构件耐火极限的特殊要求

在特殊情况下，建筑物对于建筑构件的燃烧性能和耐火极限有如下要求：

1. 无防火保护的金属结构应采取隔热保护措施

当一、二级耐火等级建筑的丁、戊类生产场所（厂房）或储存物资场所（仓库）采用金属结构时，对于可能受到甲、乙、丙类液体或可燃气体火焰影响的部位或受热辐射影响温度高于200℃的梁、柱（包括斜撑）和屋顶承重构件，应采取相应的防火隔热保护措施，以保证其耐火极限不低于规范要求。例如，当以下建筑及构件可能受到火焰或高温影响时，则应采取相应的隔热保护措施：

1）设置自动灭火系统的单层丙类厂房的梁、柱和屋顶承重构件；

2）设置自动灭火系统的多层丙类厂房的屋顶承重构件；

3）单、多层丁、戊类厂房（仓库）的梁、柱和屋顶承重构件。

其他无生产工艺火焰或高温影响的生产场所（厂房）建筑的梁、柱（包括斜撑）和屋顶承重构件等，可采用无防火隔热保护的金属构件。

2. 对建筑耐火等级和建筑构件耐火性能的特殊要求

1）民用地下、半地下建筑（室）、一类高层民用建筑及其裙房的耐火等级，不应低于一级。

2）单层或多层重要公共建筑、二类高层民用建筑及其裙房的耐火等级，不应低于二级。

3）对于4层及4层以下的丁、戊类厂房（仓库）的非承重外墙，当采用不燃性材料时，其耐火极限不限；当采用难燃性轻质复合墙体时，其表面材料应为不燃材料、内填充材料应为燃烧性能不低于 B_1 级的非热塑性芯材。[20]

4）一、二级耐火等级建筑的屋面板应采用不燃性材料。屋面防水层宜采用不燃、难燃性材料。当采用可燃防水材料且铺设在可燃、难燃保温材料上时，防水材料或可燃、难燃保温材料应采用不燃材料作保护层。

5）以木柱承重，且以不燃性材料为墙体的建筑物耐火等级应按四级确定。

6）预制钢筋混凝土构件的节点有金属外露的部位，必须采取防火保护措施，且经防火保护后构件整体的耐火极限不应低于相应构件的耐火极限要求。[5]

7）建筑中的非承重外墙、房间隔墙和屋面板的耐火极限应不低于表 3-3、表 3-4 中对有关建筑构件的要求。当确需采用金属夹芯板时，其芯材的燃烧性能应为 A 级。对于丁、戊类厂房的生产车间和冷库的冷间（除上人屋面 板 外）的夹芯板，也可采用燃烧性能不低于 B_1 级的非热塑型芯材。[20]

8）对于在一、二级耐火等级建筑的屋顶楼板上面，加设装饰性坡屋顶时，所有建筑构件和保温层等，必须采用不燃性材料。以不影响原建筑耐火等级的确定。

9）除木结构建筑外，老年人照料设施的建筑耐火等级不应低于三级。

3.1.5 建筑外保温系统和外墙装饰及室内装饰防火

建筑外保温包括建筑外墙保温和屋面保温。建筑外墙的保温形式，有外墙体内保温和外墙体外保温两种。墙体内保温分为有空腔和无空腔两种形式。墙体外保温，一般采取在建筑外墙的室内侧墙面、室外侧墙面或装饰层外表面将保温材料与基层作无空腔紧密粘贴形式。屋面保温一般为外保温。

1. 原则要求

1）建筑外墙和屋面保温系统，其基层墙体或屋面板的耐火极限应符合建筑结构耐火性能和耐火极限等有关要求。

2）保温材料的燃烧性能宜采用 A 级，不宜采用 B_2 级，严禁采用 B_3 级。当采用 B_1 级或 B_2 级燃烧性能的保温材料或制品时，应采取适当措施和构造，以防止火灾通过保温系统在建筑立面或屋面蔓延。[72]

3）屋面保温材料的耐火性能不应低于 B_2 级，当屋面或墙面保温材料不是 A 级时，应在屋面和墙面相接部位设置宽度不小于 500mm 的不燃性防火隔离带。

4）电气线路不应穿越或敷设在 B_1、B_2 级保温材料中，确需穿越时应采取穿金属管并在金属管周围应采取不燃隔热材料进行防火隔离等防火保护措施；安装开关、插座等电器配件的周围，应采取不燃隔热材料进行防火隔离等防火措施。[5]

5）当老年人照料设施独立建造或与其他建筑组合建造且老年人照料设施总建筑面积大于 $500m^2$ 时，其内、外墙体和屋面保温材料应采用燃烧性能为 A 级的保温材料。[20]

6）飞机库的外围护结构、内部隔墙和屋面保温材料的燃烧性能应为 A 级。

7）建筑室内装饰不应破坏原防火分区、隔断、承重结构、疏散设施等消防设计功能。[72]

2. 建筑外墙内保温防火要求

1）当建筑外墙采用的保温材料与两侧墙体构成无空腔复合保温结构体时，该外墙内保温结构整体的耐火极限应符合如下要求：

（1）当保温材料两侧采用混凝土、砖等不燃材料构成无空腔复合保温结构体时，该结构墙体的耐火极限应符合相应外墙墙体的耐火极限要求；

（2）当墙体内采用 B_1、B_2级保温材料时，保温层两侧的墙体结构应采用不燃性构件（材料）且厚度不应小于 50mm。

2）在建筑外墙室内侧设置保温层时，应符合下列要求：

（1）人员密集场所，用火、燃油、燃气等具有火灾危险性的场所以及各类建筑内的疏散楼梯间、避难走道、避难间、避难层、消防电梯前室或合用前室等场所和部位的建筑保温系统，除有特殊使用功能或性能要求的场所可采用低烟、低毒且燃烧性能不低于 B_1 级的保温材料外，应采用燃烧性能为 A 级的保温材料。[72]

对于室内的滑雪训练、戏雪、冰山运动与训练场所，其内保温的选材和构造设计要在考虑特殊使用功能需要的基础上，采取相应可靠的防火技术措施。[20]

（2）其他建筑、场所或部位，应采用低烟、低毒且燃烧性能不低于 B_1级的保温材料。

（3）保温层外应采用不燃材料作防护层，采用 B_1级的保温材料时，防护层厚度不宜小于 10mm。[5]

3. 建筑外墙外保温防火要求

建筑外墙外保温，应符合如下要求：

1）与基层墙体、装饰层之间无空腔的建筑外墙外保温系统

与基层墙体、装饰层之间无空腔的建筑外墙外保温系统，其保温材料应符合下列要求：

（1）人员密集场所建筑

设置人员密集场所建筑外墙外保温材料燃烧性能应为 A 级。

对于住宅与人员密集场所组合建造的建筑外墙外保温系统，可分别按照不同功能楼层的建筑高度确定落实有关防火要求。

（2）住宅建筑

①建筑高度超过 100m 时，保温材料的燃烧性能应为 A 级；

②住宅建筑高度超过 27m、不超过 100m 时，保温材料不应低于 B_1级；

③住宅建筑高度不超过 27m 时，保温材料的燃烧性能不应低于 B_2级。

（3）除住宅建筑和人员密集场所建筑外的其他建筑

①建筑高度超过 50m 时，保温材料的燃烧性能应为 A 级；

②建筑高度超过 24m 但不超过 50m 时，保温材料的燃烧性能不应低于 B_1级；

③建筑高度不超过 24m 时，保温材料的燃烧性能不应低于 B_2级。[5]

2）与基层墙体、装饰层之间有空腔的建筑外墙外保温系统

除人员密集场所建筑外，与基层墙体、装饰层之间有空腔的建筑外墙外保温系统，其保温材料应符合下列要求：

（1）建筑高度超过 24m 时，保温材料的燃烧性能应为 A 级；

（2）建筑高度不超过 24m 时，保温材料的燃烧性能不应低于 B_1级；

（3）采用 B_1级保温材料时，应在外墙结构基层外的装饰层（如建筑幕墙等）施工前，对墙外粘贴保温材料的外表面采用不燃材料作防护层，同时在位于层间楼板与装饰层（如

建筑幕墙等）的空腔处要采取相应的防火封堵措施，以预防火灾蔓延的烟囱效应发生。[5]

3）对设置外墙保温的防火隔断措施

（1）当外墙保温系统采用 B_1、B_2 级保温材料时，外墙上的门、窗、洞口应设置乙级防火门及耐火完整性不低于 0.50h 的 C 类防火窗；

（2）外墙（除无空腔复合保温结构体外）外保温系统，应据如下情况设置防火隔离带：

①当采用 B_1、B_2 级保温材料时，应在保温系统中按楼层每层（位于层间楼板处）设置水平防火隔离带；

②防火隔离带应采用 A 级材料；

③防火隔离带高度不应小于 300mm。

（3）建筑的外墙外保温系统应采用不燃材料在其表面作防护层，防护层应将保温材料完全包覆。除外墙属无空腔复合保温结构体外，当采用 B_1、B_2 级保温材料时，防护层的厚度首层不应小于 15mm，其他楼层不应小于 5mm。

（4）建筑外墙的外保温系统与基层墙体、装饰层之间的空腔，应在每层楼板处采用防火封堵材料封堵。[5]

4. 建筑屋面外保温要求

保温材料耐火性能要求如下：

1）当屋面板的耐火极限不低于 1.00h 时，保温材料的燃烧性能不应低于 B_2 级；

2）当屋面板的耐火极限低于 1.00h 时，保温材料的燃烧性能不应低于 B_1 级；

3）当采用 B_1、B_2 级保温材料时，应采用不燃性材料作防护层，防护层厚度不应小于 10mm；

4）当屋面和外墙均采用 B_1、B_2 级保温材料时，应在屋面和外墙连接部位设置宽度不小于 500mm 的防火隔离带；[5]

5）飞机库的屋面保温材料的燃烧性能应为 A 级；[72]

6）屋面防水层宜采用不燃、难燃材料，当采用可燃防水材料且铺设在可燃、难燃保温材料上时，防水材料或可燃、难燃保温材料应采用不燃材料做防护层。[20]

5. 建筑外墙面装饰的防火要求

1）外墙装饰或制作广告牌不应改变或破坏建筑立面的防火构造。

2）电致发光广告牌不应直接设置在有可燃、难燃材料的墙体上。

3）户外广告牌不应遮挡建筑外窗。

4）建筑外墙的装饰层或广告牌的材料应采用 A 级材料。[20]

5）建筑外墙的外装修和表面装饰层应采用 A 级材料。当建筑高度不超过 50m 时可采用 B_1 级材料。[5][20]

6）建筑的外装修和户外广告牌，应满足防止火灾通过外立面或广告牌蔓延的要求；不得影响火灾时或消防救援时的建筑排烟和排热；不应遮挡或减小供消防救援的门窗口。[72]

综合上述各类建筑外墙的内保温、外保温、屋面保温材料的防火性能要求，简列见表 3-6。

对于墙体和屋面外保温工程的施工现场及竣工后的使用管理、维护中，均应采取可靠的防火保护措施，保证安全。

建筑外墙保温和屋面保温的防火性能要求 **表 3-6**

<table>
<tr><th colspan="3" rowspan="3">项目
建筑名称</th><th colspan="5">建筑外墙墙体保温设置</th><th rowspan="3">屋顶外保温设置</th><th rowspan="3">外墙装饰层</th></tr>
<tr><th rowspan="2">耐火性能</th><th colspan="2">外墙墙体结构内保温</th><th colspan="2">外墙墙体结构外保温</th></tr>
<tr><th>无空腔</th><th>有空腔</th><th>室内侧</th><th>室外侧</th></tr>
<tr><td rowspan="2">重要公共建筑或场所</td><td colspan="2">人员密集场所</td><td>A 级</td><td>A 级</td><td>A 级</td><td>A 级</td><td>A 级</td><td rowspan="8">1. 当屋面板的耐火极限不低于 1.00h 时，不应低于 B_2级；
2. 当屋面板的耐火极限低于 1.00h 时，不应低于 B_1级；
3. 当采用 B_1、B_2 级保温材料时，应采用不燃性材料作防护层，防护层厚度不应小于 10mm；
4. 当屋面和外墙均采用 B_1、B_2 级保温材料时，应在屋面和外墙连接部位设置宽度不小于 500mm 的不燃性材料防火隔离带</td><td rowspan="8">建筑的外墙装饰层应采用燃烧性能为 A 级的材料，但建筑高度不超过 50m 时，可采用 B_1 级材料</td></tr>
<tr><td>各类建筑</td><td>疏散楼梯间
避难走道
避难间
避难层</td><td>A 级</td><td>A 级</td><td>—</td><td>A 级</td><td>A 级</td></tr>
<tr><td rowspan="3">住宅建筑</td><td rowspan="3">建筑高度 h (m)</td><td>$h \leqslant 27$</td><td>不应低于 B_2级</td><td rowspan="6">1. 当保温材料两侧采用混凝土、砖等不燃性材料复合结构墙体的耐火极限应符合相应墙体的耐火极限要求；
2. 当采用 B_1、B_2级保温材料时，保温层两侧的不燃性墙体厚度不应小于 50mm</td><td rowspan="6">1. 不应低于 B_1级。
2. 当采用 B_1 级保温材料时，应采用不燃性材料作防护层，且防护层厚度不应小于 20mm。并应在每层楼板处采用防火封堵材料封堵</td><td rowspan="6">1. 应采用低烟、低毒且燃烧性能不低于 B_1 级的保温材料。
2. 应采用不燃性材料作防护层。
3. 当采用 B_1 级保温材料时，防护层厚度不应小于 10mm</td><td rowspan="6">1. 当采用 B_1、B_2级保温材料时，外墙上的门、窗、洞口应设置乙级防火门及耐火完整性不低于 0.50h 的 C 类防火窗。
2. 采用 B_1、B_2级保温材料时，应在每层楼板处设置高度不小于 300mm 的不燃性材料防火隔离带。
3. 采用 B_1、B_2 级保温材料时，应用不燃材料在其表面设防护层：首层厚度不应小于 15mm，其他楼层不应小于 5mm</td></tr>
<tr><td>$27 < h \leqslant 100$</td><td>不应低于 B_1级</td></tr>
<tr><td>$h > 100$</td><td>A 级</td></tr>
<tr><td rowspan="3">其他建筑</td><td rowspan="3">建筑高度 h (m)</td><td>$h \leqslant 24$</td><td>不应低于 B_2级</td></tr>
<tr><td>$24 < h \leqslant 50$</td><td>不应低于 B_1级</td></tr>
<tr><td>$h > 50$</td><td>A 级</td></tr>
</table>

6. 建筑室内装饰的防火要求

1）建筑内部装修时，不应擅自改变或破坏防火（防烟）分区的建筑结构和消防设施。

2）建筑内部装修不应擅自减少疏散出口、疏散走道的宽度，不得改动、拆除疏散指示标志，不得遮挡消防设施或器材及其标识，不得影响消防器材、设施的正常使用和维护管理。

3）在疏散走道、疏散楼梯间（及前室）、疏散出口、消防救援门窗口部位，不应装设镜面反光材料。

4）下列部位的墙面、地面、顶棚的装修材料应为 A 级：

（1）避难走道、避难层、避难间；

（2）疏散楼梯间及其前室；

（3）消防电梯前室或合用前室；

（4）消防水泵房、机械加压送风机房、排烟机房、固定灭火系统钢瓶间等消防设备间；

（5）配电室、油浸变压器室、发电机房、储油间；

（6）消防控制室（除地面可为 B_1 级外）；

（7）锅炉房。

5）歌舞娱乐放映游艺场所的室内装饰防火应符合下列要求：

（1）顶棚材料的燃烧性能应为 A 级；

（2）其他部位的装修材料的燃烧性能应为 B_1 级；

（3）当设在地下（半地下）时，墙面装修材料燃烧性能应为 A 级。

6）下列场所设置在地下（半地下）时，室内装修材料不应使用易燃材料、石棉制品、玻璃纤维、塑料类制品，且其顶棚、墙面、地面的装修材料的燃烧性能应为 A 级：

（1）汽车客运站、港口客运站、铁路车站的进出站通道、进出站厅、候乘厅；

（2）地铁车站、民用机场航站楼、城市民航值机厅的公共区；

（3）交通换乘厅、换乘通道。

7）除有特殊要求的场所外，下列生产场所和仓库的顶棚、墙面、地面和隔断内部的装修材料的燃烧性能均应为 A 级：

（1）有明火或高温作业的生产场所；

（2）甲、乙类生产场所；

（3）甲、乙类仓库；

（4）丙类高架仓库、丙类高层仓库；

（5）地下（半地下）丙类仓库。[72]

3.2 不同耐火等级建筑的结构特征

3.2.1 不同耐火等级建筑中主要建筑构件的燃烧性能特征

1. 墙体

一、二、三级耐火等级的建筑（除有些房间隔墙可为难燃性外），均为不燃性；四级耐火等级的建筑（除防火墙外），为难燃性，非承重外墙为可燃性。

2. 屋顶承重构件

一、二级耐火等级的建筑为不燃性；三级耐火等级的建筑为难燃性；四级耐火等级的建筑为可燃性。

3. 梁、柱和楼板

一、二、三级耐火等级的建筑为不燃性；四级耐火等级的建筑为难燃性。

4. 楼梯

一、二、三级耐火等级的建筑为不燃性；四级耐火等级的建筑为可燃性。

5. 吊顶

一级耐火等级的建筑为不燃性；二、三级耐火等级的建筑为难燃性；四级耐火等级的建筑为可燃性。

3.2.2 不同耐火等级建筑中主要承重构件的耐火性能特征

一般情况下，不同耐火等级建筑的承重构件具有一定的耐火性能特征。比如：

一级耐火等级建筑：屋顶和层间楼板承重结构一般为现浇钢筋混凝土结构或非预应力钢筋混凝土预制构件，屋面板和楼板不采用无特殊防火保护措施的预应力构件或钢构件。

二级耐火等级建筑：层间楼板一般为非预应力钢筋混凝土构件，仅非上人屋面板可为预应力钢筋混凝土构件或者采用防火保护的钢构件。

三级耐火等级建筑：楼层之间的楼板可为预应力钢筋混凝土构件，屋顶承重构件可为轻钢结构或经防火处理的木结构及复合彩钢板等难燃性构件。

四级耐火等级建筑：承重墙、柱、梁为难燃性构件，其余均为可燃性构件；以木柱承重的建筑，即使墙体燃烧性能为不燃性，也按四级建筑确定。

在各级耐火等级建筑中，预制钢筋混凝土（装配式）结构节点有金属结构外露的部位，应采取防火保护措施，并使其节点耐火极限不低于相应构件的耐火极限要求。

3.3 建筑物不同使用功能的火灾危险性

建筑物是供人们进行生产、生活活动的场所。建筑内的不同使用功能也使其自然存在不同的火灾危险性。比如：

人们在各类生产活动中，所采用的不同火灾危险性类别的原料、生产设备、工艺条件等，会使各生产环节存在不同的火灾危险性；

人们在居住、学习、娱乐等活动中的用火、用电、物品存放、人员流动等行为，也自然使所处场所存在影响消防安全的不同危险因素。

所以，建筑物的不同使用功能也往往决定着建筑的火灾危险性。

3.3.1 生产场所的火灾危险性

厂房（或车间）是人们从事各类生产活动的场所。根据生产中使用或产生物质的性质及其数量等因素，将生产场所的火灾危险性划分为甲、乙、丙、丁、戊类共5类。

1. 生产场所的火灾危险性类别划分

生产场所的火灾危险性分类，一般要分析整个生产过程中的每个环节是否有引起火灾的可能性，并且要按其中的最高危险类别的物质确定。通常可根据以下因素分析确定：

1）生产中使用的全部原材料的性质；

2）生产中操作条件的变化是否会改变物质的性质；

3）生产中产生的全部中间物质的性质；

4）生产中最终产品及其副产品的性质；

5）生产过程中的环境条件。

许多产品可能有若干种不同工艺的生产方法，其中使用的原材料也各有不同，其所具有的火灾危险性也可能因不同的生产工艺而各异，分类时应注意区别对待。具体划分生产的火灾危险性类别，应详细分析其生产过程中的物质形态特征，并符合表3-7的要求。

生产场所的火灾危险性分类　　表 3-7

生产场所的火灾危险性类别	使用或产生下列物质生产场所的火灾危险性特征
甲	1. 闪点低于 28℃的液体 2. 爆炸下限低于 10%的气体 3. 常温下能自行分解或在空气中氧化能导致迅速自燃或爆炸的物质 4. 常温下受到水或空气中水蒸气的作用，能产生可燃气体并引起燃烧或爆炸的物质 5. 遇酸、受热、撞击、摩擦、催化以及遇有机物或硫黄等易燃的无机物，极易引起燃烧或爆炸的强氧化剂 6. 受撞击、摩擦或与氧化剂、有机物接触时能引起燃烧或爆炸的物质 7. 在密闭设备内操作温度大于等于物质本身自燃点的生产
乙	1. 闪点不低于 28℃，但低于 60℃的液体 2. 爆炸下限不低于 10%的气体 3. 不属于甲类的氧化剂 4. 不属于甲类的化学易燃危险固体 5. 助燃气体 6. 能与空气形成爆炸性混合物的浮游状态的粉尘、纤维、闪点不低于 60℃的液体雾滴
丙	1. 闪点不低于 60℃的液体 2. 可燃固体
丁	1. 对不燃烧物质进行加工，并在高温或熔化状态下经常产生强辐射热、火花或火焰的生产 2. 利用气体、液体、固体作为燃料或将气体、液体进行燃烧作其他用的各种生产 3. 常温下使用或加工难燃烧物质的生产
戊	常温下使用或加工不燃烧物质的生产

2. 各类生产场所的火灾危险性举例

1）甲类生产场所，分为如下七种情况。

（1）使用或产生闪点低于 28℃的可燃液体。如：苯（−14℃）、甲醇（7℃）、乙醇（11℃）、汽油（−58℃）、丙烯腈（−3.5℃）、乙醚（−45℃）等，闪点都低于 28℃。[24]

（2）使用或产生爆炸下限低于 10%的可燃气体。如：乙炔（爆炸极限 2.5%～82%）、氢（爆炸极限 4%～75%）、环氧乙烷（爆炸极限 2.6%～100%）、石油液化气（爆炸极限 2%～15%）等，爆炸下限都低于 10%。[3][24]

（3）使用或产生常温下能自行分解或在空气中氧化能导致迅速自燃或爆炸的物质。如：黄磷、赛璐珞、硝化纤维电影胶片等。

（4）使用或产生在常温下受水或水蒸气作用，能产生可燃气体并引起燃烧和爆炸的物质。如钾、钠轻金属等。

（5）使用或产生遇酸、受热、撞击、摩擦、催化以及遇有机物或硫黄等易燃的无机物，极易引起燃烧或爆炸的强氧化剂。如氯酸钾、氯酸钠、过氧化钾、硝胺、过氧化钠等。

（6）使用或产生受撞击、摩擦或与氧化剂、有机物接触能引起燃烧和爆炸，属于低燃点的剧燃易爆炸物质，如：赤磷、五硫化磷等。

（7）在密闭容器内，反应温度超过物料自燃点的生产，如石蜡裂解（反应温度

570℃、石蜡自燃点190℃)、冰醋酸裂解(反应温度500℃、冰醋酸自燃点379℃)、制氢(反应温度800～850℃、氢气自燃点570℃)等。[40]

2)乙类生产场所，分为如下六种情况。

(1)使用或产生闪点不低于28℃，但低于60℃的液体，如：煤油(28～45℃)、松节油(32℃)、轻柴油(50℃)等。[24]

(2)使用或产生爆炸下限不低于10%的气体，如氨气(16%～27%)、水煤气(12%～66%)、一氧化碳(12.5%～75%)等。[24]

(3)使用或产生不属于甲类的氧化剂，如硝酸、漂白粉、铬酸等。

(4)使用或产生不属于甲类的化学易燃危险固体，如硫黄、煤粉、松香、樟脑等。

(5)使用或产生助燃气体，如氧气制备、储存、空分等。

(6)能与空气形成爆炸性混合物的粉尘、纤维或闪点不低于60℃的液体雾滴，如面粉碾磨、煤粉加工、亚麻除尘等，以及油压设备在高温高压下可能沿设备缝隙喷漏油品雾滴的场所。[3]

3)丙类生产场所，分两种情况。

(1)使用和产生闪点不小于60℃的液体(柴油60～90℃、重油70～180℃、煤焦油65℃、豆油140℃、机油195℃等)。[40]如：植物油加工、沥青加工、油浸变压器、多油配电设备(每台装油量超过60kg)等。

(2)使用和产生可燃固体。如：竹、木、棉、麻、粮等加工。

4)丁类生产场所，分三种情况。

(1)对不燃烧物质进行加工，并在高热或融化状态下经常产生强热辐射、火花或火焰的生产。如：金属冶炼、锻造、热处理和电气焊接等。

(2)利用气体、液体、固体作为燃料，或将气体、液体进行燃烧产生的功用于其他的各种生产。例如锅炉房、玻璃熔化、陶瓷烘干、电极煅烧工段、配电室(每台装油量不超过60kg的配电设备)等。

(3)对难燃烧物质的生产和加工。如：铝塑材加工、酚醛泡沫加工、丝织印染的漂炼部位和化纤后段的湿润加工部位等。

5)戊类生产场所，指常温下使用或加工不燃烧物质的生产。如水泵房、制砖、混凝土预制构件、金属冷加工等。

3. 生产场所火灾危险性类别的确定方法

在确定生产场所火灾危险性类别时，要注意以下问题：

1)由于生产工艺流程中使用或产生的物质性质和数量的不同，而使该生产活动场所存在不同的火灾危险性。

(1)对厂房(或车间)的全部或局部环境的火灾危险性类别确定，需根据对该处的生产工艺流程中的物质性质和生产条件的火灾危险特征进行分析后，按照火灾危险类别较高的确定。

(2)当生产过程中使用或产生易燃、可燃物质的量较少，不足以构成爆炸或火灾危险时，可按实际情况确定其生产的火灾危险性类别。

(3)对于集多种功能和不同火灾危险性部位于一体的生产和产品经销的综合产销联营场所，其火灾危险性应按照生产厂房的类别确定。

比如：汽车4S店，是集汽车销售、维修、配件和信息服务于一体的销售店。其功能有整车及配件销售，也有汽车维修。因为总体面积较大，其火灾危险性除汽车维修的机件清洗、加油试车等局部具有甲、乙类火灾危险外，其余大部分场所的火灾危险基本属于丁、戊类。对整车及配件销售、信息服务等各营销场所和汽车修配场所，均应视为"厂房"。可据各营销场所全部或局部环境存在的火灾危险具体情况分别确定火灾危险性类别，而不应按"百货商店"进行防火设计。

2）当厂房内有不同火灾危险类别的混类生产，如火灾危险类别较高的部分仅占据少部分厂房面积，或者能在生产工艺流程中局部采取妥善的消防安全措施以及能利用建筑结构条件做成独立防火分区时，则可视具体情况做如下处理：

（1）火灾危险类别高的使用面积占车间总面积的比例小于5%，且采取了有效的防止火灾蔓延的防火措施时，可按火灾危险类别较低的确定生产类别；

（2）丁、戊类厂房内的油漆工段面积与总面积的比例小于10%，且采取了有效的防止火灾蔓延的防火措施时，可仍按丁、戊类确定生产类别；

（3）丁、戊类厂房的油漆工段内，当其生产条件具备封闭式喷漆、喷漆空间保持负压、设有可燃气体浓度报警或自动抑爆系统的条件，且油漆工段占防火分区面积的比例不大于20%时，可仍按丁、戊类确定生产类别。[5]

在生产场所（厂房）的防火设计中，要根据生产工艺流程和具体作业环节的控制要求，对工艺装置、设备与仪器仪表、材料等的设计，需切合各生产部位的火灾危险性采取相应的防火、防爆措施。[72]

3.3.2　储存物资场所的火灾危险性

1. 储存物资场所的火灾危险性分类

储存物资场所的火灾危险性类别划分，与生产场所的火灾危险性类别划分比较类似，也分为甲、乙、丙、丁、戊类共5类。其基本划分原则可遵循表3-8的要求。

储存物资场所的火灾危险性分类　　**表3-8**

储存物资场所的火灾危险性类别	储存物资场所的火灾危险性特征
甲	1. 闪点低于28℃的液体 2. 爆炸下限低于10%的气体，以及受到水或空气中水蒸气的作用，能产生爆炸下限低于10%的气体的固体物质 3. 常温下能自行分解或在空气中氧化能导致迅速自燃或爆炸的物质 4. 常温下受到水和空气中水蒸气的作用，能产生可燃气体并引起燃烧或爆炸的物质 5. 遇酸、受热、撞击、摩擦以及遇有机物或硫黄等易燃的无机物，极易引起燃烧或爆炸的强氧化剂 6. 受撞击、摩擦或与氧化剂、有机物接触时能引起燃烧和爆炸的物质
乙	1. 闪点不低于28℃，但低于60℃的液体 2. 爆炸下限不低于10%的气体 3. 不属于甲类的氧化剂 4. 不属于甲类的化学易燃危险固体 5. 助燃气体 6. 常温下与空气接触能缓慢氧化，积热不散能引起自燃的物品

续表

储存物资场所的火灾危险性类别	储存物资场所的火灾危险性特征
丙	1. 闪点不低于60℃的液体 2. 可燃固体
丁	难燃烧物品
戊	不燃烧物品

2. 储存物资场所（仓库）的火灾危险性类别划分举例

储存物资场所的火灾危险性类别划分，简单举例如下：

1）甲类储存物资场所的物资火险特点，基本属于很容易爆炸、燃烧的物资。分为如下六种情况：

（1）闪点低于28℃的液体。如：苯（－14℃）、甲醇（7℃）、汽油（－58℃）、乙醇（11℃）、丙酮（－20℃）等。

（2）爆炸下限低于10%的气体，以及受到水和水蒸气的作用能产生爆炸下限低于10%的气体的固体物资。如：液化石油气（爆炸极限2%～15%）、乙烷（爆炸极限3.2%～15.5%）、电石（遇水分解生成乙炔，爆炸极限2.3%～82%）。

（3）常温下能自行分解或在空气中氧化能导致迅速自燃或爆炸的物资。如：黄磷、赛璐珞、喷漆棉、硝化纤维电影胶片等。

（4）常温下受到水和空气中水蒸气的作用，能产生可燃气体并引起燃烧或爆炸的物资，如：钾、钠、钙、氢化钠等。

（5）遇酸、受热、撞击、摩擦以及遇有机物或硫黄等易燃的无机物，极易引起燃烧或爆炸的强氧化剂。如：氯酸钾、过氧化钾、硝酸铵等。

（6）受撞击、摩擦或与氧化剂、有机物接触时能引起燃烧和爆炸的物资。如：三硫化四磷、五硫化二磷等。

2）乙类储存物资场所的物资火险特点，是属于有爆炸、自燃、助燃危险的物资，分为如下六种情况：

（1）闪点不低于28℃，但低于60℃的液体，如：煤油（28℃～45℃）、松节油（32℃）、轻柴油（50℃）等；

（2）爆炸下限不低于10%的气体，如：氨气（16%～27%）等；

（3）不属于甲类的氧化剂，如：硝酸、发烟硫酸、漂白粉等；

（4）不属于甲类的化学易燃危险固体，如：硫黄、煤粉、生松香等；

（5）助燃气体，如：氧气、氟气等；

（6）常温下与空气接触能缓慢氧化，积热不散引起自燃的物品，如：漆布、油布、油绸等及其制品。

3）丙类储存物资场所的物资火险特点，是属于可燃液体或可燃固体物资。分两种情况：

（1）闪点不低于60℃的液体，如：动物油、植物油、润滑油、沥青、柴油等；

（2）可燃固体，如：棉、毛、丝、麻、纤维、纸张、竹木、橡胶等及其制品，鱼、肉及电子产品等。

4）丁类储存物资场所的物资火险特点，是属于难燃烧物资，如：自熄性塑料及其制品，水泥刨花板等。

5）戊类储存物资场所的物资火险特点，是属于不燃烧物资，如：砖、石、水泥、钢材、玻璃、不燃气体等。

3. 储存物资场所（仓库）内的物资储存原则

在储存物资场所（仓库）内，因为储存的各类物资的具体物理和化学性质不同，其火灾危险性特征也会各异。当在储存物资场所（仓库）内储存不同火险类别的物资时，其中危险类别最高的，决定了该场所（仓库）的火灾危险性类别。为便于管理，不要混类储存。

储存物资场所（仓库）的储存原则大体为：

1）应按火灾危险性类别（如：易燃、易爆、可燃、不燃、剧毒等）分类进行储存。

2）按各类物资的形态（如：液态、固态、气态等）的不同而实行分类、分别储存。

3）如果仓库储存中有混类的情况时，应适当采取防火分区设施。否则，其储存场所（仓库）的火灾危险性类别应按其中危险性最高的确定，并按其较高危险类别进行管理。

4. 同类物资在不同生产和储存条件下的火灾危险性程度的区别

同类物资，由于在其生产和储存过程中的环境和作业条件的不同，往往会使火灾危险性程度发生变化。比如：

1）由于物资存在的环境温度和压力不同，火灾危险性程度不同

（1）物资的生产，在生产工艺流程中往往是处于高温、高压的条件下，而物资储存的条件一般是常温、常压。同类物资，在高温、高压的生产过程中，其火灾危险性要比在仓库里常温储存时大得多。

（2）在化学合成加氢或在氢气制取过程里，由于阶段工艺流程温度（高达840℃）高于物料自燃点（560℃），处于高温高压设备和管路中的液氢泄漏出来时，可能喷出来就是火；而氢气储罐泄漏时，漏出的氢气直接飘散到空气中了。可见，氢气的储罐泄漏与从高压装置内泄漏的情况相比，危险性就小一些。

2）物资所处环境的通风条件不同，火灾危险性程度也不同

物资在生产过程中的环境一般都设有机械通风，而物资储存场所（仓库）往往都是自然通风。所以，当某些物资堆积在通风不良的仓库内，往往缓慢氧化、聚热，而存在自燃的危险性。如：漆布、油布、油纸、油绸及其制品，在自然温度下储存的通风不良环境要比在生产过程中有机械通风时的火灾危险性大一些。

3）有爆炸危险的气体，其爆炸极限范围越宽危险性越大

有爆炸危险的气体，其爆炸极限的上、下限之间的危险范围宽窄有不同。如：液化石油气（2%～15%）和环氧乙烷（2.6%～100%），虽然同属于爆炸下限低于10%的甲类气体，但环氧乙烷爆炸极限范围几乎处于其全部浓度范围，万一泄漏遇明火就会爆炸。相比之下，液化石油气的爆炸极限范围就比较窄些。有爆炸危险的同类气体，爆炸极限范围越宽，危险性越大。

4）可燃气体的比重不同，其火灾危险程度也有不同

可燃性气体比空气重的，火灾危险性要大一些。如：液化石油气比空气重（与空气比

重 1.6），泄漏后滞留在地面上，遇火花就会爆炸；而氢气的比重比空气轻（氢气与空气比重 0.07），泄漏后不会留在地面上，只能上升扩散。所以，在安全措施上，对生产和储存中遇有可燃气体比空气重的情况时，则不仅要考虑建筑结构的防爆泄压，还要做不发火花地面。

5）可燃、易燃液体的闪点越低，火灾危险性越大

同类易燃、可燃液体，其闪点越低，火灾危险性越大。如：汽油（闪点−58℃）和对二甲苯（闪点 25℃）都属于闪点低于 28℃的甲类液体，但将其各自的闪点互相对比却相差了 83℃。可见，两者虽属于同类可燃液体，但液体闪点越低，其可被点燃的温度范围越宽，火灾危险性也就越大。

5. 同类物资在不同生产和储存条件下的火灾危险性分类的区别

1）物资形态处于动态时的火灾危险性类别往往高于静态

生产过程中的物资形态是处于动态，仓库储存的物资形态是处于静态。一般来说，动态物资的火灾危险性类别要高于静态。譬如：

（1）成袋的面粉、未开包的棉花和亚麻，在静态储存时，其火灾危险性类别属于丙类可燃固体；

（2）可燃物资处于动态时，其火灾危险类别可能会发生变化。例如，在面粉碾磨、亚麻开包、棉纺初加工等生产过程中，由于可燃物的飞扬粉尘、纤维呈浮游状态混在空气中，遇火源有爆炸危险，其环境的火灾危险性类别不再是可燃的丙类，而变化为遇火源会爆炸的乙类。

2）不燃物资的可燃性外包装，可能会改变物资储存的火灾危险性类别

当难燃、不燃性物资的外包装物为可燃性，外包装物重量超过被包装物重量的 1/4 或可燃性包装物体积大于被包装物本身体积的 1/2 时，其储存场所的火灾危险性类别不能按难燃、不燃的丁、戊类确定，而应按可燃性包装物的丙类火灾危险确定。如：储存带可燃性外包装的仪器、仪表、灯泡、保温瓶、小型机电设备等仓库，应划为丙类火险场所。[5]

6. 不同类型的可燃液体和可燃气体储罐的火灾危险性

1）可燃液体储罐

可燃液体储罐分为固定顶式储罐和浮顶式储罐两种类型，其火灾危险性有所不同。储罐形式示意见图 3-1。

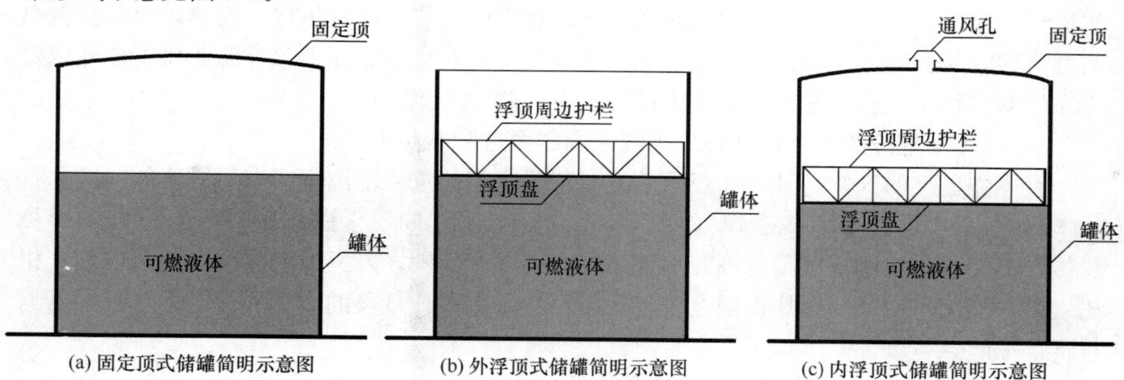

图 3-1　可燃液体储罐简明示意图

（1）可燃液体固定顶储罐的火灾危险特点

固定顶储罐，是指立式储罐的顶板与罐壁是一体固定的。罐内可燃液体泄漏遇明火会发生火灾，罐内挥发的可燃气体遇明火（火花）或受外部高温影响有爆炸危险。所以，为预防固定顶罐内气体受外部火源的直接影响，一般要在储罐的呼吸阀前部管道上装设阻火器。

（2）可燃液体浮顶式储罐的火灾危险特点

浮顶式储罐，是指设有随储存液体的液面升降而浮动的顶盘的储罐，分为外浮顶和内浮顶两种形式。

①外浮顶储罐的浮动顶盘直接露在外面，发生火灾时着火的部位是在浮动顶盘与罐壁的缝隙处，很容易扑灭。从缝隙挥发的可燃气体直接飘散，没有爆炸危险。

②内浮顶储罐的浮动顶盘是在固定顶储罐内，可燃液体从浮盘边缘缝隙挥发的可燃气体窝存在储罐内，会经过储罐顶部的通风（呼吸）口向罐外放散，遇明火（火花）或受外部高温影响，储罐有爆炸危险。所以，为预防浮动顶盘上部空间窝存的固定顶罐内气体受外部火源的直接影响，一般要在储罐的通风孔口装设阻火器。

2）可燃气体储罐

可燃气体（这里说的主要是煤气）储罐分为湿式和干式两种，其火灾危险性也有所不同。储罐形式示意见图 3-2。除此，还有液化石油气压力储罐、天然气全冷冻式和半冷冻式储罐等。

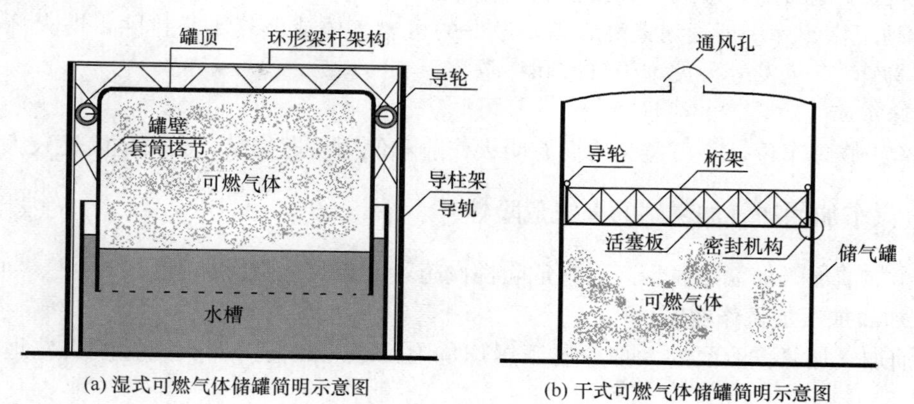

(a) 湿式可燃气体储罐简明示意图

(b) 干式可燃气体储罐简明示意图

图 3-2 可燃气体储罐简明示意图

（1）可燃气体湿式储罐的火灾危险特点

可燃气体湿式储罐（亦称：水槽式储罐），相当于将储罐（罐底朝上）倒扣在水槽里，储罐罐体由套筒式塔节（塔节之间设有水封）构成，塔节罐体随储存气量变化而升降。塔节升降方式有导柱式或螺旋导轨式，储气量变化时塔节上部导轮沿导柱或导轨上下滑行。

正常情况，湿式储罐泄漏的可燃气体会直接飘散。如罐体塔节水封破坏致使罐内气体局部泄漏时，遇明火只是局部泄压燃烧；除非设备检修时违章作业，一般没有爆炸危险。

（2）可燃气体干式储罐的火灾危险特点

可燃气体干式储罐，是在储罐内装有活塞板，活塞板以下储存气体，活塞板随储气量多少而升降，在活塞板上部外围设有防止板倾斜的带导轮的桁架。沿活塞板周边安装有防止气体外逸的密封机构。活塞板上面适当放置重块，以获得所求储气压力。

干式储罐的密封机构有油液密封式、油脂密封式和柔膜密封式。

①油液密封式，是在活塞外围设有油槽和滑板机构，油槽内充满矿物油，以封住活塞下面的气体。

②油脂密封式，设有特制的密封圈和压紧装置机构，密封圈与罐壁之间注入润滑脂，以增强密封性，且减少摩擦。

③柔膜密封式，是在活塞周边安装密封柔膜，柔膜另一端与罐壁内侧连接，活塞下方的封闭空间随储气量变化，密封柔膜也随之上下卷动。

干式可燃气体储罐的火灾危险，主要来自气体密封机构的破坏。事故状态时遇火源会发生燃烧和爆炸。

3.3.3 汽车库的火灾危险性

1. 汽车库

汽车库发生火灾，疏散和扑救都很困难，容易造成重大人身伤亡和财产损失。

1）由于汽车使用汽油、柴油或天然气作燃料，汽油的闪点低、挥发性强，汽油蒸气和天然气都易燃易爆，在停车检修时往往由于违反操作规程或缺乏防火知识引起火灾。

2）甲、乙类物品运输车在停放和检修时，有时有残留的易燃液体和可燃气体散发在室内或漂浮在地面上，遇到明火就会燃烧爆炸。

3）地下汽车库一般通风条件较差，散发的可燃气体或蒸气不易排除，遇火源极易引起燃烧爆炸，一旦发生火灾难于疏散和扑救。

2. 修车库

汽车的修理车位，不可避免的要有明火作业和使用易燃物品，火灾危险性较大。

3.3.4 汽车加油加气加氢站的火灾危险性

汽车加油加气加氢站属于高火灾危险性设施，其火灾危险有如下几点：

1. 加油加气加氢作业区

加油加气加氢作业区的大部分属于爆炸危险区域，故需对明火或散发火花地点严加防范。

2. 地下油罐

加油站的火灾危险主要源于油罐，油罐埋地设置减低了其火灾危险。着火处主要在检修人孔，火灾时用灭火毯覆盖就能有效灭火。

3. 加气设施

1）压缩天然气设施的管路和设备平时处于密闭状态，其火灾特点是泄漏物遇明火或火花爆炸后在泄漏点着火，关闭相关阀门就能扑灭火灾。如果 LNG（液化天然气）储罐发生泄漏，泄漏物限制在钢筋混凝土罐池内且很快挥发飘散，事故影响范围也不会太大。

2）液化石油气的气体相对密度比空气大，加气设施泄漏出来的气体易于在室内或通风不良场所聚集，形成爆炸性气体，遇明火或火花易引起火灾和爆炸。

4. 储氢加氢设施

1）储氢设施的储氢容器、储气井、湿式柜等，因压力表、安全阀失灵或水封破坏等原因，会造成氢气泄漏，遇高热或明火即爆炸。

2）加氢机、氢气卸气柱、气柜遇火花有爆炸危险。

3.3.5 民用建筑的火灾危险性

1. 单层、多层民用建筑

多层民用建筑，以建筑高度不超过24m（住宅建筑不超过27m）为限，这也是多层建筑与高层建筑区分的界限。因为建筑高度不超过24m（或住宅建筑不超过27m），是目前一般泵浦消防车便于从室外地面直接进行灭火救援的适宜高度。对于建筑高度超过24m的单层建筑，如体育馆、影剧院、会展中心等，虽然建筑空间高大，使用过程中人员集中且分布密度较大，但其安全疏散的情形消防扑救的条件与多层公共建筑类似。

与高层民用建筑比较，一般多层民用建筑发生火灾时，人员竖向疏散的距离较短，还具有便于消防车从外部直接灭火的条件，并且还具备供消防举高车、云梯车等装备直接从建筑外墙的门、窗洞口对被困人员实施救援的条件。但是，对于大进深且建筑高度临界于高层的多层公共建筑来说，其火灾危险性和消防救援难度并不亚于高层建筑。

2. 高层民用建筑

高层民用建筑的火灾危险性大，通常具有如下特点：

1）火险隐患多。因建筑使用功能复杂、可燃物较多、使用单位多，经营管理模式杂乱，难以实行统一管理，很容易在多环节上留下火灾隐患。

2）发生火灾时火势蔓延快。因楼梯间、电梯井、电缆井、管道井、通风排气道等竖向连通空间如同“烟囱”，往往因竖向连通的井道等在穿越各楼层处的水平封闭不严密而窜入烟气，导致烟气升腾的“烟囱效应”，使火灾在楼层之间快速地竖向蔓延。

3）疏散困难。高层建筑的层数多，竖向疏散距离长，建筑内人员要疏散到地面或其他安全场所的时间必然要长一些。由于人员集中，很容易出现应急疏散人流拥挤现象。加之受火势和烟气快速向上蔓延的影响，致使能见度差，呼吸困难，更会增加疏散的困难。

4）扑救难度大。高层建筑高达几十米，甚至超过二三百米，发生火灾时从室外进行扑救相当困难。所以，高层建筑一般立足于“自救”——即主要依靠室内消防设施扑救火灾。由于目前我国受经济技术条件所限，部分高层建筑内的消防设施还不可能很完善，一般还是以利用室内消火栓系统扑救为主。所以，扑救高层建筑火灾往往遇到较大困难。

3. 地下建筑

地下建筑的火灾危险特点主要有如下方面：

1）地下建筑的空间相对封闭，与地上联系通道有限；着火后，烟气大，温度高。

2）因缺乏自然通风条件，火灾时的烟气聚集和蔓延，必然严重影响人员的疏散；因全部采用人工照明，有毒的烟气既影响能见度又直接威胁到人身安全。

3）消防扑救困难，主要受如下因素影响：

（1）消防指挥员到达现场，对建筑物的结构、形状、着火部位等不能一目了然，难以确定灭火方案；

（2）因地下建筑结构的屏蔽作用，使有线、无线通信指挥设备难以发挥作用；

（3）消防人员进入火场时会受到“单一”通道限制，并受到疏散人流的阻挡；

（4）因受条件限制而不能调用其他有效灭火设备；

（5）在充满浓烟的高温环境里，消防人员佩戴氧气呼吸器负担太重，影响灭火工作。

3.4 建筑物的耐火等级、层数和防火分区

根据建筑物的使用功能分析，如使用场所的火灾危险性越大，则其对建筑耐火等级的要求应当越高。针对不同场所的火灾危险特点，对不同耐火等级建筑的使用层数有必要加以限制。在建筑使用中，为把万一发生的火灾限制在一定范围内，还要在建筑内部严格划分防火分区。对于工业与民用建筑、地铁车站、平时使用的人民防空工程等，应综合分析其建筑高度（埋深）、使用功能和火灾危险性等因素，本着有利于消防救援、有利于控制火灾及降低火灾危害的原则，合理划分防火分区。

当建筑内按横向（楼层）划分防火分区时，应采用防火墙、防火卷帘、防火水幕、甲级防火门等防火分隔设施划分。所采取的分隔措施，应保证火灾不会蔓延到相邻防火分区。

当建筑内按竖向划分防火分区时，除允许设敞开楼梯间的建筑外，防火分区的建筑面积应按上、下楼层中在火灾时未封闭的开口所连通区域的建筑面积之和计算。

当高层建筑主体与裙房之间未采用防火墙和甲级防火门分隔时，裙房的防火分区应符合高层主体的防火分区划分要求。[72]

在划分防火分区时，对于建筑耐火等级较低或者建筑内的生产场所、储存物资场所和生活场所的火灾危险程度较高时，则要求其防火分区的建筑面积应较小一些。

对于各类生产场所建筑、储存物资场所建筑和民用建筑的建筑耐火等级、允许使用层数和划分防火分区的最大允许建筑面积等有关具体要求，分别做如下阐述。

3.4.1 生产场所（厂房）的建筑耐火等级、层数和防火分区

1. 基本要求

生产场所（厂房）的建筑耐火等级、层数和防火分区的最大允许建筑面积要求，见表3-9。

生产场所（厂房）的建筑耐火等级、层数和防火分区的最大允许建筑面积（m^2） 表3-9

生产场所类别	建筑耐火等级	最多允许层数	生产场所（厂房）每个防火分区最大允许建筑面积（m^2）			
			单层厂房	多层厂房	高层厂房	地下（半地下）厂房或厂房的地下（半地下）室
甲	一级 二级	除生产工艺必须采用多层外，宜采用单层	4000 3000	3000 2000	不应采用 不应采用	— —
乙	一级 二级	不限 6	5000 4000	4000 3000	2000 1500	— —
丙	一级 二级 三级	不限 不限 2	不限 8000 3000	6000 4000 2000	3000 2000 —	500 500 —

续表

生产场所类别	建筑耐火等级	最多允许层数	生产场所（厂房）每个防火分区最大允许建筑面积（m²）			
			单层厂房	多层厂房	高层厂房	地下（半地下）厂房或厂房的地下（半地下）室
丁	二级	不限	不限	不限	4000	1000
	三级	3	4000	2000	—	—
	四级	1	1000	—	—	—
戊	二级	不限	不限	不限	6000	1000
	三级	3	5000	3000	—	—
	四级	1	1500	—	—	—

注："—"表示不允许或不适用。

2. 特殊要求

对于生产场所（厂房）的有关建筑耐火等级、建筑层数、防火分区最大允许建筑面积、防火分区内设置其他房间等特殊要求有如下方面：

1）有关生产场所的（厂房）建筑耐火等级的特殊要求

（1）以下建筑耐火等级应为一级：

① 建筑高度超过50m的高层厂房；

② 建筑面积大于300m²的多层甲、乙类厂房；

③ 地下、半地下建筑。

（2）以下建筑耐火等级应不低于二级：

① 建筑面积大于300m²的单层甲、乙类厂房；

② 使用或储存特殊贵重的机器、仪表、仪器等设备或物品的建筑；

③ 除一级建筑外的高层厂房；

④ 使用和产生丙类液体的厂房和有火花 、炽热表面、明火的丁类厂房；

⑤ 油浸变压器室、高压配电装置室。

（3）以下建筑耐火等级应不低于三级：

① 除不低于一、二级要求外的甲、乙类厂房；

② 单、多层丙类厂房；

③ 多层丁类厂房；[72]

④当火险类别丁类的锅炉房为燃煤锅炉房且锅炉的总蒸发量不大于4t/h时，可采用三级耐火等级建筑。[5]

2）有关生产场所的建筑层数的特殊要求

（1）除因工艺有特殊要求外，下列生产场所不应设置在地下、半地下：

① 甲、乙类生产场所；

② 有粉尘爆炸危险的生产场所；

③ 滤尘设备间。

（2）一、二级谷物筒仓工作塔，每层工作人数不超过2人时，最多允许层数不受限制。

3）有关生产场所（厂房）防火分区最大允许建筑面积的特殊要求

（1）防火分区之间，应采用防火墙分隔。除甲类厂房外，其他的一、二级耐火等级的厂房，当其防火分区面积超出表 3-9 的要求，且设置防火墙有困难时，可采用防火卷帘或防火分隔水幕分隔。采用防火卷帘和分隔水幕时，应符合现行国家标准《建筑设计防火规范》GB 50016 和《自动喷水灭火系统设计规范》GB 50084 的有关规定。

（2）除麻纺厂外，一级耐火等级的多层纺织厂房和二级耐火等级的单层或多层纺织厂房，其每个防火分区的最大允许建筑面积可按表 3-9 的规定增加 0.5 倍，但厂房内的原棉开包、清花车间与厂房内其他部位之间均应采用耐火极限不低于 2.50h 的不燃烧体隔墙分隔。

（3）一、二级耐火等级的单层、多层造纸生产联合厂房，每个防火分区最大允许建筑面积可按表 3-9 的要求增加 1.5 倍。一、二级耐火等级的湿式造纸联合厂房，当纸机烘缸罩内设置自动灭火系统、完成工段设置有效灭火设施保护时，其每个防火分区的最大允许建筑面积可按工艺要求确定。

（4）一、二级耐火等级的卷烟生产联合厂房内的原料、备料及成组配方、制丝、储丝和卷接包、辅料周转、成品暂存、二氧化碳膨胀烟丝等生产用房应划分独立的防火分隔单元，当工艺条件许可时，应采用防火墙进行分隔，其中，制丝、储丝和卷接包车间可划分为一个防火分区，且每个防火分区的最大允许建筑面积可按工艺要求确定。制丝、储丝及卷接包车间之间应采用耐火极限不低于 2.00h 的墙体和 1.00h 的楼板进行分隔，厂房内各水平和竖向分隔间的开口应采取防止火灾蔓延的措施。[5]

（5）生产场所（厂房）内的操作平台、检修平台，当使用人数少于 10 人时，该平台的面积可不计入所在的防火分区的建筑面积内。

（6）生产场所（厂房）内设置自动灭火系统的防火分区面积有如下特殊要求：

①当生产场所（厂房）内设置自动灭火系统时，每个防火分区的最大允许建筑面积可按表 3-9 的要求增加 1 倍；

②丁、戊类的地上厂房内设置自动灭火系统时，每个防火分区的最大允许建筑面积不限；

③生产场所（厂房）内局部设置自动灭火系统时，其防火分区面积可按该局部面积的 1 倍计算。

（7）物流配送建筑内按功能划分防火分区后，除储存区应按储存物资场所（仓库）的防火要求设计外，其他功能区的防火设计可以按有关生产场所（厂房）的要求确定。[5][72]

（8）地下污水处理厂设备用房的每防火分区最大允许面积不应大于 1000m^2，操作区生物池、二沉池等水工构筑物的检修平台的防火分区面积可按工艺要求确定，其中水面面积可不计入相应防火分区面积。[20]

4）有关生产场所（厂房）防火分区内（或贴邻防火分区边界外）设置其他功能房间和设施的特殊要求

（1）生产场所（厂房）内严禁设置员工宿舍；

（2）直接服务于生产的办公室、休息室等辅助用房的设置，应满足如下要求：

① 办公室、休息室等不应设置在甲、乙类生产场所（厂房）内；

② 当甲、乙类生产场所（厂房）的办公室、休息室必须与本生产场所（厂房）贴邻

建造时，其耐火等级不应低于二级，相邻隔墙应采用耐火极限不低于3.00h的抗爆墙，并设置独立的安全出口；除此之外，其他建筑不应与甲、乙类生产场所（厂房）建筑贴邻建造；

③ 在丙类生产场所（厂房）内设置办公室、休息室时，应用耐火极限不低于2.00h的隔墙和耐火极限不低于1.00h的楼板与生产场所（厂房）隔开，并应至少设置一个独立的安全出口；

④ 当丙类生产场所（厂房）内设置的办公室、休息室需在隔墙上开设与生产场所（厂房）相互连通的门时，应采用乙级防火门。

（3）生产场所（厂房）内设置中间仓库时，应符合下列要求：

① 甲、乙类中间仓库应靠外墙布置，其储量不宜超过1昼夜的需要量；

② 甲、乙、丙类中间仓库应采用防火墙和耐火极限不低于1.50h的不燃性楼板与其他部位分隔；

③ 设置丁、戊类中间仓库时，应采用耐火极限不低于2.00h的防火隔墙和1.00h的楼板与其他部位分隔；

④ 中间仓库的防火构建和面积限制，应符合储存物资场所（仓库）建筑的有关要求。

（4）生产场所（厂房）内的丙类液体中间储罐应设置在单独房间内，其容积不应大于$5m^3$。设置该中间储罐的房间，应采用耐火极限不低于3.00h的防火隔墙和不低于1.50h的楼板与其他部位分隔，房间的门应采用甲级防火门。

（5）非生产专用的变、配电站不应与甲、乙类生产场所（厂房）贴邻，且不应设置在有爆炸性气体、粉尘环境的爆炸危险区域内；[72] 也不应设置在地下二层及二层以下楼层。[69]

当供甲、乙类生产场所（厂房）专用的变、配电站贴邻生产场所（厂房）设置时，应符合如下要求：

① 供甲、乙类生产场所（厂房）专用的10kV及以下的变、配电站，当与生产场所（厂房）之间采用无门、窗洞口的防火墙隔开时，可一面贴邻建造，并应符合《爆炸和火灾危险环境电力装置设计规范》GB 50058等规范的有关规定；

② 当乙类生产场所（厂房）的配电站必须在贴邻生产场所（厂房）的防火墙上开设观察窗时，应设置不可开启的甲级防火窗。

（6）当生产场所（厂房）内设置铁路线时，应符合如下要求：

① 甲、乙类生产场所（厂房）内不应设置铁路线；

② 当丙、丁、戊类生产场所（厂房）内，需要出入蒸汽机车和内燃机车时，其屋顶应采用不燃性材料或采取其他防火保护措施。[5]

3.4.2 储存物资场所（仓库）的建筑耐火等级、层数和防火分区

1. 基本要求

储存物资场所（仓库）的建筑耐火等级、允许层数及其防火分区的最大允许建筑面积，应符合表3-10的要求。

储存物资场所（仓库）的建筑耐火等级、层数和防火分区最大允许建筑面积　表 3-10

储存物资场所火险类别		建筑耐火等级	最多允许层数	每座仓库最大允许占地面积和每个防火分区最大允许建筑面积（m^2）						
				单层仓库		多层仓库		高层仓库		地下（半地下）仓库
				每座仓库	防火分区	每座仓库	防火分区	每座仓库	防火分区	防火分区
甲	3、4项	一级	1	180	60	—	—	—	—	—
	1、2、5、6项	一、二级	1	750	250	—	—	—	—	—
乙	1、3、4项	一、二级	3	2000	500	900	300	—	—	—
		三级	1	500	250	—	—	—	—	—
	2、5、6项	一、二级	5	2800	700	1500	500	—	—	—
		三级	1	900	300	—	—	—	—	—
丙	1项	一、二级	5	4000	1000	2800	700	—	—	150
		三级	1	1200	400	—	—	—	—	—
	2项	一、二级	不限	6000	1500	4800	1200	4000	1000	300
		三级	3	2100	700	1200	400	—	—	—
丁		一、二级	不限	不限	3000	不限	1500	4800	1200	500
		三级	3	3000	1000	1500	500	—	—	—
		四级	1	2100	700	—	—	—	—	—
戊		一、二级	不限	不限	不限	不限	2000	6000	1500	1000
		三级	3	3000	1000	2100	700	—	—	—
		四级	1	2100	700	—	—	—	—	—

注：“—”表示不允许或不适用。

2. 特殊要求

选择确定储存物资场所的建筑耐火等级，与储存物资场所的建筑规模和储存物资的火灾危险性相关。当同一场所内，储存多类物资时，应按火灾危险性较大的类别选择确定建筑耐火等级。有关储存物资场所（仓库）的建筑耐火等级、建筑层数、防火分区最大允许建筑面积、防火分区内（或贴邻）设置其他房间，以及物流建筑设计等方面，有如下特殊要求：

1）有关储存物资场所（仓库）建筑耐火等级的特殊要求如下：

（1）以下储存物资场所（仓库）建筑不应低于一级耐火等级：

① 建筑高度超过 32m 的高层丙类仓库；

② 储存丙类液体的多层丙类仓库；

③ 每个防火隔间面积大于 3000m^2的其他多层丙类仓库；

④ 储存特殊贵重的机器、仪表、仪器等设备或物品的仓库；

⑤ Ⅰ类飞机库；

⑥ 地下、半地下仓库。

（2）以下储存物资场所（仓库）建筑不应低于二级耐火等级：

① 除一级建筑外的高层仓库；

② 高架仓库；

③ Ⅱ、Ⅲ类飞机库；

④ 粮食筒仓（可采用钢板仓）；

⑤ 粮食平房仓（可采用无防火保护的金属构件）。[72]

(3) 以下储存物资场所（仓库）建筑耐火等级不应低于三级：

① 单层乙类仓库；

② 单、多层丙类仓库；

③ 多层丁、戊类仓库。

2）有关储存物资场所（仓库）建筑层数的特殊要求

(1) 当同一储存物资场所（仓库）内，储存多类物资时，应按火灾危险性高的类别选择确定建筑层数。比如：

① 储存甲类物资的仓库不应超过 1 层；

② 储存乙类液体和可燃固体物资的仓库，建筑耐火等级为一、二级时不应超过 3 层；建筑耐火等级为三级时，不应超过 1 层。

(2) 以下储存物资场所（仓库）不应设置在地下或半地下：

① 甲、乙类物资仓库；

② 邮袋库；

③ 丝、麻、棉、毛物资库。[72]

3）有关储存物资场所（仓库）防火分区面积的特殊要求

(1) 同一库房内，储存多类物品时，应按火灾危险性大的类别选择确定防火分区最大允许占地面积和每个防火分区最大允许建筑面积。

(2) 各级耐火等级仓库，在划分防火分区时，各分区之间必须采用防火墙分隔。并且甲、乙类仓库中防火分区之间的防火墙上不应开设门、窗、洞口。

(3) 各类地下或半地下仓库（包括地下或半地下室）的最大允许占地面积，不应大于相应类别地上仓库的最大允许占地面积。

(4) 仓库内设置自动灭火系统时，每座仓库最大允许占地面积和每个防火分区最大允许建筑面积，可按表 3-10 要求增加 1.0 倍。

(5) 一、二级耐火等级的单层煤均化库或配煤仓库，每个防火分区最大允许建筑面积不应大于 12000m^2，每座仓库的最大占地面积不限[20]。

(6) 独立建造的耐火等级不低于二级的硝酸铵仓库、电石仓库、聚乙烯等高分子制品仓库、尿素仓库、造纸厂的独立成品仓库，每座仓库的最大允许建筑面积可按表 3-10 的要求增加 1.0 倍。

(7) 粮食平房仓的防火分区面积有如下限制要求：

① 一、二级耐火等级粮食平房仓的最大允许占地面积不应大于 12000m^2，每个防火分区的最大允许建筑面积不应大于 3000m^2；

② 三级耐火等级的粮食平房仓的最大允许占地面积不应大于 3000m^2，每个防火分区的最大允许建筑面积不应大于 1000m^2。

(8) 一、二级耐火等级且占地面积不大于 2000m^2 的单层棉花库房，其防火分区最大允许建筑面积不应大于 2000m^2。

(9) 冷库的最大允许占地面积和防火分区最大允许建筑面积，应符合表 3-11

要求。[16]

每座冷库库房的建筑耐火等级、层数和冷藏间建筑面积（m^2）　　表 3-11

<table>
<tr><th rowspan="3">建筑耐火等级</th><th rowspan="3">最多允许层数</th><th colspan="4">冷库库房的冷藏间最大允许总占地面积和每个防火分区内冷藏间最大允许建筑面积（m²）</th></tr>
<tr><th colspan="2">单层、多层</th><th colspan="2">高层冷库最大允许占地面积</th></tr>
<tr><th>占地面积</th><th>防火分区内面积</th><th>占地面积</th><th>防火分区内面积</th></tr>
<tr><td>一、二级</td><td>不限</td><td>7000</td><td>3500</td><td>5000</td><td>2500</td></tr>
<tr><td>三级</td><td>3</td><td>1200</td><td>400</td><td>—</td><td>—</td></tr>
</table>

注：1. 当设地下室时，冷藏间应设在地下一层，且冷藏间地面与室外出入口地坪的高差不应大于 10m，地下冷藏间总占地面积不应大于地上冷藏间建筑的最大允许占地面积，每个防火分区建筑面积不应大于 $1500m^2$。

2. 表中“—”表示不允许建高层冷库。

对于冷库库房的每层穿堂或封闭站台的建筑面积的确定，应符合如下要求：

① 单层和多层库房不应大于 $1500m^2$，高层库房不应大于 $1200m^2$；

② 当设有自动灭火和自动报警系统时，面积可增加 1 倍。[16]

其他事项，以及对装配式冷库的防火设计要求，应遵循《冷库设计标准》GB 50072 的相关规定。

（10）石油库内的桶装油品仓库面积，应不大于表 3-12 的要求。[34]

石油库内的重桶库房单栋建筑面积　　表 3-12

<table>
<tr><th>油品类别</th><th>耐火等级</th><th>建筑面积（m²）</th><th>防火墙隔间面积（m²）</th></tr>
<tr><td>甲</td><td>二级</td><td>750</td><td>250</td></tr>
<tr><td rowspan="2">乙</td><td>二级</td><td>2000</td><td>500</td></tr>
<tr><td>三级</td><td>500</td><td>250</td></tr>
<tr><td rowspan="2">丙</td><td>二级</td><td>4000</td><td>1000</td></tr>
<tr><td>三级</td><td>1200</td><td>400</td></tr>
</table>

注：1. 重桶库房应为单层建筑；但二级建筑的丙类油品重桶库房可为双层建筑。

2. 甲、乙类油品重桶库房不得建地下和半地下式。

3. 甲、乙类和丙类油品的重桶储存在同一栋库房内时，两者之间应设防火墙。

4）储存物资场所（仓库）内设置其他功能房间（区）的特殊要求

（1）储存物资场所（仓库）内严禁设置员工宿舍及与仓库业务管理运行无直接关系的其他用房。当仓库本身须设置办公室或员工休息室时应符合如下要求：

①甲、乙类储存物资场所（仓库）内严禁设置办公室、休息室等，并不应贴邻建造；

②在丙、丁类储存物资场所（仓库）内设置办公室、休息室时，应采用耐火极限不低于 2.00h 的防火隔墙和不低于 1.00h 的楼板、防火门、防火窗与其他部位分隔开，并应设置独立的安全出口；

③当丙、丁类储存物资场所（仓库）内设置的办公室、休息室在与储存功能区的隔墙上需开设相互连通的门时，应采用乙级防火门。

（2）储存物资场所（仓库）内设置铁路线的要求

① 甲、乙类储存物资场所（仓库）内不应设置铁路线；

② 当丙、丁、戊类储存物资场所（仓库）设置的铁路线需出入蒸汽机车和内燃机车时，其建筑屋顶应采用不燃性材料或采取其他防火保护措施。[5]

5）有关物流建筑的防火设计要求

物流建筑，是直接涉及商品物资的运输、仓储、包装、搬运装卸、流通加工，以及管理相关物流信息活动的场所。根据使用功能，建筑耐火等级不应低于二级。相关设计应注意如下方面：

（1）当建筑使用功能以分拣、加工等作业为主时，作业环境设计应按生产场所（厂房）的安全要求确定；其中的仓储部分应按中间仓库的要求确定。

（2）当建筑使用功能以仓储为主时，建筑设计应按有关储存物资场所（仓库）的要求确定。

（3）按各功能区划分防火分区时，应在物流作业区、辅助办公区与储存区之间采用耐火极限不低于3.0h的防火墙和2.0h的楼板完全分隔开，作业区和储存区的防火设计可分别按照生产场所（厂房）和储存物资场所（仓库）的要求确定，并分别设计独立的安全出口或疏散楼梯。[72]

（4）当物流作业区与储存区之间采用防火墙和防火楼板完全分隔开，且符合如下条件时，可增加面积：

① 储存物品场所建筑耐火等级不低于一级（物品为丁、戊类时，可为二级）。

② 建筑内全部设置自动喷水灭火系统和火灾自动报警系统。

根据物流储存区具备的消防安全环境条件，除自动化控制的丙类高架仓库以及储存可燃液体、棉、麻、丝、毛及其他纺织品、塑料泡沫等丙类物品外，储存区的防火分区最大允许建筑面积可按表3-9的要求增加至3.0倍。[5][20]

3.4.3 汽车库的建筑耐火等级和防火分区

1. 汽车库的防火分类

因为汽车库的空间较大，发生火灾非常容易蔓延，扑救难度也很大，特别是地下汽车库，因缺乏自然通风和采光，则更增加了扑救火灾难度；又如修车库，在修车位外都要配设各种辅助工间，起火因素较多，故作业环境需要较高的建筑耐火等级。为合理确定汽车库的建筑耐火等级、防火间距、防火分隔、消防给水、火灾报警等建筑防火要求，须根据不同停车数量来划分汽车库类别，以限制和减少火灾损失。[7]

根据汽车库、修车库、停车场的火灾危险性和设防要求的停车（车位）数量和总建筑面积确定分类，可分为Ⅰ、Ⅱ、Ⅲ、Ⅳ类四类。具体要求见表3-13。

汽车库、修车库、停车场的分类　　表3-13

名称		Ⅰ类	Ⅱ类	Ⅲ类	Ⅳ类
汽车库	停车数量（辆）	＞300	151～300	51～150	≤50
	总建筑面积（m^2）	＞10000	5001～10000	2001～5000	≤2000
修车库	车位数（个）	＞15	6～15	3～5	≤2
	总建筑面积（m^2）	＞3000	1001～3000	501～1000	≤500
停车场	停车数量（辆）	＞400	251～400	101～250	≤100

注：1. 当屋面停车场与下部汽车库共用汽车坡道时，其停车数量应计算在汽车库的车辆总数内。

2. 室外坡道、屋面露天停车场的汽车库的建筑面积可不计入汽车库的建筑面积之内。

3. 公交汽车库的建筑面积可按本表的要求增加2倍。

2. 汽车库、修车库的建筑耐火等级

汽车库、修车库的建筑耐火等级分为一级、二级和三级。对其建筑构件的耐火性能要求，请见表 3-3 中：不同耐火等级的工业与民用（除住宅外）建筑对主要建筑构件的燃烧性能和耐火极限（h）要求。

1）下列汽车库、修车库的建筑耐火等级应为一级：

（1）Ⅰ类汽车库；

（2）Ⅰ类修车库；

（3）甲、乙类物品运输车的汽车库；

（4）甲、乙类物品运输车的修车库；

（5）其他高层汽车库。[72]

2）下列汽车库、修车库等的建筑耐火等级不应低于二级：

（1）电动汽车充电站建筑；

（2）Ⅱ类汽车库；

（3）Ⅱ类修车库；[72]

（4）Ⅲ类汽车库；

（5）Ⅲ类修车库；[7]

（6）车库变电站。[72]

（7）为汽车库和停车场设置的灭火器材间。[7]

3）下列汽车库、修车库等的建筑耐火等级不应低于三级：

（1）Ⅳ类汽车库；

（2）Ⅳ类修车库。[7]

3. 汽车库、修车库的防火分区

1）汽车库、甲（乙）类物品运输车汽车库、修车库的每个防火分区的最大允许建筑面积不应大于表 3-14 要求。

汽车库、甲（乙）类物品运输车的汽车库、修车库的防火分区最大允许建筑面积（m^2）　表 3-14

建筑耐火等级	汽车库			甲、乙类物品运输车车库		修车库
	单层	多层	地下或高层	汽车库	修车库	
一、二级	3000	2500	2000	500	500	2000
三级	1000	不允许	不允许	不允许	不允许	500

注：1. 敞开式、错层式、斜楼板式汽车库的上下通层面积应叠加计算，其防火分区最大允许建筑面积不应大于本表要求的 2 倍。

2. 半地下式汽车库、设在建筑首层的汽车库，其防火分区最大允许建筑面积不应大于 2500m^2。

3. 室内有车道且有人停留的机械式汽车库，其防火分区最大允许建筑面积应按本表要求值减少 35%。

4. 设置自动喷水灭火系统的汽车库，其每个防火分区的最大允许建筑面积不应大于表中要求面积的 2 倍。

5. 当修车库的修车部位与相邻使用有机溶剂的清洗和喷漆工段采用防火墙分隔时，每个防火分区的最大允许建筑面积不应大于 4000m^2。

2）汽车库的防火分区隔断应符合如下要求：

（1）防火分区之间应采用防火墙或符合现行规范规定的防火卷帘等分隔。

一般汽车库，因划分防火分区的防火墙与外墙是连为一体的，只要相邻分区外墙上的最近开口之间的外墙长度满足防火要求即可；而敞开式汽车库，则需要在划分防火分区的防火墙端部两侧沿车库外缘线设置一段与防火墙连为一体的耐火极限不少于 3h 的外墙。外墙的长度，应满足不同防火分区最近相邻开口边缘之间的距离要求。具体要求如下：

① 当防火墙端部的两侧防火分区外边缘线（或车库外墙面线）交角大于等于 180°时，位于防火墙两侧的相邻防火分区外墙最近开口边缘之间的水平直线距离不应小于 2m（具体可参考图 3-3）；

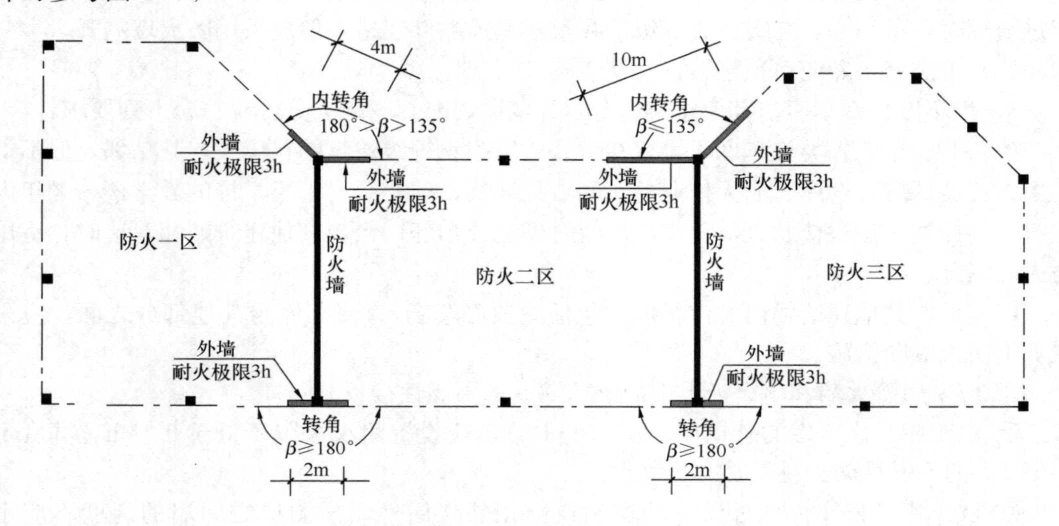

图 3-3　敞开式汽车库防火分区示意图

② 当防火墙两侧的防火分区外边缘线（或车库外墙面线）的交角（内转角）大于 135°而小于 180°时，位于防火墙两侧的相邻防火分区外墙最近开口边缘之间的水平直线距离不应小于 4m（具体可参考图 3-3）；

③ 当防火墙两侧的防火分区外边缘线（或车库外墙面线）的交角（内转角）小于等于 135°时，位于防火墙两侧的相邻防火分区外墙最近开口边缘之间的水平直线距离不应小于 10m（具体可参考图 3-3）。

（2）汽车库内的设备用房，应单独划分防火分区。当符合下列条件时，可将设备用房的建筑面积计入汽车库的防火分区内：

① 设备用房设置自动灭火系统；

② 每个防火分区内设备用房的总建筑面积不大于 1000m^2；

③ 设备用房采用防火隔墙和甲级防火门与停车区域分隔。[7]

（3）室内无车道且无人员停留的机械式汽车库的防火分区，尚应符合下列要求：

① 当停车数量超过 100 辆时，应分隔成多个不超过 100 辆的区域。当防火分区之间采用无门窗洞口的防火墙或耐火极限不低于 1.00h 的不燃性楼板分隔成多个停车单元且每单元停车数量不大于 3 辆时，一个防火分区内的最多允许停车数量不应超过 300 辆。

② 当停车单元内停车数量不超过 3 辆，单元之间除汽车出入口和必要的检修通道外，与其他部位之间用防火隔墙和耐火极限不低于 1.00h 的不燃性楼板分隔时，一个防火分区

内的最多允许停车数量不应超过300辆。

③ 总停车数量超过300辆时，应采用无门窗洞口的防火墙分隔为多个停车数量不超过300辆的区域。

④ 汽车库内应设置火灾自动报警系统和自动喷水灭火系统，自动喷水灭火系统应选用快速响应喷头。

⑤ 楼梯间及汽车停车区的检修通道上应设置室内消火栓。

⑥ 汽车库内应设置排烟设施，排烟口应设置在运输车辆的通道顶部。[7]

（4）甲、乙类物品运输车的汽车库、修车库应为独立建造的单层建筑。当停车数量不超过3辆时，可与一、二级耐火等级的Ⅳ类汽车库贴邻建造，但应采用防火墙隔开。

（5）Ⅰ类修车库应单独建造。[7]

3）汽车库、修车库与其他建筑组合建造或贴邻时，其防火分区应符合下列要求：

（1）Ⅱ、Ⅲ、Ⅳ类修车库可设置在一、二级耐火等级建筑的首层或与其贴邻，但不得与甲、乙类厂房、仓库、明火作业的车间或托儿所、幼儿园、中小学校的教学楼、老年人建筑、门诊楼、病房楼及人员密集场所组合建造或贴邻；当与其他建筑贴邻建造时，应用防火墙隔开。

（2）设在其他建筑物内的汽车库（包括屋顶停车场）、修车库与其他部分之间，应采取如下防火隔断措施：

① 应采用防火墙和耐火极限不低于2.00h的不燃性楼板分隔；

② 汽车库、修车库的外墙门、洞口的上方，应设置耐火极限不低于1.00h、宽度不小于1m的不燃性防火挑檐；

③ 汽车库、修车库的外墙上的窗洞口与相邻楼层外墙窗洞口之间墙的高度不应小于1.2m，当不足1.2m时应设置耐火极限不低于1.00h、宽度不小于1m的不燃性防火挑檐。[7]

4）为汽车库、修车库服务的下列附属建筑，可与汽车库、修车库贴邻设置，但应用防火墙隔开，并应设置直通室外的安全出口：

（1）储存量不大于1.0t的甲类物品库房。

（2）总安装容量不大于5.0m^3/h的乙炔发生器间和储存量不超过5个标准钢瓶的乙炔气瓶库。

（3）一个车位的非封闭喷漆间或不大于2个车位的封闭喷漆间。

（4）建筑面积不大于200m^2的充电间和其他甲类生产场所。[7]

5）汽车库的防火分区内不应设有易燃易爆危险的设施：

（1）地下、半地下汽车库内不应设置修理车位、喷漆间、充电间、乙炔间和甲、乙类物品库房。

（2）汽车库和修车库内不应设置汽油罐、加油机、液化石油气或液化天然气储罐、加气机。

（3）停放易燃液体、液化石油气罐车的汽车库内，不得设置地下室和地沟。

（4）燃油和燃气锅炉、油浸变压器、充有可燃油的高压电容器和多油开关等，不应设置在汽车库、修车库内。当受条件限制必须贴邻汽车库、修车库布置时，应符合与厂房建筑（火险类别：汽车库属于丁类，修车库属于甲类）贴邻的有关要求。

（5）Ⅰ、Ⅱ类汽车库、停车场宜设置灭火器材间。[7]

3.4.4 汽车加油加气加氢站内建筑的耐火等级和作业区、辅助区

1. 建筑耐火等级及特殊要求

1）加油加气加氢站的站房及其他附属建筑物的耐火等级不应低于二级。

2）汽车加油、加气、加氢场地宜设罩棚，当罩棚顶棚的承重构件为钢结构时，其耐火极限可为0.25h，顶棚其他部分不得采用燃烧体建造。罩棚设计应符合如下要求：

（1）罩棚的净空高度，当进站口无限高措施时不应小于4.5m；进站口有限高措施时不应小于限高高度；

（2）罩棚外缘距所遮盖的加油机、加气机的平面投影距离不宜小于2m；

（3）加油岛、加气岛上的罩棚立柱边缘距岛端部，不应小于0.6m；

（4）罩棚设计应按现行国家标准《建筑结构荷载规范》GB 50009规定计算活荷载、雪荷载、风荷载，并按现行国家标准《建筑抗震设计规范》GB 50011规定进行抗震设计；

（5）设置于CNG（压缩天然气）设备、LNG（液化天然气）设备和加氢设备上方的罩棚，应采取避免可燃气体聚集的结构形式。[8]

2. 加油加气加氢作业区的建筑及安全防护要求

1）加油加气加氢站的围墙设计要求

加油加气加氢站的围墙设计应符合如下要求：

（1）加油加气加氢站的工艺设施与站外建、构筑物之间，宜设置高度不低于2.2m的不燃性实体围墙；

（2）当加油加气加氢站的工艺设施与站外建、构筑物之间的距离大于表4-50至表4-56中防火距离要求的1.5倍，且大于25m时，与建筑物相邻一侧可设置非实体隔离围墙（栅栏）；面向车辆出入口道路一侧，可设置非实体隔离围墙（栅栏）或不设围墙（栅栏）。

2）加油加气加氢站的作业区建筑要求

（1）加油加气加氢作业区与辅助服务区之间应有界限标识。

（2）加油加气加氢岛的高度和宽度要求：

① 加油加气加氢岛地面应高出停车位的地坪0.15～0.2m；

② 加油加气加氢岛两端的宽度不应小于1.2m。

（3）加油加气加氢站内，不应设计存放甲、乙类火灾危险性物品的封闭式房间。

（4）氢气压缩机间或箱柜应有泄压结构。

（5）加油加气加氢站内，对加氢工艺设备重要区域应设计安全防护隔离设施：

① 设置有储氢容器、氢气储气井、氢气压缩机、液氢储罐、液氢汽化器的区域，与公众可进入的区域之间，应设置高度不小于2m的不燃性实体墙或栅栏隔离。实体隔墙或栅栏与工艺设备的距离不应小于0.8m。[8]

② 加氢站内的固定储氢容器、氢气储气井、氢气压缩机，与加氢区、加油站地上工艺设备区、加气站工艺设备区、站房、辅助设施之间，应设置0.2m厚的钢筋混凝土实体防护墙或厚度不小于6mm且支撑牢固的钢板，设置高度应高于储氢容器顶部和氢气压缩机顶部0.5m以上，且不应低于2.2m；设置宽度不应小于储氢容器、氢气储气井、氢气

压缩机长度或宽度方向两侧各延伸 1m。[8]

③ 在作业区内的储存、加注、卸车等工艺设备临近汽车通过一侧，应设置高度不小于 0.5m 的防撞柱设施。

④ 在作业区内，凡不符合防爆的设备，应布置在爆炸危险区外，且离爆炸危险区边界不应小于 3m。

3）加油加气加氢工艺设施安全防护要求

(1) 加氢合建站需要设置制氢装置或氢气纯化装置时，应符合现行国家标准《加氢站技术规范》GB 50516 的有关规定。

(2) 相关消防、防雷、防静电等安全要求，应符合《汽车加油加气加氢技术标准》GB 50156 的规定。

(3) 氢气的加注、储存以及工艺系统的安全防护，应遵循国家相关监察规程的规定。

(4) 加油加气加氢站工艺设施，应设置紧急切断系统，应能实现在事故状态下紧急停车和关闭紧急切断阀的保护功能。[8]

4）站房建筑的安全防护要求：

(1) 站房可由办公室、值班室、营业室、控制室、变配电间、卫生间和便利店等组成。

(2) 当站房的一部分位于加油加气作业区时，该站房的建筑面积不宜超过 300m^2，且该站房内不得有明火设备。

(3) 站房可与设置在辅助服务区内的餐厅、汽车服务、锅炉房、厨房、员工宿舍、司机休息室等设施合建，但站房与其他用房之间，应设置无门窗洞口的实体防火墙。

(4) 站房也可设在站外民用建筑物内，或与站外民用建筑合建，但必须符合如下要求：

①站房应单独开设通向加油加气站的出入口；

②站房与民用建筑之间不得有相连接的通道；

③民用建筑不得有直接通向加油加气站的出入口。

(5) 加油加气站内不应建地下和半地下室。

(6) 汽车加油加气加氢站应设计能覆盖整个作业区的电视监视系统。[8]

3. 辅助服务区的建筑要求

(1) 非站房所属建筑物或设施，不应布置在加油加气作业区内。

(2) 当加油加气加氢站内的锅炉房、厨房等有明火设备的房间与工艺设备之间的距离符合《汽车加油加气加氢站技术标准》GB 50156—2021 关于站内设施的防火间距规定但小于或等于 25m 时，其朝向加油加气加氢作业区的外墙应为实体防火墙。[8]

3.4.5 民用建筑的分类、建筑耐火等级、层数和防火分区

1. 民用建筑分类

民用建筑根据其建筑高度和层数可分为单、多层民用建筑和高层民用建筑。

高层民用建筑根据其建筑高度、使用功能和楼层的建筑面积可分为一类和二类。

民用建筑的具体分类应按表 3-15 的要求（未列入的建筑可类比）确定。[5]

民用建筑分类　　表 3-15

名称	高层民用建筑及其裙房		单层或多层民用建筑
	一类	二类	
住宅建筑	建筑高度超过 54m 的住宅建筑（包括设置商业服务网点的住宅建筑）	建筑高度超过 27m，但不超过 54m 的住宅建筑（包括设置商业服务网点的住宅建筑）	建筑高度不超过 27m 的住宅建筑（包括设置商业服务网点的住宅建筑）
公共建筑	1. 建筑高度超过 50m 的公共建筑 2. 建筑高度超过 24m 的下列建筑： 1）建筑高度在 24m 以上部分的任一楼层建筑面积超过1000m²的商店、展览、电信、邮政、财贸金融建筑和其他多种功能组合的建筑 2）医疗建筑、重要公共建筑 3）省级及以上的广播电视和防灾指挥调度建筑、网局级和省级电力调度建筑 4）藏书超过 100 万册的图书馆、书库	除一类公共建筑外的其他建筑高度超过 24m 的公共建筑（单层公共建筑除外）	1. 建筑高度超过 24m 的单层公共建筑 2. 建筑高度不超过 24m 的其他民用建筑

注：1. 表中未列入的建筑，其类别应根据本表类比确定。
2. 宿舍、公寓等非住宅类居住建筑的防火要求，除有专门要求外，应符合有关公共建筑的要求。裙房应符合有关高层民用建筑的要求。

2. 防火设计基本要求

1）建筑耐火等级、允许建筑高度、建筑层数和防火分区面积不同耐火等级民用建筑的允许建筑高度、允许建筑层数及防火分区最大允许建筑面积的基本要求，见表 3-16。

不同耐火等级民用建筑的允许建筑高度或层数和防火分区最大允许建筑面积　表 3-16

建筑名称	耐火等级	允许建筑高度或层数	防火分区的最大允许建筑面积（m²）	备　注
高层民用建筑	一、二级	按照表 3-15 的要求	1500	
单层或多层民用建筑	一、二级	1. 单层公共建筑的建筑高度不限； 2. 住宅建筑的建筑高度不超过 27m； 3. 其他民用建筑的建筑高度不超过 24m	2500	对于体育馆、剧场的观众厅，其防火分区最大允许建筑面积可适当增加
	三级	5 层	1200	
	四级	2 层	600	
地下或半地下建筑（室）	一级	—	500	设备用房的防火分区最大允许建筑面积不应大于 1000m²

注：1. 当建筑防火分区内全部设置自动灭火系统时，该防火分区最大允许建筑面积（不含注 6）可按表限定面积增加 1 倍；局部设置自动灭火系统时，可按该局部面积的 1/2 计入所在防火分区总面积。
2. 裙房的建筑耐火等级，不应低于高层主体的耐火等级；当裙房与高层主体之间设置防火墙和甲级防火门分隔时，裙房的防火分区面积可按单、多层建筑的要求确定。
3. 单元式住宅建筑的防火分区按单元进行划分，不考虑其建筑面积；通廊式住宅仍应划分防火分区。
4. 独立建造的一、二级耐火等级的老年人照料设施的建筑高度不宜超过 32m，不应超过 54m；独立建造的三级耐火等级的老年人照料设施不应超过 2 层。[20]
5. 室内游泳池和消防水池的水面面积，室内溜冰场和滑雪场等冰雪娱乐场所的冰面或雪面面积、射击场的靶道面积，可不计入所在防火分区的建筑面积。
6. 地下、半地下学校体育运动场所每个防火分区的最大允许建筑面积当按不大于 2000m² 划分时，该防火分区内自然排烟口的面积不应小于其室内地面面积的 20%，或者防火分区应有至少 1/4 的周长面向室外，通向室外地面的设计疏散总净宽度不应小于该防火分区所属疏散总净宽度的 70%。

2）临时性规划建筑和设施设计要求

(1) 在赛事、博览、避险、救灾及灾区生活过渡期间建设的临时建筑或设施，其规划、设计、施工和使用，应符合消防安全要求。

(2) 灾区过渡安置房设计应符合如下要求：

① 灾区过渡安置房集中布置区域，应按照不同功能区分别独立划分防火分隔区域；

② 每个防火分隔区域的占地面积不应大于2500m^2；

③ 每个分隔区域的周围应设置可供消防车通行的道路。[69]

3. 防火设计特殊要求

有关建筑耐火等级、允许建筑层数、防火分区划分及分隔、不同功能合建、商业步行街及地下建筑等方面设计，有如下特殊要求：

1）建筑的耐火等级

(1) 下列民用建筑的耐火等级应为一级：

① 一类高层民用建筑；

② 二层和二层半式、多层式民用机场航站楼；

③ A类广播电视建筑；

④ 四级安全生物实验室；

⑤ 地下（半地下）建筑（室）；

⑥ 单层或多层重要公共建筑；

⑦ 地铁工程地下出入口通道、地上控制中心建筑、地上主变电站；

⑧ 交通隧道消防救援出入口。[72]

(2) 下列民用建筑的耐火等级不应低于二级：

① 二类高层民用建筑；

② 一层和一层半式民用机场航站楼；

③ 建筑面积大于1500m^{2}的单、多层人员密集场所；

④ B类广播电影电视建筑；

⑤ 一级普通消防站、二级普通消防站、特勤消防站、战勤保障消防站；

⑥ 设有洁净手术部的建筑；

⑦ 三级生物安全实验室；

⑧ 用于灾害时避难的建筑；

⑨ 交通隧道的地面设备用房、运营管理中心及其他地面附属用房。[72]

(3) 除应满足一、二级耐火等级的建筑外，下列民用建筑的耐火等级不应低于三级：

① 城市和镇中心区的民用建筑；

② 老年人照料设施；

③ 教学建筑；

④ 医疗建筑；

⑤ 地铁的地上车站建筑。[72]

2）建筑的层数

(1) 商店营业厅（建筑）、公共展览厅（建筑）的层数应符合如下要求：

① 当商店建筑、公共展览建筑采用三级耐火等级建筑时，不应超过2层；

② 当商店建筑、公共展览建筑采用四级耐火等级建筑时，应为单层；

③ 当商店营业厅、公共展览厅设在三级耐火等级建筑内时，应布置在首层或二层；

④ 当商店营业厅、公共展览厅设在四级耐火等级建筑内时，应布置在首层；

⑤ 当商店营业厅、公共展览厅设在一、二级耐火等级建筑内时，不应设置在地下 3 层及以下楼层；[72]

⑥ 地下或半地下营业厅、展览厅不应经营、储存和展示甲、乙类火灾危险性物品。

（2）托儿所、托育服务机构和幼儿园的儿童用房、小学校的教学用房、儿童游乐厅、非学科类校外培训机构等儿童活动场所，不应设置在地下或半地下。对于独立建造的儿童活动场所，当采用一、二级耐火等级建筑时，不应超过 3 层；采用三级耐火等级建筑时，不应超过 2 层；采用四级耐火等级建筑时，应为单层。当设置在其他民用建筑内时，应符合下列要求：

① 设置在一、二级耐火等级建筑内时，应布置在首层、2 层或 3 层；

② 设置在三级耐火等级建筑内时，应布置在首层或 2 层；

③ 设置在四级耐火等级建筑内时，应布置在首层。[20]

（3）医院和疗养院的住院部分的建筑层数应符合如下要求：

① 不应设置在地下或半地下室；

② 设置在三级耐火等级建筑内时，应布置在首层或 2 层。

（4）教学建筑、食堂、菜市场的建筑层数应符合如下要求：

① 采用三级耐火等级建筑时，不应超过 2 层；

② 采用四级耐火等级建筑时，应为单层；

③ 设在三级耐火等级建筑内时，应布置在首层或 2 层；

④ 设在四级耐火等级建筑内时，应布置在首层。

（5）影剧院等人员集中场所的建筑层数应符合如下要求：

① 剧院、电影院、礼堂宜设置在独立的建筑内；当采用三级耐火等级建筑时，建筑层数不应超过 2 层；

② 设置在一、二级耐火等级建筑内时，观众厅宜布置在首层、2 层或 3 层；确需布置在 4 层及以上楼层时，一个厅室的疏散门不应少于 2 个，且每个观众厅的建筑面积不宜大于 $400m^2$；

③ 设置在三级耐火等级建筑内时，不应布置在 3 层及以上楼层；

④ 确需设置在其他民用建筑内时，至少应设置一个独立的安全出口和疏散楼梯，并应采用耐火极限不低于 2.00h 的防火隔墙和甲级防火门与其他区域分隔；

⑤ 设置在地下、半地下时，宜设置在地下一层，不应设置在地下 3 层及以下楼层；

⑥ 当影剧院、礼堂设置在高层建筑内时，宜布置在首层、2 层或 3 层，并符合高层建筑的有关要求；

⑦ 设置在高层建筑内时，应设置自动报警系统及自动喷水灭火系统等自动灭火系统。[5]

（6）歌舞娱乐放映游艺场所的布置应符合如下要求：

歌舞娱乐放映游艺场所，宜设置在一、二级耐火等级建筑内的首层、二层或三层的靠外墙部位，不应布置在地下二层及以下楼层；当布置在地下一层时，埋深不应大于 10m。

当布置在地上4层及以上楼层时，应符合下列要求：

① 一个厅室的建筑面积不应大于200m²；

② 各房间之间应采用耐火极限不低于2.00h的隔墙隔开；与其他部分之间，应采用耐火极限不低于2.00h的隔墙和不低于1.00h的楼板隔开。[72]

③ 厅、室墙上设置的门及该场所其他部位设置的疏散门应采用乙级防火门。[5]

(7) 老年人照料设施和活动场所的楼层设计应符合如下要求：

① 在一、二级建筑内，不应布置在设计标高超过54m的楼层；

② 在三级建筑内，应布置在首层和二层；

③ 居室和休息室不应布置在地下和半地下；

④ 当老年人照料设施中的公共活动用房、康复与医疗用房设置在地下、半地下时，应设置在地下1层，每间用房的建筑面积不应大于200m²且使用人数不应超过30人；

⑤ 当设置在4层及以上楼层时，每间用房的面积不应大于200m²且使用人数不应超过30人。[20][72]

3) 防火分区的建筑面积

(1) 一、二级耐火等级建筑内的营业厅、展览厅，当设有自动灭火系统和火灾自动报警系统并采用不燃或难燃性装修材料时，每个防火分区的最大允许建筑面积可适当增加，并符合下列要求：

① 设置在高层建筑内时，不应大于4000m²；

② 设置在单层建筑内或仅设置在多层建筑的首层内时，不应大于10000m²；

③ 设置在地下或半地下时，不应大于2000m²。

(2) 当建筑内设置中厅、自动扶梯、敞开楼梯或敞开楼梯间等上、下层相连通的开口时，其防火分区面积应按上、下层相连通的建筑面积叠加计算；当叠加计算后的建筑面积大于表3-16中防火分区最大允许建筑面积的要求时，应划分防火分区。

(3) 当地下、半地下公共建筑总建筑面积大于20000m²时，应用无门、窗、洞口的防火墙和耐火极限不低于2.00h的楼板分隔为多个建筑面积不大于20000m²的区域。如相邻区域确需水平或竖向连通时，应采取设置下沉式广场等室外开敞空间、防火隔间、避难走道、防烟楼梯间等方式进行连通。具体做法，应符合有关地下大型公共场所的防火隔断要求（图7-29～图7-31）。

(4) 设置在地下或半地下的影剧院、礼堂等人员集中场所，防火分区最大允许建筑面积不应大于1000m²；当设置自动喷水灭火系统时该面积不得增加。[5]

4) 防火分区的分隔措施

民用建筑的平面布置，应结合建筑的耐火等级、火灾危险性、使用功能和安全疏散要求等因素合理布置。根据不同的使用功能和建筑的火灾危险性特点，合理划分防火分区。对建筑中火灾危险性较大的场所，应采取防火分隔等措施使之与其他部位之间妥善分隔。

(1) 防火分区之间应采用防火墙分隔。当采用防火墙有困难时，可采用防火卷帘等防火分隔设施分隔。在采用防火卷帘时，应符合如下要求：

① 除中庭外，当防火分隔部位的宽度不大于30m时，防火卷帘的宽度不应大于10m；当防火分隔部位的宽度大于30m时，防火卷帘的宽度不应大于该防火分隔部位宽度的1/3。

② 防火卷帘的耐火极限不应低于 3.00h。当防火卷帘需要设置自动喷水灭火系统保护时，其喷水保护的时间不应少于 3.00h。

（2）对于中庭，当相连通楼层叠加的建筑面积之和大于一个防火分区的最大允许建筑面积要求时，中庭与周围相连通空间应合理划分防火分区，采取可靠的防火分隔措施，以保证各防火分区在允许面积范围内。采取分隔措施有如下要求：

① 采用防火隔墙时，其耐火极限不应低于 1.00h；

② 采用防火玻璃时，其耐火隔热性和耐火完整性不应低于 1.00h，当采用非隔热性防火玻璃时，应设置闭式自动喷水灭火系统进行保护；

③ 采用防火卷帘时，其耐火极限不应低于 3.00h；当防火卷帘需要设置自动喷水灭火系统保护时，其喷水保护的时间不应少于 3.00h；

④ 与中庭相通的门、窗应采用火灾时能自行关闭的甲级防火门、窗；

⑤ 高层建筑内的中庭回廊应设置自动喷水灭火系统和火灾自动报警系统；

⑥ 中庭应设置排烟设施；

⑦ 中庭内不应布置可燃物。[5]

（3）对于生物安全实验室，不论面积大小，应独立划分防火分区；或将三级、四级生物安全实验室共用一个防火分区。[72]但因混级共用防火分区，建筑耐火等级应按较高危害级别（四级）的要求确定为一级耐火等级建筑（附释：生物安全实验室级别——是根据国际卫生组织按感染性微生物的危害程度划分的等级：一级最低，四级最高）。

5）不同功能区合建时的特殊要求

（1）民用建筑不应与生产场所（厂房）和储存物资场所（仓库）合建在同一建筑内。

（2）除为满足民用建筑使用功能所设置的附属库房外，民用建筑内不应设置生产车间和其他库房。对于经营、存放和使用甲、乙类物品的商店、作坊和储藏间，严禁设置在民用建筑内。

（3）住宅底层设置商业服务网点时，每间商品服务网点的建筑面积不应大于 $300m^2$。

（4）剧院、电影院、老年人活动场所和托儿所、幼儿园的儿童用房宜设置在独立的建筑内。当必须设置在其他民用建筑内时，应设置独立的安全出口。

（5）除设有商业服务网点的住宅外，当住宅与其他使用功能的建筑合建时，应根据建筑的总高度和建筑规模，进行室外消防设计。如为高层建筑，应根据建筑总高度分别确定上部住宅和下部公建的建筑类别（一类或二类）。防火设计应符合下列要求：

① 住宅部分与非住宅部分之间，应采用耐火极限不低于 2.00h，且无门、窗、洞口的防火隔墙和耐火极限不低于 2.00h 的不燃性楼板完全分隔。[72]

② 住宅部分与非住宅部分的安全出口和疏散楼梯应分别独立设置。

③ 建筑内的不同功能区的安全疏散、防火分区和室内消防设施配置等防火设计，应根据各功能区的“各自建筑高度（即：住宅依据组合建筑总高度；公建依据其顶层天棚楼板顶面的高度）”分别按照有关住宅建筑和公共建筑的要求进行设计。该建筑其他防火设计，应根据建筑的总高度和建筑规模按有关公共建筑的要求进行。[5]

例如：当下部为公共、上部为住宅的组合建筑总高度超过 24m 但不超过 27m 时，其下部公共建筑的室内、外消防设计应符合高层公共建筑（一类或二类）要求，其上部住宅建筑的室内消防设计可按多层住宅要求；当组合建筑总高度超过 50m 但不超过 54m 时，其下部公共建筑的室内、外消防设计应符合一类高层公共建筑要求，其上部住宅建筑的室内消防设计应符合二类高层住宅建筑要求。

④ 为居住部分服务的地上车库应设置独立的疏散楼梯或安全出口；地下车库的疏散楼梯间在首层应采用耐火极限不低于 2.00h 的不燃烧体隔墙与其他部位隔开并应直通室外；当必须在隔墙上开门时，应采用乙级防火门。

⑤ 当地下车库与地上建筑必须共用楼梯间时，必须将地上与地下部分的连通部位设置耐火极限不低于 2.00h 的不燃烧体隔墙和乙级防火门，以完全隔开，并应有明显标志。

（6）燃油或燃气锅炉、油浸变压器、充有可燃油的高压电容器和多油开关等，宜设置在民用建筑外的专用房间内；建筑耐火等级应为一、二级。当受条件限制确需贴邻民用建筑布置时，应采用防火墙与所贴邻的建筑隔开，且不应贴邻人员密集的场所。

当受条件限制必须设置在民用建筑内时，应采取如下措施：

① 不应布置在人员密集的场所的上一层、下一层或贴邻。

② 燃油和燃气锅炉房、变压器室应设置在首层或地下 1 层靠外墙部位，但常（负）压燃燃气锅炉可设置在地下 2 层或屋顶上。当常（负）压燃气锅炉设置在屋顶上时，距离通向屋面的安全出口的距离不应小于 6m。

③ 采用相对密度（与空气密度的比值）不小于 0.75 的可燃气体为燃料的锅炉，不得设置在地下或半地下建筑（室）内。

④ 锅炉房、变压器室的疏散门均应直通室外或直通安全出口。

⑤ 锅炉房与其他部位之间应采用耐火极限不低于 2.00h 的防火隔墙和不低于 1.50h 的不燃性楼板分隔。在隔墙和楼板上不应开设洞口，当必须在隔墙上开设门、窗时，应设置甲级防火门、窗。

⑥ 当锅炉房内设置储油间时，其总储存量不应大于 $1m^3$，且储油间应采用防火墙与锅炉间分隔；当确需在防火墙上设置门时，应采用甲级防火门。

⑦ 变压器室之间、变压器室与配电室之间，应采用耐火极限不低于 2.00h 的防火隔墙。

⑧ 油浸变压器、多油开关室、高压电容器室，应设置防止油品流散的设施；油浸变压器下面应设置储存变压器全部油量的事故储油设施。

⑨ 锅炉的容量应符合现行国家标准《锅炉房设计标准》GB 50041 的有关规定。

⑩ 油浸变压器的总容量不应大于 1260kV·A，单台容量不应大于 630kV·A。

⑪ 应设置火灾报警装置。

⑫ 应设置与锅炉、油浸变压器容量和建筑规模相适应的灭火设施。

⑬ 燃气锅炉房应设置防爆泄压设施，燃油或燃气锅炉房应设置独立的通风系统，并应符合通风系统有关防火防爆的要求。[5]

（7）柴油发电机房布置在民用建筑内时，应符合下列要求：

① 宜布置在建筑的首层及地下 1、2 层，不应布置在人员密集场所的上 1 层、下 1 层或贴邻；

② 应采用耐火极限不低于 2.00h 的防火隔墙和不低于 1.50h 的不燃性楼板与其他部位分隔，门应采用甲级防火门；

③ 机房内设置储油间时，单间储油间内的储存量不应大于 $1m^3$，且储油间应采用防火墙与发电机间分隔；当必须在防火墙上开门时，应设置甲级防火门；

④ 应设置火灾自动报警装置；

⑤ 应设置与柴油发电机容量和建筑规模相适应的灭火设施。[5]

⑥ 柴油发电机的柴油设备，使用的柴油闪点不应低于60℃。[20]

(8) 供建筑内使用的丙类液体燃料储罐，应布置在建筑外，并应符合下列要求：

① 液体储罐总储量不应大于15m³，当直埋于建筑附近，且面向油罐一面4.0m范围内的建筑物外墙为防火墙时，其防火间距可不限；

② 当设置中间储罐时，储罐的容量不应大于1m³，并应设在耐火等级不低于二级的单独房间内，该房间的门应采用甲级防火门；

③ 当液体储罐总储量大于15m³时，其布置应不小于甲、乙、丙类液体储罐（区）的防火间距（表4-8）要求；

④ 为建筑内燃油设备服务的储油间的油箱应密闭，且应设置通向室外的通气管，通气管应设置带阻火器的呼吸阀，油箱的下部应设置防止油品流散的设施。[5]

⑤ 设置在建筑内的锅炉、柴油发电机，其燃料供给管道在进入建筑物前和设备间内的管道上均应设置自动和手动切断阀。

(9) 当民用建筑内使用气体燃料时，应符合如下要求：

① 建筑高度超过250m的民用建筑的高层主体及其投影范围内（包括地下室），不应设置液化石油气、天然气等可燃气体管道和可燃气体用气装置。必须设置的燃气锅炉房和燃气厨房可设在裙房内。[20]

② 建筑高度不超过250m的高层或多层民用建筑内使用可燃气体燃料时，应采用管道供气。使用可燃气体的房间或部位宜靠外墙设置，并应符合现行国家标准《城镇燃气设计规范》GB 50028的规定。

③ 建筑内使用燃气的部位应便于通风和防爆泄压。

(10) 燃气调压用房和液化石油气储气瓶组间用房应独立建造。不应与居住建筑、人员密集场所及其他高层民用建筑贴邻；并应采用防火墙分隔，门、窗应向室外开启。设计应符合如下要求：

① 液化石油气总储量不超过1m³的瓶装液化石油气间采用自然气化方式供气时，可与所服务的建筑（除人员密集的场所外）贴邻建造；

② 总储量不大于4m³的独立的瓶装液化石油气储瓶间与所服务建筑的防火间距，应不小于表4-26的要求；

③ 在总进气管、总出气管道上应设置紧急事故自动切断阀；

④ 储气瓶间应设置可燃气体浓度报警装置；[5][37]

⑤ 其他消防安全设计要求应符合现行国家标准《爆炸危险环境电力装置设计规范》GB 50058和《液化石油气供应工程设计规范》GB 51142的有关规定。

6）商业步行街

当餐饮、商店等商业设施通过有顶棚的步行街连接，且步行街两侧的建筑利用步行街进行安全疏散时，其防火设计应符合下列要求：

(1) 步行街两侧建筑的耐火等级不应低于二级；

(2) 步行街的顶棚材料应采用不燃或难燃材料，其承重结构的耐火极限不应低于1.00h；

(3) 步行街的长度不宜大于300m；

(4) 步行街两侧的每间商铺的面积不宜大于300m^2（如为每铺多层连通时，应按叠加面积计算），且与各相邻商铺之间均应采用耐火极限不低于2.00h的防火隔墙分隔；[5]

(5) 步行街的建筑构造、安全疏散、防排烟和消防设施等设计均应符合相关具体要求。

7) 地下建筑

(1) 歌舞厅、录像厅、夜总会、卡拉OK厅（含具有卡拉OK功能的餐厅）、游艺厅（含电子游艺厅）、桑拿浴室（不包括洗浴部分）、网吧等歌舞娱乐放映游艺场所（不含影剧院），不应布置在地下2层及2层以下；

因受条件限制必须布置在地下1层时，地下1层的地面与室外出入口地坪的高差不应大于10m。[5]

(2) 营业厅、展览厅设置在地下、半地下时，应符合下列要求：

① 只能设置在地下1、2层，不应设置在地下3层及3层以下；

② 不得经营和储存火灾危险性为甲、乙类储存物品属性的商品；

③ 当其建筑内部设有火灾自动报警系统和自动灭火系统时，营业厅的每个防火分区的最大允许建筑面积不应大于2000m^2。

(3) 人民防空工程的防火分区的划分宜与防护单元相结合，且应满足如下要求：

① 人防工程内不应设置哺乳室、托儿所、幼儿园、游乐厅等儿童活动场所和残疾人活动场所；

② 医院病房不应设置在地下2层及以下层，当设置在地下1层时，室内地面与室外出入口地坪高差不应大于10m；

③ 当工程内设置有旅店、病房、员工宿舍时，不得设置在地下2层及以下层，并应划分为独立的防火分区，且疏散楼梯不得与其他的防火分区的疏散楼梯共用；

④ 当展览厅等建筑内部装修符合国家标准规范要求，且设有火灾自动报警系统和自动灭火系统时，其每个防火分区的最大允许建筑面积可不超过2000m^2；

⑤ 电影院、礼堂的观众厅，防火分区允许最大建筑面积不应大于1000m^2；当设有火灾自动报警和自动灭火系统时，其允许最大建筑面积也不得增加；

⑥ 溜冰馆的冰场、游泳馆的游泳池、射击馆的靶道区、保龄球馆的球道区等面积，可不计入溜冰馆、游泳馆、射击馆、保龄球馆的防火分区面积内；

⑦ 当工程内设有内挑台、走马廊、开敞楼梯和自动扶梯等上下连通层时，其建筑面积之和不应超出其防火分区限定面积，且连通的层数不宜超过2层。

(4) 当人防工程地面建有建筑物，且与地下1、2层有中庭相通，或者地下1、2层有中庭相通时，其防火分区的面积应按上下多层相连通的面积叠加计算。当超过一个防火分区最大允许建筑面积时，应采取如下防火安全措施：

① 房间与中庭的开口部位应设置能自行关闭的甲级防火门窗；

② 与中庭连通的过厅、通道等处应设有火灾时能自行关闭的甲级防火门或能自动降落的耐火极限不低于3.00h的防火卷帘；

③ 中庭应设置排烟设施。[15]

(5) 地铁车站的设备区和公共区之间，站厅、站台、出入口通道、换乘通道、换乘厅与非地铁功能设施之间，车辆基地建筑与基地外的建筑之间，应设有严格的防火分隔设施。对于地铁内的商业设施和非地铁功能设施的布置应符合下列要求：

① 地铁公共区内不应设置公共娱乐场所；

② 在站厅的乘客疏散区、站台层、出入口通道和其他用于乘客疏散的专用通道内，不应布置商业设施和非地铁功能设施；

③ 站厅公共区内的商业设施不应经营或储存甲、乙类火灾危险性物品，不应储存可燃性液体类物品；

④ 地铁工程中的车站控制室（含报警设备室、车辆基地控制室、环控电控室、站台门控制室）、变电站、配电室、通信及信号机房、固定灭火装置设备室、消防水泵房、废水泵房、通风机房、蓄电池室以及火灾时需继续运行的其他房间，应分别独立设置，并应采取耐火极限不低于 2.0h 的隔墙和 1.5h 的楼板与其他部位分隔；

⑤ 在地铁的车辆基地地上建造其他功能的建筑时，车辆基地建筑与其他功能建筑之间，应采用耐火极限不低于 3.0h 的楼板分隔；车辆基地建筑的承重柱、梁和墙体的耐火极限均不应低于 3.0h；[72]

⑥ 当在两个防火分隔区之间开有门洞时应采用甲级防火门分隔；

⑦ 如在防火隔墙上需设置观察窗时，应设防火窗并采用 C 类甲级防火玻璃。[9]

（6）地下、半地下学校体育运动场所，每个防火分区的最大允许建筑面积当按不大于 $2000m^2$ 划分时，该防火分区内自然排烟口的面积不应小于其室内地面面积的 20%，或者防火分区应有至少 1/4 的周长面向室外。

（7）地下楼层不应采用中庭等开口与步行街连通。[20]

4 防 火 间 距

4.1 概 述

4.1.1 防火间距的含义

防火间距的本意，是防止着火建筑物的辐射热在一定时间内引燃相邻建筑，且便于消防扑救的间隔距离。即：相邻建筑之间保持一定距离，以保证建筑物在遭受相邻建筑火灾辐射热的强度要低于能引燃本建筑的辐射热强度临界值。同时，为消防救援留出必要的作业空间。

实际应用中，人们往往把凡是与防火安全有关的间距都习惯称为“防火间距”，将其概念扩展为防火间隔距离和安全保护距离。比如：建筑物之间的防火间距、消防救援所需建筑间距、防止爆炸事故的安全距离、检修维护设备装置的安全距离、输配电架空线路的安全保护距离、市政工程管线的安全距离等都视为防火间距。

1. 建筑防火间距

建筑防火间距，是指建筑物之间的防火安全距离。主要体现两方面：

1）防止着火建筑的辐射热在一定时间内引燃相邻建筑的安全距离；

2）便于消防灭火救援作业的建筑物之间的距离。

2. 易燃、易爆物质生产、储存场所的安全防火距离

1）易燃、可燃液体储罐的安全防护距离，主要考虑避免发生火灾时相互危及和便于扑救火灾，并利于设备的安装检修的距离；[14]

2）存在爆炸性气体释放源的生产、储存场所，万一遇到明火或火花就会起火、爆炸。从释放源到向外扩散的爆炸性气体浓度下降至危险浓度范围以外区域的这段距离，为安全防护距离。[28]

3. 架空电力线路的安全防护距离

1）架空电力线路与易燃材料堆场、可燃液体（气体）罐区及甲、乙类厂（库）房的防火间距，是对易燃易爆建筑、场所避开架空电力线路发生断线和倒杆的危害范围间距要求；[5]

2）架空电力线路的安全保护间距，是考虑架空电力线路的最大计算弧垂和风偏后的与建（构）筑物的水平安全保护距离。这是架空电力线路正常运行时，对临近线路边线的建筑、场所安全保护的距离要求。[48][49]

4. 工程管线安全距离

城市工程管线种类很多，其功能和施工时间也不统一。为保证其与道路交通、给排水、热力、电力、燃气、电信、防洪、人防、消防等专业的协调，避免各种管线在平面和竖向空间位置上的相互冲突和干扰，保证城市功能的正常运转，必须在有限的地下和空间综合安排、统筹规划各种管线之间及其与建（构）筑物之间的安全距离，以利城市工程管线的施工、维护管理和正常运转的安全，[53]并保证消防车道和救援场地设置不受到各类管线安全防护的影响。[5]

4.1.2 防火间距的确定原则

1. 建筑防火间距的确定原则

确定建筑防火间距的原则，主要考虑三个方面。

1）防止火灾蔓延

热传播是火灾蔓延的基本条件。热传播主要有热辐射、热对流和热传导三种方式：

（1）热辐射——即物品起火后，以辐射线的方式散发热量，辐射热越强，火灾蔓延越快；

（2）热对流——即物品起火后，被加热的气体燃烧产物通过对流方式传播热能，热对流的方向就是火灾蔓延的方向；

（3）热传导——即物品起火后，热能从物体的一部分传到另一部分，表现突出的是金属固体，液体次之，气体最弱。

建筑防火措施就是为了破坏和阻止火灾热传播条件的形成。而建筑防火间距，主要是针对火灾的热辐射影响而采取的防火措施。一般认为，建筑物的结构耐火性能是影响建筑防火间距的主要条件。例如：建筑物的可燃屋顶起火，通过热辐射向外蔓延的途径不只是门、窗洞口，还有屋顶；建筑物起火后，结构耐火性能差的屋顶和墙体，很容易因烧毁倒塌而加速火灾的蔓延；无防火保护的钢结构建筑，在火灾中很短时间就会毁坏垮塌。所以，要根据建筑物的不同用途和不同结构的耐火性能留足一定的防火间距，以避免相邻建筑因热辐射影响而蔓延火灾。

据分析，如两相邻的一、二级耐火等级建筑间距不能满足防火间距（即防止火灾热辐射蔓延的安全距离）基本要求，当两建筑物外墙面线（亦称建筑线）的交角（内转角）小于等于135°，有一座建筑物发生火灾时，就容易在两相邻或（零距离）贴邻建筑的外墙上开设的门窗洞口之间把对方暴露于因受火灾热辐射影响而遭遇蔓延火灾的危险之下。而当两相邻建筑的外墙面线交角（内转角）大于135°时，两建筑物的外墙面相临门窗开口之间因受火灾热辐射影响程度较弱，适当小于基本防火间距，也不会有因某一侧火灾热辐射而向相邻建筑蔓延火灾的危险。[56][57]所以，当相邻建筑间距较近时，要根据相对建筑间的不同角度分析遭受对方外墙开口的火灾热辐射影响较强的危险范围，采取在外墙适当部位设置防火墙、防火窗等措施，以满足相关的基本防火间距要求。

同理，在同一建筑物外墙的内转角（小于等于135°时）两侧或在Π形（或Ш形）建筑的相临两翼外墙平行相面对的不同防火分区之间，如相面临洞口距离过近，也存在着因受对方暴露火焰开口的火灾热辐射影响向相邻（或相对）防火分区蔓延火灾的危险。所以，也有必要采取在相邻（或相对）建筑物不同防火分区的外墙门窗开口之间（防火间距不足）的适当部位设置防火墙或防火窗等措施，以保证相邻防火分区的安全。

2）满足消防救援需要

扑救建筑火灾，必须要保证消防车辆的通行、转弯和回转、战斗展开、抢险救护等消防救援作业活动不要受到场地环境的不利影响，保证其必须占据的必要场地和空间，特别是火灾危险性较大，灭火救援难度较大的建筑区域。扑救火灾中可能需要调集多路救援力量，或者一些大型救援装备联合作业，则需要结合防火间距留足消防车通道和救援操作场地。

3）要节约用地

建筑防火间距，当然越大越好，但不能任意无限加大，应在满足防火间距等要求前提下，尽量节省土地资源。

2. 易燃、易爆物质生产、储存场所的安全防护距离确定原则

1）对于生产、加工、处理、转运或储存过程中，可能出现爆炸性气体混合物环境的场所，根据释放源的级别和通风条件等因素划定爆炸危险区域范围。

2）根据不同的危险区域范围，具体确定安全防护距离。

（1）易燃、可燃液体储罐区的安全防护距离除考虑设备安装检修的间距外，主要应考虑满足储罐火灾扑救时，消防队员用水枪喷水冷却储罐时水枪喷水的仰角距离和向着火罐上挂泡沫钩管的操作距离。

（2）对于存在爆炸性气体释放源的生产、储存场所的安全距离，除考虑装置、储罐等施工、安装、检修所需的距离外，主要应考虑避免发生爆炸、火灾时的相互危及和干扰的安全距离，并便于扑救火灾。

3）有爆炸、火灾危险的生产装置、可燃液体（气体）储罐区、可燃材料堆场、加油站等，必须设置在架空电力线路如发生断线和倒杆事故时的危害范围以外，避免其遭受地面火花和跨步电压等危害，以预防火灾和爆炸事故。

3. 各种工程管线的敷设布置原则

城市工程管线敷设时，应根据各类管线的不同特性和设置要求，统筹安排、综合布置。设计时应遵循如下原则：

1）平原地区的工程管线宜避开土质松软地区、地震断裂带、沉陷区，以及地下水位较高的不利地带；起伏较大的山区，应结合城市地形的特点合理选址，并应避开滑坡危险地带和洪峰口。

2）城市工程管线宜采用地下敷设方式。地下管线的走向应结合城市道路网规划，在不妨碍工程管线正常运行、检修和合理占用土地的情况下，地下管线的走向宜沿道路或与主体建筑平行布置，并力求线型顺直、短捷和适当集中，尽量减少转弯，并应使管线之间及管线与道路之间尽量减少交叉。[53]

3）工程管线的布置应与城市现状及规划的地下铁道、地下通道、人防工程等地下隐蔽性工程相协调。

4）工程管线采取直埋和架空敷设时，必须满足最小覆土深度、管线之间及其与建（构）筑物之间的最小水平净距、管线交叉时的最小垂直净距等要求。

5）在综合规划工程管线中，当工程管线竖向位置发生矛盾时，应根据各管道的压力大小、曲直可能、主次分支和管线粗细等情况，采取合理避让措施。具体避让原则如下：

（1）临时让永久——即临时性的管线避让永久性的管线；
（2）压力让自流——即压力管线避让重力自流的管线；
（3）可弯让直线——即可以弯曲的管线避让不可弯曲的管线；
（4）分支让主干——即分支管线避让主干管线；
（5）细线让粗线——即管径细的管线避让管径粗的管线；
（6）直埋让涵管——即直接埋地的管线避让涵洞保护的管线。

6）严寒或寒冷地区的给水、排水、燃气等管线的埋地覆土深度应在土壤冰冻线以下。热力、电信、电力电缆等工程以及非严寒或寒冷地区的工程管线的埋深，应根据土壤性质和地面承受荷载情况确定。[53]

4.2 各类建（构）筑物的防火间距要求

4.2.1 生产场所（厂房）建筑的防火间距

1. 基本要求

生产场所（厂房）建筑之间及其与储存乙、丙、丁、戊类物资场所（仓库）建筑、民用建筑之间的防火间距不应小于表4-1的要求。[5]

生产场所（厂房）建筑之间及其与乙、丙、丁、戊类物资场所（仓库）建筑、民用建筑之间的防火间距（m） **表4-1**

<table>
<tr><th colspan="3" rowspan="3">生产场所或储存物资场所建筑名称</th><th>甲类厂房</th><th colspan="3">乙类厂房（仓库）</th><th colspan="4">丙、丁、戊类厂房（仓库）</th><th colspan="5">民用建筑</th></tr>
<tr><th>单层、多层</th><th colspan="2">单层、多层</th><th>高层</th><th colspan="3">单层或多层</th><th>高层</th><th colspan="3">裙房、单层或多层</th><th colspan="2">高层</th></tr>
<tr><th>一、二级</th><th>一、二级</th><th>三级</th><th>一、二级</th><th>一、二级</th><th>三级</th><th>四级</th><th>一、二级</th><th>一、二级</th><th>三级</th><th>四级</th><th>一类</th><th>二类</th></tr>
<tr><td>甲类厂房</td><td>单层、多层</td><td>一、二级</td><td>12</td><td>12</td><td>14</td><td>13</td><td>12</td><td>14</td><td>16</td><td>13</td><td colspan="3" rowspan="4">25</td><td colspan="2" rowspan="4">50</td></tr>
<tr><td rowspan="3">乙类厂房</td><td>单层、多层</td><td>一、二级</td><td>12</td><td>10</td><td>12</td><td>13</td><td>10</td><td>12</td><td>14</td><td>13</td></tr>
<tr><td rowspan="2">高层</td><td>三级</td><td>14</td><td>12</td><td>14</td><td>15</td><td>12</td><td>14</td><td>16</td><td>15</td></tr>
<tr><td>一、二级</td><td>13</td><td>13</td><td>15</td><td>13</td><td>13</td><td>15</td><td>17</td><td>13</td></tr>
<tr><td rowspan="4">丙类厂房</td><td rowspan="3">单层、多层</td><td>一、二级</td><td>12</td><td>10</td><td>12</td><td>13</td><td>10</td><td>12</td><td>14</td><td>13</td><td>10</td><td>12</td><td>14</td><td>20</td><td>15</td></tr>
<tr><td>三级</td><td>14</td><td>12</td><td>14</td><td>15</td><td>12</td><td>14</td><td>16</td><td>15</td><td>12</td><td>14</td><td>16</td><td rowspan="2">25</td><td rowspan="2">20</td></tr>
<tr><td>四级</td><td>16</td><td>14</td><td>16</td><td>17</td><td>14</td><td>16</td><td>18</td><td>17</td><td>14</td><td>16</td><td>18</td></tr>
<tr><td>高层</td><td>一、二级</td><td>13</td><td>13</td><td>15</td><td>13</td><td>13</td><td>15</td><td>17</td><td>13</td><td>13</td><td>15</td><td>17</td><td>20</td><td>15</td></tr>
<tr><td rowspan="4">丁、戊类厂房</td><td rowspan="3">单层、多层</td><td>一、二级</td><td>12</td><td>10</td><td>12</td><td>13</td><td>10</td><td>12</td><td>14</td><td>13</td><td>10</td><td>12</td><td>14</td><td>15</td><td>13</td></tr>
<tr><td>三级</td><td>14</td><td>12</td><td>14</td><td>15</td><td>12</td><td>14</td><td>16</td><td>15</td><td>12</td><td>14</td><td>16</td><td>18</td><td>15</td></tr>
<tr><td>四级</td><td>16</td><td>14</td><td>16</td><td>17</td><td>14</td><td>16</td><td>18</td><td>17</td><td>14</td><td>16</td><td>18</td><td>18</td><td>15</td></tr>
<tr><td>高层</td><td>一、二级</td><td>13</td><td>13</td><td>15</td><td>13</td><td>13</td><td>15</td><td>17</td><td>13</td><td>13</td><td>15</td><td>17</td><td>15</td><td>13</td></tr>
</table>

续表

生产场所或储存物资场所建筑名称			甲类厂房	乙类厂房（仓库）			丙、丁、戊类厂房（仓库）				民用建筑				
			单层、多层	单层、多层		高层	单层或多层			高层	裙房、单层或多层			高层	
			一、二级	一、二级	三级	一、二级	一、二级	三级	四级	一、二级	一、二级	三级	四级	一类	二类
室外变配电站	总油量 t（吨）	$5<t\leqslant10$					12	15	20	12	15	20	25	20	
		$10<t\leqslant50$	25	25	25	25	15	20	25	15	20	25	30	25	
		$t>50$					20	25	30	20	25	30	35	30	

注：1. 乙类厂房与重要公共建筑的防火间距不应小于50m，与明火或散发火花地点不应小于30m。
2. 单层或多层戊类厂房之间及与戊类仓库之间的防火间距，可按本表的要求减少2m。
3. 单层或多层戊类厂房与民用建筑之间的防火间距可按民用建筑的防火间距（表4-56）要求确定。
4. 为丙、丁、戊类厂房服务而单独设立的生活用房应按民用建筑确定，与所属厂房之间的防火间距不应小于6m；确需与厂房相邻布置时，应符合本表注5、注6的要求。
5. 两座厂房相邻较高一面外墙为防火墙时，其防火间距不限，但甲类厂房之间不应小于4m。两座丙、丁、戊类厂房相邻两面的外墙均为不燃性墙体，当无外露的可燃性屋檐，每面外墙上的门、窗、洞口面积之和各不大于该外墙面积的5%，且门、窗、洞口不正对开设时，其防火间距可按本表要求减少25%。
6. 甲、乙类厂房（仓库）不应与其所属办公、休息室外的其他建筑贴邻建造。
7. 两座一、二级耐火等级的厂房，当相邻较低一侧外墙为防火墙且较低一座厂房的屋顶耐火极限不低于1.00h且屋顶无天窗等开口，或相邻较高一侧外墙上的门、窗等开口部位设置甲级防火门、窗或符合有关规范要求的防火分隔水幕或防火卷帘时，甲、乙类厂房之间的防火间距不应小于6m；丙、丁、戊类厂房之间的防火间距不应小于4m。
8. 发电厂内的主变压器，其油量可按单台确定。
9. 耐火等级低于四级的既有厂房，其耐火等级可按四级确定。
10. 当丙、丁、戊类厂房与丙、丁、戊类仓库相邻时，应符合本表注5、注6的要求。
11. 建筑高度超过100m的民用建筑与相邻建筑的防火间距，不论采取任何措施也不应按表规定（不含注）减少。[5]

2. 特殊要求

1）甲类生产场所（厂房）

（1）甲类生产场所（厂房）与重要公共建筑、人员密集场所的防火间距不应小于50m，与明火或散发火花地点的防火间距不应小于30m，与架空电力线的最近水平距离不应小于电线杆（塔）高度的1.5倍[5]；有爆炸危险的乙类生产场所（厂房）与架空电力线的间距不宜小于电线杆（塔）高度的1.5倍[14]；

（2）甲类生产场所（厂房）与甲、乙、丙类液体储罐，可燃、助燃气体储罐，液化石油气储罐和可燃材料堆场的防火间距，应符合可燃液体、可燃（助燃）气体储罐（区）和可燃材料堆场的有关防火间距要求；

（3）散发可燃气体、可燃蒸气的甲类生产场所（厂房）与铁路、道路的防火间距，不应小于表4-2要求。但甲类生产场所（厂房）所属厂内铁路装卸线当有防火安全措施时，其防火间距可不受表4-2要求限制。

甲类厂房与铁路、道路等的防火间距（m） 表 4-2

名 称	厂外铁路中心线	厂内铁路中心线	厂外道路路边	厂内道路路边	
				主要	次要
甲类厂房	30	20	15	10	5

2）高层厂房

高层厂房与甲、乙、丙类液体储罐，可燃、助燃气体储罐，液化石油气储罐，可燃材料堆场（除煤和焦炭堆场外）的防火间距，应符合可燃液体（气体）储罐（区）、液化石油气储罐（区）和可燃材料堆场的有关防火间距要求，且不应小于 13m。

3）成组布置的厂房

（1）除高层厂房和甲类厂房外，其他类别的数座厂房占地面积之和不超过防火分区最大允许建筑面积（按限值最小者确定，面积不限者不应超过 10000m²）时，可成组布置（图 4-1）。

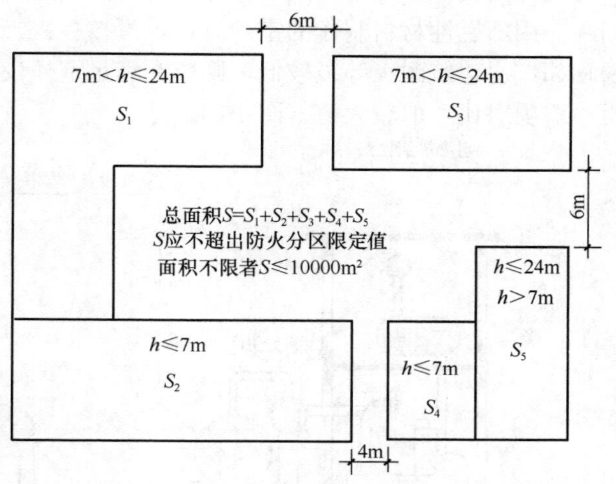

图 4-1 厂房的成组布置

（2）当厂房建筑高度不超过 7m 时，组内厂房的防火间距不应小于 4m；当厂房建筑高度超过 7m 时，组内厂房的防火间距应不小于 6m。以利于消防车移动式水枪灭火时有效射水（如图 4-2）。

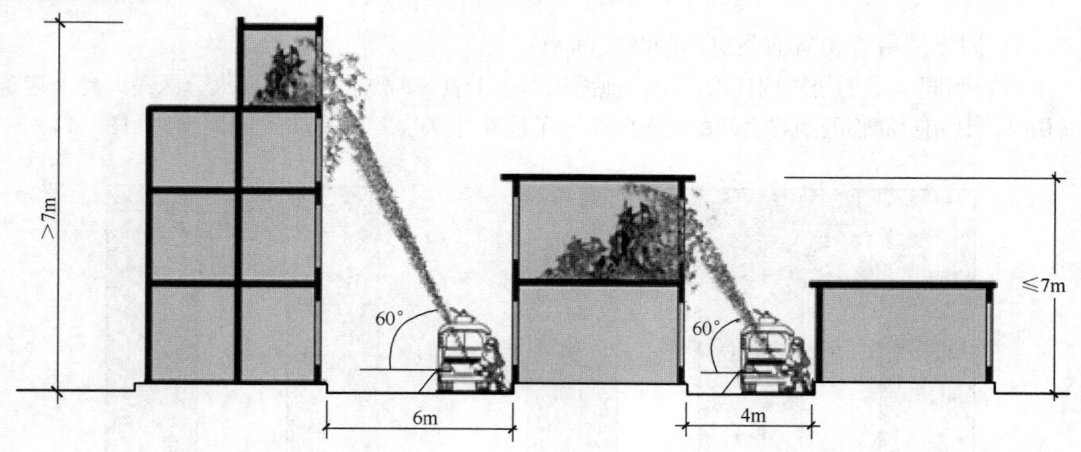

图 4-2 厂房成组布置的灭火间距

具体应考虑：利用消防车移动式水枪灭火时，有效射水的充实水柱的最大仰角是 60°。超过 60°角，充实水柱就变散花，影响灭火。所以，要针对组内相邻厂房的不同建筑高度确定防火间距。厂房越高，在厂房外自地面 60°仰角射水的充实水柱达到厂房高度的射水地点与厂房的水平距离越大。例如：当厂房高度达 12m 时，其组内建筑防火间距应不小于 7m；当厂房高度达 14m 时，其组内建筑防火间距应不小于 8m。

（3）组与组之间的防火间距，应根据两成组布置的建筑组边缘的相临的两座建筑物之间，视相临建筑的耐火等级（据较低的等级），按不小于表 4-1 要求确定 。

4）生产场所（厂房）建筑的外附设备

生产场所（厂房）建筑外附设有储装化学易燃物料的设备时，其室外设备外壁与相邻厂房室外附设设备外壁之间或相邻厂房外墙之间的距离，不应小于表 4-1 要求的基本防火间距。用不燃性材料制作的室外设备，可按一、二级耐火等级建筑确定。如果有室外设备的相邻厂房建筑耐火等级较低，则应在满足室外设备间距的同时，兼顾厂房建筑的防火间距；双项对比，取较大值（图 4-3）。

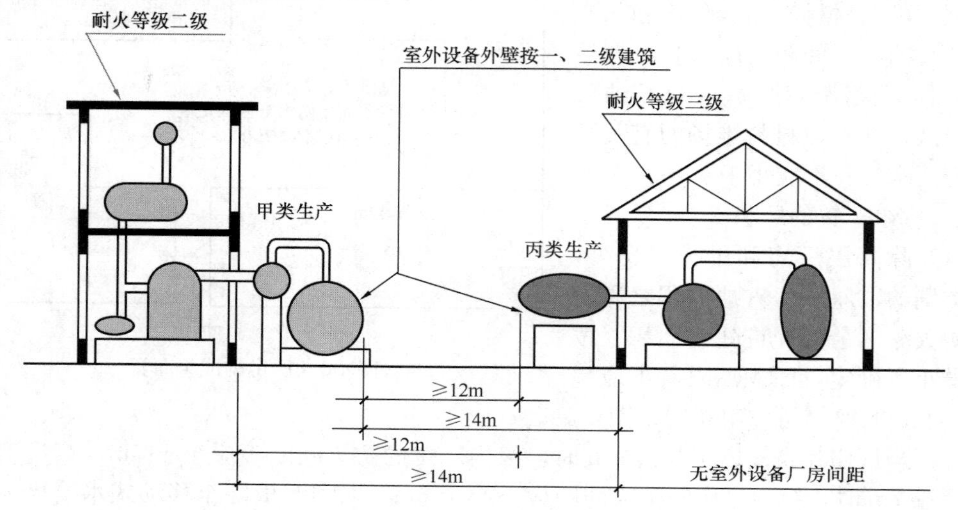

图 4-3 室外设备与厂房的防火间距

5）同座厂房有相对面临翼端的防火间距

（1）当同一座 Π 形或 Ш 形厂房占地面积不小于表 3-9 要求的每个防火分区最大允许建筑面积时，其相对面临的两翼之间的防火间距，不应小于表 4-1 基本防火间距要求（图4-4）。

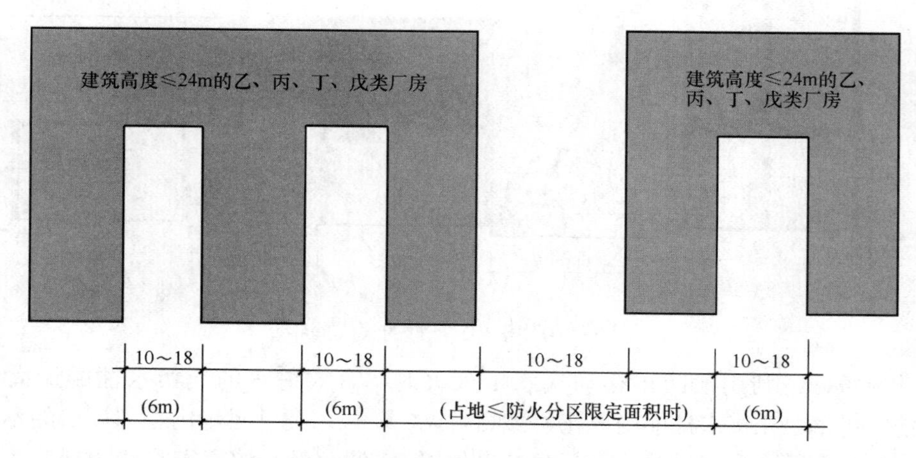

图 4-4 厂房凸出翼缘的间距要求

（2）当该厂房的占地面积小于表 3-9 要求的每个防火分区最大允许建筑面积时，其相临两翼间的防火间距可不小于 6m（图 4-4 中括弧内值）。

6）生产场所（厂房）与民用建筑的防火间距

（1）当丙、丁、戊类厂房与相邻的民用建筑的耐火等级均为一、二级时，采取如下措施可适当减小防火间距：

① 相邻的较高一侧外墙为无门、窗、洞口的防火墙，或比相邻较低一座建筑屋面高 15m 及以下范围内的外墙为无门、窗、洞口的防火墙时，其防火间距可不限；

② 当相邻建筑较低一面外墙为防火墙，屋顶耐火极限不低于 1.00h 且屋顶无天窗等开口时，其防火间距可适当减小，但不应小于 4m；

③ 当相邻较高一面外墙为防火墙且墙上的开口部位采取了防火保护措施，其防火间距可适当减小，但不应小于 4m。

（2）电力系统电压为 35～500kV 且每台变压器容量不小于 10MV・A 的室外变、配电站以及工业企业的变压器总油量大于 5t 的室外降压变电站，与其他建筑之间的防火间距不应小于表 4-1 和表 4-5 的相关间距要求。

7）相临生产场所（厂房）建筑外墙设置防火墙时的防火间距

在厂区平面布置时，可能遇有相邻厂房建筑防火间距不能满足表 4-1 基本防火间距要求，存在因遭受对方火灾热辐射影响而导致火灾蔓延的危险。

因此，应根据相临厂房间距的不同情况，对防火间距不足的地段，需要采取在相邻建筑外墙适当部位设置防火墙（或防火窗）的措施，以满足相关的防火间距要求。防火墙的设置范围可采取如下几种形式：

（1）当两相邻厂房的外墙面线的交角（内转角）大于 135°时，有两种情况：

① 相邻较高一侧建筑外墙为防火墙时，乙、丙、丁、戊类厂房之间的防火间距不限，且可在两建筑外墙上相距 4m 以外部位开设普通门窗洞口；当两相邻厂房的外墙面线交角等于 180°时，两厂房外墙上开设的普通门窗洞口之间距离可不小于 2m。但与甲类厂房之间的防火间距不应小于 4m（图 4-5）。

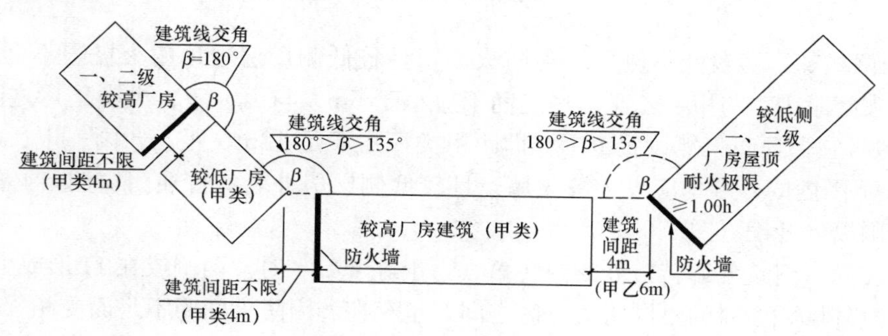

图 4-5　相邻厂房建筑的墙侧面相邻的防火墙设置示意图

② 两座一、二级耐火等级厂房，当相邻较低一侧厂房外墙为防火墙，且较低侧厂房屋顶耐火极限不低于 1.00h 时，与甲、乙类厂房之间的防火间距不应小于 6m，与丙、丁、戊类厂房之间的防火间距不应小于 4m（图 4-5）。

（2）当相邻两建筑的外墙面线的交角（内转角）小于等于 135°时，有两种情况：

① 如将较高一侧建筑外墙设为防火墙，且保证防火墙的设置范围为：在与甲类厂房之间不足 12m 或与乙、丙、丁、戊类厂房之间不足 10m 范围内的外墙均设为防火墙（且普通门窗洞口在设置防火墙范围以外开设）时，与甲、乙类厂房的防火间距不应小于 4m；与丙、丁、戊、类厂房的防火间距不限（图 4-6）。

② 当两座一、二级耐火等级厂房的较低一侧建筑外墙设为防火墙，且较低侧建筑屋顶耐火极限不低于 1.00h，其防火墙的设置范围为：与甲类厂房间距不足 12m 或与乙、丙、丁、戊类厂房间距不足 10m 范围内的外墙均为防火墙时，与甲、乙类厂房的防火间距不应小于 6m，与丙、丁、戊类厂房的防火间距不应小于 4m（图 4-6）。且较低侧厂房的普通门窗洞口必须在设置防火墙范围以外开设。

(3) 当两相邻厂房平行布置，相对面临时有两种情况：

① 较高侧厂房的相邻外墙为防火墙时，与甲类厂房的防火间距不应小于 4m；与乙、丙、丁、戊类厂房的防火间距不限。但必须保证较高侧厂房外墙的防火墙设置范围：即与甲类厂房间距不足 12m，或与乙、丙、丁、戊类厂房间距不足 10m 范围内的相临外墙均设为防火墙，且较高侧建筑的普通门窗洞口必须在设置防火墙范围以外开设（图 4-6）。

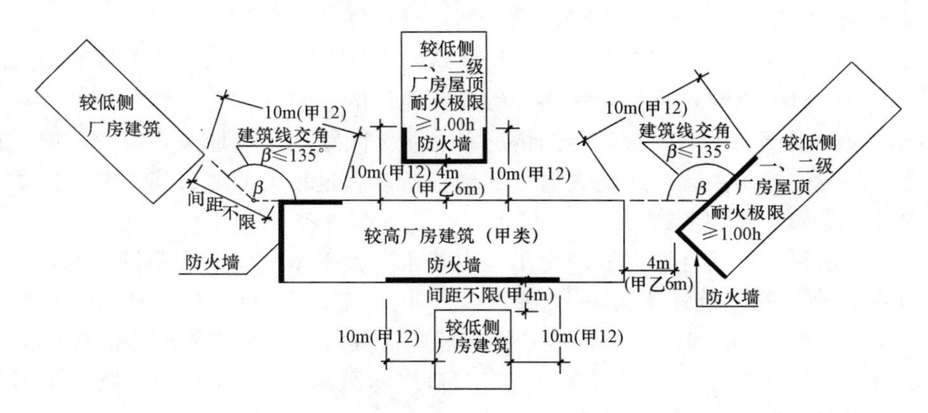

图 4-6 相邻厂房建筑的正对、斜对面邻的防火墙设置示意图

② 当两相邻厂房较低一侧外墙为防火墙，且较低侧厂房屋顶耐火极限不低于 1.00h 时，其防火间距为：与甲、乙类厂房之间不应小于 6m，与丙、丁、戊类厂房之间不应小于 4m。但必须保证防火墙设置范围：即距甲类厂房不足 12m，距乙、丙、丁、戊类厂房不足 10m 范围内的外墙均应设为防火墙，且较低侧厂房外墙的普通门窗洞口必须在设置防火墙范围以外开设（图 4-6）。

(4) 在同一建筑外墙转折处的内转角（小于等于 135°时）两侧或在 Π 形或 Ш 形建筑的相临两翼外墙相面对的不同防火分区之间，也存在着因防火间距不足而受相邻防火分区火灾热辐射影响而造成跨防火分区蔓延火灾的危险。所以，也有必要采取在相临两翼外墙的门、窗洞口之间未满足基本防火间距要求的适当部位设置防火墙或防火窗等措施，以保证相邻防火分区的安全。

设置防火墙或防火窗的部位及范围，可参考图 4-6 所示的防火墙设置部位和防火墙外开设普通门窗洞口的距离范围。

(5) 当相邻厂房（除甲、乙类外）建筑之间，因受条件限制不能满足防火间距要求或者必须贴邻布置时，应采取可靠的加强防护措施，以适应相关防火间距要求。在厂房改（扩）建设计中，往往会遇有相邻建筑过近或贴邻布置而“侵占”防火间距的问题：由于较高一侧建筑外墙因功能需要不能设为防火墙，故防火间距不能减少；即使较低一侧建筑外墙设为防火墙也不能满足防火间距折减要求；更何况贴邻布置根本没有防火间距。为妥善解决防火安全问题，可采取如下建筑防护措施：

① 建筑物外围的消防车通道和救援场地设置必须符合有关要求。

② 相邻较低建筑外墙必须设为防火墙。

③ 相邻建筑的较低一侧建筑屋顶（不燃性楼板）的耐火极限不应低于 2.00h，且该屋顶的设置边界不应小于基本防火间距要求的范围（图 4-7）。

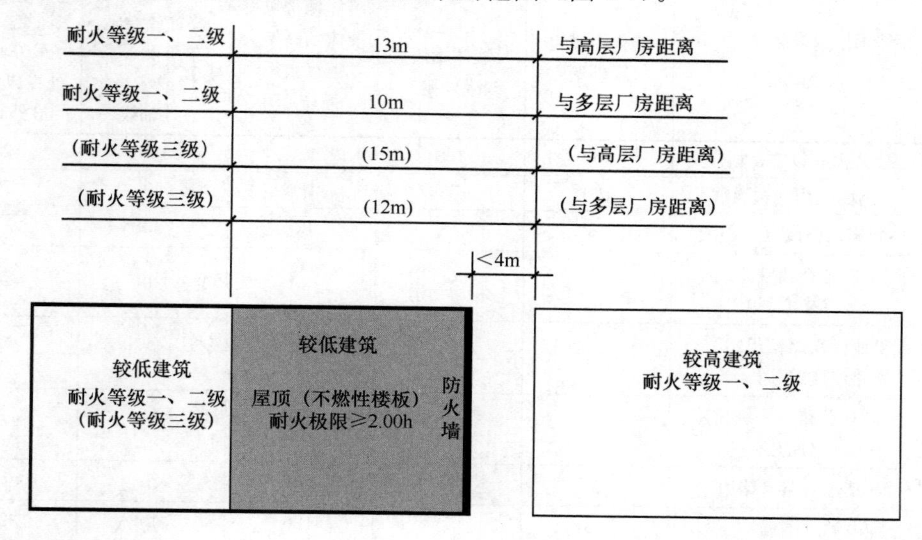

图 4-7 厂房相邻布置间距防护措施

④ 建筑结构应保证该防火墙与屋顶（不燃性楼板加强防火部分）的整体稳固和安全。

因单、多层厂房的火灾延续时间一般不超过 2.00h，采取如上防护措施可以保证相邻建筑之间免遭火灾蔓延的危险。在较低一侧建筑中设置防火墙和耐火极限不低于 2.00h，不燃性屋面楼板的界限外的部分，与较高建筑的距离不应小于基本防火间距要求。

8）厂（库）区围墙与建筑物的间距

厂（库）区围墙与建筑物的间距，一般不宜小于 5m，且围墙两侧建筑之间还应满足相应的防火间距要求。因不同业主的建设用地界限，一般都以围墙界之。为避免用地纠纷，应遵循如下原则：

（1）当非石油化工企业相邻共用围墙时，原则上距围墙两侧各留出不少于 5m（即非甲类一、二级耐火等级厂房建筑防火间距的 1/2）的间距。如果任一侧先行修建的建筑物的防火间距为 12m，则应在围墙内留出防火间距的一半（6m），另一半由围墙外后建单位承担。如果在新建之前，围墙外已有建筑物，则新建建筑与已有建筑之间的间距应满足相关防火间距要求。[3]防火间距的具体确定，应不小于表 4-1 的要求。

（2）当石油化工企业与非石油化工企业相邻共用围墙时，石油化工的工艺装置或设施与相邻工厂的防火间距应不小于表 4-3 的要求。

（3）当石油化工企业与同类企业及油库相邻共用围墙时，围墙两侧的石油化工企业的装置及设施的防火间距应不小于表 4-4 的要求。

4.2.2 石油化工企业的防火间距

1. 石油化工企业与相邻工厂或设施的防火间距

1）石油化工企业与相邻工厂或设施的防火间距不应小于表 4-3 的要求。[14]

石油化工企业与相邻工厂或设施的防火间距　　表 4-3

相邻工厂或设施		防火间距（m）				
		液化烃罐组（罐外壁）	甲、乙类液体罐组（罐外壁）	可能携带可燃液体的高架火炬（火炬筒中心）	甲、乙类工艺装置或设施（最外侧设备外缘或建筑物最外轴线）	全厂性或区域性重要设施（最外侧设备外缘或建筑物最外轴线）
居民区、公共福利设施、村庄		300	100	120	100	25
相邻工厂（围墙或用地边界线）		120	70	120	50	70
厂外铁路	国家铁路线（中心线）	55	45	80	35	—
	厂外企业铁路线（中心线）	45	35	80	30	—
国家或工业区铁路编组站（铁路或建筑）		55	45	80	35	25
厂外公路	高速公路、一级公路（路边）	35	30	80	30	—
	其他公路（路边）	25	20	60	20	—
变、配电站（围墙）		80	50	120	40	25
架空电力线路（中心线）		1.5 倍杆高且不小于 40	1.5 倍杆高	80	1.5 倍杆高	—
Ⅰ、Ⅱ级国家架空通信线路（中心线）		50	40	80	40	—
通航江、河、海岸边		25	25	80	20	—
地区埋地输油管道	原油及成品油（管道中心）	30	30	60	30	30
	液化烃（管道中心）	60	60	80	60	60
地区埋地输气管道（管道中心）		30	30	60	30	30
装卸油品码头（码头前沿）		70	60	120	60	60

注：1. 本表中相邻工厂指除石油化工企业和油库以外的工厂；
2. 括号内指防火间距起止点；
3. 当相邻设施为港区陆域、重要物品仓库和堆场、军事设施、机场等，对石油化工企业的安全距离有特殊要求时，应按有关规定执行：
（1）液化烃罐组与电压等级 330～1000kV 的架空电力线路的防火间距不应小于 100m；
（2）单罐容积大于等于 5000m^3 的甲、乙类液体储罐与居民区、公共福利设施、村庄的防火间距不应小于 120m；
4. 丙类可燃液体罐组的防火间距，可按甲、乙类可燃液体罐组的规定减少 25%；
5. 丙类工艺装置或设施的防火间距，可按甲、乙类工艺装置或设施的规定减少 25%；
6. 地面敷设的地区输油（输气）管道的防火间距，可按地区埋地输油（输气）管道的规定增加 50%；
7. 当相邻工厂围墙内为非火灾危险性设施时，其与全厂性或区域性重要设施的防火间距最小可为 25m；
8. 表中“—”表示无防火间距要求或执行相关规范。[14]

2）石油化工企业与同类企业及油库的防火间距不应小于表 4-4 的要求。[14]

石油化工企业与同类企业及油库的防火间距　　表 4-4

项目	防火间距（m）				
	液化烃罐组（罐外壁）	可燃液体罐组（罐外壁）	可能携带可燃液体的高架火炬（火炬筒中心）	甲、乙类工艺装置或设施（最外侧设备外缘或建筑物的最外轴线）	全厂性或第一类区域性重要设施（最外侧设备边缘或建筑物的最外轴线）
液化烃罐组（罐外壁）	60	60	90	70	90
可燃液体罐组（罐外壁）	60	1.5D（见注 2）	90	50	60
可能携带可燃液体的高架火炬（火炬筒中心）	90	90	（见注 4）	90	90
甲、乙类工艺装置或设施（最外侧设备外缘或建筑物的最外轴线）	70	50	90	40	40
全厂性或第一类区域性重要设施（最外侧设备外缘或建筑物的最外轴线）	90	60	90	40	20
明火地点	70	40	60	40	20

注：1. 括号内指防火间距起止点；
2. 表中 D 为较大罐的直径，当 1.5D 小于 30m 时，取 30m；当 1.5D 大于 60m 时，可取 60m；当丙类可燃液体储罐相邻布置时，间距可取 30m；
3. 与散发火花地点的防火间距，可按与明火地点的防火间距减少 50%，当散发火花地点应布置在火灾爆炸危险区之外；
4. 辐射热不应影响相邻火炬的检修和运行；
5. 丙类工艺装置或设施的防火间距，可按甲、乙类工艺装置或设施的规定减少 10m（火炬除外），但不应小于 30m；
6. 第二类区域性设施的防火间距，可按全厂性或第一类区域性重要设施的规定减少 25%（火炬除外）但不应小于 20m。

表中“区域性设施”说明：现行国家标准《石油化工企业设计防火标准》GB 50160 规定，“重要设施”按全厂性、区域性分为两类。第一类，指火灾时可能造成重大人身伤亡、影响全厂（或区域）生产的设施；第二类，指火灾时影响全厂（或区域）生产的设施。

3）石油化工企业与石化工业园区的公用设施、铁路走行线的防火间距，应遵循现行国家标准《石油化工企业设计防火标准》GB 50160（下称《石化防火标准》）表 4.1.11 的规定。对于石油化工企业与新兴工业园区内的一些精细石化企业之间的防火间距应符合表 4-4 的要求。工业园区中企业内的防火间距设计应执行现行国家标准《建筑设计防火规范》GB 50016（下称《建规》）规定；如某些生产工艺装置在《石化防火标准》中有明确规定的，可参照《石化防火标准》执行。

2. 石油化工企业总平面布置的防火间距

石油化工厂总平面布置的防火间距应符合《石化防火标准》的有关规定。

3. 小型化工企业的防火间距

1）有些小型石油化工企业，全厂只是单一装置或不超过两套（属于同开同停条件的）装置，企业内建筑只是生产厂房（装置）和直接附属于生产装置的控制室、变配电所、办公室、休息室等，再别无其他的附属建筑或设施时，即其企业内的所有装置和设施均属于同一

（或联合）“装置内”时，可按《建规》规定同时参照《石化防火标准》“工艺装置和系统单元”中“装置内布置”的“设备、建筑物平面布置的防火间距”规定，按较严格的要求确定。

2）石化企业内的丁、戊类生产设施或非石油化工企业内的防火间距，应按《建规》确定。

4.2.3 储存物资场所（仓库）的防火间距

1. 甲类储存物资场所（仓库）

1）甲类储存物资场所（仓库）之间及其与其他建筑、明火或散发火花地点、铁路、道路等的防火间距不应小于表4-5的要求。

甲类储存物资场所（仓库）之间及与其他建筑、明火或散发火花地点、铁路、道路等的防火间距（m） **表4-5**

<table>
<tr><th colspan="3" rowspan="3">名　称</th><th colspan="4">甲类储存物资场所（仓库）分项及其储量（t）</th></tr>
<tr><th colspan="2">甲类储存物资第3、4项</th><th colspan="2">甲类储存物资第1、2、5、6项</th></tr>
<tr><th>≤5</th><th>>5</th><th>≤10</th><th>>10</th></tr>
<tr><td colspan="3">高层民用建筑、人员密集场所、设有人员密集场所的其他民用建筑</td><td colspan="4">50</td></tr>
<tr><td colspan="3">甲类储存物资场所（仓库）</td><td colspan="4">20</td></tr>
<tr><td colspan="3">裙房、其他民用建筑、明火或散发火花地点</td><td>30</td><td>40</td><td>25</td><td>30</td></tr>
<tr><td rowspan="3">生产场所（厂房）和乙、丙、丁、戊类物资储存场所（仓库）</td><td rowspan="3">耐火等级</td><td>一、二级</td><td>15</td><td>20</td><td>12</td><td>15</td></tr>
<tr><td>三级</td><td>20</td><td>25</td><td>15</td><td>20</td></tr>
<tr><td>四级</td><td>25</td><td>30</td><td>20</td><td>25</td></tr>
<tr><td colspan="3">电力系统电压为35～500kV且每台变压器容量在10MVA以上的室外变、配电站以及工业企业的变压器总油量大于5t的室外降压变电站</td><td>30</td><td>40</td><td>25</td><td>30</td></tr>
<tr><td colspan="3">场外铁路中心线</td><td colspan="4">40</td></tr>
<tr><td colspan="3">厂内铁路中心线</td><td colspan="4">30</td></tr>
<tr><td colspan="3">厂外道路路边</td><td colspan="4">20</td></tr>
<tr><td rowspan="2">厂内道路路边</td><td colspan="2">主要道路</td><td colspan="4">10</td></tr>
<tr><td colspan="2">次要道路</td><td colspan="4">5</td></tr>
</table>

注：1. 甲类储存物资场所（仓库）之间，不应小于20m。
2. 厂内铁路装卸线与设置装卸站台的甲类储存物资场所（仓库）的防火间距，可不受本表限制。

2）甲类物资储存场所（仓库）防火间距的特殊要求

（1）甲类物资储存场所（仓库）与高层仓库之间的防火间距不应小于13m。

（2）甲类物资储存场所（仓库）与架空电力线路的最小水平距离不应小于电线杆（塔）高度的1.5倍。

（3）飞机库与甲类仓库的防火间距不应小于20m。飞机库与喷漆机库贴邻时，应用防火墙分隔。[72]

2. 乙、丙、丁、戊类物资储存场所（仓库）

1）乙、丙、丁、戊类物资储存场所（仓库）之间及其与民用建筑的防火间距不应小于表 4-6 要求。

乙、丙、丁、戊类物资储存场所（仓库）之间及其与民用建筑之间的防火间距（m）

表 4-6

建筑名称			乙类仓库			丙类仓库				丁、戊类仓库			
			单层或多层		高层	单层或多层			高层	单层或多层			高层
			一、二级	三级	一、二级	一、二级	三级	四级	一、二级	一、二级	三级	四级	一、二级
乙、丙、丁、戊类仓库	单层或多层	一、二级	10	12	13	10	12	14	13	10	12	14	13
		三级	12	14	15	12	14	16	15	12	14	16	15
		四级	14	16	17	14	16	18	17	14	16	18	17
	高层	一、二级	13	15	13	13	15	17	13	13	15	17	13
民用建筑	裙房、单层或多层	一、二级	25			10	12	14	13	10	12	14	13
		三级	25			12	14	16	15	12	14	16	15
		四级	25			14	16	18	17	14	16	18	17
	高层	一类	50			20	25	25	20	15	18	18	15
		二类	50			15	20	20	15	13	15	15	13

注：1. 除乙类第 5、第 6 项物资外的乙类仓库，与高层民用建筑和设有人员密集场所的其他民用建筑的防火间距不应小于 50m，与明火、散发火花地点的防火间距不应小于 25m[72]，与铁路、道路等的防火间距不应小于表 4-5 中甲类仓库与铁路、道路等的防火间距要求。

2. 建筑高度超过 100m 的民用建筑与相邻建筑的防火间距，不论采取任何措施也不应按表要求间距（不含注）减少。[5]

2）乙、丙、丁、戊类物资储存场所（仓库）防火间距的特殊要求

（1）两座仓库相邻外墙均为防火墙时，丙类仓库之间不应小于 6m；丁、戊类仓库之间不应小于 4m。

（2）两座仓库相邻较高一侧外墙为防火墙，且总占地面积不大于每座仓库最大允许占地面积（表 3-10）要求时，其防火间距不限。

（3）当丁、戊类仓库与民用建筑相邻，且耐火等级均为一、二级，采取如下措施后防火间距可适当减小：

① 如较高一侧外墙为无门、窗、洞口的防火墙，或比相邻较低一座建筑屋面高 15m 及以下范围内外墙为无门、窗、洞口的防火墙时，其防火间距可不限；

② 当相邻较低一面的外墙为防火墙，且较低一侧屋顶的耐火极限不低于 1.00h 并无天窗等开口时，其防火间距可适当减小，但不应小于 4m；

③ 当相邻较高一侧为防火墙且外墙上的开口部位采取了防火保护措施，其防火间距可适当减小，但不应小于 4m。

（4）遇明火或火化有爆炸危险的乙类仓库与架空电力线的最小水平距离不宜小于电杆（塔）高度的 1.5 倍。

（5）建筑高度超过 24m 的装配式冷库库房之间以及与其他高层建筑（包括高层冷库）

之间的防火间距不应小于 15m。[72]

3. 粮食筒仓与其他建筑之间及粮食筒仓组与组之间的防火间距

粮食筒仓与其他建筑之间及粮食筒仓组与组之间的防火间距不应小于表 4-7 的要求。

粮食筒仓与其他建筑之间及粮食筒仓组与组之间防火间距（m） **表 4-7**

<table>
<tr><th rowspan="2">名称</th><th rowspan="2">粮食总储量
W（t）</th><th colspan="3">粮食立筒仓</th><th colspan="2">粮食浅圆仓</th><th colspan="3">建筑耐火等级</th></tr>
<tr><th>W≤4 万</th><th>4 万<W≤5 万</th><th>W>5 万</th><th>W≤5 万</th><th>W>5 万</th><th>一、二级</th><th>三级</th><th>四级</th></tr>
<tr><td rowspan="4">独立筒仓</td><td>500<W≤10000</td><td rowspan="2">15</td><td rowspan="3">20</td><td rowspan="3">25</td><td rowspan="3">20</td><td rowspan="3">25</td><td>10</td><td>15</td><td>20</td></tr>
<tr><td>10000<W≤40000</td><td>15</td><td>20</td><td>25</td></tr>
<tr><td>40000<W≤50000</td><td>20</td><td>20</td><td>25</td><td>30</td></tr>
<tr><td>W>50000</td><td colspan="5">25</td><td>25</td><td>30</td><td>—</td></tr>
<tr><td rowspan="2">浅圆仓</td><td>W≤50000</td><td>20</td><td>20</td><td>25</td><td>20</td><td>25</td><td>20</td><td>25</td><td>—</td></tr>
<tr><td>W>50000</td><td colspan="5">25</td><td>25</td><td>30</td><td>—</td></tr>
</table>

注：1. 当粮食立筒仓、浅圆仓与工作塔、接收塔、发放站为一个完整工艺单元的组群时，组内各建筑物之间的防火间距不受本表限制。

2. 粮食浅圆仓的组内每个独立仓的储量不应大于 10000t。

3. “—”表示不允许或不适用。

4. 库区围墙与库区内建筑之间的防火间距

库区围墙与库区内建筑之间的间距不宜小于 5m，且围墙两侧的建筑之间尚应满足相应的防火间距要求。[5]

4.2.4 可燃液体、气体储罐（区）和可燃材料堆场的防火间距

1. 可燃液体、气体罐（区）和可燃材料堆场的设置原则

1）选址要合理

（1）甲、乙、丙类液体储罐区，液化石油气储罐区，可燃、助燃气储罐区，可燃材料堆场等，应设置在城市（区域）的边缘或相对独立的安全地带，并以设置在城市（区域）全年最小频率风向的上风侧。

（2）甲、乙、丙类液体储罐（区）宜布置在地势较低的地带。当布置在地势较高地带时，应采取安全防护设施。

（3）液化石油气储罐（区）宜布置在地势平坦、开阔等不易积存液化石油气的地带。

2）采取必要的安全设施

（1）桶装、瓶装甲类液体不应露天存放。

（2）液化石油气储罐（区）四周应设置高度不小于 1.0m 的不燃性实体防护墙。

（3）甲、乙、丙类液体储罐区，液化石油气储罐区，可燃、助燃气体储罐区，可燃材料堆场，应与装卸区、辅助生产区及办公区分开布置。

3）留出必要的安全间距

（1）甲、乙类液体储罐，液化石油气储罐，可燃、助燃气体储罐，可燃材料堆垛与架空电力线的最近水平距离应不小于电杆（塔）高度的 1.5 倍；当液化石油气储罐（区）单罐容积＞200m^{3}或总容积＞1000m^{3}时，与 35kV 以上的架空电力线的最近水平距离不应小

于 40m；当储罐为地下直埋式时，最近水平距离可减少 50%。

（2）丙类液体储罐与架空电力线的最近水平距离不应小于电杆（塔）高度的 1.2 倍。

2. 甲、乙、丙类液体储罐（区）的防火间距

1）甲、乙、丙类液体储罐（区）及乙、丙类液体桶装堆场与建筑物的防火间距不应小于表 4-8 的要求。

甲、乙、丙类液体储罐（区）及乙、丙类液体桶装堆场与建筑物的防火间距（m）表 4-8

类别	一个罐区或堆场的总储量 V（m^3）	建筑物的耐火等级				室外变、配电站
		一、二级		三级	四级	
		高层民用建筑	裙房，其他建筑			
甲、乙类液体储罐（区）	$1 \leqslant V < 50$	40	12	15	20	30
	$50 \leqslant V < 200$	50	15	20	25	35
	$200 \leqslant V < 1000$	60	20	25	30	40
	$1000 \leqslant V < 5000$	70	25	30	40	50
丙类液体储罐（区）	$5 \leqslant V < 250$	40	12	15	20	24
	$250 \leqslant V < 1000$	50	15	20	25	28
	$1000 \leqslant V < 5000$	60	20	25	30	32
	$5000 \leqslant V < 25000$	70	25	30	40	40

注：1. 当甲、乙类液体和丙类液体储罐布置在同一储罐区时，储罐区的总容量可按 $1m^3$ 甲、乙类液体相当于 $5m^3$ 丙类液体折算。
2. 储罐防护堤外侧基脚线至建筑物的距离不应小于 10m。
3. 甲、乙、丙类液体的固定顶储罐区或半露天堆场，乙、丙类液体桶装堆场与甲类厂房（仓库）、民用建筑的防火间距，应按本表的要求增加 25%，且甲、乙类液体的固定顶储罐区或半露天堆场，乙、丙类液体桶装堆场与甲类厂房（仓库）、裙房、单层或多层民用建筑的防火间距不应小于 25m，与明火或散发火花地点的防火间距，不应小于本表相应容量的储罐区与四级耐火等级建筑的间距要求增加 25%。
4. 浮顶罐储罐区或闪点大于 120℃的液体储罐区与建筑物的防火间距可按本表的要求减少 25%。
5. 当数个储罐区处于同一库区内时，相邻储罐区之间的防火间距不应小于本表相应储量的储罐区与四级耐火等级建筑之间的防火间距的较大值。
6. 直埋地下的甲、乙、丙类液体卧式储罐，当单罐容积不大于 $50m^3$，总容积不大于 $200m^3$ 时，与建筑物之间的防火间距可按本表要求减少 50%。
7. 室外变、配电站指电力系统电压在 35～500kV 且每台变压器容量在 10MV·A 以上的室外变、配电站，工业企业的变压器总油量大于 5t 的室外降压变电站。
8. 甲、乙类液体储罐与架空电力线的最近水平距离不应小于电杆（塔）高度的 1.5 倍。
9. 丙类液体储罐与架空电力线的最近水平距离不应小于电杆（塔）高度的 1.2 倍。
10. 与建筑高度超过 100m 的民用建筑的防火间距，不论采取任何措施也不应按表要求（不含注）减少。[5]

2）甲、乙、丙类液体储罐之间的防火间距不应小于表 4-9 的要求。

甲、乙、丙类液体储罐之间的防火间距　　表 4-9

液体类别＼储罐形式			固定顶罐			浮顶储罐	卧式储罐
			地上式	半地下式	地下式		
甲、乙类液体储罐	单罐容量 V（m^3）	$V \leqslant 1000$	0.75D	0.5D	0.4D	0.4D	≥0.8m
		$V > 1000$	0.6D				
丙类液体储罐		不限	0.4D	不限	不限	—	

注：1. D 为相邻较大立式储罐的直径（m）；矩形储罐的直径为长边与短边长度之和的一半。
2. 不同液体、不同形式储罐之间的防火间距不应小于本表要求的较大值。
3. 两排卧式储罐之间的防火间距不应小于 3m。
4. 当单罐容量 V 不大于 $1000m^3$ 且采用固定冷却系统时，甲、乙类液体的地上固定顶储罐之间的防火间距不应小于 0.6D。
5. 地上式储罐同时设有液下喷射泡沫灭火系统、固定冷却水系统和扑救防护堤内液体火灾的泡沫灭火设施时，储罐之间的防火间距可适当减小，但不宜小于 0.4D。
6. 闪点超过 120℃的液体，当储罐容量大于 $1000m^3$ 时，储罐之间的防火间距不应小于 5m；当储罐容量不大于 $1000m^3$ 时，储罐之间的防火间距不应小于 2m。

甲、乙、丙类液体储罐之间应保持一定的防火间距（图 4-8）。

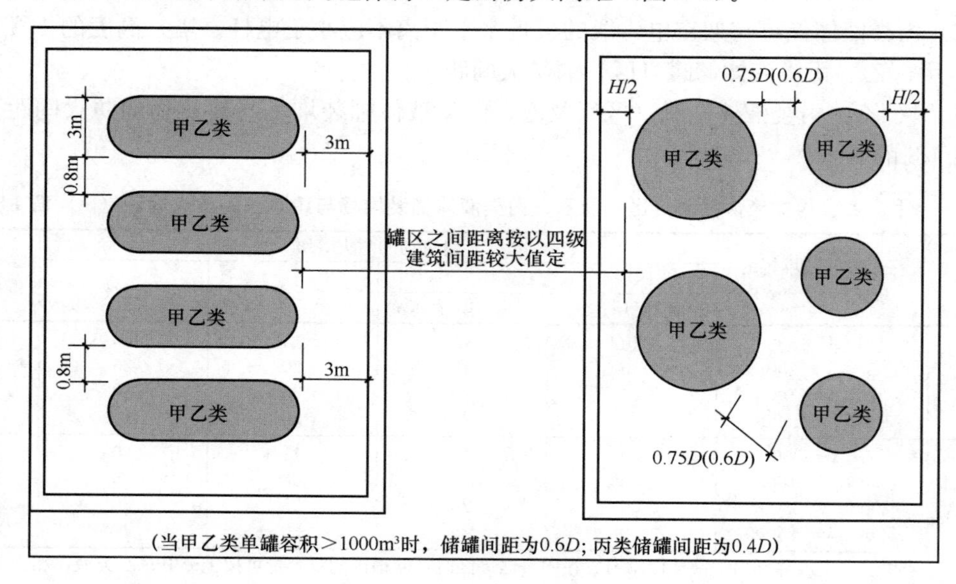

图 4-8 可燃液体储罐之间的防火间距

3）甲、乙、丙类液体储罐，当单罐容量和总储量不大于表 4-10 的要求时，可成组布置（图 4-9）。

甲、乙、丙类液体储罐分组布置的限量（m^3） **表 4-10**

名 称	单罐最大储量	一组罐最大储量
甲、乙类液体	200	1000
丙类液体	500	3000

注：1. 组内储罐的布置不应超过两排。甲、乙类液体立式储罐之间的防火间距不应小于 2m，卧式储罐之间的防火间距不应小于 0.8m，丙类液体储罐之间的防火间距不限。

2. 储罐组之间的防火间距确定，应根据组内的储罐形式和总容量折算为相同类别的标准单罐，并符合标准储罐之间的防火间距要求。

4）甲、乙、丙类液体的地上式、半地下式储罐或储罐组，其四周应设置不燃性材料构筑的防火堤。但甲类液体半露天堆场，乙、丙类液体桶装堆场和闪点超过 120℃的液体储罐（区），当采取了防止液体流散的设施时可不设置防火堤。

防火堤设置应符合如下要求：

（1）每个防火堤内宜布置火灾危险性类别相同或相近的储罐（图 4-10）。地上式、半地下式储罐不应与地下式储罐布置在同一防火堤内。沸溢性油品储罐和非沸溢性油品储罐不应布置在同一防火堤内。

（2）沸溢性油品地上式、半地下式的储罐，每个储罐均应设置一个防火堤或防火隔堤。

（3）防火堤内的储罐布置不宜超过两排；但闪点超过 120℃的液体储罐单罐容量不大于 $1000m^3$ 时不宜超过 4 排。

（4）防护堤的有效容量不应小于其中最大储罐的容量。对于浮顶罐，防火堤的有效容

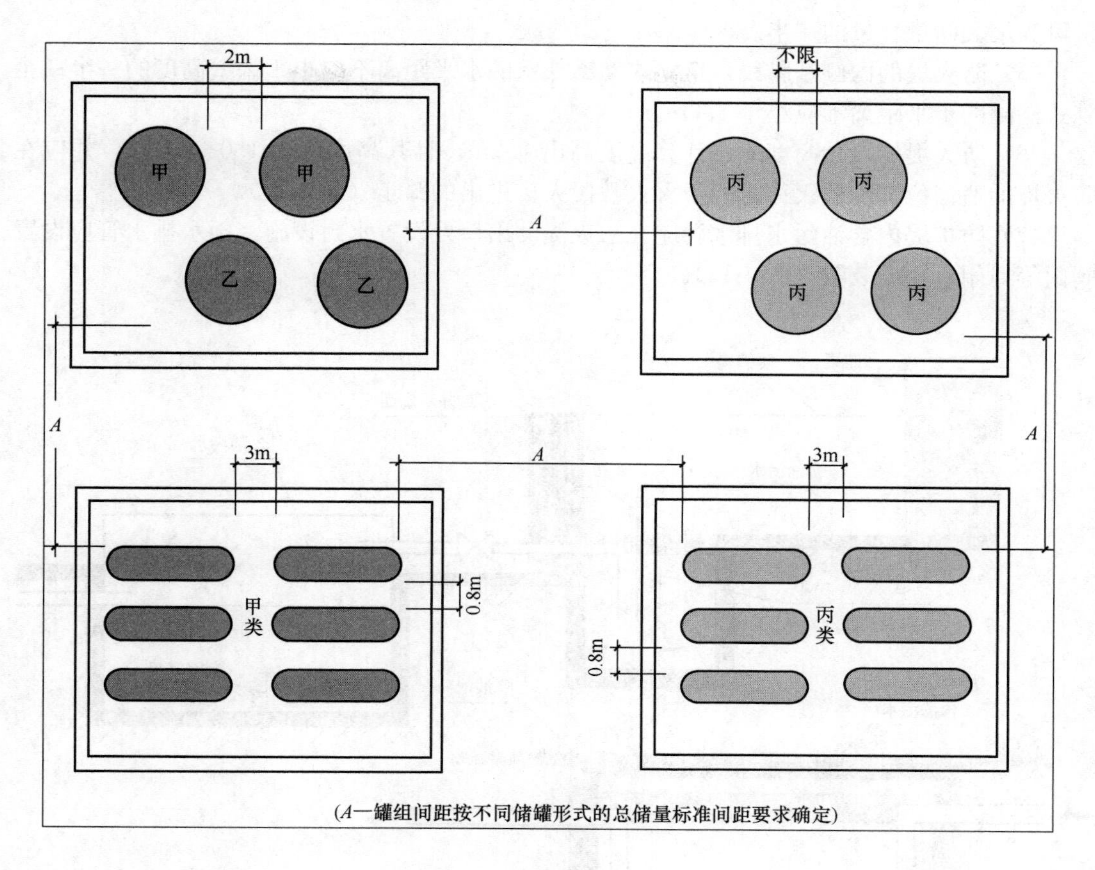

图 4-9 储罐的成组布置

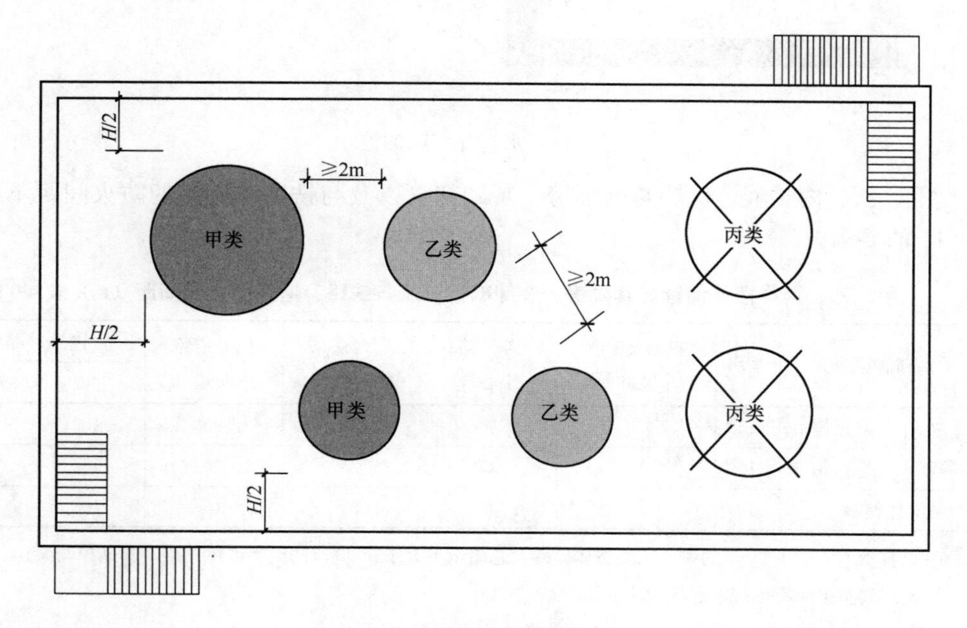

图 4-10 防火堤内的储罐布置

量可为最大储罐容量的一半。

(5) 防火堤的内侧基脚线，至立式储罐外壁的水平距离不应小于罐壁高度的一半；至卧式储罐的水平距离不应小于 3.0m。

(6) 防火堤的设计高度应比计算高度高出 0.2m，且其高度应为 1.0～2.2m，并应在防火堤的适当位置设置灭火时便于灭火救援人员进出的踏步（图 4-10）。

(7) 防护堤内含油污水排水管应在防火堤的出口处设置水封设施，雨水排水管应设置阀门等封闭、隔离装置（图 4-11）。

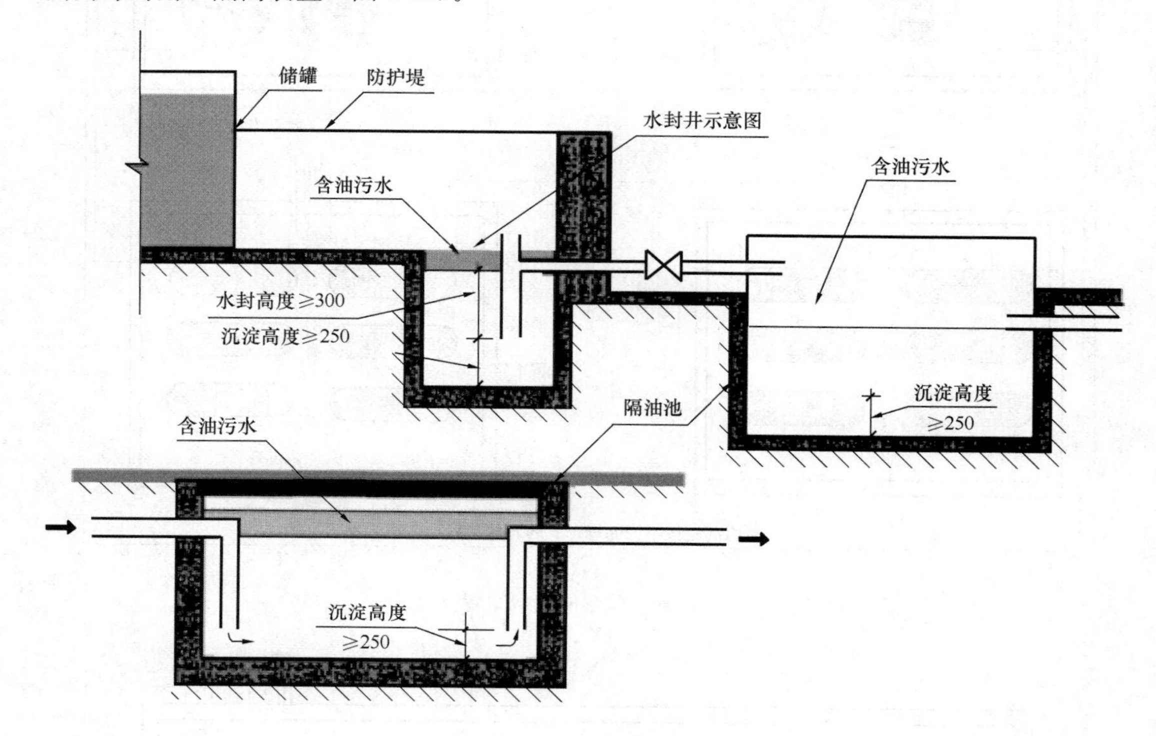

图 4-11 水封井和隔油池

5) 甲、乙、丙类液体储罐与其泵房、装卸鹤管以及与铁路、道路的防火间距不应小于表 4-11 的要求。

甲、乙、丙类液体储罐与其泵房、装卸鹤管以及与铁路、道路的防火间距（m）表 4-11

液体类别和储罐形式		泵房	铁路装卸鹤管、汽车装卸鹤管	厂外铁路线中心线	厂内铁路线中心线	厂外道路路边	厂内道路路边	
							主要	次要
甲、乙类液体储罐	拱顶罐	15	20	35	25	20	15	10
	浮顶罐	12	15	35	25	20	15	10
丙类液体储罐		10	12	30	20	15	10	5

注：1. 总容量不大于 $1000m^3$ 的甲、乙类液体储罐，总储量不大于 $5000m^3$ 的丙类液体储罐，其储罐与泵房、装卸鹤管的防火间距可按本表要求减少 25%。

2. 泵房、装卸鹤管与储罐防护堤外侧基脚线距离不应小于 5m。

3. 零位罐与所属铁路装卸线的距离不应小于 6m。

6）甲、乙、丙类液体装卸鹤管与建筑物、厂内铁路线防火间距，不应小于表4-12的要求。

甲、乙、丙类液体装卸鹤管与建筑物、厂内铁路线的防火间距（m）　　表4-12

名　称	建筑物耐火等级			厂内铁路线	泵　房
	一、二级	三级	四级		
甲、乙类液体装卸鹤管	14	16	18	20	8
丙类液体装卸鹤管	10	12	14	10	

注：装卸鹤管与其直接装卸用的甲、乙、丙类液体装卸铁路线的防火间距不限。

可燃液体储罐区装卸装置与建筑物、铁路线的防火间距示意，见图4-12。

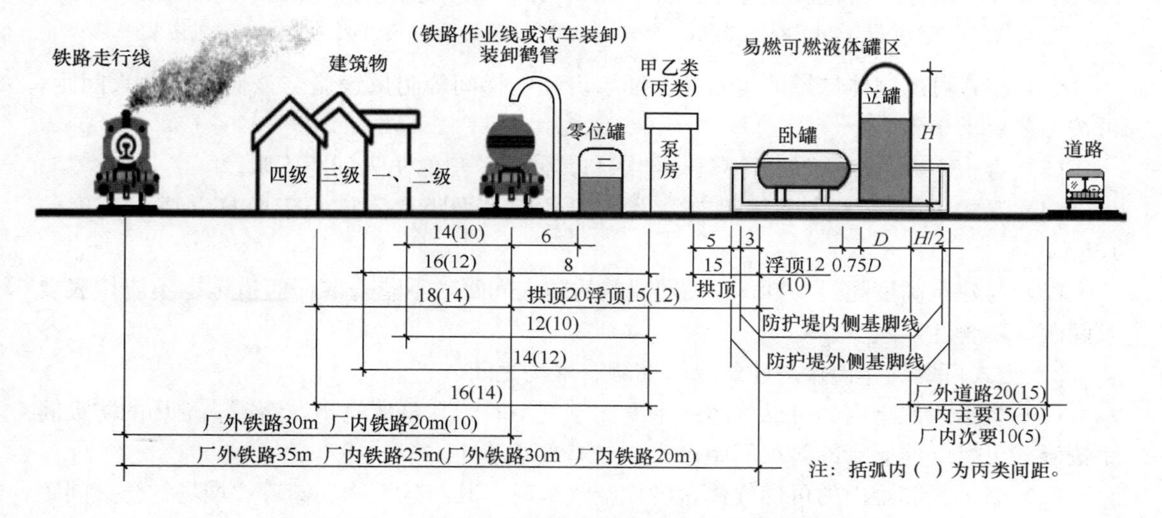

图4-12　可燃液体储罐区装卸装置防火间距示意图

7）石油库（即收发和储存原油、汽油、煤油、柴油、喷气燃料、溶剂油、润滑油和重油等整装、散装油品的独立或企业附属的仓库或设施）的储罐（区）与建筑物的防火间距，石油库内的储罐布置和防火间距，应按现行国家标准《石油库设计规范》GB 50074的有关规定确定。

3. 可燃、助燃气体储罐（区）的防火间距

1）湿式可燃气体储罐与建筑物、储罐、堆场之间

（1）湿式可燃气体储罐与建（构）筑物、储罐、堆场的防火间距，不应小于表4-13的要求。

湿式可燃气体储罐与建筑物、储罐、堆场的防火间距（m）　　表4-13

名　称	湿式可燃气体储罐的总容积V（m^3）				
	$V<1000$	$1000\leqslant V<10000$	$10000\leqslant V<50000$	$50000\leqslant V<100000$	$100000\leqslant V<300000$
甲类物品仓库，甲、乙、丙类液体储罐，可燃材料堆场，室外变、配电站，明火或散发火花地点	20	25	30	35	40

续表

名称			湿式可燃气体储罐的总容积 V（m^3）				
			$V<1000$	$1000\leqslant V<10000$	$10000\leqslant V<50000$	$50000\leqslant V<100000$	$100000\leqslant V<300000$
民用建筑	高层		25	30	35	40	45
	裙房、单层或多层		18	20	25	30	35
其他建筑	耐火等级	一、二级	12	15	20	25	30
		三级	15	20	25	30	35
		四级	20	25	30	35	40

注：1. 固定容积可燃气体储罐的总容积按储罐几何容积（m^3）和设计储存压力（绝对压力 10^5Pa）的乘积计算。
2. 固定容积的可燃气体储罐与建筑物、储罐、堆场的防火间距不应小于相当容积湿式储罐的防火间距要求。

（2）湿式可燃气体储罐的水封井、油泵房和电梯间等附属设施与该储罐的防火间距，可按工艺要求布置。

（3）容积不大于 $20m^3$ 的可燃气体储罐与其使用厂房的防火间距不限。

（4）湿式可燃气体储罐与架空电力线的最近水平距离不应小于电杆（塔）高度的 1.5 倍。

（5）与建筑高度超过 100m 的民用建筑的防火间距，不论采取任何措施也不应按表要求间距（不含注）减少。[5]

2）干式可燃气体储罐与建筑物、储罐、堆场之间

（1）当干式储罐内的可燃气体的密度比空气小时，其与建筑物、储罐、堆场的防火间距按湿式可燃气体储罐的防火间距（表 4-13）要求确定。

（2）当干式储罐内的可燃气体密度比空气大时，其与建筑物、储罐、堆场的防火间距按湿式储罐的防火间距（表 4-13）要求增加 25%确定。

（3）容积不大于 $20m^3$ 的干式可燃气体储罐与其使用厂房的防火间距不限。

（4）干式可燃气体储罐的水封井、油泵房和电梯间等附属设施与该储罐的防火间距，可按工艺要求布置。

（5）干式可燃气体储罐与架空电力线的最近水平距离不应小于电杆（塔）高度的 1.5 倍。

3）可燃气体储罐或罐区之间

可燃气体储罐或罐区之间的防火间距应符合如下要求：

（1）湿式可燃气体储罐之间、干式可燃气体储罐之间以及湿式与干式可燃气体储罐之间的防火间距，不应小于相邻较大罐直径的 1/2。

（2）固定容积的可燃气体储罐之间的防火间距不应小于相邻较大罐直径的 2/3。

（3）固定容积的可燃气体储罐与湿式或干式可燃气体储罐之间的防火间距不应小于相邻较大罐直径的 1/2。

（4）数个固定容积的可燃气体储罐的总容积大于 $200000m^3$ 时，应分组布置。组与组之间的防火间距要求如下：

① 卧式储罐组与组之间的防火间距不应小于相邻较大罐长度的 1/2；

② 球形储罐组与组之间的防火间距不应小于相邻较大罐的直径，且不应小于 20m。

4）氧气储罐与建筑物、储罐、堆场之间

氧气储罐与建筑物、其他储罐、堆场的防火间距，有如下要求：

（1）一般情况，不应小于表4-14的要求。

湿式氧气储罐与建筑物、储罐、堆场的防火间距（m） 表4-14

<table>
<tr><th colspan="3" rowspan="2">名 称</th><th colspan="3">湿式氧气储罐的总容积 V（m^3）</th></tr>
<tr><th>$V \leqslant 1000$</th><th>$1000 < V \leqslant 50000$</th><th>$V > 50000$</th></tr>
<tr><td colspan="3">明火或散发火花地点</td><td>25</td><td>30</td><td>35</td></tr>
<tr><td colspan="3">甲、乙、丙类液体储罐，可燃材料堆场，甲类物品仓库，室外变、配电站</td><td>20</td><td>25</td><td>30</td></tr>
<tr><td colspan="3">民用建筑</td><td>18</td><td>20</td><td>25</td></tr>
<tr><td rowspan="3">其他建筑</td><td rowspan="3">耐火等级</td><td>一、二级</td><td>10</td><td>12</td><td>14</td></tr>
<tr><td>三级</td><td>12</td><td>14</td><td>16</td></tr>
<tr><td>四级</td><td>14</td><td>16</td><td>18</td></tr>
</table>

注：1. 固定容积氧气储罐的总容积按储罐的几何容积（m^3）和设计储存压力（绝对压力，10^5Pa）的乘积计算。
2. 氧气储罐之间的防火间距不应小于相邻较大罐直径的1/2。
3. 氧气储罐与可燃气体储罐之间的防火间距不应小于相邻较大罐的直径。
4. 氧气储罐与其制氧厂房的防火间距可按工艺布置要求确定。
5. 容积不大于50m^3氧气储罐与其使用厂房的防火间距不限。总容积$V \leqslant 3m^3$的液氧储罐，当设置在一、二级耐火等级的专用建筑内时，与其使用建筑的防火间距不应小于10m；当面向使用建筑一侧用防火墙隔开时，防火间距不限；低温储存的液氧储罐采取了防火措施时，防火间距不应小于5.0m。
6. 固定容积的氧气储罐与建筑物、储罐、堆场的防火间距不应小于湿式氧气储罐的有关防火间距要求。
7. 液氧储罐与建筑物、储罐、堆场的防火间距，应按相应储量（1m^3液氧折合标准状态下800m^3气态氧）湿式氧气储罐的防火间距确定。[3]
8. 液氧储罐与其泵房的间距不宜小于3m。
9. 液氧储罐周围5m范围内不应有可燃物和设置沥青路面。
10. 与建筑高度超过100m的民用建筑的防火间距，不论采取任何措施也不应按表要求间距（不含注）减少。[5]

（2）对于医疗卫生机构中的医用液氧储罐气源站的液氧储罐设置，应符合下列要求：

① 单罐容积不应大于5m^3，总容积不宜大于20m^3；

② 相邻储罐之间的距离不应小于最大罐直径的0.75倍；[5]

③ 液氧储罐处的实体围墙高度不应低于2.5m；当围墙外为道路或开阔地时，储罐与实体围墙的间距不应小于1.0m；围墙外为建筑物、构筑物时，储罐与实体围墙的间距不应小于5.0m；

④ 医用液氧储罐与医疗卫生机构内建筑之间的防火间距，不应小于表4-15的要求。[65]

医用液氧储罐与医疗卫生机构内部建筑物、构筑物之间的防火间距（m） 表4-15

<table>
<tr><th>建筑物、构筑物</th><th>防火间距</th><th>附 注</th></tr>
<tr><td>医院内道路</td><td>3.0</td><td rowspan="8">当面向液氧储罐的建筑外墙为防火墙时，液氧储罐与一、二级建筑物墙壁或突出部分的防火间距不应小于5.0m，与三、四级建筑物墙壁或突出部分的防火间距不应小于7.5m</td></tr>
<tr><td>一、二级建筑物墙壁或突出部分</td><td>10.0</td></tr>
<tr><td>三、四级建筑物墙壁或突出部分</td><td>15.0</td></tr>
<tr><td>医院变电站</td><td>12.0</td></tr>
<tr><td>独立车库、地下车库出入口、排水沟</td><td>15.0</td></tr>
<tr><td>公共集会场所、生命支持区域</td><td>15.0</td></tr>
<tr><td>燃煤锅炉房</td><td>30.0</td></tr>
<tr><td>一般架空电力线</td><td>大于等于1.5倍电杆高度</td></tr>
</table>

其他有关要求尚应符合现行国家标准《医用气体工程技术规范》GB 50751 的规定。

5）可燃、助燃气体储罐与铁路、道路之间

可燃、助燃气体储罐与铁路、道路的防火间距不应小于表 4-16 的要求。

可燃、助燃气体储罐与铁路、道路的防火间距（m）　　表 4-16

名　称	厂外铁路线中心线	厂内铁路线中心线	厂外道路路边	厂内道路路边	
				主要	次要
可燃、助燃气体储罐	25	20	15	10	5

6）液氢、液氨储罐与建筑物、储罐、堆场之间

液氢、液氨储罐与建筑物、储罐、堆场的防火间距，可按表 4-18 中相应储量液化石油气储罐的防火间距要求减少 25%确定。

通常，因石油液化气的储存按 m^3 计，而液氢、液氨储存按 t 计，不能直接参照相应容积的液化石油气储罐的间距折减。故应根据液氢、液氨的体积、密度参考换算比计算其储罐的容积。例如：

1t 液氢体积 $16m^3$，充填系数 0.9，需罐容积 $17.8m^3$；

1t 液氨体积 $16.2m^3$，充填系数 0.52，需罐容积 $31.15m^3$。

换算罐容积后，再参照相应容积的液化石油气储罐的防火间距要求折减 25%，来确定液氢、液氨储罐的防火间距。

7）液化天然气储罐或罐区与站外建筑之间

液化天然气气化站的液化天然气储罐或罐区与站外建筑的防火间距不应小于表 4-17 的要求。

液化天然气气化站的液化天然气储罐与站外建筑之间的防火间距（m）　　表 4-17

项目 ＼ 名称	储罐总容积 V（m^3）							集中放散装置的天然气放散总管
	$V \leqslant 10$	$10 < V \leqslant 30$	$30 < V \leqslant 50$	$50 < V \leqslant 200$	$200 < V \leqslant 500$	$500 < V \leqslant 1000$	$1000 < V \leqslant 2000$	
居住区、村镇和重要公共建筑（最外侧建筑物的外墙）	30	35	45	50	70	90	110	45
工业企业（最外侧建筑物外墙）	22	25	27	30	35	40	50	20
明火、散发火花地点，室外变、配电站	30	35	45	50	55	60	70	30
其他民用建筑，甲、乙类液体储罐，甲、乙类厂房（仓库），秸秆、芦苇、打包废纸等材料堆场	27	32	40	45	50	55	65	25
丙类液体储罐，可燃气体储罐，丙、丁类厂房，丙、丁类仓库	25	27	32	35	40	45	55	20
铁路（中心线）　国家线	40	50	60	70		80		40
铁路（中心线）　企业专用线	25			30		35		30

续表

<table>
<tr><th rowspan="2" colspan="2">名称
项目</th><th colspan="7">储罐总容积 V（m^3）</th><th rowspan="2">集中放散装置的天然气放散总管</th></tr>
<tr><th>$V \leqslant 10$</th><th>$10 \lt V \leqslant 30$</th><th>$30 \lt V \leqslant 50$</th><th>$50 \lt V \leqslant 200$</th><th>$200 \lt V \leqslant 500$</th><th>$500 \lt V \leqslant 1000$</th><th>$1000 \lt V \leqslant 2000$</th></tr>
<tr><td rowspan="2">公路、道路（路边）</td><td>高速，Ⅰ、Ⅱ级，城市快速</td><td colspan="3">20</td><td colspan="4">25</td><td>15</td></tr>
<tr><td>其他</td><td colspan="3">15</td><td colspan="4">20</td><td>10</td></tr>
<tr><td colspan="2">架空电力线（中心线）</td><td colspan="5">1.5 倍杆高</td><td colspan="2">1.5 倍杆高，但 35kV 以上应≥40m</td><td>2.0 倍杆高</td></tr>
<tr><td rowspan="2">架空通信线（中心线）</td><td>Ⅰ、Ⅱ级</td><td colspan="2">1.5 倍杆高</td><td colspan="2">30</td><td colspan="3">40</td><td>1.5 倍杆高</td></tr>
<tr><td>其他</td><td colspan="8">1.5 倍杆高</td></tr>
</table>

注：居住区、村镇系指 1000 人或 300 户及以上者；少于 1000 人或 300 户时，按本表有关其他民用建筑的要求确定。

与表 4-17 以外的其他防火间距，应符合现行国家标准《城镇燃气设计规范》GB 50028 的有关规定。

4. 液化石油气储罐（区）及供应基地的防火间距

液化石油气供应基地按其功能可分为储存站、储配站和灌装站，其防火间距要求如下：

1）全压式和半冷冻式储罐（区）与明火、散发火花地点和基地外建筑物之间

液化石油气供应基地的全压式和半冷冻式储罐或罐区与明火、散发火花地点和基地外建筑物的防火间距不应小于表 4-18 的要求。

液化气供应基地全压式和半冷冻式储罐或罐区与明火、火花地点和基地外建筑之间防火间距（m）

表 4-18

<table>
<tr><th rowspan="2">液化石油气储罐</th><th>总容量 V（m^3）</th><th>$30 \lt V \leqslant 50$</th><th>$50 \lt V \leqslant 200$</th><th>$200 \lt V \leqslant 500$</th><th>$500 \lt V \leqslant 1000$</th><th>$1000 \lt V \leqslant 2500$</th><th>$2500 \lt V \leqslant 5000$</th><th>$V \gt 5000$</th></tr>
<tr><th>单罐容量 V（m^3）</th><th>$V \leqslant 20$</th><th>$V \leqslant 50$</th><th>$V \leqslant 100$</th><th>$V \leqslant 200$</th><th>$V \leqslant 400$</th><th>$V \leqslant 1000$</th><th>$V \gt 1000$</th></tr>
<tr><td colspan="2">居住区、村镇和重要公共建筑（最外侧建筑物外墙）</td><td>45</td><td>50</td><td>70</td><td>90</td><td>110</td><td>130</td><td>150</td></tr>
<tr><td colspan="2">工业企业（最外侧建筑物外墙）</td><td>27</td><td>30</td><td>35</td><td>40</td><td>50</td><td>60</td><td>75</td></tr>
<tr><td colspan="2">明火或散发火花地点，室外变、配电站</td><td>45</td><td>50</td><td>55</td><td>60</td><td>70</td><td>80</td><td>120</td></tr>
<tr><td colspan="2">其他民用建筑，甲、乙类液体储罐，甲、乙类厂房（仓库），稻草、麦秸、芦苇、打包废纸等材料堆场</td><td>40</td><td>45</td><td>50</td><td>55</td><td>65</td><td>75</td><td>100</td></tr>
<tr><td colspan="2">丙类液体储罐、可燃气体储罐，丙、丁类房，丙、丁类仓库</td><td>32</td><td>35</td><td>40</td><td>45</td><td>55</td><td>65</td><td>80</td></tr>
</table>

续表

液化石油气储罐	总容量 V（m³）		$30<V\leq50$	$50<V\leq200$	$200<V\leq500$	$500<V\leq1000$	$1000<V\leq2500$	$2500<V\leq5000$	$V>5000$
	单罐容量 V（m³）		$V\leq20$	$V\leq50$	$V\leq100$	$V\leq200$	$V\leq400$	$V\leq1000$	$V>1000$
助燃气体储罐、木材等材料堆场			27	30	35	40	50	60	75
其他建筑	耐火等级	一、二级	18	20	22	25	30	40	50
		三级	22	25	27	30	40	50	60
		四级	27	30	35	40	50	60	75
公路（路边）	高速，Ⅰ、Ⅱ级		20	25					30
	Ⅲ、Ⅳ级		15	20					25
架空电力线（中心线）			1.5倍杆（塔）高度；但35kV以上的与单罐 $V>200$m³ 或总容积 $V>1000$m³ 的液化石油气罐（区）间距应≥40m；当储罐为地下直埋式时，防火间距可减少50%						
架空通信线（中心线）	Ⅰ、Ⅱ级		30		40				
	Ⅲ、Ⅳ级		1.5倍杆高						
铁路（中心线）	国家线		60	70		80		100	
	企业专用线		25	30		35		40	

注：1. 防火间距应按储罐总容积或单罐容积较大者确定，并应从距离建筑最近的储罐外壁、堆垛外缘算起。

2. 当地下液化石油气的储罐单罐容积不大于50m³总容积不大于400m³时，其防火间距可按本表要求间距减少50%。

3. 居住区、村镇系指1000人或300户以上者，少于1000人或300户时，按本表有关其他民用建筑的要求确定。

4. 与本表规定以外的其他建筑物的防火间距，应按现行国家标准《城镇燃气设计规范》GB 50028的规定执行。

5. 与建筑高度超过100m的民用建筑的防火间距，不论采取任何措施也不应按表要求间距（不含注）减少。[5]

2）全冷冻式储罐（区）与基地外建筑物之间

液化石油气供应基地全冷冻式储罐（区）与基地外建筑物防火间距不应小于表4-19的要求。

液化石油气供应基地全冷冻式储罐区与基地外建（构）筑物、堆场的防火间距（m）

表4-19

项目名称	防火间距（m）
明火、散发火花地点和室外变配电站	120
居住区、村镇和学校、影剧院、体育场等重要公共建筑［最外侧建（构）筑物外墙］	150
工业企业［最外侧建（构）筑物外墙］	75
甲、乙类液体储罐，甲、乙类生产厂房，甲、乙类物品仓库，稻草等易燃材料堆场	100

续表

项目名称			防火间距（m）
丙类液体储罐，可燃气体储罐，丙、丁类生产厂房，丙、丁类物品仓库			80
助燃气体储罐，可燃材料堆场			75
其他民用建筑			100
其他建筑	耐火等级	一、二级	50
		三级	60
		四级	75
铁路（中心线）		国家线	100
		企业专用线	40
公路、道路（中心线）		高速公路，Ⅰ、Ⅱ级公路，城市快速路	30
		其他道路	25
架空电力线（中心线）			1.5倍杆高，但35kV以上线应大于40
架空通信线（中心线）		Ⅰ、Ⅱ级线路	40
		其他	1.5倍杆高

注：1. 本表所指储罐为单罐容积大于5000m³且设有防液堤的全冷冻式液化石油气储罐。当单罐容积等于或小于5000m³时，按相应总容积的全压式储罐间距规定执行。
2. 居住区、村镇系指1000人或300户以上者，以下者按本表中其他民用建筑执行。
3. 防火间距计算以储罐外壁为准。

3）储罐（区）与基地内建（构）筑物之间

储罐（区）与基地内建（构）筑物的防火间距不应小于表4-20要求。

液化石油气供应基地的储罐与基地内建（构）筑物的防火间距（m）　表4-20

项目		$V \leqslant 50$	$50<V \leqslant 200$	$200<V \leqslant 500$	$500<V \leqslant 1000$	$1000<V \leqslant 2500$	$2500<V \leqslant 5000$	$V>5000$
项目	总容积 V（m³）	$V \leqslant 50$	$50<V \leqslant 200$	$200<V \leqslant 500$	$500<V \leqslant 1000$	$1000<V \leqslant 2500$	$2500<V \leqslant 5000$	$V>5000$
	单罐容积 V（m³）	$V \leqslant 20$	$V \leqslant 50$	$V \leqslant 100$	$V \leqslant 200$	$V \leqslant 400$	$V \leqslant 1000$	—
明火、散发火花地点		45	50	55	60	70	80	120
办公、生活建筑		25	30	35	40	50	60	75
灌瓶间、瓶库、压缩机室、仪表间、值班室		18	20	22	25	30	35	40
汽车槽车库、汽车槽车装卸台柱（装卸口）、汽车衡及其计量室、门卫		18	20	22	25	30		40
铁路槽车装卸线（中心线）		—		20				30
空压机室、变配电室、柴油发电机房、新瓶库、真空泵房、库房		18	20	22	25	30	35	40
汽车库、机修间		25	30	35		40		50
消防泵房、消防水池（罐）取水口		40				50		60
站内道路（路边）	主要道路	10	15					20
	次要道路	5	10					15
围墙		15	20					25

注：1. 防火间距应按表中总容积或单罐容积较大者确定；间距的计算以储罐外壁为准。
2. 地下储罐单罐容积小于或等于50m³且总容积小于或等于400m³时，其防火间距可按表减少50%。[37]

4）基地内设施及储罐之间

液化石油气供应基地内的储罐区布置，应符合下列要求：

（1）全冷冻式液化石油气储罐与全压力式液化石油气储罐不得设置在同一罐区内，两类储罐之间的防火间距不应小于相邻较大罐的直径，且不应小于35m。

（2）全压力式液化石油气储罐不应少于2台；其罐区的布置，地上储罐之间的净距不应小于相邻较大罐的直径；数个储罐的总容积大于3000m³时，应分组布置，组内储罐宜采用单排布置；组与组相邻储罐之间的防火间距不应小于20m。

（3）储罐组四周应设置高度为1m的不燃性实体防护墙。

（4）防护墙内的储罐超过4台时，至少应设置2个过梯，且应分开布置。

（5）地上储罐应设置钢梯平台：卧式储罐组宜设置联合钢平台，当组内储罐超过4台时，宜设置2个斜梯；球形储罐组宜设置联合钢梯平台。

（6）地下储罐宜设置在钢筋混凝土槽内，槽内应填充干砂。储罐罐顶与槽盖内壁净距不宜小于0.90m。

（7）液化石油气储罐与所属泵房的距离不应小于15m。当泵房面向储罐一侧的外墙采用无门、窗、洞口的防火墙时，其防火间距可减少至6m。液化石油气泵露天布置在储罐区内时，泵与储罐之间的距离不限。

5）基地内的气化站、混气站的液化石油气储罐与站外建（构）筑物之间

液化石油气供应基地的气化站、混气站的液化石油气储罐与站外建（构）筑物的防火间距，应按现行国家标准《城镇燃气设计规范》GB 50028的规定执行，不应小于表4-21要求。

液化石油气气化站和混气站的储罐与站外建（构）筑物的防火间距（m）　表4-21

<table>
<tr><td colspan="4" rowspan="2">液化石油气供应基地气化站、混气站液化石油气储罐</td><td>总容积V（m³）</td><td>$V \leqslant 10$</td><td>$10 < V \leqslant 30$</td><td>$30 < V \leqslant 50$</td></tr>
<tr><td>单罐容积V（m³）</td><td>—</td><td>—</td><td>$V \leqslant 20$</td></tr>
<tr><td rowspan="15">站外建（构）筑物名称</td><td colspan="4">居民区、村镇和学校、影剧院、体育馆等重要公共建筑，一类高层民用建筑</td><td>30</td><td>35</td><td>45</td></tr>
<tr><td colspan="4">工业企业［最外侧建（构）筑物外墙］</td><td>22</td><td>25</td><td>27</td></tr>
<tr><td colspan="4">明火、散发火花地点和室外变、配电站</td><td>30</td><td>35</td><td>45</td></tr>
<tr><td colspan="4">民用建筑，甲、乙类液体储罐，甲、乙类厂房（库房），稻草等易燃材料堆场</td><td>27</td><td>32</td><td>40</td></tr>
<tr><td colspan="4">丙类液体储罐，可燃气体储罐，丙、丁类生产厂房，丙、丁类物品库房</td><td>25</td><td>27</td><td>32</td></tr>
<tr><td colspan="4">助燃气体储罐、木材等可燃材料堆场</td><td>22</td><td>25</td><td>27</td></tr>
<tr><td rowspan="3">其他建筑</td><td rowspan="3">耐火等级</td><td colspan="2">一、二级</td><td>12</td><td>15</td><td>18</td></tr>
<tr><td colspan="2">三级</td><td>18</td><td>20</td><td>22</td></tr>
<tr><td colspan="2">四级</td><td>22</td><td>25</td><td>27</td></tr>
<tr><td colspan="2" rowspan="2">铁路（中心线）</td><td colspan="2">国家线</td><td>40</td><td>50</td><td>60</td></tr>
<tr><td colspan="2">企业专用线</td><td colspan="3">25</td></tr>
<tr><td colspan="2" rowspan="2">公路、道路（路边）</td><td colspan="2">高速公路、Ⅰ、Ⅱ级公路、城市快速路</td><td colspan="3">20</td></tr>
<tr><td colspan="2">其他</td><td colspan="3">15</td></tr>
<tr><td colspan="4">架空电力线（中心线）</td><td colspan="3">1.5倍杆高</td></tr>
<tr><td colspan="4">架空通信线（中心线）</td><td colspan="3">1.5倍杆高</td></tr>
</table>

注：1. 防火间距应从本表总容积或单罐容积较大者确定；间距的计算以储罐的外壁为准。

2. 居住区、村镇系指1000人或300户以上者，以下者按本表民用建筑执行。

3. 当采用地下式储罐时，其防火间距可按本表减少50%。

4. 气化装置的气化能力不大于150kg/h的瓶组气化混气站的瓶组间、气化混气间与建（构）筑物的防火间距可按瓶组气化站的独立瓶组间与建（构）筑物的防火间距规定确定。

5. 与建筑高度超过100m的民用建筑的防火间距，不论采取任何措施也不应按表规定（不含注）减少。[5]

6）基地内气化站、混气站的液化石油气储罐与站内建（构）筑物之间

液化石油气供应基地的气化站、混气站的液化石油气储罐与站内建（构）筑物的防火间距，应按现行国家标准《城镇燃气设计规范》GB 50028 的规定执行不应小于表 4-22 要求。

液化石油气供应基地的气化站、混气站的液化石油气储罐与站内建（构）筑物的防火间距 **表 4-22**

<table>
<tr><th colspan="2" rowspan="2">液化石油气供应基地气化站混气站液化石油气储罐</th><th>总 V（m^3）</th><th>$V\leqslant 10$</th><th>$10<V\leqslant 30$</th><th>$30<V\leqslant 50$</th><th>$50<V\leqslant 200$</th><th>$200<V\leqslant 500$</th><th>$500<V\leqslant 1000$</th><th>$V>1000$</th></tr>
<tr><th>单罐 V（m^3）</th><th>—</th><th>—</th><th>$V\leqslant 20$</th><th>$V\leqslant 50$</th><th>$V\leqslant 100$</th><th>$V\leqslant 200$</th><th>—</th></tr>
<tr><td rowspan="11">站内建（构）筑物名称</td><td colspan="2">明火、散发火花地点</td><td>30</td><td>35</td><td>45</td><td>50</td><td>55</td><td>60</td><td>70</td></tr>
<tr><td colspan="2">办公、生活建筑</td><td>18</td><td>20</td><td>25</td><td>30</td><td>35</td><td>40</td><td>50</td></tr>
<tr><td colspan="2">气化间、混气间、压缩机室、仪表间、值班室</td><td>12</td><td>15</td><td>18</td><td>20</td><td>22</td><td>25</td><td>30</td></tr>
<tr><td colspan="2">汽车槽车库、装卸柱、汽车衡、计量室、门卫</td><td colspan="2">15</td><td>18</td><td>20</td><td>22</td><td>25</td><td>30</td></tr>
<tr><td colspan="2">铁路槽车装卸线（中心线）</td><td colspan="4">—</td><td colspan="3">20</td></tr>
<tr><td colspan="2">燃气水炉间、空压机间、变配电室、发电机室、库房</td><td colspan="2">15</td><td>18</td><td>20</td><td>22</td><td>25</td><td>30</td></tr>
<tr><td colspan="2">汽车库、机修间</td><td colspan="3">25</td><td>30</td><td colspan="2">35</td><td>40</td></tr>
<tr><td colspan="2">消防泵房、消防水池（罐）取水口</td><td colspan="2">30</td><td colspan="4">40</td><td>50</td></tr>
<tr><td rowspan="2">站内道路（路边）</td><td>主要</td><td colspan="3">10</td><td colspan="4">15</td></tr>
<tr><td>次要</td><td colspan="3">5</td><td colspan="4">10</td></tr>
<tr><td colspan="2">围墙</td><td colspan="3">15</td><td colspan="4">20</td></tr>
</table>

注：1. 防火间距应按本表总容积或单罐容积较大者确定，间距的计算应以储罐外壁为准。
2. 地下储罐的单罐容积小于或等于 50m³，且总容积小于或等于 400m³时，其防火间距可按本表减少 50%。
3. 燃气热水炉间是指室内设置微正压室燃式燃气热水炉的建筑。当设置其他燃烧方式的燃气热水炉时，其防火间距不应小于 30m。
4. 与空温式气化器的防火间距，从地上储罐区的防护墙或地下储罐室外侧算起不应小于 4m。
5. 液化石油气供应基地气化、混气站的液化石油气储罐与架空电力线的最近水平距离不应小于电杆（塔）高度的 1.5 倍。

7）基地内气化站、混气站的气化、混气间与站内建筑之间

液化石油气供应基地的气化、混气站的气化、混气间与站内建筑的防火间距不应小于表 4-23 的要求。

液化石油气气化站、混气站的气化间、混气间与站内建（构）筑物的防火间距 表 4-23

液化石油气供应基地内建（构）筑物名称		防火间距（m）
明火、散发火花地点		25
办公、生活建筑		18
铁路槽车装卸线（中心线）		20
汽车槽车库、汽车槽车装卸台柱（装卸口）、汽车衡及其计量室、门卫		15
压缩机室、仪表间、值班室		12
空压机室、燃气热水炉间、变配电室、柴油发电机房、库房		15
汽车库、机修间		20
消防泵房、消防水池（罐）取水口		25
站内道路（路边）	主要	10
	次要	5
围　　墙		10

注：1. 空温式气化器的防火间距可按本表规定执行。

2. 压缩机室可与气化间、混气间合建成一幢建筑物，但其间应采用无门、窗洞口的防火墙隔开。
3. 燃气热水炉间的门不得面向气化间、混气间。柴油发电机排烟管伸向室外的管口不得面向具有火灾爆炸危险的建（构）筑物一侧。
4. 燃气热水炉间是指室内设置微正压室燃式燃气热水炉的建筑。当采用其他燃烧方式的热水炉时，其防火间距不应小于 25m。
5. 液化石油气储罐总容积等于或小于 100m^3的气化站、混气站，其汽车槽车装卸柱可设置在压缩机室山墙一侧，其山墙应是无门、窗洞口的防火墙。
6. 液化石油气汽车槽车库与汽车槽车装卸台柱之间的距离不应小于 6m。当邻向台柱一侧的汽车槽车库山墙采用无门、窗洞口的防火墙时，其间距不限。
7. 液化石油气的气化站和混气站的生产区应设置高度不低于 2m 的不燃烧体实体围墙。辅助区可设置不燃烧体非实体围墙。储罐总容积 $V\leqslant 50m^3$ 的气化站和混气站的生产区和辅助区可不设置分区隔墙。
8. 液化石油气供应站基地的气化、混气间与架空电力线的最近水平距离不应小于电杆（塔）高度的 1.5 倍。[37]

8）基地内的灌瓶间和瓶库的设置

液化石油气供应基地的灌瓶间和瓶库的设置，应符合如下要求：

（1）液化石油气供应基地内的灌瓶间和瓶库与建（构）筑物的防火间距，不应小于表 4-24 的要求。

液化石油气灌瓶间和瓶库与基地内建（构）筑物的防火间距（m） 表 4-24

液化石油气供应基地灌瓶间和瓶库			总存瓶量 V（t）		
			$V\leqslant 10$	$10<V\leqslant 30$	$V>30$
液化石油气供应基地内项目	明火、散发火花地点		25	30	40
	办公、生活建筑		20	25	30
	铁路槽车装卸线（中心线）		20	25	30
	汽车槽车库、汽车槽车装卸台柱（装卸口）、汽车衡及其计量室、门卫		15	18	20
	压缩机室、仪表间、值班室		12	15	18
	空压机室、变配电室、柴油发电机房		15	18	20
	机修间、汽车库		25	30	40
	新瓶库、真空泵房、备件库等非明火建筑		12	15	18
	消防泵房、消防水池（罐）取水口		25	30	
	站内道路（路边）	主要道路	10		
		次要道路	5		
	围　　墙		10	15	

注：1. 总存瓶量应按实瓶存放个数和单瓶充装质量的乘积计算。

2. 瓶库与灌瓶间的间距不限。
3. 液化石油气供应基地灌瓶间和瓶库与架空电力线的最近水平距离不应小于电杆（塔）高度的 1.5 倍。[37]

(2) 灌瓶间内气瓶存放量宜取1～2d的计算月平均日供应量。当总存瓶量（实瓶）超过3000瓶时，宜另外设置瓶库。

(3) 灌瓶间和瓶库内的气瓶应按实瓶区、空瓶区分组布置。

(4) 当灌瓶站计算月平均日灌瓶量小于700瓶时，其压缩机室和灌瓶间可合建成为一幢建筑物，但其间应用无门、窗洞口的防火墙隔开。其汽车槽车装卸柱可附设在灌瓶间或压缩机室山墙一侧，但山墙应为无门、窗洞口的防火墙。

(5) 采用自动化、半自动化灌装和机械化运瓶的灌瓶作业线上，应设置灌瓶质量复检装置，且应设置检漏装置或采取检漏措施。

(6) 采用手动灌瓶作业时，应设置检斤秤，并应采取检漏措施。[37]

9) 瓶装液化石油气供应站的设置

(1) 瓶库设置，应符合如下要求：

① 瓶库与站外建筑之间的防火间距要求不应小于表4-25要求。

液化石油气供应站瓶库与站外建筑之间的防火间距（m）　　表4-25

项目名称 \ 瓶库等级及存瓶容积 V（m³）		Ⅰ级站		Ⅱ级站		Ⅲ级站
		20≥V>10	10≥V>6	6≥V>3	3≥V>1	V≤1
明火或散发火花地点		35	30	25	20	15（参照二级释放源的防爆距离）
重要公共建筑、一类高层民建		25	20	15	12	12
民用建筑		15	10	8	6	除与住宅、高层民用建筑6m外，可与室内无明火、火花的建筑毗连
道路（路边）	主要道路	10	10	8	8	8
	次要道路	5	5	5	5	5

注：1. 总存瓶容积应按实瓶个数与单瓶几何容积的乘积计算。一般可按1m³液化气灌15kg单瓶30个（或灌12kg单瓶42个）进行换算存瓶总容积。

2. 液化石油气供应站瓶库与架空电力线的最近水平距离不应小于电杆（塔）高度的1.5倍。

② Ⅰ、Ⅱ级瓶装供应站瓶库宜采用敞开式或半敞开式建筑。瓶库内的气瓶应分类存放，即应分为实瓶区和空瓶区。

③ Ⅰ级瓶装液化石油气供应站的瓶库与修理间、生活办公用房的防火间距不应小于10m。管理室可与瓶库的空瓶区侧毗连，但应用无门、窗洞口的防火墙隔开。

④ Ⅱ级瓶库供应站的营业室宜与瓶库合建成一幢建筑物，但其间应用无门、窗洞口的防火墙隔开。

(2) 围墙设置，应符合如下要求：

①瓶组气化站的四周应设置不燃性围墙，其底部实体部分的高度不应低于0.6m。

②Ⅰ级瓶装供应站面向出入口一侧可设置不燃性非实体围墙，但其底部实体部分的高度不应低于0.6m，其余各侧应设置高度不低于2m的不燃性实体围墙。

③Ⅱ级瓶装液化石油气供应站的四周宜设置不燃性实体围墙，或设置其底部实体部分的高度不低于0.6m的不燃性非实体围墙。[37]

10）液化石油气瓶组气化站的设置

液化石油气瓶组气化站的设置，应根据配置中的不同气化方式（有强制气化和自然气化两种）确定，并符合如下要求：

（1）强制气化的瓶组气瓶数量按1～2d的计算月最大日供气量确定。

（2）采用自然气化供气时宜由等量的使用瓶组和备用瓶组组成。当供气户数较少时，备用瓶组可采用临时供气瓶组代替。

（3）当采用自然气化方式供气，且瓶组气化站配置气瓶总容积小于1m³时，瓶组间可设置在与建筑物（住宅、重要公共建筑和高层民用建筑除外）外墙毗连的单层（耐火等级不低于二级）的专用房间（必须是通风良好、有直接对外出口、配置燃气浓度检测报警器、室温在0～45℃范围内、与其他建筑相邻墙为无门窗洞口的防火墙的房间）内；当瓶组间独立设置且面向相邻建筑的外墙为无门、窗洞口的防火墙时，其防火间距不限。[37]

（4）当液化石油气瓶组气化站配置气瓶的总容积不大于4m³时，瓶组间应设置在房间高度不低于2.2m的独立建筑内。独立瓶组间与建（构）筑物的防火间距不小于表4-26的要求。[5][37]

液化石油气独立瓶组间（及气化间）与建（构）筑物的防火间距（m）　　表4-26

项目 \ 气瓶总容积（m³）		$V \leqslant 2$	$2 < V \leqslant 4$
明火、散发火花地点		25	30
重要公共建筑、一类高层民用建筑		15	20
裙房和其他民用建筑		8	10
道路（路边）	主要	10	
	次要	5	

注：1. 气瓶总容积应按配置气瓶个数与单瓶几何容积的乘积计算。
2. 瓶组气化站的瓶组间不得设在地下室和半地下室内。
3. 瓶组间与气化间宜合建成一幢建筑物，两者间的隔墙耐火极限不应低于3.00h且不得开门窗洞口。
4. 当瓶组间的气瓶总容积大于4m³时，宜采用储罐，其防火间距应不小于液化气储罐与站内外建（构）筑物的防火间距要求。
5. 瓶组间、气化间与值班室的防火间距不限；当两者毗连时，应采用无门、窗洞口的防火墙隔开。
6. 设置在露天的空温式气化器与瓶组间的防火间距不限；与明火或散发火花地点和其他建、构筑物的防火间距应不小于本表内的气瓶总容积小于等于2m³档的间距要求。[37]
7. 在瓶组间的总出气管道口应设置紧急事故自动切断阀。
8. 瓶组间应设置可燃气体浓度报警装置。
9. 液化石油气独立瓶组间与架空电力线的最近水平距离不应小于电杆（塔）高度的1.5倍。
10. 其他防火要求应符合现行国家标准《液化石油气供应工程设计规范》GB 51142的规定。[20]

11）工业企业内液化石油气气化站、混气站的设置

工业企业内的总容积不大于10m³的液化石油气气化站、混气站设置要求如下：

（1）当储罐设置在独立建筑物内时，防火间距应符合如下要求：

① 储罐之间及储罐与外墙的净距均不应小于相邻较大罐的半径，且不应小于1m；

② 建筑外墙与相邻厂房及附属设备之间的防火间距可按不小于甲类厂房与相邻各级耐火等级厂房的防火间距要求确定（即与一、二级厂房不小于12m，与三级厂房不小于

14m，与四级厂房不小于16m）。

（2）设置非直火式汽化器的气化间可与储罐室毗连，但应用无门、窗洞口的防火墙隔开。

（3）当储罐露天设置时，与建筑物、储罐、堆场的防火间距，应按表4-21的要求确定。[3]

5. 液化天然气气化站的防火间距

液化天然气气化站选址应符合城镇总体规划要求。站址应避开地震带、地基沉陷、废弃矿井等地段。[37] 其防火间距有如下要求：

1）液化天然气储罐与站外建筑之间

液化天然气气化站的液化天然气储罐与站外建筑的防火间距不应小于表4-27的要求。

液化天然气气化站的液化天然气储罐与站外的建筑物之间的防火间距（m）　表4-27

<table>
<tr><th colspan="2" rowspan="2">总容积及单罐容量 V(m³)
项　目</th><th colspan="7">储罐的总容积 V(m³)</th><th rowspan="2">集中放散装置的天然气放散总管</th></tr>
<tr><th>V≤10</th><th>10<V≤30</th><th>30<V≤50</th><th>50<V≤200</th><th>200<V≤500</th><th>500<V≤1000</th><th>1000<V≤2000</th></tr>
<tr><td colspan="2">居住区、村镇和影剧院、体育馆、学校等重要公共建筑[最外侧建（构）筑物外墙]</td><td>30</td><td>35</td><td>45</td><td>50</td><td>70</td><td>90</td><td>110</td><td>45</td></tr>
<tr><td colspan="2">工业企业[最外侧建（构）筑物外墙]</td><td>22</td><td>25</td><td>27</td><td>30</td><td>35</td><td>40</td><td>50</td><td>20</td></tr>
<tr><td colspan="2">明火、散发火花地点和室外变、配电站</td><td>30</td><td>35</td><td>45</td><td>50</td><td>55</td><td>60</td><td>70</td><td>30</td></tr>
<tr><td colspan="2">民用建筑，甲、乙类液体储罐，甲、乙类生产厂房（仓库），稻草等易燃材料堆场</td><td>27</td><td>32</td><td>40</td><td>45</td><td>50</td><td>55</td><td>65</td><td>25</td></tr>
<tr><td colspan="2">丙类液体储罐，可燃气体储罐，丙、丁类厂房，丙、丁类物品仓库</td><td>25</td><td>27</td><td>32</td><td>35</td><td>40</td><td>45</td><td>55</td><td>20</td></tr>
<tr><td rowspan="2">铁路（中心线）</td><td>国家线</td><td>40</td><td>50</td><td>60</td><td colspan="2">70</td><td colspan="2">80</td><td>40</td></tr>
<tr><td>企业专用线</td><td colspan="3">30</td><td colspan="2">30</td><td colspan="2">35</td><td>30</td></tr>
<tr><td rowspan="2">公路、道路（路边）</td><td>高速，Ⅰ、Ⅱ级，城市快速</td><td colspan="3">20</td><td colspan="4">25</td><td>15</td></tr>
<tr><td>其他</td><td colspan="3">15</td><td colspan="4">20</td><td>10</td></tr>
<tr><td colspan="2">架空电力线（中心线）</td><td colspan="5">1.5倍杆高</td><td colspan="2">1.5倍杆高，但35kV及以上架空电力线路不应小于40m</td><td>2.0倍杆高</td></tr>
<tr><td rowspan="2">架空通信线（中心线）</td><td>Ⅰ、Ⅱ级</td><td colspan="2">1.5倍杆高</td><td colspan="2">30</td><td colspan="3">40</td><td>1.5倍杆高</td></tr>
<tr><td>其他</td><td colspan="8">1.5倍杆高</td></tr>
</table>

注：居住区、村镇系指1000人或300户及以上者，少于1000人或300户以下的居住区或村镇按本表有关民用建筑的要求确定。防火间距的计算以储罐的最外侧为准。

2）液化天然气储罐、集中放散装置的放散总管与站内建（构）筑物之间

液化天然气储罐、集中放散装置的放散总管与站内建（构）筑物的防火间距，不应小于表4-28的要求。

液化天然气气化站的天然气储罐、集中放散装置的天然气放散总管与站内建（构）筑物的防火间距（m） **表 4-28**

<table>
<tr><th colspan="2" rowspan="2">名称
项目</th><th colspan="7">储罐总容积 V（m³）</th><th rowspan="2">集中放散装置的天然气放散总管</th></tr>
<tr><th>$V\leqslant10$</th><th>$10<V\leqslant30$</th><th>$30<V\leqslant50$</th><th>$50<V\leqslant200$</th><th>$200<V\leqslant500$</th><th>$500<V\leqslant1000$</th><th>$1000<V\leqslant2000$</th></tr>
<tr><td colspan="2">明火、散发火花地点</td><td>30</td><td>35</td><td>45</td><td>50</td><td>55</td><td>60</td><td>70</td><td>30</td></tr>
<tr><td colspan="2">办公、生活建筑</td><td>18</td><td>20</td><td>25</td><td>30</td><td>35</td><td>40</td><td>50</td><td>25</td></tr>
<tr><td colspan="2">变配电室、仪表间、值班室、汽车槽车库、汽车衡及计量室、空压机室、汽车槽车装卸台柱（装卸口）、钢瓶灌装台</td><td colspan="2">15</td><td>18</td><td>20</td><td>22</td><td>25</td><td>30</td><td>25</td></tr>
<tr><td colspan="2">汽车库、机修间、燃气热水炉间</td><td colspan="3">25</td><td>30</td><td colspan="2">35</td><td>40</td><td>25</td></tr>
<tr><td colspan="2">天然气（气态）储罐</td><td>20</td><td>24</td><td>26</td><td>28</td><td>30</td><td>31</td><td>32</td><td>20</td></tr>
<tr><td colspan="2">液化石油气全压力式储罐</td><td>24</td><td>28</td><td>32</td><td>34</td><td>36</td><td>38</td><td>40</td><td>25</td></tr>
<tr><td colspan="2">消防泵房、消防水池取水口</td><td colspan="2">30</td><td colspan="4">40</td><td>50</td><td>20</td></tr>
<tr><td rowspan="2">站内道路（路边）</td><td>主要</td><td colspan="3">10</td><td colspan="4">15</td><td rowspan="2">2</td></tr>
<tr><td>次要</td><td colspan="3">5</td><td colspan="4">10</td></tr>
<tr><td colspan="2">围墙</td><td colspan="3">15</td><td colspan="2">20</td><td colspan="2">25</td><td>2</td></tr>
<tr><td colspan="2">集中放散装置的天然气放散管</td><td colspan="7">25</td><td>—</td></tr>
</table>

注：1. 自然蒸发的储罐（BOG 罐）与液化天然气储罐的间距按工艺要求确定。其间距的计算以储罐的外壁为准。

2. 液化天然气气化站与架空电力线的最近水平距离不应小于电杆（塔）高度的 1.5 倍。

3）液化天然气瓶组气化站的瓶组与建（构）筑物之间

液化天然气瓶组气化站是采用气瓶组作为储存及供气设施。气瓶组的总容积不应大于 4m³。单个气瓶容积宜采用 175L 钢瓶，最大容积不应大于 410L，灌装量不应大于其容积的 90%。气瓶组储气容积宜按 1.5 倍计算月最大日供气量确定。

气化装置的总供气能力应根据高峰小时用气量确定。气化装置的配置台数不应少于 2 台，且应有一台备用。气瓶组应在站内固定地点露天（可设罩棚）设置。气瓶组与建（构）筑物的防火间距，不应小于表 4-29 的要求。在瓶组气化站的周围宜设置 2m 高的不燃性实体围墙。[37]

液化天然气气瓶组与建（构）筑物的防火间距（m） **表 4-29**

气瓶总容积 V（m³） 项目	$V\leqslant2$	$2<V\leqslant4$
明火、散发火花地点	25	30
民用建筑	12	15
重要公共建筑、一类高层民用建筑	24	30

续表

项目 \ 气瓶总容积 V（m^3）		$V \leqslant 2$	$2 < V \leqslant 4$
道路（路边）	主要	10	10
	次要	5	5

注：1. 气瓶组的储气容积应按配置气瓶个数与单瓶几何容积的乘积计算。单个气瓶容积不应大于 410L。

2. 设置在露天（或罩棚下）的温度式汽化器与气瓶组的间距应满足操作要求，与明火、散发火花地点或其他建（构）筑物的防火间距不应小于本表中 $V \leqslant 2m^3$ 档的要求。

3. 液化天然气气瓶组与架空电力线的最近水平距离不应小于电杆（塔）高度的 1.5 倍。

6. 可燃材料堆场的防火间距

1）露天、半露天可燃材料堆场与建筑物的防火间距，不应小于表 4-30 的要求。

露天、半露天可燃材料堆场与建筑物的防火间距（m）　　表 4-30

名　　称	一个堆场的总储量	建筑物的耐火等级		
		一、二级	三级	四级
粮食席穴囤 W（t）	$10 \leqslant W < 5000$	15	20	25
	$5000 \leqslant W < 20000$	20	25	30
粮食土圆仓 W（t）	$500 \leqslant W > 10000$	10	15	20
	$10000 \leqslant W < 20000$	15	20	25
棉、毛、麻、化纤、百货 W（t）	$10 \leqslant W \leqslant 500$	10	15	20
	$500 \leqslant W < 1000$	15	20	25
	$1000 \leqslant W < 5000$	20	25	30
麦秸、芦苇、打包废纸等 W（t）	$10 \leqslant W < 5000$	15	20	25
	$5000 \leqslant W < 10000$	20	25	30
	$W \geqslant 10000$	25	30	40
木柴等 V（m^3）	$50 \leqslant V < 1000$	10	15	20
	$1000 \leqslant V < 10000$	15	20	25
	$V \geqslant 10000$	20	25	30
煤和焦炭 W（t）	$100 \leqslant W < 5000$	6	8	10
	$W \geqslant 5000$	8	10	12

注：1. 露天、半露天的秸秆、芦苇、打包废纸等材料堆场与甲类厂房（仓库）、民用建筑的防火间距，应根据建筑物的耐火等级分别按本表要求间距增加 25%且不应小于 25m；与室外变配电站的防火间距不应小于 50m；与明火或散发火花地点的防火间距，应按本表四级耐火等级建筑物的相应防火间距要求增加 25%。

2. 当一个材料堆场的总储量大于 25000m^3 或一个秸秆、芦苇、打包废纸等材料堆场的总储量大于 20000t 时，宜分设堆场。各堆场之间的防火间距不应小于相邻较大堆场与四级耐火等级建筑物的防火间距要求。

3. 不同性质物品堆场之间的防火间距，不应小于本表相应储量堆场与四级耐火等级建筑物之间防火间距要求的较大值。

4. 露天、半露天可燃材料堆场与甲、乙、丙类液体储罐的防火间距，不应小于表 4-8 和表 4-30 中相应储量的堆场与四级耐火等级建筑物之间防火间距的较大值。

5. 可燃材料堆场（垛）与架空电力线的最近水平距离不应小于电杆（塔）高度的 1.5 倍。

2）露天、半露天可燃材料堆场与铁路、道路的防火间距，不应小于表4-31的要求。

露天、半露天可燃材料堆场与铁路、道路的防火间距（m） 表4-31

名称	厂外铁路线（中心线）	厂内铁路线（中心线）	厂外道路（路边）	厂内道路（路边）	
				主要	次要
稻草、麦秸、芦苇、打包废纸等材料堆场	30	20	15	10	5

注：未列入本表的可燃材料堆场与铁路、道路的防火间距，可根据储存物品的火灾危险性按类比原则确定。

4.2.5 汽车库、修车库、停车场的防火间距

1. 汽车库、修车库、停车场之间及其与除甲类储存物资场所（仓库）外的其他建筑物的防火间距

汽车库、修车库、停车场之间及汽车库、修车库、停车场与除甲类储存物资场所（仓库）外的其他建筑物的防火间距，不应小于表4-32的要求。

汽车库、修车库、停车场之间及其与除甲类储存物资场所（仓库）外的其他建筑物的防火间距（m） 表4-32

项目名称和建筑耐火等级		汽车库、修车库		厂房、仓库、民用建筑		
		一、二级	三级	一、二级	三级	四级
汽车库、修车库	一、二级	10	12	10	12	14
	三级	12	14	12	14	16
停车场		6	8	6	8	10

注：1. 防火间距应按相邻建筑物外墙的最近距离算起，如外墙有凸出的可燃物构件时，则应从其凸出部分外缘算起；停车场应从靠近建筑物的最近停车位边缘算起。
2. 高层汽车库与其他建筑物的间距，汽车库、修车库与高层工业、民用建筑的防火间距应按本表增加3m。
3. 汽车库、修车库与甲类厂房的防火间距应按本表要求增加2m。
4. 当两座建筑物相邻（或停车场与一、二级建筑相邻时）较高一面外墙为不开设门窗洞口的防火墙或较高一面外墙比较低建筑屋面高15m及以下范围内的外墙为无门、窗、洞口的防火墙时，其防火间距可不限。
5. 当相邻较高一面外墙上，同较低建筑等高的以下范围内的墙为不开设门、窗、洞口的防火墙时，其防火间距可按本表要求减少50%。
6. 相邻两座一、二级耐火等级建筑，当较高一面外墙耐火极限不低于2.00h，墙上开口部位设有甲级防火门、窗或耐火极限不低于2.00h的防火卷帘、水幕等防火设施时，其防火间距可减小，但不应小于4m。
7. 相邻两座一、二级耐火等级建筑，当较低一座建筑的屋顶无开口，屋顶承重构件的耐火极限不低于1.00h，且较低一面外墙为防火墙时，其防火间距不应小于4m。

进入停车场的汽车，宜分组停放。每组停车的数量不应超过50辆，组与组之间的防火间距不应小于6m。

2. 汽车库、修车库、停车场与甲类储存物资场所（仓库）的防火间距

汽车库、修车库、停车场与甲类储存物资场所（仓库）的防火间距，不应小于表4-33的要求。

汽车库、修车库、停车场与甲类储存物资场所（仓库）的防火间距（m） 表 4-33

名称		总储存容量（t）	汽车库、修车库		停车场
			一、二级	三级	
甲类储存物资场所（仓库）	3、4 项	≤5 >5	15 20	20 25	15 20
	1、2、5、6 项	≤10 >10	12 15	15 20	12 15

3. 甲、乙类物品运输车的汽车库、修车库、停车场的防火间距

甲、乙类物品运输车的汽车库、修车库、停车场的防火间距应不小于如下要求：

1）与甲类储存物资场所（仓库）的防火间距应不小于按表 4-33 要求增加 5m。

2）与一般民用建筑的防火间距应不小于 25m。

3）与重要公共建筑、人员密集场所的防火间距应不小于 50m。

4）与明火或散发火花地点的防火间距应不小于 30m。

5）与厂房、仓库的防火间距应不小于按表 4-32 要求增加 2m。[7]

4. 汽车库、修车库、停车场与易燃（可燃）液体储罐、可燃气体储罐、液化石油气储罐的防火间距

汽车库、修车库、停车场与易燃（可燃）液体储罐、可燃气体储罐、液化石油气储罐的防火间距，应不小于表 4-34 的要求。[7]

汽车库、修车库、停车场与易燃、可燃液体储罐、可燃气体储罐、液化石油气储罐的防火间距（m） 表 4-34

名称	总容量（m^3）	汽车库、修车库		停车场
		一、二级	三级	
易燃液体储罐	1～50 51～200 201～1000 1001～5000	12 15 20 25	15 20 25 30	12 15 20 25
可燃液体储罐	5～250 251～1000 1001～5000 5001～25000	12 15 20 25	15 20 25 30	12 15 20 25
湿式可燃气体储罐	≤1000 1001～10000 >10000	15 20 25	15 20 25	12 15 20
液化石油气储罐	1～30 31～200 201～500 >500	18 20 25 30	20 25 30 40	18 20 25 30

注：1. 防火间距应从距汽车库、修车库、停车场最近的储罐外壁算起，但设有防火堤的储罐，其防火堤外侧基脚线距汽车库、修车库、停车场距离不应小于 10m。

2. 计算易燃、可燃液体储罐区总储量时，$1m^3$的易燃液体按 $5m^3$的可燃液体计算。

3. 干式可燃气体储罐与汽车库、修车库、停车场的防火间距：当可燃气体的密度比空气大时，应按本表中湿式可燃气体储罐的规定值增加 25%；当可燃气体的密度比空气小时，可按本表中湿式可燃气体储罐的间距要求执行。

4. 固定容积可燃气体储罐与汽车库、修车库、停车场的防火间距，不应小于本表中湿式可燃气体储罐的要求值。固定容积的可燃气体储罐的总容积按储罐几何容积（m^3）和设计储存压力（绝对压力 10^5Pa）的乘积计算。

5. 小于 $1m^3$的易燃液体储罐或小于 $5m^3$的可燃液体储罐与汽车库、修车库、停车场之间的防火间距，当采用防火墙隔开时，其防火间距可不限。

5. 汽车库、修车库、停车场与可燃材料的露天、半露天堆场的防火间距

汽车库、修车库、停车场与可燃材料的露天、半露天堆场的防火间距应不小于表 4-35 要求。[7]

汽车库、修车库、停车场与可燃材料露天、半露天堆场的防火间距（m）　　表 4-35

名　称		总　储　量	汽车库、修车库		停车场
			一、二级	三级	
稻草、麦秸、芦苇等（t）		10～5000	15	20	15
		5001～10000	20	25	20
		10001～20000	25	30	25
棉麻、毛、化纤、百货（t）		10～500	10	15	10
		501～1000	15	20	15
		1001～5000	20	25	20
煤和焦炭（t）		1000～5000	6	8	6
		>5000	8	10	8
粮　食	筒仓（t）	10～5000	10	15	10
		5001～20000	15	20	15
	席穴囤（t）	10～5000	15	20	15
		5001～20000	20	25	20
木材等可燃材料（m^3）		50～1000	10	15	10
		1001～10000	15	20	15

6. 汽车库、修车库、停车场与燃气调压站、液化石油气瓶装供应站、石油库的防火间距

汽车库、修车库、停车场与燃气调压站、液化石油气瓶装供应站、石油库的防火间距，不应小于表 4-36 的要求。[34][37]

汽车库、修车库、停车场与燃气调压站、液化石油气瓶装供应站、石油库的防火间距（m）　　表 4-36

建筑名称、级别和容积				汽车库、修车库、停车场
燃气调压站	地上单独建筑	高 压	A（B）	18（13）
		次高压	A（B）	9（6）
		中 压	A（B）	6（6）
	调压柜	次高压	A（B）	7（4）
		中 压	A（B）	4（4）
	地下调压柜	中 压	A（B）	3（3）
液化气瓶装供应站	一级站	V（m^3）	$10<V\leqslant20$	15
			$6<V\leqslant10$	10
	二级站	V（m^3）	$3<V\leqslant6$	8
			$1<V\leqslant3$	6

续表

建筑名称、级别和容积				汽车库、修车库、停车场
石油库	一级	V（m³）	$V \geqslant 100000$	60
	二级		$30000 \leqslant V < 100000$	50
	三级		$10000 \leqslant V < 30000$	40
	四级		$1000 \leqslant V < 10000$	35
	五级		$V < 1000$	30

注：城镇燃气管道的压力分级为：(1) 高压A级：$2.5 < P \leqslant 4.0$MPa；B级：$1.6 < P \leqslant 2.5$MPa；
(2) 次高压A级：$0.8 < P \leqslant 1.6$MPa；B级：$0.4 < P \leqslant 0.8$Ma；
(3) 中压A级：$0.2 < P \leqslant 0.4$；B级：$0.01 < P \leqslant 0.2$MPa。

7. 汽车库、修车库、停车场与汽车加油加气加氢站的防火间距

因为汽车库、修车库、停车场的火灾危险性各有特点，其火灾危险类别有不同。所以应根据不同的火灾危险类别分别确定防火间距。

一般普通汽车停车库、停车场的火灾危险类别属于丁类厂（库）房；修车库和甲类物品运输车汽车库的火灾危险类别属于甲类厂（库）房。

在确定汽车库、修车库、停车场与汽车加油加气加氢站的防火间距时，应根据汽车库（场）的不同火灾危险类别和汽车加油加气加氢站级别及相关各工艺设备的安全距离要求分析对比，按较严格的要求确定防火间距。具体要求如下：

1）甲类物品运输车汽车库、修车库与汽车加油站、加气站及各类加油加气加氢合建站的不同工艺（汽油、柴油、LPG液化气、压缩天然气、加氢等）设备的防火间距，不应小于表4-50～表4-56中有关甲类厂（库）房与加油加气加氢站相关工艺设施的安全间距要求。

2）汽车库、停车场与各类加油加气加氢站不同工艺（汽油、柴油、LPG液化气、压缩天然气、加氢等）设备的防火间距，不应小于表4-50～表4-56中有关丁类厂（库）房与加油加气加氢站相关工艺设施的安全间距要求。

8. 屋面停车场的防火间距

1）屋面停车场的汽车宜分组停放，每组停车的数量不应超过50辆，组与组之间的防火间距不应小于6m。

2）屋面停车场与相邻其他建筑物的防火间距，或者屋面停车场的停车区域与本建筑其他部分的防火间距，均应按不小于地面停车场与建筑物的防火间距（如表4-32）要求确定。

在建筑物的较低部分屋顶上面设置停车场时，其停车区域布置应注意如下方面：

(1) 在同一建筑的较低侧屋顶上面设置的停车场，其停车区域与相临的本建筑物较高侧外墙之间的防火间距，应按不小于地面停车场的防火间距（如表4-32）要求确定。

(2) 当在设置停车场（位）的屋面上，设计其他车行或人行通道时，不得侵入停车场的防火间距范围内。

(3) 在停车场与相邻建筑的防火间距临界处，应采取防止其他车行或人行通道侵越停车场边界的拦隔措施。

9. 汽车库与其他建筑组合建造的防火要求

汽车库不应与甲、乙类生产场所（厂房）或甲、乙类储存物资场所（仓库）组合建造或贴临布置。[72]当与其他建筑组合建造时，应符合如下要求：

1）当汽车库确须与托儿所、幼儿园、中小学教学楼、老年人照料设施或活动场所建筑、医院病房楼等组合建造时，应将汽车库设于建筑的地下部分并采用耐火极限不低于2.00h楼板完全分隔。其安全出口和疏散楼梯应分别独立设置。

2）当汽车库（包括屋顶停车场）与其他建筑组合建造（或贴临布置）时，应用防火墙和耐火极限不低于2.00h的楼板隔开。[7]

10. 汽车库贴邻设置锅炉房、变压器等的防火要求

燃油和燃气锅炉、油浸变压器、充有可燃油的高压电容器和多油开关等，不应设置在汽车库、修车库内。当受条件限制必须贴邻汽车库、修车库布置时，应采用无门窗洞口的防火墙隔开，并应符合现行国家标准《爆炸危险环境电力装置设计规范》GB 50058等的有关规定。[5]

4.2.6 汽车加油加气加氢站的防火间距

1. 汽车加油加气加氢站的等级划分

汽车加油加气加氢站的等级共划分为三级（即：一级、二级、三级）。无论常规加油、加气（加氢）或适当业务联合，各类加油、加气建站及适当联合建站的等级标准均统一划分为：一级、二级、三级。各类建站的等级划分，应符合下列要求：

1）加油站的等级划分应符合表4-37的要求。[8]

加油站的等级划分 表4-37

加油站等级	加油站油罐容积	
	总容积（m^3）	单罐容积（m^3）
一级	$150<V\leqslant210$	$V\leqslant50$
二级	$90<V\leqslant150$	$V\leqslant50$
三级	$V\leqslant90$	汽油罐$V\leqslant30$，柴油罐$V\leqslant50$

注：V为油罐总容积。柴油罐容积可折半计入油罐总容积。

2）LPG（液化石油气）加气站的等级划分应符合表4-38的要求。[8]

LPG（液化石油气）加气站的等级划分 表4-38

加气站等级	LPG（液化石油气）罐容积（m^3）	
	总容积	单罐容积
一级	$45<V\leqslant60$	$V\leqslant30$
二级	$30<V\leqslant45$	$V\leqslant30$
三级	$V\leqslant30$	$V\leqslant30$

3）LNG（液化天然气）加气站、L-CNG（由液化天然气转化为压缩天然气）加气站、LNG（液化天然气）和L-CNG（压缩天然气）加气合建站的等级划分应符合表4-39的要求[8]。

LNG（液化天然气）加气站、L-CNG（由液化天然气转化压缩天然气）加气站、LNG和L-CNG加气合建站等级划分 **表4-39**

加气站或合建站等级	LNG加气站		L-CNG加气站、LNG和L-CNG加气合建站		
	LNG储罐总容积（m^3）	LNG储罐单罐容积（m^3）	LNG储罐总容积（m^3）	LNG储罐单罐容积（m^3）	LNG储气设施总容积（m^3）
一级	$120<V\leqslant180$	$V\leqslant60$	$120<V\leqslant180$	$V\leqslant60$	$V\leqslant12$
一级*	—	—	$60<V\leqslant120$	$V\leqslant60$	$V\leqslant24$
二级	$60<V\leqslant120$	$V\leqslant60$	$60<V\leqslant120$	$V\leqslant60$	$V\leqslant9$
二级*	—	—	$V\leqslant60$	$V\leqslant60$	$V\leqslant18$
三级	$V\leqslant60$	$V\leqslant60$	$V\leqslant60$	$V\leqslant60$	$V\leqslant9$
三级*	—	—	$V\leqslant30$	$V\leqslant30$	$V\leqslant18$

注：带“*”的加气站专指CNG常规加气站以LNG储罐作补充气源的建站形式。

对于LNG（液化天然气）加气站与CNG（压缩天然气）常规加气站或CNG（压缩天然气）加气子站的合建站的等级划分，应符合表4-40的要求：

LNG（液化天然气）加气站与CNG（压缩天然气）常规加气站或CNG（压缩天然气）加气子站的合建站的等级划分 **表4-40**

合建站等级	LNG储罐总容积（m^3）	LNG储罐单罐容积（m^3）	CNG储罐设置总容积（m^3）
一级	$60<V\leqslant120$	$V\leqslant60$	$V\leqslant24$（30）
二级	$V\leqslant60$	$V\leqslant60$	$V\leqslant18$（30）
三级	$V\leqslant30$	$V\leqslant30$	$V\leqslant18$（25）

注：1. V为LNG储罐总容积。

2. 括号内的数字为CNG储气井和CNG加气子站的储气设施总容积。

4）加油与LPG（液化石油气）加气合建站等级划分应符合表4-41的要求。

加油与LPG（液化石油气）加气合建站的等级划分 **表4-41**

合建站等级	油罐与LPG储罐总容积计算公式
一级	$V_{O1}/240+V_{CPG1}/60\leqslant1$
二级	$V_{O2}/180+V_{CPG2}/45\leqslant1$
三级	$V_{O3}/120+V_{CPG3}/30\leqslant1$

注：1. V_{O1}、V_{O2}、V_{O3}分别为一、二、三级合建站中油品储罐总容积（m^3）；V_{LPG1}、V_{LPG2}、V_{LPG3}分别为一、二、三级和建站中LPG储罐总容积（m^3）；公式中“/”为除号。

2. 柴油罐容积可折半计入油罐总容积。

3. 当油罐总容积大于$90m^3$时，油罐单罐容积不应大于$50m^3$；当油罐总容积小于或等于$90m^3$时，汽油罐单罐容积不应大于$30m^3$，些油罐单罐容积不应大于$50m^3$。

4. LPG储罐单罐容积不应大于$30m^3$。

5）加油与CNG（压缩天然气）加气合建站等级划分应符合表4-42的要求。

加油与 CNG（压缩天然气）加气合建站的等级划分 **表 4-42**

合建站等级	油品储罐总容积（m³）	常规 CNG 加气站储气设施总容积（m³）	加气子站储气设施（m³）
一级	$120 < V \leq 120$	$V \leq 24$	固定储气设施总容积 $V \leq 12$（18）时，可停放 1 辆车载储气瓶组拖车。当无固定储气设施时，可停放 2 辆储气瓶组拖车
二级	$V \leq 120$		
三级	$V \leq 90$	$V \leq 12$	固定储气设施容积 $V \leq 9$（18）时，可停放 1 辆车载储气瓶组拖车

注：1. 柴油罐容积可折半计入油罐总容积。
2. 当油罐总容积大于 90m³时，油罐单管容积不应大于 50m³；当油罐容积小于或等于 90m³时，汽油罐单管容积不应大于 30m³，柴油罐单罐容积不应大于 50m³。
3. 表中括号内的数字为 CNG 储气设施采用储气井的总容积。
4. 服务于 CNG（压缩天然气）子站的 CNG 车载储气瓶组拖车，其单车储气瓶组总容积不应大于 24m³。

6）加油与 L-CNG（液化天然气）加气、LNG/L-CNG 加气与 LNG 加气和 CNG 加气合建站等级划分，应符合表 4-43 的要求。[8]

加油与 L-CNG 加气、LNG/L-CNG 加气以及加油与 LNG 加气和 CNG 加气合建站的等级划分 **表 4-43**

合建站等级	储罐与 LNG 储罐总容积计算公式	LNG 储气设施总容积（m³）
一级	$V_{O1}/240+V_{LNG1}/180 \leq 0.8$	$V \leq 12$
	$V_{O1}/240+V_{LNG1}/180 \leq 0.7$	$V \leq 24$
二级	$V_{O1}/180+V_{LNG2}/120 \leq 0.8$	$V \leq 9$
	$V_{O1}/180+V_{LNG2}/120 \leq 0.7$	$V \leq 24$
三级	$V_{O1}/120+V_{LNG3}/60 \leq 0.8$	$V \leq 9$
	$V_{O1}/120+V_{LNG3}/60 \leq 0.7$	$V \leq 24$

注：1. V_{O1}、V_{O2}、V_{O3}分别为一、二、三级合建站中油品罐总容积（m³）。
2. V_{LNG1}、V_{LNG2}、V_{LNG3}分别为一、二、三级合建站中 LNG 储罐的总容积（m³）。
3. 柴油罐总容积可折半计入油罐总容积。
4. 当油罐总容积大于 90m³时，汽油罐单罐总容积不应大于 30m³，柴油罐单罐容积不应大于 50m³。
5. LNG 储罐单罐容积不应大于 60m³。

7）加油与高压储氢加氢合建站的等级划分，应符合表 4-44 的要求。[8]

加油与高压储氢加氢合建站的等级划分 **表 4-44**

合建站等级	油罐总容积与氢气总储量计算公式	油品储罐单罐容积（m³）
一级	$V_{O1}/240+G_{H1}/8000 \leq 1$	≤50
二级	$V_{O2}/180+G_{H2}/4000 \leq 1$	汽油罐≤30；柴油罐≤50
三级	$V_{O3}/120+G_{H3}/2000 \leq 1$	≤30

注：1. V_{O1}、V_{O2}、V_{O3}分别为一、二、三级合建站中油品储罐总容积（m³）；
2. G_{H1}、G_{H2}、G_{H3}分别为一、二、三级合建站中氢气的总储量（kg）；
3. 公式中“/”为除号；
4. 柴油罐容积可折半计入油罐总容积；
5. 储氢总量包含作为站内储氢容器使用的氢气长管拖车或管束集装箱储氢量；
6. 氢气储量的计算基于 20℃温度和储氢容器的额定工作压力。

8）加油与液氢储氢加氢合建站的等级划分，应符合表 4-45 的要求。[8]

加油与液氢储氢加氢合建站的等级划分 **表 4-45**

合建站等级	油罐与液氢储氢总容积计算公式	配套储氢容器、氢气储气井总容积（m^3）	油品储罐单罐容积（m^3）
一级	$V_{O1}/240+V_{H1}/180\leqslant1$	≤15	≤50
二级	$V_{O2}/240+V_{H2}/120\leqslant1$	≤12	汽油罐≤30，柴油罐≤50
三级	$V_{O3}/240+V_{H3}/60\leqslant1$	≤9	≤30

注：1. V_{O1}、V_{O2}、V_{O3}分别为一、二、三级合建站中油品储罐总容积（m^3）。
2. V_{H1}、V_{H2}、V_{H3}分别为 一、二、三级合建站中液氢储罐总容积（m^3）。
3. 柴油罐容积可折半计入油罐总容积。
4. 公式中“/”为除号。

9）CNG 加气与高压储氢或液氢储氢加氢合建站的等级划分，应符合表 4-46 要求。[8]

CNG 加气与高压储氢或液氢储氢加氢合建站的等级划分 **表 4-46**

合建站等级	高压储氢加氢设施	液氢储氢加氢设施		常规 CNG 加气站储气设施总容积（m^3）	CNG 加气子站储气设施总容积（m^3）
	储氢总量 G（kg）	液氢储罐总容积 V（m^3）	配套储氢容器、氢气储气井总容积（m^3）		
一级	$2000<G\leqslant4000$	$60<V\leqslant120$	≤15	≤24	固定供气设施总容积≤12（18），可停放 1 辆 CNG 长管拖车；当无固定储气设施时，可停放 2 辆 CNG 长管拖车
二级	$1000<G\leqslant2000$	$30<V\leqslant60$	≤12	≤24	
三级	$G\leqslant1000$	$V\leqslant30$	≤9	≤12	固定储气设施容积≤9（10），可停放 1 辆 CNG 长管拖车

注：1. 表内括号内数字为 CNG 储气设施采用储气井的总容积。
2. 储氢总量包含作为站内储氢容器使用的氢气长管拖车或管束式集装箱储气量。
3. 氢气储量的计算基于 20℃温度和储氢容器的额定工作压力。
4. V 为液氢储量总容积。

10）LNG 加气与高压储氢或液氢储氢加氢合建站等级划分，应符合表 4-47 要求。[8]

LNG 加气与高压储氢或液氢储氢加氢合建站的等级划分 **表 4-47**

合建站等级	LNG 加气与高压储氢加氢合建站	LNG 加气与高压储氢加氢合建站	
	LNG 储罐总容积与氢气总储量计算公式	LNG 储罐与液氢储罐总容积计算公式	配套储氢容器、氢气储气井总容积（m^3）
一级	$V_{LNG1}/180+G_{H1}/8000\leqslant1$	$V_{LNG1}/180+V_{H1}/180\leqslant1$	≤15
二级	$V_{LNG2}/120+G_{H2}/4000\leqslant1$	$V_{LNG2}/120+V_{H2}/120\leqslant1$	≤12
三级	$V_{LNG3}/60+G_{H3}/2000\leqslant1$	$V_{LNG3}/60+V_{H3}/60\leqslant1$	≤9

注：1. V_{LNG1}、V_{LNG2}、V_{LNG3}分别为一、二、三级合建站中 CNG 储罐的总容积（m^3）。
2. G_{H1}、G_{H2}、G_{H3}分别为一、二、三级合建站中氢气的总储量（kg）。
3. V_{H1}、V_{H2}、V_{H3}分别为一、二、三级合建站中液氢储罐的总容积（m^3）。
4. 表中 LNG 加气站包括 L-CNG 加气站，CNG 储罐和液氢储罐单罐容积应小于等于 $60m^3$。
5. 储氢总量包含作为站内储氢容器使用的氢气长管拖车或管束式集装箱储氢量。

11）加油、CNG加气与高压储氢或液氢储氢加氢合建站的等级划分，应符合表4-48的要求。[8]

加油、CNG加气与高压储氢或液氢储氢加氢合建站的等级划分　　表4-48

合建站等级	油罐总容积与氢气总量计算公式	油罐与液氢储罐总容积计算公式	CNG加气站储气容器总容积（m^3）	
			常规加气站	加气子站
一级	$V_{O1}/240+G_{H1}/8000\leqslant0.67$	$V_{O2}/240+V_{H1}/180\leqslant0.67$	≤24	固定储气容器总容积≤12（18），可停放1辆长管拖车；当无固定储气设施时，可停放2辆长管拖车
二级	$V_{O2}/180+G_{H2}/4000\leqslant0.67$	$V_{O2}/180+V_{H2}/120\leqslant0.67$	≤12	固定初期容器的总容积≤9（18），可停放1辆长管拖车

注：1. V_{O1}、V_{O2}分别为一、二级合建站中油品储罐总容积（m^3）。
2. G_{H1}、G_{H2}分别为一、二级合建站中液氢的总储量（kg）；V_{H1}、V_{H2}分别为一、二级合建站中液氢储罐总容积（m^3）。
3. 柴油罐容积可折半计入油罐总容积。汽油罐单罐容积应小于等于30m^3，柴油罐单罐容积应小于等于50m^3。
4. 括号内数字为CNG储气设施采用储气井的总容积。
5. 液氢储罐配套储氢容器、氢气储气井总容积应小于等于12m^3。
6. 液氢总量包含作为站内储氢容器使用的长管拖车或管束式集装箱储氢量。

12）加油、LNG加气与高压储氢或液氢储氢加氢合建站的等级划分，应符合表4-49的要求。

加油、LNG加气与高压储氢或液氢储氢加氢合建站等级划分　　表4-49

合建站等级	油罐和LNG储罐总容积、氢气总储量计算公式	油罐、CNG储罐和液氢储罐总容积计算公式
一级	$V_{O1}/240+V_{LNG1}/180+G_{H1}/8000\leqslant1$	$V_{O1}/240+V_{LNG1}/180+V_{H1}/180\leqslant1$
二级	$V_{O2}/180+V_{LNG2}/120+G_{H2}/4000\leqslant1$	$V_{O2}/180+V_{LNG2}/120+V_{H2}/120\leqslant1$

注：1. V_{O1}、V_{O2}分别为一、二级合建站中油品储罐总容积（m^3）。
2. V_{LNG1}、V_{LNG2}分别为一、二级合建站中LNG的总容积（m^3）。
3. G_{H1}、G_{H2}分别为一、二级合建站中氢气的总储量（kg）。
4. V_{H1}、V_{H2}分别为一、二级合建站中液氢储罐总容积（m^3）。
5. 柴油罐容积可折半计入油罐总容积。汽油单罐容积应小于等于30m^3；柴油单罐应小于等于50m^3；LNG储罐和液氢储罐单罐容积应小于等于60m^3。
6. LNG加气站包括L-CNG加气站、LNG/L-CNG加气站。
7. 配套储氢容器、氢气储气井总容积、CNG储气设施总容积应小于等于12m^3。
8. 储氢总量包含作为站内储氢容器使用的长管拖车或管束式集装箱储氢量。

2. 与汽车加油加气加氢站防火间距有关的民用建筑物保护类别划分

与汽车加油加气加氢站防火间距有关的民用建筑物保护类别分为：重要公共建筑物、一类保护物、二类保护物和三类保护物。具体划分如下：

1）重要公共建筑物

下列建筑物或与下列同样性质或规模的独立地下建筑物等，视同于重要公共建筑物：

（1）地市级以上的党政机关办公楼。

（2）设计使用人数或座位数超过1500人的体育馆、会堂、影剧院、娱乐场所、车站、证券交易所等人员密集的公共室内场所。

（3）藏书量超过50万册的图书馆、地市级及以上的文物古迹、博物馆、展览馆、档案馆等建筑物。

（4）省级及以上的银行等金融机构办公楼，省级及以上的广播电视建筑。

（5）设计使用人数超过5000人的露天体育场、露天游泳场和其他露天公共聚会娱乐场所。

（6）使用人数超过500人的中小学校及其他未成年人学校；使用人数超过200人的幼儿园、托儿所、残障人员康复设施；150床位及以上的养老院、医院的门诊楼和住院楼。

注：这些设施有围墙者，从围墙中心线算起；无围墙者从最近的建筑物算起。

（7）总建筑面积超过20000m^2的商店（商场）建筑，商业营业场所的建筑面积超过15000m^2的综合楼。

（8）地铁的车辆出入口和经常性人员出入口、隧道出入口。

2）一类保护物

除重要公共建筑物以外的下列建筑物，以及与下列同样性质或规模的独立地下建筑物等同于此类建筑物：

（1）县级党政机关办公楼。

（2）设计使用人数或座位数超过800人（座）的体育馆、会堂、会议中心、电影院、剧场、室内娱乐场所、车站和客运站等公众室内场所。

（3）文物古迹、博物馆、展览馆、档案馆和藏书量超过10万册的图书馆等建筑物。

（4）分行级的银行等金融机构办公楼。

（5）设计使用人数超过2000人的露天体育场、露天游泳场和其他露天公众聚会娱乐场所。

（6）中小学校、幼儿园、托儿所、残障人员康复设施、养老院、医院的门诊楼和住院楼等建筑物。

注：这些设施有围墙者，从围墙中心线算起；无围墙者从最近的建筑物算起。

（7）总建筑面积超过6000m^2的商店（商场）、商业营业场所的建筑面积超过4000m^2的综合楼、证券交易所；总建筑面积超过2000m^2的地下商店（商业街）以及总建筑面积超过10000m^2的菜市场等商业营业场所。

（8）总建筑面积超过10000m^2的办公楼、写字楼等办公建筑。

（9）总建筑面积超过10000m^2的居住建筑。

（10）总建筑面积超过15000m^2的其他建筑。

（11）地铁的临时性人员出入口和通风口。

3）二类保护物

除重要公共建筑和一类建筑物以外的下列建筑物，与下列同样性质或规模的独立地下建筑物等同于此类建筑物：

（1）体育馆、会堂、电影院、剧场、室内娱乐场所、车站、客运站、体育场、露天游泳场和其他露天娱乐场所等室内外公众聚会场所。

（2）地下商店（商业街）；总建筑面积超过3000m^2的商店（商场）、商业营业场所的建筑面积超过2000m^2的综合楼；总建筑面积超过3000m^2的菜市场等商业营业场所。

（3）支行级的银行等金融机构办公楼。

（4）总建筑面积超过5000m^2的办公楼、写字楼等办公类建筑物。

（5）总建筑面积超过5000m^2的居住建筑。

（6）总建筑面积超过7500m^2的其他建筑物。

（7）车位超过 100 个的汽车库和车位超过 200 个的停车场。

（8）城市主干道的桥梁、高架路等。

4）三类建筑物

除重要公共建筑物、一类和二类的保护物以外的建筑物。与上述同样性质或规模的地下建筑物等同于上述各类建筑物。[8]

以上各类建筑物的建筑面积，除明确说明外，均指单栋建筑物。所列建筑面积不含地下车库和地下设备间面积。

3. 各级加油加气加氢站的防火间距

各级加油加气加氢站的防火安全距离不应小于下列各表的要求。

1）加油站、各类合建站中的汽油工艺设备与站外建（构）筑物的安全间距，不应小于表 4-50 的要求。[8]

加油站、各类合建站中汽油工艺设备与站外建（构）筑物的安全间距（m） **表 4-50**

站外建（构）筑物名称 \ 站内汽油设备		站内汽油（埋地油罐）工艺设备			加油机、通气管管口、油气回收处理装置
		一级站	二级站	三级站	
重要公共建筑物		35	35	35	35
明火地点或散发火花地点		21	17.5	12.5	12.5
民用建筑物保护类别	一类保护物	17.5	14	11	11
	二类保护物	14	11	8.5	8.5
	三类保护物	11	8.5	7	7
甲、乙类物品生产厂房、库房和甲、乙类液体储罐		17.5	15.5	12.5	12.5
丙、丁、戊类物品生产厂房、库房和丙类液体储罐，以及容积不大于 $50m^3$ 的埋地甲、乙类液体储罐		12.5	11	10.5	10.5
室外变、配电站		17.5	15.5	12.5	12.5
铁路、地上城市轨道线路		15.5	15.5	15.5	15.5
城市道路	快速路，主干路，高速公路，一级、二级公路	7	5.5	5.5	5
	次干路，支路，三级、四级公路	5.5	5	5	5
架空通信线路		1 倍杆塔高且≥6.5m	1 倍杆塔高且≥6.5m	6.5	6.5
架空电力线路	无绝缘层	1.5 倍杆（塔）高且不应小于 6.5m	1 倍杆（塔）高且不应小于 6.5m	6.5	6.5
	有绝缘层	1 倍杆（塔）高且不应小于 5m	0.75 倍杆（塔）高且不应小于 5m	5	5

注：1. 一级、二级、三级站包括合建站级别。

2. 室外变、配电站，指电力系统电压为 35～500kV 且每台变压器容量在 10MV·A 以上的室外变、配电站，以及工业企业的变压器总油量大于 5t 的室外降压变电站。其他规格的室外变、配电站或变压器应按丙类物品生产厂房确定。

3. 表中道路是指机动车道路。

4. 与重要公共建筑的防火间距，尚应满足与其主要出入口（包括铁路、地铁和二级及以上公路的隧道出入口）的间距不应小于 50m 的要求。

5. 一、二级耐火等级民用建筑物面向加油站一侧的墙为无门窗洞口的实体墙时，油罐、加油机和通气管管口与该民用建筑物的距离，不应小于本表规定的安全间距的 70%，且不得小于 6m。

2）加油站、各类合建站中柴油工艺设备与站外建（构）筑物的安全间距，不应小于表 4-51 的要求。

加油站、各类合建站中柴油工艺设备与站外建（构）筑物的安全间距（m）　表 4-51

站内汽油设备 站外建（构）筑物		柴油（埋地油罐）工艺设备			加油机、通气管管口
		一级站	二级站	三级站	
重要公共建筑物		25	25	25	25
明火地点或散发火花地点		12.5	12.5	10	10
民用建筑物保护类别	一类保护物	6	6	6	6
	二类保护物	6	6	6	6
	三类保护物	6	6	6	6
甲、乙类物品生产厂房、库房和甲、乙类液体储罐		12.5	11	9	9
丙、丁、戊类物品生产厂房、库房和丙类液体储罐，以及容积不大于 $50m^3$ 的埋地甲、乙类液体储罐		9	9	9	9
室外变、配电站		15	12.5	12.5	12.5
铁路、地上城市轨道线路		15	15	15	15
城市道路	快速路、主干路、高速公路、一级公路、二级公路	3	3	3	3
	次干路、支路、三级公路、四级公路	3	3	3	3
架空通信线路		0.75 倍杆塔高且≥5m	5	5	5
架空电力线路	无绝缘层	0.75 倍杆高且≥6.5m		6.5	6.5
	有绝缘层	0.5 倍杆高且≥5m		5	5

注：1. 室外变、配电站，指电力系统电压为 35～500kV 且每台变压器容量在 10MV·A 以上的室外变、配电站，以及工业企业的变压器总油量大于 5t 的室外降压变电站。其他规格的室外变、配电站或变压器应按丙类物品生产厂房确定。
2. 表中道路是指机动车道路。

3）LPG（液化石油气）加气站、加油加气合建站中 LPG 设备与站外建（构）筑物的安全间距，不应小于表 4-52 的要求。

LPG（液化石油气）设备与站外建（构）筑物的安全间距（m）　表 4-52

站内 LPG 储罐 站外建（构）筑物名称		地上 LPG 储罐			埋地 LPG 储罐		
		一级站	二级站	三级站	一级站	二级站	三级站
重要公共建筑物		100	100	100	100	100	100
明火地点或散发火花地点		45	38	33	30	25	18
民用建筑物保护类别	一类保护物						
	二类保护物	35	28	22	20	16	14
	三类保护物	25	22	18	15	13	11
甲、乙类物品生产厂房、库房和甲、乙类液体储罐		45	45	40	25	22	18

续表

站内LPG储罐 站外建（构）筑物名称		地上LPG储罐			埋地LPG储罐		
		一级站	二级站	三级站	一级站	二级站	三级站
丙、丁、戊类物品生产厂房、库房和丙类液体储罐，以及容积不大于50m³的埋地甲、乙类液体储罐		32	32	28	18	16	15
室外变、配电站		45	45	40	25	22	18
铁路、地上城市轨道线路		45	45	45	22	22	22
城市道路	快速路、主干路、高速公路、一级公路、二级公路	15	13	11	10	8	8
	次干路、支路、三级公路、四级公路	12	11	10	8	6	6
架空通信线路		1.5倍杆（塔）高	1倍杆（塔）高		0.75倍杆（塔）高		
架空电力线路	无绝缘层	1.5倍杆（塔）高	1.5倍杆（塔）高		1倍杆（塔）高		
	有绝缘层		1倍杆（塔）高		0.75倍杆（塔）高		

注：1. 室外变、配电站，指电力系统电压为35～500kV且每台变压器容量在10MV·A以上的室外变、配电站，以及工业企业的变压器总油量大于5t的室外降压变电站。其他规格的室外变、配电站或变压器应按丙类物品生产厂房确定。

2. 表中道路是指机动车道路。油罐、加油机和油罐通气管管口与郊区公路的安全间距应按城市道路确定；高速公路、一级和二级公路应按城市快速路、主干路确定；三级和四级公路应按城市次干路、支路确定。

3. 液化石油气罐与站外一、二、三类保护物地下室的出入口、门窗的距离，应按本表一、二、三类保护物的安全间距增加50%。

4. 一、二级耐火等级民用建筑物面向加气站一侧的墙为无门窗洞口的实体墙时，LPG储罐与该民用建筑物的距离不应小于本表规定的安全间距的70%。

5. 容量小于等于10m³地上LPG储罐整体装配式的加气站，其罐与站外建（构）筑物的距离，不应低于本表三级站的地上罐安全间距的80%，且不应小于11m。

6. LPG储罐与站外建筑面积不超过200m²的独立民用建筑物的距离，不应低于本表三类保护物安全间距的80%，并不应小于三级站的安全间距。

4）LPG（液化石油气）加气站、加油加气合建站中LPG设备与站外建（构）筑物的安全间距，不应小于表4-53的要求。

LPG设备与站外建（构）筑物的安全间距（m） **表4-53**

站内LPG设备 站外建（构）筑物		LPG卸车点	LPG放空管管口	LPG加气机、泵（房）、压缩机（间）
重要公共建筑物		100	100	100
明火地点或散发火花地点		25	18	18
民用建筑物保护类别	一类保护物			
	二类保护物	16	14	14
	三类保护物	13	11	11
甲、乙类物品生产厂房、库房和甲、乙类液体储罐		22	20	20

续表

站外建（构）筑物 \ 站内LPG设备		LPG卸车点	LPG放空管管口	LPG加气机、泵（房）、压缩机（间）
丙、丁、戊类物品生产厂房、库房和丙类液体储罐，以及容积不大于50m³的埋地甲、乙类液体储罐		16	14	14
室外变、配电站		22	20	20
铁路、地上城市轨道线路		22	22	22
城市道路	快速路、主干路、高速公路、一级公路、二级公路	8	8	6
	次干路、支路、三级公路、四级公路	6	6	5
架空通信线路		0.75倍杆（塔）高		
架空电力线路	无绝缘层	1倍杆（塔）高		
	有绝缘层	0.75倍杆（塔）高		

注：1. 室外变、配电站，指电力系统电压为35～500kV且每台变压器容量在10MV·A以上的室外变、配电站，以及工业企业的变压器总油量大于5t的室外降压变电站。其他规格的室外变、配电站或变压器应按丙类物品生产厂房确定。

2. 表中道路是指机动车道路。

3. LPG卸车点、加气机、放空管管口与站外一、二、三类保护物地下室的出入口、门窗的距离，应按本表一、二、三类保护物的安全间距增加50%。

4. 一、二级耐火等级民用建筑物面向加气站一侧的墙为无门窗洞口的实体墙时，站内LPG设备与该民用建筑物的距离不应小于本表规定的安全间距的70%。

5. LPG卸车点、加气机、放空管管口与站外建筑面积不超过200m²的独立民用建筑物的距离，不应低于本表中三类保护物的安全间距的80%，且不应小于11m。

5）CNG加气站、各类合建站中的CNG工艺设备与站外建（构）筑物的安全间距，不应小于表4-54的要求。

CNG加气站和各类合建站中的CNG工艺设备与站外建（构）筑物的安全间距（m）

表4-54

站外建（构）筑物 \ 站内CNG工艺设备		储气瓶	集中放空管管口	储气井、加（卸）气设备、脱硫脱水设备、压缩机间
重要公共建筑物		50	30	30
明火地点或散发火花地点		30	25	20
民用建筑物保护类别	一类保护物			
	二类保护物	20	20	14
	三类保护物	18	15	12
甲、乙类物品生产厂房、库房和甲、乙类液体储罐		25	25	18
丙、丁、戊类物品生产厂房、库房和丙类液体储罐，以及容积不大于50m³的埋地甲、乙类液体储罐		18	18	13

续表

站内CNG工艺设备 / 站外建（构）筑物		储气瓶	集中放空管管口	储气井、加（卸）气设备、脱硫脱水设备、压缩机间
室外变、配电站		25	25	18
铁路、地上城市轨道线路		30	30	22
城市道路	快速路、主干路、高速路、一级公路、二级公路	12	10	6
	次干路、支路、三级公路、四级公路	10	8	5
架空通信线路		1倍杆（塔）高	0.75倍杆（塔）高	0.75倍杆（塔）高
架空电力线路	无绝缘层	1.5倍杆（塔）高		1倍杆（塔）高
	有绝缘层	1倍杆（塔）高		

注：1. 室外变、配电站，指电力系统电压为35～500kV且每台变压器容量在10MV·A以上的室外变、配电站，以及工业企业的变压器总油量大于5t的室外降压变电站。其他规格的室外变、配电站或变压器应按丙类物品生产厂房确定。
2. 表中道路是指机动车道路。油罐、加油机和油罐通气管管口与郊区公路的安全间距应按城市道路确定；高速公路、一级和二级公路应按城市快速路、主干路确定；三级和四级公路应按城市次干路、支路确定。
3. 与重要公共建筑的主要出入口（包括铁路、地铁和二级及以上公路的隧道出入口）的间距不应小于50m。
4. 长管拖车固定停车位与站外建（构）筑物的防火间距，应按本表储气瓶的安全间距确定。
5. 一、二级耐火等级民用建筑物面向加气站一侧的墙为无门窗洞口的实体墙时，站内CNG工艺设备与该民用建筑物的距离不应小于本表规定的安全间距的70%。

6）LNG（液化天然气）加气站、各类合建站中的LNG工艺设备与站外建（构）物的安全间距，应符合表4-55的要求。

LNG（液化天然气）工艺设备与站外建（构）筑物的安全间距（m）　　表4-55

站内LNG设备 / 站外建（构）筑物		地上LNG储罐			放空管管口、加气机	LNG卸车点
		一级站	二级站	三级站		
重要公共建筑物		80	80	80	50	50
明火地点或散发火花地点		35	30	25	25	25
民用建筑物保护类别	一类保护物	35	30	25	25	25
	二类保护物	25	20	16	16	16
	三类保护物	18	16	14	14	14
甲、乙类物品生产厂房、库房和甲、乙类液体储罐		35	30	25	25	25
丙、丁、戊类物品生产厂房、库房和丙类液体储罐，以及容积不大于50m³的埋地甲、乙类液体储罐		25	22	20	20	20
室外变、配电站		40	35	30	30	30
铁路、地上城市轨道线路		80	60	50	50	50

续表

站外建（构）筑物 \ 站内LNG设备		地上LNG储罐			放空管管口、加气机	LNG卸车点
		一级站	二级站	三级站		
城市道路	快速路、主干路、高速路、一级公路、二级公路	12	10	8	8	8
	次干路、支路、三级公路、四级公路	10	8	8	6	6
架空通信线路		1倍杆塔高	0.75倍杆（塔）高		0.75倍杆（塔）高	
架空电力线路	无绝缘层	1.5倍杆（塔）高	1.5倍杆（塔）高		1倍杆（塔）高	
	有绝缘层		1倍杆（塔）高		0.75倍杆（塔）高	

注：1. 室外变、配电站，指电力系统电压为35～500kV且每台变压器容量在10MV·A以上的室外变、配电站，以及工业企业的变压器总油量大于5t的室外降压变电站。其他规格的室外变、配电站或变压器应按丙类物品生产厂房确定。

2. 表中道路是指机动车道路。

3. 埋地LNG储罐、地下LNG储罐和半地下LNG储罐与站外建（构）筑物的距离，分别不应小于本表中地上LNG储罐的安全间距的50%、70%和80%，且最小不应小于6m。

4. 一、二级耐火等级民用建筑物面向加气站一侧的墙为无门窗洞口的实体墙时，站内的LNG设备与该民用建筑物的距离不应小于本表要求的安全间距的70%。

5. LNG储罐、放空管管口、加气机、LNG卸车点与站外建筑面积不超过200m²的独立民用建筑物的距离，不应小于本表中三类建筑物的安全间距的80%。

7）加氢合建站中的氢气工艺设备与站外建（构）筑物的安全间距，不应小于表4-56要求[8]

加氢合建站中的氢气工艺设备与站外建（构）筑物的安全间距（m）　表4-56

项目名称		储氢容器（液氢储罐）			放空管管口	氢气储气井、氢气压缩机、加氢机、氢气卸车柱、氢气冷却器、液氢卸车点
		一级站	二级站	三级站		
重要公共建筑		50（50）	50（50）	50（50）	35	35
明火或散发火花地点		40（35）	35（30）	30（25）	30	20
民用建筑物保护类别	一类保护物	35（30）	30（25）	25（20）	25	20
	二类保护物	30（25）	25（20）	20（16）	20	14
	三类保护物	30（18）	25（16）	20（14）	20	12
甲乙类物品厂房、库房、甲乙类液体储罐		35（35）	30（30）	25（25）	25	18
丙丁戊类物品生产厂房、库房和丙类液体储罐以及单罐容积不大于50m³的埋地甲乙类液体储罐		25（25）	20（20）	15（15）	15	12
室外变配电室		35（35）	30（30）	25（25）	25	18
铁路、地上城市轨道线路		25（25）	25（25）	25（25）	25	22
城市快速路、主干路和高速公路、一级公路、二级公路		15（12）	15（10）	15（8）	15	6

续表

项目名称		储氢容器（液氢储罐）			放空管管口	氢气储气井、氢气压缩机、加氢机、氢气卸车柱、氢气冷却器、液氢卸车点
		一级站	二级站	三级站		
城市次干路、支路和三级公路、四级公路		10（10）	10（8）	10（8）	10	5
架空通信线路		1.0 倍杆（塔）高度			0.75 倍杆（塔）高度	
架空电力线路	无绝缘层	1.5 倍杆（塔）高度			1.0 倍杆（塔）高度	
	有绝缘层	1.0 倍杆（塔）高度			1.0 倍杆（塔）高度	

注：1. 加氢设施的橇装工艺设备与站外建（构）筑物的防火距离，应按本表相应设备的防火间距确定。
2. 氢气长管拖车、管束式集装箱与站外建（构）筑物的防火距离，应按本表储氢容器的防火距离确定。
3. 表中一级站、二级站、三级站包括合建站级别。
4. 当表中的氢气工艺设备与站外建（构）物之间设有高度不小于 2.2m 的实体围墙时，相应安全间距（除与重要公共建筑外）不应少于本表安全间距的 50%且不应小于 8m；氢气储气井、氢气压缩机间（箱）、加氢机、液氢卸车点与城市道路的安全间距不应小于 5m。
5. 表中氢气设备的工作压力大于 45MPa 时，氢气设备与站外建（构）筑物（不含架空通信线路和架空电力线路）的安全间距应按本表安全间距要求增加不低于 20%。
6. 液氢工艺设备与明火或散发火花地点的距离小于 35m 时，两者之间应设置高度不小于 2.2m 的实体墙。
7. 表中括号内数字为液氢储罐与站外建（构）物的安全间距。

8）加油加气加氢站内及辅助服务区的非站房防火间距要求

加油加气加氢站内设置的经营性餐饮、汽车服务等非站房所属建筑物或设施，不应布置在加油加气加氢作业区内，设置在作业区外的辅助设施的防火间距应符合如下要求：

（1）站内或辅助服务区的非站房建筑与站内可燃液体或可燃气体设备的防火间距，应符合表 4-50～表 4-56 中有关与三类保护物的间距要求；

（2）经营性餐饮、汽车服务等设施内设置明火设备时，应视为明火地点或散发火花地点；

（3）对加油加气加氢站内设置的燃煤设备，不得按设置有油气回收系统折减距离；

（4）辅助服务区内建筑物的面积不应超过三类保护物的限制面积。

9）汽车加油加气加氢站的站内加油加气加氢工艺设备及设施之间的防火间距要求

有关汽车加油加气加氢站的站内加油加气加氢工艺设备及设施之间的防火间距要求，应符合《汽车加油加气加氢站技术标准》GB 50156－2021 关于站内设备工艺设施的防火间距（第 5.1.13 条和第 5.1.14 条）规定。

10）汽车加油加气加氢站其他防护要求

在设计汽车加油加气加氢站防火间距时，尚应注意符合如下防护要求：

（1）架空电力线路、架空通信线路均不应跨越加油加气加氢站的加油加气加氢作业区。

（2）加油加气加氢作业区内，不得有明火地点或散发火花地点。

（3）加油加气加氢站作业区内，不得种植油性植物。在 LPG（液化石油气）加气站作业区内，不应种植树木，并不应种植能形成“屏障”而易造成可燃气体聚集的其他植物。

（4）在加油加气加氢合建站内，宜将柴油罐布置在储气设施或储氢设施与汽油罐之间。

（5）加油加气加氢站的爆炸危险区域划分，应符合现行国家标准《爆炸危险环境电力装置设计规范》GB 50058 和《汽车加油加气加氢站技术标准》GB 50156 的有关规定。其爆炸危险区域，不应超出站区围墙和可用地界线。

（6）加油加气加氢站内设施之间的防火距离，不应小于现行国家标准《汽车加油加气加氢站技术标准》GB 50156 关于站内设施的防火间距规定。并采取相应防护措施：

① 当压缩机间与值班室、仪表间相邻时，值班室、仪表间的门窗应设于爆炸危险区范围以外，且与压缩机间的中间隔墙应为无门窗洞口的防火墙。

② 位于爆炸危险区域内的操作井、排水井，应采取防渗漏和防火花发生的措施。

（7）加油加气加氢站的变配电间或室外变压器应布置在作业区外。

（8）与汽车加油加气加氢站无关的可燃气体管道不应穿越站区用地范围。[8]

4.2.7 民用建筑的防火间距

在进行建筑总平面布置时，应根据城市分区及详细规划要求，合理确定总体建筑布局和单体建筑的位置。在满足防火间距的同时，应保证消防车通道和消防水源等公用工程建设条件。

1. 民用建筑之间的防火间距

1）基本要求

（1）民用建筑之间的防火间距，不应小于表 4-57 的要求。

民用建筑之间的防火间距（m）　　表 4-57

建筑类别		高层民用建筑	裙房和其他民用建筑		
		一、二级	一、二级	三级	四级
高层民用建筑	一、二级	13	9	11	14
裙房和其他民用建筑	一、二级	9	6	7	9
	三级	11	7	8	10
	四级	14	9	10	12

注：1. 相邻两座单、多层建筑物，当相邻的外墙为不燃性墙体且无外露的可燃性屋檐，每面外墙上无防火保护的门、窗、洞口不正对开设，且开口面积之和小大于该外墙面积的 5%时，其防火间距可按本表减少 25%。
2. 当相邻的两座建筑物通过地面建筑物、空中连廊或天桥等连接时，相邻建筑物之间的防火间距应按两独立建筑确定，并符合本表要求。
3. 与耐火等级低于四级的既有建筑的防火间距，应按四级耐火等级的要求确定。

（2）当住宅部分与非住宅部分合建时，其防火间距和消防通道（救援场地）设计，应按根据建筑使用功能和建筑总高度确定。[5]

2）特殊要求

（1）建筑高度超过 100m 的民用建筑与相邻建筑的防火间距，不论采取任何措施不应按表 4-57 的要求（不含注）减少。

（2）当两相邻建筑物之间符合下列条件时，其防火间距不限：

① 较高一侧建筑相邻外墙为防火墙（三级建筑的防火墙应高出屋面 0.5m 以上）；

② 较高建筑物在高出较低的一、二级耐火等级建筑物的屋面 15m 及以下范围内的外墙为不开设门、窗洞口的防火墙（图 4-13）；

③ 建筑耐火等级均为一、二级且建筑高度相同，任一侧相邻外墙为防火墙。

(3) 相邻的两座建筑物当较低一面的耐火等级不低于二级，屋顶上无天窗开口，屋顶的耐火极限不低于 1.00h 且相邻较低一面的外墙为防火墙时，防火间距应符合如下要求：

① 单层、多层民用建筑之间的防火间距不应小于 3.5m；

② 高层建筑之间或高层与单、多层建筑之间的防火间距不应小于 4m（图 4-13）。

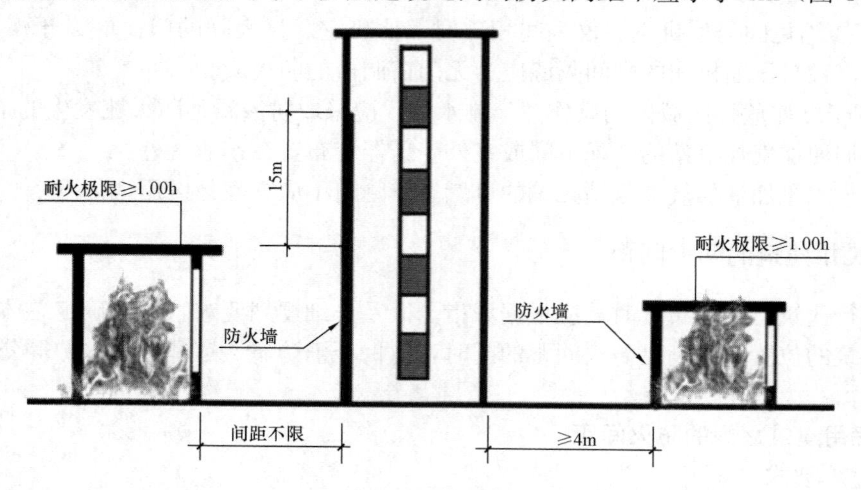

图 4-13 防火间距示意图

(4) 相邻的两座建筑物，当较低一座建筑物耐火等级不低于二级，相邻较高一侧建筑外墙上的开口部位设有符合国家标准要求的甲级防火门窗、防火卷帘或防火分隔水幕时，单层、多层建筑之间的防火间距不应小于 3.5m；高层建筑之间或高层建筑与单层、多层建筑之间的防火间距不应小于 4m。

(5) 除高层民用建筑外，数座一、二级耐火等级的住宅（包括底部设有商业服务网点的住宅）建筑或办公建筑，当建筑物的占地面积的总和不大于 $2500m^2$ 时，可成组布置，但组内建筑物之间的距离不宜小于 4m。组与组边缘建筑之间或各组的边缘建筑与外部相邻建筑物之间的防火间距不应小于表 4-57 的要求。[5]

(6) 耐火等级低于四级的建筑的防火间距，可按四级建筑确定。

因三、四级建筑物发生火灾时，烟火往往突破屋顶，其热辐射对邻近建筑物的影响范围要比一、二级建筑物发生火灾的影响范围大（图 4-14），防火间距就要大些。

(7) 步行商业街两侧相对建筑的防火间距，应考虑疏散人流所需占道宽度、消防车通道宽度，并结合消防车道"边缘"至两侧建（构）筑物的最小距离要求，[17]综合分析确定步行街两侧建筑的防火间距，且不应小于 9.0m。[5]

3）适应具体防火间距的防火墙设置要求

通常相邻建筑物布置，有端部山墙相临、主体斜对面临、主体平行面临等几种情况。

据分析，当两相临的一、二级建筑外墙面线交角大于 135°时，在两相临建筑的外墙上开设的门窗洞口之间，受火灾热辐射影响程度较弱，适当小于基本防火间距，也不会有蔓延火灾的危险。当两相临的一、二级建筑物外墙面线交角小于等于 135°时，其建筑防火间距如未能满足表 4-57 基本防火间距要求，则会使对方建筑面临受火灾热辐射影响而招致火灾蔓延的危险。[56][57]为解决防火间距不足问题，需采取在相临建筑外墙适当部位设

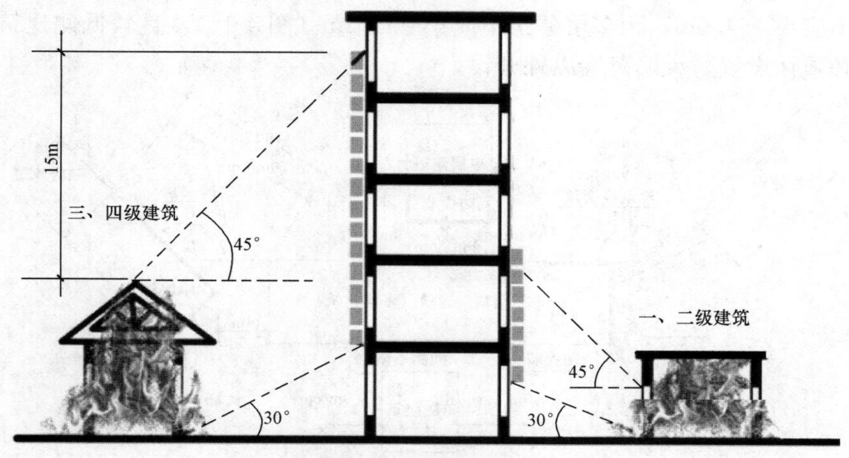

图 4-14 相临建筑物火灾影响示意图

置防火墙的措施，以适应相关的防火间距要求。但防火墙的设置部位和范围一定要确切适当，并符合如下具体要求：

(1) 当两相临一、二级耐火等级建筑的外墙面线的交角大于 135°时，有两种情况：

① 当建筑的外墙面线的交角大于 135°而小于 180°，相邻较高一侧建筑外墙为防火墙时，建筑防火间距不限，且可在两侧外墙上相距 4.0m 以外部位开设普通门窗洞口。当两相邻建筑外墙面线的交角等于 180°，两建筑间距不足 2.0m 时，应保证两侧外墙上开设的最近普通门窗洞口的距离不小于 2.0m（图 4-15）。

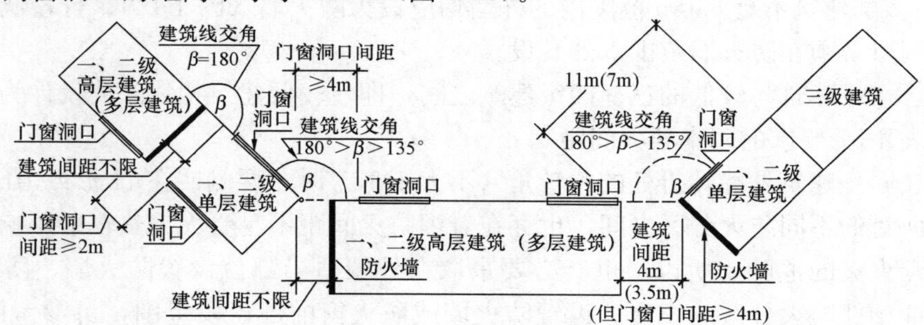

图 4-15 相临民用建筑的端侧面临的防火墙设置示意图

② 当相临较低一侧建筑外墙为防火墙时，其与较高侧建筑的防火间距应符合：与高层建筑不应小于 4.0m，与多层建筑不应小于 3.5m，且应保证两相临建筑外墙上开设的普通门窗洞口的距离不小于 4.0m 的要求（图 4-15）。

(2) 当两相临一、二级耐火等级建筑的外墙面线的交角小于等于 135°时，有两种情况：

① 如较高一侧建筑外墙为防火墙，且保证防火墙的设置范围为：高层建筑距相临建筑不足 9.0m 或多层建筑距相临建筑不足 6.0m 范围内的外墙均为防火墙时，两相临建筑防火间距不限（图 4-16），且较高侧建筑的普通门窗洞口必须在防火墙范围以外开设。

② 如较低一侧建筑外墙为防火墙，且保证防火墙的设置范围为：距相临高层建筑不足 9.0m 或距多层建筑不足 6.0m 范围内的外墙均为防火墙时，两建筑防火间距要求：距

高层建筑不应小于 4.0m，距多层建筑不应小于 3.5m（图 4-16），且较低侧建筑的普通门窗，洞口必须在设置防火墙范围以外开设。

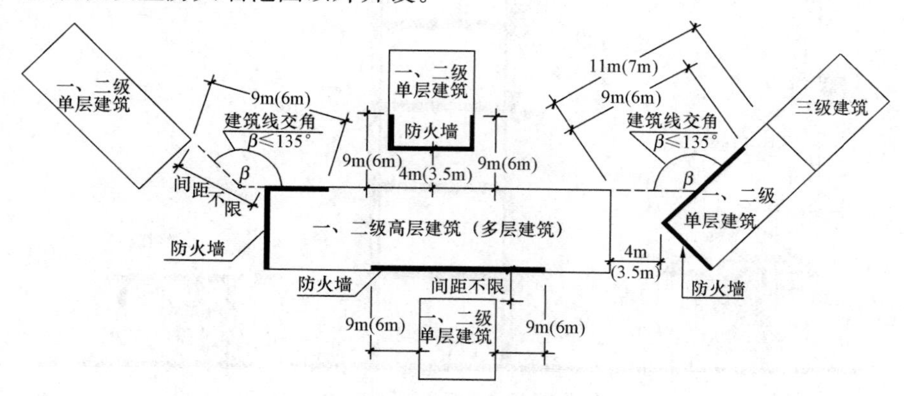

图 4-16 相临民用建筑的正对、斜对面邻的防火墙设置示意图

（3）当两相临一、二级耐火等级建筑平行布置，正对面临时有两种情况：

① 较高侧建筑相临外墙为防火墙时，其防火间距不限。但必须保证较高建筑的防火墙设置范围：即高层建筑与较低建筑间距不足 9.0m 或多层较高建筑与较低建筑间距不足 6.0m 范围内的相邻外墙均设为防火墙。且较高侧建筑的普通门窗洞口必须在防火墙范围以外开设。

② 当相临较低一侧建筑外墙为防火墙时，其防火间距应符合：距高层建筑不小于 4.0m，距多层建筑不小于 3.5m 要求。但必须保证防火墙设置范围：即距高层建筑不足 9.0m 或距多层建筑不足 6.0m 范围内的外墙均应设为防火墙（图 4-16）。且较低侧建筑的普通门窗洞口必须在防火墙范围以外开设。

在一、二级建筑与较低的三、四级建筑之间，即使较低建筑相邻外墙设计为防火墙也必须保证表 4-57 要求的基本防火间距。

（4）在同一建筑外墙转折处的内转角（不大于 135°时）两侧或在 Π 形或 Ш 形两相临翼外墙相面对的不同防火分区之间，也存在着因防火间距不足受火灾热辐射影响向相邻防火分区蔓延火灾的危险。所以，也有必要采取在外墙适当部位设置防火墙、防火窗等措施，以保证相邻防火分区的安全。设置防火墙或防火窗的部位及范围，可参考图 4-16 所示的防火墙设置部位和防火墙外开设普通门窗洞口的距离范围。

（5）当相邻民用建筑之间，因受条件限制不能满足防火间距要求或必须贴邻布置时，应采取可靠的加强防护措施，以适应相关防火间距要求。在居住区改（扩）建设计中，往往遇有相邻建筑过近或贴邻布置而“侵占”防火间距的问题：由于较高一侧建筑外墙因功能需要不能设为防火墙，故防火间距不能减少；即使较低一侧建筑外墙设为防火墙也不符合防火间距折减要求；更何况贴邻布置根本没有防火间距。为妥善解决防火间距问题，可采取如下建筑防护措施：

①建筑物的消防车通道和救援场地设置必须符合有关要求；

②相邻建筑的较低侧外墙必须设为防火墙；

③相邻建筑的较低侧建筑屋顶（不燃性楼板）的耐火极限不应低于 2.00h，且该屋顶的设置边界不应小于相应防火间距要求的范围（图 4-17）；

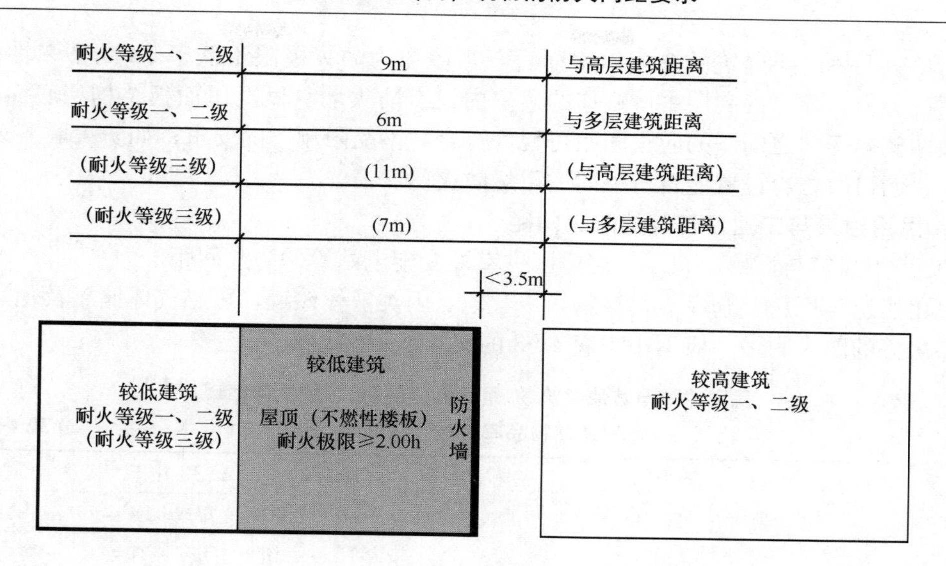

图 4-17 民用建筑相邻布置间距防护措施

④建筑结构应保证该防火墙与屋顶（不燃性楼板加强防火部分）的整体稳固和安全。

因单、多层民用建筑的设防火灾延续时间一般不超过 2.00h，采取如上防护措施可以保证相邻建筑之间免遭火灾蔓延的危险。在较低一侧建筑设置防火墙和耐火极限不低于 2.00h 不燃性屋面楼板的界限之外的建筑部分，与较高建筑的距离则应符合有关防火间距要求。

（6）多栋高层民用建筑毗连裙房时的防火间距

当多栋高层建筑的裙房毗连时，虽高层主体之间防火间距符合要求，但毗连的裙房“之间”的防火墙位置便成为两高层建筑裙房的“分界线”。在处理相邻高层建筑及裙房的防火间距问题时，应考虑如下问题：

①高层主体下部与裙房相邻的防火墙，应与高层主体外墙相对应，即高层主体内的防火分区不能跨越到裙房内；

②两栋高层建筑毗连裙房“分界”处与任一栋高层主体间距不足 4m 时，该栋高层主体面对裙房一侧的外墙在高出裙房屋面 15m 以下应为不开设门、窗洞口的防火墙；

③在两座高层建筑的毗连裙房的“分界”处，设置的隔墙为防火墙，裙房屋顶为耐火极限不低于 1.00h 的不燃烧体且屋顶不开天窗时，两毗连裙房之间的防火墙处与高层建筑主体之间的防火间距不应小于 4m（图 4-18）；

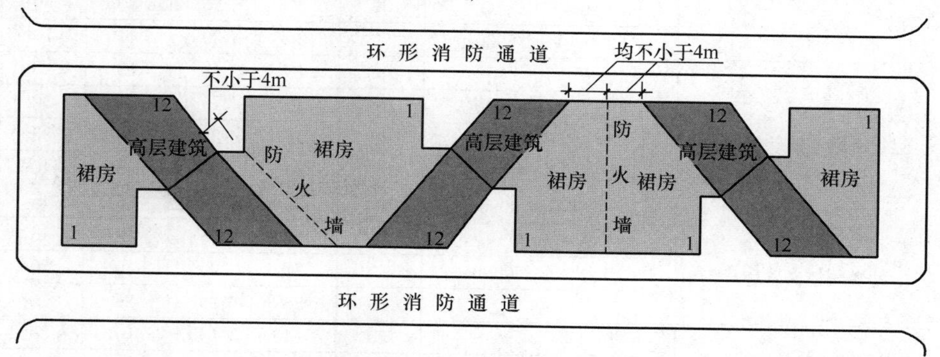

图 4-18 高层建筑之间的毗连裙房的分界防火墙设置示意图

④单就两栋高层建筑的毗连裙房而言，当屋顶为耐火极限不低于 1h 的不燃性楼板，屋顶不设天窗，在与两高层主体毗连的裙房内设有防火墙（做至屋面板结构层底面）时，防火墙两侧裙房“之间”的防火间距可视为符合“不受限制”的要求；如防火墙上必须开设门、窗洞口时，应设置能自行关闭的甲级防火门、窗。

2. 民用建筑与工业建筑等的防火间距

1）民用建筑与厂房、仓库、储罐区、室外变配电站等的防火间距

民用建筑与厂房、仓库等建筑物，甲、乙、丙类液体储罐，可燃气体储罐及化学易燃物品库房等的防火间距，应不小于表 4-58 的要求：

民用建筑与其他建筑物、可燃液体储罐、可燃气体储罐、化学易燃物品库房的防火间距（m） 表 4-58

项目				民用建筑					
				重要公共建筑	裙房、单层或多层			高层	
					一、二级	三级	四级	一类	二类
甲类厂房		单层、多层	一、二级	50	25	25	25	50	50
工厂、仓库	乙类厂(库)房	单层、多层	一、二级	50	25	25	25	50	50
			三级	50	25	25	25	50	50
		高层	一、二级	50	25	25	25	50	50
	丙类厂(库)房	单层、多层	一、二级	10	10	12	14	20	15
			三级	12	12	14	16	25	20
			四级	14	14	16	18	25	20
		高层	一、二级	13	13	15	17	20	15
	丁、戊类厂(库)房	单层、多层	一、二级	10	10	12	14	15	13
			三级	12	12	14	16	18	15
			四级	14	14	16	18	18	15
		高层	一、二级	13	13	15	17	15	13
可燃液体储罐、可燃助燃气体储罐、化学易燃物品库房	甲、乙类液体储罐(m^3)		$1 \leqslant V < 50$	50	12	15	20	40	40
			$50 \leqslant V < 200$	50	15	20	25	50	50
			$200 \leqslant V < 1000$	50	20	25	30	60	60
			$1000 \leqslant V < 5000$	50	25	30	40	70	70
	丙类液体储罐(m^3)		$5 \leqslant V < 250$	50	12	15	20	40	40
			$250 \leqslant V < 1000$	50	15	20	25	50	50
			$1000 \leqslant V < 5000$	50	20	25	30	60	60
			$5000 \leqslant V < 25000$	50	25	30	40	70	70
	湿式可燃气体储罐(m^3)		$V < 1000$	100	18	18	18	25	25
			$1000 \leqslant V < 10000$	100	20	20	20	30	30
			$10000 \leqslant V < 50000$	100	25	25	25	35	35
			$50000 \leqslant V < 100000$	100	30	30	30	40	40
			$100000 \leqslant V < 300000$	100	35	35	35	45	45
	助燃气体储罐(m^3)		$V \leqslant 1000$	18	18	18	18	18	18
			$1000 < V \leqslant 50000$	20	20	20	20	20	20
			$V > 50000$	25	25	25	25	25	25
	化学易燃物品库房(t)		甲类 3、4 项≤5(>5)	50	30(40)	30(40)	30(40)	50	50
			甲类 1、2、5、6 项≤10(>10)	50	25(30)	25(30)	25(30)	50	50

续表

项目			民用建筑					
			重要公共建筑	裙房、单层或多层			高层	
				一、二级	三级	四级	一类	二类
室外变配电站	变压器总油量（t）	≥5，≤10	15	15	20	25	20	
		>10，≤50	20	20	25	30	25	
		>50	25	25	30	35	30	

注：1. 民用建筑与丙、丁、戊类厂房的耐火等级均为一、二级时，当较高一面的外墙为不开设门窗洞口的防火墙，或比较低一座建筑屋面高 15m 及以下范围内的外墙为不开设门窗洞口的防火墙时，其防火间距不限；

2. 民用建筑与乙类 6 项物品仓库的防火间距，可按与丙类物品仓库的防火间距执行。

2）民用建筑与其他建（构）物的防火间距

（1）与终端变电站和小型锅炉房的防火间距

民用建筑与单独建造的终端变电站之间、与单台蒸汽锅炉的蒸发量不大于 4t/h 或单台热水锅炉的额定热功率不大于 2.8MW 的燃煤锅炉房之间的防火间距，可根据终端变电站或锅炉房的建筑耐火等级，按照不小于表 4-57 中民用建筑之间的基本防火间距要求确定。

（2）与非终端变电站及大型锅炉房的防火间距

① 民用建筑与单独建造的室外露天（非终端）变电站的防火间距，应不小于表 4-1 或表 4-58 中与室外变（配）电站的防火间距要求。

② 民用建筑与单独建造的室内（非终端）变电站的防火间距，应不小于表 4-1 或表 4-58 中与丙类厂房的防火间距要求。

③ 民用建筑与燃油或燃气锅炉房及单台蒸汽锅炉蒸发量大于 4t/h 或额定热功率大于 2.8MW 的燃煤锅炉房的防火间距，应不小于表 4-1 或表 4-58 中与丁类厂房 的防火间距要求。[20]

（3）与电压在 10kV 及以下的预装式变电站的防火间距

民用建筑与电压在 10kV 及以下的预装式变电站的防火间距不应小于 3m。

（4）与燃气调压站、液化石油气气化站、混气站和供应站瓶库等的防火间距

民用建筑与燃气调压站、液化石油气气化站、混气站和液化石油气供应站瓶库等的防火间距应符合现行国家标准《城镇燃气设计规范》GB 50028 的有关具体规定。

3）民用建筑内燃料供给设施布置要求

（1）设置在建筑内的锅炉、柴油发电机，其燃料供给管道应符合下列要求：

① 应在进入建筑物前和设备间内的管道上设置自动和手动切断阀；

② 储油间的油箱应密闭且应设置通向室外的通气管，通气管应设置带阻火器的呼吸阀，油箱的下部应设置防止油品流散的设施；

③ 燃气供给管道的敷设应符合现行国家标准《城镇燃气设计规范》GB 50028 的有关规定。

（2）高层民用建筑内使用可燃气体燃料时，应采用管道供气。使用可燃气体的房间或部位宜靠外墙设置，[37]并应符合现行国家标准《城镇燃气设计规范》GB 50028 的有关规定。

（3）民用建筑内采用瓶装液化石油气瓶组供气时，瓶组间的设置应符合下列要求：

① 应设置独立的瓶组间；

② 瓶组间不应与住宅建筑、重要公共建筑和其他高层公共建筑贴邻；

③ 液化石油气气瓶的总容积不大于 1m³ 的瓶组间与所服务的其他建筑贴邻时，应采

用自然汽化方式供气；

④ 液化石油气气瓶的总容积大于 $1m^3$ 但不大于 $4m^3$ 的独立瓶组间，与所服务建筑的防火间距应符合表 4-26 的有关要求；

⑤ 应在瓶组间的总进、出管道上设置紧急事故自动切断阀；

⑥ 瓶组间应设置可燃气体浓度报警装置；

⑦ 瓶组间的电气设计应符合现行国家标准《爆炸危险环境电力装置设计规范》GB 50058 的有关规定。[5]

4.2.8 各类工程管线敷设的安全防护距离

为合理统筹安排城市交通、居住、环保、热力、供电、燃气、电信、防洪、人防等各类工程管线在城市的地上和地下空间位置，协调工程管线之间以及管线与其他各项工程之间的关系，保护各专业管线建设、维护管理和使用的安全，应合理确定各类工程管线在地下敷设时的排列顺序和最小覆土深度；合理确定地下管线或地上管（杆）线之间及其与周围建（构）筑物、道路等之间的最小水平净距和垂直净距，以利于各专业管线的协调建设发展，合理利用城市的地上、地下空间。

1. 地下工程管线的覆土深度要求

工程管线的最小覆土深度应符合表 4-59 的要求。

工程管线的最小覆土深度（m）　　表 4-59

序号		1		2		3		4	5	6	7
管线名称		电力管线		电信管线		热力管线		燃气管线	给水管线	雨水排水管线	污水排水管线
		直埋	管沟	直埋	管沟	直埋	管沟				
最小覆土深度（m）	人行道下	0.50	0.40	0.70	0.40	0.50	0.20	0.60	0.60	0.60	0.60
	车行道下	0.70	0.50	0.80	0.70	0.70	0.20	0.80	0.70	0.70	0.70

注：10kV 以上直埋电力电缆管线的覆土深度不应小于 1.0m。[53]

2. 在道路下面敷设工程管线的要求

工程管线在道路下面的规划位置，应布置在人行道或非机动车道下面。电信电缆、给水输水、燃气输气、污雨水排水等工程管线可布置在非机动车道或机动车道下面。

1）工程管线在道路下面的规划位置宜相对固定。布置时应做到：

（1）从道路红线向道路中心线（即离建筑物由近及远的）方向平行布置的次序，应根据工程管线的性质、埋设深度等确定。布置的次序宜为：电力电缆、电信电缆、燃气配气、给水配水、热力干线、燃气输气、给水输水、雨水排水、污水排水。[17][53]

（2）以下工程管线应远离建筑物：

① 分支线少、埋设深、检修周期短的工程管线；

② 输送易燃、可燃物料的工程管线；

③ 损坏时对建筑物基础安全有影响的工程管线。

（3）沿城市道路布置的工程管线应与道路中心线平行，其主干线应靠近分支管线多的一侧，工程管线不宜从道路一侧转到另一侧。[53]

（4）各种工程管线的垂直方向的埋深排序，由浅入深宜为：电信管线、热力管、小于 10kV 的电力电缆、大于 10kV 的电力电缆、燃气管、给水管、雨水管、污水管。[17]

（5）各种工程管线不应在垂直方向上重叠直埋敷设。

2）工程管线与铁路、公路交叉敷设时，宜采用垂直交叉方式布置；受条件限制时可倾斜交叉布置，其最小交叉角宜大于30°。[53]

3）在供重载或大型消防车辆停靠和作业的地段，为保护各类埋地工程管线的安全，必须对管线的覆护层采取可靠的安全保护措施。切实加强地面承载构造，以利承受大型消防车的重载压力。

3. 地下敷设的工程管线之间及其与建（构）筑物的最小净距要求

1）工程管线之间及其与建（构）筑物的最小水平净距

工程管线之间及其与建（构）筑物的最小水平净距应不小于表4-60的要求。[53]

工程管线之间及其与建（构）筑物之间的最小水平净距（m） **表4-60**

序号	管线及建（构）筑物名称		1	2		3	4	5					6
			建（构）筑物	给水管（mm）		污水雨水排水管	再生水管线	燃气管线					直埋热力管线
				D≤200	D>200			低压	中压		高压		
									B	A	B	A	
1	建（构）筑物		—	1.0	3.0	2.5	1.0	0.7	1.0	1.5	4.0	6.0	3.0
2	给水管	D≤200mm	1.0	—		1.0	0.5	0.5			1.0	1.5	1.5
		D>200mm	3.0			1.5							
3	污水雨水排水管		2.5	1.0	1.5		0.5	1.0	1.2		1.5	2.0	1.5
4	再生水管线		1.0	0.5		0.5	—	0.5			1.0	1.5	1.0
5	燃气管 低压	P≤0.05MPa	0.7	0.5		1.0	0.5	DN≤300mm，0.4 DN>300mm，0.5					1.0
	燃气管 中压	0.01MPa<P≤0.2MPa	1.0			1.2							1.0
		0.2MPa<P≤0.4MPa	1.5										
	燃气管 高压	0.4MPa<P≤0.8MPa	5	1.0		1.5	1.0						1.5
		0.8MPa<P≤1.6MPa	13.5	1.5		2.0	1.5						2.0
6	直埋热力管线		3.0	1.5		1.5	1.0	1.0			1.5	2.0	
7	电力管线	直埋	0.6	0.5		0.5	0.5	0.5			1.0	1.5	2.0
		保护管						1.0					
8	通信管线	直埋	1.0	1.0		1.0	1.0	0.5			1.0	1.5	1.0
		管道、通道	1.5					1.0					
9	管沟		0.5	1.5		1.5	1.5	1.0	1.5		2.0	4.0	1.5
10	乔木（中心）		—	1.5		1.5	1.0	0.75			1.2		1.5
11	灌木		—	1.0		1.0							1.5
12	地上杆柱	通信照明及<10kV		0.5		0.5	0.5	1.0					1.0
		高压铁塔基础边 ≤35kV	—	3.0		1.5	3.0	1.5			2.5		3.0（>330V 5.0）
		高压铁塔基础边 >35kV	—										
13	道路侧石边缘		—	1.5		1.5	1.5	1.5			2.5		1.5
14	有轨电车钢轨		—	2.0		2.0	2.0	2.0					2.0
15	铁路钢轨（或坡脚）		6.0	5.0		5.0	5.0	5.0					5.0

续表

序号	管线及建（构）筑物名称	7		8		9	10	11	12			13	14	15
		电力管线		电信管线		管沟	乔木	灌木	地上杆柱			道路侧石（边缘）	有轨电车钢轨	铁路钢轨或坡脚
		直埋	保护管	直埋	管道通道				通信照明及<10kV	高压铁塔基础 ≤35kV	高压铁塔基础 >35kV			
1	建（构）筑物	0.6		1.0	1.5	0.5	—	—	—			—	—	—
2	给水管 $D\leqslant 200$mm	0.5		1.0		1.5	1.5	1.0	0.5	3.0		1.5	2.0	5.0
	给水管 $D>200$mm													
3	污水雨水排水管	0.5		1.0	1.5	1.5	1.0	0.5	1.5			1.5	2.0	5.0
4	再生水管线	0.5		1.0		1.5			0.5	3.0		1.5	2.0	5.0
5	燃气管 低压 $P\leqslant 0.05$MPa	0.5		0.5	1.0	1.0	0.75		1.0	1.0	2.0	1.5	2.0	5.0
	燃气管 中压 $0.01\text{MPa}<P\leqslant 0.2$MPa					1.5								
	燃气管 中压 $0.2\text{MPa}<P\leqslant 0.4$MPa													
	燃气管 高压 $0.4\text{MPa}<P\leqslant 0.8$MPa	1.0		1.0		2.0	1.2		—	—	5.0	2.5		
	燃气管 高压 $0.8\text{MPa}<P\leqslant 1.6$MPa	1.5		1.5		4.0	—		—	—	—	—		
6	直埋热力管线	2.0		1.0		1.5	1.5		1.0	(3.0，<330kV) 5.0		1.5	2.0	5.0
7	电力管线 直埋	0.25	0.1	<35kV0.5 ≥35kV2.0		1.0	0.7		1.0	2.0		1.5	2.0	3.0
	电力管线 保护管	0.1	0.1											
8	电信管线 直埋	<35kV0.5 ≥35kV2.0		0.5		1.0	1.5	1.0	0.5	0.5	2.5	1.5	2.0	2.0
	电信管线 管道通道													
9	管沟	1.0		1.0		—	1.5	1.0	1.0	3.0		1.5	2.0	5
10	乔木（中心）	0.7		1.5	1.5	—	—		—	—		0.5	—	—
11	灌木			1.0										
12	地上杆柱 通信照明及<10kV	2.0		0.5		1.0	—		—			0.5	—	—
	地上杆柱 高压铁塔基础边 ≤35kV			0.5		3.0	—							
	地上杆柱 高压铁塔基础边 >35kV			2.5										
13	道路侧石边缘	1.5		1.5		1.5	0.5		0.5			—	—	—
14	有轨电车钢轨	2.0		2.0		2.0	—		—			—	—	—
15	铁路钢轨（或坡脚）	5.0		10.0		3.0	—		—			—	—	—

2）工程管线交叉时的最小垂直净距

工程管线交叉时的最小垂直净距应不小于表4-61的要求。[53]

地下工程管线交叉时的最小垂直净距（m） **表4-61**

序号	上面的管线名称 \ 下面的管线名称		1 给水管线	2 污、雨水排水管线	3 热力管线	4 燃气管线	5 电信管线 直埋	5 电信管线 管块	6 电缆管线 直埋	6 电缆管线 管沟
1	给水管线		0.15							
2	污、雨水排水管线		0.40	0.15						
3	热力管线		0.15	0.15	0.15					
4	燃气管线		0.15	0.15	0.15	0.15				
5	电信管线	直埋	0.50	0.50	0.15	0.50	0.25	0.25		
		管块	0.15	0.15	0.15	0.15	0.25	0.25		
6	电力管线	直埋	0.15	0.50	0.50	0.50	0.50	0.50	0.50	0.50
		管沟	0.15	0.50	0.50	0.15	0.50	0.50	0.50	0.50
7	沟渠（基础底）		0.50	0.50	0.50	0.50	0.50	0.50	0.50	0.50
8	涵洞（基础底）		0.15	0.15	0.15	0.15	0.20	0.25	0.50	0.50
9	电车（轨底）		1.00	1.00	1.00	1.00	1.00	1.00	1.00	1.00
10	铁路（轨底）		1.00	1.20	1.20	1.20	1.00	1.00	1.00	1.00

注：大于35kV直埋电力电缆与热力管线最小垂直净距应为1.00m。

3）地下（或海底）敷设的电力电缆线路保护区

（1）地下电缆为电缆线路地面标桩两侧各0.75m所形成的两平行线内的区域；

（2）海底电缆一般为线路两侧各2海里（港内为两侧各100m），江河电缆一般不小于线路两侧各100m（中、小河流一般不小于各50m）所形成的两平行线内的水域。[48][49]

在电力线路保护区内，严禁一切违章作业、侵占、破坏活动。

4. 架空敷设的工程管线之间及其与建（构）筑物的最小净距要求

沿城市道路架空敷设的工程管线，其位置应根据规划道路的横断面确定，并应保证交通畅通、居民的安全以及工程管线的正常运行。

室外架空的燃气管道，可沿一、二级耐火等级建筑物的外墙或支柱敷设。中、低压燃气管道，可沿一、二级耐火等级的住宅或公共建筑的外墙敷设；次高压B、中低压燃气管道，可沿一、二级耐火等级的丁、戊类生产厂房建筑的外墙敷设。高压燃气管道宜采用埋地方式敷设。当个别地段需要采用架空敷设时，必须采取安全防护措施。[53]有关燃气管线敷设的其他要求，应符合现行国家标准《城镇燃气设计规范》GB 50028的具体规定。

1）架空管线之间及其与建（构）筑物的最小水平净距

架空管线之间及其与建（构）筑物的最小水平净距应不小于表4-62的要求。[53]

架空管线之间及其与建（构）筑物之间的最小水平净距（m）　　表 4-62

名　称		建筑物(凸出部分)	道路(路缘石)	铁路(中心线)	热力管线	燃气管线(上)
电力	10kV 边导线	2.0	0.5	杆高加 3.0	2.0	1.5
	35kV 边导线	3.0	0.5	杆高加 3.0	4.0	3.0
	110kV 边导线	4.0	0.5	杆高加 3.0	4.0	4.0
电信杆线		2.0	0.5	3/4 杆高	1.5	0.1
热力管线		1.0	1.5	3.0		0.3
燃气管线　高压 A（B）		13.5　(5)	5.0	12	0.3	

医疗机构内的医用气体管道之间及其与其他管道之间的最小间距应符合现行国家标准《医用气体工程技术规范》GB 50751 的规定。

2）架空管线之间交叉及其跨越建（构）筑物时的最小垂直净距

架空管线之间交叉及其跨越建（构）筑物时的最小垂直净距应不小于表 4-63 要求。[53]

架空管线之间交叉及其跨越建（构）筑物时的最小垂直净距（m）　　表 4-63

名　称		建筑物（顶端）	道路（地面）	铁路（轨顶）	电　信　线		热力管线	燃气管线（上）
					电力线有防雷装置	电力线无防雷装置		
电力管线	10kV 以下	3.0	7.0	7.5	2.0	4.0	2.0	3.0
	35～110kV	4.0	7.0	7.5	3.0	5.0	3.0	4.0
电信线		1.5	4.5	7.0	0.6	0.6	1.0	1.5
热力管线		0.6	4.5	6.0	1.0	1.0	0.25	1.5
燃气管线			5.5	6.0	燃气管道上方 1.5		0.3	

注：横跨道路或与无轨电车馈电线平行的架空电力线距地面应大于 9m。

3）架空电力线路的保护区

国家《电力设施保护条例》规定，架空电力线路保护区，是指导线边线向外侧水平延伸（并垂直于地面），在最大计算弧垂和最大计算风偏后的向外水平延伸距离与风偏后距建筑物的水平安全距离之和所形成的两平行面（即按架空电力线边线最大计算弧垂和最大计算风偏后的向外水平延伸的安全距离的空间平面和垂直相对地面）之间的区域。

各级电压的架空电力线路导线的边线延伸距离和在计算导线最大风偏情况下，距建筑物的最小水平距离和建筑物与架空电力线路的最小安全保护距离应符合表 4-64 的要求。

架空电力线路防护区及与建筑物的安全保护距离（m）　　表 4-64

安全距离 \ 电压等级	3kV 以下	3～10kV	35kV	66kV	110kV	220kV	330kV	500kV	750kV
架空线路安全防护区（边线向外延伸并垂直地面）	5	5	10	10	15	15	15	20	20
架空线在最大计算弧垂与建筑物的垂直距离	3	3	4	5	5	6	7	9	11.5
架空线计算风偏后边线与建筑物的水平安全距离	1	1.5	3	4	4	5	6	8.5	11
无风偏的架空电力线路与建筑物的安全距离	0.5	0.75	1.5	2	2	2.5	3	5	6

根据国家《电力设施保护条例》规定，架空电力线路保护区内，任何单位和个人不得堆放可能影响安全供电的物品，不得进行烧荒、兴建和种植可能危及电力设施安全的高棵植物，以避免因堆放物品火灾、腐蚀性物品及种植高棵植物等影响架空电力线路的安全运行和防护。在架空电力线路保护区内，必要的临时作业活动，须报请电业主管部门批准后才能实行。[48][49]

在厂矿、城镇人口密集地区，架空电力线路的保护区范围可略小。但与建筑物的距离不应小于计算导线最大弧垂和最大风偏后的安全距离。[63][68]如果架空电力线路（防护走廊）邻近建筑物消防救援场地一侧，其架空线路与建筑物的安全保护距离还需要加大，其保护范围的边界应在消防救援操作场地范围之外。

因为建筑火灾是突发性的，其火场救援应急作业是争分夺秒的，其救援作业环境不应受到任何威胁和影响。火场消防救援往往有登高、供水、排烟、救护等多种救援车辆装备实施立体交叉作业的情况，某些登高云梯等特种救援车辆装备的升降、旋转、救护等操作都需要必要的场地和空间。而在居住区公用工程详细规划设计中，当设计者遇有规划建筑临近架空电力线路（防护走廊）时，往往只考虑到将建筑物布置在架空电力线路防护区外，而忽视消防救援作业场地的地面和空间安全问题。就会误将消防救援场地操作空间范围涉入架空电力线路防护区，则势必影响消防救援作业活动展开和架空电力线路安全运行。

所以，当规划建筑邻近架空电力线路保护区时，必须考虑规划建筑消防救援操作场地的空间安全问题。一定要将建筑物的消防救援操作场地布置在架空电力线路保护区以外；如有困难时，应将架空电力线路移位或改为电缆埋地敷设。这样，才能保证消防救援作业和架空电力线路安全运行都不受到影响。

5 建 筑 防 爆

5.1 概　　念

爆炸是物质剧烈运动的一种现象。当物质运动急剧增速，由一种状态迅速地转变成另一种状态，或者由一种性质转变为另一种物质，并在极短时间内释放大量“能”的现象称为爆炸，通常借助于气体或蒸气的急剧膨胀来实现。物质爆炸时，瞬间产生大量的高温高压气体，使周围空气发生猛烈震荡的“冲击波”，并迅速地向各个方向传播，会使建筑物遭受倒塌或燃烧破坏。在离爆炸中心一定范围内，冲击波和被炸碎的建筑物碎片会给人造成伤害。建筑防爆是防范建筑内的爆炸现象给人带来危害所采取的措施。

5.1.1 爆炸的类型

按爆炸现象发生的原因和性质，通常分为物理性爆炸和化学性爆炸两种类型。

1. 物理性爆炸——是由于物质的状态和压力发生突变而形成的爆炸现象。如容器内的液体过热气化，液体、液化气体、压缩气体超过容器容许压力引起的爆炸等，都属于物理性爆炸，其爆炸前后的物质的性质和化学成分均不发生改变。

2. 化学性爆炸——是指物质发生急剧氧化或分解反应，所产生的高温高压引起的爆炸；或可燃气体、蒸气及粉尘与空气混合物的浓度达到一定程度时遇火源引起的爆炸，其爆炸前后物质的性质和成分均发生根本变化。

5.1.2 爆炸的原因

在建筑物内进行物质生产和储存时，遇有如下情况就会有爆炸的危险：

1）易燃、可燃液体一类的物质，在高于其闪点的温度条件下，存在发生爆炸的危险。物质的闪点越低，越容易使其挥发分与空气形成达到爆炸极限的混合物，遇到火源会立刻引起混合物爆炸。

2）可燃气体与空气混合在一起，形成浓度达到爆炸极限的混合物时，接触火源就会立刻引起爆炸。

3）对可燃物质加工中，往往有大量的可燃粉尘飞扬悬浮混合在空气中，形成爆炸性混合物，当其粉尘量浓度达到爆炸下限时，遇到火源就会立刻发生爆炸。

4）因仓库内通风不良或隔热降温条件差，有些储存物质（如樟脑、萘等）在受热升温作用下，能迅速分解产生可燃蒸气，当与空气混合形成浓度达到爆炸极限的混合物时，遇到火源立刻会引起爆炸。

5）有些固体物质（如电石、碳化铝等）在常温下受水和水蒸气的作用，能迅速反应分解产生可燃气体，当与空气混合形成浓度达到爆炸极限的混合物时，遇到火源立刻会引起爆炸。

6）有些自燃点很低的可燃物质（如赛璐珞、硝化棉等），不仅容易形成自燃，而且在自燃时还会分解出大量的可燃气体，释放出的气体立即与空气混合，当形成浓度达到爆炸极限的混合物时，随即引起爆炸。

7）当生产装置的容器和管道内液体、气体的温度和压力超出了容器和管道耐压的安全极限时，会造成容器和管道爆炸。

5.1.3 建筑防爆的方法

建筑防爆的方法，主要体现在两个方面：

1. 在爆炸发生前，采取防止爆炸条件形成的措施

1）设置抑爆装置，对刚出现的火花火源信号通过传感器输入控制器，启动灭火剂装置迅速熄灭火花火源，达到防止爆炸传播的作用。

2）在爆炸性气体环境中采取在设备内用氮气等惰性气体覆盖的措施。

3）对爆炸危险场所内采取开敞自然通风或机械通风措施。

4）采取消除和控制电器设备线路产生火花、电弧或高温措施。

5）采取防止地面、工作平台等出现撞击火花的措施。

6）对地面面层、输送物料设备管道等采用绝缘材料时，应采取防静电措施。

2. 爆炸发生时，要有保护主要建筑结构不受破坏的泄压或抗爆措施

1）泄压措施

为减轻爆炸可能造成的建筑物主体结构的破坏、建筑设施和财产的损失及建筑碎片对人的伤害，对于有爆炸危险的厂（库）房设计，除须合理进行总平面布置外，对于单体建筑设计尚需周密考虑建筑防爆泄压等技术设施。通过设置轻质、薄弱的易破碎的外窗（墙）或屋顶等作为在爆炸时释放爆炸能量、降低爆炸作用压力的泄压面积，削弱爆炸冲击波对建筑主体结构的破坏作用，以保护建筑主体承重结构免遭爆炸冲击波的破坏。

2）抗爆措施

当有爆炸危险的厂房（仓库）内，遇有因使用功能和工艺要求必须将爆炸危险区与工作房间或有明火设施等环境毗连布置等情况时，则应设置具有较强的耐爆压力性能的抗爆墙分隔。

5.2 建筑防爆设计的基本要求

5.2.1 选择合理的结构形式

1. 结构形式宜独立敞开

有爆炸危险的甲、乙类生产厂（库）房应独立设置，并宜采用敞开或半敞开式建筑。

2. 结构构造应耐火抗爆

宜采用一、二级耐火等级建筑，且其承重结构宜首选现浇钢筋混凝土框架、排架结构；钢框架结构外包耐火材料，也同样具有耐火性能好，耐爆炸压力较强的特点。

3. 尽可能采用单层建筑

单层建筑有利于建筑防爆泄压，并具有如下优点：

1）便于设置天窗、风帽、通风屋脊，利于自然通风；

2）便于设置泄压轻质屋盖，加大泄压面积；

3）有利于设置防爆墙分隔各功能区；

4）便于设置导除静电的接地装置和避雷装置；

5）便于设置较多的安全出口，利于安全疏散和消防救援；

6）一旦发生建筑倒塌破坏，影响范围小。[23]

5.2.2 合理选址和占地

1）地下室存在自然通风不良、容易窝存爆炸性气体、没有泄压面积、疏散通道少、消防救援困难等缺点。有爆炸危险的生产或储存用房，不应设在建筑物的地下或半地下室内。

2）有爆炸危险的厂（库）房，其防火墙间的占地面积不宜过大。

3）有爆炸危险的甲、乙类生产部位，应布置在单层靠外墙的泄压设施或多层厂房顶层的泄压设施附近。[24]

5.3 建筑物的防爆（抗爆）及泄压设施

5.3.1 防爆和抗爆设施

建筑防爆和抗爆设施，主要有如下方面：

1. 设置不发火花地面

1）对于散发比空气重的可燃气体、可燃蒸气的甲类厂房以及有粉尘、纤维爆炸危险的乙类厂房，地面（或平台）应采用不发火花的材料，以防止撞击火花出现。其类型有：

（1）不发火花金属地面，如用铜、铝、铅等有色金属材料铺设的地面；

（2）不发火花非金属地面，常用有如下两种：

①有机材料地面，如沥青、木材、塑料、橡胶等；

②无机材料地面，如石灰石、大理石、白云石等，一般采用不发火水泥石砂、细石混凝土、水磨石等地面。

对不发火花的无机材料地面，应在对集料、胶结材料和试块进行试验合格后实施。对试块试验前先检查砂轮：砂轮直径 15cm，在暗室里先检查其分离火花能力，如（在转速 600～1100 转/分打磨工具钢或石英岩）有清晰火花出现的视为合格砂轮；在暗室内对试块（50 个中选 10 个）作打磨试验，在少量（不少于 20g）试块的打磨过程中观察，无火花出现的即为合格。[22]

2）当地面采用绝缘材料作整体面层时，应采取防静电措施。例如：可采取用导体材料将绝缘层面分成小格或设置导除静电的环形接地网装置等措施，以防止摩擦产生静电火花。

3）对于不同场所导（防）静电地面的设计选择，对于导（防）静电地面面层选择与构造要求，以及对于导（防）静电地面的使用和维护要求，应符合现行国家标准《导

（防）静电地面设计规范》GB 50515 的具体规定。

2. 防止设备发生火花

在有爆炸危险的厂房和仓库内，凡须设置电动机、照明灯、电器开关等设备时，应按爆炸危险场所的爆炸性气体混合物或者爆炸性粉尘混合物出现的频繁程度和持续时间，据现行国家标准关于爆炸性气体环境、可燃粉尘环境的分类、电器设备选型、电气线路设计和安装的规范要求实施，以保证电器设备、电气线路、电器开关等设施符合现行国家标准《爆炸危险环境电力装置设计规范》GB 50058 等的规定，防止电气设备、线路、开关等出现火花。

在有可燃气体、蒸气、粉尘、纤维爆炸危险性的环境内，对可能产生静电的设备和管道，应采取切实措施，使设备和管道具有防止发生静电或防止静电积累的性能。[72]

3. 设置抗爆墙

抗爆墙指的是耐爆炸压力较强的墙，也称耐爆墙、防爆墙，多设在有爆炸危险的厂房或仓库中。如当厂房（仓库）内，遇有爆炸危险区内的工序之间需要做安全分隔，或者因受工艺条件限制，爆炸危险区必须与有明火设施等环境毗连布置等情况时，则应设防爆墙分隔。

因抗爆墙应具有较强的耐爆压力性能，其结构形式，需根据爆炸物质的特性、量的多少、危险等级等因素严格按有关专门性技术规定设计。常采用如下几种形式：

1）防爆砖墙，常用于爆炸物质较少的厂房和仓库；

2）防爆钢筋混凝土墙，是比较理想且应用较广的防爆墙；

3）防爆钢板墙，是以型钢为骨架，钢板和骨架铆接或焊接在一起的防爆墙；

4）带防爆窗的防爆墙，是将防爆窗安装在防爆墙上，发生爆炸时要求防爆窗扇坚而不碎，玻璃碎而不掉；防爆玻璃一般采用多层复合或夹丝防火玻璃，高压试验等特殊耐爆小室采用防弹复合玻璃。

4. 在建筑物对外出口或相邻区域连通处设置门斗等防护设施

每座建筑物都要对外开门，当建筑物处于室外爆炸危险区时，为防止室外有爆炸性危险的可燃气体、蒸气的混合物大量流入室内，除在室内设置正压送风外，并宜在对外出口处设置门斗，人员出入要经两道自闭式的弹簧门。当开外门进入时，先要经过一个缓冲小室，开内门时外门已自行关闭，这样可以防止爆炸性气体混合物不间断大量流入室内，更有利于形成防止发生爆炸的条件。

在建筑内，处于有爆炸危险区域的楼梯间、室外楼梯，或与相邻危险区域连通的其他部位，应设置门斗等防护设施。门斗隔墙应为耐火极限不低于 2.00h 的防火隔墙，门应采用甲级防火门并应将相邻的门错位设置，避免门口相对面临。这样，可以减轻爆炸对邻区的影响。

5. 防止可燃液体流散和物品遇湿爆炸

1）对于甲、乙、丙类液体仓库，应设置防止液体流散设施。因流散的可燃液体和挥发气体遇火会引起燃烧和爆炸。

2）遇湿会发生爆炸物品的仓库，应采取防止水浸渍或防止潮湿环境的措施。

5.3.2 泄压设施

有爆炸危险的厂（库）房（包括粮食筒仓工作塔和通廊），应有适当的泄压设施，以保证建筑主体结构及相邻建筑的安全。泄压设施宜采用轻质屋面板、轻质墙体和易于泄压的门窗等。防爆泄压设施的设置应考虑下列因素：

1. 泄压设施的形式

1）轻质屋盖——即用爆炸时易于破碎的轻质材料作屋顶建筑构件，便于屋顶泄压。

在非严寒地区，采用无保温层的轻质屋盖时，一般有两种情况：

一种是没有防水层时，常采用石棉瓦屋面形式（逐层做法可为：石棉水泥波形瓦、安全网、檩条、屋架）；另一种是设有防水层时常采用卷材屋面形式（逐层做法可为：绿豆砂保护防水卷材、轻质水泥砂浆找平层、石棉水泥小波瓦、安全网、檩条、屋架）。

在严寒或炎热地区，有保温要求的厂、库房，常采用有保温层的泄压屋盖，一般采取屋面防水层下设保温层形式（如逐层做法可为：绿豆砂保护防水卷材、水泥蛭石保温层、水泥蛭石砂浆找平层、石棉水泥波形瓦、安全网、檩条、屋架）。

2）轻质外墙——即用轻质墙板（或石棉水泥波形瓦）作外墙，悬挂在建筑物外缘部位的钢或钢筋混凝土横梁上，便于侧向泄压。

当厂（库）房内无须保温的，常采用外挂石棉水泥波形瓦形式。

当室内需保温的，常采用在轻质外墙内壁加一层难燃或不燃保温板（如：难燃木丝、难燃刨花、矿棉板等）形式。

3）易于泄压的门、窗——不应采用普通的易碎玻璃，应采用安全玻璃等在爆炸时不产生尖锐碎片的材料，且应采取平开或中悬（压力差）形式；如为固定窗，则应采取弹性钢板夹和链条形式；如为平开窗，应采取弹簧轧头（图 5-1）或弹簧插销等形式[23]（图 5-2）。

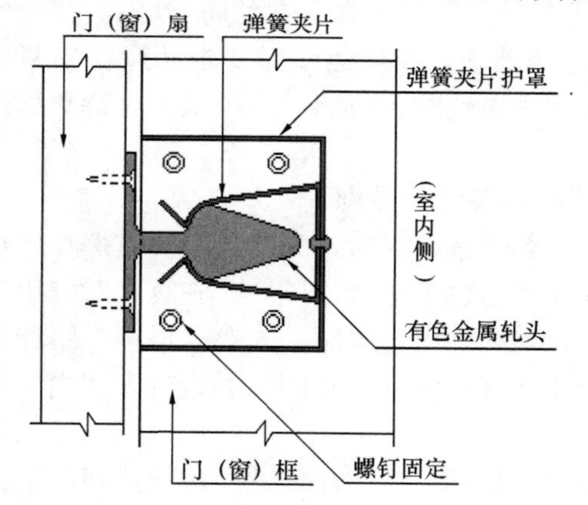

图 5-1　泄压门窗弹簧轧头示意图

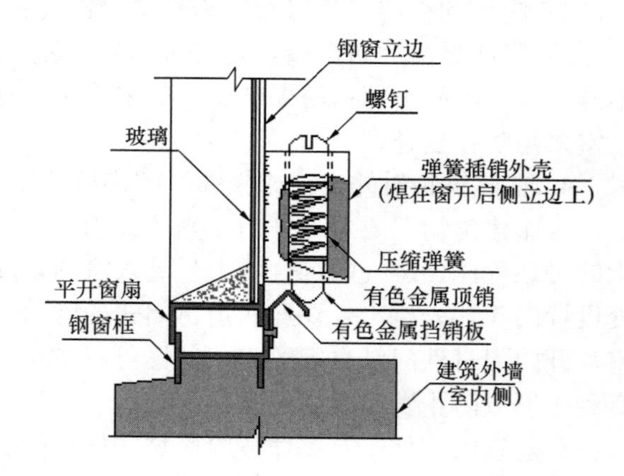

图 5-2　弹簧插销示意图

2. 泄压设施的设置要求

1）设置的泄压面积应避开人员密集场所和主要交通道路，并宜靠近有爆炸危险的部位；

2）作为泄压设施的轻质屋面和轻质墙体的单位质量不宜超过 $60kg/m^2$；

3）设在屋顶上的泄压设施，应采取防冰雪积聚措施；

4）有爆炸危险的设备宜避开厂房的梁、柱等主要承重构件布置。[23]

3. 泄压面积的计算

有爆炸危险的甲、乙类厂房（仓库）应保证一定的泄压面积。但当厂房的长径比大于

3时，宜将该建筑划分为长径比不大于3的多个计算段，各计算段中的公共截面不得作为泄压面积。其计算公式为：

$$A = 10\,CV^{2/3}$$

式中 A——泄压面积（m^2）；

V——厂房的容积（m^3）；

C——泄压比（m^2/m^3），可按表5-1选取。

厂房内爆炸性危险物质的类别与泄压比值（m^2/m^3） **表 5-1**

厂房内爆炸性危险物质的分类	C值
氨，粮食、纸、皮革、铅、铬、铜等$K_{尘}<10MPa\cdot m\cdot s^{-1}$的粉尘	≥0.030
木屑、炭屑、煤粉、锑、锡等$10MPa\cdot m\cdot s^{-1}\leqslant K_{尘}\leqslant 30MPa\cdot m\cdot s^{-1}$的粉尘	≥0.055
丙酮、汽油、甲醇、液化石油气、甲烷、喷漆间或干燥室，苯酚树脂、铝、镁、锆等$K_{尘}>30MPa\cdot m\cdot s^{-1}$的粉尘	>0.110
乙烯	≥0.160
乙炔	≥0.200
氢	≥0.250

注：1. 长径比为建筑平面几何外形尺寸中的最长尺寸与其截面周长的积和4.0倍的该建筑横截面面积之比。
2. $K_{尘}$—粉尘爆炸指数。[20]

例如：某液化石油气灌装车间（分为空瓶区、灌装区、实瓶区，跨区工艺传送线洞口连通），厂房长36m，宽10.2m，高4.5m，计算其厂房防爆泄压面积并确定泄压面积设置形式。

据已知条件：该厂房平面最长尺寸36m；

横截面周长 4.5m×2+10.2m×2=29.4m；

横截面积 10.2m×4.5m=45.9m^2。

其长径比为：(36m×29.4m)/(4×45.9m^2)=1058.4m^2/183.6m^2=5.76

因其长径比大于3，故应将其划分为多个计算段，使其每个计算段的长径比都不大于3。

如从中间将其长度划为2段（每段长18m）计算，其每段长径比则为：

$$(18m\times 29.4m)/(4\times 45.9m^2)=529.2m^2/183.6m^2=2.88$$

每段厂房的容积V=45.9m^2×18m=826.2m^3；

厂房内危险物质为液化石油气，据表5-1所示泄压比值$C\geqslant 0.11$（m^2/m^3）。

故据上述具体条件计算泄压面积如下：

第一段厂房的泄压面积$A_1=10CV^{2/3}=10\times 0.11\times(826.2)^{2/3}=96.86$（$m^2$）；

第二段厂房的泄压面积$A_2=10CV^{2/3}=10\times 0.11\times(826.2)^{2/3}=96.86$（$m^2$）；

整个厂房的泄压面积$A=A_1+A_2=96.86+96.86=193.72$（$m^2$）。

泄压面积宜设置在爆炸危险性最大的灌装区相对应的屋面和外墙上。

相对于灌装区的屋面面积为10.2m（宽）×15m（长）=153m^2，将其全部采用轻质屋盖作为泄压面积后，尚有（193.72m^2−153m^2）泄压面积40.72m^2须在临近灌装区的两侧外墙上分别设置敞开式洞口或泄压窗解决。

拟采用泄压窗（窗扇 5m 宽、1.5m 高，前后各 3 樘）面积为 5m×1.5m×6=45 m^2。

实际设置的泄压面积为：

153m^2（屋面）+ 45m^2（侧窗）=198m^2，大于应设的计算值 193.72m^2（图 5-3）。

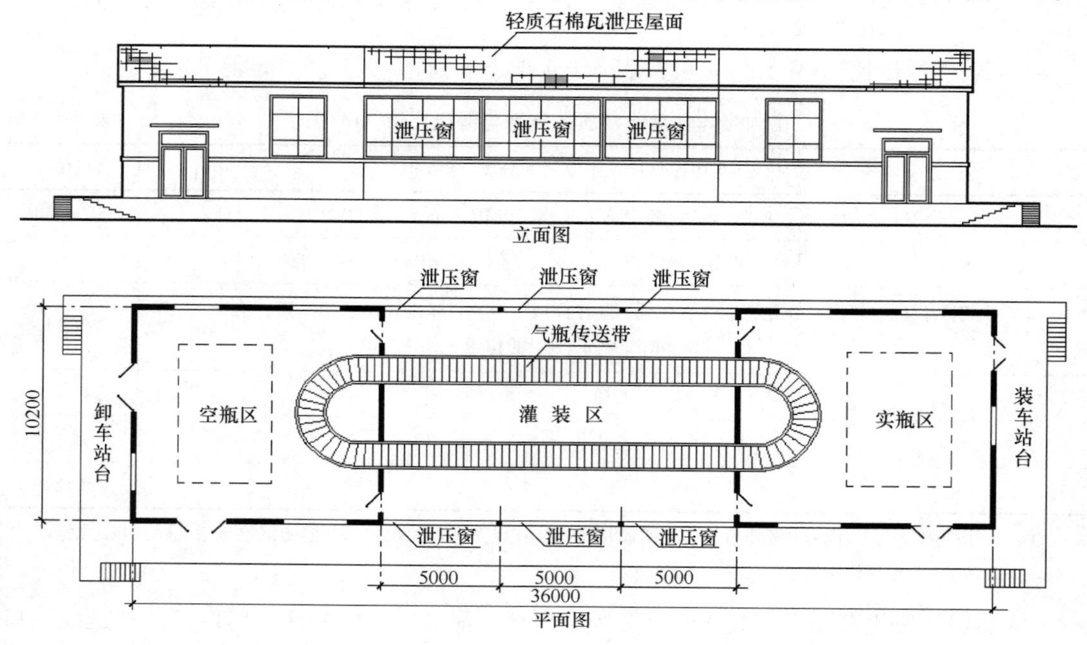

图 5-3　液化石油气灌装车间设置泄压面积示意图

计算泄压面积时须注意，两计算段之间的公共截面不得按泄压面积考虑。

5.3.3 预防形成爆炸危险环境的措施

爆炸危险环境的形成是有构成条件的。如空气中混有可燃气体或有悬浮的可燃粉尘，当其达到一定浓度时遇火源就会爆炸。在有爆炸危险的场所，为预防爆炸危险环境的形成，就应对场所环境注意清洁管理，以随时降低环境空间的可燃气体浓度或悬浮可燃粉尘量的积累，防止达到爆炸极限。同时为保护建筑结构不受破坏，应设计采取相应的防爆和泄压措施，以尽可能减轻爆炸对建筑结构的破坏程度。在环境管理中，应注意如下方面：

1）散发比空气轻的可燃气体、可燃蒸气的甲类厂房，宜全部或局部采用轻质屋面板作为泄压面积；且其顶棚应尽量平整、避免有窝存爆炸性气体的死角，厂房上部空间应有良好的自然通风。

2）散发可燃粉尘、纤维的厂房内，棚、墙表面应平整、光滑，并易于清扫。[23]

3）厂房内不应设置地沟。必须设置时，其盖板应严密，防止可燃气体、可燃蒸气及粉尘、纤维在地沟内积聚，且将地沟在与相邻厂房连通处用防火材料密封，以防止火灾通过地沟蔓延。

4）有爆炸危险的甲、乙类厂房的总控制室应独立设置。有爆炸危险的甲、乙类厂房的分控制室宜独立设置，当贴邻厂房外墙设置时，应采用耐火极限不低于 3.00h 的防火隔墙与其他部位分隔开。

5）使用和生产甲、乙、丙类液体的生产场所（厂房）的管沟不应和相邻的生产场所（厂房）的管沟相通，该厂房的下水道应设置防止含可燃液体的污水流入相邻厂房的隔油设施。

6）甲、乙、丙类液体仓库应设置防止液体流散的设施。遇湿会发生燃烧爆炸的物品仓库应设置防止水浸渍的设施。

7）有粉尘爆炸危险的粮食筒仓，其顶部盖板应设计必要的泄压设施。

8）粮食筒仓的工作塔、上通廊的泄压面积应按规定计算确定。有粉尘爆炸危险的其他粮食储存设施应采取防爆措施。[5]

9）建筑内使用燃气的场所和部位，应加强通风且采取利于泄压的措施。[72]

6 安 全 疏 散

6.1 概　述

6.1.1 安全疏散的定义

安全疏散——是指在发生火灾情况下，使建筑物（或场所）内的人员，能安全撤离到没有危险的安全区域的过程。

在疏散过程中，人们从活动场所（或使用房间）内向外撤离时，首先要经过该场所（或使用房间）的门（或出口）——即疏散出口或疏散门，再通过疏散走道——即用于人员疏散通行至安全出口或相邻防火分区的走道，进入供人员安全疏散用的楼梯间、室外楼梯的出入口或直通室内外安全区域的出口——即安全出口，最终到达安全地带。

6.1.2 安全区域

所谓安全区域，是指符合安全疏散要求的如下场所（地带）：

1）封闭楼梯间——即将楼梯设在防火分隔的房间内，进入需开门，且门能自行关闭的楼梯间。

2）防烟楼梯间——即在楼梯间入口处设有防排烟功能的前室（或室外阳台、凹廊等），经过防烟前室才能进入的楼梯间。

3）室外楼梯——即楼梯周围空间完全是在室外的楼梯。

4）室外安全地带——即离开建筑物，可供人们停留的室外地面。

5）避难走道——即走道两侧为实体防火墙，并设置有防烟、通风、照明等设施，在与各场所连通处设有甲级防火门和防烟前室，是仅用于人员安全通行至室外的走道。[15]

6）高层建筑的避难层——即在高层建筑内设置的用于人员在火灾时暂时躲避火灾及烟气危害的楼层，其使用面积标准不小于 0.25 m^2/人。首个避难层离地面高度不超过50m，其他避难层的服务高度不超过 50m，避难层设有消防电梯出口、消防电话、消火栓、事故照明等设施。

7）高层建筑的避难间——即在高层病房楼内逐层设置或在建筑高度大于 54m 的住宅楼内逐户设置的供人员在发生火灾时避难的房间。[5]

一般情况，人们从疏散出口出来，要经过一段水平或阶梯形疏散走道才到达安全出口。通过安全出口后，则可视为到达安全地带了。

6.1.3 疏散出口和安全出口

通常认为：各活动场所的门为疏散出口，进入安全地带的门为安全出口。

但在建筑物使用中，还会经常遇到一些疏散出口门的功能不单纯是房间的疏散门，也是进入安全地带的安全出口。因为它担负着疏散出口和安全出口的双重功能。

对于大会议室、营业厅、商场、多功能厅等公共场所和某些经常有人活动的地下室、局部夹层、建筑避难区、架空层等场所靠近安全地带时，其疏散出口都可能设计为疏散和安全双重功能的出口。

对于疏散出口和环境空间，应据客观条件分析妥善处理。比如：

1）如首层建筑内的房间，出了门就能直接到室外，这道门具有疏散出口和安全出口双重功能。

2）多层、高层建筑内的大型商场营业厅、大会议室、展览厅、多功能厅等，活动场所与疏散楼梯间直接相通，没有走廊。因为疏散楼梯间属于各楼层共享的安全地带，所以其安全不应受相邻火场的影响。通往楼梯间的门就是具有“疏散出口”和“安全出口”双重功能的出口。

3）这双重功能出口门的宽度，要保证使用场所内的人员在允许疏散时间内能安全通过；门的构造又要保证能起到与本使用房间或邻区（邻层）的防火隔断功能。避免火灾环境影响安全地带。所以，这道门（除首层直通室外的门外）不但要满足疏散要求，还要保证防火隔断要求，必须做成防火门。否则，该出口就不能兼顾安全出口和疏散出口的双重功能。

6.1.4 安全疏散设计的目标

1. 创造条件，让人们逃离火灾对人体伤害的危险环境

火灾对人体的直接伤害，主要有两方面：一是气体中毒，火灾中产生大量的一氧化碳、二氧化碳和其他有毒气体；二是热辐射，使邻近着火的部位受到高温烘烤。火灾中的人员伤亡，大多因为在烟气中窒息或受高温烘烤所致。

安全疏散设计的目的，就是让遇险受困人员安全脱离开火灾对人体的伤害影响区域，走向安全地带。安全疏散设计的本愿，是预定建筑内遇险人员安全疏散的过程，并对各个环节的保证措施进行科学合理的预测安排的活动。其宗旨，就是要尽可能创造条件，让遇险人员利用得当的消防设施避开或逃离火灾危险环境——即离开存在毒性气体、燃烧爆炸、物体坠落、结构坍塌、缺氧窒息等危险的环境，化险为夷，使其顺利到达安全地带而得以“绝处逢生”。

2. 确定安全的疏散路线，应保证人员能直达安全地带

在安全疏散设计时，要确定一条能保证人员直接到达室外等安全地带的疏散路线。在设计疏散路线时，绝不能在疏散过程的某阶段出现通往安全的趋向性发生变异的情况。比如：从各楼层进入疏散楼梯间后，顺楼梯下到首层时却不能直接到室外，须进入有使用功能的其他房间并通过该房间的对外出口门才到室外；或者从房间疏散出口出来进入疏散走道后不能直达安全出口（或安全地带），须通过有使用功能的其他房间（场所）的出口，才能到达安全地带；以及剪刀式楼梯间在每层的两个楼梯出口之间，如有转换的情况时，转换过程中不是通过公用疏散区，而是通过其他功能房间或住宅套内房间等等。这均会导致待疏散人员在疏散过程中离开危险地带后而再遇“危险”。另外，在疏散路线上，如安全疏散设施设置不当（如出口不足、疏散路线错误或通道不畅等），则会随着火灾蔓延的烟气扩散和建筑结构的破坏，使待疏散人员的逃生路线受到阻塞，以致增加人员伤亡。这样的教训十分深刻 。例如：

1977年2月18日晚间，某单位原定在室外放电影，因为天气寒冷不得放映，于是转移到俱乐部里。俱乐部里无固定座席，在观众厅后半部堆放的是五个月前举行悼念活动用过的近千只花圈，堆了2m多高。八九百人都自带椅凳坐到观众厅前半部。电影快演完了，几个小孩在观众后面点着了花炮“地老鼠”，喷着火的花炮一下钻进了花圈堆里，立刻燃起熊熊大火。这座俱乐部是1964年建成的三级建筑，木屋架、木望板，上面是两毡三油防水层。1975年改建时，除入口门外，其余门窗均封死。发生火灾时，入场门（1.6m宽）被拥挤的人群和椅凳卡死，无法应急疏散。不到半小时屋顶塌落，木望板和沥青油毡带着火苗掉落到每个人头上、身上却动弹不得，在高温烟气熏烤下，死亡694人，伤161人。

1994年11月27日，某市一歌舞厅因舞客点烟时引燃沙发及可燃装修，火迅速蔓燃，整个舞厅瞬间化为火海。有毒浓烟和高温封住了仅0.8m宽的入口门（另1.8m宽门上锁）。因无事故照明，蜂拥慌乱的人群根本无法疏散。在火灾中有233人死亡，竟有227具尸体叠压了5、6层，拥堵在狭窄的入场门口。

公共建筑火灾留给我们的警示教训是惨痛的。因此，对建筑内的安全疏散设计，必须根据各类建筑的火灾危险性、建筑高度、层数规模、使用功能、建筑耐火等级、建筑面积、人员密度、人员活动能力特点等因素合理确定安全的疏散路线，合理设计安全疏散设施和避难设施。特别对高层公共建筑的安全疏散设计，必须要充分考虑发生火灾时受困人员的“绝处逢生”的设施。

譬如 ：对公共建筑内活动场所的安全疏散设计，一定要考虑周密。疏散通道要简捷通畅，疏散指示标志要醒目，避免走“迷宫”。对于建筑高度超过250m的公共建筑，宜在核心筒体外每层设计环行通道，通道两侧的门窗的耐火性能均不应低于乙级的防火门窗要求；当设计环行通道确有困难时，应对核心筒及竖向交通设施空间与外部相通的部位进行严密封隔。通过采取防止火灾烟气顺核心筒或交通设施空间竖向扩散蔓延的措施，保证安全疏散环境不受烟气干扰。并保证建筑内各大房间的疏散出口均不少于2个且能从不同方向疏散到安全出口。[20]

3. 对于疏散环境应保证最低空间要求

各类功能场所的室内空间净高，要适应使用功能，满足最低要求。对于地下室、局部夹层、公共走道、建筑避难区、架空层等有人员正常活动的场所，顶棚最低处的室内净空高度不应小于2.00m；[69] 对于消防通道、疏散走道、疏散出口的净空高度不应小于2.10m。[72] 以免影响正常使用、安全疏散和避难。

总之，对公共建筑的疏散路线，安全出口、疏散门的位置、数量、宽度及疏散楼梯的形式、疏散通道及避难场所环境等设计，应满足人员安全疏散的要求。

6.2 安全出口的设置

6.2.1 各类建筑对设计安全出口的原则要求和特殊要求

公共场所设置足够数量的疏散门和安全出口，对保证人员的安全疏散、物质疏散和抢险救援极为重要。无论厂房、仓库或公共建筑、居住建筑等，每个防火分区或者一个防火分区内的每个楼层、每个使用单元的疏散出口或安全出口的数量，须根据建筑耐火等级、建筑层数、建筑面积、使用人数、疏散距离等因素经计算确定，原则要求不能少于2个。而且，建筑内同一防火分区的疏散门和安全出口应分散布置，并符合双向疏散的要求。特别是人员集中的公共建筑，要在满足疏散出口设置数量的前提下，使各出口的设计位置能够分散、均衡、科学合理地疏散人流。

各类建筑中的每个防火分区，或者一个防火分区内的每个楼层，其相邻两个安全出口的最近边缘之间的水平距离均不应小于5m，以免造成因疏散人流不均而产生局部拥挤，或者可能因相邻疏散出口过近而会同时被火灾烟气封堵，使人员不能脱离危险环境而造成重大伤亡事故。

1. 生产场所（厂房）的安全出口

1）原则要求

（1）生产场所（厂房）的每个防火分区和防火分区内的每个楼层，其安全出口的数量应经计算确定，符合如下条件的均不应少于2个出口：

① 甲类地上生产场所（厂房），每层建筑面积大于100m^2，且每层同一时间的生产人数超过5人；

② 乙类地上生产场所（厂房），每层建筑面积大于150m^2，且每层同一时间的生产人数超过10人；

③ 丙类地上生产场所（厂房），每层建筑面积大于250m^2，且每层同一时间的生产人数超过20人；

④ 丁、戊类地上生产场所（厂房），每层建筑面积大于400m^2，且每层同一时间的生产人数超过30人；

⑤ 丙类地下、半地下生产场所（厂房），建筑面积大于50m^2，经常的生产人数超过15人；

⑥ 丁、戊类地下、半地下生产场所，一个防火分区或楼层的建筑面积大于200m^{2}或同时使用人数超过15人；[72]

⑦ 地下、半地下设备用房，埋深大于10m、层数在3层以下且每层建筑面积大于200m^2。

生产场所（厂房）的安全出口设计，应结合各楼层的防火分区的情况和疏散距离的要求，均衡划分疏散区域，因为生产场所（厂房）的防火分区面积较大，允许疏散距离又很长，设计中容易出现疏散出口相对集中、某些区域疏散路线不便捷的情况，会影响安全疏散。

（2）地下、半地下生产场所（厂房），当有多个防火分区相邻布置，并采用防火墙分隔时，每个防火分区在设有不少于1个直通室外的安全出口的前提下，可利用防火墙上通向相邻防火分区的甲级防火门作为第二安全出口。[5]

2）特殊要求

在特殊条件下，安全出口的设计，可视具体情况确定。当生产场所（厂房）符合下列条件之一时，可设计一个安全出口：

（1）甲类地上生产场所（厂房），每层建筑面积不大于100m^2，且每层同一时间的生产人数不超过5人；

（2）乙类地上生产场所（厂房），每层建筑面积不大于150m²，且每层同一时间的生产人数不超过10人；

（3）丙类地上生产场所（厂房），每层建筑面积不大于250m²，且每层同一时间的生产人数不超过20人；

（4）丁、戊类地上生产场所（厂房），每层建筑面积不大于400m²，且每层同一时间的生产人数不超过30人；

（5）丙类地下、半地下生产场所（厂房），建筑面积不大于50m²，经常的生产人数不超过15人；

（6）丁、戊类地下（半地下）生产场所，一个防火分区或楼层的建筑面积不大于200m²或同时使用人数不超过15人；

（7）地下、半地下设备用房，埋深不大于10m、层数在3层以内，且每层建筑面积不大于200m²。[20]

2. 储存物资场所（仓库）的安全出口

1）原则要求

（1）建筑面积大于300m²的储存物资场所（仓库）的安全出口不应少于2个。储存物资场所（仓库）内的每个面积大于100m²的储存间通向疏散走道、疏散楼梯或室外的疏散出口均不应少于2个。[20]

（2）建筑面积大于100m²的地下、半地下储存物资场所（仓库）的安全出口不应少于2个。[72]

2）特殊要求

当储存物资场所为如下条件之一时，可设置一个安全出口：

（1）当储存物资场所（仓库）建筑面积不大于300m²，或地下、半地下仓库不大于100m²时，均可设置一个安全出口。储存物资场所（仓库）内的每个面积不大于100m²的房间可设置1个疏散出口。[72]

（2）当冷库的整座库房占地面积不超过300m²时，可只设一个直通室外的安全出口。[16]

（3）当粮食筒仓的上层面积小于1000m²，且作业人数不超过2人时，可设置一个安全出口。[5]

3. 液化石油气供应基地的安全出口

液化石油气供应基地的出入口不应少于2个，生产区和辅助区至少应各设置一个对外出入口。当液化石油气储罐总容积超过1000m³时，生产区应设置2个对外出入口，且出口的间距不应小于50m。[37]

4. 汽车库、修车库、停车场

汽车库、修车库的安全疏散出口设置，包括人员和汽车疏散两个方面。

1）人员疏散出口的原则要求

（1）汽车库、修车库的人员安全出口和汽车疏散出口应分开设置。

（2）设置在工业与民用建筑内（首层或地下一层）的汽车库，其车辆疏散出口应与其他场所的人员安全出口分开设置，且汽车库出入口不应开向其所在主体建筑的消防救援场地。

（3）除室内无车道且无人员停留的机械式汽车库外，汽车库、修车库内的每个防火分区的人员安全出口不应少于2个。

（4）与住宅地下室相连通的地下汽车库，人员疏散出口可借用住宅部分的疏散楼梯间；但当该楼梯间无防烟前室或因任一地点至楼梯间的距离大于允许疏散距离而不能直接进入住宅楼梯间时，应在地下汽车库与住宅疏散楼梯间之间设置连通走道，并在走道的适当部位设置汽车库的人员安全疏散出口。因住宅和汽车库处于不同的防火分区，故连通走道的两侧隔墙应为防火墙，汽车库开向该走道的门均应采用甲级防火门，以使该连通走道具备住宅楼梯间“扩大防烟前室”的功能，其与汽车库的连通门口具备安全出口的条件。

（5）室内无车道且无人员停留的机械式汽车库，可不设置人员安全出口，但应设置供灭火救援用的楼梯间，该楼梯间设置应符合如下要求：

① 每个停车区域、当停车数量大于100辆时，应至少设置1个楼梯间；

② 楼梯间与停车区域之间应采用防火隔墙进行分隔，楼梯间的门应为乙级防火门；

③ 楼梯的净宽不应小于0.9m。

2）汽车疏散出口原则要求

（1）汽车库、修车库的汽车疏散出口应与人员安全出口分开设置；

（2）设置在工业与民用建筑内的汽车库，其车辆疏散出口应与其他场所的人员安全出口分开设置，且汽车库出口不应开向其所在主体建筑的消防救援场地；

（3）汽车库、修车库的汽车疏散出口总数不应少于2个，且应布置在不同的防火分区内；当汽车库内停车区通往不同汽车疏散出口的坡道相邻布置时，相邻坡道之间应采用防火隔墙分隔；通向室外的汽车疏散出口（不含室内无车道且无人员停留的机械式汽车库升降机）之间的水平距离不应小于10m；

（4）Ⅰ、Ⅱ类地上汽车库和停车数大于100辆的地下汽车库，当采用错层或斜楼板式车道、坡道为双车道且设置自动喷水灭火系统时，其首层或地下1层至室外的汽车疏散出口不应少于2个；

（5）Ⅳ类的汽车库在设置汽车坡道有困难时，可采用汽车专用升降机作汽车疏散出口，停车数量不少于25辆的，升降机数量不应少于2台；

（6）停车场的汽车疏散出口不应少于2个。[7]

3）人员和汽车疏散出口的特殊要求

汽车库、修车库、停车场的人员疏散出口和汽车疏散出口设置，符合下列条件时均可设1个：

（1）人员疏散出口

① Ⅳ类汽车库的人员疏散出口；

② Ⅲ、Ⅳ类修车库的人员疏散出口。

（2）汽车疏散出口

① Ⅳ类汽车库的汽车疏散出口；

② 设置双车道的Ⅲ类地上汽车库的汽车疏散出口；

③ 设置双车道汽车疏散出口、停车数量小于 100 辆且建筑面积小于 4000m^2 的地下或半地下汽车库的汽车疏散出口；

④ Ⅱ、Ⅲ、Ⅳ类修车库的汽车疏散出口；

⑤ 当汽车疏散坡道为双车道，且设有自动喷水灭火系统时，除首层和地下室外的其他楼层的汽车库进入疏散坡道的安全出口可设置 1 个；

⑥ Ⅳ类的汽车库在设置汽车坡道有困难时，可采用汽车专用升降机作汽车疏散出口，停车数少于 25 辆的；

⑦ 停车场的停车数量不超过 50 辆的。[7]

5. 汽车加油加气加氢站的安全出口

1）原则要求

汽车加油加气加氢站的车辆出口和入口应分开设置，以利事故时车辆和人员撤离现场。[8]

2）特殊要求

（1）加油加气加氢站的燃煤锅炉房、燃煤厨房与站房合建时，应单独设对外出入口，与站房之间的隔墙应为防火墙。

（2）当站房设在站外民用建筑物内或与站外民用建筑物合建时，必须单独开设通向加油加气加氢站的出入口，且民用建筑不得有直接通向加油加气站的出入口。[8]

6. 居住建筑的安全出口

1）原则要求

居住建筑应根据建筑的耐火等级、建筑高度、建筑面积和疏散距离等因素设计安全出口。当建筑物设有多个安全出口时，安全出口应分散布置，并应符合双向疏散的要求。对于居住建筑安全出口设计的基本要求如下：

（1）当居住建筑为如下条件之一时，每个住宅单元每层的安全出口不应少于 2 个：

① 任一层的建筑面积大于 650m^2 的住宅单元；

② 建筑高度超过 27m、不超过 54m，但任一户门至安全出口的距离大于 10m 的住宅单元；

③ 建筑高度不超过 27m，但任一户门至安全出口的距离大于 15m 的住宅单元；

④ 建筑高度超过 54m 的住宅单元。

（2）设有商业服务网点的居住建筑，每个商业服务网点分隔单元的安全出口和疏散楼梯应分别独立设置。当网点每个分隔单元任一层建筑面积大于 200m^2 时，该层应设置 2 个安全出口或疏散门。

（3）宿舍和公寓等非住宅类居住建筑的安全出口和各房间疏散门的设计应符合公共建筑的有关要求。利用住宅建筑作为宿舍和公寓等其他居住用途时，其疏散设计可仍按住宅建筑的要求确定。

（4）当住宅单元的疏散楼梯需设置两部，分散设置确有困难且从任一户门至最近疏散楼梯间入口的距离不大于 10m 时，可采用剪刀式楼梯。

（5）当住宅建筑部分与非住宅建筑部分合建时，疏散楼梯和安全出口应分别独立设置。

（6）为住宅部分服务的地上汽车库应设独立的疏散楼梯或安全出口，并符合防火分隔的有关要求。

(7) 住宅建筑的楼梯间宜通至屋顶。[5]

2) 特殊要求

当居住建筑符合下列条件之一时，每个单元可设置一部疏散楼梯（即1个安全出口）：

(1) 建筑高度不超过27m，每个单元任一层的建筑面积小于650m²，且任一套房的户门至安全出口的距离小于15m的住宅单元；[72]

(2) 建筑高度超过27m，但不超过54m，每个单元任一层的建筑面积小于650m²且任一套房的户门至安全出口的距离不大于10m，每个单元设置一座通向屋顶的疏散楼梯，单元之间的楼梯通过屋顶连通，户门采用乙级防火门的住宅单元；

(3) 当单元式住宅建筑每单元每层按要求须设计两个安全出口，因受条件限制而只能设计一座疏散楼梯时，可在每层的两相邻单元的疏散走道之间或防烟楼梯间的前室之间设计连通相邻单元的开敞式外廊。以备火灾时相邻单元之间能通过开敞式外廊借助相邻单元的疏散楼梯间应急疏散，解决第二安全出口。

7. 公共建筑的疏散通道和安全出口

1) 原则要求

公共建筑的安全疏散和避难设施，应根据建筑物的耐火等级、建筑高度、体量规模和使用功能以及疏散场所人员高度聚散等因素合理设计。

对于交通车站、码头和机场的候车（船、机）建筑的乘客公共区、交通换乘区和疏散通道的设计，则应保证人员疏散的顺畅。不应在人员疏散通行区域内设计公共娱乐、演艺或经营性住宿等场所和商业设施。在商业设施内不应使用明火，在用于防火隔离的区域内，不应布设可燃物体，以利于公共建筑的使用安全。

对于公共建筑的疏散通道及其安全出口和疏散门的位置、数量、宽度及疏散楼梯间的形式，应满足人员安全疏散的要求。具体要求如下：

(1) 公共建筑的疏散楼梯、安全出口和各房间疏散门的数量应经计算确定，且不应少于2个。

当建筑高度超过250m的民用建筑内（除广播电视塔外）的同一楼层的防火分区建筑面积大于2000m²时，疏散楼梯不应少于3部，且疏散楼梯布置应保证各楼层中任一部楼梯不能使用时，其他疏散楼梯的总净宽度仍能满足各楼层全部人员安全疏散的需要。[72]

(2) 当建筑内需要设计多个安全出口时，安全出口应分散布置，以利于均衡疏散。

(3) 建筑内的每个防火分区的相邻安全出口之间，或者一个防火分区内的每个楼层、每个住宅单元每层相邻的两个安全出口之间，以及每个房间相邻两个疏散门之间，最近门口边缘之间的水平距离均不应小于5m。

(4) 一、二级耐火等级公共建筑中，当一个防火分区的安全出口布置按允许疏散距离全部直通室外（或疏散楼梯间、避难走道）确有困难时，可利用通向相邻防火分区的甲级防火门作为（缓解疏散距离超长的）安全出口，但应符合如下要求：

① 建筑面积大于1000m²的防火分区，直通室外的安全出口数量不应少于2个。

② 建筑面积不大于1000m²的防火分区，直通室外的安全出口数量不应少于1个。

③ 该防火分区通向相邻防火分区的疏散净宽度，不应大于按表6-6中“其他公共建筑”栏内的百人宽度指标计算确定的所需安全出口总净宽度的30%。

④ 必须保证建筑各层直通室外或直通避难走道的安全出口总净宽度不小于按表6-6

中要求的指标计算确定的所需安全出口总净宽度（即：开向相邻防火分区的甲级防火门，只缓解疏散距离超长，其宽度不应计入该防火分区安全出口总净宽度）。

（5）高层公共建筑的疏散楼梯间，当分散设置确有困难且从任一疏散门至最近疏散楼梯间入口的距离小于 10m 时，可采用剪刀式楼梯间。但应符合下列要求：

①楼梯间应为防烟楼梯间；

②梯段之间应设置耐火极限不低于 1.00h 的防火隔墙；

③两梯段应分别设置防烟前室；

④剪刀梯两梯段的加压送风系统不应合用；

⑤在首层宜分别设置两梯段的直接对外出口。

（6）剧院、电影院和礼堂的观众厅或多功能厅，其疏散门的数量应经计算确定，且不应少于 2 个。每个疏散门平均疏散人数不应超过 250 人；当容纳人数超过 2000 人时，其超过 2000 人的部分，每个疏散门的平均疏散人数不应超过 400 人。

（7）高层建筑内的观众厅、会议厅、多功能厅等人员密集场所，一个厅、室疏散门的数量不应少于 2 个。

（8）体育馆的观众厅，其疏散门的数量应经计算确定，且不应少于 2 个。每个疏散门的平均疏散人数不宜超过 400～700 人。

（9）一、二级耐火等级的公共建筑，其主体设有不少于 2 部疏散楼梯，如上部楼层有局部升高，当高出部分的层数不超过 2 层、人数之和不超过 50 人且每层建筑面积不大于 200m² 时，该局部升高的楼层可设置 1 部与主体楼梯间连通的疏散楼梯，但至少应另外设置一个直通建筑主体屋顶平台的安全出口（图 6-1），该屋顶平台的面积和保护设施应符合安全疏散（或避难）要求。比如：

① 当建筑主体的第二部疏散楼梯间设有开向屋顶平台的出口时，局部升高楼层人员进入屋顶平台后，可通过主体出屋面（第二）楼梯间出口进行疏散；

② 可将屋顶平台视作为“避难平台”（其面积可按 4 人/m² 考虑）；

③ 屋顶平台周边应有防护拦挡安全设施。

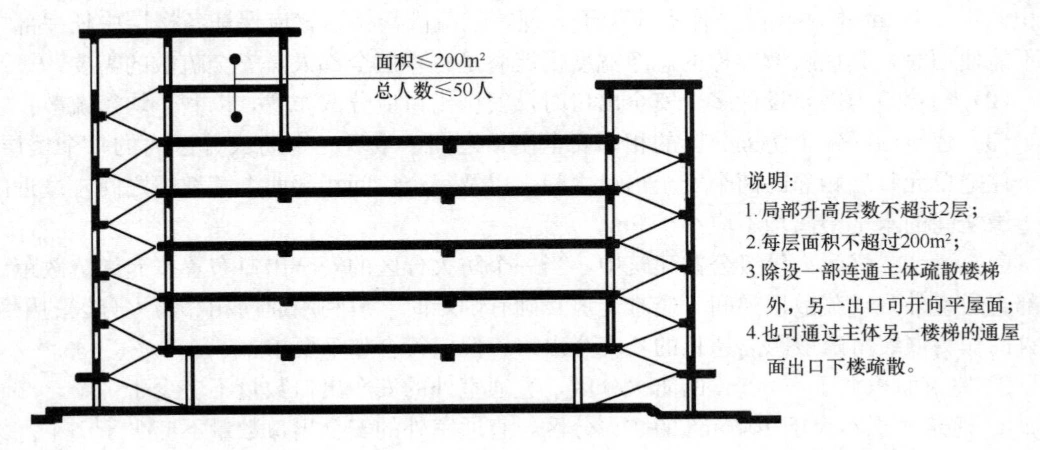

图 6-1　建筑物局部升高楼层出口设置

（10）公共建筑中的客、货电梯和自动扶梯的设置，应注意如下事项：

① 客、货电梯应布置在公共活动区的边缘，宜设置独立的电梯间，并不宜直接设置在营业厅、展览厅、多功能厅等场所内；

② 客、货电梯和自动扶梯均不应计做安全疏散设施。[5]

2）特殊要求

公共建筑当符合下列条件之一时，可设置一个安全出口、疏散出口或一部疏散楼梯。具体要求条件如下：

（1）位于 2 个安全出口之间或袋形走道两侧（不是处于尽端）的如下房间：

① 托儿所、幼儿园、老年人照料设施（或活动场所），建筑面积不大于 50m²；

② 医疗建筑中的治疗室和病房、教学建筑中的教学用房的房间面积不大于 75m²；

③ 其他建筑或场所，建筑面积不大于 120m²；

④ 建筑的地下或半地下建筑（室）为：除歌舞娱乐放映游艺场所外，防火分区建筑面积不大于 50m² 且经常停留人数不超过 15 人的地下或半地下建筑（室）；防火分区建筑面积不大于 200m² 的地下、半地下设备间。

（2）除托儿所、幼儿园、老年人照料设施、医疗建筑、教学建筑外的建筑内，位于走道尽端的符合下列条件的房间：

①建筑面积不大于 50m² 且疏散门的净宽度不小于 0.80m；

②房间建筑面积不大于 200m²、由房间内任一点至疏散门的直线距离不大于 15m 且疏散门的净宽度不小于 1.40m；

③歌舞娱乐放映游艺场所内建筑面积不大于 50m² 且经常停留人数不超过 15 人的厅、室。

（3）除托儿所、幼儿园外，建筑面积不大于 200m² 且人数不超过 50 人的单层公共建筑或多层公共建筑的首层。

（4）除医疗建筑、老年人照料设施和活动场所及托儿所、幼儿园的儿童用房、儿童游乐厅等儿童活动场所和歌舞娱乐放映游艺场所等外的符合表 6-1 条件的建筑层数为 2、3 层其他公共建筑。

多层公共建筑可设置一个疏散楼梯的条件 表 6-1

耐火等级	最多层数	每层最大建筑面积（m²）	人　数
一、二级	3 层	200	第 2、3 层的人数之和不超过 50 人
三级	3 层	200	第 2、3 层的人数之和不超过 25 人
四级	2 层	200	第 2 层人数不超过 15 人

（5）一、二级耐火等级的公共建筑，当楼顶局部升高层数不超过 2 层、使用人数之和不超过 50 人，且每层建筑面积不大于 200m² 时，该局部升高楼层可设置 1 部与主体楼梯间连通的疏散楼梯。但应另外设置一个直通主体建筑屋顶平台的安全出口。

（6）建筑面积不大于 200m² 设备用房。

（7）当老年人照料设施按住宅单元进行布置时，每套住宅（使用单元）使用人数不超过 5 人时，可设置一个疏散门。[20]

3）注意事项

（1）建筑中仅服务于部分楼层的安全出口或疏散楼梯，应根据其所服务楼层的功能用途、建筑高度、使用层数或埋深等因素确定其疏散设施的设计要求。

(2) 对于建筑高度不超过 24m 的建筑，可根据需要考虑采取在室内窗口等附近设置能供拴挂绳（袋）等逃生设施的固定锚钩等措施。

(3) 当地下、半地下学校体育运动场所每个防火分区的最大允许建筑面积按不大于 $2000m^2$ 划分时，该防火分区内自然排烟口设置、场所对外开敞程度及安全疏散等方面应符合相关排烟和疏散的防火设计具体要求。[20]

8. 地下、半地下建筑的安全出口

1) 原则要求

地下、半地下场所的安全疏散设计，应符合如下要求：

(1) 地下、半地下建筑的每个防火分区的安全出口数量应经计算确定，且不应少于 2 个；当防火分区的建筑面积不大于 $50m^2$，且经常停留人数不超过 15 人时，可设置一个安全出口。

(2) 地下、半地下歌舞娱乐放映游艺场所的安全出口不应少于 2 个。

(3) 地下、半地下建筑，当一个防火分区的安全出口全部直通室外（或避难走道）确有困难时，可利用设置在相邻防火分区之间防火墙上的甲级防火门作为安全出口，该防火门应向疏散方向开启。但必须保证如下条件：

① 当该防火分区的建筑面积大于 $1000m^2$ 时，其直通室外的安全出口、通往疏散楼梯间（或避难走道）的安全出口数量不应少于 2 个；

② 当该防火分区的建筑面积不大于 $1000m^2$ 时，其直通室外的安全出口、通往疏散楼梯间（或避难走道）的安全出口数量不应少于 1 个；

③ 地下人防工程在一个防火分区内直通室外安全出口或通往疏散楼梯间（避难走道）的安全出口的净宽度之和不应小于按人员密集场所的疏散通过人数和疏散净宽度指标计算确定的安全出口总净宽度的 70%。[15]

(4) 使用人数不超过 30 人且建筑面积不大于 $500m^2$ 的公共场所，在设有 1 个安全出口的前提下，可设置直通室外的金属竖向梯作为其第二安全出口。

(5) 每个厅室或房间的疏散门不应少于 2 个。当房间面积不大于 $50m^2$，且停留人数不超过 15 人时，可设置一个疏散门。

(6) 地下建筑中的避难走道直通地面的出口不应少于 2 个，并应设置在不同方向；当避难走道仅与一个防火分区相通时，避难走道直通地面的出口可设置 1 个，但该防火分区至少应有一个直通室外的安全出口。

(7) 地下建筑中的防火分区至避难走道入口处，应设置防烟前室，前室的使用面积不应小于 $6m^2$。

(8) 当防火分区的建筑面积不大于 $50m^2$，且经常停留人数不超过 15 人时，可设置一个安全出口。[5]

2) 特殊要求

(1) 地下建筑设置用于防火分隔的下沉式广场等室外开敞空间时，应符合下列要求：

① 下沉广场内应设置不少于 1 部直通广场外地面的疏散楼梯；

② 当连接下沉广场的防火分区需利用下沉广场进行疏散时，疏散楼梯的总净宽度不应小于相邻最大防火分区通向室外开敞空间的计算疏散总净宽度；

③ 不同防火分区通向下沉式广场等室外开敞空间的开口最近边缘之间的水平距离不应小于 13m；

④ 室外开敞空间除用于人员疏散外不得用于其他商业或有可能导致火灾蔓延的其他用途；

⑤ 室外开敞空间用于疏散的净面积不应小于 169m^2（图 7-29）。

（2）除人员集中场所外，以下建筑（室）可设置 1 部疏散楼梯：

① 建筑面积不大于 500m^2、使用人数不超过 30 人且室内地面所处标高与室外地面高差不大于 10m 的地下、半地下建筑（室）在设有 1 部疏散楼梯时，应另设一直通室外的金属竖向梯作为第二安全出口；

② 防火分区面积不大于 200m^2 的设备间可设置 1 部疏散楼梯；

③ 防火分区的建筑面积不超过 50m^2 且经常停留人数不超过 15 人的房间，可设置 1 个疏散门（或 1 部疏散电梯）。[5]

（3）城市综合管廊工程的每个舱室均应设置人员逃生口和消防救援的出入口。人员逃生口和消防救援出入口的空间应保证人员方便进出。逃生和救援口的设置间距，应综合电力、热力、燃气等管道敷设情况，视管道通风、消防救援和管廊维护等需要确定。[72]

（4）当地下、半地下学校体育运动场所每个防火分区的最大允许建筑面积按不大于 2000m^2 划分时，该防火分区内自然排烟口的面积不应小于其室内地面面积的 20%，或者防火分区应有至少 1/4 的周长面向室外，通向室外地面的设计疏散总净宽度不应小于该防火分区所属疏散总净宽度的 70%。[20]

9. 地铁车站的安全出口

1）原则要求

（1）地铁车站的出入口数量，应根据吸引与疏散客流的需求设置，但不得少于 2 个。

（2）地铁车站每个站厅公共区安全出口数量不应少于 2 个，并应直通车站外部空间。位于站厅公共区同方向相邻两个安全出口之间的水平净距不应小于 20m。[72]

（3）地铁设备区的安全出口应独立设置，有人值守的设备和管理用房的区域的安全出口数量不应少于 2 个，其中有人值守的防火分区至少应有一个安全出口直通外部空间。

（4）地下一层与站厅公共区同层布置侧式站台的车站，每侧站台直通室外的安全出口不应少于 2 个。[72]

2）特殊要求

（1）地铁除车站站台、站厅防火分区外的其他防火分区，当有一个安全出口直通室外时，可将两相邻防火分区相通的甲级防火门作为第二安全出口。[9]

（2）两条单线载客运营地下区间之间，应设置联络通道，载客运营地下区间内，应设置纵向疏散平台。

（3）地铁工程中的出入口控制装置，应具有与火灾自动报警系统联动控制自动释放或断电自动释放功能，并能在车站控制室或消防控制室内远程控制。[72]

6.2.2　安全疏散门的设置形式及开启方向

原则上，各类功能场所和房间的安全疏散门的开启方向应与人员疏散的方向相一致。

以免在人员拥挤状态下致使疏散门难以开启，影响安全疏散，甚至造成挤伤、踩伤的后果。

根据具体情况，设置疏散门的形式和开启方式应符合如下要求：

1）甲、乙类生产场所（厂房），不论房间面积大小和疏散人数多少，疏散门必须向疏散方向开启。

2）除甲、乙类生产场所（厂房）外，当房间内人数不超过 60 人，且每樘门的疏散人数不超过 30 人时，其疏散门的开启方向不限。

3）储存物资场所（仓库）疏散用门应为向疏散方向开启的平开门，但丙、丁、戊类仓库首层靠外墙的外侧可设推拉门或卷帘门。

4）生产场所（厂房）和民用建筑以及平时使用的人防工程中的公共场所的疏散用门应采用平开门，不应采用推拉门、卷帘门、吊门、转门和折叠门；设有门禁系统的疏散门，应设有火灾时能自动释放的功能。

5）人员密集场所平时需要控制人员随意出入的疏散用门和设有门禁系统的住宅、宿舍、公寓建筑外门，应保证火灾时不需使用钥匙等任何工具即能从内部易于打开，并应在显著位置设置具有使用提示的标识；对于影剧院观众厅、大型歌舞厅、展览厅等人员密集场所的"太平门"应设置推闩式外开门，以保证在人员慌乱拥挤时能被自动推开。[4]

6）公共建筑不宜在窗口、阳台等部位设置金属栅栏，当必须设置时，应有从内部易于开启的装置；窗口、阳台等部位宜设置辅助疏散逃生设施。

7）防烟楼梯间及其前室的门应向疏散的方向开启。

8）封闭楼梯间的门，除高层厂（库）房、人员密集的丙类厂房和公共建筑应向疏散方向开启外，其他建筑的封闭楼梯间可采用双向开启的弹簧门。

9）室内通向室外疏散楼梯的门、直通屋顶的楼梯间通向平屋面的门，均应向疏散方向开启。

10）除影剧院等人员集中场所在室内设有门禁系统外，公共建筑疏散出口门应能在关闭后从任何一侧手动开启；设有门禁系统的疏散门，应具有火灾时能自动释放的功能，且人员不需用工具就能从内部打开。房间的疏散门、疏散楼梯间和防烟前室的门，开启时不应减少疏散走道或疏散楼梯段平台的有效宽度。[5]

11）对于公共建筑内的防火门设置，应能自行关闭，平时普遍设为常闭式。但对于公共场所中人员频繁出入的防火门，宜设置为平时常开式，火灾时能自行关闭的形式。以防止因频繁开启造成自动关闭设备部件损坏，影响安全使用。[5]

12）宿舍建筑的居室、旅馆建筑的客房的疏散门，应有自动关闭的功能。因为人员复杂，容易疏忽平时关闭；且室内发生火灾撤离时，敞开门易导致烟火向外蔓延。[72]

6.3 安全疏散能力

6.3.1 一般人的行走（运动）速度

一般人的行走（运动）速度，见表 6-2。

一般人的行走（运动）速度　　表 6-2

序号	行动状态	行动速度（m/s）		序号	行动状态（m/s）	行动速度（m/s）
1	慢步走	1.0	步行中间值 1.3	6	在齐腰水中行走	0.3
2	快步走	2.0		7	游泳	1.7
3	跑步	5.0		8	在熟悉场所摸黑走	0.7
4	快跑	8.0		9	在不熟悉场所摸黑走	0.3
5	在齐膝水中行走	0.7		10	人员密集（1.5人/m^2）时步行	1.0

6.3.2 疏散走道的通行能力

疏散走道的宽度直接影响着通过行人的能力。走道宽度、疏散人数与最后一人疏散时间的关系，见表 6-3。[26]

走道宽度、疏散人数与最后一人的疏散时间（s）　　表 6-3

通过行人的能力 / 走道宽度		疏散人数（人）及时间（s）				
		2人	3人	5人	10人	15人
走道宽度	60cm	7.5	9.3	10.6	13.6	19.5
	90cm	7.5	8.5	10.0	12.8	17.7
	120cm	7.4	8.4	9.4	11.7	13.7
	150cm	7.4	8.2	9.4	10.6	13.25
	180cm	7.4	7.7	8.8	10.3	12.5

6.3.3 单股人流的宽度

疏散人流的宽度，是根据人体的平均肩宽，加上行走的摇摆幅度确定的。我国人体的肩宽平均值见表 6-4。

我国的人体肩宽平均值（cm）　　表 6-4

地区 / 性别	高人体区（冀、鲁、辽）	中人体区（长江三角洲）	低人体区（川）
男	42.0	41.5	41.4
女	38.7	39.7	38.6

根据我国人体的高、中、低人区的男、女平均肩宽并考虑行走时手臂左右摇摆的幅度，确定我国单股人流的宽度为 55.0cm。[26]

6.3.4 影响安全疏散能力的主要因素

在火灾情况下，疏散的过程往往比较复杂，影响疏散的因素很多，但主要因素是允许疏散时间和通过安全出口的通行能力。

1. 允许疏散时间

允许疏散时间，是指建筑物发生火灾后，人员可以安全离开建筑物危险地带并到达安全地点的时间。

影响安全疏散时间的因素很多，但从建筑物内向外疏散，主要是两个方面：一是起火后的烟气及其蔓延情况，直接影响人们的活动；二是建筑结构的耐火性能，决定了造就活动环境的建筑构件在火灾中耐受破坏以致垮塌的时间长短。由于发现火灾往往不是在可燃物刚刚被点燃的时刻，而是在火的延烧范围已经扩大，甚至已经面临建筑结构即将垮塌的危急时刻，故安全疏散要受到许多因素的影响。比如，建筑物的耐火等级、场所的火灾危险特征、疏散人员的行为能力和对火灾中逃生方式的认知水平，以及对所处环境的熟悉程度等，都影响允许疏散时间。允许疏散时间的长短决定着安全疏散距离的远近，这就为安全疏散设计提供了对场所环境、疏散路线和安全措施作科学分析、合理决策的思维空间。

例如：厂房等生产场所，人员对环境情况特别熟悉，身体活动能力较好，其疏散距离可比公共建筑稍长一些；但有爆炸危险的甲、乙类生产场所的疏散距离就要短些。

又如：托儿所、幼儿园、医院等建筑，小孩和病人疏散速度很慢，则疏散的距离就要尽量短捷；学校建筑的房间内人数较多，其疏散门的宽度就应适当加大，到安全出口的疏散距离也不能过长。

不同的场所，规定其允许疏散时间有不同：

1）对于生产建筑的允许疏散时间，甲类厂房不超过30s，乙类厂房1min，丙类厂房2min，丁、戊类厂房5min。

2）对于公共建筑（场所）的允许疏散时间，一、二级耐火等级建筑，一般不超过6min；对于三、四级耐火等级建筑，一般不超过2～4min。对于人员密集场所的允许疏散时间，要求更严格一些。比如：

（1）对于一、二级耐火等级建筑的影剧院等人员集中场所，人员撤出观众厅的时间，按2min控制，走出外门的时间一般不超过5min。

（2）对于三级耐火等级建筑的影剧院等人员集中场所，人员撤出观众厅的时间按1.5min控制，出外门的时间一般不超过3min。

（3）对于一、二级耐火等级建筑的体育馆，观众厅内的人员允许疏散时间，按3～4min控制。

（4）对于地铁车站中的站台公共区至站厅公共区或其他安全区域的疏散楼梯、自动扶梯和疏散通道的通过能力设计，应保证在远期或客流高峰期最大客流量时，一列进站列车所载乘客和候车人员能在4min内全部撤离站台，并能在6min内全部疏散到站厅公共区或其他安全区域。[72]

2. 安全出口通行能力

公共建筑的安全疏散的设计，一般采用流量法，即被疏散人员流动地沿着疏散走道行走并通过安全出口。而很少采用容量法，即指被疏散人员同时进入能保证疏散人员滞留面积的封闭楼梯间等场所的安全疏散的方法。[26]

对于安全出口的通行能力，应考虑如下方面：

1）流动系数和通行能力

人群聚集场所的流动系数，是用来描述群集通过某一空间断面的流动情况，群集流动系数等于单位时间内的单位空间宽度所能通过的人数，其单位是：人/（m·s）。

我国采用的流动系数：

(1) 平坡地面1.3人/（m·s），则单股人流（0.55m宽）通行能力为43人/min；

(2) 阶梯地面1.12人/（m·s），则单股人流（0.55m宽）通行能力为37人/min。

在应急状态下，根据不同地面的通行能力，在预定的时间内，被疏散人员可连续通过安全出口，走向安全地带。[4]

2）疏散走道和出口的最小宽度要接近单股人流宽度的模数

正常行走时，单股人流宽度为0.55m，2股人流宽度为1.10m，3股人流宽度为1.65m。在应急拥挤状态下，如疏散走道和门的净宽度不足1.00m就很难通过2股人流；疏散走道和门的净宽度不足1.40m就很难通过3股人流。所以，公共建筑的疏散出口最小宽度不能小于1.00m，人员集中场所的疏散出口最小宽度不能小于1.40m。

3）疏散出口总宽度要和单股人流宽度模数相适应

在疏散设计中，必须处理好安全出口的数目与安全出口宽度之间的相互协调、适当配合的密切关系，既要控制疏散时间，又要合理执行疏散宽度指标。只有疏散出口和走道的宽度接近人流宽度的模数，才能更好地发挥安全出口的疏散功能和建筑经济效益。避免出现疏散出口总宽度虽然符合规范要求，但每个出口的实际宽度却因不符合人流宽度的模数而影响安全疏散，就容易导致实际疏散时间超出规定时间限制的不合理现象。

可见，设计中既要考虑较低耐火等级建筑对安全疏散的影响，又要顾及建筑内疏散人员的行动能力。对各类建筑内的安全疏散的允许时间和通行能力等因素，都要周密考虑。

6.3.5 各类建筑（场所）的安全疏散能力

1. 厂房、仓库的安全疏散能力

1）厂房

现行规范针对不同生产类别（甲、乙、丙、丁、戊类）厂房的安全疏散宽度与疏散距离分别做了规定。

(1) 甲类厂房人流的疏散速度是按1m/s考虑的，其允许疏散时间，限制为30s（单层厂房）和25s（多层厂房），则最大的允许疏散距离为30m（单层厂房）和25m（多层厂房）。

(2) 乙类厂房的火灾危险性相比甲类小些，其允许疏散时间1min左右，最大允许疏散距离定为75m（单层厂房）、50m（多层厂房）和30m（高层厂房）。

(3) 丙类厂房的允许疏散时间定为2min，考虑到生产人员较多(人员荷载按2人/m^2)，采取了办公（60m/min）和学校（22m/min）疏散速度的中间值，2min内的允许疏散距离为：一、二级建筑不超过80m，三级建筑不超过60m。

(4) 丁、戊类厂房的允许疏散时间5min，是符合了城市消防站接警后战斗车辆抵达辖区边缘的时间。在疏散人员不拥挤的情况下，5min可走300m的距离，故国家规范对在耐火等级一、二级的厂房内的疏散距离没作限制；只对高层厂房和耐火等级较低的三、四级厂房的疏散距离作了参照丙类厂房的规定。[4]

2）仓库

因为仓库内的工作人员较少，且对环境都比较熟悉，只要按规定设置了必要的疏散通道和安全出口，发生火灾时，人员疏散应当是没有问题的。

2. 民用建筑（场所）的安全疏散能力

分析确定民用建筑的安全疏散能力，不能超过允许疏散的时间。而实际疏散的时间除了与疏散距离有关外，还与人流的移动速度和人员密度有关。

对各类场所的疏散能力，应考虑影响因素大致如下：

1）非人员密集场所

在非人员密集的民用建筑疏散中，很少有拥挤现象，其疏散速度主要受到人员对环境熟悉程度和活动能力的影响，其最大允许的疏散距离是分段考虑的。

在一般的居住及公共建筑中，疏散的路程可分三段：

第一段，是自房间内最远点到房间门的疏散时间，人数少时可采用 0.25min，人数多时可采用 0.7min；

第二段，是疏散人流在自房间门至安全出口的疏散走道上的疏散速度，可采用 22m/min；

第三段，是疏散人流下楼梯的速度，可采用 15m/min。如楼梯间是封闭或防烟楼梯间时，下楼梯的时间可不计算在允许疏散时间内。

2）人员密集场所

人员聚集场所的疏散，是在拥挤状态下进行的，其运动速度比较慢。

在平地上是 22m/min，单股人流平均每分钟可通过 43 人；

下楼梯时为 15m/min，单股人流平均每分钟可通过 37 人。

（1）对于影剧院的出口大门的每股人流疏散能力，按池座和楼座的每股人流的疏散能力之平均值（即取池座的平坡地面通行能力 43 人/min 和楼座的阶梯地面通行能力 37 人/min 的平均值）40 人/min 计算。

（2）对体育馆的座席区，因大部分是阶梯式走道，每股人流的疏散能力可按 37 人/min 计算。[4]

（3）对于地铁车站的乘客通过各部位的最大通过能力，宜符合表 6-5 的要求。[8]

地铁车站各部位的最大通过能力（人） **表 6-5**

<table>
<tr><th colspan="3">部 位 名 称</th><th>每小时通过人数</th></tr>
<tr><td colspan="2" rowspan="3">1m 宽楼梯</td><td>下 行</td><td>4200</td></tr>
<tr><td>上 行</td><td>3700</td></tr>
<tr><td>双向混行</td><td>3200</td></tr>
<tr><td colspan="2" rowspan="2">1m 宽楼梯</td><td>单 向</td><td>5000</td></tr>
<tr><td>双向混行</td><td>4000</td></tr>
<tr><td colspan="2" rowspan="2">1m 宽自动扶梯</td><td>输送速度 0.5m/s</td><td>8100</td></tr>
<tr><td>输送速度 0.65m/s</td><td>不大于 9600</td></tr>
<tr><td colspan="3">人工售票口</td><td>1200</td></tr>
<tr><td colspan="3">自动售票口</td><td>300</td></tr>
<tr><td colspan="3">人工检票口</td><td>2600</td></tr>
<tr><td rowspan="4">自动检票机</td><td rowspan="2">三杆门</td><td>磁卡</td><td>1500</td></tr>
<tr><td>非接触 IC 卡</td><td>1800</td></tr>
<tr><td rowspan="2">门扉式</td><td>磁卡</td><td>1800</td></tr>
<tr><td>非接触 IC 卡</td><td>2100</td></tr>
</table>

6.4 安全疏散的出口宽度和疏散距离

6.4.1 安全疏散走道、楼梯、门的宽度及有关要求

对于建筑物或场所内的疏散走道、楼梯、门等宽度的确定，与设计容纳人数有密切关系。凡场所有岗（座）位定员的，按设计定员考虑。无定员的，应按该场所的建筑面积与疏散人数密度值的乘积计算确定。

1. 各类场所疏散人数的确定原则

各类建筑，其疏散人数的确定直接影响到疏散走道、安全出口、疏散楼梯和房间疏散门的各自宽度和疏散总宽度的计算结果。确定疏散人数时，应遵循如下原则：

1）有定员工作岗位的场所，应按设计定员确定疏散人数。

2）剧场、电影院、礼堂、体育馆的疏散人数，应根据设计座位容纳人数确定。

3）除剧场、电影院、礼堂、体育馆外的其他公共建筑，疏散人数应按如下原则确定：

（1）人员集中场所的疏散人数确定

① 歌舞娱乐放映游艺场所中的录像厅、放映厅的疏散人数，应根据厅、室的建筑面积按不少于 1.0 人/m^2密度计算；

② 歌舞娱乐放映游艺场所中（除录像厅、放映厅外）其他用途房间的疏散人数，应根据厅、室的建筑面积按不少于 0.5 人/m^2的密度计算。

（2）有固定座位场所的疏散人数确定

有固定座位的场所，其疏散人数可按实际座位数的 1.1 倍计算。因为特殊情况下，可能在座位爆满时的座席区外或走道旁侧有拥站人群的情形。

（3）展览厅的疏散人数确定

展览厅的疏散人数，应根据展览厅的建筑面积按不少于 0.75 人/m^2的密度计算。

（4）商店的疏散人数的确定

商店的疏散人数，应按不少于每层营业厅的建筑面积与该层疏散人数密度值（人/m^2）的乘积计算。商店营业厅的疏散人数密度值应不少于如下要求：

① 地下建筑分为：地下第二层 0.56（人/m^2）；地下第一层 0.60（人/m^2）。

② 地上建筑分为：第一、二层 0.43～0.60（人/m^2）；第三层 0.39～0.54（人/m^2）；第四层及以上各层 0.30～0.42（人/m^2）。

③ 当商店每层疏散人数不等时，应按疏散人数最多的楼层人数确定为本层及以下楼层的疏散人数，并据以确定共用疏散楼梯及安全出口的总宽度。[3]

④ 对于家具、建材商店和灯饰展示建筑，其疏散人数密度可按不少于商店营业厅相关楼层的疏散人数密度值的 30%确定。[5]

（5）地下人防工程内营业厅的疏散人数确定

地下人防工程的营业厅每个防火分区的疏散人数，应按不少于防火分区内营业厅使用面积（宜按 70%折算后）和疏散人数密度值（人/m^2）的乘积确定。其疏散人数密度值如下：

① 地下一层 0.85 人/m^2；

② 地下二层 0.80 人/m²。

对于经营丁、戊类物品的专业商店的疏散人数，可按上述疏散人数密度值计算确定的人数减少 50%。[15]

（6）高层建筑避难层（间）人数确定

高层建筑的避难层（间），应按不少于净面积 4 人/m²的密度确定。[20]

2. 疏散总宽度和最小的疏散宽度

1）确定原则

（1）每层的疏散走道、安全出口、疏散楼梯和房间疏散门的各自总宽度，应根据疏散人数按每 100 人的最小疏散净宽度（参见表 6-6 中的百人疏散宽度）指标计算确定，且应满足表 6-6 中疏散走道、安全出口、疏散楼梯的最小宽度要求。

（2）当每层疏散人数不等时，疏散楼梯的总宽度可分层计算：

① 地上建筑内下层楼梯的总宽度应按该层及以上楼层疏散人数最多的一层计算；

② 地下建筑内上层楼梯的总宽度应按该层及以下楼层疏散人数最多的一层计算。

（3）地下或半地下人员密集的厅、室和歌舞娱乐放映游艺场所，其房间疏散门、疏散走道、安全出口和疏散楼梯的各自总净宽度，应根据疏散人数按每 100 人不小于 1m 计算确定。

（4）首层外门的总净宽度应按该建筑疏散人数最多的一层的疏散人数计算确定，不供其他楼层人员疏散的外门，可按本层疏散人数计算确定。

（5）除广播电视塔建筑外，建筑高度大于 250m 的民用建筑内的疏散楼梯布置，应保证各楼层中任一部疏散楼梯不能使用时，其他楼梯的总净宽度仍能满足各楼层全部人员安全疏散的需要。当同一楼层中防火分区面积大于 2000m²时，疏散楼梯不应少于 3 部。[20]

（6）地下、半地下学校体育运动场所每个防火分区的最大允许建筑面积当按不大于 2000m²划分时，其通向室外地面的设计疏散总净宽度不应小于该防火分区所属疏散总净宽度的 70%。[20]

2）各类建筑及场所有关疏散宽度的各项指标要求

（1）各类建筑及场所有关疏散宽度的各项指标具体要求，如表 6-6 所示。

各类建筑的安全疏散走道、楼梯、门的每百人净宽度指标（m/百人）及最小净宽度（m）

表 6-6

建筑及场所名称			建筑耐火等级	疏散人数	走道、楼梯、门总净宽度			最小净宽度（m）				备注
					平坡地面	阶梯地面	楼梯	疏散走道	楼梯	房间门	首层外门	
厂房	单层、多层厂房	一、二层	一～四级	按该层以上人数最多楼层计	0.60	0.60	0.60	1.40	1.10	0.80	1.20	
厂房	单层、多层厂房	三层	一～三级		0.80	0.80	0.80	1.40	1.10	0.80	1.20	
厂房	单层、多层厂房	≥四层	一、二级		1.00	1.00	1.00	1.40	1.10	0.80	1.20	
厂房	高层厂房		一、二级		1.00	1.00	1.00	1.40	1.10	0.80	1.20	
厂房	地下厂房	一、二层	一、二级		0.80	0.80	0.80	1.40	1.10	0.80	1.20	
厂房	地下厂房	三层			1.00	1.00	1.00	1.40	1.10	0.80	1.20	
仓库								1.10	1.10	0.80	1.10	室外金属梯可 0.9m

续表

建筑及场所名称	建筑耐火等级	疏散人数	走道、楼梯、门总净宽度：平坡地面	阶梯地面	楼梯	最小净宽度（m）：疏散走道	楼梯	房间门	首层外门	备注
汽车库（单车道） （双车道）						3.00 5.50	1.10 1.10			道宽指汽车疏散坡道；楼梯为疏散楼梯
影剧院、礼堂观众厅及其他人员密集场所	一、二级 三级	≤2500 ≤1200	0.65 0.85	0.75 1.00	0.75 1.00	1.00 1.00	1.10 1.10	1.40 1.40	1.40 1.40	1. 边走道≥0.8m； 2. 室外疏散走道≥3m； 3. 体育馆疏散总宽度应不小于相邻低档最多人数计算的宽度
体育馆	一、二级	3000～5000 5000～10000 10000～20000	0.43 0.37 0.32	0.50 0.43 0.37	0.50 0.43 0.37	1.00 1.00 1.00	1.10 1.10 1.10	1.40 1.40 1.40	1.40 1.40 1.40	
其他公共场所 地上一、二层	一、二级 三级 四级	按人数最多的楼层计算	0.65 0.75 1.00	0.65 0.75 1.00	0.65 0.75 1.00	1.30 1.30 1.30	1.10 1.10 1.10	0.80 0.80 0.80	1.40 1.40 1.40	
其他公共场所 地上三层	一、二级 三级	按人数最多楼层计	0.75 1.00	0.75 1.00	0.75 1.00	1.30 1.30	1.10 1.10	0.80 0.80	1.40 1.40	
其他公共场所 地上四层及以上	一、二级 三级	按人数最多楼层计	1.00 1.25	1.00 1.25	1.00 1.25	1.30 1.30	1.10 1.10	0.80 0.80	1.40 1.40	
其他公共场所 地下 高差≤10m 高差＞10m	一、二级 一、二级	按人数最多楼层计	0.75 1.00	0.75 1.00	0.75 1.00	1.30 1.30	1.10 1.10	0.80 0.80	1.40 1.40	高差10m指房间与室外出入口地面的高差
录像厅、放映厅	一、二级	1人/m^2	1.00	1.00	1.00	1.30	1.10	0.80	1.40	有固定座位的场所，其疏散人数可按实际座位数的1.1倍确定
歌舞娱乐放映游艺场所地下或半地下人员密集的厅室	一、二级	0.5人/m^2	1.00	1.00	1.00	1.30	1.10	0.80	1.40	
单、多层住宅建筑 （h：建筑高度）	一～三级					1.20	1.10	0.80	1.10	h≤18m一边设栏杆时，楼梯宽应≥1m
高层建筑 住宅	一、二级					1.20	1.10	0.80	1.10	
高层建筑 医疗建筑	一、二级					1.40	1.30		1.30	走道双面布房1.50
高层建筑 其他建筑	一、二级					1.30	1.20		1.20	走道双面布房1.40
高层建筑 避难层（间） （h：建筑高度）	一、二级	5人/m^2						0.80		h＞100m设置；h＞50m病房楼在50m以上逐层设置；h＞54m住宅楼每户应有一房间作避难间

续表

建筑及场所名称		建筑耐火等级	疏散人数	走道、楼梯、门总净宽度			最小净宽度（m）				备注
				平坡地面	阶梯地面	楼梯	疏散走道	楼梯	房间门	首层外门	
人防工程	观众厅 室内外地面 高差≤10m	一级	每口 250 人	0.75	0.75	0.75	1.00	1.40	1.40	1.40	高差界限：10m 指使用层地面与室外地面出入口的高差界限
人防工程	观众厅 室内外地面 高差＞10m	一级	每口 250 人	1.00	1.00	1.00	1.00	1.40	1.40	1.40	
人防工程	商场、健身体育	一级	换算人数	0.80	0.80	0.80	1.50	1.40	1.40	1.40	双面布房走道 1.60
人防工程	人员密集、歌舞娱乐、放映游艺场所	一级	换算人数	1.00	1.00	1.00	1.50	1.40	1.40	1.40	双面布房走道 1.60
人防工程	医院	一级					1.40	1.30	1.30	1.40	双面布房走道 1.50
人防工程	旅馆、餐厅	一级					1.30	1.10	1.10	1.10	双面布房走道 1.30
人防工程	车间	一级					1.30	1.10	1.10	1.10	双面布房走道 1.50
人防工程	其他民用工程	一级					1.30	1.10	1.10	1.10	

注：1. 首层外门总宽度应按该层或该层以上人数最多一层人数计算确定，不供楼上人员疏散的外门，可按本层人数计算确定。

2. 体育馆按规定算的疏散总宽度不应小于按相邻较低档座位数范围最多座位数计算的疏散总宽度；对于观众厅座位数少于 3000 个的体育馆，计算供观众疏散的所有内门、外门、楼梯和走道的各自总宽度时，每 100 人的最小疏散净宽度不应小于影剧院、礼堂的百人指标要求。[5]

3. 地下人防工程疏散出口和厅外疏散走道的总宽度，平坡地面按通过人数每 100 人不小于 0.65m 计算；阶梯地面按通过人数每 100 人不小于 0.80m 计算，疏散出口和疏散走道的净宽均不应小于 1.40m。[15]

4. 剧场、电影院、礼堂、体育馆等场所的观众厅内的疏散走道净宽度，应按各道担负的计算疏散人数每 100 人不小于 0.60m 核算，且保证大于最小宽度：中间道（2 股人流）不小于 1.0m，边道（1 股人流）不小于 0.80m。[5]

5. 对于木结构建筑的疏散宽度百人指标，可参照地上三级建筑的标值。

（2）根据按百人指标的计算结果确定设计各项场所人员疏散所需的宽度。对于民用建筑（除住宅外）公共走廊的净宽度应满足各类型的功能场所最小净宽度要求，且不应小于 1.30m。[19]

（3）当疏散楼梯、室内疏散台阶或坡道的净宽度大于 4.0m 时，应设置手扶栏杆分隔为宽度不大于 2.0m 的区段。[72]

（4）地下、半地下学校体育运动场所，通向室外地面的设计疏散总净宽度不应小于该防火分区所属疏散总净宽度的 70％。[20]

3）地铁车站的疏散宽度要求

对于地铁车站，每个出入口的宽度，应按远期分向设计客流量乘以 1.1～1.25 不均匀系数计算确定。

地铁车站疏散楼梯、扶梯的设置数量，应根据站台层的最大允许事故疏散时间（T 不超过 6min）的公式：

$$T = 1 + \frac{Q_1 + Q_2}{0.9[A_1(N-1) + A_2 B]}$$

式中　Q_1——列车乘客数（人）；

Q_2——站台上候车乘客和工作人员数（人）；

A_1——自动扶梯通过能力［人/（min·m）］；

A_2——人行楼梯通过能力［人/（min·m）］；

N——自动扶梯台数；

B——人行楼梯总宽度（m）。

进行验算确定，并根据乘客通过各部位的最大能力，合理调整自动扶梯台数和人行楼梯宽度。同时应满足车站各建筑部位的最小宽度要求（表6-7）。

地铁车站的出口楼梯和疏散通道的宽度，应保证在远期高峰小时客流量时发生火灾的情况下，6min内将一列车乘客和站台上候车的乘客及工作人员全部疏散撤离站台。[9]

地铁车站各部位的最小宽度（m）　　**表6-7**

部位名称				最小宽度（m）
站台		导式站台		8
		导式站台侧站台		2.5
		侧式站台（长向范围内设梯）侧站台		2.5
		侧式站台（垂直于侧站台开通道口）的侧站台		3.5
通道或楼梯	公共区	通道或天桥		2.4
		单向公共区人行楼梯		1.8
		双向公共区人行楼梯		2.4
		与自动扶梯并列设置的人行楼梯（困难情况下）		1.2
		消防专用楼梯		0.9
		站台至轨道区的工作梯（兼疏散梯）		1.1
	车站设备及管理用房	安全出口		1.0
		楼梯		1.0
		疏散走道	单面布置房间	1.2
			双面布置房间	1.5

3. 人员密集的公共场所的疏散设施要求

对于人员密集的公共场所，必须设置合理的疏散设施，满足安全要求。

1）公共观众厅内的走道和座席布置要求

（1）公共观众厅内的疏散走道的净宽度应满足如下要求：

① 应按每100人不小于0.60m的净宽度计算，且不应小于1.00m；

② 边走道的净宽不宜小于0.80m。

（2）观众厅内横向疏散走道之间的座位排数不应超过20排。

（3）观众厅内纵向疏散走道之间每排座位数应符合如下限制范围：

① 影剧院的座位数不应超过22个；

② 高层建筑内的座位数不应超过22个；

③ 人防工程的座位数不应超过22个；

④ 体育馆的座位数不应超过26个。

（4）当纵向走道之间的座席前后排距不小于0.9m时，座位数可增加1倍。但单、多层建筑的每排座位不得超过50个，人防工程的每排座位不得超过44个。

（5）当每排座位仅一侧有纵向走道时，则每排的座位数应按纵向走道之间座位数要求减少一半。

（6）观众厅内的疏散走道设置应简捷流畅，其地面和两侧不应设有局部突出的座位、墙（柱）角、栏杆等阻碍影响疏散人流的设施。

2）疏散门和疏散通道设置要求

（1）观众厅及其他人员密集的公共场所的疏散门不应设置门槛，其净宽度不应小于1.40m，且紧靠门口内、外各1.40m范围内不应设置踏步；

（2）有等场需要的入场门不应作为观众厅的疏散门；

（3）人员密集场所的疏散通道净宽不应小于3.00m，路线应简捷，并直通宽敞安全地带；

（4）疏散通道的地面和两侧不应设有局部突出的墙（柱）角、栏杆等阻碍影响疏散人流的设施。[5]

4. 汽车库的疏散车道要求

对于汽车库的疏散车道和车位设置，应符合如下要求：

1）汽车库的车道应满足一次出车（即汽车在启动后不需调头、倒车而直接驶出汽车库）的要求。

2）汽车与汽车之间以及汽车与墙、柱之间的间距应符合表6-8要求。

汽车与汽车之间以及汽车与墙、柱之间的间距（m）　　表6-8

项目名称	汽车尺寸（m）			
	车长≤6 或车宽≤1.8	6＜车长≤8 或1.8＜车宽≤2.2	8＜车长≤12 或2.2＜车宽≤2.5	车长＞12 或车宽＞2.5
汽车与汽车	0.5	0.7	0.8	0.9
汽车与墙	0.5	0.5	0.5	0.5
汽车与柱	0.3	0.3	0.4	0.4

注：当墙、柱外有暖气片等凸出物时，汽车与墙、柱的间距应从其凸出部分外缘算起。

3）汽车疏散坡道的净宽度，单车道不应小于3.0m，双车道不应小于5.50m；特殊车辆汽车库的疏散坡道的宽度，应据具体需要确定。[7]

6.4.2 各类建筑的安全疏散距离要求

1. 生产场所（厂房）的安全疏散距离

有关生产场所（厂房）的安全疏散距离不应大于表6-9要求。

生产场所（厂房）内任一点到最近安全出口的距离（m）　　表6-9

生产场所火险类别	建筑耐火等级	单层生产场所（厂房）	多层生产场所（厂房）	高层生产场所（厂房）	地下、半地下生产场所（厂房）或地下室、半地下室
甲	一、二级	30	25	—	—
乙	一、二级	75	50	30	—
丙	一、二级	80	60	40	30
	三级	60	40	—	—
丁	一、二级	不限	不限	50	45
	三级	60	50	—	—
	四级	50	—	—	—

续表

生产场所火险类别	建筑耐火等级	单层生产场所（厂房）	多层生产场所（厂房）	高层生产场所（厂房）	地下、半地下生产场所（厂房）或地下室、半地下室
戊	一、二级	不限	不限	75	60
	三级	100	75	—	—
	四级	60	—	—	—

注：“—”表示不允许或不适用。

2. 储存物资场所（仓库）的安全疏散距离

现行设计规范对储存物资场所（仓库）内的安全疏散距离未做具体规定，但储存物资场所（仓库）的安全出口应分散布置，以便于火灾扑救。且其相邻的两个安全出口最近边缘之间的水平距离应满足不小于5m的要求。[5]

3. 汽车库的安全疏散距离

1）单层或设在建筑物首层的汽车库，室内最远工作地点至室外出口的距离不应大于60m。

2）多层或不在建筑物首层的汽车库室内任一点至最近安全出口（疏散楼梯间）的疏散距离不应超过45m，当设有自动灭火系统时，其距离不应超过60m。

3）当地下汽车库与住宅建筑地下室相连通时，地下汽车库人员疏散可借用住宅楼梯间；但从地下汽车库不能直接进入住宅疏散楼梯间，应在满足地下汽车库内疏散距离要求的适当地点设置进入与住宅楼梯间连通的疏散安全走道（进入走道的门，可视为疏散楼梯间扩大防烟前室）的门。疏散走道两侧的墙应为防火墙，开向该走道前室的门应为甲级防火门。汽车库内人员的疏散距离可视为从任一点至住宅楼梯间“扩大的防烟前室门”的距离。[7]

4. 民用建筑的安全疏散距离

民用建筑的安全疏散距离，一般分两段：一段是从房间内最远点至房间疏散门的距离；另一段是从房间门至安全出口（即通往室外安全地带的门或疏散楼梯间出入口）的距离。

1）当民用建筑的疏散楼梯设置为封闭或防烟楼梯间时，其直通疏散走道的房间疏散门至最近安全出口（封闭或防烟楼梯间）的最大距离应不大于表6-10的要求。房间内任一点至该房间直通疏散走道的疏散门的最大距离，不应大于袋形走道两侧或尽端的疏散门至安全出口的最大距离（表6-10和表6-11）的要求。[5]

直通疏散走道的房间疏散门至最近安全出口（封闭或防烟楼梯间）的直线距离（m）

表 6-10

建筑名称	位于两个安全出口之间的疏散门（或住宅户门）			位于袋形走道两侧或尽端的疏散门（或住宅户门）			房间内任一点至该房间直通疏散走道的疏散门（或户门）		
	建筑耐火等级			建筑耐火等级			建筑耐火等级		
	一、二级	三级	四级	一、二级	三级	四级	一、二级	三级	四级
托儿所、幼儿园、老年人照料设施	25	20	15	20	15	10	20	15	10
歌舞娱乐放映游艺场所	25	20	15	9	—	—	9	—	—

续表

建筑名称			位于两个安全出口之间的疏散门（或住宅户门）			位于袋形走道两侧或尽端的疏散门（或住宅户门）			房间内任一点至该房间直通疏散走道的疏散门（或户门）		
			建筑耐火等级			建筑耐火等级			建筑耐火等级		
			一、二级	三级	四级	一、二级	三级	四级	一、二级	三级	四级
医疗建筑	单层或多层		35	30	25	20	15	10	20	15	10
	高层	病房部分	24	—	—	12	—	—	12	—	—
		其他部分	30	—	—	15	—	—	15	—	—
教学建筑	单层或多层		35	30	25	22	20	10	22	20	10
	高层		30	—	—	15	—	—	15	—	—
高层旅馆、展览建筑			30	—	—	15	—	—	15	—	—
住宅建筑	单层或多层		40	35	25	22	20	15	15	15	—
	高层		40	—	—	20	—	—	10	—	—
其他建筑	单层或多层		40	35	25	22	20	15	22	20	15
	高层		40	—	—	20	—	—	20	—	—

注：1. 设置敞开式外廊的建筑，开向该外廊的房间疏散门至安全出口的最大距离可按本表增加5m；
2. 建筑物内全部设置自动喷水灭火系统时，其安全疏散距离可按本表及注1的规定增加25%；
3. 住宅户内的疏散距离，应为户内最远房间内最远点到户门的距离；
4. 设有商业服务网点的住宅建筑，每个商业服务网点分隔单元内的安全疏散距离不应大于本表中要求的袋形走道两侧或尽端的疏散门至安全出口的最大直线距离；
5. 越廊式住宅的安全疏散距离，应从户门算起，小楼梯的一段距离可按其1.5倍水平投影计算；
6. 跃层式住宅的户内楼梯的距离可按其梯段总长度的水平投影尺寸计算；
7. "—"表示不允许或不适用。

2）当民用建筑的疏散楼梯间为敞开式（非封闭）时，则其位于两个楼梯间之间的直通疏散走道的房间疏散门至最近的非封闭的疏散楼梯间的距离，应比至封闭（或防烟）楼梯间的允许疏散距离减少5m；位于袋形走道两侧或尽端的房间疏散门，至最近的非封闭楼梯间的距离，应比至封闭（或防烟）楼梯间的疏散距离减少2m。[5]详细要求见表6-11。

直通疏散走道的房间疏散门至最近的非封闭楼梯间的最大距离（m）　　**表6-11**

建筑名称	位于两个安全出口之间的疏散门（或住宅户门）			位于袋形走道两侧或尽端的疏散门（或住宅户门）			房间内任一点至该房间直通疏散走道的疏散门（或户门）的最大距离		
	建筑耐火等级			建筑耐火等级			建筑耐火等级		
	一、二级	三级	四级	一、二级	三级	四级	一、二级	三级	四级
托儿所、幼儿园	20	15	10	18	13	8	20	15	10
教学建筑	30	25	20	20	18	8	22	20	10
单层或多层住宅建筑	35	30	20	20	18	13	15	15	—
其他建筑	35	30	20	20	18	13	22	20	15

注：设置敞开式外廊的建筑，当与该外廊直接相连的楼梯间采用不封闭楼梯间时，其疏散距离可按本表的要求确定。

3）公共建筑的疏散楼梯间应在首层直通室外。确有困难时，可采取对封闭楼梯间的首层实行扩大封闭或对防烟楼梯间的首层扩大防烟前室的措施。但封闭楼梯间的楼梯首阶踏步或防烟楼梯间的门口距离直通室外的门口不应大于30m。当公共建筑层数不超过4层且在首层未采取扩大的封闭楼梯间或防烟楼梯间扩大前室直通室外时，该楼梯间出口距离直通室外门口的疏散走道的长度不应超过 15m。

4）当一、二级耐火等级建筑内的观众厅、展览厅、多功能厅、餐厅、营业厅等（包括开敞式办公区、会议报告厅、宴会厅、观演建筑的序厅、体育建筑的入场等候与休息厅等）的疏散门或安全出口不少于 2 个时，其室内任一点至最近疏散门或安全出口（敞开楼梯间除外）的直线距离不应大于 30m；当该疏散门不能在允许疏散距离内直通室外地面或疏散楼梯间时，应采用长度不大于 10m 的疏散走道通至最近的安全出口。当该场所设置自动喷水灭火系统时，其室内任一点至最近安全出口的疏散距离（室内疏散距离和设置疏散走道的长度）可分别增加 25%。

当餐厅采用开敞式布置时，直接设置在餐厅内的疏散楼梯间需根据建筑规模采用封闭楼梯间或防烟楼梯间，不能采用敞开楼梯间。[20]

5）一、二级耐火等级建筑内的歌舞娱乐放映游艺场所中，具有至少 2 个安全出口的房间，其室内任一点至安全出口的直线距离不应大于 18m；当全部设置自动喷水灭火系统时，距离可增加 25%。[20]

6）位于两个安全疏散出口（楼梯间）之间的袋形走道两侧或尽端的房间门，至最近疏散出口（楼梯间）的距离，应按限定的袋形走道长度控制。其疏散距离应按袋形走道长度 L_3 加袋形走道口距最近安全出口的距离 L_1 之和，不超出限定的袋形走道长度考虑（即 $L_1+L_3\leqslant$ 限定的袋形走道长度）（图 6-2）。

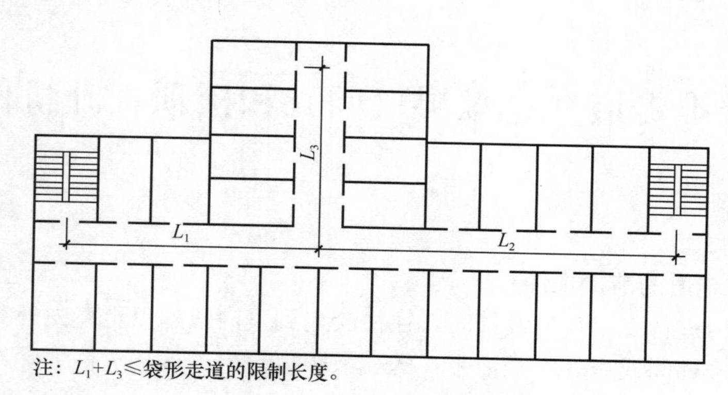

图 6-2 位于两楼梯之间的袋形走道

7）步行商业街的疏散距离应符合如下要求：

（1）商铺的疏散楼梯应靠外墙设置并直通室外，确有困难时，在首层可直接通至步行街；

（2）步行街两侧商铺首层的疏散门可直接通至步行街；[5]

（3）步行街内任一点到达最近室外安全地点的步行距离不应大于 60m；

（4）步行街两侧的建筑为二层及以上各层商铺的疏散门至该层最近疏散楼梯口或其他安全出口的直线距离不应大于 37.5m。[5]

5. 人民防空工程的安全疏散距离

人民防空工程的安全疏散距离要求，见表 6-12。

人民防空工程的安全疏散距离（m） 表 6-12

建筑名称	房间门至最近安全出口的最大距离	袋形走道两侧或尽端房间门	房间内最远点至疏散门的最大距离
医院	24	12	15
旅馆	30	15	15
观众厅、展览厅、多功能厅、餐厅、营业厅、阅览室等	40	20	30
其他工程	40	20	15

当观众厅、展览厅、多功能厅、餐厅、营业厅和阅览室等的该防火分区设置有自动喷水灭火系统时，疏散距离可增加25％。[15]

6. 地铁车站的安全疏散距离

地铁车站的安全疏散距离，应满足如下要求：

1）站台公共区的任一点，距疏散楼梯口或通道口不得大于50m。在站台每端均应设置到达区间的楼梯。

2）位于两个疏散出口之间的设备及管理用房的门至最近安全出口的距离不得超过35m。

3）位于袋形通道两侧或尽端的设备及管理用房的房间门，至最近安全出口的距离不应超过17.5m。

4）地下出入通道长度不宜超过100m，如超过时应采取措施满足人员疏散的消防要求。[9]

6.5 避难走道、避难层（间）和楼顶直升机停机坪

6.5.1 避难走道

1. 设置避难走道的前提条件

在公共建筑内进行安全疏散设计时，往往会遇到室内最远点至室内外安全出口（如封闭楼梯间、防烟楼梯间或室外安全地带）的疏散距离超出了该场所最大允许安全疏散距离（表6-10）要求的问题，这大多是由于追求大空间使用面积而加大建筑长度和进深而带来的设计难题。

在超大进深的建筑内，由于受最大允许疏散距离限制，疏散楼梯间不可能都设在建筑边缘而使楼梯间的首层出口都能直接对外，特别是设有儿童、老年及歌舞娱乐活动区的楼层安全疏散要求更严格，遇到问题会多一些。因超大进深，设在建筑中间部位的疏散楼梯间下到首层时就根本没有条件设置直接对外出口。由于楼梯间首层出口与室外距离较远，不可能将疏散楼梯间和门厅直接连通并与其他走道之间用乙级防火门隔开形成“扩大封闭前室”的安全区直通室外。

对于公共建筑，不论楼层多少，其安全疏散设计，一般都将本楼层疏散楼梯间的门视为安全出口。在设计公共场所内疏散路线时，应尽力寻求便捷顺畅的路线，以避免紧急疏散时的“迷宫”效应。如公共房间内疏散路线曲折迂回致使实际疏散距离过长，或者房间疏散出口至安全出口的疏散走道过长，都是严重影响公共建筑安全疏散的灾难性隐患。特

别是当疏散楼梯间下到首层时不能直通室外，而是要穿越首层的某房间再到室外的话，一旦该首层房间发生火灾则必然宣告了该疏散路线的虚设结果。这些问题也是公共建筑火灾造成群死群伤的主要祸根。

所以，在对超大进深公共建筑的安全疏散设计时，如果遇有各楼层公共场所内至安全出口的疏散距离过长、房间疏散出口至安全出口的疏散走道过长，或者其他原因致使疏散楼梯间的首层不能直通室外，以及住宅设计时遇有处于台地的住宅疏散楼梯需通过地下通道通至室外等情况时，则应在该楼层内的疏散距离“超长段”上或在疏散楼梯间首层出口至室外出口之间，适当采取设置避难走道的措施来解决安全疏散问题。

2. 设置避难走道的技术要求

因为避难走道是用于人员疏散至室外安全地带的安全走道，在设置时应符合如下要求。

1）避难走道直通地面的出口不应少于 2 个，并应设置在不同方向；当避难走道仅与一个防火分区相通且该防火分区至少有一个直通室外的安全出口时，可设置一个直通室外地面的出口。

2）任一防火分区通向避难走道的门至该避难走道最近直通室外地面的出口的距离不应大于 60m。

3）避难走道的净宽度不应小于任一防火分区通向该避难走道的设计疏散总净宽度。

4）避难走道两侧的防火隔墙的耐火极限不应低于 3.00h；走道上、下楼板的耐火极限不应低于 1.50h。

5）如避难走道除与疏散楼梯口相通外，还要在避难走道旁侧设置其他防火分区与之连通的疏散出口时，则应在疏散出口处设置防烟前室，且应符合如下要求：

（1）防烟前室的使用面积不应小于 6.0m^2；

（2）开向前室的门应采用甲级防火门，前室开向避难走道的门应采用乙级防火门。

6）防火门的开启不应影响避难走道的宽度（图 7-31）。

7）走道内部的装修材料的燃烧性能应为 A 级。

8）通道内应设置消火栓、防烟、应急照明、广播和消防专用电话等设施。[5][15]

6.5.2 避难层（间）

1. 避难层的设计

当公共建筑和住宅的建筑高度超过 100m 时应设计避难层。在选择避难层的设置部位时，不应布置在位于可燃库房、锅炉房、发电机房、变配电站等火灾危险大的场所的正上方、正下方或贴邻。与其他部分之间，应用耐火极限不低于 2.00h 的隔墙和甲级防火门分隔。[72]设计应符合如下要求：

1）避难层的避难区应有一面靠外墙并与消防登高操作场地对应。第一个避难层的楼地面至灭火救援场地地面的高度不应超过 50m，其他每个避难层服务的高度不宜超过 50m。[72]

2）在避难层通向楼梯间的入口处和楼梯间通向避难层的出口处，均应在明显位置设置指示避难层楼层位置的灯光指示标志。通向避难层的疏散楼梯应在避难层处采取与避难区分隔、同层错位或上下层断开等措施，使人员在建筑内竖向通行时避免越过避难楼层，均能经避难楼层上下楼梯。

3）避难层的净面积应能满足设计避难人员数的避难要求，并应按不超过 4 人/m^{2}的密度计算。设计避难人数应为该避难层与上一避难层之间全部楼层的使用人数之和。避难层内连接楼梯间、消防电梯和避难区的走道面积不应计入避难区的净面积。[20]

4）避难层除可兼作设备层外，不应作其他用途。兼做设备层时，应满足如下要求：

（1）设备管道宜集中布置；

（2）易燃、可燃液体或气体管道，排烟管道应集中布置；

（3）设备管道区应采用耐火极限不低于 3.00h 的防火隔墙与避难区及其他公共区分隔；

（4）管道井和设备间应采用耐火极限不低于 2.00h 的防火隔墙与避难区及其他公共区分隔；

（5）管道井和设备间的门不应直接开向避难区；确需直接开向避难区时，与避难区出入口的距离不应小于 5m，且应采用甲级防火门；

（6）设备管道区、管道井和设备间，不能与避难区或疏散走道相连通，应设置防火隔间分隔。防火隔间的门应为甲级防火门。[72]

5）避难层应设置消防电梯出口。

6）应设置消火栓和消防软管卷盘及灭火器材。

7）应设置消防专线电话和应急广播。

8）在避难层（间）进入楼梯间的入口处和疏散楼梯间通向避难层（间）的出口处，应设置明显的指示标志。

9）避难层必须有可靠的防烟设施防止烟气的进入和聚集，应设置直接对外的可开启窗口或采取机械排烟设施，设置的外窗应为乙级防火窗。

10）避难层内应设置视频监控系统，监控信号应接入消防控制室，监视系统的供电线路应符合消防供电要求。[68]

2. 避难间的设计

高层病房楼和建筑高度超过 54m 的住宅楼，以及 3 层及以上楼层的老年人照料设施应设计避难间。

避难间的设计，应满足该避难区的设计避难人数的需要。其位置选择和防火安全事项应符合如下要求：

1）场所选址及安全要求

（1）避难间应靠近疏散楼梯间，不应在可燃物库房、锅炉房、发电机房、变配电站等火灾危险性大的场所的正上方、正下方或贴邻。

（2）避难间应采用耐火极限不低于 2.00h 的防火隔墙和甲级防火门与其他部位分隔。

（3）避难间应采取防止火灾烟气进入和聚积的措施，并设置可开启外窗。除外窗和疏散门外，不应设置其他开口。

（4）避难间内不应敷设或穿过输送可燃液体、可燃或助燃气体的管道。

（5）避难间内应设置消防软管卷盘、灭火器、消防专用电话和应急广播。

（6）在避难间入口处明显位置，应设置标示避难间的灯光指示标志。[72]

2）高层病房楼设计避难间的要求

高层病房楼应在二层及以上病房楼层和洁净手术部设避难间；建筑高度大于 24m 的洁净手术部及重症监护区，每个防火分区应至少设计一间避难间。[72] 设计应符合下列要求：

（1）避难间服务的护理单元不应超过 2 个，其净面积应按每个护理单元不小于 25.0m²确定；

（2）避难间兼作其他用途时，应保证人员的避难安全和可供避难的净面积不减少；

（3）避难间应靠近楼梯间，并采用耐火极限不低于 2.00h 的防火隔墙和甲级防火门与其他部位分隔；

（4）应设置消防专线电话和消防应急广播；

（5）避难间入口处应设置明显的指示标志；

（6）应设置直接对外的可开启窗口，外窗应采用乙级防火窗或耐火极限不低于 1.00h 的 C 类防火窗；

（7）当采取机械防烟时，应设置独立的机械防烟设施。[5]

3）高层住宅建筑设置避难间的要求

建筑高度超过 54m 的住宅建筑，每户应有一间房间作为避难间，具体设置要求如下：

（1）应靠外墙设置，并设置可开启外窗；

（2）内、外墙体的耐火极限不应低于 1.00h；

（3）门应采用乙级防火门，窗应采用乙级防火窗或耐火极限不低于 1.00h 的 C 类防火窗。[5]

4）老年人照料设施设置避难间的要求

（1）当老年人照料设施的建筑层数在 3 层及 3 层以上（包括设置在其他建筑内 3 层及以上），总建筑面积大于 3000m² 时，应在 2 层及以上各层的老年人照料设施部分的每座疏散楼梯间的相邻部位设置一间避难间。当老年人照料设施设有与疏散楼梯或安全出口直接连通的开敞式外廊或避难平台时，可不设置避难间。

（2）可利用平时使用的公共就餐室或休息室作避难间，但要避免再经过走道等非安全区进入防烟前室或疏散楼梯间；避难间的门可直接开向防烟前室或疏散楼梯间。避难间的净面积不应小于 12m²。

（3）避难间可利用疏散楼梯间或消防电梯间的防烟前室，但不得利用合用防烟前室。

（4）供失能老人使用且层数超过 2 层的老年人照料设施，应按核定人数配备简易防毒面具。[20]

6.5.3 直升机停机坪

建筑高度超过 250m 的民用建筑，应在屋顶设置直升机停机坪。[72]

建筑高度超过 100m 且标准层建筑面积大于 2000m² 的公共建筑，宜在建筑屋顶设置直升机停机坪或供直升机救助的设施。[20] 供直升机救援的设施，应避免受到火灾或高温烟气的直接影响。其设施结构的承载能力及设备与结构连接设计，应满足承载设计允许人数停留荷载和该地区最大风速作用的抗风要求。[72]

设计直升机停机坪应符合下列要求：

1）设在大楼顶部平台上时，距离设备机房、电梯机房、水箱间、共用天线等突出物不应小于 5m；

2）建筑通向停机坪的出口不应少于 2 个，每个出口的宽度不应小于 0.80m；

3）停机坪应设计航空障碍灯等照明设施，并应设计应急照明，其电源应采用消防电源；

4）在停机坪的适当位置（即：不影响直升机升降，有利于消火栓防冻、有利于灭火操作的位置）应设计消火栓。

其他设计要求，应符合国家现行航空管理有关标准规定。[5]

7　建筑防火构造设计

7.1　防　火　墙

7.1.1　防火墙的定义

防火墙——是防止火灾蔓延至相邻区域，且耐火极限不低于3.00h的不燃性墙体。是用于建筑内划分防火分区或防止建筑物之间火灾蔓延的重要防火分隔构件。

设防火墙的目的，是为减小和避免建（构）筑物、场所环境、工艺设备等遭受火灾热辐射危险或防止火灾跨功能区蔓延。其结构可建造成在室外独立的竖向分隔墙体，或者在建筑内直接将防火墙建在建筑物基础上或框架、梁等承重结构上，并保证其结构整体的稳定性。在火灾时防火墙应能保证在某一侧的建筑因火灾坍塌时，仍能结构稳定，阻止火灾向防火墙另一侧蔓延。

承受防火墙重力的框架、梁的耐火极限不应低于防火墙的耐火极限。

7.1.2　防火墙设计要求

当相邻生产装置或相邻建筑物之间防火间距不足，或者在同一建筑内需要做防火分区隔断时，可将相邻建（构）筑物的外墙或者分隔两防火分区的墙体设计为防火墙（图7-1）；如因受条件限制不能借助建（构）筑物的墙体作为防火墙时，需设计结构独立稳定的防火墙。

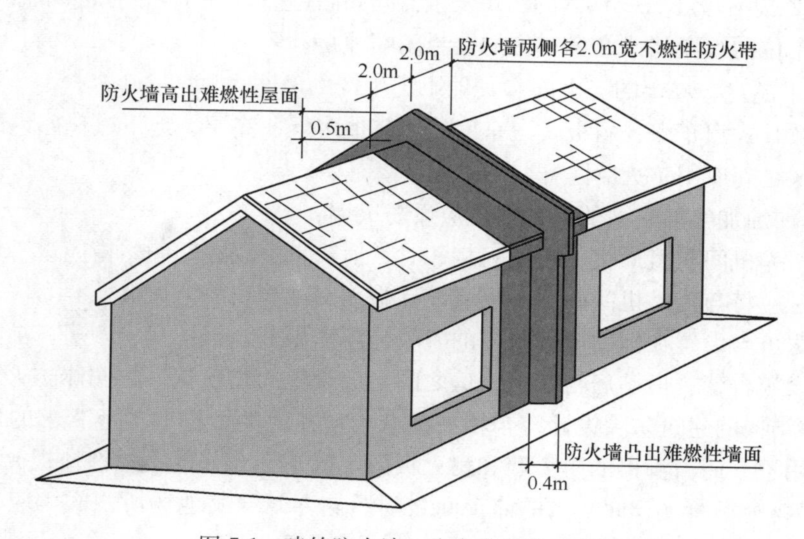

图7-1　建筑防火墙、防火带设置示意图

1. 防火墙的设计原则

1）因建筑防火间距不足，为隔断相邻建筑的火灾影响，应设防火墙分隔。

2）为将火灾限制在一定范围内，在建筑内的防火分区之间应设防火墙分隔。

3）在建筑内的不同功能区之间，为保护重要部位不受相邻部位火灾影响，应设防火墙分隔。

4）对于特殊重要的生产、生活、工作场所和物资储存场所，不论面积大小，均需要设计防火墙来保护环境不受外界火灾影响。

2. 防火墙的设计部位

除防火分区、功能分区、重要场所需在防火分隔处设防火墙外，其他场所需设计防火墙的具体部位大体如下：

1）地下建筑中的避难走道两侧的墙体应为实体防火墙。

2）贴邻或设在民用建筑内的燃油和燃气锅炉、油浸电力变压器、充有可燃油的电力变压器和多油开关等功能区，应用防火墙与民用建筑隔开；当锅炉房内设有储油间时，应用防火墙与锅炉间隔开。

3）设置在民用建筑内的柴油发电机房，应用防火墙将储油间与发电机间隔开。

4）当贴邻高层建筑或裙房墙外设置自用的丙类液体储罐（容积不超过 15m^3）时，在临近储罐距外壁 4m 范围内的外墙，应做成防火墙。

5）贴邻甲、乙类生产部位的变配电等房间墙应为防火墙。[5]

6）汽车库、修车库的如下部位应设置防火墙：

（1）汽车库、修车库贴邻其他建筑物时，必须采用防火墙隔开。

（2）当甲、乙类物品运输车的汽车库停车数量不超过 3 辆，与一、二级耐火等级的Ⅳ类汽车库贴邻建造时，相邻墙应为防火墙。

（3）当为汽车库服务的下列建筑与汽车库、修车库贴邻建造时，应采用防火墙隔开：

① 储存量不超过 1.0t 的甲类物品库房；

② 总安装量不超过 5.0m^3/h 的乙炔发生器间和储存量不超过 5 个标准钢瓶的乙炔瓶库；

③ 1 个车位的喷漆间或 2 个车位的全封闭喷漆房；

④ 面积不超过 200m^2 的充电间和其他甲类生产的房间。

（4）除敞开式汽车库、斜板式汽车库外，其他多层、高层、地下汽车库内的汽车坡道两侧与停车区之间应用防火墙隔开。[7]

7）汽车加油加气加氢站的下列部位应设防火墙：

（1）当压缩机间与值班室、仪表间相邻时，值班室、仪表间的门窗应设于爆炸危险区范围以外，且应将与压缩机间的中间隔墙设计为无门窗洞口的防火墙。

（2）站房可与设置在辅助服务区内的餐厅、汽车服务、锅炉房、厨房、员工宿舍、司机休息室等设施合建，但站房与其他用房之间，应设置无门窗洞口的实体防火墙。[8]

8）当木结构的建筑防火设计符合相关要求，与其他类型符合规范要求的建筑之间贴邻时，应采用不开门窗洞口的防火墙和耐火极限不低于 2.00h 的不燃性楼板分隔。

9）储存物资场所（仓库）内的储存间之间及储存间与其他场所之间，应采用耐火极限不低于 3.0h 的防火墙分隔。[20]

7.1.3 防火墙的技术性能要求

设计防火墙时，应满足如下技术性能要求。

1. 耐火极限要求

防火墙应直接设置在建筑物的基础或框架、梁等承重结构上，用不燃性材料从楼地面基层起隔断至梁、楼板或屋面板的底面基层，或者突出屋面隔断相邻处的一切可燃、难燃结构，其耐火极限不应低于 3.00h（甲、乙类厂房和甲、乙、丙类仓库的防火墙体耐火极限应提高至 4.00h）。

2. 稳定性和整体性要求

1）防火墙应具有相对的结构稳定性。即使防火墙任意一侧的屋架、梁、楼板、堆放的物品等因受火灾影响而破坏垮塌时，不致使防火墙倒塌。

2）防火墙必须有完好的整体性

(1) 可燃气体和甲、乙、丙类液体的管道严禁穿过防火墙。其他管道不宜穿过防火墙，当必须穿过时，应采用防火封堵材料将墙与管道之间的缝隙紧密填实，穿过防火墙处的管道保温材料应采用不燃烧材料；当管道为难燃及可燃材质时，应在防火墙两侧的管道上采取防火封堵措施。

(2) 要保证防火墙的结构整体性，在防火墙结构的厚度内，不应设排气道、管道等孔道(图 7-2)。[5]

(3) 防火墙上不应开设门、窗洞口，确需开设时，应设置固定不可开启的甲级防火窗或火灾时能自动关闭的甲级防火门、窗（图 7-3）。

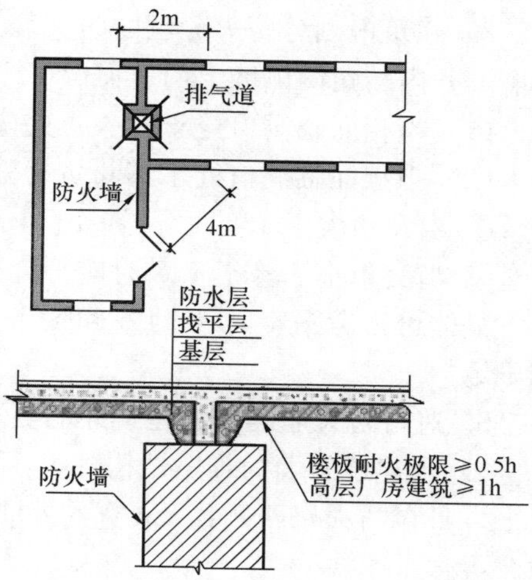

图 7-2 防火墙内不应设置排气道

3. 设计高度要求

防火墙设计时，应根据不同屋面的结构防火性能确定其是否需超出屋面，以及确定超出屋面的设计高度。

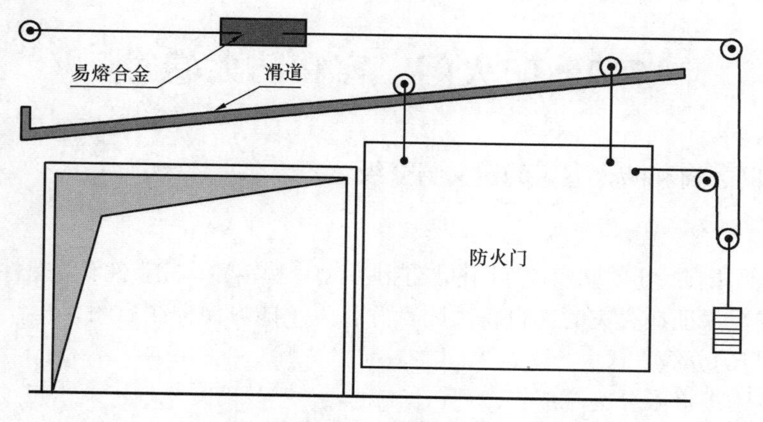

图 7-3 防火墙上的门应能自行关闭

1）当高层厂房（仓库）的屋顶承重结构和屋面板的耐火极限低于 1.00h，或其他建筑屋顶承重结构和屋面板的耐火极限低于 0.50h 时，防火墙应高出屋面 0.5m 以上。

2）当一、二级建筑的屋顶承重梁、屋面板的耐火极限不低于 0.50h 时，防火墙应设至屋面结构层的底面不出屋面（图 7-2）。

3）当二级建筑的屋顶承重梁、屋面板的耐火极限低于 0.50h 或三级建筑的屋顶为不燃性构件时，防火墙设计高度应高出不燃性屋面 0.5m 以上。

4）当三、四级建筑的屋顶构件为难燃性或可燃性屋顶时，防火墙的设计高度应高出屋面 0.5m 以上。

4. 与建筑开口的距离要求

1）当防火墙位于建筑屋顶天窗附近，与天窗的不燃性墙体和顶盖构件同高时的水平距离不应小于 4m；当天窗的墙体和顶盖为可燃、难燃性构件时，应采取防火墙高出天窗不少于 50cm 的措施，以防止火灾的蔓延。

2）建筑内划分防火分区的防火墙不宜设在建筑物转角处。位于建筑物内转角处的防火墙，其内转角两侧墙上门、窗洞口之间的距离，应视具体情况确定：

（1）当相面临洞口处于同一防火分区内时，不应小于 4m（如图 7-2）；

（2）当相面临洞口处于不同防火分区之间时，应视外墙面线交角情况确定：

① 当交角大于 135°时不应小于 4m；

② 当交角小于等于 135°时应符合基本防火间距要求。

具体可参考图 4-5、图 4-6 和图 4-15、图 4-16 中不同外墙面线交角时的防火墙设置范围确定。

5. 对与防火墙连接的建筑外墙要求

1）当建筑外墙为难燃性构件时，靠近难燃性外墙的防火墙，应凸出难燃性墙面 0.4m 以上，且在防火墙两侧各 2m 宽的外墙部位设置不低于该外墙耐火极限的不燃性墙体，形成防火带（图 7-1）。

2）当建筑物的外墙为不燃性墙体时，垂直于外墙的防火墙可不凸出外墙的外表面。靠近防火墙端部两侧的外墙上的门、窗洞口的相邻边缘的水平距离不应小于 2m；但当相邻的窗洞口采取装有固定窗扇的不低于乙级的防火窗，或者火灾时能自动关闭的不低于乙级的防火窗等，防止火灾向水平方向蔓延的措施时，防火墙两侧外墙上门、窗洞口之间的距离可不限。

7.2 防火门、窗和防火卷帘

7.2.1 防火门、窗和防火卷帘的定义与分级

1. 防火门

防火门，是指在一定时间内，连同框架能满足耐火稳定性、完整性和隔热性要求的门。

其功能应当保证在火灾时能自行关闭，并且人工能方便控制启闭。

1）防火门的分级

防火门按耐火极限分为三级：

（1）甲级防火门 1.50h；

（2）乙级防火门 1.00h；

（3）丙级防火门 0.50h。[45]

其构造和性能等应符合现行国家标准《防火门》GB 12955 的有关规定。

2）防火门的设置形式

防火门的设置形式有常开式和常闭式两种：

（1）常开式防火门设置在建筑内经常有人通行处；

（2）除经常有人通行处外，其他位置的防火门均应采用常闭式。

3）防火门的技术性能要求

（1）除管道井检修门和住宅的户门外，防火门应具有自行关闭功能（图 7-4），双扇防火门应具有按程序关闭的功能；

（2）常开式防火门，应能在火灾时自行关闭，并应有信号反馈功能；

（3）常闭式防火门应在其明显位置设置“保持防火门关闭”等提示性标志；

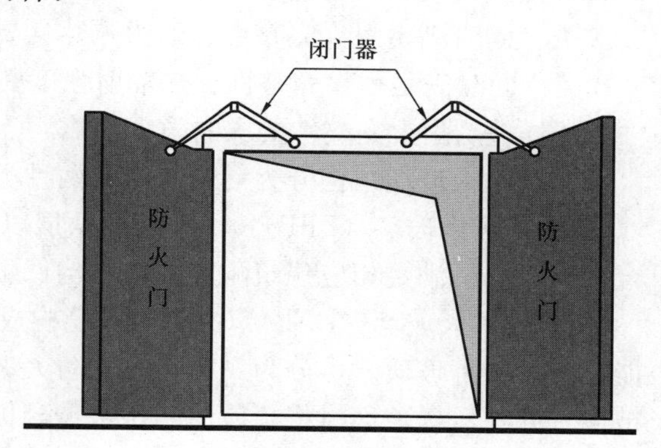

图 7-4　防火门应有自关或程控关闭功能

（4）防火门应能在其内、外两侧手动开启（人员密集场所疏散门和居住建筑外门设有门禁系统情况除外）；

（5）防火门设置在变形缝附近时，应设置在楼层较多的一侧；防火门开启时，应保证门扇不跨越变形缝；

（6）设置在楼梯间、防烟前室、疏散走道上的防火门，开启时不得影响安全疏散的有效宽度；[5]

（7）防火门关闭后应具有防烟功能。

2. 防火窗

防火窗，是指在一定时间内，安装的防火玻璃连同框架能满足耐火稳定性和耐火完整性要求的窗。从功能上看，防火窗应是固定的；如果必须要能开启，则应具有保证在火灾时能自行关闭的功能。

1）防火窗的分级、分类

（1）据耐火极限，防火窗分为三级：

① 甲级防火窗的耐火极限 1.50h；

② 乙级防火窗的耐火极限 1.00h；

③ 丙级防火窗的耐火极限 0.50h。

（2）据开启方式分为两种类型：

① 固定式防火窗，为无可开启窗扇的防火窗；

② 活动式防火窗，有可开启窗扇，且装配有窗扇启闭控制装置的防火窗。

活动式防火窗中，有控制活动窗扇开启、关闭的装置。该开、闭装置具有手动控制启闭窗扇功能，且至少具有易熔合金件或玻璃球等热敏感元件自动控制关闭窗扇的功能。

（3）据耐火性能分为两种类型：

① 隔热防火窗，是在规定时间内能同时满足耐火隔热性和耐火完整性要求的防火窗；

② 非隔热防火窗，是在规定时间内能满足耐火完整性要求的防火窗。[46]

2）防火玻璃分类

（1）按防火玻璃的耐火性能分为 A、B、C 三类：

A 类：同时满足耐火完整性、耐火隔热性要求的防火玻璃；

B 类：同时满足耐火完整性、热辐射强度要求的防火玻璃；

C 类：满足耐火完整性要求的防火玻璃。

（2）按防火玻璃结构分为复合和单片两种类型：

① 复合防火玻璃（FFB）：由两层或两层以上玻璃复合而成或由一层玻璃和有机材料复合而成，并能满足相应建筑耐火等级和构件耐火性能要求的特种玻璃。

② 单片防火玻璃（DFB）：由单层玻璃构成，并能满足相应建筑耐火等级和构件耐火性能要求的特种玻璃。可分为：高强度的防火玻璃、软化点高于 800℃的耐高温玻璃、夹丝玻璃（即在压延玻璃时将金属丝网压于玻璃板中，也称铅丝玻璃）等多种。[47]

防火窗的有关具体构造、分类和技术性能要求，应符合现行国家标准《防火窗》GB 16809 的规定。

3. 防火卷帘

防火卷帘，是指在一定时间内，连同框架能满足耐火稳定性和耐火完整性要求的卷帘。用于防火墙上的防火卷帘，尚应满足隔热性的要求。

用于防火分区的防火卷帘，其耐火极限不应低于 3.00h；设有自动喷水保护的防火卷帘，连续喷水的时间不应少于 3.00h。

防火卷帘设置，应与建筑墙体隔断一体考虑节点设计，不宜采用在墙体外侧贴式卷帘。

7.2.2 防火门的设计条件及技术性能要求

1. 甲级防火门

当建筑物遇有下列条件的洞口时，应设置甲级防火门。

1）防火墙和防火分区处隔墙上开洞

（1）当各类建筑的防火墙上必须开设门洞口时应设置；

（2）疏散走道在穿越防火分区分界处的隔墙上应设置（常开式的）；

（3）地下建筑的防烟楼梯间及其前室的门、防火分区至避难走道入口处防烟前室的门；

（4）除麻纺厂外的纺织厂房内的原棉开包、清花车间与其他部位的防火隔墙上需开设门窗洞口时，应设置甲级防火门窗。

（5）平时使用的人防工程中代替甲级防火门的防护门、防护密闭门，耐火性能不应低于甲级防火门要求，且不应用于平时使用的公共场所的疏散出口处。[72]

2）相邻建筑防火间距不足时外墙开洞

（1）当两座一、二级耐火等级的单、多层建筑物的防火间距不能满足要求时，如果甲、乙类厂房之间不小于 6m，丙、丁、戊类厂房之间不小于 4m，较低侧建筑物相邻外墙为防火墙且屋顶耐火极限不低于 1.00h 时，较高侧建筑的相邻外墙上开设的门洞口应设置；

（2）当两座高层民用建筑相邻间距不足 13m，或者高层与不低于二级的单（多）层民用建筑相邻间距不足 9m，但都不小于 4m，相邻较低侧建筑外墙为防火墙时，在较高一侧外墙上开设的门洞口应设置；

(3) 当一、二级单、多层民用建筑的相邻间距不足 6m，但不小于 3.5m，相邻较低侧建筑物外墙为防火墙且屋顶耐火极限不低于 1.00h 时，较高侧建筑的相邻外墙上开设的门洞口应设置。

3) 不同功能区隔断处的门洞

(1) 厂房中设有中间储罐的房间的门，应采用；

(2) 在民用建筑内布置的锅炉房、变压器室、柴油发电机房等，在与其他部位的隔墙上开设的门，应采用；

(3) 民用建筑内设置中庭时，房间与中厅相通的开口部位和与中厅相通的过厅、通道等处应设置（常开式的）；

(4) 高层建筑内的消防水泵房、自动灭火系统的设备室、通风、空调机房的门和地下室内存放可燃物平均重量超过 30kg/m² 的房间的门应设置；[5]

(5) 高层酒店（旅馆）的污衣井道投送口（检修门）应设置甲级防火门；

(6) 高层住宅楼梯间或前室内设有管道井、电缆井的检查口的门应设为甲级（或乙级）防火门；

(7) 建筑高度超过 250m 的民用建筑的厨房与相邻区域的防火隔墙上的门应设为甲级防火门；

(8) 电梯间、疏散楼梯间与汽车库连通的门；

(9) 室内开向避难间（或避难走道前室）的门；

(10) 多层乙类仓库、多层丙类仓库、地下（半地下）丙类仓库中，从库房通向疏散走道或疏散楼梯间的门；

(11) 在建筑高度超过 100m 的建筑内，凡设置防火门的相应部位，均应设为甲级防火门；

(12) 建筑高度超过 100m 的酒店客房的门，应为甲级防火门。[72]

4) 重要建筑及部位

(1) 高层工业和民用建筑的封闭楼梯间；

(2) 防烟楼梯间的前室及合用前室；

(3) 防烟前室开向避难走道的门；

(4) 地下（半地下）、多层、高层丁类仓库中，从库房通往疏散走道和疏散楼梯间的门；

(5) 歌舞娱乐放映游艺场所房间的门；

(6) 从室内通往室外楼梯的疏散门；

(7) 如下建筑的电气竖井、管道井、排烟道、排气道、垃圾道等竖向井道壁上设置的检查门，应为甲级防火门：

① 埋深大于 10m 的地下建筑或地下工程；

② 建筑高度超过 100m 的建筑。[72]

2. 乙级防火门

当建筑物的门洞口设计遇有下列条件时，应设置乙级防火门。

1）厂、库房的各功能区的隔墙上开门

（1）甲、乙、丙类厂房（仓库）内布置有不同火灾危险类别的房间隔墙上的门；

（2）甲、乙类厂房和使用丙类液体的厂房内隔墙上的门；

（3）有明火和高温的厂房内隔墙上的门；

（4）一、二级耐火等级的多层仓库（戊类仓库除外）的室内外提升设施通向仓库入口上的门；

（5）仓库内各防火分区通向疏散走道或楼梯间的门；

（6）丙类厂房（或丙、丁类仓库）内设置的办公室、休息室在设有独立安全出口情况下，开设与其车间（或仓库）相通的门。

2）不同防火分区外墙洞口间距不足时设置的门

位于建筑物外墙紧靠防火墙两侧的门洞口最近边缘的水平距离不足 2m 时，其门洞口应设置火灾时能自动关闭的防火门。

3）建筑物内重要部位的隔墙上开设的门

（1）附设在建筑物内的消防控制室、固定灭火系统的设备室和通风空调机房等重要部位与其他部位隔墙上的门；

（2）剧院等建筑的舞台与观众厅闷顶之间隔墙上的门和剧院后台辅助用房隔墙上的门；

（3）医院的手术部（室）与其他部位的隔墙上开设的门；

（4）附设在建筑中的歌舞娱乐放映游艺场所与其他部位的隔墙上开设的门；

（5）附设在居住建筑中的托儿所、幼儿园的儿童活动场所与其他部位隔墙上开设的门；

（6）老年人建筑与其他部位的隔墙上开设的门；

（7）歌舞娱乐放映游艺场所如下的门：

① 设置在该场所与其他场所的隔墙上的门；

② 设在非一、二、三层的其他楼层的厅、室的疏散门；

（8）对于建筑高度不超过 100m 的建筑的电气竖井、管道井、排烟道、排气道、垃圾道等竖向井道，凡在楼板处无层间防火分隔措施的井道的检查口的门，应设置乙级防火门。[72]

4）疏散楼梯间的门

（1）当居住建筑的疏散楼梯间为敞开（非封闭）楼梯间时，如下的门：

① 多层通廊式住宅的户门；

② 其他形式的超过 6 层的居住建筑的户门；

③ 任一层建筑面积大于 500m^2 的居住建筑的户门；

④ 居住建筑通向公共疏散走道和楼梯间的户门；

⑤ 多层住宅中与电梯井相邻的户门。

（2）高层厂房（仓库）、多层丙类厂房和人员密集的公共建筑，通向封闭楼梯间的门。

（3）封闭楼梯间的首层通室外的扩大封闭的走道和门厅，与其他走道和房间相通的门。

（4）高层建筑的封闭楼梯间和防烟楼梯间及其前室的门。

（5）公共建筑的房间（厅、室）通往室外楼梯的疏散门。

5）消防电梯间前室的门

高层建筑的消防电梯间，其防烟前室的门。

6）地下建筑的门

（1）地下、半地下室的楼梯间在首层设置直通室外出口时，与其他部分的隔墙上开的门；

（2）地下、半地下室与地上部分共享楼梯间时，位于楼梯间的首层出入口处的地上与地下防火隔断墙上的门。[5]

3. 丙级防火门

建筑内的电气竖井、管道井、排烟道、排气道、垃圾道等竖向井道壁上设置的检查门，除高层建筑要求设置甲、乙级门外，其他建筑应设置丙级防火门。[72]

7.2.3 防火窗的设计条件及技术性能要求

防火窗，应设计为固定密闭的(图 7-5)。特殊情况下，也可设计为平时常开，火灾时能自动关闭，并且能人工控制方便关闭的防火窗。

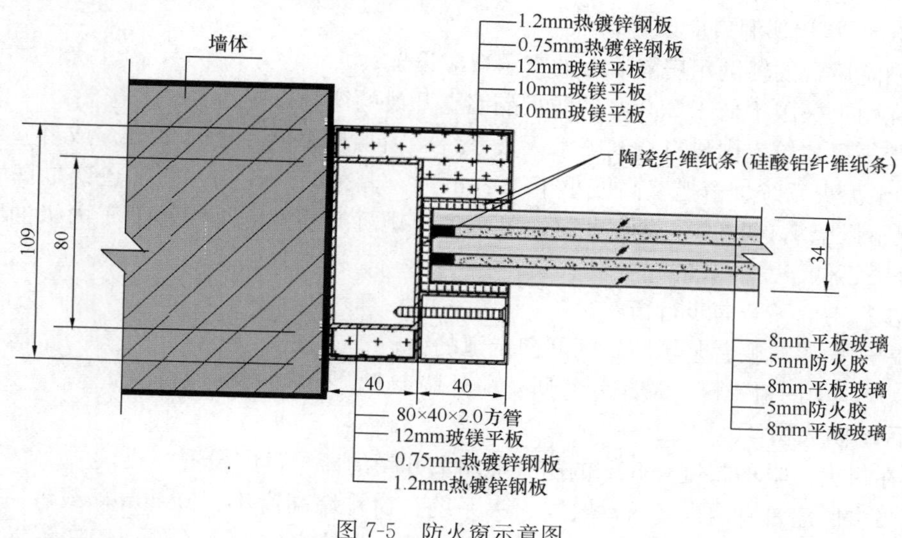

图 7-5 防火窗示意图

1. 甲级防火窗

当建筑物的窗洞口设计遇有下列条件时，应设置甲级防火窗：

1）当防火墙或要求耐火极限不低于 3.00 的防火隔墙上必须开设窗洞口时应设置；

2）当两座一、二级耐火等级的单、多层建筑物的防火间距不能满足要求时，如果甲、乙类厂房之间不小于 6m，丙、丁、戊类厂房之间不小于 4m，较低侧建筑物相邻外墙为防火墙且屋顶耐火极限不低于 1.00h 时，在较高侧建筑的相邻外墙上开设的窗洞口应设置；

3）当乙类厂房的配电所必须在防火墙上开窗时，应设置（密封固定的）；

4）当两座高层民用建筑相邻间距不足 13m，或者高层与不低于二级的单（多）层民用建筑相邻间距不足 9m，但都不小于 4m，较低侧建筑外墙为防火墙时，在较高侧外墙上开设的窗洞口应设置；

5）当一、二级单、多层民用建筑相邻间距不足 6m，但不小于 3.5m，较低侧建筑外墙为防火墙时，较高侧建筑外墙上开设的窗洞口应设置；

6）在民用建筑内布置的锅炉房、变压器室、柴油发电机房等，在与其他部位的隔墙上开设窗洞口时应设置；

7）多层民用建筑内设置中庭时，房间与中厅相通的开窗洞口部位应设置；

8）当高层建筑室内设有自动喷水灭火系统、窗槛墙高度小于0.80m，或者室内未设置自动喷水灭火系统、窗槛墙高度小于1.20m时，其外窗应设为不低于乙级的防火窗或耐火极限不低于1.00h的C类防火窗；单、多层建筑的外窗应采用不低于丙级的防火窗或耐火极限不低于0.50h的C类防火窗。[5]

2. 乙级防火窗

当建筑物的窗洞口设计遇有下列条件时，应设置乙级防火窗：

1）甲、乙、丙类厂房（仓库）内布置有不同火灾危险类别的房间时，隔墙上的窗应设置；

2）甲、乙类厂房和使用丙类液体的厂房内隔墙上的窗洞口应设置；

3）有明火和高温的厂房内隔墙上的窗洞口应设置；

4）位于建筑物外墙紧靠防火墙两侧的窗洞口最近边缘的水平距离（即窗间墙宽度）不足2m时，其相邻洞口应设置；

5）剧院后台的辅助用房隔墙上的窗洞口应设置；

6）在耐火极限不低于2.00h的防火隔墙上开设的窗洞口应设置；

7）当高层建筑室内设有自动喷水灭火系统、窗槛墙高度小于0.80m，或者室内未设置自动喷水灭火系统、窗槛墙高度小于1.20m时，其外窗应设为不低于乙级的防火窗或耐火极限不低于1.00h的C类防火窗；单、多层建筑的外窗应采用不低于丙级的防火窗或耐火极限不低于0.50h的C类防火窗；[5]

8）步行街商铺开向步行街的窗；

9）歌舞娱乐放映游艺场所房间开向走道的窗；

10）建筑中的避难区（避难间）所对应外墙上开设的窗。[72]

3. 丙级防火窗

1）在耐火极限不超过0.50h的防火隔墙上开设的窗洞口应设置；

2）当多层建筑室内设有自动喷水灭火系统、窗槛墙高度小于0.80m，或者室内未设置自动喷水灭火系统、窗槛墙高度小于1.20m时，其外窗应设为不低于丙级的防火窗或耐火极限不低于0.50h的C类防火窗。[5]

7.2.4 防火卷帘的设计条件及技术性能要求

防火卷帘，主要用于大面积场所需要进行防火分区的隔断，或者防火分区隔墙上有较大开口的防火隔断。譬如：在公共建筑中面积较大场所的防火分区之间，或者建筑内防火墙、防火隔墙上因生产、使用功能等需要较大的开口而又无法采用防火门（窗）等分隔时，通过设防火卷帘达到防火分隔的目的。

1. 防火卷帘的设计条件

设计采用防火卷帘时，必须注意：建筑高度超过250m的民用建筑的防火墙、防火隔墙，不得设计采用防火卷帘、防火玻璃墙、防火水幕等替代。[20] 各类建筑中的封闭楼梯间、防烟楼梯间及其前室、消防电梯间前室及合用前室的门洞口均不得设计采用防火卷帘。对于首层采取扩大封闭楼梯间或防烟楼梯间扩大前室的扩大部分与其他空间之间设防火分隔的部位，均不得采用防火卷帘。[20] 因为楼梯间和前室是人员安全疏散流动地带，设置卷帘会破坏使用功能。

除此之外，根据其他建筑内防火分隔措施的需要，可设计采用防火卷帘。设计部位大体如下：

1）一、二级耐火等级的单层厂房（甲类厂房除外），当其建筑面积超出防火分区的规定建筑面积要求，因受生产工艺条件所限，设计采用防火墙确有困难时，可采用防火卷帘（或防火分隔水幕）分隔。

2）当建筑内的防火分区之间，全部设计采用防火墙分隔确有困难时，可部分采用防火卷帘作为防火分隔设施。

3）在公共建筑防火分区之间设计防火墙确有困难的场所，或建筑内设有上下相连通的走廊、敞开楼梯、自动扶梯、传送带等开口部位时，可采用防火卷帘作防火分区分隔设施。

4）当两座一、二级耐火等级的建筑物相邻布置未能满足防火间距要求，其较低侧建筑外墙为防火墙，且屋顶耐火极限不低于1.00h，两座建筑物之间的距离为如下情况时：

（1）甲、乙类厂房之间不小于6m；

（2）丙、丁、戊类厂房之间不小于4m；

（3）高层民用建筑之间不小于4m；

（4）单、多层民用建筑之间不小于3.5m。

较高侧建筑的相邻外墙上的门窗洞口可设计耐火极限不低于3.00h（或连续喷水保护时间不少于3.00h）的防火卷帘。

5）当建筑内的下列部位应采用耐火极限不低于2.00h的防火隔墙与其他部位分隔，其墙上需开设乙级防火门、窗确有困难时，可设计采用防火卷帘：

（1）甲、乙类生产部位和建筑内使用丙类液体的部位与其他部位之间；

（2）厂房内有明火和高温的部位与其他部位之间；

（3）甲、乙、丙类厂房（仓库）内布置有不同火灾危险类别的房间之间；

（4）民用建筑内的附属库房与其他部位之间；

（5）剧场后台的辅助用房与舞台之间；

（6）除居住建筑中套内的厨房外，宿舍、公寓建筑中的公共厨房和其他建筑内的厨房与其以外部位之间；

（7）附设在住宅建筑内的机动车库与住宅其他部位之间。[5]

2. 设计防火卷帘的技术性能要求

1）防火卷帘的设计宽度不宜过大

在公共场所设计采用防火卷帘，往往是设计者为追求防火分区隔断处设平时开启，火灾时降落的卷帘不影响通透开敞场所的平时使用效果而做的选择。认为卷帘设计得越宽越好，甚至于在两防火分区临界处全设计成防火卷帘才好，这对于消防安全方面是非常不利的。因为用于防火分区的卷帘必须保证同步起落，卷帘设计得越宽，影响同步动作的事故点越多。特别值得注意的是，如防火卷帘两侧的可燃物品堆垛或货架位置过近，一旦起火还会造成相邻防火分区的同时灾害（图7-6），极容易导致按一个防火分区考虑的消防供水、自动灭火

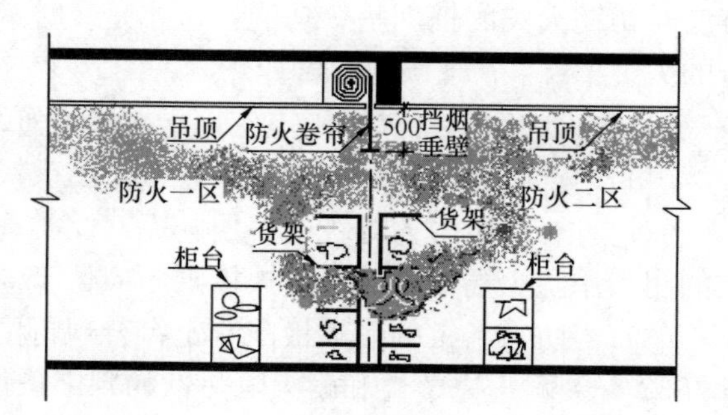

图7-6　防火卷帘容易隔而不断示意图

等设施能力成为“杯水车薪”的后果，再宽的卷帘都是虚设。

所以，要保证防火隔断，就要严格限制并尽量缩小卷帘的设计宽度。确须设计利用卷帘时，应结合建筑场所平面功能的切实需要，科学合理设计。并且在设计确定卷帘两侧可燃物堆垛或货架的位置时，应注意堆垛或货架与卷帘之间留出适当的安全距离。同时要保证防火卷帘的设计宽度不超出如下限度要求：

（1）除中厅外，当防火分隔部位的宽度不大于 30m 时，防火卷帘的设计宽度不应大于 10m；

（2）当防火分隔部位的宽度大于 30m 时，防火卷帘的设计宽度不应大于该防火分隔部位宽度的 1/3，且不应大于 20m。[5][15]

2）必须保证设于防火分区临界处的常开式防火卷帘具有挡烟功能

防火卷帘设计，有常闭式（平时关闭，偶尔开启）和常开式（平时开启，火灾时靠手动或与报警系统连锁关闭）两种形式。如何才能保证常开式防火卷帘在火灾初期能凭靠与感烟报警系统连锁指令自动关闭？则是常开式防火卷帘设计的关键，也是设计中容易疏忽和错误理解的根本所在，更是解决防火卷帘不虚设，防止火灾跨区“火烧连营”的机要所在。

因为防火卷帘一般都设在相邻防火分区临界处，又必然处于相邻防烟分区的边界。常开式防火卷帘未下落时，卷帘两侧的防烟分区是连通的。火灾初期先是烟气扩散，因没有挡烟垂壁，就没有储烟仓拦挡聚集烟气的功能，必然影响感烟报警探头的及时动作。在火灾初期烟层没积厚到相当程度时，不可能有烟进入报警探头，只有当烟层积厚才有烟进入探头待烟粒子破坏了电离室的电位平衡时才能报警给系统主机，继而由消防集控中心连锁指令卷帘的下落。其下落动作必然要比火灾烟气的“跨界”蔓延滞后相当长的时间。况且，因感烟探头不能及时报警而导致火灾的跨界蔓延，极容易引起不同防火分区的感烟探测器同时报警，使消防系统联动控制功能紊乱失措。最终会造成按一个防火分区设计的消防给水、自动灭火能力成为“杯水车薪”的灾难后果。如此“火烧连营”的惨痛悲情昭示人们：凡是设在相邻防火分区临界的常开式防火卷帘，在火灾初期必须有挡烟功能，否则形同虚设。

所以，设计防火卷帘时，必须科学分析消防设备信息联动控制程序的规律，采取切实有效措施，以保证常开式防火卷帘在火灾初期具有挡烟垂壁功能。例如：可采取对于防火分区界限处的防火卷帘，日常呈卷置状态时，应附设挡烟垂壁或者限位留置一段卷帘末端（棚下高度不小于 0.50m）来兼替挡烟垂壁（如图 7-6）。而绝不要妄想防火卷帘装置能凭靠与感烟报警系统连锁的指令驱动，会自动下落来挡烟、防烟。如何对常开式卷帘设计保有应对初期火灾的挡烟垂壁功能？这才是及时有效发挥常开式防火卷帘的防火分区隔断功能的关键。

3）防火卷帘的耐火极限不应低于对所设置部位建筑构件的耐火极限要求：

（1）用于防火分区分隔的防火卷帘，耐火极限不应低于 3.00h；

（2）一、二级耐火等级的多层仓库（戊类仓库除外）的室内外提升设施通向仓库入口上的门采用防火卷帘时，其耐火极限不应低于 3.00h；

（3）当防火卷帘的耐火极限测定符合现行国家标准《门和卷帘的耐火试验方法》GB/T 7633 有关耐火完整性和耐火隔热性的判定条件时，可不设置自动喷水灭火系统保护；

（4）当防火卷帘的耐火极限仅符合现行国家标准《门和卷帘的耐火试验方法》GB/T

7633 有关耐火完整性的判定条件时，应设置自动喷水灭火系统保护。自动喷水灭火系统的设计应符合现行国家标准《自动喷水灭火系统设计规范》GB 50084 的规定，但火灾延续时间不应小于对所设置部位的耐火极限要求。[5]

4）要保证防火卷帘的使用功能：

（1）防火卷帘设备，应具有在火灾时不依靠电源等外部动力源驱动，能靠自重自动关闭的功能；当在同一防火分隔区域界限处采用多樘防火卷帘分隔时，应具有同步降落封闭开口的功能；[72]

（2）防火卷帘应具有防烟性能，与楼板、梁和墙、柱之间的空隙应采用防火封堵材料封堵；

（3）需在火灾时自动降落的防火卷帘，应具有与消防值班（控制）室的信号反馈功能；

（4）其他要求，应符合现行国家标准《防火卷帘》GB 14102 的规定。[5]

7.3　疏散楼梯和电梯

楼梯，是建筑的楼层之间相互联系的竖向通道。而供安全疏散的楼梯，是指具有足够防火能力并作为竖向安全疏散通道的室内或室外楼梯。疏散楼梯的数量、位置、宽度和楼梯间形式应满足使用方便和安全疏散的要求。

电梯有消防电梯和普通客、货电梯之分。消防电梯，是具有耐火封闭结构、防烟前室和专用电源，在火灾时，供消防队专用的电梯。可单独设置，也可平时与普通客梯合用，发生火灾时转为消防专用。而普通客、货电梯（包括自动扶梯）不耐火、不防烟、电源无保障，不能计作安全疏散设施。

7.3.1　疏散楼梯和电梯的形式

1. 开敞式楼梯

该楼梯的设置，与所在地的区域和空间无任何遮挡隔断，是开敞的。

2. 敞开楼梯间

该楼梯间是将楼梯设在楼梯间内，楼梯间洞口不设门，走廊和楼梯间的空间是连通的。

3. 封闭楼梯间

该楼梯间是将楼梯设在用建筑构件分隔、能防止烟和热气进入的楼梯间内，楼梯间设有能单向或双向开启的能自行关闭自由门，从走廊进楼梯间要开门进入。

4. 防烟楼梯间

该楼梯间特点，是在楼梯间入口处设有防烟前室，或设有专供防排烟用的敞开式阳台、凹廊等（替代防烟前室），且通向前室或楼梯间的门均为能自行关闭的乙级防火门。这种楼梯间设置关键是从走廊进到楼梯间要经过防烟前室。防烟楼梯间的前室，通常按楼梯间单独设置，独立使用；也可与其他楼梯间联合设置，共同使用。

5. 剪刀式楼梯

该楼梯是在一个楼梯间内设计了两部楼梯。在每层的两部楼梯段，呈剪刀式布置，楼梯也称叠合楼梯、交叉楼梯或套梯。它是在一个楼梯间的空间内设置一对相互交叉重叠又互不相通的两部楼梯。在楼层之间的梯段，一般为单跑直梯段或在梯段适中位置加设缓台成为两跑直梯段形式。

剪刀式楼梯的特点，就是在一个楼梯间里设置了两部楼梯（两梯段呈剪刀交叉形式布置），具有两条互不相扰的竖向疏散通道功能。在设计中，虽然利用的是较为狭窄的空间，但使用中却能起到两部疏散楼梯的作用。

6. 室外楼梯

该楼梯是设在建筑物楼层的外墙上的楼梯，楼梯的平台和梯段均在室外（图 7-7）。

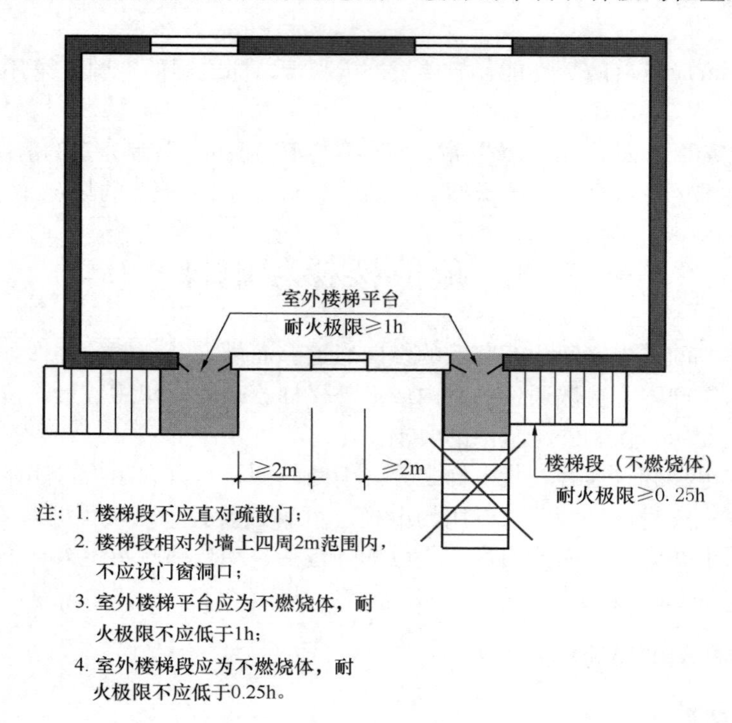

图 7-7 室外楼梯布置

7. 竖向金属梯

该梯是按垂地竖向固定在墙上的金属爬梯。

8. 消防电梯

该电梯是设有防烟前室和专控按钮，有独立的电源，专供消防人员在扑救火灾时使用，而平时可兼作他用的电梯。

9. 客货电梯

该电梯是供厂房、仓库、商店、展览等建筑运送货物和人员的工作梯。

10. 超高层建筑疏散电梯

该电梯是设置在建筑高度超过 250m 的公共建筑内（非消防电梯），辅助用于火灾时人员应急疏散的电梯。

7.3.2 疏散楼梯和电梯设计的基本要求

1. 疏散楼梯设置的基本要求

疏散楼梯，作为竖向疏散通道，必须具有足够防火能力，适应安全疏散的要求。其梯段、休息平台、栏杆扶手等设置应符合如下要求：

1）疏散楼梯在首层应设置直通室外的安全出口。

2）疏散楼梯（或疏散通道上的阶梯）不应使用螺旋楼梯和扇形踏步。当必须采用时，踏步上下两级所形成的平面角度不应大于10°，且每级在距离扶手250mm处的踏步宽度不应小于220mm（图7-8）。

3）疏散楼梯的梯段和平台均应为不燃性材料。梯段改变方向时，扶手转向端处的平台最小宽度不应小于梯段宽度，并不得小于1.2m。

4）每个梯段的踏步阶数不应超过18级，亦不应少于2级。[19]

5）除3层及3层以下建筑的室外楼梯可采用难燃材料或木结构外，室外疏散楼梯的梯段和平台均应采用不燃材料。楼梯平台的耐火极限不应低于1.00h；楼梯段的耐火极限不应低于0.25h。

6）公共建筑疏散楼梯的两梯段及扶手之间水平净距（即楼梯井宽）不宜小于150mm（图7-9）。

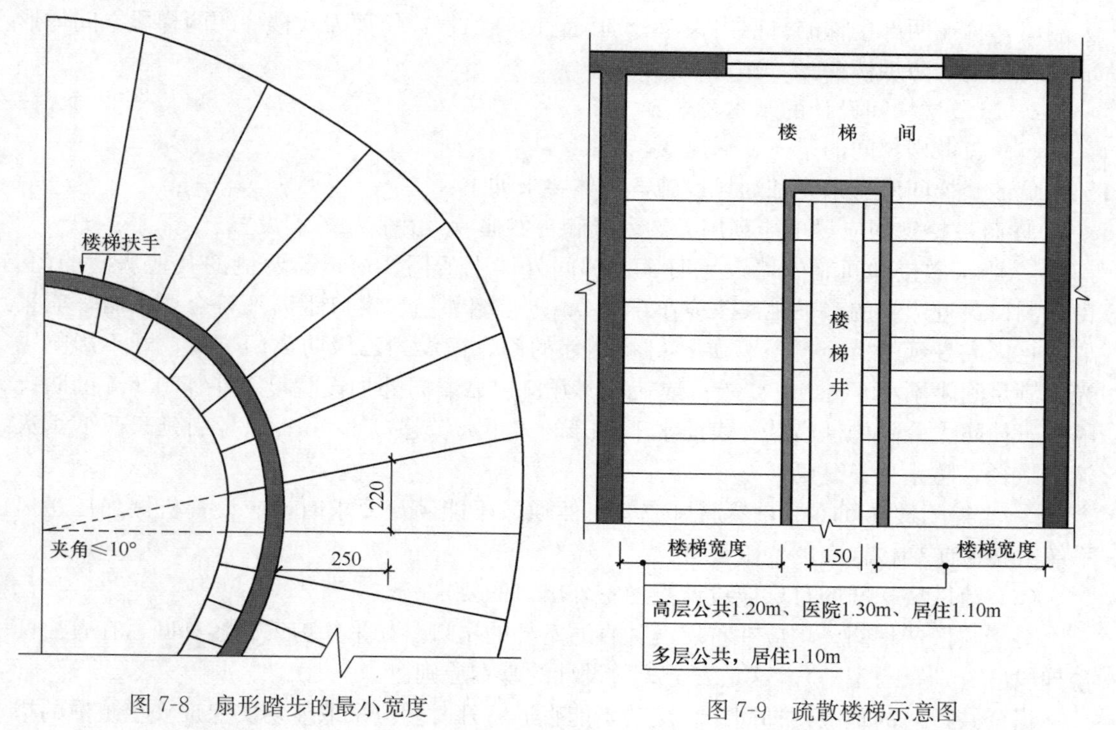

图7-8 扇形踏步的最小宽度

图7-9 疏散楼梯示意图

7）当采用金属梯作为疏散楼梯时，其宽度应不小于0.9m、倾斜角度应不大于45°。

8）用作丁、戊类厂房内的第二安全出口的楼梯可采用金属梯。

9）当丁、戊类高层厂房每层工作平台人数不超过2人且各层工作平台同时生产人数总和不超过10人时，可采用敞开楼梯，或采用宽度不小于0.9m、倾斜角度不大于60°的金属梯。

2. 疏散楼梯间设计的基本要求

疏散楼梯间，是将疏散楼梯设置在具有一定耐火能力的房间内，使之与建筑内的使用空间适当分隔，是用于竖向安全疏散的通道空间。为利于安全疏散，在各层楼梯间的入口处，均应设置明显的楼层标识。

1）疏散楼梯间的防火功能

用于安全疏散的楼梯间应具有防火、防烟功能。设计的形式一般有如下几种：

（1）敞开楼梯间——在楼梯间入口处不设门，楼梯口与走廊（或房间）之间无分隔遮挡设施，是直接连通的。在安全疏散时，这种楼梯间不属于“可久留的”安全地带。

（2）封闭楼梯间——在楼梯间入口处设有防火门，使楼梯间形成一个与走廊（或使用房间）之间用门隔开的“封闭”空间。进入楼梯间就避开了火灾的直接影响和威胁。

（3）防烟楼梯间——在楼梯间与走廊（或使用房间）之间，设计具有防、排烟功能的防烟前室，使楼梯间与建筑内的使用空间之间用防烟前室分隔开。即使火灾时有烟气进入防烟前室，能通过前室的防、排烟设施运行来排除烟气，以保证防烟楼梯间的防烟效果，以利疏散安全。

（4）剪刀式楼梯——在每层互相交叉的两楼梯段之间设置耐火极限不低于1.00h的防火隔墙，且在两部楼梯的每层出入口分别设置防烟前室，使剪刀式楼梯的两梯段空间均形成相对独立的防烟楼梯。

2）疏散楼梯间设计的基本要求

（1）疏散楼梯间的采光、通风要求

疏散楼梯间应有采光和通风设施，具体要求如下：

① 疏散楼梯间应尽可能利用天然采光和自然通风，并宜靠外墙设置。

② 当疏散楼梯间靠外墙设置时，楼梯间外墙上的门、窗口与两侧的其他房间的门、窗、洞口最近边缘的水平距离不应小于1.0m；当相邻门、窗口距离不符合要求时，应采取防止火灾蔓延的措施[72]。例如：可将相邻的门、窗设为乙级防火门、窗，既不影响采光又满足间距不小于1.0m要求；或在邻窗开口边靠墙向外加设宽度不小于0.6m的防火隔板，使防火分隔构件沿其外表面水平展开的“距离”超过1.0m；以导引延长改变烟火流窜途径，防止火灾蔓延。

③ 当封闭楼梯间不能自然通风或者自然通风不能满足要求时，应设置机械加压送风系统或按照防烟楼梯间的要求设置。

（2）疏散楼梯间的首层应设计直通室外出口的要求

对于疏散楼梯间，均应在首层设计直通室外的出口（如采用剪刀式楼梯间，在首层两楼梯段应分别直通室外）。这是安全疏散设计的基本原则。

当公共建筑的疏散楼梯间在首层若不能直通室外时，应采取能切实保证安全疏散的措施到达室外。比如：

① 对于封闭楼梯间，应采取利用首层门厅实行扩大封闭楼梯间的措施。即：将门厅包括在封闭楼梯间内，将与门厅相通的其他走廊或值班室等的门窗洞口设计为乙级防火门窗分隔，且门厅内无任何可燃物；并保证自楼梯口至直通室外的门口的距离不大于30m。[20]

② 对于防烟楼梯间，应采取利用首层门厅实行扩大防烟前室的措施。即：将门厅包括在防烟楼梯间的扩大的防烟前室内，将与门厅相通的其他走廊或值班室等的门窗洞口设计为乙级防火门窗分隔，且门厅内无任何可燃物；并保证自防烟楼梯间门口至直通室外的门口的距离不大于30m。[20]

③ 对于层数不超过 4 层的敞开式楼梯间，如下到首层不能直通室外时，绝不应采取从楼梯间出来再穿越其他房间（场所）并利用其他房间通室外的出口到达室外的疏散方式[19]。而必须通过直通室外的疏散走道到达室外，且保证自疏散楼梯间的首层出口至直通室外门口的疏散走道长度不应大于 15m。[20]

④ 对于剪刀式楼梯，应将两楼梯段的首层出口分别直通室外；当确有困难时，可将两楼梯段（出口间距不小于 5m）的首层出口，汇合到一个公共区集中疏散到室外，该公共区走道和出口大门应满足安全疏散需要。并须保证该公共区内无任何可燃物；且与公共区相邻的其他房间不应向该公共区直接开门。[5]当通过走廊（或防火隔间）进入公共区时，其进入公共区的门应设为防火门。

（3）疏散楼梯间的空间要求

① 疏散楼梯间内不应设置甲、乙、丙类液体管道；

② 封闭楼梯间、防烟楼梯间及其前室内，禁止设置（或有穿越的）可燃气体管道及排烟管道；

③ 公共建筑的敞开楼梯间内不应设置可燃气体管道；

④ 在住宅建筑的疏散楼梯间内设置可燃气体管道和可燃气体计量表时，应设置在敞开楼梯间内，并应采取防止燃气泄漏的措施；其他建筑的疏散楼梯间及前室内，不应设置可燃助燃气体管道；

⑤ 楼梯间内不应有影响疏散的凸出物或其他障碍物；

⑥ 楼梯间内不应设置烧水间、可燃材料储藏室、垃圾道；

⑦ 疏散楼梯间的门或开向疏散楼梯间的房间门开启时，不应减少楼梯梯段平台的有效宽度；

⑧ 封闭楼梯间和防烟楼梯间及前室的墙上，除设置出入口门和外窗及机械送风口外，不应开设其他门、窗、洞口（住宅建筑的封闭楼梯间或防烟楼梯间前室设置的管线井口除外，但管道井、电缆井等的检查口门应为乙级或甲级防火门）；

⑨ 建筑高度超过 250m 的民用建筑防烟前室和消防电梯前室内，应在通向走道的墙体下部设消防水带穿越孔，并宜在前室一侧设明显标志；[20]

⑩ 疏散楼梯间（包括首层扩大封闭楼梯间和防烟楼梯间扩大防烟前室的扩大部分）的顶棚、墙面、地面等装饰材料的燃烧性能应为 A 级。

（4）疏散楼梯间门的设计要求

① 封闭楼梯间、防烟楼梯间及其前室，不应设置卷帘；

② 当高层建筑、人员密集的公共建筑、人员密集的丙类厂房设置封闭或防烟楼梯间时，楼梯间及前室的门应采用乙级防火门并向疏散方向开启；

③ 除高层建筑、人员密集的公共建筑、人员密集的丙类厂房外的其他建筑封闭楼梯间的门可采用双向弹簧门；

④ 除通向避难层错位的疏散楼梯外，建筑中的疏散楼梯间在各层的平面位置不应改变；

⑤ 在楼梯间各楼层的入口处，均应设置明显的楼层位置指示标识。

（5）地下、半地下建筑（室）的楼梯间出口设计要求

① 地下、半地下室位于首层的安全出口，与地上首层的其他部位之间应采用耐火极

限不低于 2.0h 的防火隔墙完全隔开并直通室外；必须在隔墙上开门时，应采用乙级防火门；

② 地下、半地下室不应与地上楼层共用楼梯间，当必须共用时，在首层应采用耐火极限不低于 2.0h 的防火隔墙和乙级防火门将地下、半地下部分与地上部分的连通部位完全分隔，并应设计明显标志。[5]

3. 消防电梯和客货电梯的设置要求

1）消防电梯的设置要求

消防电梯，是为消防人员能尽快到达起火楼层而设置的专用便捷竖向“通道”。在平时，可兼作普通客梯；发生火灾时，通过专控转换为消防电梯功能。

（1）消防电梯间应设置防烟前室

因为消防电梯前室是供消防人员进行灭火救援战斗展开的平台，也是对濒临火场实施灭火救援的“根据地”，所以必须保证战斗展开作业场地。

① 消防电梯前室的使用面积不应小于 6m²，前室的短边不应小于 2.40m；

② 居住建筑的疏散楼梯间前室不宜与消防电梯间合用。

（2）消防电梯间设置应适应消防救援需要

① 消防电梯间前室应靠外墙设置，在首层应设直通室外的出口或经过长度不超过 30m 的通道通向室外，便于消防救援人员使用；

② 消防电梯间的首层对外出入口应面临消防救援场地。

2）普通客货电梯（包括自动扶梯）的设计要求

（1）普通客货电梯（包括自动扶梯）的设置，是作为平时运送人员及货物、设备使用的，不具备消防应急使用功能。为不影响楼层之间的防火隔断，其位置一般设在公共活动区的边缘，且应设置防烟前室。

（2）老年人照料设施内的非消防电梯应采取防烟设施，当火灾情况下需用于辅助人员疏散时，该电梯的设置应符合消防电梯的设置要求。

（3）建筑高度超过 250m 的民用建筑电梯，应设置候梯厅。[20]

（4）直通建筑内附设汽车库的电梯，应在汽车库部分设置电梯候梯厅，并应采用耐火极限不低于 2.00h 的防火隔墙和乙级防火门与汽车库分隔。[20]

4. 超高层建筑疏散电梯的设计要求

建筑高度超过 250m 的公共建筑，应设计供火灾时应急疏散用的辅助疏散电梯。该电梯平时可作为普通客货电梯使用，火灾时转换为应急专控使用。

1）设计部数，每个防火分区应不少于 1 部。

2）应设计防烟前室。

3）为确保火灾时安全使用，应制定相应的消防应急响应模式和操作管理规程。

4）应具有在火灾时仅停靠特定楼层和首层的功能。[72] 对于避难层以及其他重要的停靠楼层，必须有可靠的应急管理的相应保证措施。[20]

7.3.3 各种形式疏散楼梯的设计条件及技术要求

1. 开敞式楼梯

1）设计条件

(1) 设在上下楼层共享空间内，作为连通各楼层共享空间的竖向通道使用，不计入疏散楼梯宽度。

(2) 当公共建筑的相邻楼层合为一个防火分区时，作为竖向疏散通道使用。

(3) 丁、戊类高层厂房，当每层工作平台人数不超过 2 人，且各层工作平台同时生产人数总和不超过 10 人时的疏散楼梯。

(4) 跃层式或越廊式住宅中的跃层楼梯或阶梯式走道，可采用开敞式楼梯。

2) 技术要求

(1) 设在各类建筑上下楼层共享空间内的作为连通共享空间的竖向疏散通道使用的楼梯，其耐火极限应符合相应耐火等级建筑的楼板或楼梯的楼梯耐火极限要求。

(2) 设在公共建筑内的作为一个防火分区的相邻楼层的竖向疏散通道使用的楼梯，其耐火极限应符合相应耐火等级建筑的疏散楼梯的耐火极限要求。

(3) 设在生产厂房内的开敞式楼梯耐火极限应符合相应耐火等级建筑疏散楼梯的楼梯耐火极限要求。但对于丁、戊类厂房在如下条件时，可采用金属梯：

① 丁、戊类厂房内第二安全出口的楼梯可采用金属梯，但其净宽度不应小于 0.9m，倾斜角度不应大于 45°；

② 丁、戊类高层厂房，当每层工作平台人数不超过 2 人，且各层工作平台同时生产人数总和不超过 10 人时的疏散楼梯可采用金属梯，楼梯净宽度不应小于 0.9m，倾斜角度不应大于 60°。

(4) 跃层式或越廊式住宅中的跃层楼梯或阶梯式走道，其耐火极限应符合相应耐火等级建筑疏散楼梯的耐火极限要求。

2. 敞开楼梯间

1) 设计条件

当建筑遇有下列条件时，可设计敞开（即楼梯间出入口不设门）楼梯间：

(1) 设置敞开式外廊的建筑，与外廊直接相连的楼梯间。

(2) 除医疗建筑、旅馆、老年人建筑、设置歌舞娱乐放映游艺场所的建筑、商店、图书馆、展览建筑及设置类似使用功能空间的建筑外，建筑层数不超过 5 层的其他民用建筑的疏散楼梯间。

(3) 建筑高度不大于 21m 的居住建筑（与电梯井相邻布置的除外，或者户门采用乙级防火门）的楼梯间。

(4) 建筑高度大于 21m、但不大于 33m，户门为乙级防火门的居住建筑的楼梯间。

(5) 丁、戊类的多层厂房的疏散楼梯间。

(6) 独立建造的地上敞开式汽车库的疏散楼梯间。

2) 技术要求

(1) 除开设通向走道的人行洞口和外墙上的通风采光窗外，不得在与其他部位相邻的墙上开设另外洞口（图 7-10）。

(2) 当公共建筑的走廊与敞开楼梯间相通时，宜将走廊自然通风、排烟窗的上口尽量靠近顶棚设置，且能方便开启。当楼梯口上部过梁的下缘标高低于自然排烟窗口上缘 0.50m 时，即可防止走廊的烟气进入疏散楼梯间。否则，宜在楼梯口过梁下设置挡烟垂壁（图 7-11）。

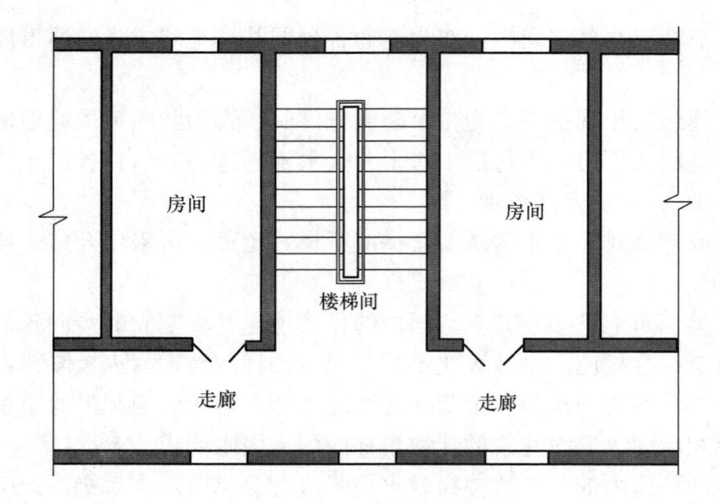

图 7-10 敞开楼梯间

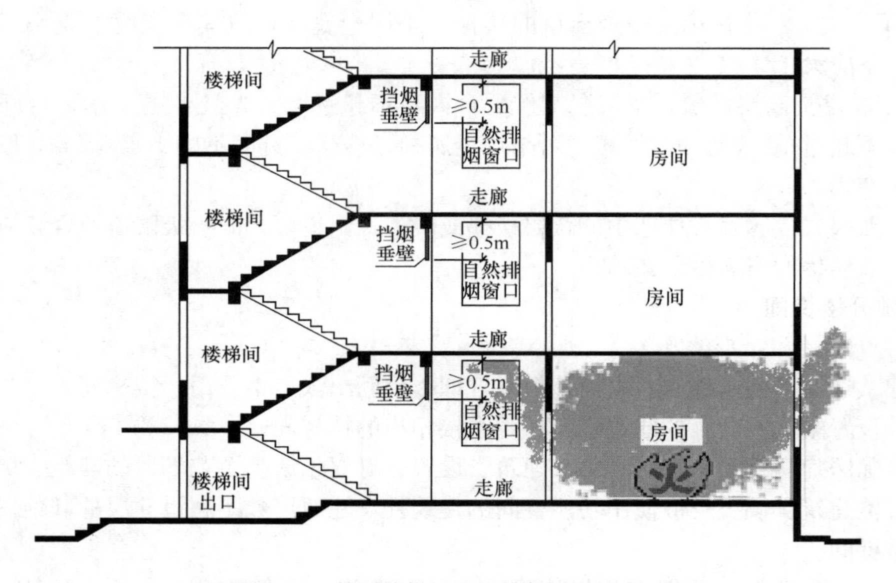

图 7-11 敞开楼梯间设置挡烟垂壁示意图

（3）居住建筑的疏散楼梯宜通至屋顶。

3. 封闭楼梯间

1）设计条件

各类建筑的下列疏散楼梯间应设计为封闭楼梯间：

（1）高层民用建筑的下列疏散楼梯间：

① 建筑高度不超过 32m 的二类高层公共建筑的疏散楼梯间；

② 高层建筑的裙房的疏散楼梯间。

（2）多层公共建筑的下列疏散楼梯间 ：

① 医疗建筑、旅馆及类似使用功能的建筑的疏散楼梯间；

② 设置歌舞娱乐放映游艺场所的建筑的疏散楼梯间；

③ 商店、图书馆、展览建筑、会议中心及设置类似使用功能的建筑的疏散楼梯间；

④ 老年人照料设施中不是与敞开式外廊直接连通的疏散楼梯或楼梯间。

如上述公共建筑的楼梯间与敞开式外廊直接相连通时，可不设计为封闭楼梯间。

（3）多层住宅建筑的下列疏散楼梯间：

① 建筑高度超过 21m，但不超过 33m 的住宅建筑的疏散楼梯间，当户门的耐火完整性低于 1.00h 时，应采用封闭楼梯间（当户门的耐火完整性不低于 1.00h 时，可不采用）；

② 当住宅的建筑高度不超过 21m，户门的耐火完整性低于 1.00h 时，疏散楼梯间与电梯井相邻布置时，疏散楼梯间应采用封闭楼梯间（户门的耐火完整性不低于 1.00h 者可不采用）。

（4）6 层及以上的其他民用建筑的疏散楼梯间。

（5）甲、乙、丙类多层厂房和建筑高度不超过 32m 的高层厂房的疏散楼梯间。

（6）高层仓库的疏散楼梯间。

（7）地下层数为 2 层以下或地下室地面与室外出入口地坪高差不大于 10m 的地下、半地下建筑（室）的疏散楼梯间。

（8）除建筑高度超过 32m 的高层汽车库、室内地面与室外出入口地坪的高差大于 10m 的地下汽车库外，其他汽车库的疏散楼梯间均应设计为封闭楼梯间。

2）技术要求

（1）当不能天然采光和自然通风时，应按防烟楼梯间的要求设置；

（2）楼梯间的内墙上除开设通往疏散走道的门外，不应开设其他门、窗、洞口(图 7-12)；

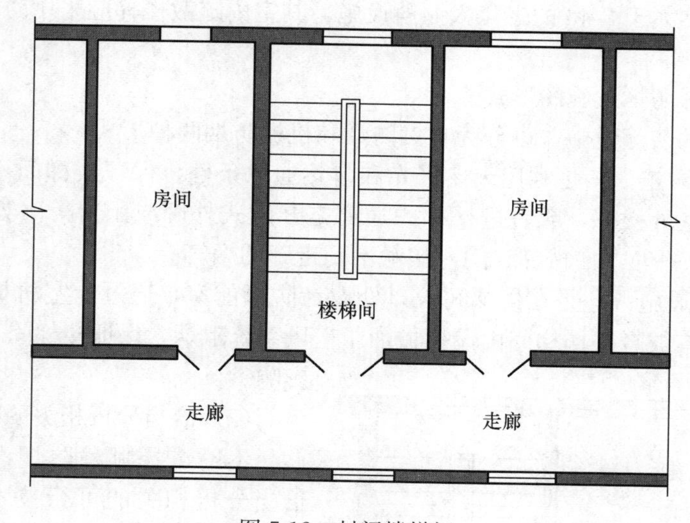

图 7-12 封闭楼梯间

（3）如采用室外疏散楼梯或开敞式外廊（图 7-19、图 7-20）时，设计楼梯间的形式可不限；

（4）当居住建筑的疏散楼梯间内必须有可燃气体管道穿过（高层居住建筑只准水平穿越）时，应设置钢套管保护，并应符合现行国家标准《城镇燃气设计规范》GB 50028 的有关规定；当多层居住建筑必须在楼梯间内设置可燃气体计量表时，尚应设置切断气源的阀门；

（5）高层建筑、人员密集的公共建筑、人员密集的多层丙类厂房和甲、乙类厂房，其封闭楼梯间的门应为乙级防火门，并向疏散方向开启；

其他建筑封闭楼梯间的门可采用双向弹簧门；

（6）楼梯间的首层接近主要出口时，可将走道和门厅等包括在楼梯间内，形成扩大的封闭楼梯间，但应用乙级防火门等措施与其他走道和房间隔开；

（7）居住建筑的楼梯间宜通至屋顶；建筑高度超过 27m 的居住建筑的疏散楼梯均应通至屋顶。楼梯间通向平屋面的门和窗应向外开启。

4. 防烟楼梯间

1）设计条件

以下建筑的疏散楼梯间应设计为防烟楼梯间：

（1）建筑高度超过 32m 且任一层人数超过 10 人的高层厂房的疏散楼梯间；

（2）一类高层公共建筑的疏散楼梯间；

（3）建筑高度超过 32m 的二类高层民用建筑的疏散楼梯间；

（4）民用建筑中采用剪刀式楼梯的疏散楼梯间（图 7-22～图 7-26）；

（5）建筑高度超过 33m 的住宅建筑，户门应采用乙级防火门，其疏散楼梯应采用防烟楼梯间；

（6）地下层数为 3 层及 3 层以上或地下室地面与室外出入口地坪高差大于 10m 的地下、半地下建筑（室）的疏散楼梯间；

（7）建筑高度超过 32m 的高层汽车库和室内地面与室外出入口地坪的高差大于 10m 的地下汽车库的疏散楼梯间；

（8）建筑高度大于 24m 的老年人照料设施，其室内疏散楼梯应采用防烟楼梯间。[20]

2）技术要求

（1）适当选择防烟设施的形式

防烟楼梯间的防烟设施，可分为自然防烟和机械防烟两种形式：

① 自然防烟设施——是利用天然采光和自然通风条件，保证楼梯间不受到火灾烟气的影响。如设计室外楼梯，或者进楼梯的通道是开敞式外廊或阳台等（如图 7-13、图 7-14、图 7-15、图 7-19），使楼梯（间）接触不到走廊的烟气。

② 机械防烟设施——是在楼梯间入口处设计防烟前室，通过前室机械排烟设施排除进入前室的烟气，或者在楼梯间内设机械加压送风系统阻烟，保证楼梯间不受到火灾烟气影响。

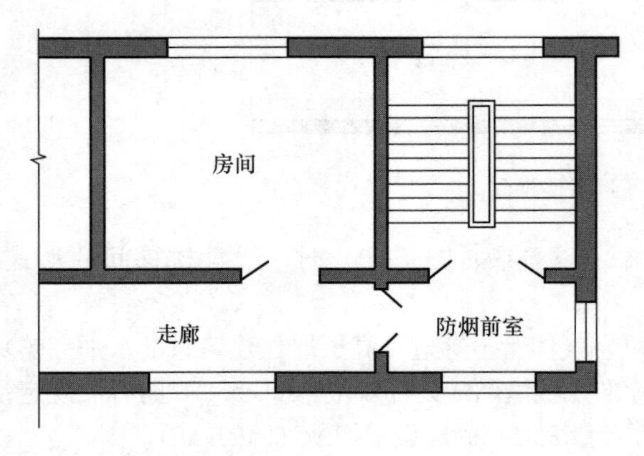

图 7-13　走廊端部设前室

（2）恰当分析相关的防烟技术条件

不论选择哪种防烟设施形式，都要恰当分析相关的可行技术条件，采取适当的保证措施。例如：

① 楼梯间和前室应尽可能利用天然采光和自然通风条件，并宜靠外墙设计（如图 7-14、图 7-15、图 7-20）；当不能天然采光和自然通风时，楼梯间及其前室应设计防烟、排烟设施和消防应急照明设施（如图 7-16、图 7-17、图 7-18）。

② 如在楼梯间入口处设有开敞式阳台、凹廊等（图 7-14、图 7-15）自然防烟设施，楼梯间可不设防烟前室。利用开敞式阳台、凹廊等替代防烟前室时，其使用面积不应小于相应防烟前室的使用面积要求。

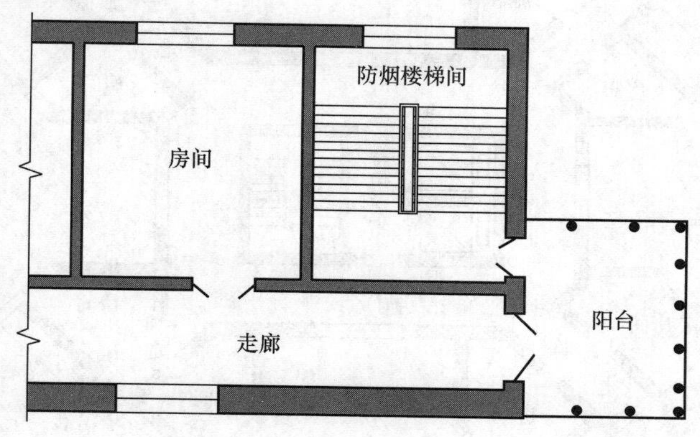

图 7-14 利用阳台作“前室”

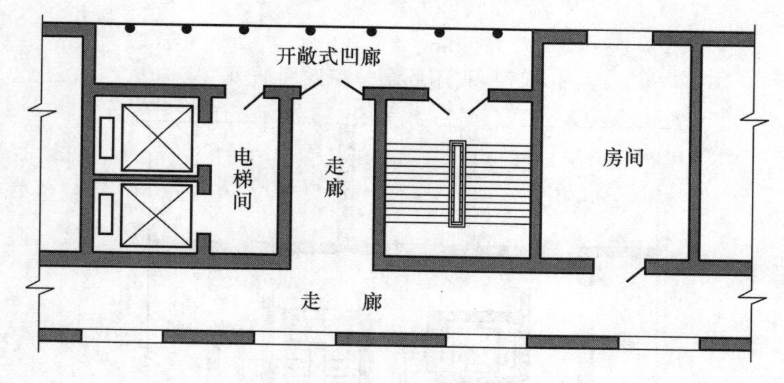

图 7-15 利用开敞式凹廊防烟

③ 如采用室外楼梯或开敞式外廊（图 7-19、图 7-20）时，楼梯间可不设计防烟前室；当设计开敞式外廊或室外楼梯时，其外廊的面积或连接室外楼梯平台的面积不应小于相应防烟前室的使用面积要求。

④ 防烟前室可与消防电梯前室合用（图 7-16、图 7-17、图 7-18、图 7-21）。

⑤ 疏散走道通向楼梯间防烟前室、开敞式阳台、凹廊的门以及防烟前室通向楼梯间

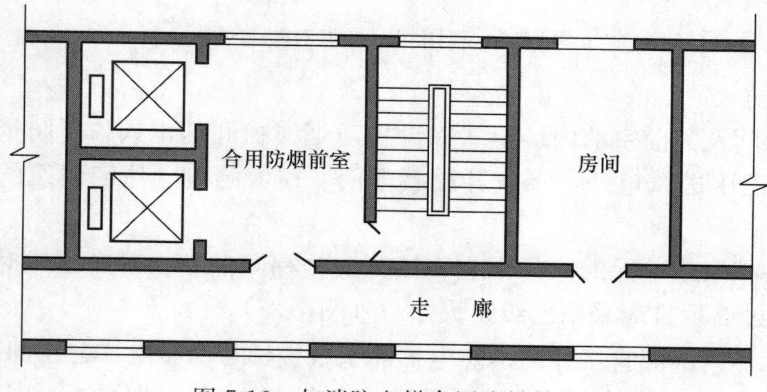

图 7-16 与消防电梯合用防烟前室

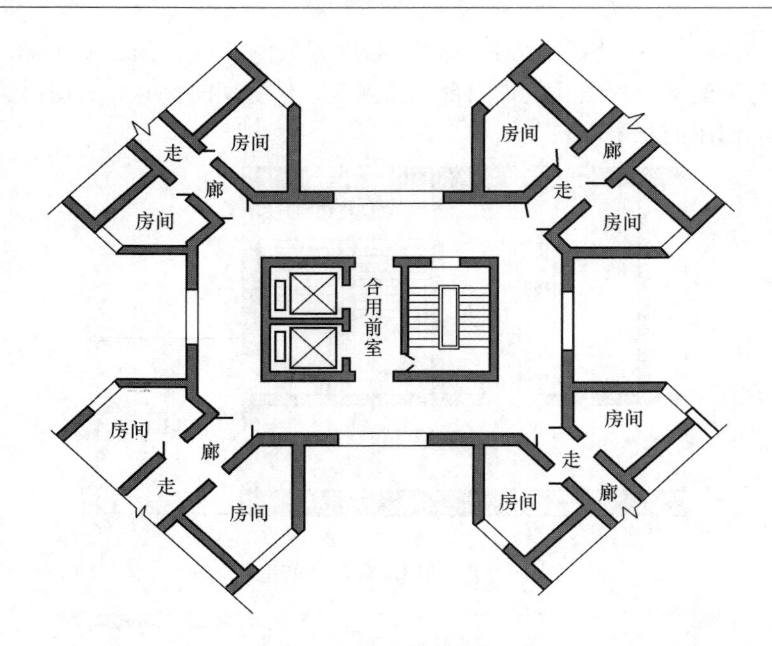

图 7-17 利用环廊外窗四面通风

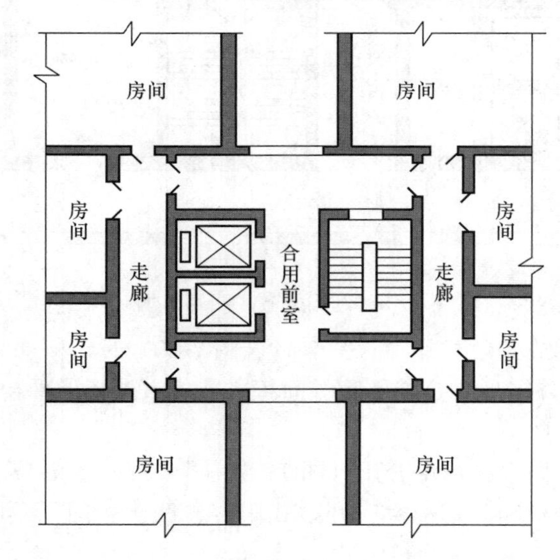

图 7-18 利用相对外窗对流通风

的门应采用乙级防火门。

⑥ 防烟楼梯间及其前室的内墙上，除设置防烟楼梯间的出入口、防烟前室的出入口和前室内设置的正压送风口外，不应开设其他门、窗、洞口（住宅建筑的楼梯间防烟前室除外）。

⑦ 住宅同一楼层或单元的户门不宜直接开向楼梯间前室；确有困难时，开向同一前室的户门不应超过 3 樘且应采用乙级防火门[5]（图 7-21）。

⑧ 住宅单元户门不应直接开向消防电梯前室或楼梯与消防电梯合用的防烟前室。

⑨ 建筑高度大于 32m 的老年人照料设施，宜在 32m 以上部分增设能连通老年人居室

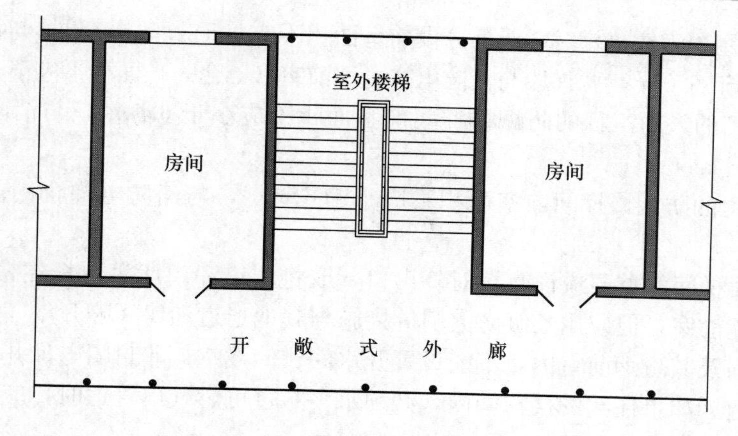

图 7-19 利用室外楼梯和开敞式外廊防烟

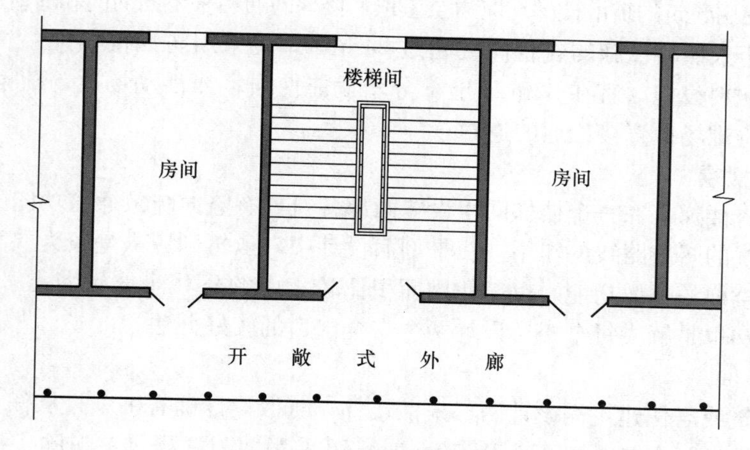

图 7-20 利用开敞式外廊防烟

和公共活动场所的连廊，各层连廊应直接与疏散楼梯、安全出口或室外避难场地连通。[20]

（3）要保证防烟楼梯间前室的使用面积

防烟楼梯间前室的使用面积应符合如下要求：

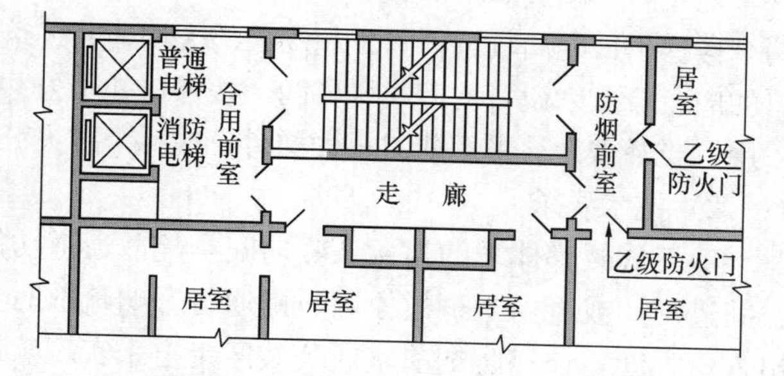

图 7-21 住宅同一楼层或单元的部分户门可开向楼梯间前室

① 高层厂房（或高层仓库）的防烟楼梯间前室面积不应小于 6.0m²，与消防电梯合用前室面积不应小于 10.0m²；

② 公共建筑的防烟楼梯间前室面积不应小于 6.0m²，与消防电梯合用前室时，面积不应小于 10.0m²；当采用剪刀式楼梯时，两梯分设前室面积不应小于 6.0m²，单梯与消防电梯合用前室面积不应小于 10.0m²，两梯与消防电梯（三合一）合用前室面积不应小于 12.0m²；

③ 居住建筑的防烟楼梯间前室面积不应小于 4.5m²，与消防电梯合用前室面积不应小

于 6.0m²；当采用剪刀式楼梯时，两梯分设前室面积不应小于 4.5m²，单梯与消防电梯合用前室面积不应小于 6.0m²，两梯段与消防电梯合用前室（三合一）面积不应小于 12.0m²；

④ 平时使用的人防工程的防烟楼梯间前室面积不应小于 6.0m²，与消防电梯合用前室面积不应小于 10.0m²；

⑤ 地下工程的防烟楼梯间前室面积不应小于 6.0m²，与消防电梯合用前室面积不应小于 10.0m²。

（4）防烟楼梯间的首层应设直接对外出口，或将走道和门厅等包括在楼梯间前室内，形成扩大的防烟前室，但应用乙级防火门等措施与其他走道和房间隔开。

（5）楼梯间及其防烟前室内，不能设置开水间、储藏室、非封闭电梯井，或穿越可燃液体、气体管道；如果住宅的楼梯间内，必须水平穿过可燃气体管道时，应采用金属套管防护和设置切断气源的阀门[5]。

（6）高层民用建筑的疏散楼梯均应通至屋顶，楼梯间通向平屋面的门和窗应向外开启。

（7）当老年人照料设施的建筑高度超过 24m 时，应采用防烟楼梯间。建筑高度大于 32m 的老年人照料设施，宜在 32m 以上部分增设能使居室或活动场所与疏散楼梯间、安全出口或室外避难场地直接相通的连廊。[20]

5. 剪刀式楼梯

因为剪刀式楼梯是在一个楼梯间里设置两部各自具有竖向疏散通道功能的楼梯，能起到两条互不相扰的疏散路线的作用。在平剖面设计中，虽然利用的是较为狭窄的空间，但却能发挥两部楼梯的疏散功能。对于使用面积比较集中的公共建筑或塔式居住建筑来说，采用剪刀式楼梯也是解决每个楼层设计两个安全出口的较好办法。

1）设计条件

当公共建筑或居住建筑需设计两部疏散楼梯，分散设计确有困难且从任一疏散门或户门至最近疏散楼梯间入口距离不大于 10m 时，可采用剪刀式楼梯。但除广播电视塔建筑外，建筑高度超过 250m 的民用建筑内的疏散楼梯不宜采用剪刀式楼梯。因为剪刀式楼梯的两个楼梯出口距离较近，对于超高层的大型公共建筑必须保证不少于 2 个不同方向的安全出口的应急疏散来说，剪刀式楼梯两个楼梯口处于公共场所一个方向，影响疏散人流，故不宜采用。当确需设计采用剪刀式楼梯时，在一个防火分区内只能视作为一个安全疏散出口。[20]

2）技术要求

剪刀式楼梯体现的是两条竖向安全疏散通道功能。在应急疏散中，如果有一条通道的空间进烟，或者由于事故原因阻碍通行影响疏散时，则需要在本楼层的两部楼梯段的两个出入口之间，通过防烟前室或公共区走道来实现疏散路线的转换。在平时正常使用中，也经常会有两楼梯口之间的转换情况。但对于转换的方式和路线设计必须注意：剪刀式楼梯每层两出入口的转换过程的区域必须是在公共疏散区。而绝不能设计采用由一部楼梯口出来，再经过其他功能空间（或住宅套内空间）转到另一楼梯口的转换方式。因为疏散路线必须直通安全地带的趋向性不容改变，以保证剪刀式楼梯的安全使用功能。[20]

为使剪刀式楼梯的功能适应消防安全疏散的需要，设计中应注意如下技术要求：

（1）剪刀式楼梯的两竖向平行梯段之间应有严格的防火分隔。

为满足剪刀式楼梯应具有两条互不连通的疏散通道功能，须在两个相互交叉的竖向平行的楼梯段之间设置耐火极限不低于 1.00h 的不燃性防火隔墙，以使两条竖向疏散通道之间有严格的防火分隔，形成两个独立的空间。

（2）剪刀式楼梯应设计为防烟楼梯。

为保证剪刀式楼梯的安全疏散功能，应在呈剪刀式交叉两楼梯段的每层出入口，分别设计防烟前室（图 7-22）。

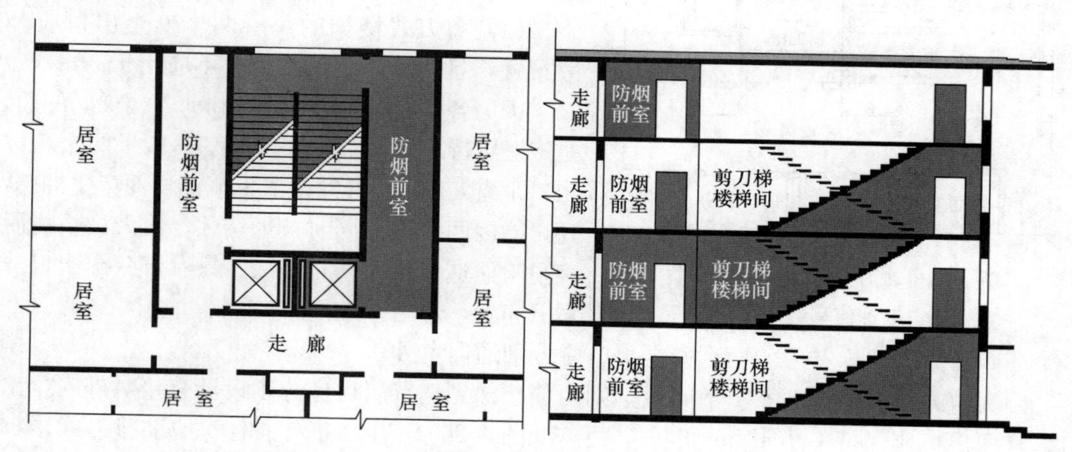

图 7-22　剪刀式楼梯防烟楼梯间平剖面示意图

（3）剪刀式楼梯的两梯段，在每层应设的防烟前室不宜设计为两梯合用前室，也不宜与消防电梯的前室合用。

如因条件限制，当剪刀式楼梯两梯段的出入口分别设计防烟前室确有困难时，或者消防电梯前室独立设计确有困难时，可采取如下之一合用方式：

① 剪刀式楼梯的两楼梯段在每楼层的出入口可合用一个防烟前室，使用面积不应小于 6.0m²，并应另设消防电梯前室（图 7-23）；

② 剪刀式楼梯的两楼梯段，在每层的出入口分别设计防烟前室的情况下，可将其中一个防烟前室设计为与消防电梯合用前室，其使用面积不应小于 6.0m²，短边长度不应小于 2.4m（图 7-24）；

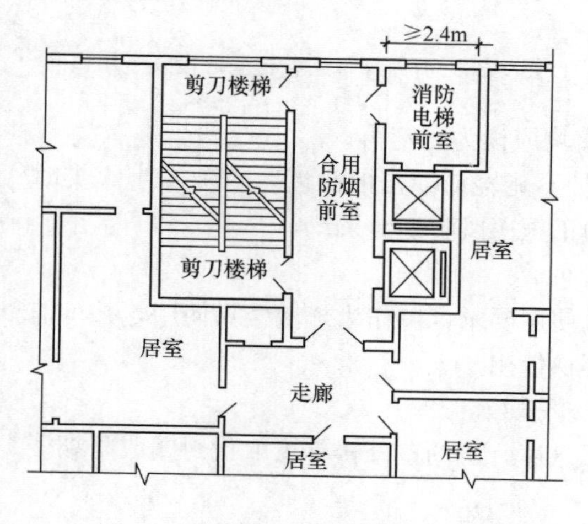

图 7-23　剪刀楼梯合用前室之外设消防电梯前室

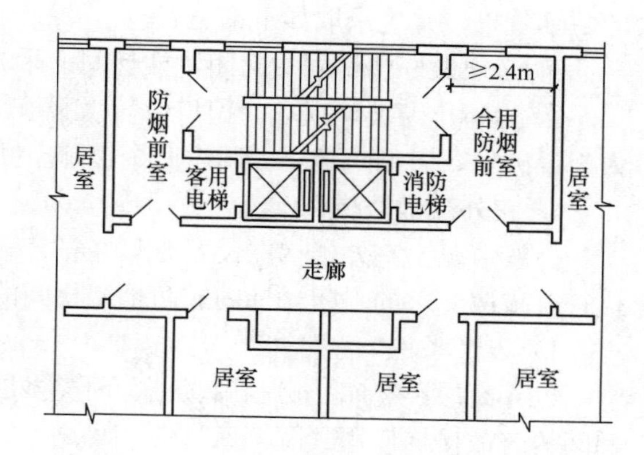

图 7-24　消防电梯前室与剪刀梯前室之一合用

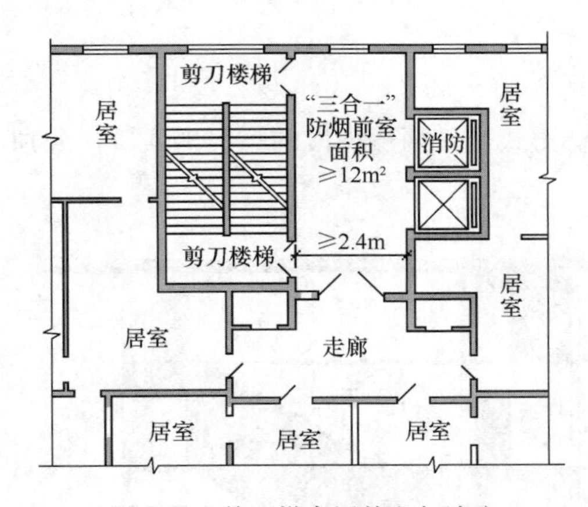

图 7-25 剪刀梯合用前室与消防电梯前室合用

③ 如果剪刀式楼梯的合用防烟前室又与消防电梯前室合用（俗称"三合一"）时，其合用前室的使用面积不应小于 12.0m²，且前室的短边长度不应小于 2.4m（图 7-25）。

（4）剪刀式楼梯的每层两个安全出口应分散布置，且两出口之间的距离不应小于 5m。

因为各楼层进入防烟前室和剪刀楼梯间的门，是该楼层待疏散人员的安全出口。如果两个疏散出口距离太近，会导致疏散人流不均而产生拥挤，还可能因两个出口同时被烟堵住，使人员不能脱离危险而造成重大伤亡事故。只有将两个出口分散开布置，才能有利于应急疏散。

（5）剪刀式楼梯首层的两个安全出口应分别通向室外。

因为剪刀式楼梯是两条疏散路线，则两部楼梯到达首层后应分别设计直接对外安全出口，且两出口应保持不小于 5m 的安全距离（图 7-26）。当确有困难时，如果剪刀式楼梯首层的两个出口不能分别直接对外时，可将两个出口"合二而一"汇合到一个公共区集中疏散到室外。但必须保证该公共区内无任何可燃物。且与该公共区相邻的其他房间不得向公共区直接开门相通。[5] 当相邻房间通过走廊（或防火隔间）进入公共区时，连通公共区的门应设为乙级防火门。公共区疏散走道和出口大门应满足安全疏散需要。以避免剪刀式楼梯的两条疏散路线到终端受阻，危及疏散人员的安全。

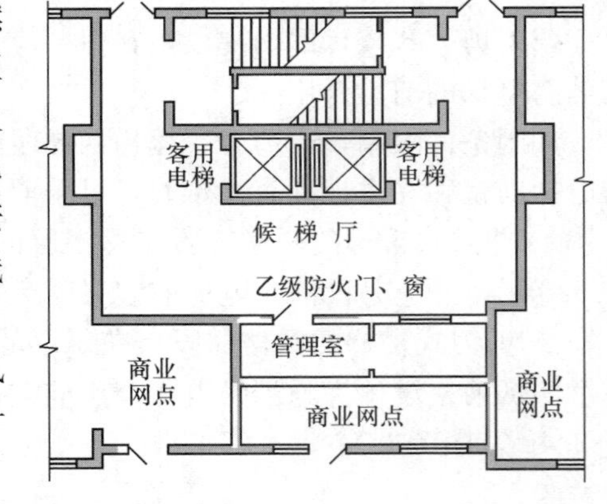

图 7-26 剪刀梯首层各梯段分设安全出口

（6）剪刀式楼梯的两楼梯段空间的正压送风防烟系统不宜合用。合用时应符合防排烟的设计要求。

（7）为保证楼梯间内两个楼梯空间正压送风的防烟效果，并应采取如下措施：

① 必须做好楼梯间的封闭，楼梯间的采光窗均应设为固定窗；

② 为防止窗玻璃损坏，窗口位置应设在人员不能轻易撞击的高度，以免发生火灾时人为误破坏，影响防烟楼梯间内两个楼梯空间的正压送风防烟效果。

6. 室外疏散楼梯

一般情况，室外楼梯在设置时只要符合疏散使用要求，可作为疏散楼梯使用，并可取代符合疏散要求的封闭楼梯间或防烟楼梯间的楼梯使用。

1）设计条件

（1）高层厂（库）房和甲、乙、丙类多层厂（库）房的室外楼梯可取代封闭或防烟楼梯间的疏散楼梯使用（图 7-7、图 7-19）；

（2）丁、戊类厂房内的第二安全出口的疏散楼梯可采用金属梯；

（3）仓库、粮食筒仓、汽车库的室外楼梯可采用金属梯；

(4) 多层民用建筑的室外楼梯可作为封闭或防烟楼梯间的楼梯使用；

(5) 汽车库的室外疏散楼梯可作为封闭或防烟楼梯间的楼梯使用；

(6) 高层民用建筑的室外楼梯可作为辅助的防烟楼梯间的楼梯使用（图 7-19）。

2) 技术要求

(1) 室外疏散楼梯栏杆扶手的高度应不小于 1.1m；

(2) 室外疏散楼梯的净宽度应不小于 0.9m（汽车库不应小于 1.1m）；

(3) 室外楼梯段的倾斜角度不应大于 45°；

(4) 当丁、戊类高层厂房每层工作平台人数不超过 2 人，且各层工作平台人数总和不超过 10 人时，其疏散楼梯可采用倾斜角度不大于 60°的金属梯；

(5) 除 3 层及 3 层以下建筑的室外楼梯可采用难燃材料和木结构外，室外楼梯段和平台均应采用不燃材料制作，楼梯平台耐火极限不应低于 1.00h（粮食筒仓的楼梯平台不应低于 0.25h），楼梯段耐火极限不应低于 0.25h；

(6) 通向室外楼梯的疏散门宜采用乙级防火门（高层汽车库应采用乙级防火门），并应向室外开启；门开启时，不得减少楼梯平台的有效宽度；

(7) 室外楼梯的楼梯段不应正对疏散门设置；

(8) 室外疏散楼梯周围 2m 范围内的外墙面不应开设除疏散门外的其他门、窗洞口；

(9) 当室外楼梯兼替防烟楼梯间时，应在建筑内通室外楼梯出口处设置防烟前室，以免建筑内火灾烟气影响室外楼梯的安全疏散。

7. 竖向垂直金属梯

1) 设计条件

符合下列条件的楼梯可采用室外竖向垂直金属梯：

(1) 当地下、半地下建筑的地面与室外地面高差不大于 10m、建筑面积不大于 500m² 且使用人数不超过 30 人时，用作第二安全出口的疏散梯可采用直通室外的竖向垂直金属梯；

(2) 建筑高度大于 10m 的三级耐火等级建筑应设置通至屋顶的室外消防梯，该梯可采用竖向垂直金属梯。

2) 技术要求

(1) 作为地下、半地下建筑（室）的第二出口的金属爬梯，其设置部位应靠近外墙且必须直通室外；

(2) 三级耐火等级建筑的室外消防梯，不应面对老虎窗，宽度不应小于 0.6m，且宜从离地面 3.0m 高处设起（图 7-27）。

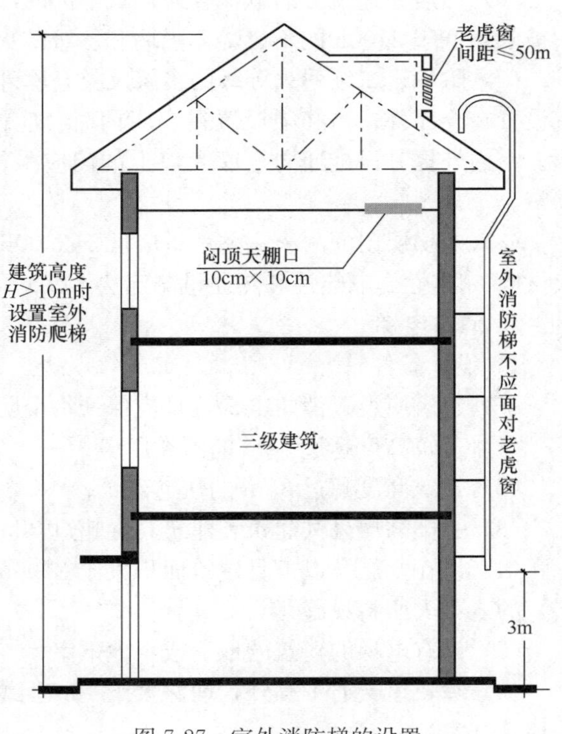

图 7-27 室外消防梯的设置

7.3.4 电梯的设计条件及技术要求

1. 普通客货电梯或垂直提升设施

1）设计条件

因为普通电梯存在不防烟、不防火、不防水的缺陷，特别是仓库中供垂直运输物品的提升设施，运行路线连通着各楼层的竖向空间，很容易造成各层水平防火分区之间的相互影响。

在设置时则必须注意采取适当的防火措施。

2）技术要求

在设置客货电梯或其他垂直提升设施时，应注意满足如下要求：

（1）公共建筑中的客、货电梯宜设置独立的电梯间（候梯厅），并宜设置在避开公共人流场所的角落处，不宜直接设置在营业厅、展览厅、多功能厅等场所内。

（2）当客、货电梯间设置在营业厅、展览厅、多功能厅等场所内时，应设置防烟前室。

（3）客（货）电梯间、楼梯间、管道井、电缆井应分别独立设置，其井壁材料均应为不燃性。

（4）电梯井的井壁，应采用耐火极限不低于 2.00h 的不燃性材料。

（5）当公共建筑中的客、货电梯直通建筑下部的汽车库时，应设置电梯候梯厅，并应采用耐火极限不低于 2.00h 的不燃烧体隔墙和乙级防火门进行分隔。

（6）当居住建筑中的电梯直通建筑下部的汽车库时，应设置电梯候梯厅，并应采用耐火极限不低于 2.00h 的不燃烧体隔墙和乙级防火门进行分隔。

（7）除一、二级耐火等级的多层戊类仓库外，其他仓库中供垂直运输物品的提升设施宜设置在仓库外；当必须设置在仓库内时，应设置在井壁耐火极限不低于 2.00h 的井筒内。室内外提升设施通向仓库入口上的门应采用乙级防火门或符合有关规范要求的防火卷帘。

（8）电梯层门的耐火完整性不应低于 2.00h，同时应符合现行国家标准《电梯层门耐火试验 完整性、隔热性和热通量测定法》GB/T 27903 规定的完整性和隔热性要求。

2. 消防电梯

1）设计条件

下列建筑应设置消防电梯，且应保证每个防火分区至少设一部：

（1）建筑高度超过 32m 的丙类厂房；[72]

（2）建筑高度超过 33m 的住宅建筑；

（3）一类高层公共建筑和建筑高度超过 32m 的二类高层公共建筑；

（4）设在 5 层及以上且建筑面积大于 3000m² （包括设在其他建筑内的 5 层及以上楼层）的老年人照料设施；[72]

（5）设有电梯的建筑的地下或半地下室；

（6）除轨道交通工程外，埋深大于 10m 且总建筑面积大于 3000m² 的其他地下或半地下建筑（室）；

（7）住宅与其他使用功能部分上下组合建造时，是否设消防电梯，可根据各自功能部

分的所处高度按所属建筑分类确定；[69]

(8) 对于汽车库，除室内无车道且无人员停留的机械汽车库外，建筑高度超过 32m 的封闭或半封闭汽车库应设消防电梯；[72]

(9) 设置在消防电梯前室或疏散楼梯间前室及合用前室内的非消防电梯，其防火性能不应低于消防电梯的防火性能。[69][72]

2) 技术要求

设计消防电梯的有关技术要求如下：

(1) 消防电梯的服务范围

① 消防电梯应分别设置在不同防火分区内，且每个防火分区不应少于 1 台；

② 地下或半地下建筑（室）可两个防火分区共用一台；

③ 每台消防电梯每层的服务面积不应大于 1500m^2；

④ 高层厂房或高层仓库，每个防火分区内宜设置 1 部消防电梯；

⑤ 汽车库，必须保证每个防火分区至少有 1 部消防电梯。

(2) 消防电梯的功能要求

① 在消防电梯的首层入口处，应设明显的标识，并设置供消防人员专用的操控按钮；

② 消防电梯应能每层停靠；

③ 消防电梯轿厢内应设专用消防对讲电话和视频监控系统的终端设备；

④ 消防电梯的载重量不应小于 800kg；

⑤ 消防电梯从首层到顶层的运行时间不宜大于 60s；

⑥ 消防电梯井、机房与相邻电梯井、机房之间，应采用耐火极限不低于 2.00h 的防火隔墙；当在隔墙上开门时，应采用甲级防火门；

⑦ 消防电梯轿厢的内装修应采用不燃性材料；

⑧ 消防电梯的动力和线缆与控制面板的连接处、控制面板的外壳防水性能等级不应低于 IPX5。

(3) 消防电梯前室设计要求

① 消防电梯应设计防烟前室，但设置在仓库连廊、冷库穿堂或谷物筒仓工作塔内的消防电梯可不设置前室。

② 独立的前室的使用面积不应小于 6m^2，且短边长度不小于 2.40m[20]。

③ 消防电梯间与防烟楼梯间合用前室的面积应满足消防功能要求：与公共建筑、高层厂房（仓库）防烟楼梯间合用前室不应小于 10m^2；与住宅建筑防烟楼梯间合用前室不应小于 6m^2；当住宅建筑内需设置两部疏散楼梯，分散设置有困难时，往往采用剪刀式楼梯。如将两个梯段的防烟楼梯间前室设为合用前室，又将消防电梯前室与其合用（即通称的“三合一”）时，此消防电梯前室的建筑面积不应小于 12m^2，且短边长度不小于 2.40m。

④ 前室的墙上，除前室出入口、正压送风口和符合住宅楼梯防烟前室要求的住宅户门外，不应开设其他门、窗、洞口；但对于建筑高度大于 250m 的建筑，应在设有消火栓的前室和消防电梯前室通向走道的墙体下部设计消防水带穿越孔（平时能关闭）。[20]

⑤ 消防电梯前室宜靠外墙设计，在首层应设计直通室外的安全出口；或经过长度不超过 30m 的有防火保护设施（即：采用耐火极限不低于 2.00h 防火隔墙和乙级防火门与

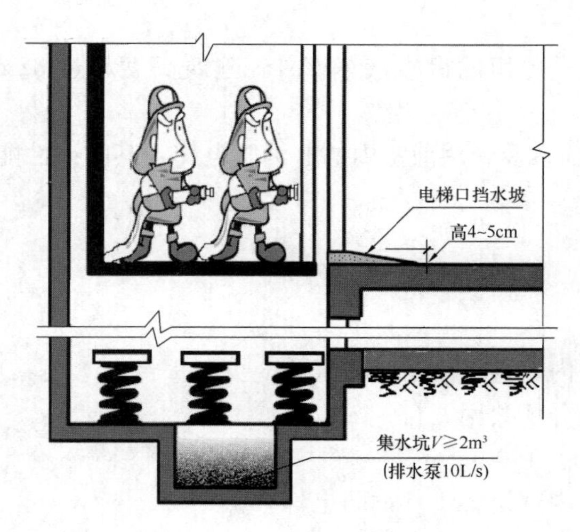

图 7-28 消防电梯井示意图

其他环境隔开）的通道通向室外，且该出口应面临消防救援场地。

⑥ 通向前室的门应为乙级防火门，且（除兼作消防电梯的货梯前室外）不应采用防火卷帘或防火玻璃墙等方式代替防火隔墙。

⑦ 消防电梯间前室门口宜设置挡水设施；消防电梯的井底应设排水设施，排水井容量不应小于 $2m^3$，排水泵的排水量不应小于 10L/s（图 7-28）。[5]

3. 超高层建筑疏散电梯

此电梯是设在建筑高度超过 250m 的超高层建筑中，用于火灾时人员应急疏散的辅助疏散设施。设计时应符合下列要求：

1）每个防火分区应至少设计 1 部；

2）应具有在火灾时能控制其停靠特定楼层和首层的功能；

3）在电梯层门附近的明显位置应有电梯用途明显标识和操作提示说明；

4）电梯的载重量不应小于 1350kg，运行速度不应小于 5m/s；

5）电梯的控制和配电设备应有防水性能；

6）电梯的轿厢内应设置消防专用电话；

7）电梯的轿厢及停靠的前室内应设置视频监控系统，且视频监控系统的供电回路及信号传输线路应符合消防供电及耐火要求，视频监控信号应接入消防控制室；[20]

8）其他事项应符合《建筑防火通用规范》和《消防设施通用规范》有关消防电梯的规定。

7.4 台阶、坡道和防护栏杆

7.4.1 台阶和坡道的设置

台阶和坡道，是协调和连接建筑室内外地面高差，为适应通行而采取的措施。在设置时，应符合下列要求：

1. 须设置台阶和坡道的部位

1）须设置台阶的部位

（1）在同一楼层内地面有高差的地段，应通过设置台阶来连接不同高度的地（楼）面；

（2）当公共出入口室内外高差超过 0.20m 时，应设置台阶过渡到室外。

2）须设置坡道的部位

（1）当室内外拟设置的台阶踏步高度不大于 0.15m（且不小于 0.10m）的踏步数不足 2 级时，应按坡道设置；

（2）供轮椅通行的地面高差地段应设置坡道；
（3）供推行自行车的地面高差地段应设置坡道。[19]

2. 台阶和坡道的设置要求

1）台阶的设置要求

（1）室内外台阶踏步的宽度不宜小于 0.30m，踏步高度不宜大于 0.15m；
（2）踏步高度应均匀一致，并采取防滑措施；
（3）当台阶宽度大于 1.80m 时，两侧宜设置栏杆扶手，高度应为 0.90m。

2）坡道的设置要求

（1）室内坡道坡度不宜大于 1∶8，室外坡道坡度不宜大于 1∶10；
（2）供轮椅使用的坡道坡度不宜大于 1∶12，困难地段不应大于 1∶8；
（3）室内坡道水平投影长度超过 15m 时，宜设休息平台，平台宽度应根据使用功能或设备尺寸所需缓冲空间而定；
（4）自行车推行坡道每段坡长不宜超过 6m，坡度不宜大于 1∶5；
（5）机动车的坡道应符合现行行业标准《车库建筑设计规范》JGJ 100 的规定。[19]

7.4.2 防护栏杆的设置

1. 设置部位

（1）建筑的阳台、外廊临空处；
（2）室内回廊、内天井临空处；
（3）上人屋面、室外楼梯等临空处；
（4）人员密集场所台阶高度超过 0.70m 并侧面临空时；
（5）住宅楼梯间、电梯厅等共用部分的外窗，窗外没有阳台或平台，且窗台距地面、楼面的净高小于 0.90m 时。[51]

2. 设置要求

（1）防护栏的栏杆应以坚固、耐久的材料制作，并能承受荷载规范规定的水平荷载；
（2）临空高度在 24m 以下时，栏杆高度不应低于 1.05m；
（3）临空高度在 24m 及 24m 以上时，栏杆高度不应低于 1.10m；
（4）栏杆离楼面和屋面 0.10m 高度内不宜留空；
（5）住宅、托儿所、幼儿园、中小学及少年儿童专用活动场所的栏杆，必须采用防止少年儿童攀登的构造，栏杆的垂直杆件净距不应大于 0.11m；[19]
（6）人员密集的公共建筑不宜在窗口、阳台等部位设置封闭金属栅栏，必须设置时应符合如下要求：
① 应有从内部易于开启的装置；
② 窗口、阳台等部位宜设置与高度相适用的辅助疏散逃生设施。[5]

7.5 防火隔断、建筑缝隙、管道井和建筑幕墙

7.5.1 防火隔断

在建筑物内，根据火灾发生后可能对建筑结构安全的破坏影响和允许疏散时间的需

要，对有不同使用功能的部位和场所，应做必要的防火隔断，以保证在有限的时间内让各功能区有条不紊地实施安全疏散，并保证主要建筑结构的安全。对不同功能区域之间的防火隔断，有着不同的耐火极限要求，以利建筑隔断结构的完整性在规定的时间内不受到破坏。

防火隔断的设计形式一般有水平和竖向两种。水平的防火隔断分隔物主要有楼板、天棚和屋面板等；竖向的防火分隔物主要有防火墙、分隔墙、防火玻璃墙、防火卷帘、防火挡板和防火水幕等。

凡是建筑内的防火隔墙，均应从建筑物或楼层地面基层隔断至梁、楼板（或屋面板）底面基层。

根据不同建筑场所的实际需要，可设计选择不同的防火隔断形式。但是，建筑高度超过 250m 的民用建筑的防火墙、防火隔墙，不得设计采用防火卷帘、防火玻璃墙、防火水幕等替代。[20]

1. 楼层之间的防火隔断

楼层之间，往往是不同的防火分区。竖向相邻的防火分区之间的隔断构件主要是楼板，还有与楼板外缘相连接的外墙。

1）不同建筑物的楼板的耐火极限，不应低于如下要求：

（1）一级建筑 1.50h；

（2）二级建筑 1.00h；

（3）三级建筑为 0.75h（工业和住宅）和 0.50h（民用除住宅外）；

（4）建筑物内设有汽车库的，汽车库与其他部分分隔的楼板 2.00h；

（5）建筑高度超过 100m 的民用建筑的楼板 2.00h。

2）与竖向防火分区的楼板相连接的外墙上，设置窗口的窗槛墙高度不应小于 1.20m。如不能满足规定高度，则应采取安装防火窗等措施，并符合如下要求：

（1）当高层建筑如遇有如下情况时，应采用安装乙级防火窗或 C 类防火玻璃窗：

① 当室内设有自动喷水灭火系统，窗槛墙高度小于 0.80m；

② 当室内未设置自动喷水灭火系统，窗槛墙高度小于 1.20m。

（2）多层建筑如遇有如下情况时，应采用丙级防火窗或耐火极限不低于 0.50h 的 C 类防火窗：

① 当室内设有自动喷水灭火系统，窗槛墙高度小于 0.80m；

② 当室内未设置自动喷水灭火系统，窗槛墙高度小于 1.20m。[5]

（3）如不安装防火窗，应在不同防火分区的上、下相邻楼层的外墙窗洞口上部设置宽度不小于 1.0m、耐火极限不低于 1.00h 的不燃性防火挑檐。[5]

3）地下楼层的疏散楼梯间与地上楼层的疏散楼梯间，应在直通地面的楼层用耐火极限不低于 2.00h 的隔墙分隔开。[72]

2. 有易燃和爆炸危险部位的防火隔断

在建筑内，对于有易燃和爆炸危险的部位与其他部位之间，应采取如下的防火隔断措施：

1）甲、乙类厂房和使用丙类液体的厂房的隔墙应采用耐火极限不低于 2.00h 的不燃烧体，隔墙上的门、窗应为乙级防火门、窗或符合防火要求的防火卷帘。

2）有明火和高温的厂房的隔墙应采用耐火极限不低于 2.00h 的不燃烧体，隔墙上的门窗应为乙级防火门窗。

3）有爆炸危险粉尘的厂房里，在单独房间内设置有连续清灰设备或定期清灰的除尘器、过滤器的风量不超过 15000m^3/h、集尘斗除尘量小于 60kg 时，其房间应采用耐火极限不低于 3.00h 的隔墙和 1.50h 的楼板与其他部位隔开。

4）燃油、燃气锅炉、可燃油油浸变压器、充有可燃油的高压电容器、多油开关、柴油发电机等独立建造的设备用房与民用建筑贴临时，应采用防火墙分隔。其他防火隔断设计应符合如下要求：

（1）与其他建筑贴邻时，应用防火墙隔开，且不应贴邻人员密集场所；当设在民用建筑内，位于人员密集场所的上一层、下一层或贴邻时，应采取防止设备用房的爆炸作用危及上一层、下一层或相邻场所的措施。[72]

（2）设在建筑内的设备用房（锅炉房、变压器室）应布置在首层靠外墙或地下一层的靠外侧部位，且不应贴临消防救援专用出入口、疏散楼梯（间）或人员主要疏散通道。设备用房应设有直接对外的安全出口；设备用房与其他部位之间应采用耐火极限不低于 2.00h 的隔墙和耐火极限不低于 1.50h 的楼板隔开，防火隔墙上的门、窗应为甲级防火门、窗。

（3）常（负）压燃油、燃气锅炉房，不应位于地下二层及二层以下。[72]

（4）锅炉房内设有储油间（总储油量不应大于 1m^3）时，应用防火墙与锅炉间、发电机间隔开。

（5）变压器室之间、变压器室与配电室之间，应用耐火极限不低于 2.00h 的隔墙隔开。

（6）油浸变压器、多油开关室、高压电容器室应设置防止油品流散的隔挡设施；油浸变压器下面应设置储存变压器全部油量的储油设施。[5]

（7）油箱的通气管设置应满足防火要求，油箱下部应设置防止油品流散的设施。[72]

（8）燃油、燃气管道在设备间内进入建筑物前，应分别设置具有自动和手动关闭功能的切断阀。

3. 汽车库、修车库的防火隔断

汽车库、修车库的防火隔断措施，应符合如下要求：

1）当与其他建筑贴邻建造时，应采用防火墙隔开。

2）与其他建筑组合建造的汽车库（包括屋顶停车场）、修车库与其他部分之间，应用防火墙和耐火极限不低于 2.00h 的不燃性楼板分隔。

3）汽车库内设置修车位时，停车部位与修车部位之间应采用防火墙和耐火极限不低于 2.00h 的不燃性楼板分隔。

4）修车库内使用有机溶剂清洗和喷漆的工段，当超过 3 个车位时，应采取防火隔墙等分隔措施（防火隔墙耐火极限应不低于 3.00h，楼板不低于 2.00h）。

5）附设在汽车库、修车库内的消防控制室、自动灭火系统的设备室、消防水泵房和排烟、通风空气调节机房等，应采用防火隔墙（耐火极限不低于 3.00h）和耐火极限不低于 1.50h 的不燃性楼板相互隔开。

6）除敞开式汽车库、斜板式汽车库外，其他汽车库内的汽车坡道两侧应采用防火墙与停车区隔开。汽车坡道的出入口与停车区之间应采用水幕、防火卷帘或甲级防火门等隔开。当汽车库和汽车坡道上均设置自动灭火系统时，坡道的出入口可不设置水幕、防火卷帘和甲级防火门。

7）Ⅰ、Ⅱ类汽车库、停车场宜设置消防器材间，其建筑耐火等级不应低于二级。

8）燃油或燃气锅炉、油浸变压器、充有可燃油的高压电容器或多油开关等，不应设置在汽车库、修车库内。当受条件限制必须贴邻汽车库、修车库布置时，并应符合下列条件：

（1）建筑耐火等级不应低于二级，与其贴邻的汽车库的外墙应为无门窗洞口的防火墙；

（2）油浸变压器室、高压配电装置室的防火设计应符合现行国家标准《火力发电厂与变电站设计防火标准》GB 50229 等的有关规定；[7]

（3）有防爆要求的部位，应符合现行国家标准《爆炸危险环境电力装置设计规范》GB 50058 等的有关规定。

4. 住宅及与其他部位的防火隔断

1）设置商业服务网点的住宅建筑的防火隔断

（1）居住部分与商业服务网点之间应采用耐火极限不低于 1.50h 的不燃性楼板和耐火极限不低于 2.00h 且无门、窗、洞口的防火隔墙完全分隔；

（2）住宅部分与商业网点部分的安全出口和疏散楼梯应分别独立设置；

（3）每个分隔单元之间应采用耐火极限不低于 2.00h 的无门、窗、洞口的防火隔墙相互分隔。

2）除商业服务网点外，住宅建筑与其他使用功能的建筑合建时，住宅部分与非住宅部分之间的防火隔断应采用耐火极限不低于 1.50h 的不燃性楼板和耐火极限不低于 2.00h 且无门、窗、洞口的防火隔墙完全分隔；为高层建筑时，应符合如下要求：

（1）应采用耐火极限不低于 2.00h 的不燃性楼板和无门、窗、洞口的防火墙完全分隔；

（2）在住宅部分与非住宅部分相接处，应采取竖向防火隔断措施，可为如下之一：

① 设置挑出宽度不小于 1.0m、长度不小于开口宽度的防火挑檐；

② 相接处的上、下开口之间的实体墙高度不应小于 1.2m。[5]

3）附设在住宅建筑内的汽车库和锅炉房，与其他部位之间应采用耐火极限不低于 2.00h 的防火隔墙和不低于 1.00h 的楼板分隔，墙上的门、窗应采用乙级防火门、窗或符合防火要求的防火卷帘。[5][72]

4）关于住宅套房、楼梯（电梯）之间的防火隔断

（1）住宅建筑上下相邻套房开口部位间应设置高度不低于 0.8m 的窗槛墙或者设置耐火极限不低于 1.0h，挑出宽度不小于 0.5m 且长度不小于开口宽度的不燃性实体挑檐；[18]

（2）住宅户与户之间的外墙上，水平开口的墙体宽度不应小于 1.0m；小于 1.0m 时，应在开口之间设置突出外墙宽度不小于 0.6m、耐火极限不低于相应外墙要求的防火隔板；

（3）楼梯间窗口与套房窗口最近边缘之间的水平间距不应小于 1.0m；

（4）当住宅电梯直通住宅楼层下部的汽车库时应设置电梯候梯厅，并应采用耐火极限不低于 2.00h 的防火隔墙和乙级防火门进行分隔。[5][18]

5. 影剧院和歌舞娱乐游艺场所等人员集中公共建筑的防火隔断

1）影剧院等公共建筑的空间比较大的是观众厅，其部位的火灾危险性并不大。而两

端与其相邻的舞台和放映室的火灾危险是较大的。其防火隔断应符合下列要求：

（1）舞台与观众厅之间的隔墙应采用耐火极限不低于3.00h的防火隔墙。

（2）舞台上部与观众厅闷顶之间的隔断可采用耐火极限不低于1.50h的防火隔墙，隔墙上的门应采用乙级防火门。

（3）舞台下部的灯光操作室和可燃物储藏室与其他部位之间的隔断，应采用耐火极限不低于2.00h的防火隔墙。

（4）剧院后台辅助用房与其他部位的隔墙应采用耐火极限不低于2.00h的防火隔墙，隔墙上的门、窗应为乙级防火门、窗或符合防火要求的防火卷帘。

（5）电影放映室、卷片室与其他部分之间的隔断应采用耐火极限不低于1.50h的防火隔墙；观察孔和放映孔应采取防火分隔措施。

2）歌舞娱乐放映游艺场所内，各厅、室里的人员用火用电和吸烟等行为普遍，且容易在娱乐时忽视防火。其防火隔断应符合如下要求：

（1）各厅、室之间及与建筑的其他部位之间，应采用耐火极限不低于2.00h的防火隔墙和不低于1.00h的不燃性楼板分隔；

（2）设在厅、室墙上的门和该场所与建筑内其他部位相通的门均应采用乙级防火门。[5]

6. 人员活动能力较差、疏散较困难的公共建筑的防火隔断

医疗、托幼和老年人照料设施及活动场所等公共建筑内的人员活动能力较差，安全疏散比较困难。例如：

1）医疗建筑内的产房、手术室（或手术部）、重症监护室、精密贵重医疗设备用房、储藏间、实验室、胶片室等；

2）医院和疗养院的病房楼内，相邻护理单元之间；

3）附设在建筑中的托儿所、幼儿园的儿童用房和儿童游乐厅等儿童活动场所；

4）附设在建筑中的歌舞娱乐放映游艺场所；

5）附设在其他建筑内的老年人照料设施及活动场所。

以上各类场所与其他场所或部位之间的防火隔断，应采用耐火极限不低于2.00h的防火隔墙和不低于1.00h的楼板隔开，隔墙上必须开设的门、窗应采用乙级防火门、窗。[5]

7. 建筑内火灾危险性较大的部位与其他部分的防火隔断

建筑高度超过250m的民用建筑的厨房与相邻区域的隔墙耐火极限应不低于3.00h，门应为甲级防火门。[20]除此之外，其他火灾危险性较大的建筑或部位与相邻区域的防火隔断，应采用耐火极限不低于2.00h的防火隔墙和不低于1.00h的楼板隔开，隔墙上的门、窗应为乙级防火门、窗或符合防火要求的防火卷帘。具体设置部位如下：

1）甲、乙类生产部位和建筑中使用丙类液体部位；

2）甲、乙、丙类厂房（仓库）内布置有不同火灾危险类别的房间；

3）厂房内有明火和高温的部位；

4）民用建筑内的附属库房，剧场后台的辅助用房；

5）除居住建筑中套内的厨房外，宿舍、公寓建筑中的公共厨房和其他建筑内厨房的隔墙。[5]

8. 冷库的防火隔断

冷库的防火隔断要求如下：

1）冷库的相邻防火分区之间的隔断，可采用防火墙或甲级防火门、特级防火卷帘、分隔水幕、加密自动灭火喷头等措施。当采用防火墙分隔时，防火墙上需设计的物流开口部位的宽度不应大于6m，高度不宜大于4m，冷库门的耐火完整性不应低于0.50h。[16]

冷库、低温环境生产场所采用泡沫塑料等作绝热层时，宜采用不燃材料在每层楼板处做水平防火分隔，分隔部位的耐火极限不应低于楼板的耐火极限。绝热层的燃烧性能不应低于B_1级，且绝热层外表面应做不燃保护层。

防火分隔部位的建筑材料或构件的耐火极限应与楼板相同。冷库阁楼层和墙体的可燃绝热层宜采用不燃性墙体分隔。[20]

2）冷藏间与穿堂或封闭站台之间的隔墙应为耐火极限不低于3.00h的防火隔墙，该防火墙上的冷藏门表面应为不燃材料，保温芯材的燃烧性能不应低于B_1级。[16]

3）冷库的库房与氨制冷机房及控制室或变电所贴邻布置时，相邻侧的墙体应至少有一面为防火墙，且较低侧建筑屋顶耐火极限不应低于1.00h。[16]当确需开设相互连通的开口时，应采用防火隔间等方式进行分隔（参见图7-30）。当冷库的氨压缩机房与加工间贴邻时，应采用不开设门、窗洞口的防火墙分隔。[20]

4）当隔墙上的冷库门洞口净宽度大于2.1m，净高度大于2.7m时，冷库门的耐火完整性不应低于0.5h。

5）库房附属的办公、值班、更衣、休息等房间与其他部位之间，应用耐火极限不低于2.50h的隔墙和1.00h的楼板隔开。[16]

9. 建筑内重要消防部位的防火隔断

建筑内与消防有关的设施，是保护建筑物免遭火灾危害的重要部位。其与其他部位的防火隔断，应满足如下要求：

1）附设在建筑内的消防控制室、灭火设备室、消防水泵房和通风空调机房、变配电室等，与其他部位之间的防火隔墙的耐火极限不应低于2.00h，楼板的耐火极限不应低于1.50h；

通风、空调机房和变配电室开向建筑内的门应采用甲级防火门，消防控制室和其他设备房间开向建筑内的门应采用乙级防火门；

2）独立建造的消防水泵房，其耐火等级不应低于二级；

3）设置在丁、戊类厂房内的通风机房，与其他部分之间的防火隔墙的耐火极限不应低于1.00h，楼板的耐火极限不应低于0.50h；

4）消防电梯井、机房与相邻的其他电梯井、机房之间隔墙耐火极限应不低于2.00h。[5]

10. 疏散走道和疏散楼梯间的防火隔断

在建筑内，无论是水平方向的走道或竖向的疏散楼梯，都是供人们走向安全地带的疏散通道，一定要与其他部位做好防火隔断。具体要求如下：

1）疏散走道在防火分区处应设置甲级常开防火门。

2）疏散楼梯间和电梯井的墙，一、二、三级建筑均为不燃性。其耐火极限：一、二级建筑不应低于2.00h；三级建筑不应低于1.50h；四级建筑可为难燃性，耐火极限不应低于0.50h；剪刀梯须在两个互相交叉的竖向平行梯段之间设置耐火极限不低于1.00h的不燃性隔墙。凡疏散楼梯间及其前室，与其他部位的防火分隔不应使用防火卷帘。

3）疏散走道两侧的隔墙，一、二、三级建筑均应为不燃性构件。其耐火极限要求：建筑高度超过250m的建筑不应低于2.00h；[20]其他一、二级建筑不应低于1.00h；三级建筑不应低于0.50h；四级建筑可为难燃性构件，耐火极限不应低于0.25h。[5]

为保证疏散走道两侧隔墙的防火功能，隔墙上除设置疏散门外，不应将隔墙设置为普通玻璃隔断或在隔墙上开设普通窗口，如必须开设通视、通风窗时，应注意如下方面：

（1）设置通视玻璃隔断或墙上设置采光窗时，应设置固定的防火玻璃隔断或墙上设置防火窗，其耐火极限不应低于相应隔墙的要求；

（2）开设通风窗时，窗口不宜过大，设置高度不宜低于2.00m，且走道两侧隔墙上的窗口不宜正向相对，以避免火灾热辐射蔓延影响；如房间火灾烟气进入走廊，也能通过走廊外窗自然排烟或机械排烟设施排掉，以免影响安全疏散。

4）多层、高层、地下汽车库（除敞开式汽车库、斜楼板式汽车库外）的汽车坡道两侧应用防火墙与停车区隔开，坡道的出入口应采用水幕、防火卷帘或设置甲级防火门等措施与停车区隔开。当汽车库和汽车坡道上均设有自动灭火系统时，可不受此限。[7]

11. 地下大型公共场所的防火隔断

当设置在地下、半地下的营业厅、展览厅的总建筑面积（包括营业面积、储存面积及其他配套服务面积等）大于20000m²时，应采用不开设门、窗洞口的防火墙进行分隔。当相邻区域确需局部连通时，应采取可靠的防火分隔设施。可选择下列防火分隔方式：

1）设下沉式广场等室外开敞空间

该下沉式广场等室外开敞空间，应能防止相邻区域的火灾蔓延，并便于安全疏散（图7-29）。

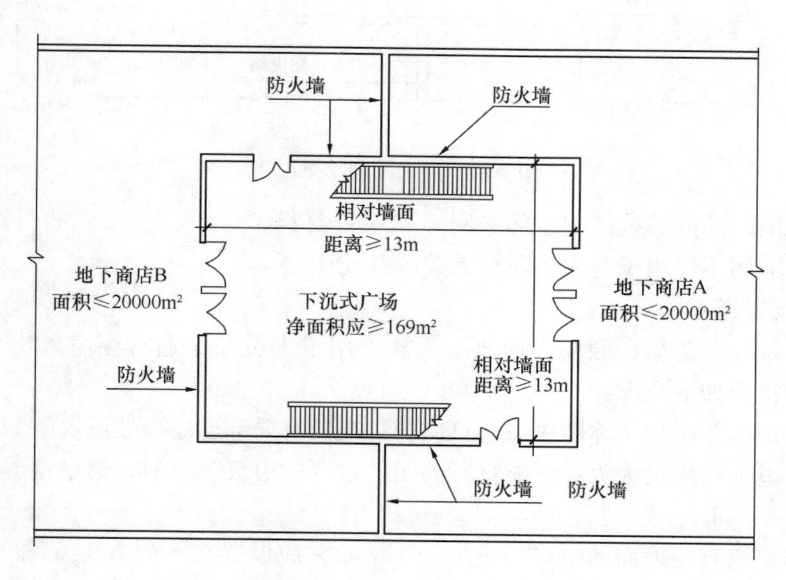

图7-29 下沉式广场示意图

（1）为保证建筑防火的严格分区，不同防火分区通向下沉式广场安全出口最近边缘之间的水平距离不应小于13m，广场内疏散区域的净面积不应小于169m²。该净面积范围内不应用于除疏散外的其他用途，其他面积的使用不应影响人员的疏散或导致火灾蔓延。

（2）当下沉式广场确需设置防风雨棚时，该防风雨棚不应完全封闭，且四周开口的部位应均匀布置，开口面积不应小于室外开敞空间地面面积的25%，开口的高度不应小于1.0m；当敞开部分采用防风雨百叶时，百叶的有效通风排烟面积可按百叶通风口面积的

60%计算。

2）设防火隔间

设置防火隔间时，应符合如下要求：

（1）该防火隔间的建筑面积不应小于 6.0m^2。

（2）防火隔间的墙，应为实体防火墙，防火隔间的门应为甲级防火门。该门主要用于正常时的连通用，不用于应急疏散使用，该门不应计算在防火分区安全出口的个数和总疏散宽度内。

（3）不同防火分区开设在防火隔间墙上的防火门最近边缘之间的水平距离不应小于4m（图 7-30）。

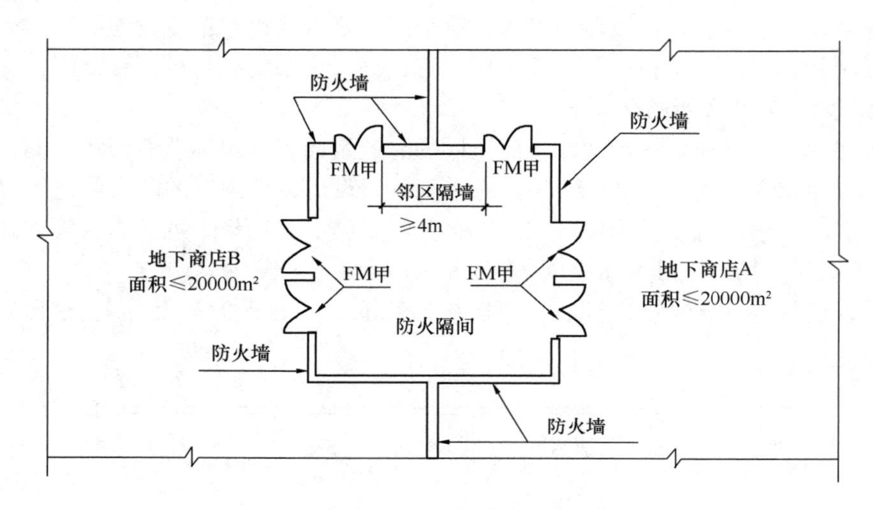

图 7-30　防火隔间示意图

（4）防火隔间的内部装修应全部采用 A 级装修材料。

（5）防火隔间不得用于与人员通行无关的其他用途。

3）设避难走道

避难走道是设有防烟、照明、通风等设施，用于人员安全通行至室外出口的疏散走道。设置时应符合如下要求：

（1）该通道两侧应为实体防火墙，且应分别在设有局部连通口处设置防烟前室，通往前室和避难走道的门应设为火灾时能自行关闭的常开式甲级防火门；避难走道楼板的耐火极限不应低于 1.50h。

（2）避难走道直通地面的出口不应少于 2 个，并应设置在不同方向（图 7-31）；当避难走道只与一个防火分区相通且该防火分区至少有 1 个不通向该避难走道的直通室外的安全出口时，该避难走道直通地面的出口可设置 1 个。

（3）走道的净宽度不应小于任一防火分区通向走道的设计疏散总净宽度。

（4）避难走道的内部装修应全部采用 A 级装修材料。

（5）防火分区连通避难走道入口处应设置防烟前室，前室的使用面积不应小于 6m^2，开向前室的门应为甲级防火门；前室开向避难走道的门应为乙级防火门。

（6）避难走道应设置消火栓、消防应急照明、应急广播和消防专线电话。

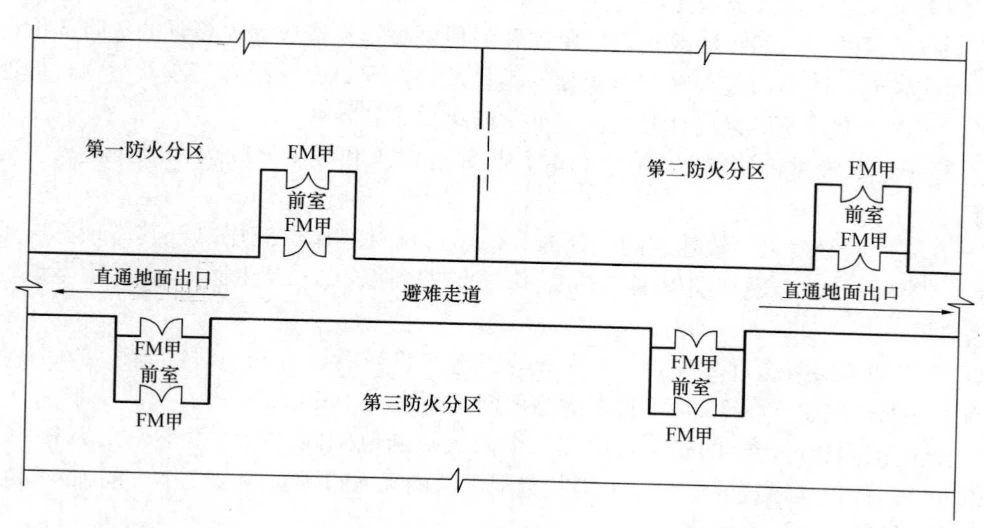

图 7-31 避难走道设置示意图

4）设防烟楼梯间直通室外地面

为保证每个防火分区的隔断措施合理设置，可根据防火分区的疏散距离、疏散出口及避难通道设置等因素，合理选址设置防烟楼梯间直通室外地面。

该防烟楼梯间及前室的门，应为火灾时能自行关闭的常开式甲级防火门。[15]

12. 步行商业街的防火隔断

对于有顶棚的步行商业街，应立足于尽量把火灾控制在规模不大的起火房间内，防止火灾向竖向和水平方向蔓延，并采取如下防火隔断措施：

1）商铺面向步行街一侧的墙体宜采用耐火极限不低于 1.00h 的实体墙，且商铺之间面向步行街一侧应设置宽度不小于 1.0m、耐火极限不低于 1.00h 的实体墙；在设置实体墙范围内确需设置门窗时，应采用乙级防火门、窗，当采用防火玻璃墙（包括门、窗）时，其耐火隔热性和耐火完整性不能低于 1.00h；当采用耐火完整性不低于 1.00h 的非隔热性防火玻璃（包括门、窗）时，应设置闭式自动喷水灭火系统保护。

2）当步行街为多层结构时，每层面向步行街一侧应设置防止火灾竖向蔓延的措施，当设置回廊和挑檐时，其挑出宽度不应小于 1.2m。

3）步行街内不应布置可燃物，相邻商铺的招牌或广告牌之间应有防火间隔。

4）地下楼层不应采用中庭等开口与步行街连通。

5）疏散楼梯间与步行街或步行街与外部连通的疏散走道，应采用耐火极限不低于 2.00h 且无任何开口的防火隔墙与其他区域分隔。

6）步行街的顶棚材料应采用不燃或难燃材料，其顶棚承重结构的耐火极限不应低于 1.00h。[20]

7.5.2 屋顶、闷顶和建筑缝隙

1. 建筑屋顶、闷顶的防火要求

有些一、二级建筑内的竖向管道井、人员出口等可能穿出屋面，屋顶开口则可能带来

对相邻防火单元之间的火灾蔓延的危险。

对于有闷顶的三、四级建筑来说，屋顶和闷顶更是容易造成火灾蔓延的危险部位。因其耐火性能较差，闷顶内起火暗燃时间长，不易及时发现；火灾很容易波及屋顶，加速火灾蔓延。所以，在建筑屋顶设计时应注意如下防火要求：

1）当一、二级建筑屋顶上设有开口时，与邻近建筑和设施之间应采取防止火灾蔓延的措施。

2）在三、四级耐火等级建筑的闷顶内，采用可燃材料作保温层时，其屋顶不应采用冷摊瓦；闷顶内的非金属烟囱周围 0.5m、金属烟囱周围 0.7m 范围内，应采用不燃性材料作隔热层。

3）对于建筑层数超过 2 层的三级耐火等级建筑，当设置有闷顶时，应在每个防火隔断范围内设置老虎窗（图 7-27），且老虎窗的间距不宜大于 50m。

4）凡闷顶内有可燃物的建筑，应在每个防火隔断范围内，设置不小于 0.7m×0.7m 的闷顶入口，且公共建筑的每个防火隔断范围内的闷顶入口不宜少于 2 个。闷顶入口宜布置在走廊中靠近楼梯间的部位。[5]

2. 建筑缝隙的防火要求

建筑缝隙，泛指建筑变形缝，有伸缩缝和沉降缝两种。是为防止建筑物在外界因素作用下，结构内部产生附加变形和应力，导致建筑物开裂、碰撞甚至破坏而预留的构造缝。是为防止因伸缩变形和不均匀沉降而影响建筑结构安全和使用功能而设的。在建筑使用过程中，建筑缝隙两侧的建筑可能发生位移，以至于使跨越建筑缝隙的水平防火分区或楼层之间的防火分区完整性受到破坏。如建筑缝隙处无可靠的防火隔断措施或者将一些易引发火灾或爆炸的管线布置其中，则会铸成火灾的隐患。对于建筑缝隙方面的防火功能很容易被忽视，但却是建筑消防安全体系中的重要组成部分。

对建筑缝隙采取防火措施，主要有如下要求：

1）变形缝构造基层应采用不燃性材料。

2）处于防火分区内或在防火分区界限处的建筑缝隙，应采用不燃性材料严密封隔，其耐火极限应达到相应楼板或防火墙的要求。

3）避免在变形缝内布置易燃、可燃的液体和气体管线，或敷设电气线路。

4）电线、电缆、可燃气体和甲、乙、丙类液体的管道不宜穿过建筑内的变形缝；当必须穿过时，应在穿过处加设不燃材料制作的保护套管或采取其他预防线路（管道）变形措施，并应采用防火封堵材料封堵穿越缝隙。

5）防烟、排烟、供暖、通风和空气调节系统中的管道及建筑内的其他管道，在穿越防火隔墙、楼板及防火墙处的孔隙应采用防火封堵材料封堵。

6）建筑中受高温或火焰作用易变形的管道，在其贯穿楼板部位和穿越耐火极限不低于 2.00h 的墙体两侧宜采取阻火措施。管道穿越防火隔墙或楼板时，应采用不燃性材料将其周围的缝隙填塞密实。[5]

7.5.3 竖向井道、横向穿墙孔道和通风管道

对于建筑物内的水、暖、电、汽等竖向井道，通风管道，横向穿墙孔道以及有空腔的玻璃幕等设施，因封闭空间上下通透又水平联通，如不适当采取防火措施，发生火灾时就

会出现问题。对竖向井道来说，就会引起拔火的“烟囱”效应；各类竖向井道和管线横向穿墙孔道连及各个防火分区，在火灾时极容易串通联片，加速火灾蔓延。所以，在设计这些竖向通道和横向穿墙孔道时，一定要注意采取适当措施，满足防火要求：

对于电气竖井、管道井、排烟和通风道、垃圾井等竖向通道，应分别独立设置，井壁的耐火极限均不应低于1.00h（个别要求2.00h）。除通风管道井、送风管道井、排烟管道井、必须通风的燃气管道竖井及其他有特殊要求的竖井（须采取防火阀等措施），可不在层间的楼板处采取分隔措施外，其他竖井应在每层楼板处采取防火分隔措施，且防火分隔采用的材料组件的耐火性能不应低于楼板的耐火性能。[72]

对于各类通道、孔道的防火措施要求，分述如下：

1. 竖向井道及穿墙孔道

1）电梯井

电梯井应独立设置并符合下列要求：

（1）电梯井的井壁不应低于要求的耐火极限：

①汽车库电梯井壁的耐火极限不应低于2.00h；

②其他建筑耐火等级为一、二级时耐火极限不应低于2.00h，建筑耐火等级为三级时耐火极限不应低于1.50h。

（2）井内严禁敷设可燃气体和甲、乙、丙类液体管道；

（3）井内不应敷设与电梯无关的电缆、电线等；

（4）电梯井的井壁除开设电梯门、安全逃生门和通气孔洞外不应设置其他开口；

（5）电梯层门的耐火完整性不应低于2.00h，并应符合现行国家标准《电梯层门耐火试验完整性、隔热性和热通量测定法》GB/T 27903的规定。[20]电梯门不应采用栅栏门。

2）管道井、电缆井

管道井、电缆井应分别独立设置并应符合下列要求：

（1）井壁应为不燃性构件，其耐火极限要求：建筑高度超过250m的建筑不应低于2.00h，其他建筑不应低于1.00h；[20]

（2）井壁上的检查门应采用丙级防火门；

（3）电缆井、管道井与房间、走道等相连通的孔洞的缝隙应采用防火封堵材料封堵；

（4）在穿越每层楼板处应采用相当于楼板耐火极限的不燃性材料或防火封堵材料封堵。

3）排烟道、排气道、垃圾道

建筑内的通风管道、排烟道、排气道、垃圾道等，应分别独立设置并应符合下列要求：

（1）排烟道、排气道、垃圾道的井壁应为不燃性构件，其耐火极限要求：建筑高度超过250m的建筑应不低于2.00h，其他建筑应不低于1.00h；超过100m的建筑井壁上的检查门应采用甲级防火门，其他建筑应采用丙级防火门；[20]

（2）排烟道、排气道与房间、走道相连通孔洞的缝隙，应用不燃性材料填塞密实；

（3）垃圾道宜靠外墙设置，垃圾道排气口应直接开向室外；

（4）垃圾斗宜设置在垃圾道前室内；

（5）垃圾斗应采用不燃性材料制作，并应能自行关闭；

（6）垃圾道前室的门应采用不低于丙级的防火门。[5]

4）污衣井道

污衣井道，是高层建筑酒店、旅馆中各楼层服务室从井道开口往底部楼层的布草间竖向投送床上和洗浴等脏污衣物用品的井道。该井道上下贯通，投送物品靠自重下落到底层的布草间，继而布草间将脏污衣物用品分转到收纳室或洗衣房作处置。该井道设计应符合如下要求：

（1）布草间与其他区域防火隔墙的耐火极限不应低于 2.00h，房间门应为甲级防火门；

（2）建筑高度超过 100m 建筑的井道顶部应设计自动灭火系统洒水喷头、火灾自动报警探头以及系统连锁的排烟设施；

（3）井道位于各楼层的投放口（检修门）应为甲级防火门。[20]

5）穿墙孔道

对于电气线路敷设和各类管道穿过防火墙、防火隔墙、竖井井壁、建筑变形缝处和楼板处的孔隙，应采取防火封堵措施。防火封堵组件的耐火性能不应低于穿越处建筑结构的耐火性能。[72]

2. 通风管道

当通风、排烟、空调等管道穿越防火隔墙、楼板及防火墙处时，应采取如下防火保护措施：

1）风管上的防火阀、排烟防火阀两侧各 2.0m 范围内的风管外壁应采取防火保护措施，且其耐火极限不应低于该防火分隔体的耐火极限。

2）建筑中受高温或火焰作用易变形的管道，在其贯穿楼板部位和穿越防火隔墙的两侧宜采取阻火保护措施。[5]

3. 玻璃幕空腔

火灾时，如有烟气进入玻璃幕空腔，可能对在玻璃幕墙上开设有门窗口的房间（场所）产生影响。对于开设有消防救援窗口或避难间通风窗口的部位，应在连通开口处采取适当封隔的措施。以防止玻璃幕空腔内的烟气窜入救援窗口和避难间。

7.5.4 建筑幕墙及其他

1. 建筑幕墙

建筑幕墙是由金属构架与板材组成的，不承担主体结构荷载，不起主体结构的作用，是建筑的外围护结构[19]。

为保证建筑消防安全，应根据建筑幕墙与窗槛墙、窗间墙的联系结构形式，采取适当的防火技术措施。

1）建筑幕墙与窗槛墙、窗间墙的结构关系

（1）建筑幕墙是由支承结构体系与面板组成的，它可相对主体结构有一定的位移能力，通常属于建筑的外围护结构或装饰性结构。它不分担建筑主体结构所承受的荷载，它只承受自重或依靠建筑主体框架或外墙承重。一般是在主体结构外墙（设有窗槛墙、窗间墙）的外侧设置纯装饰性的整体建筑幕墙（图 7-32）。也有在建筑主体框架外侧不设置窗槛墙和窗间墙，而是利用建筑幕墙兼起窗槛墙和窗间墙的外墙功能（图 7-33）。

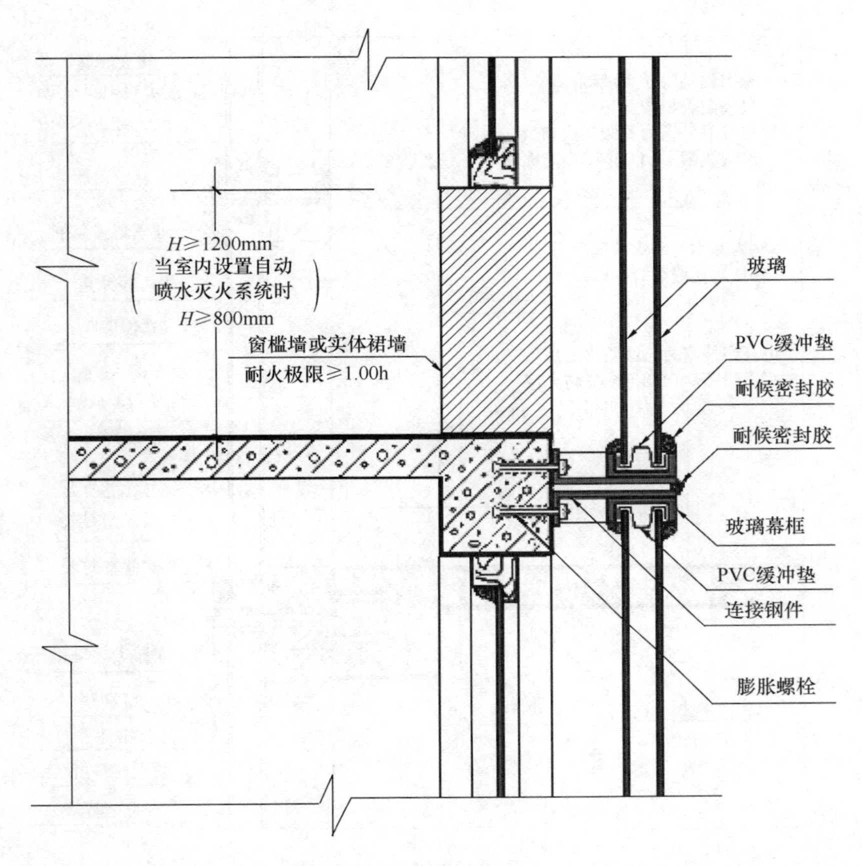

图 7-32 装饰性玻璃幕墙与主墙的连接示意图

（2）窗槛墙一般是指建筑外墙上位于楼层上下窗口之间的墙体，或者是内墙上的窗台至楼地面的墙体，通常与建筑外墙、内墙一体构造并具备相同的耐火性能。如果建筑幕墙在建筑外墙应设置窗槛墙部位的幕墙耐火性能可达到建筑外墙的耐火极限要求时，可以取代窗槛墙。

（3）窗间墙是指同楼层的相邻两窗之间的墙体，通常与建筑外墙一体构造并具备相同的耐火性能。一般在建筑内防火隔墙端部的外墙上设窗时，需考虑防火隔墙两侧窗间墙设置。如果建筑幕墙在位于建筑外墙与内墙相接处的窗间墙部位的幕墙耐火性能可达到建筑外墙的耐火极限要求时，该处幕墙可以取代窗间墙。否则，只能在建筑外墙外侧附设装饰性玻璃幕。

总之，建筑幕墙可以在窗间墙、窗槛墙外，依附于建筑外墙，墙外“罩幕”；也可以在不设窗槛墙、窗间墙情况下，以防火玻璃幕墙取代建筑外墙功能。

2）建筑幕墙的设置要求

（1）与建筑幕墙相连为一体的窗槛墙、窗间墙的填充材料应采用不燃性材料。当外墙面采用耐火极限不低于 1.00h 的不燃性材料时，其墙内填充材料可采用难燃性材料。

（2）无窗间墙和窗槛墙的幕墙，应采取如下措施：

① 应在每层楼板外沿设置耐火极限不低于 1.00h、高度不小于 1.2m 的不燃性实体墙

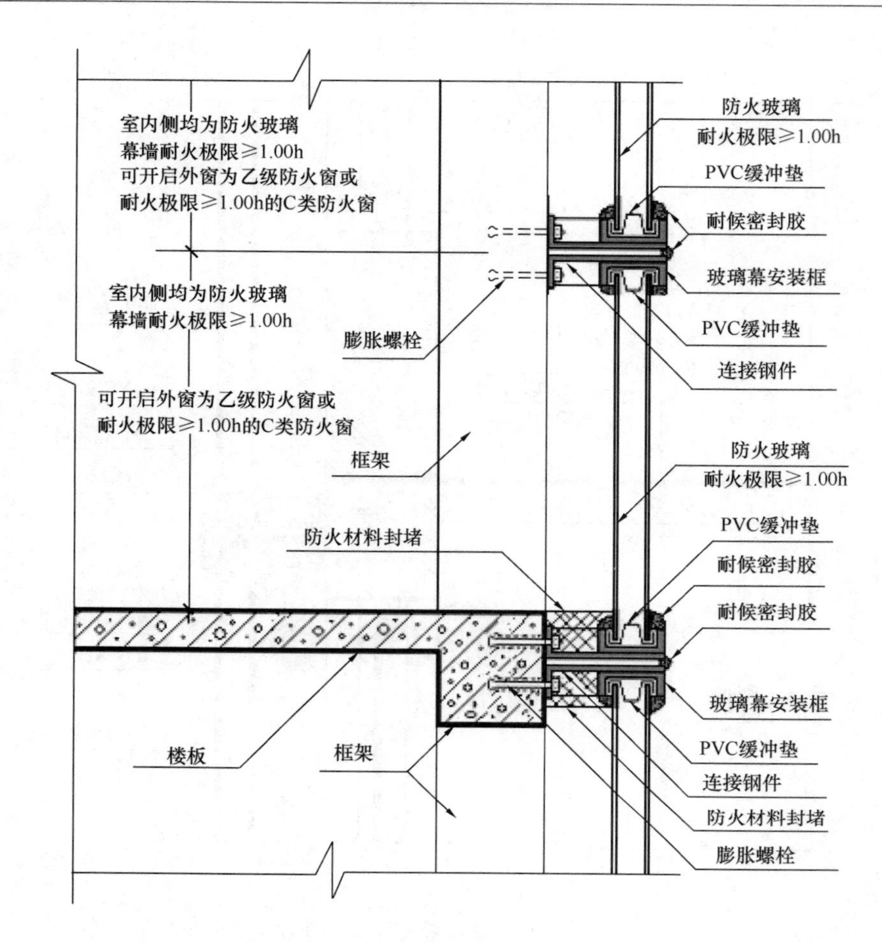

图 7-33 玻璃幕墙代替建筑外墙示意图

（见图 7-32 中的窗槛墙）；

② 也可将紧靠楼板外缘高度不小于 1.2m 范围内（相当于窗槛墙高度）的建筑幕墙做成防火玻璃（耐火极限不低于 1.00h）；

③ 当室内设置自动喷水灭火系统时，相当于窗槛墙的墙体高度不应小于 0.8m；

④ 设置呼吸式双层幕墙系统中的靠近室内侧的幕墙，其耐火极限不应低于 1.00h（图 7-33）；可开启外窗应采用乙级防火窗或耐火极限不低于 1.00h 的 C 类防火窗；

⑤ 建筑幕墙与每层楼板、隔墙处的缝隙应采用防火封堵材料封堵，以保证幕墙与楼板外缘之间的严实防火隔断；

⑥ 建筑幕墙除防火玻璃外，应采用安全玻璃，并应有抗撞击性能。[19]

（3）在建筑外墙设施不受影响的情况下，墙外附罩的纯装饰幕墙，不应影响建筑物防火分区之间的竖向隔断要求。

（4）与消防救援场地相对的玻璃幕墙上，凡设置了消防救援窗口的部位，应设置从外面容易识别的醒目标志。

（5）当建筑内避难层（间）在玻璃幕墙面上设有直接对外的可开启外窗时，应在对应窗口的部位设计能防止进入幕墙空腔内的烟气窜入可开启外窗口的分隔设施。[20]

2. 防火挑檐和隔板

1）防火挑檐

建筑高度超过 150m 的公共建筑，当楼层之间窗槛墙高度不足 1.5m 且实体墙在楼板上的高度不足 0.6m 时，应在建筑外墙位于层间楼板的上方与下方门、窗洞口之间设置防火挑檐。出挑宽度应不小于 1.0m，长度不小于开口宽度加两侧各 0.5m 的和，以防止相邻楼层之间的火灾通过外墙上的门、窗、洞口蔓延。[20]

在高层建筑直通室外的安全出口上方，尚应设置挑出宽度不小于 1.0m 的防护挑檐，以保护人员疏散和通行。

2）防火隔板

住宅建筑外墙上相邻户开口之间的墙体宽度不应小于 1.0m；不足 1m 时，应在开口之间设置突出外墙不小于 0.6m 且耐火极限不低于相应外墙要求的隔板。以防止同层邻户之间的火灾蔓延。[5]

3. 防火阀、排烟防火阀

1）概述

大型建筑的送风排烟系统，管路错综复杂。在送风系统中，送风机送出的风必须通过主管道分配到各支管中去；在排风或排烟系统中，风或烟由各支管汇集到主管道后进入排风机排出。无论是送风系统或排烟系统中，如果没有设置调节设施的话，送风量和排烟量就无法控制，不需要送风或排烟的部位会出现大量送风、排烟的情况；而需要送风或排烟的部位却不送风、排烟或只是少量送风、排烟。为了把不需要送风、排烟部位的管路切断，这就需要阀门装置。

另外，送风排烟系统中各部分的风量虽然通过管路计算，并进行相应的管路设计，但是，一方面理论计算与实际情况存在着一定的偏差；另一方面系统的运行工况在不断变化，因而必须对系统各部分的风量进行相应的调节，这又需要阀门装置。

还有，某些通风设备，如离心式通风机等，在启动时最好是空载启动，因为这样电动机的启动电流最小，对安全有利。这就需要在启动之前把系统管路切断。当风机进出口带有开关时，一般是把进口或出口关闭即可，如进出口不带开关，则必须通过阀门装置来控制。

防火阀是指安装在通风、空调系统的送、回风管路上，平时呈开启状态，火灾时当管道内气体温度达到 70℃（或公共建筑的浴室、卫生间和厨房的排油烟管道内温度达到 150℃）时，自动关闭，在一定时间内能满足耐火完整性要求，起隔烟阻火作用的阀门。

排烟防火阀是指安装在排烟系统管道上，平时呈开启状态，火灾时当管道内气体温度达到 280℃时自动关闭。在一定时间内能满足耐火完整性要求，起隔烟阻火作用的阀门。

总之，在通风、空调系统管道上设防火阀，在排烟系统管道上设排烟防火阀，是防止火灾时高温有毒烟气传输，引起火灾蔓延扩大和加重烟气毒性的必要措施。[4]

2）防火阀、排烟防火阀的设置要求

（1）通风、空调系统的风管在穿越防火分区处，穿越通风、空调机房的房间隔墙和楼板处，穿越重要的或火灾危险性大的房间隔墙或楼板处，穿越防火分隔处的变形缝两侧，以及竖直风管与每层水平风管交接处的水平管段，均应设置动作温度为70℃防火阀。当火灾时管道中气体的温度达到70℃时，则自动关闭。

但当建筑内的每个防火分区的通风、空调系统均独立设置时，可不设置防火阀。

(2) 公共建筑的浴室、卫生间和厨房的排油烟管道在与垂直排风管连接的支管处应设置动作温度为150℃的防火阀。

(3) 在排烟系统的管道上设置的排烟防火阀，要在火灾中烟气温度达到280℃时能连续工作30min，并在当烟气温度超过280℃时能自行关闭，其具体设置部位应在排烟机房的入口处及排烟支管与竖管交接的水平管段上。

(4) 在机械加压送风系统的管道上，根据管路布置路线和不同功能区送风口的布置情况，也应在适当部位设置防火阀。加压送风管道上的防火阀的动作温度应为70℃，排烟系统补风管道上的防火阀的动作温度可为280℃。

(5) 当风管穿越防火隔墙、楼板和防火分区处时，设置在风管上的防火阀、排烟防火阀两侧各2m范围内的风管外壁应采取防火保护措施，且耐火极限不应低于防火分隔体的耐火极限。[4]

4. 切断阀、呼吸阀

(1) 设置在建筑物内的燃油锅炉、柴油发电机的燃料管道，应在进入建筑物前和设备间内的适当部位，设置自动和手动的切断阀；

(2) 设置在建筑物内的燃油锅炉、柴油发电机的储油间的密闭油箱，在通向室外的通气管上应设置带阻火器的呼吸阀；[5]

(3) 在储油罐、加油站的油罐上，均须设置带阻火器的呼吸阀。[8]

7.6 天桥、栈桥和管沟

7.6.1 天桥、栈桥的设置要求

在设置天桥、栈桥时，应符合如下要求：

(1) 天桥、跨越房屋的栈桥以及供输送可燃材料、可燃气体和甲、乙、丙类液体的栈桥，均应采用不燃性材料；

(2) 输送有火灾、爆炸危险物质的栈桥不应兼作疏散通道；

(3) 封闭天桥、栈桥与建筑物连接处的门洞以及敷设甲、乙、丙类液体管道的封闭管沟（廊），均宜采取防止火灾蔓延的措施；

(4) 连接两座建筑物的天桥、连廊，应采取防止火灾在两座建筑物间蔓延的措施；

(5) 当仅供通行的天桥、连廊采用不燃性材料且建筑物通向天桥、连廊的出口符合安全出口的设置要求时，该出口可作为建筑物的安全出口。[5]

7.6.2 管沟的设置要求

敷设甲、乙、丙类液体管道的封闭管沟（廊），应设置防止火灾蔓延的措施。

8 消防给水和灭火设施

8.1 概　　述

对各类建筑，应根据使用条件的安全需要，综合考虑与其建筑高度（埋深）、体积、面积、长度、火灾危险性，所处消防站辖区的消防救援力量等建筑环境条件相关的情况，设计相适应的消防给水设施、灭火设施，并合理配置消防器材。

在建筑内设计消防设施和配置消防器材时，应合理分析场所的火灾危险性、可燃物的燃烧特性、环境的影响因素、场所面积和空间净高等环境条件，视防护对象的重要性和使用操作人员的素质特征，使消防设计科学合理与确保防护目标相适应。满足设置场所灭火、拦火、早期报警、防烟、排烟、排热等需要，并应保证有利于人员安全疏散和消防救援。[72]

用于控火、灭火的消防设施，应能有效地控制或扑救建（构）物的火灾；用于防护冷却或防火分隔的消防设施，应能在规定时间内阻止火灾蔓延。[69]

8.1.1 消防给水

消防给水，是保证扑救火灾时消防用水的必要措施。水是一种既经济又有效的灭火剂，除与水接触能引起燃烧爆炸的物品起火不宜用水扑救外，在扑救火灾时应用最广泛的灭火剂就是水。由于消防用水对水质没有特殊要求，即除了城市水厂或工业企业中经过水处理后的水可作为消防给水之外，天然水源（江、河、湖、塘）或消防水池的水均可作为消防给水。

利用城市供水管网作为消防水源时，应能满足扑救火灾时连续不间断供水的需要。

利用天然水源作为消防水源时，要采取必要的技术措施确保供水的可靠性。例如：在天然水源地建消防取水码头或取水井，并设消防车道和回车场；保证枯水期的最低水位能满足消防用水量；在寒冷地区，对取水设施采取可靠的防冻措施等。

在城市、居住区、工厂、仓库等的规划和建筑设计时，必须同时设计可靠的消防给水系统。如扑救火灾时消防给水不能保证，发生火灾的后果不堪设想。如：

1983 年 4 月 7 日，某市区发生大火烧了 3 条街，火灾面积 8 万 m^2，数千人无家可归。因为，当时市内消防水源严重缺乏，消防车加水时，离火场最近水源地点约 2.5km，最远点达 15km，远水解不了近渴。

1986 年 5 月 6 日，某市发生一起大火。火灾地点虽然靠近两条河流汇交处，但因沿河未考虑供消防车取水设施，故消防车无处加水。当时市政管网未设消火栓，只有 3 处加水点。大火初起时，两台消防车在下风方向堵截蔓延，仅 5min，水就用干了。只好到 3km 以外的河里去抽水，往返一次需 20min。两次加水时间 40min，就使火灾燃烧面积从初起的

600m^{2}迅速蔓延到3万m^2。最后，杯水车薪，烧毁了10多条街，火灾面积达35万m^2。

为保护建筑消防安全和人民生命财产免遭火灾危害，设置可靠的消防给水和灭火设施至关重要。应根据建筑用途及其重要性、火灾特性、火灾危险性和环境条件等综合因素进行设计。

消防给水的设计主要包括：消防水源、消防用水量、消防水箱、消防水泵房、消防给水管网、室内外消火栓等。

8.1.2 灭火设施

建筑内的灭火设施，是根据建筑用途的火灾危险等级、可燃物的性质、数量、火灾蔓延速度和火灾扑救难度等因素按一定作用范围设置的固定消防设施。主要类型有：自动喷水灭火系统、水喷雾灭火系统、气体灭火系统、泡沫灭火系统、固定消防炮灭火系统等。

为了醒目提示人们的使用和维护意识，设置在建筑室内、外供人员操作或使用的消防设施，均应在消防设施上或附近设置明显区别于环境的明显标志。说明文字应准确、清楚且易于识别，颜色、符号或标志应规范。手动操作按钮等装置处，应采取防止误操作或被损坏的防护措施。[69]

8.2 消防给水系统和消火栓系统设计基本要求

消防给水系统应满足水消防系统在设计持续供水时间内所需水量、流量和水压的要求。

低压消防给水系统的工作压力应大于或等于0.6MPa。高压和临时高压消防给水系统的系统工作压力，应符合下列要求：

1）对于采用高位消防水池、水塔供水的高压消防给水系统，其设计工作压力应为高位水池、水塔的最高水位时的最大静水压力。

2）对于采用市政给水管网直接供水的高压消防给水系统，应根据市政给水管网的工作压力确定。设置市政消火栓的市政给水官网，平时的运行压力应大于或等于0.14MPa，应保证市政消火栓用于消防救援时的出水流量大于或等于15L/s，供水压力（从地面算起）大于或等于0.10MPa。

3）对于采用高位消防水箱稳压的临时高压消防给水系统，应为消防水泵零流量时的压力与消防水泵吸水口的最大静压之和。

4）对于采用稳压泵稳压的临时高压消防给水系统的设计压力，应为消防水泵零流量时的水压与消防水泵吸水口的最大静压之和、稳压泵在维持消防给水系统时的压力两者的较大值。[69]

8.2.1 消防给水系统的设置范围

消防给水系统包括建筑的室外和室内消防给水系统。

1. 应设置室外消防给水系统的范围

如下建（构）筑物应设置室外消防给水系统：

1）城镇（包括居住区、商业区、开发区、工业区等）应沿可通行消防车的街道设置市政消火栓系统。

2）建筑面积大于3000m^2民用建筑、厂房、仓库、储罐（区）和可燃材料堆场周围应设置室外消火栓系统。

3）用于消防救援和消防车停靠的屋面和高架桥，应设置室外消火栓系统。

4）汽车库、修车库应设置室外消火栓系统。[7]

5）液化石油气加气站、加油和液化石油气加气合建站应设置室外消火栓系统。[8]

6）以下构筑物应设置水冷却设施和移动式水枪：

（1）甲、乙、丙类液体储罐区内的储罐应设置移动式水枪或固定水冷却设施；

（2）高度超过15m或单罐容量大于2000m^3的甲、乙、丙类液体地上储罐，宜采用固定水冷却设施；

（3）总容积大于50m^3或单罐容积大于20m^3的液化石油气储罐（区），应设置固定水冷却设施，埋地的液化石油气储罐可不设置固定喷水冷却装置；

（4）总容积不大于50m^3或单罐容积不大于20m^3的液化石油气储罐（区），应设置移动式水枪。

7）冷库库区及氨压缩机房和设备间（靠近储氨器处）门外，应设置室外消火栓。[16]

8）城市交通隧道（除四类隧道和供人员、非机动车通行的三类隧道外）。

9）对于火灾危险性较小的如下建筑，可以不设计室外消火栓系统：

（1）建筑耐火等级不低于二级，且建筑物体积不大于3000m^3的戊类生产场所（厂房）；

（2）居住区人数不超过500人且建筑物层数不超过2层的居住区；[5]

（3）城市轨道交通的地上区间。[72]

2. 应设计室内消火栓系统的范围

1）除不适合用水保护或灭火的场所外，如下建筑和场所应设计室内消火栓系统：

（1）建筑占地面积大于300m^2的甲、乙、丙类的生产场所（厂房）和储存物资场所（仓库）。

（2）建筑体积超过5000m^3的车站、码头、机场的候车（船、机）建筑、展览建筑、商店建筑、旅馆建筑、医疗建筑、老年人照料设施和图书馆建筑等单层、多层建筑。

（3）特等、甲等剧场，超过800个座位的其他等级的剧场和电影院等，超过1200个座位的礼堂、体育馆等单层、多层建筑。

（4）建筑高度大于15m或体积大于10000m^3的办公建筑、教学建筑和其他单层、多层民用建筑。

（5）高层民用建筑。

（6）步行街。

（7）如下住宅建筑应设计室内消火栓系统：

① 建筑高度超过21m的住宅建筑；

② 住宅部分和非住宅部分合建时，其防火设计可根据各自功能区所处高度分别按照住宅和公共建筑的有关要求进行设置；

③ 当住宅建筑高度不超过27m，设计室内消火栓确有困难时，可只设计干式消防竖

管和不带消火栓箱的 $DN65$ 的室内消火栓。

(8) 国家级文物保护单位的重点砖木或木结构的古建筑，宜设置室内消火栓系统。

(9) 地铁工程车辆基地内建筑面积大于 300m^{2}的建筑。

(10) 如下地下工程应设置消火栓系统：

① 地下工程的避难隧道。

② 地铁工程的地下车站站厅、站台、设备及管理用房区域、长度大于 30m 的人行通道、地下区间、控制中心。

③ 通行机动车的一、二、三类城市交通隧道。

(11) 消防电梯间的前室内。

(12) 大型冷库内的氨压缩机房对外进、出口处，宜设置室内消火栓。[16]

(13) 建筑面积大于 300m^2 汽车库、修车库。[72]

(14) 处于寒冷地区的非供暖的厂房(仓库)及其他建筑的室内消火栓系统，可采用干式系统。

(15) 人员密集的公共建筑、建筑高度超过 100m 的建筑和建筑面积大于 200m^{2}的商业服务网点内除按要求设置消火栓外，尚应设计消防软管卷盘或轻便消防水龙；高层住宅建筑的户内宜配置轻便消防水龙。

(16) 老年人照料设施内应设置与室内供水系统直接连接的消防软管卷盘，消防软管卷盘的间距不应大于 30m。[20]

2) 不要求设计室内消火栓系统的建筑或场所如下：

(1) 远离城镇并无人值班的独立建筑（如：卫星接收站、变电站等)。

(2) 如下生产场所（厂房)、储存物资场所（仓库)：

① 建筑耐火等级为一、二级且可燃物较少的单层或多层丁、戊类厂房（仓库)；

② 建筑耐火等级为三、四级且建筑体积不大于 3000m^{3}丁类厂房；

③ 建筑耐火等级为三、四级且建筑体积不大于 5000m^{3}的戊类厂房（仓库)；

④ 散装粮食仓库、金库。

(3) 建筑面积大于 300m^2 汽车库、修车库。

(4) 建筑体积不大于 5000m^{3}的车站、码头、机场的候车（船、机）建筑、展览建筑、商店建筑、旅馆建筑、住院建筑、门诊建筑、图书馆建筑等单层、多层建筑。

(5) 不超过 800 个座位的非特（甲）等剧场和电影院，及不超过 1200 个座位的礼堂、体育馆等单层、多层建筑。

(6) 建筑高度不超过 15m 或体积不超过 10000m^{3}的办公建筑、教学建筑和其他单层、多层民用建筑。

(7) 室内存有与水接触能引起燃烧爆炸的物品的建筑物。

(8) 室内没有生产、生活给水管道，室外消防用水取自储水池且建筑体积不大于5000m^{3}的其他建筑。

以上不要求设置室内消火栓系统的建筑或场所，宜设置消防软管卷盘或轻便消防水龙。

8.2.2 各类建（构）筑物的消防给水设计流量

消防给水设计流量应根据城区的功能、建筑的用途及其重要性、火灾危险性、火灾特性和环境条件等因素综合确定。

1. 消防给水设计流量的确定原则

1）自动喷水灭火系统、泡沫灭火系统、水喷雾灭火系统、固定消防炮灭火系统等水灭火系统的设计流量，应分别按现行国家标准《自动喷水灭火系统设计规范》GB 50084、《泡沫灭火系统技术标准》GB 50151、《水喷雾灭火系统技术规范》GB 50219、《固定消防炮灭火系统设计规范》GB 50338 等的有关规定执行。

2）建筑室内外的消火栓设计流量，应根据其火灾危险性、建筑功能性质、耐火等级及其体积等情况或类比分析确定。[60]

3）消防给水设计流量组成

消防给水一起火灾灭火设计流量应由建筑的室外消火栓系统、室内消火栓系统、自动喷水灭火系统、泡沫灭火系统、水喷雾灭火系统、固定消防炮灭火系统、固定冷却水系统等需要同时作用的各种水灭火系统的设计流量组成，并应符合下列要求：

（1）应按需要同时作用的灭火系统最大设计流量之和确定；

（2）两栋或两座及以上建筑合用时，应按其中一栋或一座设计流量最大者确定；

（3）当消防给水与生活、生产给水合用时，合用给水的设计流量应为消防给水设计流量与生活、生产用水最大时流量之和，其中生活最大小时流量计算时，淋浴用水量按15%计，浇洒和洗刷等火灾时能停用的用水量可不计。

2. 建筑物消防给水设计流量

1）建筑物室外消防给水设计流量要求

（1）建筑物室外消火栓设计流量要求

建筑物室外消火栓设计流量，应根据建筑物的用途功能、体积、耐火等级、火灾危险性等因素综合分析确定。建筑物室外消火栓的设计流量不应小于表 8-1 的要求。[60]

建筑物室外消火栓设计流量（L/s） **表 8-1**

耐火等级	建筑物名称及类别			建筑体积 V（m³）					
				$V\leqslant 1500$	$1500<V\leqslant 3000$	$3000<V\leqslant 5000$	$5000<V\leqslant 20000$	$20000<V\leqslant 50000$	$V>50000$
一、二级	工业建筑	厂房	甲、乙类	15	15	20	25	30	35
			丙类	15	15	20	25	30	40
			丁、戊类	15	15	15	15	15	20
		仓库	甲、乙类	15	15	25	25	—	—
			丙类	15	15	25	25	35	45
			丁、戊类	15	15	15	15	15	20
一、二级	民用建筑	住宅	普通	15	15	15	15	15	15
		公共建筑	单层及多层	15	15	15	25	30	40
			高层	—	—	—	25	30	40
	地下建筑（包括地铁）、人防工程			15	15	15	20	25	30
	汽车库、修车库（独立）			15	15	15	15	15	20
三级	工业建筑	厂房仓库	乙、丙类	15	20	30	40	45	—
			丁、戊类	15	15	15	20	25	35
	民用建筑			15	15	20	25	30	—

续表

耐火等级	建筑物名称及类别			建筑体积 V（m³）					
				$V\leq 1500$	$1500<V\leq 3000$	$3000<V\leq 5000$	$5000<V\leq 20000$	$20000<V\leq 50000$	$V>50000$
四级	工业建筑	厂房仓库	丁、戊类	15	15	20	25	—	—
	民用建筑	单层及多层		15	15	20	25	—	—

注：1. 成组布置的建筑物应按消火栓设计流量较大的相邻两座建筑物的体积之和确定。
2. 国家级文物保护单位的重点砖木或木结构建筑物，其室外消火栓设计流量应按三级耐火等级的民用建筑物的消火栓设计流量确定。
3. 当住宅与其他不同功能建筑合建时，室外消防给水设计应按总建筑高度和其中设计要求较高者确定。
4. 火车站、码头和机场的中转库房，其室外消火栓设计流量应按相应耐火等级的丙类物品库房确定。
5. 宿舍、公寓等非住宅类居住建筑的室外消火栓设计流量，应按公共建筑确定。

（2）城市交通隧道口外的消防给水设计流量要求

城市交通隧道洞口外室外消火栓设计流量不应小于表 8-2 的要求。

城市交通隧道洞口外室外消火栓设计流量 **表 8-2**

名　称	类别	长度（m）	设计流量（L/s）
可通行危险化学品等机动车	一、二、三	$L>500$	30
	一、二、三	$L>1000$	
仅限通行非危险化学品等机动车	三、四	$L\leq 1000$	20

2）建筑物室内消防给水设计流量要求

建筑物室内消火栓设计流量，应根据建筑物的用途功能、体积、高度、耐火等级、火灾危险性等因素综合分析确定。[60]

（1）各类建筑的室内消火栓设计流量不应小于表 8-3 的要求。

（2）当建筑物内设有自动喷水灭火系统、水喷雾灭火系统、泡沫灭火系统或固定消防炮灭火系统等一种或两种以上自动水灭火系统全保护时，室内消火栓系统设计流量可按表 8-3的要求减少 50%，但不应小于 10 L/s。

（3）当高层民用建筑高度不超过 50m，室内消火栓设计流量超过 20L/s，且设置有自动喷水灭火系统时，其室内消防设计流量可按表 8-3 减少 5L/s。

3）城市交通隧道内室内消火栓设计流量要求

建筑物室内消火栓设计流量 **表 8-3**

建筑物名称		建筑高度 h(m)、层数(层)、体积 V(m³)、座位数 N(个)、火灾危险类别		消火栓设计流量（L/s）	同时使用水枪数（支）	每根竖管最小流量（L/s）
工业建筑	厂房	$h\leq 24$	甲、乙、丁、戊类	10	2	10
			丙类	20	4	15
		$24<h\leq 50$	乙、丁、戊类	25	5	15
			丙类	30	6	15
		$h>50$	乙、丁、戊类	30	6	15
			丙类	40	8	15

续表

建筑物名称			建筑高度 h(m)、层数(层)、体积 V(m^3)、座位数 N(个)、火灾危险类别		消火栓设计流量（L/s）	同时使用水枪数（支）	每根竖管最小流量（L/s）
工业建筑	仓库		h≤24	甲、乙、丁、戊类	10	2	10
				丙类	20	4	15
			h>24	丁、戊类	30	6	15
				丙类	40	8	15
民用建筑	单层及多层	科研楼、试验楼	V≤10000		10	2	10
			V>10000		15	3	10
		车站、码头、机场的候车（船、机）楼和展览建筑(包括博物馆)等	5000<V≤25000		10	2	10
			25000<V≤50000		15	3	10
			V>50000		20	4	15
		剧场、电影院、会堂、礼堂、体育馆等	800<N≤1200		10	2	10
			1200<N≤5000		15	3	10
			5000<N≤10000		20	4	15
			N>10000		30	6	15
		旅馆	5000<V≤10000		10	2	10
			10000<V≤25000		15	3	10
			V>25000		20	4	15
		商店、图书馆、档案馆等	5000<V≤10000		15	3	10
			10000<V≤25000		25	5	15
			V>25000		40	8	15
		病房楼、门诊楼等	5000<V≤25000		10	2	10
			V>25000		15	3	10
		办公楼、教学楼等其他建筑	V>10000		15	3	10
		住宅建筑	21<h≤27m		5	2	5
	高层	住宅（普通）	27<h≤54		10	2	10
			h>54		20	4	10
		二类公共建筑	h≤50		20	4	10
			h>50		30	6	15
		一类公共建筑	h≤50		30	6	15
			h>50		40	8	15
国家级文物保护单位的重点砖木结构或木结构的古建筑			V≤10000		20	4	10
			V>10000		25	5	15
汽车库/修车库			Ⅰ、Ⅱ、Ⅲ类车库及Ⅰ、Ⅱ类修车库		10	2	10
			Ⅳ类汽车库及Ⅲ、Ⅳ类修车库		5	1	5
地下建筑			V≤5000		10	2	10
			5000<V≤10000		20	4	15

续表

建筑物名称		建筑高度 h(m)、层数(层)、体积 V(m^3)、座位数 N(个)、火灾危险类别	消火栓设计流量（L/s）	同时使用水枪数（支）	每根竖管最小流量（L/s）
地下建筑		10000<V≤25000	30	6	15
		V>25000	40	8	20
人防工程	展览厅、影院、剧场、礼堂、健身体育场所等	V≤1000	5	1	5
		1000<V≤2500	10	2	10
		V>2500	15	3	1
	商场、餐厅、旅馆、医院等	V≤5000	5	1	5
		5000<V≤10000	10	2	10
		10000<V≤25000	15	3	10
		V>25000	20	4	10
	丙、丁、戊类生产车间，自行车库	V≤2500	5	1	5
		V>2500	10	2	10
	丙、丁、戊类物品库房，图书资料档案库	V≤3000	5	1	5
		V>3000	10	2	10

注：1. 消防软管卷盘、轻便消防水龙及多层住宅楼梯间中的干式消防竖管，其消防给水设计流量可不计入室内消防给水流量。
2. 宿舍、公寓等非住宅类居住建筑的室内消火栓设计流量应按表中的公共建筑确定。
3. 丁、戊类高层厂房（仓库）室内消火栓设计流量可按表减少 10L/s，同时使用的水枪数量可按表减少 2 支。

城市交通隧道内室内消火栓设计流量不应小于表 8-4 的要求。

城市交通隧道内室内消火栓设计流量　　**表 8-4**

用　途	类别	长度（m）	设计流量（L/s）
可通行危险化学品等机动车	一、二、三	L>500	20
仅限通行非危险化学品等机动车	一、二、三	L>1000	20
	三、四	L≤1000	10

4）地铁地下车站室内消火栓设计流量要求

地铁地下车站室内消火栓设计流量不应小于 20L/s，区间隧道不应小于 10L/s。[60]

3. 构筑物消防给水设计流量

1）工艺生产装置的消防给水设计流量要求

以煤、天然气、石油及其产品等为原料的工艺生产装置的消防给水设计流量，应根据其规模、火灾危险性等因素综合确定，且应为室外消火栓设计流量、泡沫灭火系统和固定冷却水系统等水灭火系统的设计流量之和，并应符合下列规定：

（1）石油化工工艺生产装置的消防给水设计流量，应符合现行国家标准《石油化工企业设计防火标准》GB 50160 的有关规定。

（2）石油天然气工程工艺生产装置的消防给水设计流量，应符合现行国家标准《石油天然气工程设计防火规范》GB 50183 的有关规定。

（3）煤化工工程工艺生产装置的消防给水设计流量，应符合现行国家标准《煤化工工程设计防火标准》GB 51428 的有关规定。

2）可燃液体储罐的消防给水设计流量

（1）地上立式可燃液体储罐消防给水设计流量要求

甲、乙、丙类可燃液体储罐的消防给水设计流量，应按最大罐组确定，并应按泡沫灭火系统设计流量、固定冷却水系统设计流量与室外消火栓设计流量之和确定，同时应符合下列要求：

① 泡沫灭火系统设计流量应按系统扑救储罐区一起火灾的固定式、半固定式或移动式泡沫混合液量及泡沫液混合比经计算确定，并符合现行国家标准《泡沫灭火系统技术标准》GB 50151 的有关规定；

② 固定冷却水系统设计流量应按着火罐与邻近罐最大设计流量经计算确定。固定式冷却水系统设计流量应按表 8-5 要求的设计参数经计算确定；

③ 当储罐采用固定式冷却水系统时，室外消火栓设计流量不应小于表 8-6 的要求；当采用移动式冷却水系统时，室外消火栓设计流量应按表 8-5 或表 8-6 要求的设计参数经计算确定，且不应小于 15L/s；[60]

④ 甲、乙、丙类液体地上立式储罐区的室外消火栓设计流量不应小于表 8-6 的要求。但当无固定冷却系统时，室外消火栓设计流量应按表 8-5 和表 8-6 参数经计算确定，且不应小于 15L/s。

地上立式储罐冷却水系统的保护范围和喷水强度 **表 8-5**

项目	储罐形式		保护范围	喷水强度	附注
移动式冷却	着火罐	固定顶罐	罐周全长	0.80L/(s·m)	—
		浮顶罐、内浮顶罐	罐周全长	0.60L/(s·m)	注 1、2、5
	邻近罐		罐周长的 1/2	0.70L/(s·m)	注 4
固定式冷却	着火罐	固定顶罐	罐壁表面积	2.5L/(min·m²)	—
		浮顶罐、内浮顶罐	罐壁表面积	2.0L/(min·m²)	注 1、2、5
	邻近罐		罐壁表面积的 1/2	与着火罐相同	注 3、4

注：1. 浮盘用易熔材料制作的内浮顶罐按固定顶罐计算；

2. 浮盘式内浮顶罐按固定顶罐计算；

3. 按实际冷却面积计算时，设计冷却面积不应小于罐壁表面积的 1/2；

4. 距着火固定顶罐罐壁 1.5 倍着火罐直径范围内的邻近罐应设置冷却水系统，当邻近罐超过 3 个时，冷却水系统可按 3 个罐的设计流量计算；

5. 除浮盘采用易熔材料制作的浮顶式储罐外，当着火罐为浮顶、内浮顶罐时，距着火罐的净距离大于等于 $0.4D$（D 为着火罐与相邻近罐两者中较大罐的直径）的邻近罐可不设冷却，小于 $0.4D$ 范围内的邻近罐受火焰辐射热影响比较大的局部应设置冷却水系统，且所有邻近罐的冷却水系统设计流量之和不应小于 45 L/s；

6. 移动式冷却宜为室外消火栓或消防炮。

甲、乙、丙类液体地上立式储罐区的室外消火栓设计流量 **表 8-6**

单罐储存容积 W（m³）	室外消火栓设计流量（L/s）
$W \leqslant 5000$	15
$5000 < W \leqslant 30000$	30
$30000 < W \leqslant 100000$	45
$W > 100000$	60

(2) 卧式储罐、无覆土地下或半地下立式可燃液体储罐消防给水设计流量要求

卧式储罐、无覆土地下及半地下立式储罐冷却水系统的保护范围和喷水强度，应不小于表 8-7 的要求。

卧式储罐、无覆土地下及半地下立式储罐冷却水系统的保护范围和喷水强度 **表 8-7**

项目	储罐	保护范围	喷水强度
移动式冷却	着火罐	罐壁表面积	0.10L/(s·m²)
	邻近罐	罐壁表面积的 1/2	0.10L/(s·m²)
固定式冷却	着火罐	罐壁表面积	6.0L/(min·m²)
	邻近罐	罐壁表面积的 1/2	6.0L/(min·m²)

注：1. 当计算出的着火罐冷却水系统设计流量小于 15L/s 时，应采用 15L/s；
2. 着火罐直径与长度之和的一半范围内的邻近卧式罐应进行冷却；着火罐直径 1.5 倍范围内的邻近地下、半地下立式罐应冷却；
3. 当邻近储罐超过 4 个时，冷却水系统可按 4 个罐的设计流量计算；
4. 当邻罐采用不燃材料作绝热层时，其冷却水系统喷水强度可按本表减少 50%，但设计流量不应小于 7.5L/s；
5. 无覆土半地下、地下卧式罐冷却水系统的保护范围和喷水强度应按本表地上卧式罐确定。

(3) 覆土油罐消防给水设计流量要求

覆土油罐的室外消火栓设计流量应按最大单罐周长和喷水强度计算确定，喷水强度不应小于 0.30L/(s·m)；当计算设计流量小于 15L/s 时，应采用 15L/s。

(4) 沸点低于 45℃的甲类液体压力球罐消防给水设计流量要求

沸点低于 45℃的甲类液体压力球罐的消防给水设计流量，应按照液化烃全压力式储罐的要求：见表 8-8、表 8-9 经计算确定。

(5) 液氨储罐消防给水设计流量要求

全压力式、半冷冻式和全冷冻式液氨储罐的消防给水设计流量，应按照液化烃罐区全压力式及半冷冻式储罐的要求：见表 8-8、表 8-9 经计算确定，但喷水强度应按不小于 6.0L/(min·m²) 计算，全冷冻式液氨储罐的冷却水系统设计流量应按全冷冻式液化烃储罐外壁为钢制单防罐的要求计算。[60]

3) 液化烃储罐区及储运设施的消防给水设计流量

(1) 液化烃储罐区的消防给水设计流量要求

液化烃储罐区的消防给水设计流量应按最大罐组确定，并应按固定冷却水系统设计流量与室外消火栓设计流量之和确定，并应符合下列要求：

① 固定冷却水系统设计流量应按表 8-8 要求的设计参数经计算确定：

液化烃储罐固定冷却水系统设计流量 **表 8-8**

项目	储罐形式		保护范围	喷水强度[L/(min·m²)]
全冷冻式	着火罐	单防罐外壁为钢制	罐壁表面积	2.5
			罐顶表面积	4.0
		双防罐、全防罐外壁为钢筋混凝土结构	—	—
	邻近罐		罐壁表面积的 1/2	2.5

续表

项目	储罐形式	保护范围	喷水强度[L/(min·m²)]
全压力式及半冷冻式	着火罐	罐体表面积	9.0
	邻近罐	罐体表面积的1/2	9.0

注：1. 固定冷却水系统当采用水喷雾系统冷却时，喷水强度应满足要求，且系统设置应符合现行国家标准《水喷雾灭火系统设计规范》的有关规定；

2. 全冷冻式液化烃储罐，当双防罐、全防罐外壁为钢筋混凝土结构时，罐顶和罐壁的冷却水量可不计；管道进出口等局部危险处应设水喷雾系统冷却，供水强度不应小于20.0L/min·m²；

3. 距着火罐罐壁1.5倍着火罐直径范围内的邻近罐应计算冷却水系统，当邻近罐超过3个时，冷却水系统可按3个罐的设计流量计算；

4. 当储罐采用固定消防炮作为固定冷却设施时，其设计流量不宜小于水喷雾系统计算流量的1.3倍。

② 室外消火栓设计流量不应小于表8-9的要求。

液化烃罐区室外消火栓设计流量　　表8-9

单罐储存容积 W（m³）	室外消火栓设计流量（L/s）
$W \leqslant 100$	15
$100 < W \leqslant 400$	30
$400 < W \leqslant 650$	45
$650 < W \leqslant 1000$	60
$W > 1000$	80

注：1. 罐区的室外消火栓设计流量应按罐组内最大单罐计；

2. 当罐区四周设固定消防水炮为辅助冷却设施时，辅助冷却水设计流量不应小于室外消火栓设计流量。

③ 当企业设有独立的消防站，且单罐容积小于或等于100m³时，可采用移动式（室外消火栓）冷却水系统，其罐区消防给水设计流量应按表8-8的要求经计算确定，但不应小于100L/s。[60]

（2）液化石油气加气站的消防给水设计流量要求

液化石油气加气站的消防给水设计流量，应按固定冷却水系统设计流量与室外消火栓设计流量之和确定。

① 固定冷却水系统设计流量应按表8-10要求的设计参数经计算确定。

液化石油气加气站地上储罐冷却系统保护范围和喷水强度　　表8-10

项目	储罐	保护范围	喷水强度
移动式冷却	着火罐	罐壁表面积	0.15L/(s·m²)
	邻近罐	罐壁表面积的1/2	0.15L/(s·m²)
固定式冷却	着火罐	罐壁表面积	9.0L/(min·m²)
	邻近罐	罐壁表面积的1/2	9.0L/(min·m²)

注：着火罐直径与长度之和0.75倍范围内的邻近地上罐应进行冷却。

② 室外消火栓设计流量不应小于表8-11的要求；当仅采用移动式冷却系统时，室外消火栓的设计流量应按表8-10要求的设计参数计算，且不应小于15L/s。[60]

液化石油气加气站室外消火栓设计流量　表 8-11

名　　称	室外消火栓设计流量（L/s）
地上储罐加气站	20
埋地储罐加气站	15
加油和液化石油气加气合建站	15

（3）液化石油气船的消防给水设计流量要求

液化石油气船的消防给水设计流量应符合如下要求：

① 按着火罐与距着火罐 1.5 倍着火罐直径范围内罐组的冷却水系统设计流量与室外消火栓设计流量之和确定；

② 着火罐和邻近罐的冷却面积均应取设计船型最大储罐甲板以上部分的表面积，并不应小于储罐总面积的 1/2，着火罐冷却水喷水强度应为 10.0L/(s・m^2)；

③ 室外消火栓的设计流量不应小于表 8-12、表 8-13 的要求。

4）油品船和码头的消防给水设计流量

装卸油品码头的消防给水设计流量应按着火油船泡沫灭火设计流量、冷却水系统设计流量、隔离水幕系统设计流量和码头室外消火栓设计流量之和确定，并符合下列要求：

（1）泡沫灭火系统设计流量应按系统扑救着火油船 1 起火灾的泡沫混合液量计泡沫混合比经计算确定，泡沫混合液的供给强度、保护范围和连续供给时间不应小于表 8-12 的要求，且应符合现行国家标准《泡沫灭火系统技术标准》GB 50151 的有关规定。

油船泡沫灭火系统混合液量的供给强度、保护范围和连续供给时间　表 8-12

项　目	船型	保护范围	供给强度[L/(min・m^2)]	连续供给时间(min)
甲、乙类可燃液体油品码头	着火油船	设计船型最大油舱面积	8.0	40
丙类可燃液体油品码头				30

（2）油船冷却水系统设计流量应按消防时着火油舱冷却水保护范围内的油舱甲板面冷却用水量计算确定，冷却水系统保护范围、喷水强度和火灾延续时间不应小于表 8-13 的要求。

油船冷却水系统的保护范围、喷水强度和火灾延续时间　表 8-13

项　目	船 型	保护范围	喷水强度[L/(min・m^2)]	火灾延续时间(h)
甲、乙类可燃液体油品一级码头	着火油船	着火油舱冷却范围内的油舱甲板面	2.5	6.0 注 2
甲、乙类可燃液体油品二、三级码头 丙类可燃液体油品码头				4.0

注：1. 当油船发生火灾时，陆上消防设备提供的冷却油舱甲板面的冷却设计流量不应小于全部冷却水用量的 50%。

2. 当配备水上消防设施进行监护时，陆上消防设备冷却水供给时间可缩短至 4h。

（3）着火船的冷却范围按下式计算：

$$F = 3L_{max}B_{max} - f_{max}$$

式中 F——着火油船冷却面积（m^2）；

L_{max}——最大船的最大舱纵向长度（m）；

B_{max}——最大船宽（m）；

f_{max}——最大船的最大舱面积（m^2）。

（4）隔离水幕的设计流量应符合下列要求：

① 喷淋强度宜为1.0～2.0L /(s・m)；

② 保护范围宜为装卸设备的两端各延伸5m，水幕喷射高度宜高出被保护对象1.50m；

③ 火灾延续时间不应小于1.0h，并应满足现行国家标准《自动喷水灭火系统设计规范》GB 50084的有关规定。

（5）油品码头的室外消火栓设计流量不应小于表8-14的要求。[60]

油品码头的室外消火栓设计流量 **表8-14**

名　称	室外消火栓设计流量（L/s）	火灾延续时间（h）
海港油品码头	45	6.0
河港油品码头	30	4.0
码头装卸区	20	2.0

5）可燃气体储罐区的消防给水设计流量

可燃气体储罐区的室外消火栓设计流量，不应小于表8-15的要求。

可燃气体储罐区的室外消火栓设计流量 **表8-15**

名　称	总储量或总容量 V（m^3）	室外消火栓设计流量（L/s）
可燃气体储罐（区）	$500 < V \leqslant 10000$	15
	$10000 < V \leqslant 50000$	20
	$50000 < V \leqslant 100000$	25
	$100000 < V \leqslant 200000$	30
	$V > 200000$	35

注：固定容积的可燃气体储罐的总容积，按其几何容积（m^3）和设计工作压力（绝对压力，10^5Pa）的乘积计算。

6）可燃液体、液化烃的火车和汽车装卸栈台及空分站、变电站的消火栓设计流量

可燃液体、液化烃的火车和汽车装卸栈台及空分站、变电站的室外消火栓设计流量不应小于表8-16的要求。

可燃液体、液化烃的火车和汽车装卸栈台及空分站、变电站的消火栓设计流量 **表8-16**

名　称			室外消火栓设计流量（L/s）
专用可燃液体、液化烃的火车和汽车装卸栈台			60
空分站	产氧气能力 Q（Nm^3/h）	$3000 < Q \leqslant 10000$	15
		$10000 < Q \leqslant 30000$	30
		$30000 < Q \leqslant 50000$	45
		$Q > 50000$	60

续表

名称			室外消火栓设计流量（L/s）
变电站	单台油浸变压器含油量 W（t）	$5<W\leqslant10$	15
		$10<W\leqslant50$	20
		$W>50$	30

注：当室外油浸变压器单台功率小于300MVA，且周围无其他建筑物和生产生活给水时，可不设置室外消火栓。

7）易燃、可燃材料堆场的消防给水设计流量

易燃、可燃材料露天、半露天堆场的室外消火栓设计流量，不应小于表8-17的要求。[60]

易燃、可燃材料堆场的室外消火栓设计流量　表8-17

名称		总储量或总容量	室外消火栓设计流量（L/s）
粮食 W（t）	土圆囤	$30<W\leqslant500$	15
		$500<W\leqslant5000$	25
		$5000<W\leqslant20000$	40
		$W>20000$	45
	席穴囤	$30<W\leqslant500$	20
		$500<W\leqslant5000$	35
		$5000<W\leqslant20000$	50
棉、麻、毛、化纤、百货 W（t）		$10<W\leqslant500$	20
		$500<W\leqslant1000$	35
		$1000<W\leqslant5000$	50
稻草、麦秸、芦苇等易燃材料 W（t）		$50<W\leqslant500$	20
		$500<W\leqslant5000$	35
		$5000<W\leqslant10000$	50
		$W>10000$	60
木材等可燃材料 V（m^3）		$50<V\leqslant1000$	20
		$1000<V\leqslant5000$	30
		$5000<V\leqslant10000$	45
		$V>10000$	55
煤和焦炭 W（t）	露天或半露天堆放	$100<W\leqslant5000$	15
		$W>5000$	20

8.2.3 火灾延续时间

1）不同建筑、不同建筑场所的设计火灾延续时间不应少于表8-18的要求。

8.2 消防给水系统和消火栓系统设计基本要求

不同建筑场所的设计火灾延续时间　　表 8-18

建（构）筑物名称			场所与火灾危险性	设计火灾延续时间（h）
建筑物	工业建筑	生产场所（厂房）	甲、乙、丙类生产场所（厂房）	3.0
			丁、戊类生产场所（厂房）	2.0
		物资储存场所（仓库）	甲、乙、丙类物资储存场所（仓库）	3.0
			丁、戊类物资储存场所（仓库）	2.0
	民用建筑	公共建筑	高层建筑中的商业楼、展览楼、综合楼，建筑高度大于50m的财贸金融楼、图书馆、书库、重要的档案楼、科研楼和高级宾馆等	3.0
			其他公共建筑	2.0
		住宅建筑	一类高层住宅	
			其他住宅	1.0
	汽车库、修车库			2.0
	人防工程		平时使用的人民防空工程，建筑面积不大于3000m²	1.0
			平时使用的人民防空工程，建筑面积大于3000m²	2.0
	地铁车站			
	城市交通隧道	可通行危险化学品等机动车	一、二、三类，长度 $L>500$m	3.0
			一、二、三类，长度 $L>1000$m	3.0
		仅限通行非危险化学品等机动车	三、四类，长度 $L\leqslant1000$m	2.0
构筑物	城市轨道交通工程			2.0
	煤、天然气、石油及其产品的工艺装置			3.0
	甲、乙、丙类可燃液体储罐		直径大于20m的固定顶罐和直径大于20m浮盘用易熔材料制作的内浮顶罐	6.0
			其他储罐	4.0
			覆土油罐	
	液化烃储罐、沸点低于45℃甲类液体、液氨储罐			6.0
	空分站，可燃液体、液化烃的火车和汽车装卸栈台			3.0
	变电站			2.0
	装卸油品码头		甲、乙类可燃液体，油品一级码头	6.0
			甲、乙类可燃液体，油品二、三级码头，丙类可燃液体油品码头	4.0
			海港油品码头	6.0
			河港油品码头	4.0
			码头装卸区	2.0
	装卸液化石油气船码头			6.0
	液化石油气加气站		地上储气罐加气站	3.0
			埋地储气罐加气站	1.0
			加油和加液化石油气加气合建站	
	易燃、可燃材料的露天、半露天堆场，可燃气体罐区		粮食土圆囤、席穴囤	6.0
			棉、毛、麻、化纤百货	
			稻草、麦秸、芦苇等	
			木材等	
			露天或半露天堆放煤和焦炭	3.0
			可燃气体储罐	

2）自动喷水灭火系统、泡沫灭火系统、水喷雾灭火系统、自动跟踪定位射流灭火系统等水灭火系统的火灾延续时间，应分别按现行国家标准《自动喷水灭火系统设计规范》GB 50084、《泡沫灭火系统技术标准》GB 50151、《水喷雾灭火系统技术规范》GB 50219和《固定消防炮灭火系统设计规范》GB 50338等确定。

3）建筑内用于防火分隔的防火分隔水幕和防护冷却水幕的火灾延续时间，应符合与其保护的防火墙和分隔墙的耐火极限一致的等效替代原则。

4）消火栓系统和固定冷却水系统的连续作用时间不应小于火灾延续时间。[60]

8.2.4 消防用水量的确定

消防给水一起火灾灭火用水量，应按火灾延续时间内需要同时作用的室内外消防给水用水量之和计算确定。可按下式计算：

$$V = V_1 + V_2 = 3.6\sum_{i=1}^{i=n} q_{1i}t_{1i} + 3.6\sum_{i=1}^{i=m} q_{2i}t_{2i}$$

式中 V ——建筑消防给水一起火灾灭火用水总量（m^3）；

V_1——室外消防给水一起火灾灭火用水量（m^3）；

V_2——室内消防给水一起火灾灭火用水量（m^3）；

q_{1i}——室外第 i 种水灭火系统的设计流量（L/s）；

t_{1i}——室外第 i 种水灭火系统的火灾延续时间（h）；

q_{2i}——室内第 i 种水灭火系统的设计流量（L/s）；

t_{2i}——室内第 i 种水灭火系统的火灾延续时间（h）；

m ——建筑需要同时作用的室内水灭火系统数量；

n ——建筑需要同时作用的室外水灭火系统数量。[60]

8.2.5 消防水源的设计要求

1. 市政给水的要求

当市政给水管网连续供水时，消防给水系统可采用市政给水管网直接供水。市政给水应满足两路消防供水的条件，即：

1）市政给水厂应至少有两条输水干管向市政给水管网输水；

2）市政给水管网应为环状管网；

3）应有不同市政给水干管上不少于两条引入管向消防给水系统供水。

否则，只能视为一路消防供水。

2. 利用其他水池作为消防水源的要求

当必须利用雨水清水池、中水清水池、水景和游泳池等作为消防水源时，应有保证在任何情况下都能满足消防给水系统所需的水量和水质的技术措施：

1）水质应满足水灭火设施灭火、控火和冷却等消防功能的要求；

2）消防给水管道内平时所充水的 pH 值应为 6.0～9.0。[60]

3. 消防水池的有效容积要求

1）当消防给水设计遇有下列情况之一时，应设置消防水池：

（1）当生产、生活用水量达到最大时，市政给水管网或引入管不能满足室内外消防用水量时；

（2）当采用一路消防供水或只有一条引入管，且室外消火栓设计流量大于 20L/s 或建筑高度大于 50m 时；

（3）市政消防给水设计流量小于建筑的消防给水设计流量时。[60]

2）消防水池要有可靠的保证措施

（1）消防水池的有效容积应符合下列要求：

① 当市政给水管网能保证室外给水设计流量时，消防水池的有效容积应满足在火灾延续时间内室内消防用水量的要求；

② 当市政给水管网不能保证室外消防给水设计流量时，消防水池的有效容积应满足火灾延续时间内室内消防用水量和室外消防用水量不足部分之和的要求。[60]

（2）消防水池的补水时间应符合如下要求：

① 消防水池的补水时间不宜超过 48h，但当消防水池有效总容积大于 2000m^{3}时，不应超过 96h。

② 消防水池的给水管径应根据其有效容积和补水时间计算确定，且不应小于 DN50。

③ 当消防水池采用两路供水且在火灾情况下连续补水能满足消防要求时，消防水池的有效容积应根据计算确定，但不应小于 100m^3；当建筑仅设有消火栓系统时不应小于 50m^3。

（3）火灾时消防水池连续补水应符合如下要求：

① 消防水池应采用两路消防给水。

② 火灾延续时间内的连续补水流量应按最不利给水管供水量计算，并可按下式计算：

$$q_{\mathrm{f}} = 3600Av$$

式中 q_{f}——火灾时消防水池的补水流量（m^3/h）；

A——消防水池给水管断面面积（m^2）；

v——管道内水的平均流速（m/s）。

③ 消防水池给水管管径和流量应根据市政给水管网或其他给水管网压力、入户管管径、消防水池给水管管径，以及消防时其他用水量等经水力计算确定；当计算条件不具备时，给水管的平均流速不宜大于 1.5m/s。[60]

（4）消防水池的出水管和分设消防水池的连通管，应符合如下要求：

① 消防水池的出水管设置应保证消防水池的有效容积能被全部利用；

② 消防水池的总蓄水有效容积大于 500m^{3}时，宜设两个能独立使用的消防水池，并应设置满足最低有效水位的连通管；

③ 消防水池的总蓄水有效容积大于 1000m^{3}时，应设置两座能独立使用的消防水池，每座消防水池应设置独立的出水管，并应设置满足最低有效水位的连通管；

④ 消防用水与其他用水共用的水池，应采取确保消防用水量不作他用的技术措施。[60]

（5）室外消防水池或供消防车取水的消防水池，应符合如下要求：

① 消防水池应设置取水口（井），且吸水高度不应大于 6.0m；

② 取水口（井）与建筑物（除水泵房外）的距离不宜小于 15m；

③ 取水口（井）与甲、乙、丙类液体储罐等构筑物的距离不宜小于 40m；

④ 取水口（井）与液化石油气储罐的距离不宜小于 60m，当采取防止辐射热保护措施时，可为 40m；[60]

⑤ 供消防车取水的消防水池，其保护半径不应大于 150m（图 8-1）；

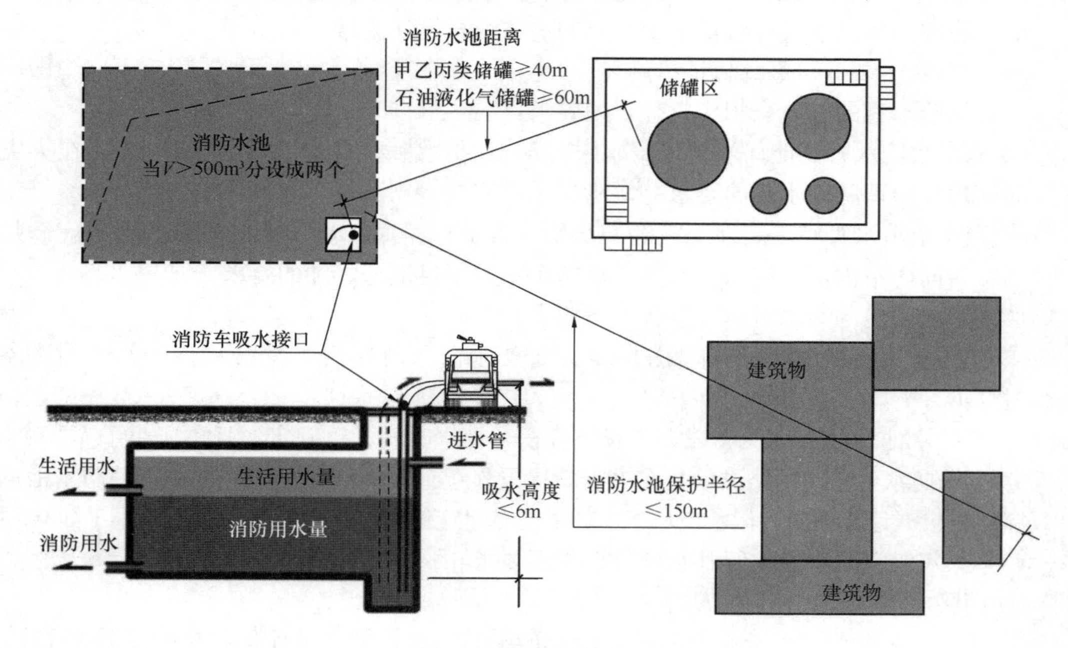

图 8-1　消防水池设置示意图

⑥ 严寒和寒冷地区的消防水池应采取防冻保护措施。[5]

（6）高位消防水池的设计要求

高位消防水池的最低有效水位应能满足其所服务的水灭火设施所需的压力和流量，且其有效容积应满足火灾延续时间内所需消防用水量。除应满足室外消防水池的有关技术要求外，尚应符合如下要求：

① 除可一路消防供水的建筑物外，向高位水池供水的给水管应至少有两条独立的给水管道；

② 当高层民用建筑采用高位消防水池供水的高压消防给水系统时，高位消防水池储存室内消防给水一起火灾灭火用水量确有困难，且火灾时补水可靠时，其总有效容积不应小于室内消防给水一起火灾灭火用水量的 50%；

③ 高层民用建筑高压消防给水系统的高位消防水池总有效容积大于 200m³ 时，宜设置为蓄水有效容积相等的两格；但当建筑高度超过 100m 时，应设置独立的两座，且每座应有一条独立的出水管向系统供水；

④ 当建筑物高度超过 100m 时，室内消防给水系统应采用安全可靠的消防给水，当高位消防水池无法满足建筑最上部几层的压力和流量时，应采用临时高压消防给水系统；

⑤ 高位消防水池设置在建筑物内时，与建筑结构构件应连接牢固，并应采用耐火极限不低于 2.00h 的隔墙和 1.50h 的楼板与其他部分隔开，并应设甲级防火门；[60]

⑥ 建筑高度超过 250m 的建筑的室内消防给水系统应采用高位消防水池和地面（地下）消防水池供水。高位消防水池、地面（地下）消防水池的有效容积，应分别满足火灾延续时间内的全部消防用水量。高位消防水池与减压水箱之间的高差不应大于 200m。[20]

(7) 消防水池的其他保证措施

① 雨水清水池、中水清水池、水景和游泳池宜作为备用消防水源；

② 严寒、寒冷等冬季结冰地区的消防水池、水塔和高位消防水池等应采取防冻措施；

③ 消防水池应设置就地水位显示装置，并应有最高和最低报警水位；

④ 应在消防控制中心或值班室等地点设置显示消防水池水位的装置；

⑤ 消防水池应设置溢流水管和排水设施，并应采用间接排水；

⑥ 消防水池应设置通气管；

⑦ 消防水池通气管、呼吸管和溢流水管应采取防止虫鼠等进入消防水池的技术措施。[60]

4. 天然水源作为消防水源的要求

1) 江河湖海水库等天然水源作为消防水源的要求：

(1) 设计枯水流量保证率，应根据城乡规模和工业项目的重要性、火灾危险性和经济合理性等综合因素确定，宜为 90%～97%；但村镇的室外消防给水水源的设计枯水流量保证率可根据当地水源情况适当降低。

(2) 当采用天然水源为室外消防水源时，应采取防止冰凌、漂浮物、悬浮物等物质堵塞消防水泵的技术措施，并应采取确保安全取水的措施。

(3) 应确保消防车、固定或移动消防水泵在枯水位取水的技术措施；当消防车取水时，最大吸水高度不应超过 6.0m。

2) 井水作为消防水源的要求

井水等地下水源可作为消防水源。

(1) 当利用井水作为消防水源向消防给水系统直接供水时，深井泵应能自动启动，并符合下列要求：

① 水井不应少于两眼；

② 当每眼井的深井泵均采用一级供电负荷时，可视为两路消防供水；

③ 其他情况时可视为一路消防供水。

(2) 应设置探测水井水位的水位测试装置。[60]

3) 天然水源设置消防车取水口的要求

(1) 天然水源消防车取水口的设置位置和设施，应符合现行国家标准《室外给水设计标准》GB 50013 中有关地表水取水的要求，且取水头部宜设置格栅，栅条间距不宜小于 50mm，也可采用过滤管。

(2) 设有消防车取水口的天然水源，应设置消防车到达取水口的消防车道和消防车回车场或回车道。[60]

8.2.6 消防给水系统形式

消防给水应根据建筑的用途功能、体积、高度、耐火极限、火灾危险性、重要性、次生灾害、商务连续性、水源条件等因素综合确定其供水方式及可靠性，并应满足水灭火系统灭火、控火和冷却等消防功能所需流量和压力的要求。

1. 对市政给水管网的要求

城镇市政给水管网及输水干管应符合现行国家标准《室外给水设计标准》GB 50013的有关规定。城镇消防给水宜采用城镇市政给水管网供应，并符合如下要求：

1）设有市政消火栓的管网管径要求

（1）市政给水管网宜为环状管网，管径不应小于 *DN*150；当为枝状管网时管径不宜小于 *DN*200。

（2）当城镇人口少于 2.5 万人时，管径可适当减小，环状管网时管径不应小于 *DN*100；当为枝状管网时管径不宜小于 *DN*150。

2）工业园区和商务区的管网要求

工业园区和商务区宜采用两路消防供水，当其中一条引入管发生故障时，其余引入管在保证满足 70%生产生活给水的最大小时设计流量条件下，应仍能满足消防给水的设计流量要求。

3）当市政给水为间歇供水或供水能力不足时，宜建设市政消防水池，且宜将建设消防水池作为市政消防给水的技术措施。

4）城市避难场所宜设置独立的城市消防水池，且每座容量不宜小于 $200m^3$。

5）当采用天然水源作为消防水源时，天然水源的每个消防取水口宜按 1 个市政消火栓计算，或根据可同时停靠作业的消防车数量确定。

6）市政消火栓可计入室外消火栓的设计流量要求

（1）当市政给水管网为环状时，在适当距离内的市政消火栓的出流量宜计入建筑室外消火栓的设计流量；

（2）当市政给水管网为枝状时，计入建筑的室外消火栓设计流量不宜超过一个市政消火栓的出流量。

2. 对建筑物、构筑物室外消防给水系统的要求

1）对建筑物室外消防给水系统的要求

（1）室外消防给水管道布置应符合如下要求：

① 室外消防给水管道应布置成环状，当室外消防用水量等于 15L/s 时，可布置成枝状；

② 向环状管网输水的进水管不应少于 2 条，当其中 1 条发生故障时，其余的进水管应能满足消防用水总量的供给要求；

③ 环状管道应采用阀门分成若干独立段，每段内室外消火栓的数量不宜超过 5 个；

④ 室外消防给水管道的直径不应小于 *DN*100；

⑤ 室外消防给水管道设置的其他要求应符合现行国家标准《室外给水设计标准》GB 50013 的有关规定。

（2）建筑物室外消防给水宜采用低压消防给水系统。

（3）当采用市政给水管网供水时，应采用两路消防供水；但除建筑高度超过 54m 的高层住宅外，室外消火栓设计流量小于等于 20 L/s 时可采用一路消防供水。

（4）室外消火栓应由市政给水管网直接供水。[60]

2）对构筑物室外消防给水系统的要求

(1) 工艺装置区、储罐区等场所应采用高压或临时高压消防给水系统，但当如下情况时可采用低压消防给水系统：

① 无泡沫灭火系统、固定冷却水系统和消防炮；

② 室外消防给水设计流量不大于 30L/s；

③ 在城镇消防站保护范围以内。

(2) 堆场等场所宜采用低压消防给水系统，但当如下情况时，均应采用高压或临时高压消防给水系统：

① 可燃物堆垛高度较高、扑救难度大、易起火；

② 远离城镇消防站。

3) 利用市政消火栓或消防水池作为消防供水设施的要求

(1) 供消防车吸水的室外消防水池的每个取水口宜按 1 个室外消火栓的供水能力计算，且其保护半径不应大于 150m；

(2) 距建筑外缘 5～150m 的市政消火栓可计入建筑室外消火栓的数量（图 8-2），但当为消防水泵接合器供水时，距建筑外缘 5～40m 的市政消火栓可计入建筑室外消火栓的数量。

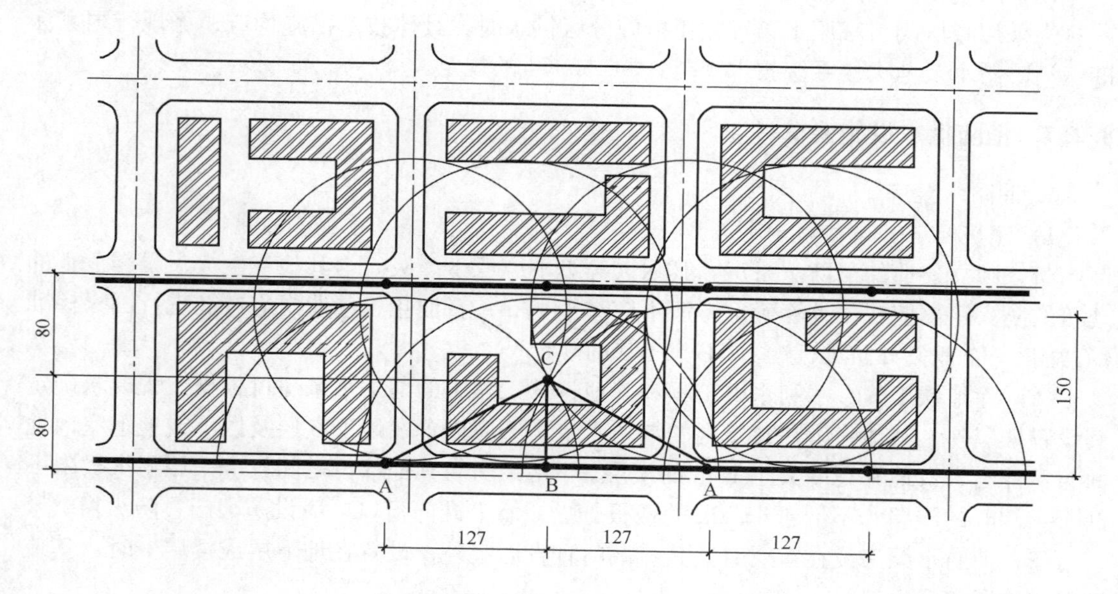

图 8-2　市政消火栓布置示意图

4) 建筑群共用临时高压消防给水系统的要求

(1) 工矿企业消防供水的最大保护半径不宜超过 1200m，或占地面积不宜大于 $200hm^2$；

(2) 居住小区消防供水的最大保护建筑面积不宜超过 50 万 m^2；

(3) 公共建筑宜为同一物业管理单位。[60]

3. 对建筑消防给水系统分区供水要求

消防给水系统的管道和设施配件产品性能都有一定的适用压力安全范围。如果建筑高度过高或建筑面积过大，靠单一供水系统就难以满足消防功能需要，影响灭火救灾。所以，应在给水系统中适当采取调节压力的分区供水设施。

1）分区供水的条件

当消防给水系统遇有如下条件时，应采取分区供水措施：

（1）消火栓栓口处最大工作压力大于1.20MPa时；

（2）自动喷水系统报警阀处的工作压力大于1.60MPa或喷头处的工作压力大于1.20MPa时；

（3）系统最高压力大于2.40MPa时。

2）分区供水的减压方式和要求

分区供水应根据系统压力、建筑特征，经技术经济分析和可靠性比较确定，并宜符合如下要求：

（1）当建筑物无设备层或避难层时，可采用消防水泵并行或减压阀减压等方式分区供水。

（2）当建筑物有设备层或避难层时，可采用消防水泵串联、减压水箱和减压阀减压等方式分区供水。

（3）构筑物可采用消防水泵并行、串联或减压阀减压等方式分区供水。

当采用减压阀、减压水箱等减压措施分区供水时，具体技术措施均应遵循现行国家标准《消防给水及消火栓系统技术规范》GB 50974的规定。

8.2.7 消防供水设施要求

1. 消防水泵房

1）建筑要求

（1）独立建造的消防水泵房，其耐火等级不应低于二级。与其他产生火灾暴露危害的建筑的防火距离应根据计算确定，但不应小于15m；石油化工企业尚应遵循现行国家标准《石油化工企业设计防火标准》GB 50160的规定。

（2）除地铁工程、水利水电工程和其他特殊工程中的地下水泵房可根据工程要求确定其设置楼层外，其他附设在建筑内的消防水泵房不应设置在地下3层及以下或地下室内地面与室外出入口地坪高差大于10m的楼层。[60]水泵房与其他部位之间，应采用耐火极限不低于2.00h的隔墙和不低于1.50h的楼板分隔；墙上开门窗口，应设防火门、防火窗。[72]

（3）消防水泵房设在首层时，其疏散门宜直通室外；设置在地下层或楼层上时，其疏散门应直通安全出口。

（4）消防水泵房的门应为甲级防火门。

（5）消防水泵房应采取挡水措施；设置在地下时，还应采取防淹措施（图8-3）。

（6）应根据具体情况设计相应的供暖、通风和排水设施。[60]

（7）消防水泵房的室内温度不应低于5℃。

2）功能要求

（1）消防水泵的选择和应用，宜根据可靠性、安装场所、消防水源、消防给水设计流量和扬程等综合因素确定水泵的形式，应满足消防给水系统所需流量和压力的要求。并符合现行国家标准《消防给水及消火栓系统技术规范》GB 50974的有关规定。

（2）消防水泵应设置备用泵，其性能应与工作泵一致。但下列情况可不设置备用泵：

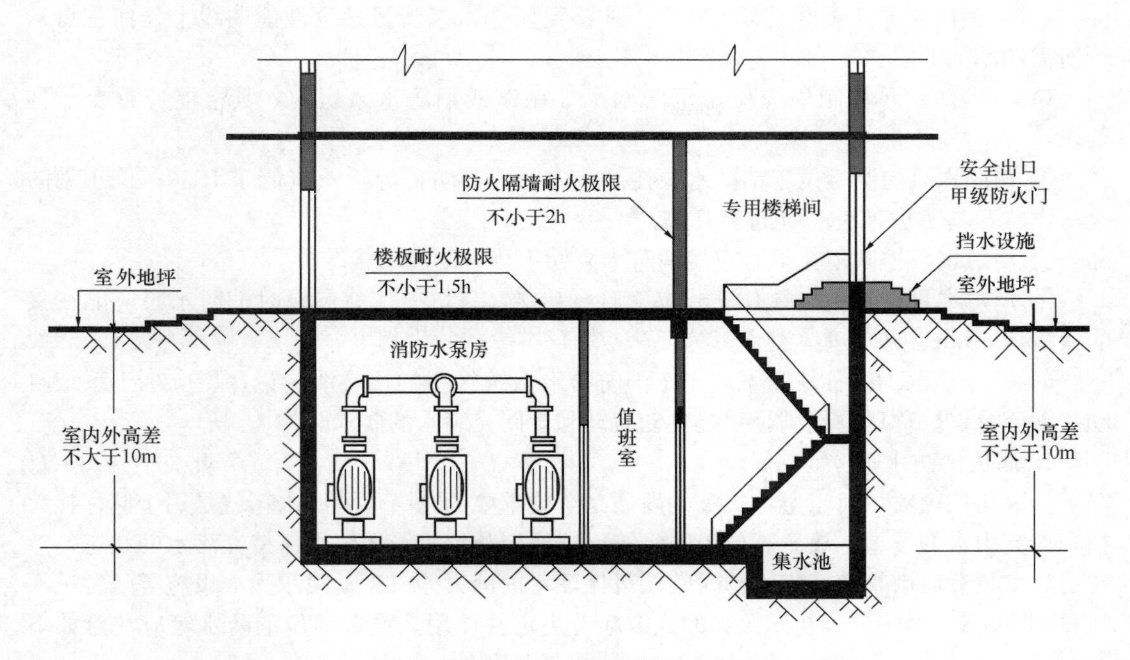

图 8-3 地下消防水泵房设置示意图

① 除建筑高度超过 50m 的其他建筑室外消防给水设计流量小于等于 25 L/s 时；

② 建筑物室内消防给水设计流量小于等于 10L/s 时。

（3）一组消防泵，吸水管不应少于两条，当其中一条损坏或检修时，其余吸水管应仍能通过全部消防给水设计流量。

（4）一组消防水泵，应设不少于 2 条的输水干管与消防给水环状管网连接。当其中一条输水管检修时，其余的输水管应仍能供应全部消防给水设计流量。

（5）消防水泵吸水口的淹没深度应满足消防水泵在最低水位运行安全的要求，吸水管喇叭口在消防水池最低水位下的淹没深度应根据吸水管口的水流速度和水力条件确定，但不应小于 600mm，当采用旋流防止器时，淹没深度不应小于 200mm。

（6）消防水泵应采取自灌式吸水。从市政给水管网上直接吸水的消防水泵，在其出水管上应设置有空气隔断的倒流防止器。

（7）吸水管布置应避免形成气囊。

（8）当市政给水管网能满足生产生活和消防给水设计流量时，临时高压消防给水系统的消防水泵宜直接从市政给水管网吸水，但城市市政消防给水设计流量宜大于建筑的室内外消防给水设计流量之和。[60]

（9）当消防水泵直接从环状市政给水管网吸水时，消防水泵的扬程应按市政给水管网的最低压力计算，并以市政给水管网的最高水压校核。[5]

（10）消防水泵与动力机械应直接连接。应保证在火警后 30s 内启动。柴油机消防水泵应具备连续工作的性能，其应急电源应满足消防水泵随时自动启泵和在设计持续供水时间内持续运行的要求。

（11）消防水泵应在火灾时能确保及时启动；停泵应由人工控制，不应自动停泵。

（12）消防水泵所配驱动器的功率，应满足所选水泵流量扬程性能曲线上任何一点运行所需功率的要求。

（13）消防水泵控制柜应位于消防水泵控制室或消防水泵房内，其性能应符合下列要求：

① 消防水泵控制柜位于消防水泵控制室内时，其防护等级不应低于 IP30；位于消防泵房内时，其防护等级不应低于 IP55。

② 消防水泵控制柜在平时应使消防水泵处于待自动启泵状态。

③ 消防水泵控制柜应具有机械应急启泵功能，且机械应急启泵时消防水泵应能在接受火警后 5min 内进入正常运行状态。

（14）稳压泵的公称流量不应小于消防给水系统管网的正常泄漏量，切应小于系统自动启动流量，公称压力应满足系统自动启动和管网充满水的要求。[69]

2. 高位消防水箱

扑灭初期火灾，对于避免火灾的发展是至关重要的。高位消防水箱就是用于储存扑灭初期火灾用水的设施。设置高位消防水箱，能使消防给水管网一直保持充满水的状态，节省消防水泵开启后管道充满水的时间。可保证室内消火栓或自动喷水灭火设施等随时进入“临战”状态，对于扑灭初期火灾的成败起着决定性作用。设置高位消防水箱应注意如下方面：

1）高位消防水箱（包括气压水罐、水塔、分区给水系统的分区水箱）的设置条件

（1）应设置高位消防水箱的范围如下：

① 高层民用建筑必须设置；

② 总建筑面积大于 10000m^2 且层数超过 2 层的公共建筑必须设置；

③ 其他重要建筑必须设置；

④ 凡设置临时高压给水系统的建筑物均应设置消防水箱。

（2）可免设高位消防水箱的条件如下：

① 设置常高压给水系统并能保证最不利点消火栓和自动喷水灭火系统等的水量和水压的建筑物，可不设置高位消防水箱；

② 设置干式消防竖管的建筑物，可不设置高位消防水箱；

③ 当工业建筑具有安全可靠消防给水条件，设置高位水箱确有困难时，可采用稳压泵稳压；

④ 当建筑物内的临时高压给水系统仅采用稳压泵稳压，而且建筑物室外消火栓设计流量大于 20 L/s，或者建筑物为建筑高度大于 54m 的住宅时，其消防水泵的供电或备用动力必须安全可靠：其消防水泵应按一级负荷要求供电，当不能保证一级负荷时，应采用柴油发电机组作备用动力；工业建筑备用泵宜采用柴油机消防水泵。[60]

2）高位消防水箱设置的技术要求

（1）当市政供水管网的供水能力在满足生产生活最大小时用水量后，仍能满足初期火灾所需的消防流量和压力时，可由市政供水管网直接供水，并应在进水管处设置倒流防止器，系统的最高处应设置自动排气阀。

（2）高位消防水箱应设置在建筑的最高部位，其最低有效水位应满足水灭火设施最不利点处的静水压力。其有效容积和最不利点静水压力应符合表 8-19 的要求：

设置高位消防水箱的容积和最不利点静水压力　　　　表 8-19

建筑类别			建筑高度 h（m）或总面积（m²）及流量（L/s）	高位水箱容积（m³）	最不利点静水压力（MPa）	备　注
公共建筑	高层	一类	$h \leqslant 100$	36	0.10	
			$100 < h \leqslant 150$	50	0.15	
			$h > 150$	100	0.15	
		二类		36	0.07	
	商场		总面积≤30000	36	0.07	设在高层建筑内的商场，尚应符合不同高度建筑的高位水箱容积要求
			总面积＞30000	50	0.07	
	其他			18	0.07	
居住建筑	高层	一类	$h \leqslant 100$	18	0.07	
			$h > 100$	36	0.07	
		二类		12	0.07	
	多层		$h > 21$	6	0.07	
工业建筑			消防给水流量≤25	12	0.10	
			消防给水流量＞25	18	0.10	
自动水灭火系统			按需求压力确定		不应小于 0.10	

(3) 进水管应在溢流水位以上接入，高出溢流边缘的高度应在 25～150mm 之间，且不小于进水管管径。

(4) 消防用水与其他用水合用的水箱应采取保证消防用水不作他用的技术措施(图 8-4)。

(5) 高位消防水箱出水管应位于高位消防水箱最低水位以下，并应设置止回阀，以防

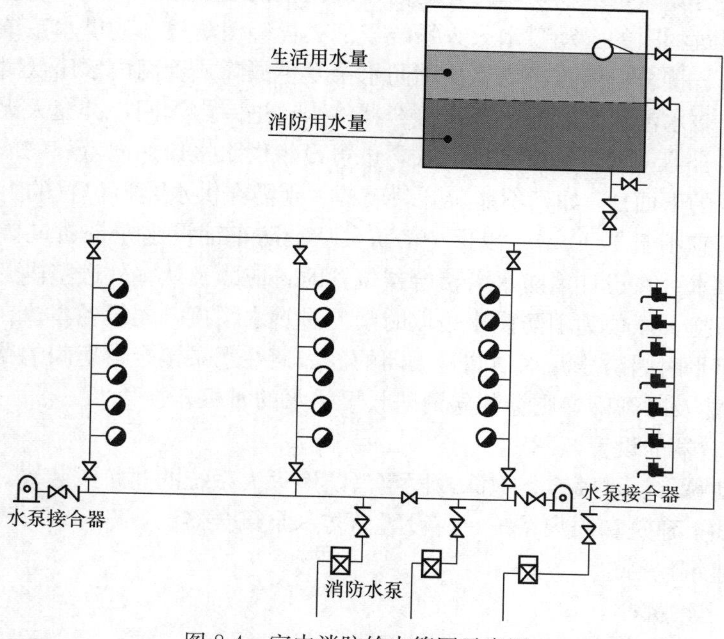

图 8-4　室内消防给水管网示意图

止发生火灾后由消防水泵供给的消防水进入消防水箱。

(6) 高位消防水箱出水管管径应满足消防给水设计流量的出水要求，且不应小于 $DN100$。

(7) 高位消防水箱进水管的管径应满足消防水箱 8h 充满水的要求，但管径不应小于 $DN32$，进水管宜设置液位阀或浮球阀。[60]

(8) 高位消防水箱的最低有效水位，应能防止出水管进气。

3. 稳压泵

设置稳压泵，是为了满足消防给水系统维持压力的功能要求。在消防给水系统中，有些报警阀等压力开关等机要部件需要一定的压力流量才能启动。为及时弥补管网的漏水量，或者当高位消防水箱不能满足最不利点的静水压力要求时，就应设置稳压泵。

设置稳压泵时，应满足如下要求：

(1) 稳压泵宜采用离心泵；

(2) 稳压泵的设计流量和压力应符合如下要求：

① 稳压泵的设计流量不应小于消防给水系统管网的正常泄漏量和系统自动启动流量。

② 稳压泵的设计压力应满足系统自动启动和管网充满水的要求。

③ 应保持系统最不利点处水灭火设施的在准工作状态时的压力大于该处的静水压，且增加值不应小于 0.15MPa。

④ 设置稳压泵的临时高压消防给水系统应设置防止稳压泵频繁启停的技术措施，当采用气压罐时，其调节容积应根据稳压泵启泵次数不大于 15 次计算确定，但有效储水容积不宜小于 150L。

⑤ 稳压泵应设置备用泵。[60]

4. 消防水泵接合器

消防水泵接合器，是给消防车设置的向建筑内消防管网供水（或加压）的接口设施。该接口通常与建筑物内的自动喷水灭火系统或消火栓等消防设备的供水系统相连接。设备由闸阀、安全阀、接合器组成。当室内消防水泵发生故障或管网内水压低时，消防车可从室外消火栓或消防水池取水，通过水泵接合器将水送进室内管网，补充灭火用水量。

消防水泵接合器，可设为室外地下式，也可设为供水接口面向室外的墙壁式。但不得设在玻璃幕外墙的下面。[69]如确不能避开玻璃幕，则需在供水接口位置的上方设安全防护挑檐板（宽度不宜小于 1.50m），以保护消防员从消防车铺设水龙带通过接口与建筑内消防管网连接、供水。在设计消防水泵接合器位置时，应顾及从室外进室内开启水泵接合器闸阀的路线应短捷，以便为消防供水争取时间。虽然水泵接合器设备本体在管路上设有单向逆止阀门，但平时因防止漏水闸阀是关闭的。如通往水泵接合器房间的路线不短捷（甚至走迷宫），不能及时开阀，则会延误消防救援供水的时机。

1) 水泵接合器的设置范围

凡设置自动喷水、水喷雾、泡沫或固定消防炮灭火系统的建筑或装置，设置室内消火栓给水系统的如下建筑和灭火系统，应设置消防水泵接合器：

(1) 民用建筑包括：

① 高层民用建筑；

② 设有消防给水系统的住宅；

③ 超过六层及以上的其他民用建筑。

(2) 地下建筑包括：

① 平战结合的室内消火栓流量大于 10L/s 且平时使用的人防工程；

② 地铁工程中设置室内消火栓系统的建筑和场所；

③ 设置室内消火栓的交通隧道；

④ 设置室内消火栓系统，建筑面积大于 10000m^{2}场所；

⑤ 地下三层及以上的其他地下、半地下建筑（室）。

(3) 生产场所（厂房）、储存物资场所（库房）包括：

① 超过五层及以上的生产场所（厂房）和储存物资场所（库房）；[72]

② 最高层楼板标高超过 20m 的厂房和库房。[60]

(4) 汽车库包括：

① 五层及以上的多层汽车库；

② 设置室内消火栓的地下、半地下汽车库。[72]

(5) 城市交通隧道。

(6) 灭火系统包括：

① 自动喷水灭火系统；

② 水喷雾灭火系统；

③ 泡沫灭火系统；

④ 固定消防炮灭火系统。[5][60]

2) 设置消防水泵接合器的技术要求

(1) 水泵接合器的设置数量

水泵接合器的设置数量应按系统设计流量经计算确定，给水流量宜按每个 10～15L/s 计算；当计算数量超过 3 个时，可根据供水的可靠性适当减少。

比如当消防供水管网为如下条件时：

① 消防管网是由市政给水管网 2 路直接供水的高压消防给水系统；

② 消防管网是由高压消防水池（塔）2 路供水的高压消防给水系统。

其消防供水系统的水泵接合器数量宜适当减少。

(2) 消防水泵接合器的供水范围

① 消防水泵接合器的供水压力范围，应根据当地消防车的供水流量和压力确定；

② 临时高压消防给水系统向多栋建筑供水时，消防水泵接合器宜在每栋单体附近就近设置；

③ 当建筑消防给水为竖向分区供水时，在消防车供水压力范围内的分区应分别设置水泵接合器；

④ 当建筑高度超过消防车供水高度时，消防给水系统应在设备层等方便操作的地点设置供消防车接力供水的设施——设置手抬泵或移动泵的吸水接口和加压接口。

(3) 设置消防水泵接合器的环境要求

① 消防水泵接合器应设在室外便于消防车使用的地点，且距离室外消火栓或消防水池不宜小于 15m，并不大于 40m；

② 墙壁消防水泵接合器的安装高度，距地面宜为 0.7m，与墙面上的门、窗、孔、洞

的净距离不应小于 2.0m；

③ 地下消防水泵接合器的安装，应使进水口与井盖底面的距离不大于 0.4m，且不应小于井盖的半径；

④ 墙壁式消防水泵接合器不应安装在玻璃幕墙的下方；

⑤ 当墙壁式消防水泵接合器的上方有门、窗、洞口时，宜设置防护挑檐，以防落物影响消防作业；

⑥ 水泵接合器处应设置永久性标志铭牌，并应标明供水系统、供水范围和额定压力。[5]

8.2.8 消火栓系统设计要求

1. 消火栓系统选择

消火栓系统分为干式和湿式两种系统形式，应根据环境温度和消防供水条件等因素适当选择。

1）湿式消火栓系统

（1）市政消火栓和建筑室外消火栓应采用湿式消火栓系统。

（2）室内环境温度不低于 4℃，且不高于 70℃的场所，应采用湿式室内消火栓系统。

（3）严寒、寒冷等冬季结冰地区城市隧道的湿式消火栓系统应采取防冻措施。

2）干式消火栓系统

（1）室内环境温度低于 4℃或高于 70℃的场所，宜采用干式消火栓系统。

（2）建筑高度不大于 27m 的多层住宅建筑，当设置室内湿式消火栓系统确有困难时，可设置干式消防竖管、*SN*65 的室内消火栓接口和无止回阀及闸阀的消防水泵结合器。

（3）严寒、寒冷等冬季结冰地区城市隧道的消火栓系统不能采取防冻措施时，应采用干式消火栓系统和干式室外消火栓。

（4）严寒、寒冷等冬季结冰地区的构筑物消火栓系统，当不能采取防冻措施时，应采用干式消火栓系统和干式室外消火栓。

（5）干式消火栓系统的充水时间不应超过 5min，并应符合下列要求：

① 在进水干管上宜设雨淋阀或消防电动、电磁阀等快速启闭装置，当采用电动或电磁阀时开启时间不应超过 30s；

② 当采用雨淋阀时，应在消火栓箱设置开启雨淋阀的手动按钮；

③ 在系统管道的最高处应设置快速排气阀。[60]

2. 市政消火栓设计

1）设计形式选择

（1）地上式室外消火栓

① 市政消火栓宜采用地上式室外消火栓；

② 严寒、寒冷等冬季结冰地区宜采用干式地上式室外消火栓；

③ 严寒地区宜设置消防水鹤。

（2）地下式室外消火栓

当严寒、寒冷等冬季结冰地区采用地下式室外消火栓时，应采取如下措施：

① 消火栓的取水口设置应在冰冻线以下；

② 当消火栓取水口在冰冻线以上时，应采取保温措施。

2）设计要求

（1）市政消火栓的规格及供水压力要求

市政消火栓宜采用直径为 $DN150$ 的室外消火栓，并应符合如下要求：

① 室外地上式消火栓应有一个直径为 150mm 或 100mm 和两个直径为 65mm 的栓口；

② 室外地下式消火栓应有直径为 100mm 和 65mm 的栓口各一个；

③ 严寒地区在城市主要干道上设置消防水鹤的布置间距宜为 1000m，连接消防水鹤的市政给水管的管径不宜小于 $DN200$；

④ 扑救火灾时消防水鹤的出流量不宜小于 30L/s，且供水压力不应低于 0.10MPa（压力从地面算起）；

⑤ 设有市政消火栓的给水管网平时运行工作压力不应小于 0.14MPa，消防时水力最不利消火栓的出流量不应小于 15L/s，且供水压力从地面算起不应小于 0.10MPa。

（2）市政消火栓的设置地点要求

① 市政消火栓宜在道路的一侧设置，并宜靠近十字路口；

② 当市政道路宽度大于 60m 时，应在道路两侧交叉错落设置市政消火栓；

③ 市政桥桥头和隧道出入口等市政公共设施处，应设置市政消火栓；

④ 市政消火栓的保护半径不应超过 150m，且间距不应大于 120m；

⑤ 市政消火栓应布置在消防车易于接近的人行道和绿地等地点，且不应妨碍交通；

⑥ 消火栓距消防车道路边不宜小于 0.5m，且不宜大于 2m；

⑦ 消火栓距建（构）筑物外墙（缘）不宜小于 5m。

（3）市政消火栓的保护措施

① 市政消防给水管网和消火栓的阀门设置，应便于市政消火栓的使用和维护，避免其他建（构）筑物、管线等遮挡或压埋；

② 设置地点应防止机械碰撞，必要时应采取预防碰撞措施；

③ 市政消防给水管网和地下消火栓的设置区域，有重型车辆通过和停靠的地段，应采取能承受重载压力的地面构造措施；

④ 地下式市政消火栓应有明显的永久性标志。[5]

3. 室外消火栓设计

1）室外消火栓设计范围

除城市轨道交通工程的地上区间和建筑体积不大于 3000m^3 的一、二级耐火等级的戊类厂房可不设计室外消火栓系统外，对于建筑体积较大的有火灾危险的建、构筑物，应设计室外消火栓系统。设计范围如下：

（1）建筑占地面积大于 3000m^2 厂房；

（2）建筑占地面积大于 3000m^2 的仓库；

（3）建筑占地面积大于 3000m^2 的民用建筑；

（4）用于消防救援和消防车停靠的建筑屋面或高架桥；

（5）地铁车站及其附属建筑、车辆基地建筑。[72]

2）建筑物室外消火栓的设计要求

建筑室外消火栓的设计，除应满足市政消火栓设置的有关要求外，其布置间距和距道路路沿及建筑物外墙边缘的距离，应满足消防车实施救援时安全方便取水和供水的要求。设计应注意如下方面：

（1）地上建筑室外消火栓的设计

① 布局应根据室外消火栓设计流量和保护半径计算确定，保护半径不应大于150m；

② 每个室外消火栓的出流量宜按10～15L/s计算；

③ 室外消火栓宜沿建筑周围均匀布置，且不宜集中布置在建筑一侧；

④ 建筑消防扑救面一侧的室外消火栓数量不宜少于2个。

（2）地下、人防工程室外消火栓设计

① 地下工程、人防工程等应在地面出口附近设置室外消火栓；

② 距地面出入口的距离不宜小于5m，且不宜大于40m。

（3）停车场、加油站、油库等室外消火栓设计

① 停车场的室外消火栓宜沿停车场周边设置，与最近一排汽车的距离不宜小于7m；

② 加油站与室外消火栓的距离不宜小于15m；

③ 油库与室外消火栓距离不宜小于15m。

3）构筑物室外消火栓的设计要求

（1）工艺装置区的室外消火栓设置

① 工艺装置区等采用高压或临时高压消防给水系统的场所，其周围应设置室外消火栓，数量应根据设计流量经计算确定；

② 间距不应大于60m；

③ 当工艺装置宽度大于120m时，宜在该装置区的路边设置室外消火栓；

④ 室外消火栓处宜配置消防水带和消防水枪；

⑤ 工艺装置休息平台等处需设置消火栓的场所，应采用室内消火栓，并符合室内消火栓设置的有关要求。

（2）各类储罐区的室外消火栓设置

① 甲、乙、丙类液体储罐区和液化烃储罐区的室外消火栓，应设置在防护堤或防护墙外；

② 设置数量应根据每个罐的设计流量经计算确定；

③ 距罐壁15m范围内的消火栓，不应计算在该罐可使用的数量之内。

（3）构筑物特殊区段宜设置固定消防炮

当工艺装置区、储罐区、可燃气体和液体码头等构筑物的面积较大或高度较高，室外消火栓的充实水柱无法完全覆盖时，宜在适当部位设置室外固定消防炮。

4）室外消防给水引入管处应采取防止影响市政管网压力的措施

室外消防给水引入管处，因消防时流量大增会加剧外部管网的水头损失，致使市政消火栓的供水压力不能满足0.10MPa的要求。为保证市政消防给水的可靠性，应在从市政给水管网接引的入户管在减压型倒流防止器前设置一个室外消火栓。[60]

5）当室外消火栓直接用于灭火且室外消防给水设计流量大于30L/s时，应采用高压或临时高压消防给水系统。[69]

4. 室内消火栓设计

1）室内消火栓的设计范围

除不适合用水保护或灭火的场所，远离城镇且无人值守的独立建筑、散装粮食仓库、金库可不设计室内消火栓系统外，下列建筑应设计室内消火栓系统：

（1）建筑占地面积大于 300m^{2}的甲、乙、丙类厂房；

（2）建筑占地面积大于 300m^{2}的甲、乙、丙类仓库；

（3）高层公共建筑和建筑高度超过 21m 的住宅建筑；

（4）特等和甲等剧场，座位数大于 800 个的乙等剧场和电影院，座位数大于 1200 个的礼堂和体育馆建筑；

（5）建筑体积大于 5000m^{3}的单（多）层车站（候车）、码头（候船）、机场（候机）建筑；

（6）建筑体积大于 5000m^{3}的单（多）层展览、商店、旅馆和医疗建筑及老年人照料设施；

（7）建筑体积大于 5000m^{3}的单（多）层档案馆、图书馆；

（8）建筑高度超过 15m 或建筑体积大于 10000m^{3}的办公建筑、教学建筑及其他单（多）层民用建筑；

（9）建筑面积大于 300m^{2}的汽车库和修车库；

（10）建筑面积大于 300m^{2}平时使用的人民防空工程；

（11）地铁工程中的地下区间、控制中心、车站及长度大于 30m 的人行通道，车辆基地内建筑面积大于 300m^{2}的建筑；

（12）通行机动车的一、二、三类城市交通隧道。[72]

2）室内消火栓的选型及当量配置

（1）室内消火栓的选型应根据使用单位的具体情况，如火灾危险性、火灾类型和不同火灾灭火功能等因素综合确定；

（2）室内消火栓 *SN*65 可与消防软管卷盘一同使用；

（3）*SN*65 的消火栓应配置公称直径 65 有内衬里的消防水带，每根水带的长度不宜超过 25m；

（4）消防软管卷盘应配置内径不小于 ϕ19 的消防软管，其长度宜为 30m；

（5）*SN*65 消火栓宜配置当量喷嘴直径 16mm 或 19mm 的消防水枪；

（6）当消火栓设计流量为 2.5L/s 时，宜配置当量喷嘴直径 11mm 或 13mm 的消防水枪；

（7）消防软管卷盘应配当量喷嘴直径 6mm 的消防水枪。[60]

3）室内消火栓的设计原则

（1）设置室内消火栓的建筑，包括设备层在内的各层均应设置消火栓。

（2）屋顶设有直升机停机坪的建筑，应在停机坪出入口处或非电器设备机房处设置消火栓，且距停机坪机位边缘的距离不应小于 5m。

（3）消防电梯前室应设置室内消火栓，并应计入消火栓使用数量。

（4）消防软管卷盘应设置在下列场所，但其水量可不计入消防用水总量：

① 高层民用建筑及建筑高度超过 100m 的建筑；

② 多层建筑中的高级旅馆、重要的办公楼、设有空气调节系统的旅馆和办公楼；

③ 人员密集的公共建筑、公共娱乐场所、托儿所、幼儿园、老年人照料设施等场所；

④ 大于 $200m^2$ 的商业网点；

⑤ 超过 1500 个座位的剧院、会堂，其闷顶内安装有面灯部位的马道等场所；

⑥ 住宅户内宜在生活给水管道上预留一个接 *DN*20 的消防软管的接口或阀门；

⑦ 步行街沿两侧商铺外设置消火栓同时配备。

设置的消防软管卷盘的间距不应大于 30m，应保证有 1 股水流能到达室内地面任何部位，消防软管卷盘的安装高度应便于取用。凡设计消火栓建筑的消防软管卷盘可与消火栓系统同时设计，也可与室内给水系统直接连接。对于不设计消火栓的建筑，设计消防软管卷盘时应与室内给水系统直接连接。

(5) 室内消火栓的布置应满足同一平面有 2 支消防水枪的 2 股充实水柱同时到达任何部位的要求，且楼梯间及其休息平台等安全区域可视为同一平面；但对于小规模的如下建筑也可设置一支水枪充实水柱到达任何部位：

① 多层仓库建筑高度不大于 24m 且体积不大于 $5000m^3$ 时，可采用 1 支水枪充实水柱到达室内任何部位；

② Ⅵ类汽车库和Ⅲ、Ⅳ类修车库，可采用 1 支水枪充实水柱到达室内任何部位；巷道堆垛式汽车库应在每层每个停车隔间内布置一个消火栓，其他室内无车道且无人员停留的机械立体汽车库应在汽车入口附近布置室内消火栓。

(6) 室内消火栓栓口压力要求

① 室内消火栓栓口动压力不应大于 0.50MPa，但当大于 0.70MPa 时应设置减压装置；

② 高层建筑、厂房、库房和室内净空高度超过 8m 的民用建筑等场所的消火栓栓口动压不应小于 0.35MPa，且消防水枪充实水柱应按 13m 计算；其他场所的消火栓栓口动压不应小于 0.25MPa，且消防水枪的充实水柱应按 10m 计算。

(7) 建筑室内消火栓栓口的安装高度应便于消防水龙带的连接和使用，其距地面高度宜为 1.1m；其出水方向应便于消防水带的敷设，并宜与设置消火栓的墙面成 90°角或向下。

(8) 处于寒冷地区的非供暖的厂房（仓库）及其他建筑的室内消火栓系统，当采用干式系统时，应采取如下措施：

① 在进水管上应设置快速启闭装置；

② 管道最高处应设置自动排气阀。

(9) 住宅采用干式消防竖管的要求

当住宅建筑高度不大于 27m，设置室内消火栓系统确有困难时，可只设置干式消防竖管和不带消火栓箱的 *DN*65 的室内消火栓。采用干式消防竖管时应符合如下要求：

① 住宅干式消防竖管宜设置在楼梯间休息平台，且仅应配置消火栓栓口；

② 干式消防竖管下端，应设置消防车供水的接口；

③ 消防车供水接口应设置在首层便于消防车接近的安全地点；

④ 消防竖管顶端应设置自动排气阀。

(10) 越层住宅和商业网点的室内消火栓设置要求

越层式住宅和商业网点的室内消火栓，应至少满足 1 股充实水柱到达室内的任何部位。[60]

4）室内消火栓的设计技术要求

（1）设计位置要求

室内消火栓设计应根据建筑物的建筑高度、使用功能、消防救援等因素合理选择具体位置。根据不同建筑情况，可设置在楼梯间及其休息平台或前室、走道等明显易于取用且便于消防扑救的位置。

因为楼梯间是全楼的竖向疏散通道，而防烟前室和走廊是仅供本楼层使用的疏散设施，在设计消火栓时，应考虑起火楼层消防扑救尽可能不影响其他楼层的安全疏散为要。室内消火栓设计时应注意如下方面：

① 在敞开楼梯间的建筑中设计消火栓时，宜设置在楼梯间休息平台上。

② 除住宅外，在封闭或防烟楼梯间的建筑中设计消火栓时，不宜设置在楼梯间内，宜设在走廊和前室内，因救火时敷设水带会使楼梯间门敞开，影响楼梯间的防烟功能，并会阻塞安全疏散。

③ 因为消防队员乘消防电梯到达起火楼层时，要在前室进行战斗展开，所以消防电梯前室（包括合用前室）必须设计消火栓。

④ 因高层住宅的防烟前室有开设户门（为防火门）的情况，如起火房间人员撤离后敞开了户门，烟气就会充满前室，消防队员需要在楼梯间进行战斗。所以，住宅的室内消火栓宜设置在楼梯间及其休息平台；越层式住宅和商业网点的室内消火栓宜设置在户门附近。

⑤ 大空间场所的室内消火栓应首先选在疏散门附近便于取用施行火灾扑救的位置；当大空间场所室内消火栓选址确有困难时，经消防部门核准，可选择在便于消防队取用的合适地点。

⑥ 步行街沿两侧商铺外设置，并应配置消防软管卷盘。

⑦ 汽车库内消火栓的定位不应影响汽车的通行和车位的布置，并应确保消火栓的开启方便。

⑧ 在同一楼梯间及附近不同楼层设置的消火栓，其平面位置宜相同。

⑨ 冷库的室内消火栓应设置在常温穿堂或楼梯间内。

⑩ 设有室内消火栓的建筑应设计带有压力表的试验消火栓，其设计位置应在多层或高层建筑的屋顶出口处或水箱间内等便于操作并且防冻的位置；单层建筑宜设置在供水压力最不利处且应靠近门口。

（2）设置间距要求

① 高层建筑、高架仓库、甲乙类工业厂房等场所，消火栓的布置间距不应大于 30m；

② 汽车库（除室内无车道且无人停留的机械立体汽车库外）的室内消火栓，应保证相邻的两支水枪的充实水柱同时到达室内任何部位，消火栓保护半径不应超过 25m；[60]同层消火栓间距不应超过 50m，高层汽车库和地下汽车库不应超过 30m；[8]

③ 地铁车站等的室内消火栓的间距不应大于 30m（当地铁室内采用双出口双阀消火栓时不应超过 50m）；

④ 地铁地下区间隧道（单洞）内的消火栓间距不应大于 50m，人行通道内消火栓间

距不应超过 30m；

⑤ 室内消火栓按 1 支消防水枪充实水柱布置的建筑物，室内消火栓间距不应大于 50m；

⑥ 在步行街内的两侧商铺外，应每隔 30m 设置 *DN*65 的消火栓；

⑦ 其他单层、多层建筑的室内消火栓间距不应大于 50m。[5][60]

5. 城市交通隧道内的消火栓设置要求

1）消防给水系统和压力要求

（1）隧道内宜设置独立的消防给水系统；

（2）管道内的消防供水压力应保证消防用水量最大时，最低压力不应小于 0.30MPa，但当消火栓栓口处的出水压力超过 0.70MPa 时，应设置减压设施；

（3）在隧道出入口处应设置消防水泵接合器和室外消火栓。

2）消火栓的间距和水枪配置

（1）消火栓的间距不应大于 50m；

（2）隧道内允许通行危险化学品的机动车，且隧道长度超过 3000m 时，应配置水雾或泡沫消防水枪。[5][60]

8.2.9 消防给水管网的设计要求

1. 环状消防供水管网的设计条件和供水要求

1）下列消防给水应采用环状给水管网：

（1）向两栋或两座及以上建筑供水时；

（2）向两种及以上水灭火系统供水时；

（3）采用设有高位消防水箱的临时高压消防给水系统时；

（4）向两个及以上报警阀控制的自动水灭火系统供水时。

2）向环状消防给水管网供水的要求

向室外、室内环状消防给水管网供水的输水干管不应少于两条，当其中一条发生故障时，其余的输水干管仍能满足消防给水设计流量。[5][60]

2. 室外、室内消防给水管网要求

1）室外消防给水管网

（1）室外消防给水采用两路消防供水时应采用环状管网，但当采用一路消防供水时可采用枝状管网；

（2）管道的直径应根据流量、流速和压力要求经计算确定，但不应小于 *DN*100；

（3）消防给水管道应采用阀门分成若干独立段，每段室外消火栓的数量不宜超过 5 个；

（4）管道设计的其他要求应符合现行国家标准《室外给水设计标准》GB 50013 的有关规定。

2）室内消防给水管网

（1）室内消火栓系统管网应布置成环状，当室外消火栓设计流量不大于 20L/s（但建筑高度超过 54m 的住宅除外），且室内消火栓不超过 10 个时，也可布置成枝状；呈环状布置的消防给水管道，应至少有两条进水管与室外供水管道连接，当其中一条进水管关闭时，其余进水管应仍能保证全部室内消防用水量。[69]

(2) 当室内消防给水系统由生产、生活给水管网系统直接供水时，应在引入管处采取防止倒流的措施。当采用有空气隔断的倒流防止器时，该倒流防止器应设置在清洁卫生的场所，其排水口应采取防止被水淹没的措施。[69]

(3) 室内消防管道管径应根据系统设计流量、流速和压力经计算确定。

(4) 室内消火栓竖管管径应根据竖管最低流量经计算确定，但不应小于 *DN*100。

(5) 室内消火栓环状给水管道检修时，应符合如下要求：

① 室内消火栓竖管应保证检修管道时关闭停用的竖管不超过 1 根，当竖管超过 4 根时，可关闭不相邻的 2 根；

② 每根立管上下两端与供水干管相接处应设置阀门。

(6) 室内消火栓给水管网宜与自动喷水等其他水灭火系统的管网分开设置；当合用消防泵时，供水管路应在报警阀前（沿水流方向）分开设置。

(7) 消防给水管道的设计流速不宜大于 2.5m/s，但自动水灭火系统管道设计流速应符合现行国家标准《自动喷水灭火系统设计规范》GB 50084、《泡沫灭火系统技术标准》GB 50151、《水喷雾灭火系统技术规范》GB 50219 和《固定消防炮灭火系统设计规范》GB 50338 的有关规定。[5][60]

8.2.10 消防排水

建设工程当设有消防给水系统时，应采取消防排水措施，并符合下列要求：

1. 原则要求

1) 消防排水设施应满足系统调试和日常维护管理的需要；

2) 应采取防范和控制因消防排水而产生次生灾害的措施；

3) 生产、储存或使用有毒有害等危害土壤和水体生态环境的场所，应设置消防事故水池。

2. 设置场所

1) 下列建筑物内应设置消防排水设施：

(1) 消防水泵房；

(2) 设有消防给水系统的地下室；

(3) 消防电梯的井底；

(4) 仓库；

(5) 消防给水系统试验装置处应设置专用排水设施。

2) 有毒有害危险场所应采取消防排水收集、储存措施。

3. 设置技术要求

1) 室内消防排水应符合如下要求：

(1) 室内消防排水宜排入室外雨水管道；

(2) 当存有少量可燃液体时，排水管道应设置水封，并宜间接排入室外污水管道；

(3) 地下室的消防排水设施宜与地下室其他地面废水排水设施共用；

(4) 室内排水设施应采取防止倒灌的技术措施；

(5) 消防电梯井底排水设施应符合如下要求：

① 排水井有效容量不应小于 2.00m^3；

② 排水泵的排水量不应小于 10L/s。

2）有毒有害危险场所的消防排水应符合如下要求：

（1）消防排水收集系统

① 消防排水利用污水系统、废水系统或雨水系统收集时，排放总管宜采用密闭形式，没有条件采用密闭形式时应采取安全防范措施，且排水明沟不应穿越防火分区；

② 消防排水收集系统应按事故排水最大流量进行校核；

③ 当收集含有挥发性物料时，消防排水管道应设置水封井，水封高度不应小于 250mm；

④ 消防排水收集系统应设置迅速切断事故排水直接外排水体和市政管网的设施。

（2）消防排水储存设施

消防排水储存设施的有效容积应能满足一起火灾消防给水设计用水量的要求。

3）消防给水系统试验装置处设置的专用排水设施应符合如下要求：

（1）试验排水可回收部分宜排入专用消防水池循环再利用；

（2）自动喷水灭火系统等自动水灭火系统末端试水装置处的排水立管管径，应根据末端试水装置的泄流量确定，并不宜小于 *DN*75；

（3）报警阀处的排水立管宜为 *DN*100；

（4）减压阀处的压力试验排水管道直径应根据减压阀流量确定，但不应小于 *DN*100。[60]

8.3 固定灭火设施设计和灭火器配置

固定灭火设施有自动灭火设施和火灾时需人员手动操作和使用的灭火设施两种。

自动灭火设施，是指发生火灾时在温度、声光、烟气等作用下，能自动或与火灾报警系统联动实行灭火动作的消防设施系统。如：自动喷水灭火系统、气体灭火系统、泡沫灭火系统、混合灭火系统等。

发生火灾时需人员操作和使用的消防设施，是指火灾时由人员根据发生火灾具体情况有针对性的操作和使用的消防设施；自动灭火设施一般也设有与自动报警等连锁动作故障时的手动装置。

固定式灭火设施设计应根据建筑的用途及其重要性、火灾特性、火灾危险性和环境条件等因素综合考虑进行。火灾时需人员操作或使用的消防设施，应有区别于环境的明显标志。

设计固定灭火设施，应符合下列要求：

1）选择灭火剂应适用于扑救设置场所或保护对象的火灾类型，不应用于扑救遇灭火介质会发生化学反应而引起燃烧、爆炸等物质的火灾。

2）灭火设施应满足在正常使用环境下安全可靠运行的要求。

3）灭火剂的储存间的环境温度，应满足灭火剂储存装置安全运行和灭火剂安全储存的要求。[72]

8.3.1 自动喷水灭火系统

自动喷水灭火系统是当今世界上公认的有效的自救灭火设施，也是应用最广泛的自动灭火系统。国内外应用实践证明，该系统具有安全可靠、经济适用、灭火成功率高等优点。

1. 设计原则

设计自动喷水灭火系统时，必须遵循国家有关法律法规和方针政策，并在设计中密切结合保护对象的使用功能、内部物品燃烧时的发热发烟规律，以及建筑物内部空间条件对火灾热烟气流流动规律的影响，做到使系统的设计，既能保证安全而可靠地启动操作，又要力求技术上的先进性和经济上的合理性。

自动喷水灭火系统的选型、喷水强度、作用面积、持续喷水时间等参数，应与保护对象的火灾特性、火灾危险等级、室内净空高度及储物高度等相适应。系统设计应满足对被保护对象的灭火、控火、防护冷却或防火分隔的要求。[69]

2. 系统类型及特点

自动喷水灭火系统的类型较多，基本类型包括：湿式、干式、预作用及雨淋自动喷水灭火系统和水幕系统等。纵观自动喷水灭火系统的类型及特点，大体说明如下：

1）湿式系统：由闭式洒水喷头、水流指示器、湿式报警阀组，以及管道和供水设施等组成，并且管道内始终充满有压水（图 8-5）。所以，湿式系统必须安装在全年不结冰及不会出现过热危险的场所内。适宜环境温度为 4～70℃之间，该系统能在喷头动作后立即喷水。该系统适用于安装早期抑制快速响应喷头的仓库及类似场所。

2）干式系统：该系统处于戒备状态时，配水管道内充有压气体，因此使用场所不受环境温度的限制。与湿式系统的区别在于：采用干式报警阀组，并设置保持配水管道内气压的充气设施（图 8-6）。该系统适用于环境温度低于 4℃，配水管道有冰冻危险的场所；或环境温度超过 70℃会使管道内的充水汽化升压的场所。

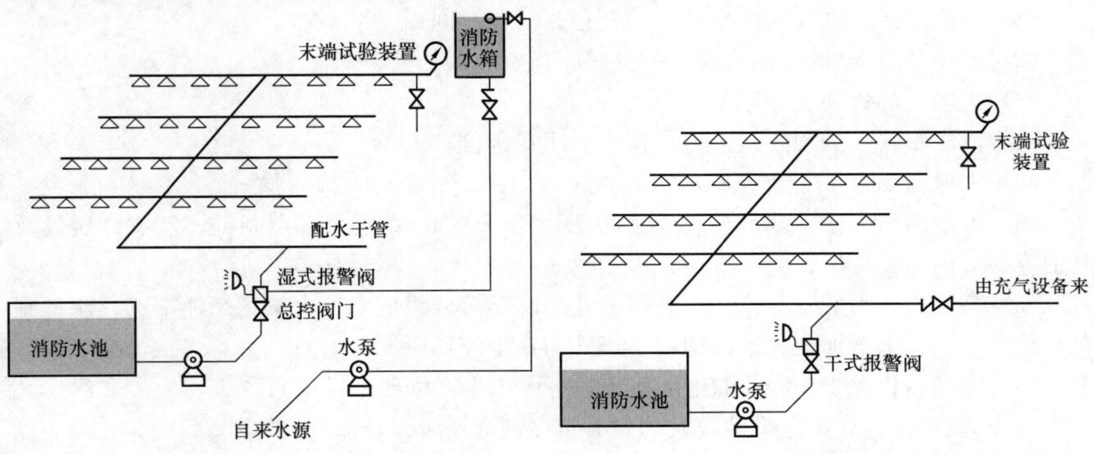

图 8-5 自动喷水灭火系统（湿式）示意图

图 8-6 自动喷水灭火系统（干式）示意图

干式系统的缺点是：发生火灾时，配水管道必须经过排气充水过程。因此，推迟了开始喷水的时间，对于可能发生蔓延速度较快火灾的场所，不适合采用此种系统。

3）预作用系统：该系统采用预作用报警阀组，并由火灾自动报警系统启动。系统的配水管内平时不充水，发生火灾时，由火灾报警系统联动预作用报警阀组和供水泵，在闭式喷头开放前完成管道充水过程，将干式系统转换为湿式系统，使喷头能在开放后立即喷水。预作用系统既兼有湿式、干式系统的优点，又避免了干式系统的缺点。对于在准工作状态下严禁出现误喷或管道充水漏水的重要场所，可替代湿式系统的使用；在低温或高温场所中替代干式系统使用，可避免喷头开启后延迟喷水的缺点。

4）雨淋系统：该系统采用开式洒水喷头和雨淋报警阀组，并由火灾报警系统或传动管联动雨淋阀和供水泵，使与雨淋阀连接的开式喷头同时喷水。雨淋系统应安装在发生火灾时火势发展迅猛、蔓延迅速的场所和部位，以及室内净空高度超过闭式喷淋系统应用高度，且必须迅速扑救初期火灾的场所和部位。[69]如：大型商场、超市、舞台等类似场所和部位，都是净空高度超出闭式喷头应用高度，初期火灾不能及时开启喷头，不能使喷淋有效覆盖着火区域的场所和部位。

5）水幕系统：该系统用于挡烟阻火和冷却分隔物，其类型包括防火分隔水幕和防护冷却水幕两种。

（1）防火分隔水幕，是利用密集喷洒形成一定厚度的水墙或水帘阻火，起防火分隔作用的水幕；

（2）防护冷却水幕，是利用水的冷却作用，配合防火卷帘等分隔物进行防火分隔的水幕。

水幕系统组成的特点是采用开式洒水喷头或水幕喷头，其控制供水通断的阀门，可根据防火需要采用雨淋报警阀组或人工操作的通用阀门，小型水幕可用感温雨淋阀控制。[29]

3. 适宜设计的建筑或场所

除散装粮食仓库可不设置自动喷水灭火系统外，下列生产场所（厂房）和建筑内或作业部位、储存物资场所（仓库）内应设置自动喷水灭火系统。

1）使用面积较大、火灾危险性较大的如下丙类生产场所（厂房）：

（1）不小于50000纱锭的棉纺厂的开包、清花车间；

（2）不小于5000纱锭的麻纺厂的分级、梳麻车间；

（3）火柴厂的烤梗、筛选部位；

（4）泡沫塑料厂的预发、成型、切片、压花部位；

（5）占地面积大于1500m^{2}的木器厂房；

（6）占地面积大于1500m^{2}或总建筑面积大于3000m^{2}单层、多层制鞋、制衣、玩具及电子等类似用途的厂房；

（7）高层乙、丙类（除棉纺厂开包清花、麻纺厂分级梳麻、火柴厂烤梗筛选、制鞋制衣、玩具电子、木器加工、泡沫塑料生产外的）生产场所（厂房）；

（8）建筑面积大于500m^{2}的地下或半地下丙类生产场所（厂房）。[5][72]

2）面积较大、火灾危险性较大的如下储存物资场所（仓库）：

（1）除占地面积大于2000m^{2}单层棉花仓库外，每座占地面积大于1000m^{2}的棉、毛、丝、麻、化纤、毛皮及其制品的丙类火险物资储存场所（仓库）；

（2）每座占地面积大于600m^{2}的火柴仓库；

（3）邮政建筑中建筑面积大于500m^{2}的空邮袋库；

（4）总建筑面积大于500m²的可燃物品地下或半地下的储存场所（仓库）；

（5）可燃、难燃物品的高架仓库和高层仓库；

（6）设计温度高于0℃的高架冷库，设计温度高于0℃且每个防火分区建筑面积大于1500m²的非高架冷库；

（7）除棉、毛、丝、麻、化纤、毛皮地上仓库、火柴仓库、邮件库、高架和非高架冷库外，每座仓库占地面积大于1500m²或总建筑面积大于3000m²的其他单层或多层丙类物品仓库。

3）火灾危险性较大、容纳人数众多的如下人员集中场所：

（1）特等和甲等剧场或座位数超过1500个的乙等剧场；

（2）座位数超过2000个的会堂或礼堂；

（3）座位数超过3000个的体育馆；

（4）座位数超过5000个的体育场的室内人员休息室与器材间等。

4）场所内活动人员较多且流动性大的公共建筑：

（1）任一楼层建筑面积大于1500m²或总建筑面积大于3000m²的如下公共建筑：

① 展览建筑；

② 商店建筑；

③ 餐饮建筑；

④ 旅馆建筑；

⑤ 医疗建筑中的病房楼、门诊楼和手术部。

（2）总建筑面积大于500m²的地下、半地下商店；

（3）步行街两侧的商铺内；且步行街内宜设置自动跟踪定位射流灭火系统。[5]

5）高层民用建筑如下场所：

（1）一类高层公共建筑及其裙房（除游泳池、浴池、溜冰场外）及其地下、半地下室；

（2）二类高层公共建筑及其地下、半地下室的公共活动用房、走道、办公室和旅馆的客房、可燃物品库房；

（3）高层民用建筑内的歌舞娱乐放映游艺场所；

（4）布置在四层及以上楼层的歌舞娱乐放映游艺场所；

（5）建筑高度超过100m的住宅建筑。

6）具有较大火灾蔓延危险的如下建筑：

（1）设置具有送回风道（管）系统的集中空气调节系统且总建筑面积大于3000m²的单、多层公共建筑；[72]

（2）汽车库（除敞开式汽车库、屋面停车场外）、修车库的如下部位：

① Ⅰ、Ⅱ、Ⅲ类地上汽车库；

② 停车数超过10辆的地下、半地下汽车库；

③ 机械式汽车库；

④ 采用汽车专用升降机作汽车疏散出口的汽车库；

⑤ Ⅰ类修车库。[7]

7）有固定座位、人员复杂、疏散较困难的如下场所：

(1) 位于地下、半地下的座位数超过800座的电影院、剧场或礼堂的观众厅；

(2) 设置在地上四层及四层以上楼层的歌舞娱乐放映游艺场所（游泳场所除外）；

(3) 设置在建筑的首层、二层和三层且任一层建筑面积大于300m^{2}的地上歌舞娱乐放映游艺场所（游泳场所除外）；[5]

(4) 建筑面积大于1000m^{2}的平时使用的人民防空工程。

8）人员行动能力较差，疏散比较困难的如下场所：

(1) 大、中型幼儿园的儿童用房等场所；

(2) 总建筑面积大于500m^{2}的老年人照料设施和活动场所建筑；

(3) 任一层建筑面积大于1500m^{2}或总建筑面积大于3000m^{2}的单、多层病房楼、门诊楼和手术部。

4. 不适宜设计的场所

凡可燃物着火不适用水保护和灭火的场所，均不宜设计自动喷水灭火系统，如：

1）遇水产生可燃气体或助燃气体，并导致加剧燃烧或引起爆炸后果的场所，以及遇水产生有毒有害物质的场所。例如：存在较多轻金属钾、钠、锂、钙、锶、氯化锂、氧化钠、氧化钙、碳化钙、磷化钙等的场所。

2）存放大多量原油、渣油、重油等的敞口容器（罐、槽、池），灭火时喷洒水将导致可燃液体喷溅或沸溢事故的场所。

对于环境温度低于4℃的时间较短的非严寒或寒冷地区的汽车库，当采用湿式自动喷水灭火系统时，应采取防冻措施。[29]

5. 确定设计场所的注意事项

(1) 合理确定设计场所及火灾危险等级

火灾危险等级的划分，是根据场所的火灾荷载、室内空间条件、人员密集程度、采用自动喷水灭火的难易程度以及疏散环境及外部救援条件等因素，划分为轻危险级、中危险级、严重危险级和仓库危险级。设计中应针对各类场所的火险特点因素，合理划分火灾危险等级。具体详细划分，请参见《自动喷水灭火系统设计规范》GB 50084中（附表A）具体规定。

在设计自动喷水灭火系统时，应注意如下要点：

① 应选择适宜设置场所，宜设置在人员密集、不易疏散、从外部救援较困难和使用功能性质非常重要的场所；

② 为合理确定设计场所的火灾危险等级，应根据其建筑用途，火灾荷载及室内空间条件，综合分析火灾热气流驱动喷头的开放可能性和喷水到位程度，合理确定危险等级；

③ 多种使用功能混合的建筑，当各使用功能场所之间未采取防火分隔措施时，建筑内自动喷水系统的设置应按火灾危险性较大的使用功能确定。

(2) 合理选择水幕系统的设置部位

选择水幕作为防火分隔设施，主要是为隔断防火分区之间平时正常开口处的火灾蔓延。其设置情况一般有如下几种：

① 在防火墙上平时必须开设的门、窗、洞口设置水幕；

② 在平时生产工艺连续不断，但需设防火分区而无法设置防火墙的开口部位设置防火分隔水幕；

③ 当防火卷帘或防火幕达不到耐火极限要求时，在其上部，应设置水喷淋保护；

④ 在大型公共场所设有幕布等分隔物处的侧上方设置水喷淋头，喷水于幕布上，辅助提高其耐火极限，以形成满足防火分隔要求的幕布。

例如：当特等、甲等或超过1500个座位的其他等级的影、剧院，超过2000个座位的会堂（或礼堂），高层民用建筑中超过800个座位的剧院（礼堂）等的舞台口，以及与舞台相连通的侧台、后台的门、窗洞口和应设防火墙等防火分隔物而无法设置的其他局部开口部位，应设有火灾时自动落幕并喷水保护形成防火隔断的水幕。

当大型影、剧院的舞台口采用符合防火要求的防火幕时，可不用设置水幕保护。

对于建筑高度超过250m的民用建筑的防火墙、防火隔墙，不得设计采用防火水幕替代。[20]

（3）合理确定雨淋灭火系统的设置场所

因为雨淋系统是由雨淋阀控制连接的开式洒水喷头同时喷水，对于火灾水平蔓延速度不快的火灾不适合选择，以避免灭火带来较大的水渍损失。所以，设置雨淋灭火系统应选择：火灾危险性大、发生火灾时燃烧速度快或可能发生爆炸性燃烧的厂房或部位及易燃物品仓库；或者可燃物较多且空间较大、火灾易迅速蔓延扩大，闭式喷头开启不能及时有效覆盖着火区域的场所和部位；室内净空高度超过了闭式喷头应用高度，且必须迅速扑灭初期火灾的场所和部位；以及其他火灾严重危险等级Ⅱ级场所。如下列场所应设置雨淋灭火系统：

① 火柴厂的氯酸钾压碾厂房；

② 建筑面积大于100m^{2}的生产、使用硝化棉、喷漆棉、火胶棉、赛璐珞胶片、硝化纤维的厂房；

③ 建筑面积超过60m^{2}或储存量大于2t的硝化棉、喷漆棉、火胶棉、赛璐珞胶片、硝化纤维的仓库；

④ 日装瓶数量超过3000瓶的液化石油气储配站的灌瓶间、实瓶库；

⑤ 特等、甲等剧场或座位数超过1500个的乙级剧场的舞台葡萄架下部；

⑥ 超过2000个座位的会堂和礼堂的舞台葡萄架下部；

⑦ 建筑面积大于或等于400m^{2}演播室；

⑧ 建筑面积大于或等于500m^{2}的电影摄影棚。

⑨ 乒乓球厂的轧坯、切片、磨球、分球检验部位等。

6. 设计技术要点

1）合理确定系统类型

系统选型时要根据安装自动喷水灭火系统的场所的火灾特点、环境温度和限制蔓延即时扑救的需要，或平时是否要求严禁误喷漏水等因素确定。

（1）湿式系统的适应环境温度应不低于4℃，且不超过70℃。

（2）干式系统适宜于环境温度低于4℃或超过70℃的场所。

（3）严禁误喷或漏水的场所，应采用预作用系统。

（4）建筑高度超过100m的公共建筑，其高层主体内设置的自动喷水灭火系统应采用快速反应喷头。

（5）凡局部应用系统，应采用快速响应喷头。

2）要保证自动喷水灭火系统的可靠性

自动喷水灭火系统的喷水强度和作用面积，应满足灭火、控火、防护冷却或防火分隔的要求。为保证自动喷水灭火系统的可靠性，要注意如下方面：

（1）闭式系统中的喷头，或与预作用和雨淋系统配套使用的火灾自动报警系统，要能有效地探测初起火灾；

（2）要求湿式、干式系统在开放一只喷头后，预作用和雨淋系统在火灾报警后立即启动系统；

（3）整个灭火过程中，要保证喷水范围不超出作用面积，并按计算确定的喷水强度持续喷水；开放喷头的出水均匀喷洒、覆盖起火范围，并且不受遮挡；

（4）汽车库的自动喷水灭火系统的喷头设置应符合如下要求：

① 对于汽车库自动喷水灭火系统的喷头应设置在停车位的上方或侧上方；

② 对于机械汽车库，喷头除在停车位的上方或侧上方布置外，还应按停车的载车板分层设置，且应在喷头的上方设置集热板；

③ 对于错层式、斜楼板式的汽车库，其车道、坡道上方均应设置喷头。[7]

（5）自动喷水灭火系统的持续喷水时间应符合下列要求：

① 用于灭火时，不应少于1.0h，对于局部应用系统，不应少于0.5h。

② 用于防护冷却时，不应少于设计所需的防火冷却时间。

③ 用于防火分隔时，不应少于防火分隔处对建筑构件要求的耐火极限时间。[69]

（6）洒水喷头应符合如下要求：

① 喷头间距应满足使被喷洒物或保护对象被全面覆盖的要求；

② 周围不应有遮挡或影响洒水效果的障碍物；

③ 系统水力计算，最不利点喷头工作压力应不小于0.05MPa；

④ 腐蚀性场所和易产生粉尘、纤维等的场所的喷头，应采取防止喷头堵塞的措施；

⑤ 建筑高度超过100m的公共建筑，高层主体内设置的自动喷水灭火系统应采用快速响应喷头；

⑥ 每个报警阀组控制的供水管网，最不利点的洒水喷头处，应设末端试水装置，装置应有压力显示功能，并设置相应的排水设施；

⑦ 自动喷水系统供水管网及报警阀进出口采用的控制阀，应为信号阀；或者采取具有确保显示阀位常开状态的措施。

有关自动喷水灭火系统的技术设计要求，应遵循现行国家标准《自动喷水灭火系统设计规范》GB 50084的规定。

8.3.2　水喷雾灭火系统

水喷雾灭火系统，是利用水雾喷头在较高的水压作用下，将水流分离成0.2～1mm甚至更小的细水雾滴，喷向被保护物表面时能吸收大量的热，具有迅速降温的作用；同时，水雾滴在热作用下会迅速变成水蒸气包围保护对象，又起到窒息灭火的作用。该系统对于重质油品等的火灾扑救具有良好的灭火效果。

1. 设计范围

以下场所应设计自动灭火系统，且宜采用水喷雾灭火系统：

1）油浸变压器

（1）单台容量在40MV·A及以上的厂矿企业油浸变压器；

（2）单台容量在90MV·A及以上的电厂油浸变压器；

（3）单台容量在125MV·A及以上的独立变电站油浸变压器。

缺水和寒冷地区以及设置在室内的电力变压器也可采用二氧化碳等气体灭火系统。对于变压器火灾也可采用其他灭火系统，如：自动喷水一泡沫联用系统、油浸变压器排油注氮装置等。

2）飞机发动机试验台的试车部位

该部位有燃料油管线和发动机润滑油，其灭火系统设计应全面考虑。一般可采用水喷雾灭火系统，也可采用气体灭火系统、细水雾灭火系统或泡沫灭火系统等。

3）设置在高层民用建筑内充可燃油的高压电容器和多油开关室

设置在室内的油浸变压器、充可燃油的高压电容器和多油开关室，也可采用细水雾灭火系统。[33]

2. 设计技术要点

水喷雾灭火系统和细水雾灭火系统的工作压力、供给强度、持续供给时间和响应时间，应满足系统有效灭火、控火、防护冷却或防火分隔的要求。[69]

水喷雾灭火系统的设计，有面积法和体积法两种，通常采用面积法。设计中应注意如下方面：

1）确定设备、设施的保护面积

水喷雾的保护面积，按被保护对象的外表面积确定。如：变压器的保护面积，应包括除底面外的其他表面和油枕、冷却器及集油坑投影面积。

2）确定室内保护面积

可燃气体、液体的灌装间、装卸间、泵房、压缩机房等保护面积按其室内使用面积确定。

3）严控保护距离

水雾喷头与被保护对象的距离，不能超过喷头的有效射程；距可燃气体、液体储罐壁的距离应不超过0.7m。

4）水喷雾系统的控制方式

水喷雾系统应有自动、手动、应急操作三种控制方式。[33]

水喷雾灭火系统的技术设计应符合现行国家标准《水喷雾灭火系统技术规范》GB 50219和《消防设施通用规范》GB 55036的有关规定。

8.3.3 气体灭火系统

气体灭火系统的类型，主要有：二氧化碳、七氟丙烷、三氟甲烷、氮气、IG541、IG55等灭火系统。气体灭火剂无色、无味、无腐蚀性、不导电，既不支持燃烧，又不与大部分物质产生反应；具有毒性低、不污损物品、绝缘性能好、灭火能力强等特点，是扑救电子设备、精密仪器设备、贵重仪器和档案图书等纸质、绢质或磁介质材料信息载体的良好灭火剂。

气体灭火系统在密闭的空间里有良好的灭火效果，该系统投资较高，故应设置在重要的机房、贵重设备室、珍藏品室、档案库等部位。

1. 设计范围

下列场所应设计自动灭火系统，并宜采用气体灭火系统，个别也可采用细水雾灭火系统：

1）重要机房和控制室

（1）国家、省级或人口超过100万的城市广播电视发射塔楼内的微波机房、分米波机房、米波机房、变配电室和不间断电源（UPS）室；也可采用细水雾灭火系统；

（2）国际电信局、大区中心、省中心和一万路以上的地区中心内的长途程控交换机房、控制室和信令转接点室；

（3）两万线以上的市话汇接局和六万门以上的市话端局内的程控交换机房、控制室和信令转接点室；

（4）中央及省级公安、防灾和网局级以上的电力等调度指挥中心内的通信机房，也可采用细水雾灭火系统。

2）贵重设备室

（1）A、B级电子信息系统机房内的主机房和基本工作间的已记录磁（纸）介质库，也可采用细水雾灭火系统。

注：当有备用主机和备用已记录磁（纸）介质，且设置在不同建筑中或同一建筑中的不同防火分区内时，也可采用预作用自动喷水灭火系统。

（2）中央和省级广播电视中心内建筑面积不小于120m^{2}的音像制品库房。

（3）其他特殊的重要设备室，也可采用细水雾灭火系统。

3）停车数量不超过50辆的室内无车道且无人员停留的机械式汽车库，可采用二氧化碳等气体灭火系统[35]。

4）珍藏、特藏库

（1）国家、省级或藏书量超过100万册的图书馆内的特藏库；

（2）中央和省级档案馆内的珍藏库和非纸质档案库；

（3）大、中型博物馆内的珍品库房；

（4）一级纸绢质文物的陈列室[35]。

2. 设计技术要点

1）合理确定全淹没和局部应用灭火系统的空间和部位。因气体灭火系统不适宜用于灭可燃固体物质的深位火，故应根据可燃气体灭火系统性能、可燃固体表面和深位等具体情况，分析确定可设置的空间和部位。

2）设计与火灾自动报警联动系统时，全淹没系统场所的通风管道防火阀均应在火灾报警后能自动关闭。

3）设报警装置：防护区内应设置声报警器，防护区入口设光报警器和灭火气体喷放指示灯，时间不少于灭火所需时间。

4）防护区内应设火灾事故照明和疏散指示标志。

5）地下防护区应有机械排风。

6）防护区的门向疏散方向能方便开启，并能自行关闭。[31]

气体灭火系统的技术设计应符合现行国家标准《二氧化碳灭火系统设计规范》GB

50193、《气体灭火系统设计规范》GB 50370 和《消防设施通用规范》GB 55036 的有关规定。当气体灭火系统设置在经常有人停留的防护区时，预测的灭火剂释放后对环境空气的影响浓度，应低于人体对有毒性反应的浓度。[69]

8.3.4 干粉灭火系统

干粉灭火系统是靠气体驱动的。喷射的干粉是无机盐的挥发性分解物。该系统以二氧化碳气体、氮气气体作动力，将干粉喷出。干粉中的无机盐挥发性分解物，与物质燃烧过程中产生的自由基发生抑制和负催化作用，使物质燃烧链中断，遂使火焰熄灭。同时在高温作用下，干粉末落到燃烧物表面，形成一层玻璃状覆盖层，隔绝氧气，实现窒息性灭火。

干粉灭火系统分为全淹没系统和局部应用灭火系统。

全淹没干粉灭火系统，持续喷放时间不应超过 30s；对于室外局部应用场所，持续喷放干粉时间不应少于 60s。当多套干粉系统同时启动时，相互响应喷放时差不应超过 2s。[69]

关于全淹没干粉灭火系统的防护区和防护区内保护对象周围形成的灭火浓度等，具体技术设计，应遵循现行国家标准《干粉灭火系统设计规范》GB 50347 和《消防设施通用规范》GB 55036 的规定。

8.3.5 泡沫灭火系统

按照系统产生泡沫的倍数，分为低倍数、中倍数和高倍数泡沫灭火系统。通过泡沫在燃烧液体表面的遮断作用使燃烧的液体或固体表面与空气隔离，起到窒息性灭火的作用。

1. 泡沫灭火系统的设计范围

泡沫灭火系统的设计范围如下：

1）低倍泡沫灭火系统被广泛用于生产、加工、储存、运输和使用甲类（液化烃除外）、乙类和丙类液体的场所。

2）中倍泡沫灭火系统可以扑救固体和液体火灾，可应用于如下场所：

（1）发动机试验室；

（2）油泵房；

（3）变压器室；

（4）地下室等。

3）高倍泡沫灭火系统具有灭火迅速、水渍损失小、抗变能力强的特点。该系统可以扑救固体和液体火灾，主要用于大空间和人员进入有危险的以及用水难以灭火或灭火后水渍损失比较大的场所，如：

（1）大型易燃液体仓库；

（2）橡胶轮胎库；

（3）纸张和卷烟仓库；

（4）电缆沟；

（5）地下建筑；

（6）地下汽车库。

4）泡沫—水喷淋系统，是先喷泡沫灭火，然后喷水冷却，具备灭火、冷却双功效，可有效防止灭火后因保护场所内高温物体引燃可燃液体复燃。该系统可用于下列场所：

（1）具有非水溶性液体泄露火灾危险的室内场所；

（2）下列汽车库内：

①Ⅰ类地下（半地下）汽车库；

②Ⅰ类修车库；

③ 停车数大于100辆的室内无车道且无人员停留的机械式汽车库。

（3）存放量不大，或设有流淌缓冲设施的水溶性液体室内火灾场所。

5）泡沫喷雾系统可用于保护独立变电站的油浸电力变压器和面积不大于200m^{2}的非水溶性液体室内场所。[30]

6）甲、乙、丙类液体储罐应按如下要求设置灭火系统：

（1）单罐容积大于1000m^{3}的固定顶罐应设置固定式泡沫灭火系统；

（2）罐壁高度小于7m或容积不大于200m^{3}的储罐可采用移动式泡沫灭火系统；

（3）其他储罐宜采用半固定式泡沫灭火系统。[5][30]

2. 遵循专业技术规范具体规定

1）泡沫灭火系统的工作压力、泡沫混合液的供给强度和连续供给时间，应满足有效灭火和控火的要求。具体技术设计应符合《消防设施通用规范》GB 55036 的规定。

2）当采用海水作为系统水源时，应使用适用于海水的泡沫液。

3）泡沫站严禁设置在防火堤、围堰、泡沫灭火系统保护区或其他火灾及爆炸危险区域。

4）靠近防火堤设置的泡沫站，与可燃液体罐壁的水平距离不应小于20m；且应具备远程控制功能。[69]

5）对于石油库、石油化工、石油天然气等工程中的甲、乙、丙类液体储罐的泡沫灭火系统的设置形式和场所，应遵循相关现行国家标准的具体专业规定 。

6）泡沫灭火系统的技术设计应遵循现行国家标准《泡沫灭火系统技术标准》GB 50151—2021 规定。

8.3.6 固定消防炮、自动跟踪定位射流灭火系统

自动消防炮灭火系统融入了自动控制技术，可以远程控制并自动搜索火源、对准着火点、自动喷洒灭火剂灭火。可与自动报警系统联动，既可以手动控制，也可实现计算机自动操作。适用于扑救无遮挡高大空间建筑内的初期火灾。也适用于室外可燃液体储罐、液化石油气装置场所、生产储运和使用可燃物及其制品场所、有爆炸危险或有毒场所等火灾扑救。

扑救不同保护对象的消防炮系统，所选用的灭火剂应和保护对象相适应，并应符合如下要求：

1）对于甲、乙、丙类液体、固体可燃物火灾场所，适用泡沫炮系统。

2）对于液化石油气、天然气等可燃气体火灾场所，适用干粉炮系统。

3）对于一般固体可燃物火灾场所，适用水炮系统。

4）水炮系统和泡沫炮系统不得用于扑救遇水发生化学反应而引起燃烧、爆炸等物质

的火灾。

5）设置在下列场所的固定消防炮灭火系统宜选用远控消防炮系统：

（1）有爆炸危险性的场所；

（2）有大量有毒气体产生的场所；

（3）燃烧猛烈，产生强烈辐射热的场所；

（4）火灾蔓延面积较大且损失严重的场所；

（5）室内净空高度超过 8m，且火灾危险性较大的室内场所；

（6）发生火灾时，灭火人员难以及时接近或撤离固定消防炮位的场所。[70]

6）设置消防炮注意事项：

（1）室内消防炮应采用湿式给水系统，且就近安设消防泵启动按钮；供水的临时高压给水系统，应具有自动启动功能；

（2）室外消防炮应设在被保护场所常年主导风向的上风侧；

（3）炮塔应采取防雷击措施，并设防护栏杆和防护水幕，防护水幕的总流量应不小于 6L/s；

（4）固定式消防炮平台和炮塔，应采取与环境相适应的耐腐蚀、防腐蚀、承受射炮反力和抗最大风力等措施，以满足正常操作的要求；

（5）消防炮灭火的连续供水时间，室内火灾不应少于 1.00h，室外火灾不应少于 2.00h；

（6）消防水炮用水的总流量、固定泡沫炮的泡沫量、固定干粉炮的干粉储存量，以及自动跟踪定位射流灭火系统的总体功能要求，应符合《消防设施通用规范》GB 55036—2022 的规定。[69]

8.3.7 自动灭火装置

高层建筑中的电梯机房、电缆竖井内、厨房烹饪区等部位，以及食品加工业内明火高温部位等，均存在较大的火灾危险。如厨房火灾是目前常见的建筑火灾之一，主要发生在灶台操作部位及排烟道。这类火灾一旦发生，扑救比较困难且易复燃。所以，在这些部位宜设置自动灭火装置。

该装置能自动探测火灾、自动灭火，且在灭火前自动切断燃气或燃油管道的燃料供应，具有防复燃的功能。

应设计自动灭火装置部位及设置要求如下：

1）公共建筑中的餐厅建筑面积大于 1000m^2 的餐馆或食堂，其烹饪操作间的排油烟罩及烹饪部位应设置自动灭火装置，并应在燃气和燃油管道上设置与自动灭火装置联动的自动切断装置；

2）食品工业的加工场所中有明火作业或高温食用油的食品加工部位宜设置自动灭火装置；[5]

3）建筑高度超过 250m 的建筑中的电梯机房、电缆竖井内应设置自动灭火设施。[20]

8.3.8 灭火器

灭火器是扑救建筑物内刚着火时最方便、经济、有效的器材。灭火器的设置，要根据可燃物的燃烧特性和建筑场所的火灾危险性、场所内人员活动的特点、建筑的内外环境条件等因素，按照现行国家标准《建筑灭火器配置设计规范》GB 50140 和其他有关专项标准的规定进行配置。

1. 灭火器的配置场所

1）厂房、仓库、储罐（区）和堆场应设置；

2）高层住宅的公共部位应设置；其他住宅的公共部位宜设置；

3）除住宅建筑外的其他民用建筑应设置；

4）高层住宅建筑户内宜设置轻便消防水龙或类似灭火器材。

2. 灭火器配置的设计原则

1）根据不同火灾场所选择不同类型的灭火器

各类灭火器配置场所，应根据其不同的火灾种类和危险等级确定，适当选择灭火器类型。

（1）火灾类别划分

根据现行国家标准《火灾分类》GB/T 4968 的规定，火灾可分为 A、B、C、D、E、F 类 6 类：

A 类为固体物质火灾，如木材、煤、棉、毛、麻、纸张等火灾；

B 类为液体火灾或可融化固体火灾，如汽油、煤油、柴油、原油，甲醇、乙醇、沥青、石蜡等火灾；

C 类为气体火灾，如煤气、天然气、甲烷、乙烷、丙烷、氢气等火灾；

D 类为金属火灾，如钾、钠、镁、铝镁合金等火灾；

E 类为物体带电燃烧的火灾，如带电的物体和精密仪器等火灾；

F 类为烹饪器具内的烹饪物（如动植物油脂）火灾。[39]

（2）确定环境的危险等级

确定环境的危险等级时，可根据工业生产和储存物品种类、民用建筑的使用性质和人员密集程度、火灾蔓延速度及扑救难度等因素确定。[32]对环境危险因素及危险等级的对应关系的分析，可参考表 8-20。

环境危险因素与危险等级的对应关系 **表 8-20**

危险因素 / 危险等级	工业建筑		民用建筑					
	厂房	库房	使用性质	人员密集程度	用火用电设备	可燃物数量	火灾蔓延速度	扑救难度
严重危险级	甲乙类物品生产场所	甲乙类物品储存场所	重要	密集	多	多	迅速	大
中危险级	丙类物品生产场所	丙类物品储存场所	较重要	较密集	较多	较多	较迅速	较大
轻危险级	丁戊类物品生产场所	丁戊类物品储存场所	一般	不密集	较少	较少	较缓慢	较小

（3）选择灭火器类型

不同火灾场所选择灭火器类型，应与配置场所的火灾种类和危险等级相适应。

① A 类火灾场所应选择同时适用于 A 类、E 类火灾的灭火器；

② B 类火灾场所应选择适用于 B 类火灾的灭火器。当 B 类火灾场所存在水溶性可燃

液体（极性溶剂）且选择水基型灭火器时，应选择抗溶型的灭火器；

③ C类火灾场所应选择适用于C类火灾的灭火器；

④ D类火灾场所应根据金属的种类、物态及特性选择适用于特定金属的专用灭火器；

⑤ E类火灾场所应选择适用于E类火灾的灭火器，当带电设备电压超过1kV且灭火时不能断电的场所，不应使用灭火器带电扑救；

⑥ F类火灾场所应选择适用于E类、F类火灾的灭火器；

⑦ 当配置场所存在多种类别火灾危险时，应选用能同时适用扑救该场所所有种类火灾的灭火器。[69]

具体选择，可参考表8-21。

灭火器的类型选择参考　　表8-21

灭火器类型 火灾场所	水型	泡沫	干粉（碳酸氢钠）	干粉（磷酸铵盐）	卤代烷（1211）	二氧化碳	专用灭火器	备注
A类火灾场所	○	○		○	○			
B类火灾场所		○	○	○	○	○		
C类火灾场所			○	○	○	○		
D类火灾场所							○	应选择扑灭金属火灾的专用灭火器
E类火灾场所			○	○	○	○		禁选金属喇叭喷筒二氧化碳灭火器

注："○"表示为宜选择。

2）划分计算单元，确定保护面积

（1）当一个楼层或一个水平防火分区内各场所的危险等级和火灾种类相同时，可将其作为一个计算单元。

（2）当一个楼层或一个水平防火分区内各场所的危险等级和火灾种类不相同时，应将其分别作为不同的计算单元。

（3）同一计算单元不得跨越防火分区和楼层。

（4）建筑物应按其建筑面积确定计算单元的保护面积；可燃物露天堆场，甲、乙、丙类液体储罐区，可燃气体储罐区应按堆垛、储罐的占地面积确定计算单元的保护面积。[32]

3）计算各计算单元的最小需配灭火级别

（1）计算单元的最小需配级别的计算公式：

$$Q = KS/U$$

式中　Q——计算单元的最小需配灭火级别（A或B）；

S——计算单元的保护面积（m^2）；

U——A类或B类火灾场所单位灭火级别最大保护面积（m^2/A或m^2/B）；

K——修正系数（取值为：室内无消火栓和灭火系统为1；设有室内消火栓灭火系统为0.9；设有室内消火栓和灭火系统为0.7；可燃物露天堆场、可燃液体和气体罐区为0.3）。

（2）歌舞、娱乐、游艺场所、网吧、商场、寺庙以及地下场所等的计算单元的最小需配灭火级别，按 $Q=1.3KS/U$ 计算。

（3）灭火器的最低配置基准，应符合表 8-22 的要求。[32]

各类火灾场所灭火器的最低配置基准　　表 8-22

火灾场所、单位灭火级别 最大保护面积 危险等级	A 类火灾场所灭火器的最低配置基准		B、C 类火灾场所灭火器的最低配置基准	
	单具灭火器 最小配置灭火级别	单位灭火级别最大 保护面积（m^2/A）	单具灭火器 最小配置灭火级别	单位灭火级别最大 保护面积（m^2/B）
严重危险级	3A	50m^2/A	89B	0.5m^2/B
中危险级	2A	75m^2/A	55B	1.0m^2/B
轻危险级	1A	100m^2/A	21B	1.5m^2/B

注：1. 一个计算单元内配置的灭火器数量不得少于 2 具；
2. 每个设置点的灭火器数量不宜多于 5 具；
3. 当住宅楼每层公共部位建筑面积超过 100m^2时，应配置一具 1A 的手提式灭火器；每增加 100m^2时，增配 1 具手提式灭火器；
4. D 类火灾场所的灭火器最低配置基准，应根据金属特性等研究确定；
5. E 类火灾场所的灭火器最低配置基准，不应低于该场所内 A 类（或 B 类）火灾的配置要求。

4）确定各计算单元中的灭火器配置点的位置和数量

灭火器的配置场所，应按计算单元计算配置灭火器的数量。所有设置点配置灭火器的灭火级别之和，不应小于该计算单元的保护面积与单位灭火级别最大保护面积的比值。

每个灭火器配置点的位置和数量，应根据被保护对象的可燃物分布情况和灭火器的最大保护距离确定，并保证最不利点至少在 1 具灭火器的保护范围内。灭火器的最大保护距离和最低配置基准应与火灾场所的危险等级相适应。[69]

（1）灭火器的最大保护距离见表 8-23。

灭火器的最大保护距离（m）　　表 8-23

火灾种类及灭火器型式 危险等级	A 类火灾场所		B、C 类火灾场所		D 类 火灾场所	E 类 火灾场所
	手提式 灭火器	推车式 灭火器	手提式 灭火器	推车式 灭火器		
严重危险级	15	30	9	18	根据具体情况研究确定	不应低于 A 类和 B 类火灾规定
中危险级	20	40	12	24		
轻危险级	25	50	15	30		

根据灭火器的最大保护距离，适当确定灭火器配置点的位置和数量 N。

（2）计算单元中每个灭火器配置点最小需配灭火级别（A 或 B），按如下公式进行计算：

$$Q_e = Q/N$$

式中　Q_e——计算单元中每个灭火器配置点的最小需配灭火级别（A 或 B）；

N——计算单元中灭火器配置点数。

5）确定每个配置点灭火器的类型、规格和数量

关于建筑场所灭火器配置类型、规格和灭火级别基本参数，见表 8-24。

建筑灭火器配置类型、规格和灭火级别基本参数 **表 8-24**

灭火器类型		灭火剂充装量（规格）		灭火器类型规格代码（型号）	灭火级别	
		L	kg		A类	B类
手提式灭火器类型、规格和灭火级别	水型	3	—	MS/Q3	1A	—
				MS/T3		55B
		6	—	MS/Q6	1A	—
				MS/T6		55B
		9	—	MS/Q9	2A	—
				MS/T9		89B
	泡沫	3	—	MP3、MP/AR3	1A	55B
		4	—	MP4、MP/AR4	1A	55B
		6	—	MP6、MP/AR6	1A	55B
		9	—	MP9、MP/AR9	2A	89B
	干粉（碳酸氢钠）	—	1	MF1	—	21B
		—	2	MF2	—	21B
		—	3	MF3	—	34B
		—	4	MF4	—	55B
		—	5	MF5	—	89B
		—	6	MF6	—	89B
		—	8	MF8	—	144B
		—	10	MF10	—	144B
	干粉（磷酸铵盐）	—	1	MF/ABC1	1A	21B
		—	2	MF/ABC2	1A	21B
		—	3	MF/ABC3	2A	34B
		—	4	MF/ABC4	2A	55B
		—	5	MF/ABC5	3A	89B
		—	6	MF/ABC6	3A	89B
		—	8	MF/ABC8	4A	144B
		—	10	MF/ABC10	6A	144B
	卤代烷（1211）	—	1	MY1	—	21B
		—	2	MY2	(0.5A)	21B
		—	3	MY3	(0.5A)	34B
		—	4	MY4	1A	34B
		—	6	MY6	1A	55B
	二氧化碳	—	2	MT2	—	21B
		—	3	MT3	—	21B
		—	5	MT5	—	34B
		—	7	MT7	—	55B

续表

灭火器类型		灭火剂充装量（规格）		灭火器类型规格代码（型号）	灭火级别	
		L	kg		A类	B类
推车式灭火器类型、规格和灭火级别	水型	20	—	MST20	4A	—
		45	—	MST40	4A	—
		60	—	MST60	4A	—
		125	—	MST125	6A	—
	泡沫	20	—	MPT20、MPT/AR20	4A	113B
		45	—	MPT40、MPT/AR40	4A	144B
		60	—	MPT60、MPT/AR60	4A	233B
		125	—	MPT125、MPT/AR125	6A	297B
	干粉（碳酸氢钠）	—	20	MFT20	—	183B
		—	50	MFT50	—	297B
		—	100	MFT100	—	297B
		—	125	MFT125	—	297B
	干粉（磷酸铵盐）	—	20	MFT/ABC20	6A	183B
		—	50	MFT/ABC50	8A	297B
		—	100	MFT/ABC100	10A	297B
		—	125	MFT/ABC125	10A	297B
	卤代烷（1211）	—	10	MYT10	—	70B
		—	20	MYT20	—	144B
		—	30	MYT30	—	183B
		—	50	MYT50	—	297B
	二氧化碳	—	10	MTT10	—	55B
		—	20	MTT20	—	70B
		—	30	MTT30	—	113B
		—	50	MTT50	—	183B

根据灭火器的灭火级别的最低配置基准，对照各灭火器设置点的灭火器的不同类型、规格，核算出各设置点的配置灭火器的数量。每个计算单元内的每个配置点的配置灭火器数量，既应符合计算确定量且不应少于 2 具。[69]

6）确定灭火器的配置方式和环境

（1）灭火器应配置在位置明显和便于取用地点，且不得影响安全疏散；对有视线障碍的配置点，应设置指示其位置的明显标志。

（2）灭火器的摆放应稳固，铭牌应朝外，其挂钩或托架的悬挂高度不应大于 1.5m，底部离地面高度不宜小于 0.08m；灭火器箱不得上锁。

（3）灭火器不宜配置在潮湿或强腐蚀性的地点，当必须配置时应有相应的保护措施；灭火器配置在室外时，应有相应的保护设施。

（4）灭火器不得配置在超出其使用温度范围的地点（场所），并应采取与场所温度条件相适应的保护措施。

（5）灭火器应定期检查维护、维修和报废，并应对报废灭火器随时按照等效替代的原则更换。符合下列情况之一的灭火器应报废：

① 筒体锈蚀严重（大于总表面积1/3），表面有凹坑；

② 筒体明显变形，机械损伤严重；

③ 器头存在裂纹，无泄压机构；

④ 存在筒体为平底等结构不合理现象；

⑤ 没有间歇喷射机构的手提式灭火器；

⑥ 不能确认生产厂家、出厂时间（如铭牌脱落、标识模糊、出厂钢印无法识别）等；

⑦ 筒体有锡焊、铜焊或补缀等修补痕迹；

⑧ 被火烧过；

⑨ 出厂时间达到或超过规定的最大报废期限（水基灭火器6年，干粉灭火器10年，洁净气体灭火器10年，二氧化碳灭火器12年）。

（6）当灭火器配置场所的火灾种类、危险等级和建筑总平面布局或局部平面布置发生变化时，应核对原灭火器配置是否适应新情况，如不适应，则需重新配置灭火器。[69]

9 防烟、排烟及暖通、空调

9.1 概 述

9.1.1 关于防烟、排烟

1. 防烟、排烟设计的重要性

在建筑火灾中，烟气是造成火场人员伤亡和影响消防救援的主要因素。因为物质燃烧会造成建筑内缺氧，同时烟气中携带有较高温度的有毒气体和颗粒，特别是建筑装修的高分子材料燃烧时，会产生大量的毒性气体，对人的生命构成极大威胁。

大气中正常的氧气含量是21％，建筑内的物质燃烧要耗掉建筑空间内大量的氧气。当建筑内氧气含量降至17％时，人会感到呼吸困难；降至15％时，人会失去活动能力；降至10％时，人会失去理智；降至6％时，人就会因缺氧而失去生命。当发生火灾，建筑内刚充满烟气时，氧气的含量一般是16％～19％；燃烧猛烈时，氧气含量只有6％～7％。有关实验表明，人在浓烟中停留1～2min就会晕倒，接触浓烟4～5min就有死亡的危险。

火灾中的烟气蔓延速度是很快的。据研究，烟气沿水平方向扩散的速度为0.3～0.8m/s，垂直向上扩散的速度为3～4m/s。所以，建筑物内一旦起火，烟气很快就可蔓延到与起火点相连通的其他地方，甚至会封堵楼梯间等疏散通道，严重影响人员的疏散与消防救援。这是火灾中烟气导致人员死亡的主要原因。

1972年5月，日本大阪的地下商业街千日百货大楼，因电气人员边工作边吸烟，不慎引起火灾，死亡的118人中有93人是因烟气窒息死亡的。

1980年11月，美国拉斯维加斯市的米高梅饭店火灾中，死亡的84人中有67人是因烟气窒息死亡的。

1985年4月，某市一饭店，因为旅客卧床吸烟引起火灾中，死10人，有1人因烟气窒息死亡，9人被烟气逼得走投无路而跳楼导致死亡。

1999年8月，某市一眼镜公司，因配电室调压器线圈短路造成特大火灾，死亡13人，全是因烟气窒息死亡。

2000年12月，某市一商厦，因地下室电焊火花引燃家具布料等可燃物，造成特大火灾。死亡309人，多数是四楼的歌舞娱乐场所人员，且几乎全部是有毒烟气窒息致死。

2004年2月，某市一商厦，因员工在一楼窗外临时仓库内扔下的未熄烟头引燃了纸屑等可燃物起火，火顺窗口蔓延至一楼营业厅。由于楼梯间既不封闭，底层又无直接对外出口；仅仅一楼营业室内的火灾，其烟气很快顺楼梯间窜入各楼层，致使三楼浴池和四楼舞厅人员遇烟后，惊慌失措，无法疏散。因烟气窒息或被迫绝望跳楼，死亡54人，伤70人。

可见，建筑内防烟与排烟是保证建筑内人员安全疏散或应急避难的重要条件，也是为消防救援创造有利条件所必需的。

对于建筑内防烟与排烟设施的设计，应满足控制建筑内火灾烟气的蔓延、保证人员的安全疏散、有利于消防救援的要求。[69]所采取的技术措施，应符合现行国家标准《消防设施通用规范》GB 55036 的相关规定。设计应根据建筑的用途及其重要性、火灾特性、火灾危险性和环境条件等因素综合考虑进行。火灾时需人员操作或使用的消防设施，应有区别于环境的明显标志。

2. 防烟与排烟的方式

1）自然防、排烟

（1）自然防烟有如下方式：

① 通过开启不同朝向的外窗，且开窗面积满足自然排烟口的面积要求，靠自然通风的方式，达到防烟的目的；

② 设置敞开的阳台、凹廊或外廊，避开建筑内烟气；

③ 关闭房间所有与外部相通的洞口，阻挡烟气进入，达到密闭防烟的目的。

（2）自然排烟有如下方式：

① 靠自动或方便开启的直接对外的门、窗洞口排烟；

② 各排烟口通竖井，靠竖井的烟囱效应自然排烟。

2）机械防、排烟

（1）机械防烟方式：

在局限的空间场所，通过独立的机械加压送风，阻止烟气的侵入。

（2）机械排烟方式：

靠排烟机造成的负压，将流入场所的烟气吸进风道再排至室外。

9.1.2 关于供暖、通风和空气调节

1. 供暖、通风和空气调节系统防火的重要性

供暖、通风和空气调节的功能，是保证生产工艺的安全需要，也是改善生产、生活居住环境的需要。但如果设计疏忽防火措施，可能遗留火灾隐患。因为使用管理不当，容易酿成火灾，扩大损失。

1986 年 11 月 29 日，某县色织布厂纺织车间，水暖工在修理暖气管道时，因电焊火花引燃墙角堆积的混有棉麻纤维的垃圾，延燃了附着在墙面上的纤维粉尘，火顺着墙面又穿过了墙与吊顶棚相交处的缝隙，进入到闷顶内的亚麻秸秆保温层，剧烈燃烧使屋顶承重木结构很快烧毁。屋顶塌落时，闷顶内的亚麻秸秆发生轰燃，同时屋架垮塌激扬起的亚麻粉尘又发生爆炸，火灾通过地沟扩大蔓延到亚麻初加工车间，损失 98 万元。

2000 年 3 月 29 日，某市录像厅，因电暖气烤着沙发起火，死亡 74 人。

2002 年 1 月 9 日，某市生物化学有限公司麦芽分厂，因设备检修时碰掉了排风管上的软接头布袋，使麦芽粉尘飞扬，遇电焊火花爆炸起火，烧伤 17 人，损失 16 万元。

可见，供暖、通风除尘及空气调节设计、施工中，一定要采取得当的防火措施，这对保证防火安全是非常重要的。

2. 供暖、通风和空气调节系统防火基本要求

1）供暖、通风方面

（1）供暖的方式要适应不同火灾危险类别的使用环境的安全需要。

（2）建筑内空气中含有容易起火或爆炸危险物质的场所，应有良好的自然通风或独立的机械通风设施。除有特殊功能或性能要求的场所外，下列场所的空气不应循环使用：

① 甲、乙类生产场所；

② 甲、乙类物资储存场所；

③ 产生燃烧或爆炸危险性粉尘、纤维且所排出空气的含尘浓度不低于其爆炸下限的25%的丙类生产或储存场所；

④ 产生易燃易爆气体或蒸气且所排除空气的含爆炸危险气体浓度不低于其爆炸下限值的10%的其他场所；

⑤ 其他具有甲、乙类火灾危险性的房间。[72]

（3）生产厂房中的送、排风管道宜分层设置。

（4）大空间公共建筑、办公建筑内通风系统的风管设置不宜跨越防火分区。

2）空气调节方面

（1）大空间公共建筑、办公建筑内空气调节系统的风管设置不宜跨越防火分区；

（2）较大规模建筑的通风和空气调节系统，横向宜按防火分区设置，竖向不宜超过5层，垂向风管应设置在管井内。

9.2 系统防火设计原则要求

防烟、排烟系统设计，应满足控制建设工程内火灾烟气的蔓延、保障人员安全疏散、有利于消防救援的要求。

防烟、排烟系统，应具有保证系统正常工作的技术措施。系统中的管道、阀门和组件的性能应满足其在加压送风或排烟过程中正常使用的要求。[69]针对建筑物内不同场所和部位的使用功能和环境特点，须周密防烟、排烟的设计。

9.2.1 防烟设施的设计范围和系统选择

1. 防烟设施的设计范围

建筑的下列场所或部位应采取防烟设施：

1）封闭楼梯间；

2）防烟楼梯间及其前室；

3）消防电梯的前室或合用前室；

4）避难层、避难间；

5）避难走道的前室、地铁工程中的避难走道。[72]

2. 防烟系统的选择

1）自然防烟

（1）完全利用自然通风设施防烟

对于建筑高度不高、受风压作用影响较小的建筑来说，采用自然通风方式的防烟系统是简便易行的。这些建筑一般不设置火灾自动报警系统，当采用全敞开式的凹廊、阳台作为防烟楼梯间前室或合用前室时，可以靠优良的自然通风条件及时排除漏入“前室”的烟气，可防止烟气进入防烟楼梯间。

对于建筑高度小于 50m 的公共建筑、工业建筑和建筑高度小于等于 100m 住宅建筑，其防烟楼梯间及其前室、消防电梯前室宜采用自然通风方式的防烟系统。

采用自然通风方式防烟的避难层中的避难区，应具有不同朝向的可开启外窗或开口，其开启有效面积应大于或等于避难区地面面积的 2%，且每个朝向的窗面积均应大于或等于 $2m^2$。[69]建筑中的避难间应至少有一侧外墙具有可开启外窗，开窗的面积不应小于避难间地板面积的 2%，且应大于等于 $2m^2$。

（2）部分利用自然通风设施防烟

① 当独立前室、共用前室及合用前室的机械加压送风口设置在前室的顶部或正对前室入口的墙面时，楼梯间可采用自然通风系统。

有些建筑的楼梯间有开设外窗的条件，而前室却无条件开窗，要想不让烟气进入楼梯间，就要在前室设置机械加压送风系统。但前室加压送风口位置必须设置在前室顶部或正对前室入口的墙面上，以形成从正面有效阻隔烟气的风幕，阻挡烟气侵入前室。保证在楼梯间的压力低于前室的情况下，能阻隔烟气于前室之外而不受到楼梯间烟囱效应的影响，可避免烟气倒灌入楼梯间。[61]但当机械加压送风口未设置在前室的顶部或正对前室入口的墙面时，则楼梯间应采用机械加压送风系统。

② 当防烟楼梯间在裙房高度以上部分采用自然通风时，不具备自然通风条件的裙房的独立前室、共用前室及合用前室应采用机械加压送风系统。

③ 建筑高度不超过 50m 的公共建筑、工业建筑和建筑高度不超过 100m 的住宅建筑，当采用独立前室且其仅有一个门与走道或房间相通时，可仅在楼梯间设置机械加压送风系统；当独立前室有多个门时，楼梯间、独立前室应分别独立设置机械加压送风系统。[61]

（3）当公共建筑、工业建筑的建筑高度不超过 50m，住宅的建筑高度不超过 100m，且其防烟楼梯间的前室或合用前室的自然通风条件符合如下要求之一时，楼梯间可不设计机械加压送风系统，利用自然通风设施防烟：

① 前室或合用前室采用敞开的阳台、凹廊；

② 前室或合用前室具有两个及以上不同朝向的可开启外窗，且可开启外窗的有效面积满足自然排烟口的面积要求（即：独立前室的两个外窗面积分别不小于 $2m^2$，合用前室两个外窗面积分别不小于 $3m^2$）。[69]

2）机械加压送风防烟

机械加压送风防烟，就是通过开启送风机所产生的气流和压力差，将室外新风输送到疏散楼梯间、防烟前室或合用防烟前室、避难层（间）等安全区域，阻止烟气向安全区域蔓延。

（1）对于以下建筑的防烟楼梯间、防烟前室（合用前室）、消防电梯前室（合用前室）均应分别独立采用机械加压送风方式的防烟系统：

① 建筑高度超过 50m 的公共建筑；

② 建筑高度超过50m的工业建筑；

③ 建筑高度超过100m的住宅建筑。

各建筑的机械加压送风系统应竖向分段独立设置，且每段的系统服务高度不应超过100m。[69]

(2) 建筑地下部分的防烟楼梯间前室及消防电梯前室，当无自然通风条件或自然通风条件不符合要求时，应采用机械加压送风系统。

(3) 当独立前室、共用前室及合用前室的机械加压送风口未设置在前室的顶部或正对前室入口的墙面时，则楼梯间应采用机械加压送风系统。

(4) 当封闭楼梯间不能满足自然通风条件时，应设置机械加压送风系统。[61]

(5) 当地下、半地下建筑（室）不与地上楼梯间共用且地下仅为一层时，可不设置机械加压送风系统，但首层应设置有效面积不小于1.2m^{2}的可开启外窗或直通室外的疏散门。

(6) 当采用合用前室时，楼梯间、合用前室应分别独立设置机械加压送风系统。

① 当采用剪刀楼梯时，其两个楼梯段及其前室（包括合用前室和“三合一”共用前室）的机械加压送风系统应分别独立设置。

② 建筑地下部分的防烟楼梯间前室及消防电梯前室，当无自然通风条件或自然通风不符合要求时，应采用机械加压送风系统。

(7) 设置机械加压送风系统的避难层（间），尚应在外墙设置可开启外窗，其有效面积不应小于该避难层（间）地面面积的1%。

各类建筑防烟系统方式的选择，可参见表9-1要求。

3) 密闭防烟

人防工程的丙、丁、戊类仓库宜采取密闭防烟设施。[26]

9.2.2 排烟设施的设计范围、系统选择和防烟分区

排烟系统分为自然排烟和机械排烟两种方式。在同一个防烟分区内，应采用同一种排烟方式。[69]其设计范围和系统选择应符合如下要求：

1. 排烟设施的设计范围

除不适合设计排烟设施的场所、火灾发展缓慢的场所可不设排烟设施外，工业与民用建筑的以下的场所应采取排烟等烟气控制设施：

1) 生产场所（厂房）和储存物资场所（仓库）建筑

(1) 丙类生产场所（厂房）中，建筑面积大于300m^{2}且经常有人停留或可燃物较多的地上房间和建筑面积大于100m^{2}的地下（半地下）生产场所；

(2) 除高温生产工艺的丁类厂房外，其他建筑面积大于5000m^{2}的地上丁类生产场所和占地面积大于1000m^{2}的地下（半地下）丁类生产场所；

(3) 建筑面积大于300m^{2}的地上丙类仓库；

(4) 建筑高度超过32m的高层厂（库）房内长度超过20m的内走道，其他厂（库）房内长度超过40m的疏散走道；

(5) 中庭。[61]

2) 汽车库

除敞开式汽车库、建筑面积小于 $1000m^2$ 的地下一层中汽车库和修车库外，汽车库、修车库应设计排烟系统。[61]

3）民用建筑

（1）设置在一、二、三层且房间建筑面积大于 $100m^2$，或设置在四层及四层以上楼层或地下、半地下的歌舞娱乐放映游艺场所；

（2）中庭；

（3）公共建筑内建筑面积大于 $100m^2$ 且经常有人停留的地上房间；

（4）公共建筑内建筑面积大于 $300m^2$ 且经常有人停留或可燃物较多的地上房间；

（5）建筑中长度超过 20m 的疏散走道；

（6）虽有直接自然通风，但长度超过 60m 的疏散走道；

（7）地上建筑内的无窗房间，当各房间总建筑面积大于 $200m^2$ 或一个房间建筑面积大于 $50m^2$，且经常有人停留或可燃物较多的房间；

（8）应设置排烟设施，但不具备自然排烟条件的其他场所和无窗房间；[61]

（9）步行街的顶棚。[5]

4）地下或半地下建筑（室）

（1）总建筑面积超过 $200m^2$ 或一个房间建筑面积大于 $50m^2$，且经常有人停留或可燃物较多的房间；

（2）丙、丁类生产车间；

（3）长度大于 20m 的疏散走道；

（4）歌舞娱乐放映游艺场所；

（5）中庭；[15][61]

（6）地下、半地下学校体育运动场所。[20]

5）地铁

（1）同一防火分区内的地下车站设备及管理用房的总面积超过 $200m^2$ 的单个房间；

（2）面积超过 $50m^2$ 且经常有人停留的单个房间；

（3）最远点到地下车站公共区的直线距离超过 20m 的疏散走道；

（4）连续长度超过 60m 的地下通道和出入口通道。[9]

6）通行机动车的一、二、三类城市交通隧道内。[72]

2. 排烟系统的选择

建筑排烟系统的选择应根据建筑的使用性质、平面布局等因素，优先采用自然排烟系统。而且同一个防烟分区应采用同一种排烟方式。

1）建筑的相关部位应尽可能采用自然排烟方式。

（1）单、多层建筑宜采用自然排烟方式。

（2）当防烟前室采用自然通风方式时，独立前室、消防电梯前室可开启外窗或开口的面积不应小于 $2.0m^2$，共用前室、合用前室不应小于 $3.0m^2$。

（3）地下、半地下学校体育运动场所，应选择自然通风排烟。

2）规模较大的厂房和仓库可采用可熔性采光带（窗）排烟。

可熔性采光带，是利用在高温下能自行熔化（无熔滴）的透光的可燃材料覆盖在建筑物空间顶部，室内火灾初起时即可熔化，使场所空间敞开，利于自然排烟。

(1) 除洁净厂房外，设置自然排烟系统的任一层建筑面积大于2500m²的制鞋、制衣、玩具、塑料、木器加工储存等丙类工业建筑，除自然排烟所需排烟窗（口）外，尚宜在屋面上增设可熔性采光带（窗）。

(2) 除洁净厂房外，设置机械排烟系统的任一层建筑面积大于2000m²的制鞋、制衣、玩具、塑料、木器加工储存等丙类工业建筑，可采用可熔性采光带（窗）替代固定窗。

(3) 设计可熔性采光带（窗）的面积应按其实际面积计算，并符合如下要求：

① 未设计自动喷水灭火系统的建筑，或采用钢结构屋顶或预应力钢筋混凝土屋面板的建筑，不应小于楼地面面积的10%；

② 其他建筑不应小于楼地面面积的5%。

3）设有中庭的建筑，中庭应设计排烟设施，并符合如下要求：

(1) 中庭周围场所应设计排烟设施，当中庭与周围场所未采用防火隔墙、防火玻璃隔墙、防火卷帘时，中庭的每层周边与周围场所之间应设计挡烟垂壁。

(2) 当回廊周围场所各房间均设计排烟设施时，回廊可不设计排烟设施，但商店建筑的回廊应设计排烟设施。

综合不同建筑高度的各类建筑内不同部位的自然通风条件和防排烟要求，对防烟楼梯间前室、消防电梯前室和防烟楼梯间的防烟系统方式选择见表9-1。[61]

各类建筑的防烟系统方式选择 **表9-1**

建筑类别	建筑高度 h（m）	各部位通风方式			设置要求
		前室（合用前室）	消防电梯前室	防烟楼梯间	
公共建筑	$h \leqslant 50$	敞开阳台或凹廊	自然通风	自然通风	可开启外窗或开口有效面积： 1. 楼梯间每5层不应小于2.0m²； 2. 前室不应小于2.0m²； 3. 合用前室不应小于3.0m²
		设有不同朝向的可开启外窗	自然通风	自然通风	
		机械加压送风系统	机械加压送风系统	自然通风（如前室机械送风口不满足要求，则应设机械加压送风系统）	1. 前室加压送风口应设在前室顶部或正对前室入口的墙面上； 2. 楼梯间应设置常开风口
	$h > 50$	1. 前室可不设机械加压送风系统； 2. 合用前室应设机械加压送风系统	机械加压送风系统	机械加压送风系统	1. 与火灾自动报警系统连锁； 2. 防烟楼梯间与合用前室应分别设置机械加压送风系统； 3. 楼梯间应设置常开风口

续表

建筑类别	建筑高度 h（m）	各部位通风方式			设置要求
		前室（合用前室）	消防电梯前室	防烟楼梯间	
工业建筑	$h \leqslant 50$	敞开阳台或凹廊	自然通风	自然通风	可开启外窗或开口有效面积： 1. 楼梯间每5层不应小于2.0m^2； 2. 前室不应小于2.0m^2； 3. 合用前室不应小于3.0m^2
		设有不同朝向的可开启外窗	自然通风	自然通风	
		机械加压送风系统	机械加压送风系统	自然通风（如前室机械送风口不满足要求，则应设机械加压送风系统）	加压送风口应设在前室顶部或正对前室入口的墙面上
	$h > 50$	1. 前室可不设机械加压送风系统； 2. 合用前室应设机械加压送风系统	机械加压送风系统	机械加压送风系统	1. 与火灾自动报警系统连锁； 2. 防烟楼梯间与合用前室应分别设置机械加压送风系统； 3. 楼梯间应设置常开风口
住宅建筑	$h \leqslant 50$	敞开阳台或凹廊	自然通风	自然通风	可开启外窗或开口有效面积： 1. 楼梯间每5层不应小于2.0m^2； 2. 前室不应小于2.0m^2； 3. 合用前室不应小于3.0m^2
		设有不同朝向的可开启外窗	可自然通风	自然通风	
		机械加压送风系统	机械加压送风系统	自然通风（如前室机械送风口不满足要求，则应设机械加压送风系统）	加压送风口应设在前室顶部或正对前室入口的墙面上
	$h > 50$	1. 前室可不设机械加压送风系统； 2. 合用前室应设机械加压送风系统	机械加压送风系统	机械加压送风系统	1. 与火灾自动报警系统连锁； 2. 防烟楼梯间与合用前室应分别设置机械加压送风系统； 3. 楼梯间应设置常开风口
带裙房的高层建筑	当裙房以上部分利用可开启外窗自然通风，裙房以下部分不具备自然通风条件时，应设置局部正压送风防烟系统				

续表

建筑类别	建筑高度 h（m）	各部位通风方式			设置要求
		前室（合用前室）	消防电梯前室	防烟楼梯间	
地下室、半地下室		1. 当地上部分楼梯间利用可开启外窗自然通风时，地下部分的防烟楼梯间应设置机械加压送风系统； 2. 当地上与地下部分均需设置机械加压送风系统时，宜分别独立设置； 3. 当地下为不与地上共用的封闭楼梯间时，可不设置机械加压送风系统			1. 当地下与地上需共用机械加压送风系统时，应按分别计算的送风量相加后作为总送风量； 2. 不与地上共用楼梯间时，在首层应设置直通室外的门或能开启不小于 1.2m² 的外窗

注：1. 凡设置封闭楼梯间的建筑，当楼梯间采用自然通风的条件不能满足楼梯间自然通风设施的设置要求（即：每5层的可开启外窗或开口的有效面积不小于 $2.0m^2$，且在楼梯间的最高部位设置有效面积不小于 $1.0m^2$ 的可开启外窗或开口）时，应设置机械加压送风系统。

2. 建筑高度大于100m的高层建筑，其机械加压送风防烟系统应按竖向分段设计。

3. 避难层的防烟系统可根据建筑构造、设备布置等因素选择自然通风系统或机械加压送风系统。

4. 避难走道应在其前室及避难走道分别设置机械加压送风系统；但当避难走道一端设置安全出口且总长度小于30m，或避难走道两端设置安全出口且总长度小于60m时，可仅在前室设置机械加压送风系统。

3. 防烟分区的划分

划分防烟分区，是结合场所空间特性和功能分区而采取的有效蓄积烟气和阻止烟气向相邻防烟分区蔓延的分隔措施。

1）划分防烟分区的必要性

建筑内火灾时产生的高温烟气的扩散，会影响人员的安全疏散和消防扑救。如果对烟气的扩散不予限制，任其流窜，必然要加速火灾的蔓延。为有效控制烟气的自由扩散，有必要结合建筑内部的功能分区或者按排烟系统的设计要求划分防烟分区，以保证在短时间内，使火场上产生的高温烟气不致任其扩散，利用挡烟设施将烟气蓄积并通过排烟设施将烟气迅速排除。

对于一个建筑面积较大的空间来说，划分防烟分区是进行自然或机械排烟所需要的。因火灾中产生的烟气在撞到顶棚后将向四周扩散，烟气的高温还可能引燃其他部位。设置防烟分区可使烟气集中、通过储烟仓蓄积烟气使烟层增厚，有利于火灾报警系统及时探测动作，有利于提高排烟效果。但防烟分区面积不宜过大，因烟气波及面扩大，使受灾面积增加，不利于初起火灾报警、安全疏散和火灾扑救；若面积过小则会增加工程造价。因此，设计时应根据具体情况确定合适的防烟分区面积。

2）怎样划分防烟分区

凡建筑内设置机械排烟（或自然排烟）设施的场所或部位应合理划分防烟分区。防烟分区的长度或宽度均不宜超过场所地面至顶棚高度的8倍（如图9-1）。[64] 因防烟分区面积过大，会与自动报警探测区域不相适应，会延长储烟仓烟层积厚的时间，会影响感烟火灾报警系统滞后动作和排烟设备滞后运行。所以，确定防烟分区面积时，一定要根据场所功能分区的具体净空高度确定防烟分区的边界，并应与火灾报警系统的探测区域范围相吻合。譬如：

（1）对于面积较小房间的防烟分区应按独立房（套）间划分。

（2）对于较大房间内净空高度在3.0m以下时，防烟分区面积不宜大于500m²，长边长度不应大于24m。

（3）对于从主要入口能够看清其内部非常宽敞的大房间内，净空高度超过3m但不超过6.0m的防烟分区面积不应大于1000m²，长边长度不应大于36m。

（4）对于空间高度大于6m的场所，防烟分区面积不应大于2000m²，长边长度不应大于60m，即使有自然对流条件，也不应大于75m。[61]

3）划分防烟分区注意事项

在划分防烟分区时，既要参考火灾报警系统探测区域划分原则，又要根据建筑空间具体情况适当确定防烟分区面积。

因为火灾报警系统的警戒范围区域划分，一般是以防火分区或楼层为单元的，是由若干探测区域的分单元组成的。为利于初期火灾的及时探测，划分防烟分区必须分析场所的空间特征和使用功能分区界限，并与火灾报警探测区域范围相吻合。防烟分区的分隔，应满足有效蓄积烟气和阻止烟气向相邻防烟分区蔓延的要求。[69]划分时应注意如下方面：

（1）凡建筑内采用隔墙等建筑结构形成相对独立的分隔房间（场所），其空间具备储烟仓条件时，应将每个场所（如：房间、走廊、厅堂等）设为各自独立的防烟分区，且不应将多个相邻的具备储烟仓功能的房间面积叠加一起设为一个防烟分区。

（2）防烟分区面积一般不宜大于500m²；对于大型商场、展览厅、观众厅等宽敞大房间的防烟分区面积不应大于1000m²（如图9-1）。

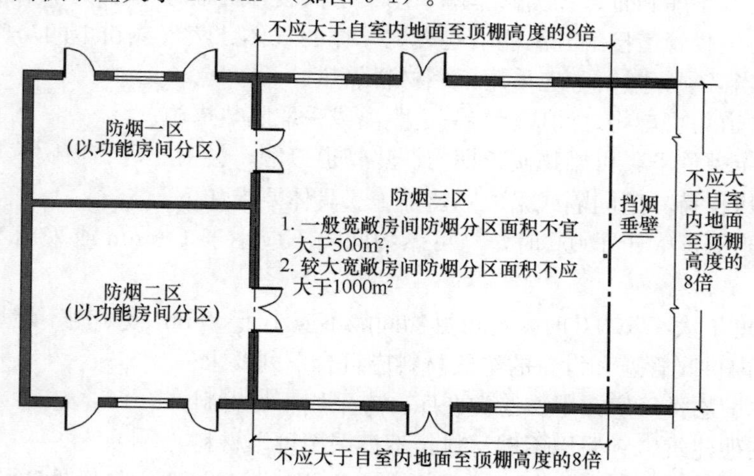

图9-1　防烟分区示意图

（3）对于室内空间高敞（净空高度超过6.0m）的防烟分区面积不应大于2000m²。

（4）防烟分区不应跨越防火分区。[61]

（5）根据某些建筑或场所具体情况适当确定防烟分区面积：

① 对地下室、防烟楼梯间前室、消防电梯间前室等特殊用途的场所，应单独划分防烟分区；

② 防烟分区划分时一般不应跨越楼层；[61]

③ 对于汽车库等高敞空间的防烟分区面积不宜大于2000m²；[7]

④ 地铁站厅、站台的防火分区内应划分防烟分区，每个防烟分区的建筑面积不宜超

过 750m²。[9]

9.2.3 暖通、空调系统防火设计的原则要求

1. 供暖方面

1）甲、乙类生产场所（厂房）和甲、乙类物资储存场所（仓库）及汽车库内，严禁采用明火或燃气红外线辐射供暖；存在粉尘爆炸危险的场所内，不应采用电热散热器供暖。在储存或产生可燃气体或蒸气场所内使用的电热散热器及其连接器，应具备相应的防爆功能。[72]

2）下列生产场所（厂房）和储存物资场所（仓库）内应采用不循环使用的热风供暖：

（1）生产过程中散发的可燃气体、蒸气、粉尘或纤维与供暖管道、散热器表面接触能引起燃烧的生产场所（厂房）。

例如：生产中散发 CS_2 气体、黄磷蒸气及其粉尘的厂房内，如循环使用热风易引起火灾。

（2）生产过程中散发的粉尘受到水、水蒸气的作用能引起自燃、爆炸或产生爆炸性气体的厂房。

例如：生产加工钾、钠、钙能引起自燃爆炸；生产加工电石、碳化铝、氰化钾、氢化钠等遇水能放出可燃气体。

（3）采用燃气红外线辐射供暖的场所，应采取防火和通风换气等安全措施。[72]

3）当Ⅳ类汽车库和Ⅲ、Ⅳ类修车库采用集中供暖有困难时，可采用火墙供暖。

4）存在与供暖管道接触升温能引起燃烧爆炸的气体、蒸气或粉尘的房间内不应有采暖管道穿过，当必须穿过时，应采用不燃材料隔热。

5）供暖管道与可燃物之间应保持一定距离或采取隔热措施。

因为在特定条件下，可燃物质长期与散热管道接触，会引起可燃物质蓄热、分解或炭化起火，所以应保持一定间隔或采取隔热措施。具体要求如下：

（1）当管道温度大于 100℃时，与可燃物间隔不应小于 100mm 或采用不燃烧材料隔热。

（2）当温度不大于 100℃时，与可燃物间隔不应小于 50mm 或采用不燃烧材料隔热。

（3）建筑内供暖管道和设备的绝热材料应符合下列要求：

① 对于甲、乙类厂房或甲、乙类仓库，应采用不燃材料；

② 对于其他建筑，宜采用不燃材料，不得采用可燃材料。

6）限制散热器的表面温度，保证热媒温度不超过供暖场所内易燃物质的自燃点。

在散发可燃粉尘、纤维的厂房内，散热器表面平均温度不应超过 82.5℃。输煤廊的供暖散热器表面温度不应超过 130℃。

因为供暖的热媒温度一般要求热水不超过 130℃，蒸汽不超过 110℃。限制散热器的表面温度，主要是考虑限制热媒温度不能超过易燃物质的自燃点，如：赛璐珞的自燃点为 125℃、PS_3 的自燃点为 100℃、松香的自燃点为 130℃；另外，还有些可燃粉尘积聚厚度超过 5mm 时，在高温时会产生融化或焦化（如树脂、小麦、淀粉、糊精粉等），天长日久聚热也可能有自燃危险。当散热器的表面温度为 82.5℃时，相当于供水温度 95℃、回水温度 70℃，散热器入口处的最高温度为 95℃，低于最低的自燃点，是安全的。

2. 通风、空调方面

1）系统方式选择

（1）甲、乙类生产场所（厂房）和储存物资场所（仓库），产生燃烧或爆炸危险粉尘浓度不低于爆炸下限25%的丙类生产或储存场所，其他有甲、乙类火灾危险的场所（房间）内的空气不应循环使用。

（2）当空气中含有比空气轻的可燃气体时，其排风水平管全长应顺应气流方向向上坡度敷设。

（3）丙类厂房内含有燃烧或爆炸危险的粉尘、纤维的空气，在循环使用前应经净化处理，并应使空气中的含尘浓度低于其爆炸下限的25%。

（4）甲、乙、丙类厂房中的送、排风管道宜分层设置。当水平或竖向送风管在进入生产车间处设置防火阀时，各层的水平或竖向送风管可合用一个送风系统。

（5）设有通风系统的汽车库，其通风系统宜独立设置。喷漆间、电瓶间均应设置独立的排气系统。乙炔间的通风系统设计，应符合国家相关标准要求，并保证生产和事故时的通风换气次数。[7]

（6）下列场所应设置通风换气设施：

① 甲、乙类生产场所（厂房）；

② 甲、乙类物资储存场所（仓库）；

③ 空气中含有燃烧或爆炸危险性粉尘、纤维的丙类物资生产或储存场所；

④ 空气中含有易燃易爆气体或蒸气的其他场所；

⑤ 其他具有甲、乙类火灾危险性的房间。

（7）下列场所的通风系统应单独设置：

① 甲、乙类生产场所中的不同防火分区的通风系统；

② 甲、乙类物资储存场所中的不同防火分区的通风系统；

③ 排除的不同的有害物质混合后能引起燃烧和爆炸的通风系统；

④ 其他建筑中排除有燃烧或爆炸危险的气体、蒸气、粉尘、纤维的通风系统。

（8）排除有燃烧或爆炸性气体、蒸气或粉尘的排风系统设计应符合下列要求：

① 应采取静电导除等防静电措施；

② 排风设备不应设在地下和半地下；

③ 排风管道应具有不易积聚静电的性能，所排除的空气应直接排向室外安全地点。

（9）燃气锅炉房应设计防爆泄压设施。燃油燃气锅炉房应设计独立的通风系统。[72]

2）设备安装

（1）为甲、乙类厂房服务的送风设备与排风设备应分别布置在不同通风机房内，且排风设备不应和其他房间的送、排风设备布置在同一通风机房内。

（2）处理有爆炸危险粉尘的除尘器、排风机的设置应符合如下要求：

① 应与其他普通型的风机、除尘器分开设置；

② 宜按各类单一粉尘分组布置。

（3）含有燃烧和爆炸危险粉尘的空气，在进入排风机前应采用不产生火花的除尘器进行处理。对于遇水可能形成爆炸的粉尘，严禁采用湿式除尘器。

3）管道布置

(1) 通风和空气调节系统，横向宜按防火分区设置，竖向不宜超过5层。当管道设有防止回流设施或防火阀时，管道布置可不受此限制。垂向风管应设置在管井内。

(2) 厂房内用于有爆炸危险场所的排风管道，严禁穿过防火墙和有爆炸危险的房间、人员密集的房间、可燃物较多的房间的隔墙。

(3) 可燃气体管道和甲、乙、丙类液体管道不应穿过通风机房和通风管道，且不应紧贴通风管道的外壁敷设。

(4) 排除有爆炸或燃烧危险气体、蒸汽和粉尘的排风管应采用金属管道，并应直接通到室外的安全处，不应暗设。

9.3 系统设计技术要求

9.3.1 防烟系统设计的技术要求

1. 自然通风设施技术要求

1) 封闭楼梯间、防烟楼梯间的开窗或开口面积应符合如下要求：

(1) 每5层内的可开启外窗或开洞口的有效面积不应小于2.0m²；

(2) 采用自然通风方式的封闭楼梯间、防烟楼梯间，应在楼梯间的最高部位或在最上一层外墙上设置计有效面积不小于1.0m²的常闭式可应急手动或联动开启的排烟窗。当建筑高度超过10m时，尚应在楼梯间的外墙上设计每5层内总面积不小于2.0m²的可开启外窗或开口，且布置间隔不超过3层。[20][72]

2) 防烟楼梯间前室、消防电梯前室可开启外窗或开口的有效面积不应小于2.0m²，合用前室不应小于3.0m²。

3) 采用自然通风方式的避难层（间）应设有不同朝向的可开启外窗，以利对流通风防烟，其有效面积不应小于该避难层（间）地面面积的2%，且每个朝向开窗的有效面积不应小于2.0m²。

4) 设计机械加压送风系统的场所，楼梯间应设计常开风口，前室应设计常闭风口；火灾时联动开启方式应符合火灾自动报警系统相关规定。[20]

5) 可开启外窗应符合如下要求：

(1) 应方便开启；

(2) 设置在高处的可开启外窗应设置距地面高度为1.3～1.5m的开启装置；

(3) 可开启外窗或开口的有效面积计算应符合有关技术要求。

2. 机械加压送风系统设计技术要求

加压送风机的公称风量，在计算风压条件下，不应小于计算所需风量的1.2倍。[69]

1) 对采用机械加压送风场所的设计要求

(1) 对采取直灌式加压送风系统的要求

建筑高度不超过50m的建筑，当楼梯间设置加压送风井（管）道确有困难时，楼梯间可采用直灌式加压送风系统。这是利用安装在建筑顶层或低层的风机直接向上下敞通的楼梯间进行送风的方式，阻止烟气进入楼梯间。为保持楼梯间内压力的均衡，加压送风系统设置时应符合如下要求：

①建筑高度超过 32m 的高层建筑，应采用楼梯间两点部位送风的方式，送风口之间的距离不宜小于建筑高度的 1/2；

②为弥补漏风量，直灌式加压送风系统的送风量应按计算或要求值增加 20%；

③为减少送风的泄漏，加压送风口应远离首层、避难层、屋顶等通往安全区域的疏散门部位。

（2）建筑高度超过 100m 的高层建筑，其送风系统应竖向分段设计，且每段高度不应超过 100m。

（3）采用机械加压送风的场所不应设置百叶窗。

（4）采用机械加压送风的场所不宜设置可开启外窗。

（5）剪刀式楼梯合用前室时，两部楼梯不宜共用风道，其送风口应分别独立设置。

（6）当如下地上建筑或部位设置机械排烟系统时，尚应在其外墙或屋顶设计可破拆的固定玻璃窗：

① 任一层建筑面积大于 $2500m^2$ 的丙类厂房（仓库）；

② 任一层建筑面积大于 $3000m^2$ 的商店建筑、展览建筑及类似功能的公共建筑；

③ 总建筑面积大于 $1000m^2$ 的歌舞娱乐放映游艺场所；

④ 商店建筑、展览建筑及类似功能的公共建筑中长度超过 60m 的走道；

⑤ 靠外墙或贯通至建筑屋顶的中庭。

（7）当在建筑顶层区域的外墙或屋顶设置可破拆的玻璃窗时，应符合如下要求：

① 其总面积不应小于楼地面面积的 2%。

② 单个固定窗的面积不应小于 $1m^2$，且间距不宜大于 20m，其下沿距室内地面的高度不宜小于层高的 1/2。

③ 设置在中庭区域的固定窗，其总面积不应小于中庭楼地面面积的 5%。

④ 固定窗宜按每个防烟分区在屋顶或建筑外墙上均匀布置且不应跨越防火分区。

⑤ 供消防救援人员进入的窗口面积不计入固定窗面积，但可组合布置。[20]

2）对加压送风机、送风口、送风井（管）道的设置要求

（1）加压送风机的安装位置要求

加压送风机的安装位置如不避开受火灾时烟气影响的因素，可能导致因加压送风的空气夹杂烟气，而使疏散场所的防烟措施失败。设置时应符合如下要求：

① 送风机的进风口宜直通室外，并宜设在机械加压送风系统的下部，且宜采取防止烟气侵袭的措施；

② 送风机的进风口不应与排烟风机的出烟口设在同一层面。当必须设在同一层面时，应将送风机进风口和排烟风机出烟口分开设置：竖向布置时，将送风机进风口设在排烟风机出烟口的下方，垂直距离不应小于 6m；水平布置时，两者边缘最小水平距离不应小于 20m；

③ 送风机应设置在专用机房内，并用耐火极限不低于 2.0h 的隔墙和 1.5h 的楼板及甲级防火门与其他部位隔开。

（2）加压送风口设计要求

① 当送风机出风管或进风管上安装单向风阀或电动风扇时，应采取火灾时阀门自动开启的措施；

② 除直灌式送风方式外，楼梯间宜每隔 2～3 层设一个常开式百叶送风口；合用一个

井道的剪刀楼梯的 2 个楼梯间应每层设一个常开式百叶送风口；分别设置井道的剪刀楼梯的 2 个楼梯间应分别每隔一层设一个常开式百叶送风口；

③ 前室、合用前室应每层设一个常闭式加压送风口，并应设手动开启装置；当任一加压送风口开启时，相应的加压风机均应能联动启动；[69]

④ 送风口的风速不宜大于 7m/s；

⑤ 送风口不宜设置在被门挡住的部位。

（3）送风井（管）道设计要求

① 送风井（管）道应采用不燃性材料制作，且内壁应光滑；

② 送风管道内壁为金属材料时，设计风速不应大于 20m/s；当采用非金属管道时，不应大于 15m/s；

③ 竖向设置的送风管道应独立设置在管道井内，当确有困难时，未能设置在管道井内或未能与其他管道合用管道井的送风管道，其耐火极限不应低于 1.0h；

④ 水平设置的送风管道，当设置在吊顶内时，其耐火极限不应低于 0.50h；当未设置在吊顶内时，其耐火极限不应低于 1.0h；

⑤ 管道井应采用耐火极限不低于 1.0h 的隔墙与相邻部位分隔，当墙上必须设置检修门时应采用乙级防火门。[61]

3）机械加压送风系统的送风量要求

机械加压送风系统送风机的送风量，应按门开启时，规定风速值所需的送风量和其他门漏风总量，以及未开启常闭送风阀漏风总量之和计算。

（1）防烟楼梯间、前室的机械加压送风量，应按现行国家标准《建筑防烟排烟系统技术标准》GB 51251 规定计算确定。当系统负担建筑高度超过 24m 时，应按计算值与表 9-2 的数值相对比的较大值确定。

消防电梯前室、封闭楼梯间、防烟楼梯间、前室、合用前室的加压送风量　　表 9-2

加压送风部位	前提条件	系统负担高度 h（m）	加压送风量（m^3/h）
消防电梯前室		$24\leqslant h<50$	35400～36900
		$50\leqslant h<100$	37100～40200
楼梯间前室、合用前室	楼梯间采用自然通风	$24<h\leqslant 50$	42400～44700
		$50<h\leqslant 100$	45000～48600
封闭楼梯间		$24<h\leqslant 50$	36100～39200
		$50<h\leqslant 100$	39600～45800
防烟楼梯间	前室不送风	$24<h\leqslant 50$	36100～39200
		$50<h\leqslant 100$	39600～45800
防烟楼梯间及合用前室分别加压送风	防烟楼梯间加压送风	$24<h\leqslant 50$	25300～27500
		$50<h\leqslant 100$	27800～32200
	合用前室加压送风	$24<h\leqslant 50$	24800～25800
		$50<h\leqslant 100$	26000～28100

注：1. 风量按开启 2.0m×1.6m 的双扇门确定。当采用单扇门时，其风量可乘以 0.75 系数计算；当设有多个疏散门时，其风量应乘以开启疏散门的数量，最多按三扇疏散门开启计算。
2. 表中未考虑防火分区跨越楼层时的情况；当防火分区跨越楼层时，应按照现行国家标准《建筑防烟排烟系统技术标准》GB 51251 规定重新计算。
3. 风量上下限选取，应根据层数、风道材料、防火门漏风量等因素综合比较确定。

（2）住宅的剪刀楼梯间可合用一个机械加压送风风道和送风机；送风口应分别设置；送风量按两个楼梯间风量计算。

（3）封闭避难层（间）的机械加压送风量，应按避难层（间）的净面积每平方米不少于 $30m^3/h$ 计算。

（4）避难走道前室的送风量，应按直接开向前室的疏散门总断面积乘以 1.0m/s 门洞断面风速计算。

（5）机械加压送风量应满足：走廊→前室→楼梯间的压力呈递增分布，余压值应符合如下要求：

① 前室、合用前室、消防电梯前室、封闭避难层（间）与走道之间的压差应为 25～30Pa；

② 防烟楼梯间、封闭楼梯间与走道之间的压差应为 40～50Pa；

③ 应按现行国家标准《建筑防烟排烟系统技术标准》GB 51251 有关规定计算确定最大允许压力差。当系统余压值超过最大允许压力差时，应采取泄压措施。[61]

4）防烟系统的联动控制要求

采用机械加压送风方式的防烟系统应与火灾自动报警系统联动。其联动控制应符合现行国家标准《火灾自动报警系统设计规范》GB 50116 的有关规定。

（1）对加压送风机的启动控制要求

对加压送风机的启动应符合下列要求：

① 送风机现场手动启动；

② 通过火灾自动报警系统联动启动；

③ 消防控制室内手动启动；

④ 系统中任一加压送风口开启时，加压送风机应能联动启动。

（2）对防烟系统联动的功能要求

当防火分区内火灾确认后，应能在 15s 内联动开启着火分区内的加压送风口和加压送风机，并应符合下列要求：

① 应开启该防火分区内的楼梯间（含前室）的全部加压送风机；

② 当该防火分区不跨越楼层时，应开启该防火分区全部楼梯间和相邻着火楼层的楼梯间前室（含合用前室）的常闭加压送风口及其加压送风机；

③ 当防火分区跨越楼层时，应开启该防火分区内全部楼层的前室及合用前室的常闭加压送风口及其加压送风机；

④ 机械加压送风系统宜设有测压装置及风压调节措施；

⑤ 消防控制设备应显示防烟系统的送风机、阀门等设施启闭状态。[61]

（3）机械加压送风系统，应能维持防烟前室、封闭楼梯间、封闭避难层（间）与疏散走道的气压差（25～30Pa）和防烟楼梯间与疏散走道的气压差（40～50Pa）。[69]

5）防烟系统的技术设计、系统施工、联动调试等均应遵循现行国家标准《建筑防烟排烟系统技术标准》GB 51251 的规定。

9.3.2 排烟设施设计技术要求

1. 自然排烟

1）自然排烟窗设计基本要求

排烟窗应设置在排烟区域的顶部或外墙，并应符合下列要求：

（1）当设置在外墙上时，排烟窗应在储烟仓以内或室内净高度的1/2以上，并应沿火灾烟气的气流方向开启；

（2）宜分散均匀布置，每组排烟窗的长度不宜大于3.0m；

（3）设置在防火墙两侧的排烟窗之间的水平距离不应小于2.0m；

（4）自动排烟窗附近应同时设置便于操作的手动开启装置，手动开启装置距地面高度宜为1.3～1.5m；

（5）走道设有机械排烟系统的建筑物，当房间面积不大于300m²时，排烟窗的设置高度及开启方向可不限；

（6）室内或走道的任一点至防烟分区内最近的排烟窗的水平距离不应大于30m，当室内空间高度超过6m且具有自然对流条件时，其水平距离可增加25%；

（7）靠外墙或直通屋面并设有机械加压送风系统的封闭楼梯间、防烟楼梯间，在其顶部或最上一层外墙上应设置常闭式应急排烟窗，且该应急排烟窗应设有手动和联动开启功能；[72]

（8）除有特殊功能或性能要求的建筑物可不设计排烟排热设施外，下列无可开启外窗的地上建筑或部位，应在建筑的每层外墙和（或）屋顶上设置排烟排热设施：

① 任一层建筑面积大于2500m²的丙类生产场所（厂房）；

② 任一层建筑面积大于2500m²的丙类储存物资场所（仓库）；

③ 任一层建筑面积大于2500m²的商店营业厅、展览厅、会议厅、多功能厅、宴会厅，以及这些建筑中长度超过60m的走道；

④ 总建筑面积大于1000m²的歌舞娱乐放映游艺场所的房间和走道；

⑤ 靠外墙或贯通至建筑屋顶的中厅。[20]

2）自然排烟窗（口）的有效面积确定

自然排烟窗（口）开启的有效面积应按现行国家标准《建筑防烟排烟系统技术标准》GB 51251有关排烟系统设计规定计算确定所需通风窗（口）面积，并符合下列要求：

（1）当中悬窗开窗角大于70°时，其面积应按窗的面积计算；当开窗角小于或等于70°时，其通风面积应按窗最大开启时的水平投影面积计算；

（2）当平开窗开窗角大于70°时，其面积应按窗的面积计算；当开窗角小于或等于70°时，其面积应按最大开启时的竖向投影面积计算；

（3）当采用推拉窗时，其通风面积应按开启的最大窗口面积计算；

（4）当采用百叶窗时，其通风面积按窗的有效开口面积计算；

（5）当采用平推窗时，其通风面积应根据设置部位按如下要求确定：

① 当平推窗设置在顶部时，其通风面积应按窗的1/2周长与平推距离的乘积计算，且不应大于窗面积；

② 当平推窗设置在外墙时，其通风面积可按窗的1/4周长与平推距离的乘积计算，且不应大于窗面积。[61]

3）厂房、仓库、汽车库的自然排烟

当厂房、仓库采用可开启外窗进行自然排烟时，可开启外窗的排烟面积应符合下列要求：

（1）采用自动排烟窗时，厂房、汽车库的自然排烟口的总面积不应小于排烟区域建筑面积的2%，仓库的排烟面积应增加1倍；

（2）当采用手动排烟窗时，厂房的排烟面积不应小于排烟区域建筑面积的3%，仓库的排烟面积应增加1倍；

（3）自然排烟口应设置在外墙上方或屋顶上，并应设置方便开启的装置；

（4）房间外墙上的排烟口（窗）宜沿外墙周长方向均匀分布，排烟口下沿不应低于室内净高的1/2，开窗方向应向外；

（5）每个防烟分区的排烟口距该防烟分区最远点不应大于30m；

（6）当设有自动喷水灭火系统时，自然排烟面积可按计算值减半。[61]

4）利用可熔性采光带（窗）排烟

采用可熔性采光带（窗）进行自然排烟时，可熔性采光带（窗）的面积应按实际面积计算。[61]

支撑采光带的建筑结构应为不燃材料，且应有一定的耐火极限，防止火灾时采光带熔融后建筑结构破坏倒塌。

5）大空间公共场所的自然排烟

（1）对于室内净空高度大于6m且面积大于500m^{2}的中庭、营业厅、展览厅、观众厅、体育馆、客运站、航站楼等公共场所采用自然排烟方式时，应采取下列措施之一：

① 有火灾自动报警系统的应设置自动排烟窗；

② 无火灾自动报警系统的应设置集中控制的手动排烟窗；

③ 设置常开的排烟口；[61]

④ 地下、半地下学校体育运动场所，每个防火分区的最大允许建筑面积当按不大于2000m^{2}划分时，该防火分区内自然排烟口的面积不应小于其室内地面面积的20%，或者防火分区应有至少1/4的周长面向室外。[20]

（2）有顶棚的步行商业街的自然排烟设施应采取如下措施：

① 步行街的顶棚下檐（如设高侧排烟窗时，其窗下口）距地面的高度不应小于6.0m；

② 当步行街为多层结构时，各层楼面位于步行街上部的回廊、挑檐等外部的共享空间的开口宜均匀布置，且应保证步行街上部的各层开口的面积不应小于步行街地面面积的37%；

③ 步行街的顶棚应设置高侧窗等自然排烟设施并宜采用常开式排烟口，且自然排烟口的有效面积不应小于步行街地面面积的25%；

④ 常闭式自然排烟设施应能在火灾时手动和自动开启；[5]

⑤ 步行街的端部在各层均不宜封闭，确需封闭时，应在外墙上设置可开启的门窗，且可开启门窗的面积不应小于该部位外墙面积的一半[20]。

为防止设有顶棚的步行街窝存烟气，通过设计敞通共享空间和常开式排烟窗（口）措施，来保证步行街的自然排烟。

2. 机械排烟

排烟风机的公称风量，在计算风压条件下，不应小于计算所需风量的1.2倍。[69]

机械排烟系统应采用管道排烟，且不应采用土建风道（因土建风道内壁粗糙，影响排烟效果）。排烟管道应采用不燃材料制作且内壁应光滑。

1）系统设计要求

（1）机械排烟系统沿水平方向布置时，应按不同防火分区设置独立系统。

（2）建筑高度超过 50m 的公共建筑和工业建筑、建筑高度超过 100m 的住宅建筑，其机械排烟系统应竖向分段独立设计，且公共建筑和工业建筑中每段的系统服务高度应小于等于 50m，住宅建筑中每段的系统服务高度应小于等于 100m。[69]

（3）排烟系统与通风、空气调节系统宜分开设置，当合用时应符合下列条件：

① 系统的风口、风道、风机等应满足排烟系统的要求；

② 风管的保温材料应采用不燃性材料。[61]

因为防、排烟系统的管道选材、防火阀门、风机设备选型及安装，有适应高温烟气环境的特殊要求。而单纯通风系统则不会具备适应火灾环境的条件，所以必须采取可靠的防火措施，以使其符合机械排烟系统的有关要求。

（4）汽车库的机械排烟系统可与人防、卫生等排气、通风系统合用。[7]

2）排烟风机设计要求

（1）排烟风机可采用离心式轴流风机（应满足 280℃时连续工作 30min 的要求），排烟系统的下列部位应设置 280℃时能自行关闭的排烟防火阀：

① 垂直主排烟管道与每层水平排烟管道连接处的水平管段上；

② 一个排烟系统负担多个防烟分区的各排烟支管上；

③ 排烟风机入口处；

④ 排烟管道穿越防火分区处。

该排烟防火阀应与排烟风机连锁，当该阀关闭时，排烟风机应能停止运转，且该阀应有连锁关闭相应排烟风机和补风机的功能。[69]

（2）排烟风机宜设置在排烟系统的顶部，烟气出口宜朝上，并应高于加压送风机和补风机的进风口；排烟口与加压送风机进风口之间垂直距离不应小于 3.0m，水平距离不应小于 10.0m。

（3）排烟风机应设置在专用机房内，排烟风机两侧应有 600mm 以上的空间。机房的建筑构件耐火极限应符合如下要求：

① 与其他部位之间的隔墙耐火极限不应低于 2.00h；

② 楼板的耐火极限不应低于 1.50h；

③ 门应为甲级防火门。

（4）当排烟风机必须与其他风机合用机房时，应符合如下条件：

① 机房内应设有自动喷水灭火系统；

② 机房内不得设有用于机械加压送风的风机和管道；

③ 排烟风机与排烟管道上不宜设有软接管。当排烟风机及系统中设有软接头时，该软接头应能在 280℃环境条件下连续工作不少于 30min。

3）排烟管道设计要求

（1）排烟管道的耐火极限要求

排烟管道必须采用不燃性材料制作，排烟管道及其连接部位应能在 280℃时连续 30min 保证其结构完整性，其耐火极限不应低于 0.50h。根据其所处特殊功能场合安全疏散的需要，应适当提高其耐火极限要求：

① 当排烟管道水平穿越两个及两个以上防火分区时，管道的耐火极限不应低于1.50h；

② 当排烟管道在走廊的吊顶内时，管道的耐火极限不应低于1.50h；

③ 排烟管道不应穿越前室和楼梯间，在特殊困难情况下必须穿越时，管道的耐火极限不应低于2.00h。

（2）排烟管道的设计风速要求：

① 当采用金属风道时，管道风速不应大于20m/s；

② 当采用非金属材料风道时，管道风速不应大于15m/s；

③ 排烟管道的厚度应按现行国家标准《通风与空调工程施工质量验收规范》GB 50243的有关规定执行。

（3）排烟管道的防护要求

① 水平设置的排烟管道应设置在吊顶内，其耐火极限不应低于0.50h；当吊顶内有可燃物时，吊顶内的排烟管道应采用不燃性材料包裹进行防护隔热，并应与可燃物保持不小于150mm的距离。当在吊顶内布置确有困难时，可直接设置在室内，但管道的耐火极限不应低于1.00h。

② 排烟管道竖向穿越防火分区时，管道应设置在管道井内，且应在与各防火分区管道连接的水平接点近端设置280℃排烟防火阀。

③ 水平设置的排烟管道应按防火分区设计，管道耐火极限不应低于1.00h；当穿越防火分区时，应在防火分区临界处设置防火阀。

（4）排烟管道井设计要求：

① 竖向设置的排烟管道应设置在独立的管道井内，排烟管道的耐火极限不应低于0.50h。

② 当墙上必须设置检修门时，应采用乙级防火门。

4）排烟阀（口）的功能要求

（1）当火灾确认后，担负两个及以上防烟分区的排烟系统，应仅打开着火防火分区的排烟阀（口），其他防烟分区的排烟阀（口）应呈关闭状态。

（2）当排烟阀（口）设在吊顶内，通过吊顶上部空间进行排烟时，应符合下列要求：

① 封闭式吊顶的吊平顶上设置的烟气流入口的颈部烟气速度不宜大于1.5m/s；

② 非封闭吊顶的吊顶开孔率不应小于吊顶净面积的25%，且应均匀布置；

③ 吊顶应采用不燃性材料。

（3）排烟阀（口）的设置位置、高度和开启方式等要求：

① 排烟口应设置在防烟分区所形成的储烟仓内，且宜设置在顶棚或靠近顶棚的墙面上；

② 走道内排烟口应设置在其净空高度的1/2以上，当设置在侧墙上时，其最近的边缘与吊顶的距离不应大于0.5m；

③ 火灾时由火灾自动报警系统联动开启排烟区域的排烟阀（口），应在现场设置手动开启装置；当任一排烟阀（口）开启时，相应的排烟风机、补风机均应能联动启动。

④ 排烟口的设置宜使烟流方向与人员疏散方向相反，排烟口与附近安全出口相邻边

缘之间的水平距离不应小于 1.5m；

⑤ 每个排烟口的排烟量不应大于最大允许排烟量（即根据现行国家标准《建筑防烟排烟系统技术标准》GB 51251 关于排烟口最大允许排烟量要求计算确定的最高临界排烟量）；

⑥ 排烟口的风速不宜大于 10m/s。

（4）防烟分区内或走道的任一点至最近的排烟口之间的水平距离不应大于 30m，当室内空间高度大于 6m 且具有自然对流条件时，其水平距离可增加 25%（不应大于 37.5m）。

（5）当需设计机械排烟的房间面积小于 $50m^2$ 时，排烟口可设置在疏散走道。

5）排烟量的确定

排烟系统的设计风量不应小于该系统计算风量的 1.2 倍。当排烟风机担负多个防烟分区时，其风量应按最大一个防烟分区的排烟量、风管（风道）的漏风量及其他未开启排烟阀（口）的漏风量之和计算。[61]

一个防烟分区的排烟量应根据场所内的热释放量以及火源类型、空间大小、环境温度等因素按现行国家标准《建筑防烟排烟系统技术标准》GB 51251 规定的参数计算确定。但对于建筑面积较小、疏散距离较短的某些场所，可不考虑影响疏散的清晰高度，只考虑通过排烟导出火场热量，便于消防人员及时内攻扑救。[61]

（1）一般场所排烟系统要求，应遵循规范设计计算。表 9-3 供参考。

一般场所排烟系统要求 **表 9-3**

场所名称	建筑面积 S（m^2）	排烟设施选择	
		机械排烟	设排烟窗
一般房间	$S \leqslant 500$	排烟量应不小于 $60m^3/(h \cdot m^2)$	不小于室内面积 2%
办公室	$500 < S \leqslant 2000$	排烟量应按 8 次/h 换气计算且不应小于 $30000m^3/h$	不小于室内面积 2%
商场	$500 < S \leqslant 1000$	排烟量应按 12 次/h 换气计算且不应小于 $30000m^3/h$	不小于室内面积 2%
其他公共场所	$500 < S \leqslant 1000$	排烟量应按 12 次/h 换气计算且不应小于 $30000m^3/h$	不小于室内面积 2%

（2）对商场和其他公共建筑场所的排烟量设计计算应遵循规范规定。表 9-4 仅供参考。

大型商场及其他公共场所的排烟量 **表 9-4**

场 所 清晰高度（m）	商场排烟量（m^3/h）		其他公共场所排烟量（m^3/h）	
	无自动喷水灭火系统	设自动喷水灭火系统	无自动喷水灭火系统	设自动喷水灭火系统
2.5 及以下	140000	50000	115000	43000
3.0	147000	55000	121000	48000
3.5	155000	60000	129000	53000
4.0	164000	66000	137000	59000
4.5	174000	73000	147000	65000

注：采用自然排烟方式的，可开启外窗的窗口排烟风速按 2m/s 计。

(3) 当公共建筑需在室内、走道或回廊设计排烟系统时，其排烟量设计应遵循规范规定。表 9-5 仅供参考。

公共建筑在室内、走道、回廊或中庭设置排烟系统的排烟量　　表 9-5

<table>
<tr><th rowspan="2">建筑部位名　称</th><th colspan="3">设置排烟设施部位</th><th colspan="2">排烟设施选择及要求</th></tr>
<tr><th>室内</th><th>走道</th><th>回廊</th><th>机械排烟量</th><th>设排烟窗</th></tr>
<tr><td rowspan="2">公共建筑走道及回廊</td><td>不设置</td><td>设置</td><td>设置</td><td>不应小于 $13000m^3/h$</td><td>在走道两端（侧）均设置面积不小于 $2m^2$ 的排烟窗，且走道两侧排烟窗的距离不应小于走道长度的 2/3</td></tr>
<tr><td>设置</td><td>设置</td><td>设置</td><td>其走道或回廊的机械排烟量可按 $60m^3/(hm^2)$ 计算</td><td>设置不小于走道、回廊面积 2% 的排烟窗</td></tr>
<tr><td rowspan="3">中庭</td><td colspan="3">中庭周围场所设有机械排烟</td><td>中庭按周围场所中最大排烟量的 2 倍计算，且不小于 $107000m^3/h$</td><td>有效开窗面积不小于 $25m^2$</td></tr>
<tr><td colspan="3">中庭周围场所仅需回廊设排烟</td><td colspan="2" rowspan="2">中庭排烟量应按现行国家标准《建筑防烟排烟系统技术标准》GB 51251 的有关规定计算确定</td></tr>
<tr><td colspan="3">中庭周围场所均设置自然排烟</td></tr>
</table>

(4) 汽车库的排烟量不应小于 $30000m^3/h$，且不小于表 9-6 中的数值。

汽车库的排烟量　　表 9-6

车库空间规模 / 排烟方式		车库净高（m）							
		3.0 及以下	4.0	5.0	6.0	7.0	8.0	9.0	9.0 以上
排烟方式选择	机械排烟量（m^3/h）	30000	31500	33000	34500	36000	37500	39000	40500
	设置排烟窗（占室内面积）	2%	2%	2%	2%	2%	2%	2%	2%

(5) 地下车站站台、站厅火灾时的排烟量，应根据一个防烟分区的建筑面积按 $1m^3/(m^2 \cdot min)$ 计算。当排烟设备负担两个防烟分区时，其设备能力应按同时排除 2 个防火分区的烟量配置。当车站站台发生火灾时，应保证站厅到站台的楼梯和扶梯口处具有不小于 1.5m/s 的向下气流。[9]

6) 划分防烟分区的技术措施

火灾烟气流窜是蔓延火灾的重要原因。为控制初期火灾烟气的流动和排放，要通过设计储烟仓划分防烟分区。通过储烟仓的拦挡和蓄积烟气，有利于感烟报警探头及时动作，也便于实施排烟。当采用自然排烟方式时，储烟仓的厚度不应小于空间净高的 20%，且不应小于 0.50m；当采用机械排烟方式时，储烟仓的厚度不应小于空间净高的 10%，且不应小于 0.50m。对于场所内有吊顶开孔的空间，当吊顶的开孔部分与该场所空间平面的比率小于 25%时，吊顶内的空间不应计入储烟仓厚度。[61]

划分防烟分区的分隔物（挡烟设施）的材料，耐火性能应为不燃性。设计防烟分区时，可视不同场所的建筑结构能实现空间围合隔挡的具体客观条件采取不同的划分防烟分区形式。划分时应注意如下方面：

（1）利用建筑分隔设施划分防烟分区

利用房间隔墙和门上口至顶棚之间的隔墙等建筑结构形成的空间围合条件，自然划分防烟分区。

（2）在棚下设挡烟垂壁划分防烟分区

设置自顶棚下垂吊高度不小于 0.50m 的固定式帘板、防火玻璃等具有拦挡烟气功能的挡烟垂壁（如：采用装饰板、框装防火玻璃、挂防火布帘等形式）划分防烟分区。

（3）位于防火分区临界的常开式防火卷帘应具有防烟分区的挡烟功能

在相邻防火分区临界处，也必然是防烟分区的边界。如果此处设有与感烟报警系统连锁的常开式防火卷帘（或活动式挡烟垂壁），在卷帘（或活动式挡烟垂壁）未下落时，是没有挡烟功能的，防烟分区的实际界限是不存在的。在防烟分区设计时，不要错误认为临界防火分区的常开式防火卷帘（或活动式挡烟垂壁）在与感烟报警系统联锁指令下落后能够阻挡初期火灾烟气，这是不切实际的妄想。因为感烟探头动作必定要滞后于烟气的蔓延很长时间，需要在储烟仓烟层积厚到一定程度时才能动作，待到系统报警时才能连锁指令卷帘（或活动式挡烟垂壁）下落。此前，火灾烟气因无挡烟垂壁的阻挡，早已顺利蔓延至相邻防火分区。因防火卷帘（或活动式挡烟垂壁）下落前，相邻的两个防火（防烟）分区实际是一个“储烟大仓”，烟气的迅速蔓延极容易引起相邻防火（防烟）分区感烟探头同时报警。更有甚者是给消防联动控制系统造成紊乱，必然导致按一个防火分区设计的消防灭火能力成为“杯水车薪”的恶果。对设计常开式防火卷帘（或活动式挡烟垂壁）的公共建筑来说，绝不能忽视在防火分区临界处的防烟分区的挡烟问题。否则，防火卷帘形同虚设。所以，非常有必要在平时卷帘全部卷起时附设固定式挡烟垂壁，或利用防火卷帘卷置时限位留置一段卷帘末端（自棚面下垂高度不小于 0.5m）来兼替挡烟垂壁。以避免火灾初期防火卷帘（或活动式挡烟垂壁）未及下落之前的“防烟分区”跨越防火分区的悲剧情况发生（如图 7-6 示意）。

（4）不靠近防火分区临界的防烟分区之间可设置活动式挡烟垂壁

在除防火分区临界设有常开式防火卷帘处须设置固定式挡烟垂壁以外，其他防烟分区之间的挡烟垂壁，也可设计为与感烟报警系统连锁通过系统指令自动垂落的活动式挡烟垂壁，垂壁高度应不小于 0.50m。[61] 虽然火灾初期起火点附近的感烟探头动作要滞后于烟气的流窜，在系统报警前活动挡烟垂壁未及下落时烟气可能流窜跨越到相邻防烟分区，但只要火灾烟气不跨越漫进相邻（临区界设置固定式挡烟垂壁）的防火分区，就不至于影响按防火分区设计的消防联动控制功能。相邻防火分区就不会遭遇火灾烟气跨区蔓延的威胁。

（5）利用从顶棚下凸出不小于 0.50m 的结构梁（非井字梁）或装饰梁板（如图 9-2）划分防烟分区。

（6）井字梁结构的楼板，应在防烟分区界限处的井字梁下设置高度不小于 0.5m 的挡烟垂壁。因井字梁楼板的梁是等高的，不论梁下皮至棚板的高度多大，都不能起到防烟分区的挡烟垂壁作用。当靠近防烟分区界限的井字格内充满烟后，自然要向相邻防烟分区的井字格内蔓延。所以，位于防烟分区界限处的井字梁下仍应设置高度不小于 0.5m 的挡烟垂壁（图 9-3）。

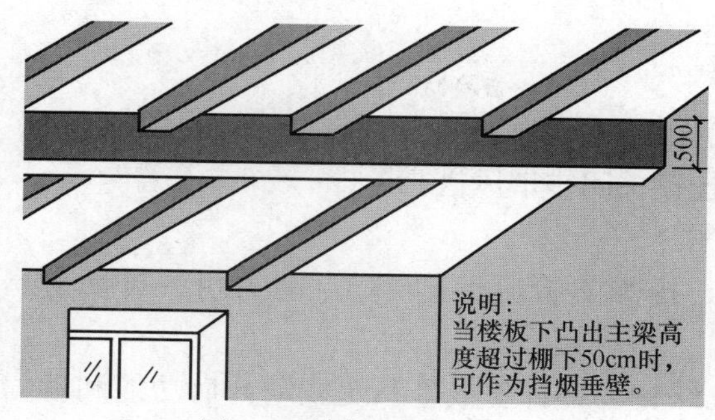

图 9-2 挡烟垂壁的形式
（利用主次梁楼板的主梁作垂壁）

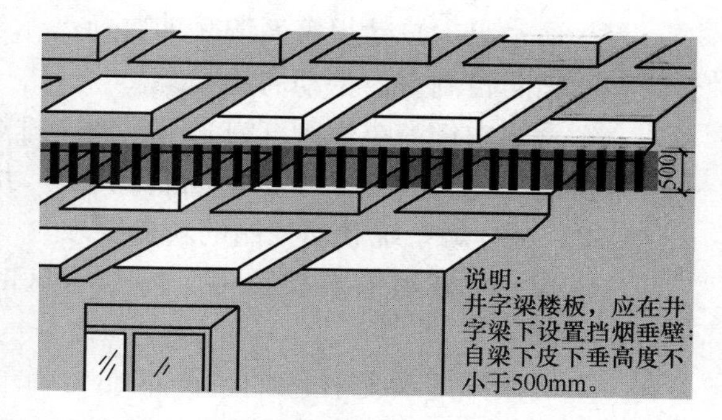

图 9-3 挡烟垂壁的形式（井字梁下设置）

（7）挡烟垂壁的设置与相邻建筑结构之间不得留有缝隙，以防漏烟。

（8）作为挡烟垂壁的梁或设置的挡烟垂壁至室内地面的高度不宜小于 2m，以免遮挡视线，影响疏散。

（9）当场所空间高度大于 9.0m 时，防烟分区之间可不设置挡烟设施。[61]

7）补风系统要求

排烟系统应设置补风系统。但建筑的地上部分设有机械排烟的走道或使用面积小于 $500m^2$ 的房间可不设补风系统。

补风系统可采用机械送风方式或自然进风方式。设置时应注意如下方面：

（1）补风量和风口的风速，应满足排烟系统有效排烟的要求。[69]

（2）补风系统可采用开启疏散外门、手动或自动开启外窗等自然进风方式以及机械送风方式。防火门、防火窗不得用作补风设施。补风的风机应设置在专用机房内。[61]

（3）补风口的设置位置应符合如下要求：

① 补风口与排烟口设置在同一空间内相邻的防烟分区时，补风口位置不限；

② 当补风口设置在同一防烟分区时，补风口应设置在储烟仓下沿以下；

③ 补风口与排烟口水平距离不应少于 5m。

（4）排烟区域所需的补风系统应与排烟系统联动开闭。

（5）补风口的风速供参考：

① 机械补风口的风速不宜大于 10m/s；

② 人员密集场所补风口的风速不宜大于 5m/s；

③ 自然进风口的风速不宜大于 3m/s。

（6）补风管道的耐火极限应符合如下要求：

① 不跨越防火分区的补风管道不应低于 0.5h；

② 跨越防火分区的补风管道不应低于 1.5h。

8）机械排烟系统的联动控制及有关要求

除手动自然排烟窗、固定采光带（窗）外，排烟系统应与火灾自动报警系统联动，其联动控制应符合现行国家标准《火灾自动报警系统设计规范》GB 50116 的有关规定。

（1）对排烟风机、补风机的启动控制要求

排烟风机、补风机的启动应符合如下要求：

① 排烟风机、补风机现场手动启动；

② 通过火灾自动报警系统联动启动；

③ 消防控制室内手动启动；

④ 系统中任一排烟阀（口）开启时，排烟风机、补风机应能联动启动；

⑤ 排烟防火阀在 280℃时应自行关闭，并连锁关闭排烟风机。

（2）对排烟系统联动控制的功能要求

① 当一个排烟系统担负多个防烟分区时，排烟支管应设 280℃ 自动关闭的排烟防火阀。

② 机械排烟系统中的常闭排烟阀（口）应设有火灾自动报警系统联动开启功能和就地开启的手动装置，并与排烟风机联动。当火灾确认后，火灾自动报警系统应在 15s 内联动开启同一排烟区域的全部排烟阀（口）、排烟风机和补风设施，并在 30s 内自动关闭与排烟无关的通风、空调系统。

③ 活动挡烟垂壁、自动排烟窗应设有火灾自动报警系统联动和就地手动启动功能。当火灾确认后，火灾自动报警系统应在 15s 内联动同一排烟区域的全部活动挡烟垂壁，并在 60s 内或小于烟气充满储烟仓的时间内开启完毕自动排烟窗。

④ 消防控制设备应显示排烟系统的排烟风机、补风机、阀门等设施启闭状态。[61]

（3）机械排烟系统的设计计算、系统施工、联动调试等均应遵循现行国家标准《建筑防烟排烟系统技术标准》GB 51251 的规定。

为取得机械排烟系统设计的最佳排烟效果，在设计排烟道进口处的管口连接方式时，宜选择圆角式或流线式，以减小排烟阻力（图 9-4）。

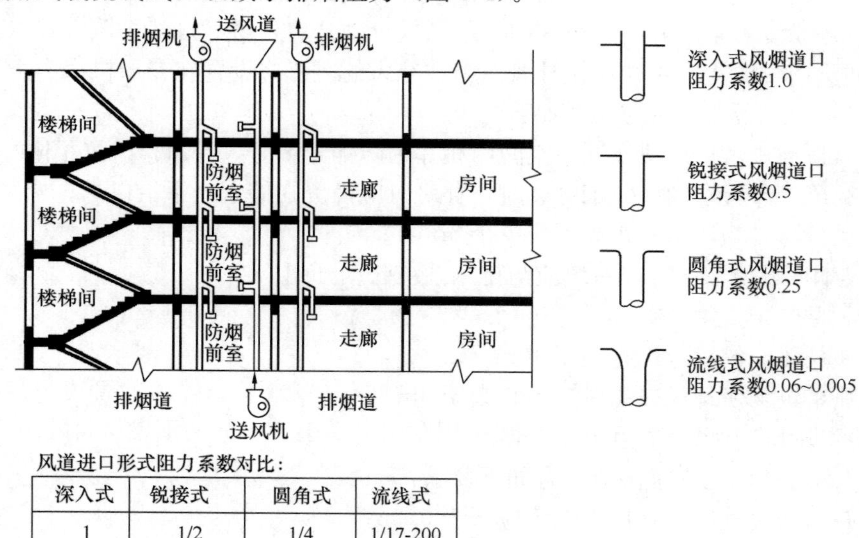

深入式	锐接式	圆角式	流线式
1	1/2	1/4	1/17-200

图 9-4 防烟排烟设置示意图

9.3.3 暖通、空调系统防火技术要求

1. 供暖方面

对于火灾危险性大的建筑供暖应满足防火安全要求。

1）汽车库

（1）汽车库内严禁使用明火供暖。

（2）需要供暖的下列汽车库、修车库应采用集中供暖方式：

① 甲、乙类物品运输车的汽车库；

② Ⅰ、Ⅱ、Ⅲ类汽车库；

③ Ⅰ、Ⅱ类修车库；

④ Ⅳ类汽车库和Ⅲ、Ⅳ类修车库。

（3）当Ⅳ类汽车库和Ⅲ、Ⅳ类修车库采用火墙供暖时，其炉门、节风门、除灰门严禁设置在汽车库、修车库内。

2）汽车加油加气加氢站

（1）加油加气加氢站的供暖，宜利用城市、小区或邻近单位的热源。无利用条件时，可在加油加气加氢站内设置锅炉房，并符合现行国家标准《汽车加油加气加氢站技术标准》GB 50156 关于站内设施的防火间距规定。

（2）加油加气加氢站室内外的供暖管道宜直埋敷设，当采用管沟敷设时，管沟应充砂填实，在管沟进出建筑物处应采取隔断措施。

（3）设置在站房内的热水锅炉房（间），应符合下列要求：

① 锅炉宜选用额定供热量不大于 140kW 的小型锅炉。

② 当选用燃煤锅炉时，宜选用具有除尘功能的自然通风型锅炉。锅炉烟囱出口应高出屋顶 2m 及以上，且应采取防止火星外逸的有效措施。

③ 当采用燃气热水器供暖时，热水器应设有排烟系统和熄火保护等安全装置。

（4）加油加气加氢站内的通风设备应防爆，并应与可燃气体浓度报警器连锁。爆炸危险区域内的房间或箱体应采取通风措施，并应符合下列要求：

① 采用强制通风时，通风设备的通风能力在工艺设备工作期间应按每小时换气 12 次计算，在工艺设备非工作期间应按每小时 5 次计算。

② 采用自然通风时，通风口总面积不应小于 $300cm^2/m^2$（地面），通风口不应少于 2 个，且应靠近可燃气体积聚的部位设置。

2. 通风、空调方面

1）管道敷设

（1）排除和输送温度超过 80℃ 的空气或其他气体以及易燃碎屑的管道，与可燃或难燃物体之间的间隙不应小于 150mm，或采用厚度不小于 50mm 的不燃材料隔热。

（2）当管道互为上下布置时，表面温度较高者应布置在上面。

（3）通风、空气调节系统的风管应采用不燃材料，但接触腐蚀性介质的风管和柔性接头可采用难燃材料。

（4）当如下建筑内通风、空气调节系统的风管设置不跨越防火分区，且设置了防烟、防火阀时，可采用难燃材料：

① 体育馆、展览馆、候机（车、船）建筑（厅）等大空间建筑；

② 单、多层办公建筑；

③ 丙、丁、戊类厂房。

（5）设备和风管的绝热材料、用于加湿器的加湿材料、消声材料及其胶粘剂，宜采用不燃材料，当确有困难时，可采用难燃材料。

(6) 当风管内设置电加热器时，电加热器的开关应与风机的起停连锁控制。电加热器前后各 0.8m 范围内的风管和穿过有高温、火源等容易起火房间的风管，均应采用不燃材料。

(7) 汽车库的喷漆间、电瓶间均应设置独立的排风系统。

(8) 设置通风系统的汽车库，其通风系统宜独立设置。

2) 设备安装

(1) 燃油、燃气锅炉房应设置自然通风或机械通风设施。燃气锅炉房应选用防爆型的事故排风机。当采取机械通风时，该机械通风设施应设置导除静电的接地装置，且通风量应符合下列要求：

① 燃油锅炉房的正常通风量按换气次数不少于 3 次/h 确定，事故排风量应按换气次数不少于 6 次/h 确定；

② 燃气锅炉房的正常通风量应按换气次数不少于 6 次/h 确定，事故排风量应按换气次数不少于 12 次/h 确定。

(2) 空气中含有易燃易爆危险物质的房间，其送、排风系统应采用防爆型的通风设备。当送风机布置在单独分隔的通风机房内且送风干管上设置了防止回流设施时，可采用普通型的通风设备。通风设备的开启应有与可燃气体浓度报警器连锁功能。

(3) 处理有爆炸危险粉尘的干式除尘器和过滤器，宜布置在厂房外的独立建筑内。该建筑外墙与所属厂房的防火间距不应小于 10m。

符合下列要求之一的干式除尘器和过滤器，可布置在厂房内的单独房间内，但应采用耐火极限分别不低于 3.00h 的隔墙和 1.50h 的楼板与其他部位分隔：

① 具备连续清灰设备的干式除尘器和过滤器；

② 具有定期清灰功能，且其风量不大于 15000m^3/h、集尘斗的储尘量小于 60kg 的干式除尘器和过滤器。

(4) 净化或输送有爆炸危险粉尘和碎屑的除尘器、过滤器或管道，均应设置泄压装置。

净化有爆炸危险粉尘的干式除尘器和过滤器应布置在系统的负压段上。[5]

(5) 排除有燃烧或爆炸危险气体、蒸汽和粉尘的排风系统设置，应符合如下要求：

① 应设置导除静电的接地装置；

② 排风设备不应布置在地下、半地下建筑（室）内；

③ 排风管采用金属管道，并应直接通向室外安全地点，不应暗设。

(6) 通风、空气调节系统的风管，在下列部位应设置公称动作温度为 70℃的防火阀：

① 穿越防火分区处；

② 穿越通风、空气调节机房的房间隔墙和楼板处；

③ 穿越重要的或火灾危险性大的房间隔墙和楼板处；

④ 穿越防火分隔处的变形缝两侧；

⑤ 竖向风管与每层水平风管交接处的水平管段上，但当建筑内每个防火分区的通风、空气调节系统均独立设置时，该水平风管与竖向总管的交接处可不设置防火阀；

⑥ 公共建筑的浴室、卫生间和厨房的垂直排风管，应采取防止回流措施或在支管上

设置公称动作温度为 70℃的防火阀。公共建筑内厨房的排油烟管道宜按防火分区设置，且在与竖向排风管连接的支管处应设置动作温度为 150℃的防火阀。

（7）防火阀的设置，应符合下列要求：

① 除另有专门要求者外，防火阀动作温度应为 70℃；

② 防火阀宜靠近防火分隔处设置；

③ 防火阀暗装时，应在安装部位设置方便维护的检修口；

④ 在防火阀两侧各 2m 范围内的风管及其绝热材料应采用不燃材料；

⑤ 防火阀应符合现行国家标准《建筑通风和排烟系统用防火阀门》GB 15930 的有关规定。

10 建 筑 电 气

10.1 消防电源及其配电

10.1.1 消防电源

消防电源是发生火灾时实施消防救援的必要条件。如：消防电梯、消防水泵、事故照明、自动报警、防排烟、事故广播等，在扑救火灾中所需消防电源是火灾时供消防用电设备正常运行的专用电源，应满足火灾时连续供电的要求，不应中断。因为消防电梯是供消防人员竖向交通的重要通道，运行不了，就不能快速到达起火楼层；消防水泵断电，就无法保证消火栓、自动喷水灭火系统的运行和使用，初期火灾就无法扑救；没有事故照明，人们就会在黑暗中慌乱一团，无法安全疏散；没有防排烟设施，容易使人受烟气窒息或看不清应急标志，而失去逃生的机会；没有事故广播，就不能即时发出疏散指令；特别是消防指挥中心断电，就不能运行消防安全控制系统，就不能指挥管理人员的协调行动，整个火灾监测和消防指挥控制系统就会处于瘫痪状态。所以，消防安全系统的供电，除设有常用电源（即正常工作电源）外，还应考虑设置正常电源因事故断电时的备用电源。

在发生火灾情况下，为安全起见，可关闭与消防无关的其他电源，而消防电源必须保证，否则将造成严重后果，如：

2010 年 11 月 5 日，某市商业大厦（总建筑面积 42000m^2）发生火灾后，值班电工为防止电气火灾危害，关闭了包括消防电源在内的全部电源，导致了感烟报警系统、消防泵和自动喷水灭火系统、防排烟系统和防火分区卷帘门等消防设施有连锁动作后因断电而停止运行，因而消防设施未能有效地阻止火灾的蔓延扩大，酿成了死亡 19 人、伤 24 人，过火面积达 15000 余平方米的惨痛后果。

1. 消防供电负荷等级的划分

消防用电的负荷分级应符合现行国家标准《供配电系统设计规范》GB 50052 的有关规定。

电力负荷是根据用电单位对供电可靠性的要求及中断供电在政治、经济上所造成损失或影响的程度进行分级的。具体分级原则如下：

1）一级负荷

供电负荷中：对于中断供电会造成人员伤亡的供电负荷，或中断供电将在政治、经济上造成重大损失（如：重大设备损坏、重大产品报废、用重要原料生产的产品大量报废、国民经济中重点企业的连续生产的过程被打乱需要长时间才能恢复）的供电负荷，以及中断供电将影响有重大政治、经济意义的用电单位正常工作（例如：重要交通枢纽、重要通信枢纽、重要宾馆、大型体育馆、经常用于国际活动的大量人员集中的公共场所等用电单位中）的重要供电负荷，均属于一级负荷。

在一级负荷中，当中断供电将发生中毒、爆炸和火灾等情况的负荷，以及特别重要场所的不允许中断供电的负荷，应视为特别重要的负荷（特级负荷）。对于建筑高度超过150m的工业与民用建筑的消防用电，应按一级负荷中特别重要的负荷（特级负荷）供电；其应急电源的消防供电回路，应采用专用线路连接至专用母线段；消防用电设备的供电电源干线应有两个路由。[72]

中断供电将影响有重大政治、经济意义的用电单位正常工作的，例如：重要交通枢纽、重要通信枢纽、重要宾馆、大型体育场馆、经常用于国际活动的大量人员集中的公共场所等用电单位中的重要电力负荷。

在一级负荷中，当中断供电将发生中毒、爆炸和火灾等情况的负荷，以及特别重要场所的不允许中断供电的负荷，应视为特别重要的负荷。建筑高度大于250m的民用建筑的消防用电应按一级负荷中特别重要的负荷供电。

2）二级负荷

如下情况的供电应为二级负荷：

（1）中断供电将在政治、经济上造成较大损失的，例如：主要设备损坏、大量产品报废、连续生产过程被打乱需较长时间才能恢复、重点企业大量减产等；

（2）中断供电将影响重要用电单位的正常工作的，例如：交通枢纽、通信枢纽等用电单位中的重要电力负荷，以及中断供电将造成大型影剧院、大型商场等较多人员集中的重要的公共场所秩序混乱的。

3）三级负荷

不属于一级负荷和二级负荷的供电应为三级负荷。[38]

2. 各级负荷的供电要求

1）一级负荷供电要求

应由两个电源供电，且应满足下列条件：

（1）当一个电源发生故障时，另一个电源不应同时受到破坏。

（2）一级负荷中特别重要的负荷，除由两个电源供电外，尚应增设应急电源，并严禁将其他负荷接入应急供电系统。

（3）一级负荷两电源外的应急电源，可以是独立于正常电源的发电机组、供电网中独立于正常电源的专用的馈电线路、蓄电池或干电池。

（4）一级负荷的电源，应来自两个发电厂或来自两个（电压一般在35kV及以上的）区域变电站。

2）二级负荷供电要求

（1）供电系统宜由两回线路供电；

（2）当采用架空线时，可以是一回架空线路供电；

（3）当采用电缆线路时，应采用两根电缆组成的线路供电，其每根电缆应能承受100%的二级负荷；

（4）负荷较小或地区供电条件困难时，二级负荷可由一回6kV及以上专用的架空线路或电缆供电。

3）三级负荷的供电要求

三级负荷一般是终端变压器供电，并宜设置两台终端变压器（一用一备），以保证消防用电的可靠性。[38]

3. 消防用电负荷等级的供电范围

1）除筒仓、散装粮食仓库及工作塔外，以下建筑用电负荷等级不应低于一级：

（1）建筑高度超过 50m 的乙、丙类厂房；

（2）丙类仓库；

（3）一类高层民用建筑；

（4）Ⅰ类汽车库；

（5）地铁工程；

（6）二层式、二层半式和多层式民用机场航站楼；

（7）建筑面积大于 5000m^{2}的平时使用的人民防空工程；

（8）一、二级城市交通隧道。[72]

2）二级负荷的供电范围如下：

（1）室外消防用水量大于 30L/s 的厂房、仓库；

（2）室外消防用水量大于 35L/s 的可燃材料堆场、可燃气体储罐（区）和甲、乙类液体储罐（区）；

（3）粮食仓库和粮食筒仓；

（4）二类高层民用建筑；

（5）座位数超过 1500 个的电影院、剧场；

（6）座位数超过 3000 个的体育馆；

（7）任一层建筑面积大于 3000m^{2}的商店、展览建筑；

（8）省（市）级及以上的广播电视、电信和财贸金融建筑；

（9）室外消防用水量大于 25L/s 的其他公共建筑；

（10）Ⅱ、Ⅲ类汽车库和Ⅰ类修车库；[5][7]

（11）总建筑面积大于 3000m^{2}的地下、半地下商业设施；

（12）民用机场航站楼；

（13）水利工程、水电工程；

（14）三类城市交通隧道。[72]

3）三级负荷的供电范围：

（1）除一、二级负荷供电外的建筑物、储罐（区）和堆场等的消防用电，均可采用三级负荷供电；[38]

（2）Ⅳ类汽车库和Ⅱ类、Ⅲ类、Ⅳ类修车库可采用三级负荷供电。

10.1.2 消防供配电

1. 消防用电的备用电源

消防需要的备用电源，一般有如下几种情况：

1）取自城市的两路高压（一般是 10kV 级），其中一路作备用电源；

2）取自 35kV 的区域变电站；

3）取自城市的一路高压供电（10kV），另自备柴油发电机；

4）取自城市低压电网一路，另自备柴油发电机；

5）蓄电池作事故照明电源。

2. 消防供配电原则

1）要保证可靠性

消防用电设备的供电，应实现在两路电源末端的互投，这是消防用电设备供电的基本要求。对消防用电的备用电源，要求如下：

(1) 消防用电按一、二级负荷供电的建筑，当采用自备发电设备作备用电源时，自备发电设备应设置自动和手动启动装置；

(2) 当采用自动启动方式时，应能保证在30s内供电；

(3) 不同级别的供电电源，应符合现行国家标准《供配电系统设计规范》GB 50052的规定。

2）供配电组织要合理

要合理确定消防供电的对象，配电时要注意如下问题：

(1) 消防电源不能兼顾与消防无关的负荷

从电源数量看，如有两路加自备，应当是有可靠保证的电源。但在配电组织上，也可能出现不可靠的情况。

例如：高压电源设有两台主变，但其中一台专供空调负荷。空调又是季节性的，不需要空调时，往往关闭线路，一台变压器停运，消防电源等于还是只有一路。

(2) 应在供配电线路的最末一级实现自动切换

除按照三级负荷供电的消防用电设备外，消防控制室、消防水泵房的消防用电设备及消防电梯等的供电，应在配电线路的最末一级配电箱内设置自动切换装置。电动防火门、电动防火卷帘、电动排烟窗、消防潜水泵、电动阀门、消防应急照明和疏散指示标志等消防用电设备的供电，应在其所在防火分区配电线路的最末一级配电箱处设置自动切换装置，以能实现电源的自动切换[72]（如图10-1）。

例如：柴油发电机组，从配电制式及互投的连锁关系上，如果在与消防设备专用回路联锁上出现问题，即使消防设备正常失电，各电源不一定能实现互投。所以，消防供配电要求在其配电线路的最末一级配电箱处设置自动切换装置，以保证消防设备用电的可靠性。

3）要合理确定供配电回路和每个回路的供电范围

消防用电设备应采用专用的供电回路，消防用电设备的电源应在变压器的低压出线端设置单独的主断路器等方式保证当建筑内的生产、生活用电被切断时，应仍能保证消防用电设备的用电需要。除三级消防用电负荷外，消防用电设备的备用消防电源的供电时间和容量，应能满足该建筑（场所）火灾延续时间（详见表2-13或表8-18标示的设计火灾延续时间）内各消防用电设备持续用电的要求。[5][72]其配电设备应有明显标志。在划分范围时，必须注意与每个楼层、防火分区、防烟分区的界限对应，并与各专业设备的系统功能要求相适应。

对于建筑高度大于250m的工业与民用建筑消防供电线路应符合下列要求：

(1) 消防和用于人员疏散的电梯的供电电线电缆，应采用燃烧性能为A级、耐火时

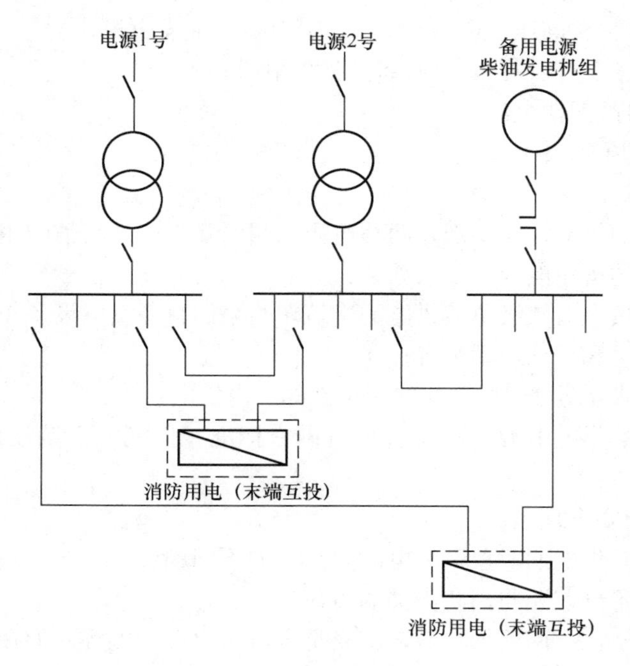

图 10-1　消防配电示意图

间不少于 3h 的耐火电缆，其他消防供电电缆应采用燃烧性能不低于 B_1 级，耐火时间不少于 3h 的耐火电缆。电缆的燃烧性能分级应符合现行国家标准《电缆及光缆燃烧性能分级》GB 31247 的规定。

（2）消防用电应采用双路由供电方式，其供配电干线应设置在不同的竖井内。

（3）避难层的消防用电应采用专用回路供电，且不能与非避难楼层共用配电干线。建筑高度大于 250m 的民用建筑的消防用电电缆的燃烧性能不应低于 B_1 级。[5][20][54]

4）在消防控制室要设置电源监视和遥控设备

在消防控制室设置电源监视和遥控设备，可便于在发生火灾时能恰当断电。避免慌乱时因误断供电回路而造成事故。

5）应急照明和疏散指示标志应保证要求的连续供电时间

各类建筑或场所设置消防应急照明和疏散指示标志的备用电源的连续供电时间应符合如下要求：

（1）建筑高度超过 100m 的民用建筑不应少于 1.5h；

（2）建筑高度不超过 100m 的医疗建筑不应少于 1.0h；

（3）老年人照料设施和活动场所建筑不应少于 1.0h；

（4）总建筑面积大于 100000m^2 的公共建筑和总建筑面积大于 20000m^2 的地下、半地下建筑不应少于 1.0h；

（5）地铁的区间和地下车站不应少于 1.0h；地上车站和基地不应少于 0.5h；

（6）水利工程、水电工程不应少于 1.0h；

（7）城市交通隧道：一、二类不应少于 1.5h，三类不应少于 1.0h；

（8）城市综合管廊工程不应少于 0.5h；

（9）平时使用的人民防空工程不应少于 0.5h；

（10）其他建筑或场所不应少于0.5h。

3. 消防供配电线路的敷设要求

1）消防配电线路的干线宜按防火分区划分，消防配电支线不宜穿越防火分区。[5]

2）按一、二级负荷供电的消防设备，其配电箱应独立设置；按三级负荷供电的消防设备，配电箱宜独立设置。

3）备用消防电源的供电时间和容量，应满足各消防用电设备设计火灾延续时间最长者的要求。

4）消防用电设备的配电箱和控制箱应设置在控制室或设备间内；当受条件限制必须就地设置时，其耐火性能应满足该场所设计时间内正常运行的要求，其外壳保护等级不应低于现行国家标准《外壳防护等级（IP代码）》GB/T 4208规定的IP54。

消防配电设备应设置明显标志。

5）消防供配电线路设计与敷设，应满足在建筑火灾延续时间（见表2-13标示时间）内为消防用电设备连续供电的需要，其敷设应符合下列要求：

（1）明敷设（包括敷设在吊顶内）时，应穿金属导管或封闭式金属槽盒保护，并应对金属导管或封闭式金属槽盒采取防火保护措施；

（2）当采用阻燃或耐火电缆并敷设在电缆井、电缆沟内时可不穿金属导管或封闭式金属槽盒保护；

（3）当采用燃烧性能为A级的耐火电缆时，可直接明敷设；

（4）暗敷设时，应穿管并应敷设在不燃性结构内，且保护层的厚度不应小于30mm；

（5）宜与其他配电线路分开敷设在不同的电缆井（沟）内；

（6）当确有困难不能与其他配电线路分电缆井（沟）敷设在同一电缆井（沟）内时，应符合如下要求：

① 宜分别布置在电缆井（沟）的两侧；

② 消防配电线路应采用燃烧性能为A级的耐火电缆，或者所有线路均采用金属导管或金属槽盒保护。

6）建筑高度超过250m的工业与民用建筑的消防供电线路应符合下列要求：

（1）消防电梯和用于人员疏散的电梯的供电电线电缆，应采用燃烧性能为A级、耐火时间不少于3h的耐火电缆，其他消防供电电缆应采用燃烧性能不低于B_1级，耐火时间不少于3.0h的耐火电缆。电缆的燃烧性能分级应符合现行国家标准《电缆及光缆燃烧性能分级》GB 31247的规定。

（2）消防用电设备的供电电源干线，应采用双路由供电方式，其供配电干线应设置在不同的竖井内。

（3）避难层的消防用电应采用专用回路供电，且不能与非避难楼层共用配电干线。建筑高度超过250m的民用建筑的消防用电电缆的燃烧性能不应低于B_1级。[5][20][54][72]

7）消防供配电线路的安全防护

（1）火灾自动报警系统的供电线路、消防联动控制线路，应采用燃烧性能不低于B_2级的耐火铜芯电线电缆。

（2）火灾报警总线、消防应急广播和消防专用电话等传输线路应采用燃烧性能不低于B_2级的耐火铜芯电线电缆。

（3）火灾自动报警系统应单独布线，相同用途的导线颜色应一致，且系统内不同电压等级、不同电流类别的线路应敷设在不同线管内或同一线槽的不同槽孔内。

（4）电气火灾监控系统的电路应独立组成，电气火灾监控探测器的设置不应影响所在场所供配电系统的正常工作。

10.2 电力线路及电气装置

10.2.1 电力线路的划分

1. 按电压等级划分，电力线路一般分为输电线路（供电线路）和配电线路。

1）输电线路

额定电压在35kV及以上的高压电力线路称为输电线路。

2）配电线路

额定电压在10kV及以下的电力线路称为配电线路，其中：

（1）1kV以上为高压配电线路；

（2）1kV以下为低压配电线路。

低压配电线路泛指从电网将电能直接分配至用户的线路，或者在用电单位内分配用电的线路。

2. 按线路的结构形式划分，电力线路又可分为架空线路和电缆线路。

目前，广泛采用的是架空线路；采用电缆线路的也日渐增多。

10.2.2 电力线路的安全防护

电力线路的安全防护，应在电力设施（包括发电设施、变电设施和电力线路设施及有关辅助设施）得以安全保护（即符合第“4 防火间距”章中第4.2.8条“各类工程管线敷设的安全防护距离”相关要求）的前提下，尚应注意如下方面：

1. 架空输（配）电线路

架空电力线路不应跨越生产或储存易燃易爆物质的建筑、仓库区域、危险品站台及其他有爆炸危险的场所，并保证不小于一定的安全间距。1kV以上的架空电力线路不应跨越可燃性建筑屋面。[72]

架空电力线路，与各类建、构筑物的防火安全距离要求如下：

1）架空电力线路与甲、乙类厂房，甲、乙类仓库，可燃材料堆场，甲、乙、丙类液体储罐，液化石油气储罐，可燃、助燃气体储罐区的最近水平距离不应小于表10-1的要求。

架空电力线路与甲、乙类厂房（仓库）、可燃材料堆场堆垛等的最近水平距离（m）

表10-1

名 称	架空电力线（边线外）
甲、乙类厂房（仓库），可燃材料堆垛，甲、乙、丙类液体储罐，液化石油气储罐，可燃、助燃气体储罐	电杆（塔）高度的1.5倍

续表

名　　称	架空电力线（边线外）
直埋地下的甲、乙类液体储罐和可燃气体储罐	电杆（塔）高度的0.75倍
丙类液体储罐	电杆（塔）高度的1.2倍
直埋地下的丙类液体储罐	电杆（塔）高度的0.6倍

2）单罐容积大于200m³或总容积大于1000m³的液化石油气储罐（区）与35kV以上的架空电力线的最近水平距离不应小于40m。[5]

2. 电缆线路

1）电缆线路敷设应采取可靠的安全防护措施，并不应与下列管线敷设在同一管沟内：

（1）与输送甲、乙、丙类液体管道不应设在同一管沟内；

（2）与可燃气体管道不应设在同一管沟内；

（3）与热力管道不应设在同一管沟内。[54]

2）在城市交通隧道内敷设供电线路时，应符合如下要求：

（1）应与其他管线分开敷设。

（2）当敷设10kV以上高压电缆时，应采用耐火极限不低于2.0h的耐火结构与隧道内其他区域分隔。

3）室外电缆沟或电缆隧道，在进入建筑、工程或变电站处，应采取防火分隔措施，分隔部位的构件耐火极限不应低于2.0h，门应采用甲级防火门。

3. 室内配电线路

室内配电线路敷设应采取如下防火保护措施：

1）配电线路不得穿越通风管道内腔或敷设在通风管道外壁上，穿金属管保护的配电线路可紧贴通风管道外壁敷设。

2）配电线路敷设在有可燃物的建筑闷顶内时，应采取穿金属导管等防火保护措施。

3）配电线路敷设在有可燃物的吊顶内时，宜采用穿金属导管、封闭式金属槽盒及难燃材料的塑料管等防火保护措施。[5]明敷的电气线路，应具有相应的防火性能。

4）电气线路敷设应避开炉灶、烟囱等高温部位及其他可能受高温影响的部位；不应直接敷设在可燃物上。

10.2.3 电气装置的安全保护

1. 对电气装置应采取防火保护措施

对安装和使用的电气装置应采取防火保护措施，主要包括如下方面：

1）开关、插座和照明灯具靠近可燃物时，应采取隔热、散热等防火保护措施。

2）卤钨灯和额定功率不小于100W的白炽灯泡的吸顶灯、槽灯、嵌入式灯，其引入线应采用瓷管、矿棉等不燃材料作隔热保护。

3）额定功率超过60W的白炽灯、卤钨灯、高压钠灯、金属卤化物灯、荧光高压汞灯（包括电感镇流器）等，不应直接安装在可燃材料或构件上。应采取用瓷管、石棉、玻璃丝等不燃材料将这些灯具的引入线与可燃物隔开等措施，避免灯具高温引起火灾。

4）户外电致发光广告牌不应直接设置在有可燃、难燃材料的墙体上。

5）可燃材料仓库内，宜使用低温照明灯具，并应对灯具的发热部件采取隔热等防火保护措施；不应设置卤钨灯等高温照明灯具。

6）可燃材料仓库的配电箱及开关应设置在仓库外。[5]

7）对于可能处于潮湿环境内的消防电气设备，外壳的防尘与防水等级应符合如下要求：

（1）交通隧道的消防设备外壳防尘防水等级，不应低于 IP55；

（2）城市综合管廊及其他潮湿环境的消防设备外壳防尘防水等级，不应低于 IP45。[72]

2. 爆炸和火灾危险环境的电力装置保护措施

对爆炸和火灾危险环境电力装置的保护措施，其设计应按现行国家标准《爆炸危险环境电力装置设计规范》GB 50058 的有关规定执行。

3. 非消防电气线路与设备的安全防护措施

1）空气调节系统的电加热器，应与送风机连锁，并应设有无风断电、超温断电保护装置。

2）地铁工程中的电力电缆和数据通信线缆、城市管廊中的电力电缆，应采用不低于 B_1 级的电缆或阻燃型电缆。[72]

10.2.4 电气火灾监控

电气系统故障引发的火灾，多数为短路、过载、电气接头连接不好、导体载流量不够等原因产生的高温引起，也有因短路、接地故障、雷电、静电等产生的电弧火花点燃可燃物或其发出的热量促使可燃物自燃的。

重要公共建筑及其他工业与民用建筑中火灾危险性高的场所的非消防用电负荷，宜设置电气火灾监控系统。该系统应由电气火灾监控器、剩余电流式电气火灾监控探测器、测温式电气火灾监控探测器等组成。

电气火灾监控系统，能在发生电气故障、产生一定电气火灾隐患的条件下发出报警，提醒专业人员及时察看电气线路和设备，随时排除电气火灾隐患，实现电气火灾的早期预防，避免电气火灾的发生，具有很强的电气防火预警功能。[25]

1）下列建筑或场所的非消防用电负荷应设置电气火灾监控系统：

（1）托儿所和幼儿园建筑；

（2）老年人照料设施；

（3）公共娱乐场所；

（4）设置消防控制室的工业与民用建筑；

（5）国家级文物保护单位的重点砖木或木结构的古建筑。[20]

2）电气火灾监控系统的设计，包括：系统选择、剩余电流式电气火灾监控探测器的设置要求、测温式电气火灾监控探测器的设置要求、独立式电气火灾监控探测器的设置要求和无消防控制室时电气火灾监控器的设置要求等，应符合现行国家标准《火灾自动报警系统设计规范》GB 50116 的规定。

10.2.5 火灾及爆炸危险场所电力装置的安全防护

1. 根据环境特征确定危险环境

1）对火灾危险环境的确定

对于生产、加工、处理、转运或储存过程中：有闪点高于环境温度的可燃液体，或可能出现物料操作温度超过闪点的可燃液体泄漏，但不能出现爆炸危险的场所；有不可能形成爆炸性粉尘混合物的悬浮状、堆积状可燃粉尘、纤维以及其他固体可燃物质的场所，可视为火灾危险环境。

2）对爆炸危险环境的确定

爆炸性危险环境有爆炸性气体环境和爆炸性粉尘环境两种。

（1）爆炸性气体环境

对于生产、加工、处理、转运或储存过程中，有如下情况时属于爆炸性气体环境：

① 在常温下易燃气体、液体蒸汽或薄雾等易燃物质与空气混合形成爆炸性气体混合物；

② 闪点低于或等于环境温度的可燃液体蒸汽或薄雾与空气混合形成爆炸性混合物；

③ 可能出现物料操作温度超过闪点的可燃液体泄漏，其蒸汽与空气混合而形成爆炸危险的场所，可视为有爆炸危险的气体环境。

（2）爆炸性粉尘环境

对用于生产、加工、处理、转运或储存过程中，可能出现爆炸性粉尘、可燃性导电或非导电粉尘及可燃纤维与空气形成爆炸性粉尘的场所，可视为有爆炸危险的粉尘环境。

在爆炸性粉尘环境中，粉尘可分为下列四种：

① 爆炸性粉尘：这种粉尘即使在空气中氧气很少的环境中也能着火，呈悬浮状态时能产生剧烈的爆炸，如镁、铝、铝青铜等粉尘。

② 可燃性导电粉尘：与空气中的氧起发热反应而燃烧的导电性粉尘，如石墨、炭黑、焦炭、煤、铁、锌、钛等粉尘。

③ 可燃性非导电粉尘：与空气中的氧起发热反应而燃烧的非导电性粉尘，如聚乙烯、苯酚树脂、小麦、玉米、砂糖、染料、可可、木质、米糠、硫黄等粉尘。

④ 可燃纤维：与空气中的氧起发热反应而燃烧的纤维，如棉花纤维、麻纤维、丝纤维、毛纤维、木质纤维、人造纤维等。

对于各种各样爆炸性粉尘的特性分析，应根据现行国家标准《爆炸危险环境电力装置设计规范》GB 50058 中附录的“爆炸性粉尘特性表”中的具体规定，进行温度分组。

2. 各危险场所的危险区域的划分

1）火灾危险环境的危险程度分区应符合如下要求：

（1）21 区——具有闪点高于环境温度的可燃液体，在数量和配置上能引起火灾危险的环境；

（2）22 区——具有悬浮状、堆积状的可燃粉尘或可燃纤维，虽不能形成爆炸混合物，但在数量和配置上能引起火灾危险的环境；

（3）23 区——具有固体状可燃物质，在数量和配置上能引起火灾危险的环境。

在确定时，要仔细考虑可燃物质在区域内的量和配置情况，看是否有引起火灾的可能，若有可能，才能化为火灾危险环境。不能简单认为有可燃物就是火灾危险环境。[28]

2）爆炸性气体环境的危险区域划分应符合如下要求：

(1) 首先按释放源的级别和通风条件划分区域

① 0 区——连续出现或长期出现爆炸性气体混合物的环境；

② 1 区——在正常运行时可能出现爆炸性气体混合物的环境；

③ 2 区——在正常运行时不可能出现爆炸性气体混合物的环境，或即使出现也仅是短时存在的爆炸性气体混合物的环境。

当易燃物质可能大量释放并扩散到 15m 以外时，爆炸危险区域的范围应划分附加 2 区。

所谓正常运行是指正常的开车、运转、停车、产品装卸、密闭容器盖和阀门的正常开闭等工作状态。

各种不同区域的具体详细划分，应按照现行国家标准《爆炸危险环境电力装置设计规范》GB 50058 规定的具体情况确定。

(2) 其次按通风条件调整区域划分

① 当通风良好时，应降低爆炸危险区域等级；当通风不良时应提高爆炸危险等级；

② 当局部机械通风在降低爆炸性气体混合物浓度方面，效果好于自然通风和一般机械通风时，可采用局部机械通风降低爆炸危险等级；

③ 在障碍物、凹坑和死角处，应局部提高爆炸危险区域等级；

④ 利用堤或墙等障碍物，能限制比空气重的爆炸性气体混合物的扩散时，可缩小爆炸危险区域的范围。[28]

(3) 非爆炸危险区域的确定

当该场所符合下列条件之一时，可化作非爆炸危险区域：

① 没有释放源并不可能有易燃物质侵入的区域；

② 易燃物质可能出现的最高浓度不超过爆炸下限值的 10%；

③ 在生产过程中使用明火的设备附近，或者炽热部件的表面温度超过区域内易燃物质引燃温度的设备附近；

④ 在生产装置区外，露天或开敞设置的输送易燃物质的架空管道地带（但其阀门处应据具体情况决定）。[28]

3）爆炸性粉尘环境的危险区域，须根据爆炸性粉尘混合物出现的量、频繁程度、持续时间和通风条件等环境特征具体分析确定，应符合如下要求：

(1) 按环境特征划分危险区域

① 10 区——连续出现或长期出现爆炸性粉尘的环境；

② 11 区——有时会将积留下的粉尘扬起而偶然出现爆炸性粉尘混合物的环境。

(2) 非爆炸危险区域的确定

当符合下列条件之一时，可划为非爆炸危险区域：

① 装有良好除尘效果的除尘装置，当该除尘装置停车时，工艺机组能连锁停车；

② 设有为爆炸性粉尘环境服务，并用防火墙隔绝的送风机室，其通向爆炸性粉尘环境的风道设有能防止爆炸性粉尘混合物侵入的安全装置，如单向流通风道及能阻火的安全

装置；

③ 区域内使用爆炸性粉尘的量不大，且在排风柜内或风罩下进行操作。[28]

3. 各种危险环境的电力装置安全防护措施

1）火灾危险环境的电力装置防护措施

(1) 对于10kV以下的变(配)电所，不宜设置在有火灾危险区域的正上方或正下方。若与有火灾危险区域的建筑物毗连时，不得与火灾危险环境直接相通，应采取如下措施：

① 设置走廊或套间，相通的门设置为乙级防火门；

② 与火灾危险环境共用的隔墙应为不燃烧体实体墙，耐火极限不应低于2.50h；

③ 变压器室的门、窗应通向非火灾危险环境；

④ 相通的管道和管沟在穿过隔墙和楼板处的缝隙，应用非燃材料严密填塞。

(2) 当露天装置的变压器或配电装置与火灾危险建筑物的外墙间距不足10m时，可采取如下措施：

① 与露天变、配电装置相邻的建筑物外墙应为防火墙；

② 如建筑物相邻外墙须设窗时，可在墙面上相对变、配电装置外轮廓线的两侧和上方各3.0m范围以外的部位设置铅丝玻璃防火窗。

(3) 进入火灾危险场所的供电线路，应在进入建筑物的电源侧采取短路保护、过负载保护及接地保护措施。火灾危险场所的供电线路接头不应布置在电气箱（柜、盒）外。

(4) 火灾危险环境的电器设备和线路，应符合周围环境内化学的、机械的、热的、霉菌及风沙等环境条件对电器设备的要求。

(5) 在火灾危险环境内，正常运行时有火花的和外壳表面温度较高的电器设备，应远离可燃物质。

(6) 在火灾危险环境内，不宜使用电热器；当生产工艺要求必须使用时，应采取可靠的隔热措施。在可燃材料仓库内，宜使用低温照明灯具，不应使用卤钨灯等高温照明灯具，并应对灯具的发热部件采取隔热等防火措施。配电箱及开关应设在仓库外，并采取预防引发火灾的措施。[28]

(7) 在火灾危险环境内，电器设备的选型应根据区域等级和使用条件，按现行国家标准《爆炸危险环境电力装置设计规范》GB 50058的具体规定选择；对于电力线路的设计和安装，应满足规范要求。

2）爆炸性气体环境的电力装置防护措施

(1) 变、配电设施的防护应符合如下要求：

① 变电所、配电所（室）和控制室应布置在爆炸危险区域以外，当室内为正压时可布置在1区、2区内；

② 位于易燃物质比空气重的爆炸性气体环境的1区、2区附近的变电所、配电所和控制室的室内地面，应高出室外地面不小于0.60m。

(2) 电气线路设计和安装应符合如下要求：

① 电气线路应在爆炸危险性较小或远离释放源的地方敷设；

② 当环境内的易燃物质比空气重时，电气线路应设在高处或直接埋地；电缆沟敷设时应填砂并设置排水；架空敷设时宜采用电缆桥架；

③ 当环境内的易燃物质比空气轻时，电气线路宜在较低处或电缆沟敷设；

④ 电气线路宜在有爆炸危险的建（构）筑物墙外敷设；

⑤ 敷设电气线路时，宜避开可能受到机械损伤、振动、腐蚀以及可能受热的地方，不能避开时，应采取预防措施。

（3）电气设备的选型安装应符合如下要求：

① 电气设备种类的选择，必须与爆炸危险区域的不同分区、防爆结构的不同形式、电气设备的防爆要求相适应；

② 选用防爆电器的级别和组别，不应低于该环境内爆炸性气体混合物的级别和组别；当存在两种以上易燃物质形成的爆炸性气体混合物时，应该按危险程度较高的级别和组别选用设备；

③ 爆炸危险区域内的电气设备，应在符合周围环境内化学的、机械的、热的、霉菌及风沙等不同环境条件对电气设备要求的同时，满足在规定运行条件下不降低防爆性能的要求；

④ 在采用非防爆电气设备作隔墙外机械传动时，应采取防爆隔墙和密封传动设施；安装电气设备房间的出口，应通向非爆炸危险区域和无火灾危险的环境；当安装电气设备的房间必须与爆炸性气体环境相通时，应对爆炸性气体环境保持相对的正压送风，以防止爆炸性气体的侵入。[28]

3）爆炸性粉尘环境的电力装置防护措施

（1）对于爆炸性粉尘环境的电力线路防护，应符合如下要求：

① 应将电气设备和线路，特别是正常运行时能发生火花的设备和线路，应布置在有爆炸性粉尘危险环境以外；

② 线路安装，应符合周围环境内化学的、机械的、热的、霉菌及风沙等不同环境条件对电气设备及线路的要求；

③ 必须设在爆炸性粉尘环境内的线路，应设在相对比爆炸危险性较小的地段；

④ 敷设电气线路的沟道、电缆或钢管，在穿过不同区域的隔墙或楼板处，应用非燃烧材料严密堵塞孔洞；

⑤ 敷设电气线路时宜避开可能受到机械损伤、振动、腐蚀及可能受热的地方，如难以避开，应采取预防措施。

（2）对于爆炸性粉尘环境的电气设备选型，应符合如下要求：

① 对于可燃性非导电粉尘和可燃纤维的 11 区环境，应采用防尘结构（标志为 DP）的粉尘防爆电气设备；

② 对于爆炸性粉尘的 10 区环境，应采用尘密结构（标志为 DT）的粉尘防爆电气设备，并按照粉尘的不同引燃温度选择不同引燃温度组别的电气设备。[28]

（3）对于爆炸性粉尘环境的设备安装，应符合如下要求：

① 在爆炸性粉尘环境内，电气设备最高允许表面温度，应符合表 10-2 的要求。

② 在爆炸性粉尘环境采用非防爆型电气设备进行隔墙机械传动时，应采取防爆隔墙和密封传动设施；安装电气设备房间的出口，应通向非爆炸危险区域和无火灾危险的环境；当安装电气设备的房间必须与爆炸性粉尘环境相通时，应对爆炸性粉尘环境保持相对的正压，以防止爆炸性粉尘的侵入。

爆炸性粉尘环境电气设备最高允许表面温度 表 10-2

引燃温度组别	T11	T12	T13
无过负荷的设备	215℃	160℃	120℃
有过负荷的设备	195℃	145℃	110℃

注：1. 在有爆炸性粉尘环境中出现的粉尘，应按引燃温度分组：

T11 引燃温度 $t>270$℃；

T12 引燃温度 $200<t\leqslant270$℃；

T13 引燃温度 $150<t\leqslant200$℃。

2. 确定粉尘温度组别时，应取粉尘云的引燃温度和粉尘层的引燃温度两者中的低值。

（4）对于爆炸性粉尘环境，应采取如下防护措施：

① 对有可能过负荷的电气设备，应装设可靠的过负荷保护设备；

② 事故排风机的控制启动按钮等设备，应设在便于操作的地方；

③ 在有爆炸危险的粉尘环境内，应尽量少安装插座和局部照明灯具。如必须安装者，宜选在爆炸性粉尘不易聚积和不易受事故气流冲击的位置。[28]

总之，因为火灾危险环境、爆炸性气体环境、爆炸性粉尘环境是特殊场所，其电气设备、配线方式、接地保护以及火灾报警系统等的选用、安装及布线，必须根据爆炸危险区域的分类、爆炸介质的特性来确定。现行国家标准《爆炸性环境 第1部分：设备 通用要求》GB/T 3836.1、《可燃性粉尘环境用电气设备》GB 12476（所有部分）和《爆炸危险环境电力装置设计规范》GB 50058 中就爆炸危险环境分类、电气设备选型、电气线路的设计和安装均作出了具体要求。安装在爆炸危险环境的火灾自动报警系统的设计和设备选用也应符合有关标准的规定。

对于甲、乙类的生产厂房，储存甲、乙类物品的仓库，甲、乙类物品运输车的汽车库、修车库，以及修车库内的喷漆间、电瓶间、乙炔间等室内的电器设备选型和设计安装均应按现行国家标准《爆炸危险环境电力装置设计规范》GB 50058 等规定执行。

4）处于潮湿环境内的电器设备外壳应保证防尘防水

（1）对于交通隧道，消防设备的防护等级低于 IP55；

（2）对于城市综合管廊及其他潮湿环境，消防设备的防护等级不应低于 IP45。[72]

10.2.6 非消防电气线路与设备的安全防护

非消防电气线路与设备的安全维护应注意如下方面：

（1）架空电力线路不应跨越生产或储存易燃易爆物资的建筑，仓库区域，危险品站台，及其他有爆炸危险的场所，相互间的最近水平距离不应小于电线杆塔高度的 1.5 倍。1000V 及以上的电力线路不应跨越可燃性建筑屋面。

（2）地铁工程中的地下电力电缆和数据通信线缆、城市综合管廊中的电力电缆，应采用燃烧性能不低于 B_1 级的电缆或阻燃型电线。

（3）室外电缆沟或电缆隧道在进入建筑、工程或变电站处应采取防火分隔措施，防火分隔部位的耐火极限不应低于 2.00h，门应采用甲级防火门。

（4）城市交通隧道内的供电线路应与其他管道分开敷设，在隧道内借道敷设的 10kV 及以上的高压电缆，应采用耐火极限不低于 2.00h 的耐火结构与隧道内的其他区域分隔。

（5）室内明敷设的电气线路，在有可燃物的吊顶或难燃、可燃性墙体内，敷设的电气线路，应具有相应的防火性能和保护措施。

（6）电气线路敷设应避开炉灶烟囱等高温部位，及其他可能受到高温作业影响的部位，不应直接敷设在可燃物上。

（7）空气调节系统的电加热器应与送风机连锁，并应具有无风断电、超温断电保护装置。[72]

10.3 消防应急照明和应急广播系统

在火灾中，慌乱的人们寻找求生之路时，必然需要应急照明并急于看到疏散指示标志，找到疏散出口。如果在一片漆黑无任何指示的情况下，就很难安全疏散。

震惊世界的“9·11”事件，南北楼遭飞机撞击相隔 16min，两栋塔楼的撞击层（北栋 94 层，南栋 85 层）以上无人生还。因为部分竖向疏散通道毁坏，楼道内又无应急照明，撞击层以下的人员只能摸黑缓慢疏散。北楼从撞击到倒塌间隔 102min ，南楼从撞击到倒塌间隔 47min。这段间隔时间，使多数人通过疏散楼梯得以逃生，共疏散出 1.8 万多人。

10.3.1 消防应急照明及疏散指示标志的设计场所

1. 疏散指示标志

为避免紧急疏散中的“迷宫效应”，建筑内应在疏散通道、楼梯口、场所出入口等部位设置醒目的灯光疏散指示标志。疏散指示标志应保证疏散路线指示明确、清晰，其设置间距和照度应满足使用要求，并保持视觉连续。除粮食筒仓、粮食散装仓库和火灾发展缓慢的场所外，应设置消防应急照明及疏散指示标志的建筑（场所）如下：

1）生产场所和储存物资场所：

（1）甲、乙、丙类生产场所（厂房）。

（2）丙类储存物资场所（仓库）、高层储存物资场所（仓库）。

2）民用建筑：

（1）公共建筑。

（2）建筑高度超过 27m 的住宅。

3）平时使用的人民防空工程。

4）地铁工程中的车站、换乘通道或连接通道、车辆基地、地下区间内的纵向疏散平台。

5）城市交通隧道两侧、人行横道或疏散通道。

6）城市综合管廊的人行通道和人员出入口。

7）城市地下人行通道。

8）其他地下、半地下建筑。

9）除室内无车道且无人员停留的汽车库外的其他汽车库和停车库。[72]

2. 消防应急照明

为保证火灾时的安全疏散，保证重要岗位在紧急情况下坚守正常工作，除粮食筒仓、粮食散装仓库和火灾发展缓慢的场所外，对于生产场所（厂房）、丙类物资储存场所（仓库）、民用建筑、平时使用的人防工程等建筑中的下列部位，应设计消防应急照明：

1）安全出口、疏散楼梯（间）、楼梯间的前室或合用前室、消防电梯的前室或合用前室、避难走道及其前室、避难层（间）、消防专用通道和兼作人员疏散用的天桥和连廊。

2）观众厅、展览厅、多功能厅及其疏散口。

3）建筑面积大于200m²的营业厅、餐厅、演播室、售票厅、候车（机、船）厅等人员密集的场所及其疏散口。

4）建筑面积大于100m²的地下或半地下公共活动场所。

5）公共建筑内的疏散走道以及兼做人员疏散用的天桥和连廊。

6）人员密集厂房内的生产场所及疏散走道。

7）步行街内。

8）汽车库（除室内无车道且无人员停留的机械汽车库外）、修车库。

9）地铁工程中的车站公共区、换乘通道或连接通道、车辆基地、地下区间内的纵向疏散平台、疏散通道及安全出口、区间隧道。

10）城市综合管廊的人行通道和人员出入口。

11）民用建筑的地下公共场所。

12）平时使用的人防工程内的公共场所。

13）凡建筑中的消防控制室、消防水泵房、自备发电机房、配电室、防烟与排烟机房以及发生火灾时仍需正常工作的其他房间。[72]

10.3.2 设计消防应急照明和疏散指示标志的技术要求

1. 建筑内疏散（工作）照明的最低水平照度要求

1）疏散走道照明最低水平照度不应低于3.0lx；

2）人员密集（集中）场所的最低水平照度不应低于3.0lx；

3）避难层（间）的最低水平照度不应低于10lx；

4）疏散楼梯间及其前室或合用前室的最低水平照度不应低于10.0lx；

5）避难走道及其前室的最低水平照度不应低于10.0lx；

6）其他建筑的各部位最低水平照度不应低于1.0lx；

7）消防控制室、消防水泵房、自备发电机房、配电室、防排烟机房，以及发生火灾时仍需正常工作的消防设备用房应设计备用照明，其作业面的最低照度不应低于正常照明的照度。[72]

2. 疏散照明和灯光疏散指示标志的设计要求

1）疏散照明和灯光疏散指示标志的设置范围

（1）公共建筑；

（2）建筑高度大于54m的住宅建筑；

（3）高层厂房（仓库）；

（4）甲、乙、丙类单（多）层厂房。[5]

2）疏散照明和灯光疏散指示标志的设置部位

（1）疏散照明灯具应设置在出口的顶部、墙面的上部或顶棚上；

（2）备用照明灯具应设置在墙面的上部或顶棚上；

（3）疏散走道的照明灯具应设置在走道两侧墙面上部或顶棚上；

（4）人员密集场所的疏散门正上方应设置灯光疏散指示标志（兼照明）。

3）疏散指示标志设置技术要求：

（1）疏散出口指示标志的设置要求

① 应设在安全出口或疏散门的正上方；

② 应采用“安全出口”或“疏散门”文字标志。

疏散指示标志应符合现行国家标准《消防安全标志　第1部分：标志》GB 13495.1和《消防应急照明和疏散指示系统》GB 17945的规定。不应将“疏散门”标成“安全出口”，也不应将“安全出口”标成“非常口”或“ 疏散口”。对于疏散指示方向不应有混乱现象。

（2）疏散走道指示标志的设置要求

应沿疏散走道设置灯光疏散指示标志，并符合如下要求：

① 应设置在疏散走道及其转角处距地面高度1.0m的墙面上；

② 灯光疏散指示标志的设置间距不应大于20m；对于袋形走道不应大于10m；在走道的转角区，不应大于1m；

③ 沿疏散走道的和在安全出口、人员密集场所的疏散门正上方设置灯光疏散指示标志。[5]

3. 保持视觉连续的疏散指示标志设计要求

对于大空间或人员密集的公共场所，只凭借疏散照明的照度往往难以看清较大范围内的疏散出口设置位置。应在疏散走道和主要疏散路线的地面上增设能保持视觉连续的灯光疏散指示标志或蓄光疏散指示标志。使人员依靠疏散路线上的指示标志能及时识别疏散位置和方向，顺利到达安全出口。但其只能作为辅助疏散指示标志，不能取代主要的疏散指示标志。

1）设置范围如下：

（1）总建筑面积大于8000m^2的展览建筑；

（2）总建筑面积大于5000m^2的地上商店；

（3）总建筑面积大于500m^2的地下或半地下商店；

（4）歌舞娱乐放映游艺场所；

（5）座位数超过1500个的电影院、剧场；

（6）座位数超过3000个的体育馆、会堂和礼堂；[4]

（7）车站、码头建筑和民用机场航站楼中建筑面积大于3000m^2的候车、候船厅和航站楼的公共区。[20]

2）设置要求：

（1）人员密集的大型公共建筑或场所，应在室内的疏散走道和主要疏散路线的地面上增设能保持视觉连续的灯光疏散指示标志或蓄光疏散指示标志。

（2）凡建筑内设置的消防疏散指示标志和消防应急照明灯具，尚应符合现行国家标准《消防安全标志　第1部分：标志》GB 13495.1和《消防应急照明和疏散指示系统》GB 17945的有关规定。

（3）用于疏散走道上的消防应急照明和疏散指示标志，可采用蓄电池作备用电源，但其连续供电时间不应少于 30min。

10.3.3 消防应急广播系统

消防应急广播系统，一般在设有火灾自动报警系统的消防控制室内都具有其功能。无消防控制室的建筑内也可以单独设置消防应急广播系统。

该系统可根据不同场所、区域的火灾情况，通过广播、通告、指挥、宣传，引导已发生火灾区域和邻近防火分区的人员进行安全疏散。

凡大型公共建筑、人员集中场所、人员聚集场所以及步行街内等，都应当设置消防应急广播系统。

10.3.4 其他要求

（1）建筑高度超过 250m 的民用建筑的疏散楼梯间内，应每层设计一部消防专用电话分机，每两层应设计一个消防应急广播扬声器。

（2）位于高层建筑中的旅馆客房、建筑高度超过 100m 的公共建筑中经常有人停留且建筑面积大于 $100m^2$ 的房间内，应设计消防应急广播扬声器。

（3）老年人照料设施中老年人用房及其公共走道，均应设置火灾探测器和声警报装置或消防广播。

（4）应急照明灯和灯光疏散指示标志，应设玻璃或其他不燃烧材料制作的保护罩。

（5）建筑内设计的消防疏散指示标志和消防应急照明灯具，除应符合建筑设计防火规范的规定外，还应符合现行国家标准《消防安全标志　第 1 部分：标志》GB 13495.1 和《消防应急照明和疏散指示系统》GB 17945 的有关规定。

10.4 火灾自动报警系统

火灾的发生和发展有三个阶段：即潜伏、成长和蔓延阶段。潜伏阶段相对时间较长，成长和蔓延阶段时间较短。如能及早发现火情，及时采取防患措施，就不至于酿成灾害。这正是火灾自动报警系统设置的宗旨所在。

火灾自动报警系统设计应根据建筑的用途及其场所和部位的重要性、火灾危险特性、发生火灾的危险环境条件等因素综合考虑进行。火灾时需人员操作或使用的消防设施，应有区别于环境的明显标志。

火灾自动报警系统的设计功能，应主要体现在如下方面：

（1）火灾自动报警系统应设置自动和手动触发报警装置，系统应具有火灾自动探测报警或人工辅助报警、控制相关系统设备应急启动并接收其动作反馈信号的功能。

（2）火灾自动报警系统各设备之间，应具有兼容的通信接口和通信协议。

（3）火灾自动报警系统总线上，应设置总线短路隔离器，每只总线短路隔离器保护的火灾探测器、手动火灾报警按钮和模块等设备的总数不应大于 32 点。总线在穿越防火分区处应设置总线短路隔离器。[69]

10.4.1 火灾自动报警的系统形式选择和设计要求

火灾自动报警系统的形式和设计要求与保护对象及安全目标的设立直接相关。设置火灾自动报警系统，是为了尽早发现火灾、及时报警、启动有关消防设施引导人员疏散，根据火灾发展阶段需要启动自动灭火设施，扑灭初期火灾，防止火灾蔓延。对于电气火灾监控系统和可燃气体探测报警系统则属于火灾预警系统。随着电子技术的迅速发展和计算机软件技术在现代消防技术中的大量应用，火灾自动报警系统的结构、形式越来越灵活多样。

1. 系统形式选择

火灾自动报警技术的发展趋向是智能化系统。这种系统可组合成任何形式的火灾自动报警网络结构，它既可以是区域报警系统，也可以是集中报警系统和控制中心报警系统形式，设计时可根据保护的安全目标选择所需要的系统形式。

根据保护对象的不同级别和联动功能的复杂程度，一般可分为三种基本形式：

1）区域报警系统

该系统是由区域火灾报警控制器和火灾探测器等组成，功能简单的火灾自动报警系统。该系统应用于仅需要报警，不需要联动自动消防设备的保护对象。适用于保护对象数量少，用一台报警控制器即可担负某一区域的火灾报警监视的任务（图 10-2）。

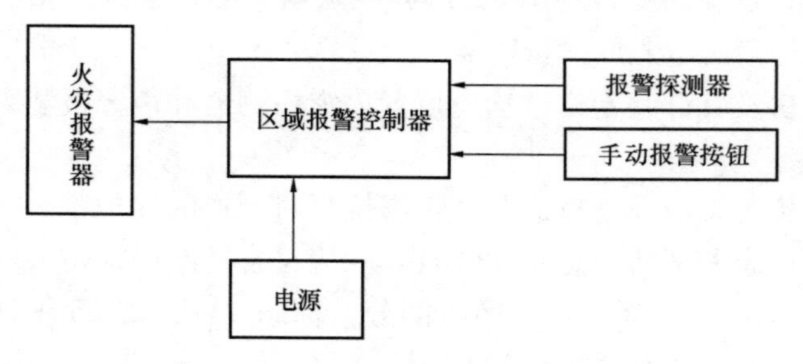

图 10-2 区域火灾报警系统

2）集中报警系统

该系统应用于不仅需要报警，同时需要联动自动消防设备，且只设置一台具有集中控制功能的火灾报警控制器和消防联动控制器的保护对象，并应设置一个消防控制室（图 10-3）。适用于具有消防联动要求的保护对象。

3）控制中心报警系统

该系统应用于设置两个及以上消防控制室的保护对象（图 10-4）。一般适用于建筑群

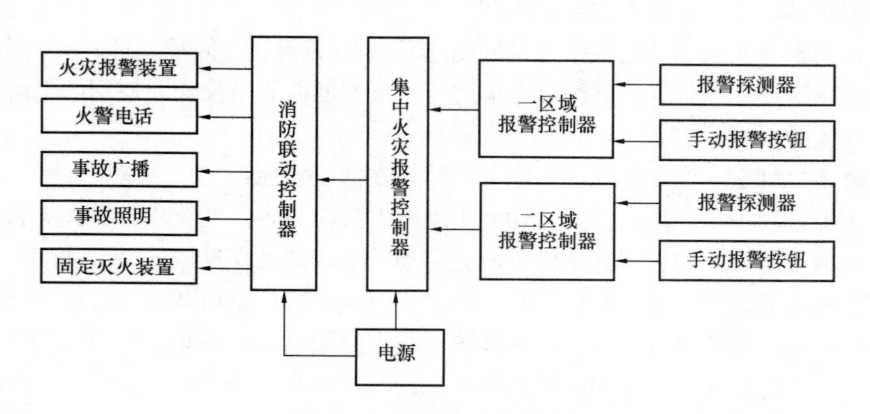

图 10-3 集中火灾报警系统

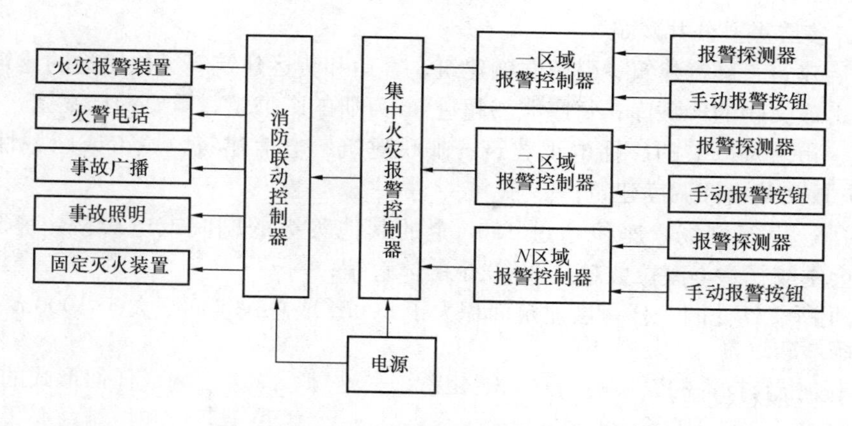

图 10-4 控制中心火灾报警系统

或体量很大以及分期建设的设置多个起集中作用的火灾报警控制器的保护对象。因消防监控对象多，监控范围较大，应设置集中火灾报警显示并联动控制各类消防设备的控制中心报警系统。[25]

2. 设计要求

1）区域报警系统

（1）系统由火灾探测器、手动火灾报警按钮、火灾声光警报器及火灾报警控制器等组成。

（2）火灾报警控制器应设置在有人值班的场所。

（3）当设有消防控制室时，应具有显示消防设施运行状态和消防安全管理的信息。

2）集中报警系统

（1）系统由火灾探测器、手动火灾报警按钮、火灾声光警报器、消防应急广播、消防专用电话、消防控制室图形显示装置、火灾报警控制器、消防联动控制器等组成。

（2）系统中的火灾报警控制器、消防联动控制器和消防控制室图形显示装置、消防应急广播的控制装置、消防专用电话总机等起集中控制作用的消防设备，应设置在消防控制室内。

（3）系统设置的消防控制室图形显示装置应具有传输消防设施运行状态和消防安全管理的信息的功能。

3）控制中心报警系统

（1）有两个以上消防控制室时，应确定一个主消防控制室。

（2）主消防控制室应能显示所有火灾报警信号和联动控制状态信号，并应能控制重要消防设备；各分消防控制室内消防设备之间可互相传输、显示状态信息，以便各消防控制室之间的信息沟通和共享，但不应互相控制。

（3）系统设置的消防控制室图形显示装置应具有传输消防设施运行状态和消防安全管理的信息的功能。[25]

10.4.2 火灾自动报警系统的设计场所

下列建筑或场所应设计火灾自动报警系统：

1. 单、多层重要公共建筑

1）商店建筑、展览建筑、财贸金融建筑、客运和货运建筑等类似用途的建筑；

2）图书或文物的珍藏库；每座藏书超过50万册的图书馆，重要的档案馆；

3）地、市级及以上的广播电视建筑、邮政建筑、电信建筑、城市或区域性的电力、交通和防灾救灾等指挥调度建筑；

4）特等、甲等剧场，座位超过1500个的其他等级的剧院或电影院，座位数超过2000个的会堂或礼堂，座位数超过3000个的体育馆；

5）托儿所、幼儿园，任一层建筑面积大于500m²或总建筑面积大于1000m²的其他儿童活动场所；

6）老年人照料设施；

7）疗养院的病房楼、旅馆建筑；

8）床位不少于100张的医院的门诊楼、病房楼和手术部；

9）歌舞娱乐放映游艺场所。

2. 高层民用建筑

1）一类高层公共建筑；

2）二类高层公共建筑内建筑面积大于50m²的可燃物品库房、建筑面积大于500m²的营业厅；

3）建筑高度超过100m的住宅建筑。[72]

3. 地下或半地下公共建筑

1）总建筑面积大于500m²的商店；

2）歌舞娱乐放映游艺场所；

3）总建筑面积大于500m²展览建筑。[20]

4. 生产场所（厂房）和储存物资场所（仓库）

除散装粮食仓库和原煤仓库外，下列工业生产场所和储存物资场所：

1）总建筑面积大于1500m²的人员密集的丙类地上生产场所（厂房）[20]；

2）丙类高层生产场所（厂房）；[72]

3）丙类地下（半地下）建筑面积大于1000m²的生产场所；

4）每座总建筑面积大于1000m²的地上丙类物资储存场所（仓库）；

5）丙类高层仓库或高架仓库。[72]

5. 其他重要部位和空间

1）电子信息系统主机房及其控制室、记录介质库。

2）特殊贵重或火灾危险性大的机器、仪表、仪器设备室、贵重物品库房。

3）设置机械排烟系统、防烟系统、水幕系统、水喷雾灭火系统、雨淋或预作用自动喷水灭火系统、固定消防炮灭火系统、气体灭火系统、防火卷帘、常开防火门、自动排烟窗等需与火灾自动报警系统连锁动作的场所或部位。

4）净高超过2.6m且可燃物较多的技术夹层内。

5）净高超过0.8m且有可燃物的闷顶或吊顶内。[5][25]

6）以下部位应设置独立式火灾探测报警装置：

（1）老年人照料设施中的老年人用房及公共走道；

（2）小型托儿所、托育服务机构和幼儿园；

（3）每个隔间面积大于200m²的其他小型商业经营场所；

（4）总建筑面积大于1000m²且每个隔间建筑面积大于200m²的商业服务网点。[20]

对于老年照料设施和商业场所，并宜设置声警报警或消防广播。[5][25]

7）除住宅建筑燃气用气部位外，建筑内可能散发可燃气体、可燃蒸气的场所应设置可燃气体探测报警装置。[72]

在火灾自动报警系统中，手动火灾报警按钮设置应满足人员快速报警的要求。每个防火分区或楼层应至少设置一个手动火灾报警按钮。[69]

10.4.3 报警区域和探测区域的划分

1. 报警区域

火灾报警区域的划分，应满足相关受控系统联动控制的要求[69]，并注意下列事项：

1）建筑物内的报警区域，应根据防火分区或楼层划分；可将一个防火分区或一个楼层划分为一个报警区域，也可以将发生火灾时需要同时联动消防设备的相邻几个防火分区或楼层划分为一个报警区域。

2）甲、乙、丙类液体储罐区的报警区域应由一个储罐区组成，每个50000m³及以上的外浮顶储罐应单独划分为一个报警区域。

3）电缆隧道的一个报警区域宜由一个封闭长度区间组成，一个报警区域不应超过相连的3个封闭长度区间。

4）道路隧道的报警区域应根据排烟系统或灭火系统的联动需要确定，且不宜超过150m。

2. 探测区域

火灾探测区域的划分，应满足确定火灾报警部位的工作要求。[69]

1）探测区域应按独立房间（或套间）划分，一个探测区域的面积不宜超过500m²；当从主要入口能看清其内部，且面积不超过1000m²的房间，也可划分为一个探测区域。

2）采用红外光束感烟火灾探测器和缆式线型感温火灾探测器时，其探测区域的长度不宜超过100m。

3）采用空气管差温火灾探测器的探测区域长度宜为20～100m。

4）下列场所应单独划分探测区域：

（1）敞开或封闭楼梯间、防烟楼梯间；

（2）防烟楼梯间前室、消防电梯前室、消防电梯与防烟楼梯间合用的前室、走道、坡道；

（3）电气管道井、通信管道井、电缆隧道；

（4）建筑物内闷顶、夹层。

10.4.4 火灾自动报警系统设计的主要原则

1. 适当选择火灾探测装置形式

针对不同环境的火灾特点，选择适宜的火灾探测报警装置（探测器）至关重要。火灾探测装置形式，分为独立式和系统式两种：

1）独立式火灾报警探测装置

独立式火灾报警探测装置，具有无线点式安装、通过电池和生活用电直接供电、安装使用方便的特点。对火灾产生的烟雾，可实现独立探测火灾报警功能，直接发出声光报警信号。也可以与远程显示器等辅助设备进行无线连锁，实现远程接警。

独立式火灾报警探测装置，适用于未设计火灾自动报警系统的下列场所：

(1) 设置在建筑内的旅馆、商场、歌舞厅、录像厅、游艺厅、网吧、酒吧、桑拿浴室、茶楼等人员密集场所；

(2) 医院的病房；

(3) 养老院、幼儿园的公共活动用房；

(4) 住宿与生产、储存、经营等多用途混合设计的场所；

(5) 木结构、文物、古建筑等。

但不适宜在无线信号干扰较强环境、产生或滞留油汽雾烟场所及粉尘场所设置。[71]

2）系统式火灾报警探测装置

系统式火灾报警探测装置，适用于人员居住、人员经常滞留或有重要物资存放场所，以及物质燃烧后产生严重污染等需要及时报警的场所的火灾探测。

系统式火灾报警探测装置，其系统功能是将探测到的火灾报警信号通过系统电路或光纤传输方式反馈到消防控制室，继而联锁系统报警提示或指令启动相关的消防救援控制设备，以及系统遥控有关消防联动设施运作等，形成火灾报警系统功能。

为切合不同环境的特点，在设计时应体现经济适用、先进合理原则，满足消防功能需要。

2. 了解各类火灾探测器的工作原理

1）点型火灾探测器

这种类型的火灾探测报警装置，是根据探测区域环境特点，呈点式布设探头。

(1) 感烟探测器

① 光电感烟探测器（遮光式），其检测室内装有发光元件及受光元件。在正常情况下，受光元件接收到发光元件发出的一定光量；而在火灾时，探测器的检测室内进入了大量烟雾，发光元件的发射光受到烟雾的遮挡，因而受光元件接受的光量减少，光电流降低，进而探测器发出报警信号。

② 离子感烟探测器，是由两个室构成，一个是镅 241 放射源，一个是接收端，正常时镅 241 使空气中的氧和氮电离，电离电流在两室间的电位平衡差下运行。因内电离室（即补偿室）是密封的，烟不能进入；外电离室（即检测室）是开孔的，烟能够顺利进入。当火灾发生时，烟雾进入检测电离室，使电离电流明显减小，检测电离室空气的等效阻抗得到增加；而补偿电离室因无烟雾进入，电离室的阻抗保持不变，因此，引起施加在两个电离室两端分压比的变化。在检测室两端的电压增加到一定值时，开关电路动作，发出报警信号；也有的要先进行分析、判断，确认为真实火情时才发出报警信号。

(2) 感温探测器

感温探测器是响应异常温度、温升速率和温差等参数的探测器。

① 定温式火灾探测器，当发生火灾的时候，探测器周围的环境温度升高，热膨胀系数不一样的双金属片受热会变形而发生弯曲。当温度升高到某一规定值时，双金属片弯曲变形足够大推动触头，于是两个电极被接通，使相关的电子线路发出火灾报警信号。

② 差温式火灾探测器，分为机械式和电子式两种。正常情况，气室受常温变化时，室内膨胀的气体可以通过气塞螺钉的小漏孔漏到探头外面大气中。当发生火灾时，温升速率急剧增加，气室内的气体膨胀加速，气塞螺钉小孔泄漏不及，气压增大将波纹板鼓起，推动弹性接触片，接通电触点，使相关的电子线路发出报警信号。

③ 差定温式火灾探测器，是兼有差温探测和定温探测复合功能的探测器。若其中的某一种功能失效，另一种功能仍起作用，因而大大地提高了报警工作的可靠性，在感温探测器中，使用这种复合型的探测器，有的还带有微电脑进行分析判断，可有效地减少误报率。

(3) 火焰探测器

火焰探测器是探测在物质燃烧时，产生烟雾和放出热量的同时，也产生可见的或大气中没有的不可见的光辐射。

火焰燃烧辐射光波段火焰探测器又称感光式火灾探测器，它是用于响应火灾的光特性，即探测火焰燃烧的光照强度和火焰的闪烁频率的一种火灾探测器。

根据火焰的光特性，目前使用的火焰探测器有三种：

① 对火焰中波长较短的紫外光辐射敏感的紫外探测器；

② 对火焰中波长较长的红外光辐射敏感的红外探测器；

③ 同时探测火焰中波长较短的紫外线和波长较长的红外线的紫外/红外混合探测器。

(4) 可燃气体探测器

可燃气体探测器能对焦炉、煤气、水煤气、石油液化气、天然气、甲烷、乙烷、丙烷、丁烷、汽油蒸汽等易燃气体进行泄漏监测报警，预防火灾。其原理是：当气敏探测元件接触到可燃气体，并达到一定的报警浓度时，探测器进行气—电转换，将电信号进行电位比较后，推动音响报警电路和触发记忆电路及自动控制电路（如排风扇的启动等）。当可燃性气体排出后，报警器自动停止报警，探测器信号灯熄灭、手动复位后、排气扇等停止工作，记忆指示灯熄灭，报警器和探测器恢复正常的监视状态，可有效预防火灾的发生。

(5) 复合火灾探测器

根据环境可能发生火灾的特点，需要同时监测烟气、火焰、温度等具有复合判断火灾功能的火灾探测器。从多方面分析确认，避免误报。

2) 线型火灾探测器

这种类型的火灾探测报警装置，有的是以红外线光束照射方式，或者以缆线附着在被保护物表面的敷设方式，适应环境条件布设探头。

(1) 光束感烟火灾探测器

红外光束感烟火灾探测器是线型火灾探测器之一，它是对警戒范围场所内的某一线状窄条空间周围烟气参数响应的火灾探测器。该线型感烟探测器，是将光束发射器和光电接收器分为两个独立的部分，分别安装在场所空间的边缘，选择互相对应通视的两处固定地点，中间的空间用光束连接起来，形成探测回路。发生火灾时，烟气阻挡了光束，使探测回路的电流发生变化，探测器就发出报警信号。

（2）缆式线型感温火灾探测器

俗称感温电缆线型感温探测器，与被保护电缆对象呈接触式布置。该设备的报警温度可调整设定，可温度补偿，可重复使用，可多级报警，可进行实时温度变化趋势监视。

（3）光纤感温火灾探测器

由于光纤是一种传输媒介，它可以像一般铜缆线一样传送数据等资料，具有很多独特的优点。线型光纤感温探测器具有高可靠性、高安全性、抗电磁干扰、绝缘性能高等特点。可工作在高电压、大电流、潮湿及有爆炸危险的环境中。[25]

3. 根据火灾特点选择探测器种类

1）对火灾初期有阴燃的阶段，产生大量的烟和少量的热，很少或没有火焰辐射的场所，应选择感烟火灾探测器。对于具有高速气流的或设有空调的场所，因初起火灾烟雾易被气流稀释，宜选择高灵敏型吸气式感烟火灾探测器。

2）对火灾发展迅速，可产生大量的热、烟和火焰辐射的场所，可选择感温探测器、感烟探测器、火焰探测器或其组合。

3）对火灾发展迅速，有强烈的火焰辐射和少量的烟、热的场所，应选择火焰探测器。

4）对火灾初期有阴燃阶段，且需要早期探测的场所，宜增设一氧化碳火灾探测器。

5）对使用、生产可燃气体或可燃蒸汽的场所，应选择可燃气体探测器。

6）应根据保护场所可能发生火灾的部位和燃烧材料的分析，以及火灾探测器的类型、灵敏度和响应时间等选择相应的火灾探测器；对火灾形成特征不可预料的场所，可根据模拟试验的结果选择探测器。

7）同一探测区域内设置多个探测器时，可选择具有复合判断火灾功能的火灾探测器和火灾报警控制器。[25]

4. 根据不同环境选择适宜的探测器

火灾探测器的选择应满足设置场所火灾初期特性参数的探测报警要求。[69]

1）点型火灾探测器的选择

（1）不同高度的房间（场所）应选择不同类别的火灾探测器，见表 10-3。

对不同高度的房间点型火灾探测器的选择　　表 10-3

房间高度（m）	点型感烟探测器	点型感温探测器			火焰探测器
		A1、A2	B	C、D、E、F、G	
$12<h\leq 20$	不适合	不适合	不适合	不适合	适合
$8<h\leq 12$	适合	不适合	不适合	不适合	适合
$6<h\leq 8$	适合	适合	不适合	不适合	适合
$4<h\leq 6$	适合	适合	适合	不适合	适合
$h\leq 4$	适合	适合	适合	适合	适合

注：表中 A1、A2、B、C、D、E、F、G 为点型感温探测器的不同类别。

表 10-3 中所示点型感温探测器 A1、A2、B、C、D、E、F、G 的不同类别，其具体参数应符合点型感温火灾探测器的分类要求，见表 10-4。[25]

点型感温火灾探测器分类 **表 10-4**

探测器类别	A1	A2	B	C	D	E	F	G
典型应用温度（℃）	25	25	40	55	70	85	100	115
最高应用温度（℃）	50	50	65	80	95	110	125	140
动作温度下限值（℃）	54	54	69	84	99	114	129	144
动作温度上限值（℃）	65	70	85	100	115	130	145	160

（2）不同环境场所应选择不同类型的点型火灾探测器。选择时可参考表 10-5。[25]

各种点型探测器适宜不同功能房间环境 **表 10-5**

场所选择	探测器名称	探测器类型					
		离子感烟	光电感烟	感温	差温	火焰	可燃气体
正常情况场所	饭店、旅店、教学楼、办公楼厅堂、卧室、办公室、商场等	适宜					
	电子计算机房、通信机房、电影或电视放映室等	适宜					
	楼梯、走道、电梯机房、车库等	适宜					
	书库、档案库等	适宜					
	厨房、锅炉房、发电机房、烘干车间等	不适宜		适宜			
	在正常情况下有烟滞留的场所、吸烟室等	不适宜	不适宜	适宜			
	使用可燃气体的场所						适宜
	煤气站和燃气表房以及储存液化石油气罐的场所						适宜
	其他散发可燃气体和可燃蒸汽的场所						适宜
	正常情况下有高温物体的场所（不适宜单波段红外火焰探测）					适宜	
	在正常情况下有烟滞留		不适宜				
	正常情况下有明火作业，探测器易受 X 射线、弧光和闪电等影响的场所（不适宜紫外火焰探测）					适宜	
特殊情况场所	相对湿度经常大于 95%（且应据典型和最高应用温度选择）	不适宜		适宜			
	气流速度大于 5m/s	不适宜					
	有大量粉尘、水雾滞留	不适宜	不适宜	适宜			
	可能产生腐蚀性气体	不适宜					
	产生醇类、醚类、酮类等有机物质	不适宜					
	需要联动熄灭“安全出口”标志灯的安全出口内侧	不适宜		适宜			
	其他无人滞留且不适合安装烟感探测器，但发生火灾时需及时报警场所（且应据典型和最高应用温度选择）	不适宜		适宜			
	可能发生无烟火灾（且应据典型和最高应用温度选择）			适宜		不宜	
	有大量粉尘（且应据典型和最高应用温度选择）			适宜			
	在火焰出现前有浓烟扩散			适宜		不宜	

续表

场所选择 \ 探测器名称		探测器类型					
		离子感烟	光电感烟	感温	差温	火焰	可燃气体
特殊情况场所	可能产生阴燃火灾、晚报警损失重大			不适宜			
	可能产生蒸汽和油雾		不适宜				
	高海拔地区		不适宜				
	火灾初期产生一氧化碳的场所可选择一氧化碳火灾探测器： 1. 烟不易对流或顶棚下方有热屏障的场所； 2. 在顶棚上无法安装其他点型火灾探测器的场所； 3. 需要多信号符合报警的场所						适宜
	温度在0℃以下场所（不宜选定温探测器） 温度变化较大的场所（不宜选差定温探测器）			不适宜	不适宜		
	火灾时有强烈的火焰辐射、需要对火焰做出快速反应					适宜	
	可能发生液体燃烧火灾等无阴燃阶段的火灾					适宜	
	探头易被污染、遮挡、受光照、明火、X射线、弧光等影响					不宜	
	污物较多且必须安装感烟火灾探测器的场所，应选择间断吸气的点型采样吸气式或具有过滤网和管路自动清洗功能的管路采样吸气式感烟火灾探测器	适宜（吸气式）					
	具有高速气流的场所，不适宜安装点型感烟、感温火灾探测器的大空间、舞台上方、建筑高度超过12m或有特殊要求的场所，低温场所，需要进行隐蔽探测的场所，需要进行火灾早期探测的重要场所，人员不宜进入的场所	适宜（吸气式）					

2）线型火灾探测器的选择

无遮挡的大空间或不便于安装点式探测器及地点隐蔽或者环境恶劣等危险场所，宜安装线型火灾探测器。具体选择可见表10-6。[25]

线型火灾探测器的安装场所选择　　表10-6

场所选择 \ 探测器类型	线型火灾探测器类型		
	光束感烟	缆式线型感温	线型光纤感温
有大量粉尘、水雾滞留的场所，可能产生蒸汽和油雾的场所，正常情况下有烟滞留的场所。 固定探测器的建筑结构由于震动等原因会产生较大位移的场所	不适宜		
无遮挡的大空间或有特殊要求的场所	适宜		
电缆隧道、电缆竖井、电缆夹层、电缆桥架		适宜	
除液化石油气外的石油储罐			适宜
各种皮带输送装置		适宜	
需要设置线型感温火灾探测器的易燃易爆场所			适宜
其他环境恶劣不适合点型探测器安装的危险场所		适宜	
公路隧道、敷设动力电缆的铁路隧道和城市地铁隧道等			适宜
不易安装点型探测器的夹层、闷顶		适宜	

选择线型定温火灾探测器时，应保证其不动作温度符合设置场所的最高环境温度的要求。

10.4.5 火灾探测器的具体设置部位

火灾探测器具体设置部位，应根据被保护物的使用功能特点和火灾危险性分析确定，可设置在下列部位：

1. 公共建筑

1）财贸金融楼的办公室、营业厅、票证库；

2）电信楼、邮政楼的机房和办公室；

3）商业楼、商住楼的营业厅，展览楼的展览厅和办公室；

4）旅馆的客房和公共活动用房；

5）电力调度楼、防灾指挥调度楼等的微波机房、计算机房、控制机房、动力机房和办公室；

6）广播电视楼的演播室、播音室、录音室、办公室、节目播出技术用房、道具布景房；

7）图书馆的书库、阅览室、办公室；

8）档案楼的档案库、阅览室、办公室；

9）办公楼的办公室、会议室、档案室；

10）医院病房楼的病房、办公室、医疗设备室、病历档案室、药品库；

11）科研楼的办公室、资料室、贵重设备室、可燃物较多的和火灾危险性较大的实验室；

12）教学楼的电化教室、理化演示和实验室、贵重设备和仪器室；

13）商业用或公共厨房；以可燃气为燃料的商业和企、事业单位的公共厨房及燃气表房；

14）污衣道前室、垃圾道前室；

15）老年人照料设施中的老年人用房及其公共走道均应设置火灾探测器和声警报装置或消防广播。[20]

2. 人员集中场所

1）体育馆、影剧院、会堂、礼堂的舞台、化妆室、道具室、放映室、观众厅、休息厅及附设的一切娱乐场所；

2）陈列室、展览室、营业厅、商业餐厅、观众厅等公共活动用房；

3）歌舞娱乐场所中经常有人滞留的房间和可燃物较多的房间。

3. 居住建筑

公寓、宿舍、住宅的卧房、书房、起居室（前厅）、厨房。

4. 生产建筑

1）甲、乙类生产厂房及控制室；

2）甲、乙、丙类物品库房；

3）堆场、堆垛、油罐等；

4）设在地下室的丙、丁类生产车间和物品库房。

5. 汽车库

1）高层汽车库；

2）Ⅰ类汽车库；

3）Ⅰ、Ⅱ类地下汽车库；

4）机械立体汽车库；

5）复式汽车库；

6）采用升降梯作汽车疏散出口的汽车库（敞开车库可不设）。

6. 地下建筑

1）地下铁道的地铁站厅、行人通道和设备间；

2）经常有人停留或可燃物较多得地下室。

7. 消防设施

1）消防电梯、防烟楼梯的前室及合用前室；

2）疏散走道、门厅、楼梯间。

8. 重点部位

1）配电室（间）、变压器室、自备发电机房、空调机房。

2）敷设具有可延燃绝缘层和外护层电缆的电缆竖井、电缆夹层、电缆隧道、电缆配线桥架。

3）电子计算机的主机房、控制室、纸库、光或磁记录材料库。贵重设备间和火灾危险性较大的房间。

4）净高超过 2.6m 且可燃物较多的技术夹层；净高超过 0.8m 的具有可燃物的闷顶。

5）其他经常有人停留的场所、可燃物较多的场所或燃烧后产生重大污染的场所。

6）可燃物品库房。

7）需要设置火灾探测器的其他场所。[25]

10.4.6 关于系统设置的有关要求

火灾自动报警系统中控制与显示类设备的主电源应直接与消防电源连接，不应使用电源插头。火灾自动报警系统设备的防护等级，应满足在设置场所环境条件下正常工作的要求。

除消防控制室设置的火灾报警控制器和消防联动控制器外，其他每台控制器直接连接火灾探测器、手动报警按钮和模块等设备不应跨越避难层。[69]其他有关设计要求如下：

1）火灾报警系统设备的设置，包括：火灾报警控制器和消防联动控制器、火灾探测器、报警按钮、区域显示器、火灾警报器、应急广播、消防专用电话和火灾报警传输设备等的设置，均应符合现行国家标准《火灾自动报警系统设计规范》GB 50116 的规定。

2）可燃气体探测报警系统应独立组成。可燃气体探测器不应直接接入火灾报警控制器的报警总线。[69]其设置，包括系统构成、探测器的设置、报警控制器的设置等，应符合国家标准《石油化工可燃气体和有毒气体检测报警设计规范》GB 50493 和《火灾自动报警系统设计规范》GB 50116 的规定。

3）关于系统供电、布线和道路隧道、电缆隧道、油罐区和超高空间等典型场所的火灾自动报警场所的自动报警系统设计，均应符合现行国家标准《火灾自动报警系统设计规范》GB 50116 的有关规定。

4）住宅建筑的火灾报警系统，应根据实际应用过程中保护对象的具体情况，选择合适的系统构成，并符合有关要求：

（1）有物业集中监控管理且设有需联动控制消防设施的住宅建筑，应满足消防系统联动控制的有关要求。

（2）仅有物业集中监控管理及无消防系统联动设施的住宅建筑，其火灾报警系统应满足集中监控管理的有关要求。

（3）没有物业集中监控管理的住宅建筑，在设有家用火灾探测器时，应在公共区域设火灾声警报器。

（4）别墅和已用住宅建筑，可选用独立式报警设备。

（5）住宅建筑的火灾自动报警系统设计、火灾探测器的设置、家用火灾报警控制器的设置、火灾声警报器的设置、应急广播的设置等应符合现行国家标准《火灾自动报警系统设计规范》GB 50116 的有关规定。[25]

10.5 消 防 控 制 室

消防控制室是建筑消防系统的信息中心、控制中心、运行状态监视中心和日常运行管理中心，也是建筑发生火灾和日常消防演练时的应急指挥中心；在设有城市远程监控系统的地区，消防控制室也是该建筑与监控中心对接的机要部位，可见其地位是十分重要的。

在具有消防联动功能的火灾自动报警系统的保护对象中应设置消防控制室。[25]

10.5.1 消防控制室的设备组成及建筑布置要求

消防控制室的所处环境条件，不应干扰或影响消防控制室内火灾报警与控制设备的正常运行。[72]

1. 设备组成

消防控制室内设置的消防控制设备应由下列部分或全部控制装置组成：

1）火灾报警控制器；

2）消防联动控制器；

3）消防应急广播的控制装置；

4）火灾应急照明与疏散指示系统的控制装置；

5）消防控制室图形显示装置；

6）消防专用电话总机；

7）消防电源控制器；

8）用于火警报警的外线电话；

9）其他具有相应功能的组合设备。

2. 建筑及设备布置要求

1）单独建造的消防控制室，其耐火等级不应低于二级；

2）消防控制室不应设置在电磁场干扰较强及其他可能影响消防控制设备工作的设备用房附近；

3）建筑高度超过250m的建筑的消防控制室应设计在建筑的首层；附设在其他建筑内的消防控制室宜设置在建筑内的首层靠外墙部位，亦可设置在建筑物地下一层。与其他部位之间，应用耐火极限不低于2.00h的隔墙和1.50h的楼板隔开；

4）疏散门应直通室外或安全出口；

5）在接近地面的开口部位应采取挡水设施；当设置在地下时，还应采取防淹措施；[5]

6）消防控制室内，严禁穿过与消防控制室无关的电气线路和管路；

7）消防控制室内设备的布置应符合下列要求：

8）消防控制室内，应采取防水淹、防潮湿、防啮齿动物进入等措施。

（1）设备操作盘前的操作距离，单列布置时不应小于1.5m，双列布置时不应小于2m；

（2）在值班人员经常工作的一面，设备操作盘至墙的距离不应小于3m；

（3）设备操作盘后的维修距离不宜小于1m；

（4）设备操作盘的排列长度大于4m时，其两端应设置宽度不小于1m的通道；

（5）与建筑其他弱电系统合用的消防控制室内，消防设备应集中布置，并与其他设备间有明显间隔。[25]

10.5.2 消防控制室的功能要求

1. 消防控制室应有的控制及显示功能

1）基本要求

（1）消防控制室应能显示单位消防管理信息及其他相关信息；

（2）消防控制室应能显示消防系统及设备、位置和动态信息；

（3）当有火灾报警、监管报警、反馈、屏蔽、故障等信号输入时，应有相应状态的总指示，并在总平面图中显示输入信号的位置，记录有关信息。

2）火灾探测报警系统要求

（1）应能显示保护区域内火灾报警控制器、火灾探测器、火灾显示盘、手动火灾报警按钮的正常工作状态、火灾报警状态、屏蔽状态及故障状态等相关信息；

（2）建（构）筑物内安装有可燃气体探测报警系统、电气火灾监控系统时，消防控制室应能接收保护区域内的可燃气体探测报警系统、电气火灾监控系统的报警信号，并应显示相关联动反馈信息。[41]

3）消防联动控制的功能要求

对消防系统及设备的联动控制，应由设置在消防控制室内的消防联动控制器实现。消防联动控制器应能将消防系统及设备的状态信息传输到消防控制室图形显示装置。[41]消防联动控制器应能按设定的控制逻辑向各相关的受控设备发出联动控制信号，并接收相关设备的联动反馈信号。各受控设备接口的特性参数应与联动控制信号相匹配。联动控制模块严禁设置在配电柜（箱）内，一个报警区域的模块不应控制其他报警区域的设备。需要火灾自动报警系统联动控制的消防设备，其联动触发信号应为两个独立的报警触发装置报警信号的“与”逻辑组合。[69]消防联动控制要求主要包括如下方面：

（1）自动喷水灭火系统

① 应能显示喷淋泵电源的工作状态；

② 应能显示喷淋泵（稳压或增压泵）的启、停状态和故障状态，并显示水流指示器、信号阀、报警阀、压力开关等设备正常工作状态和消防动作状态、消防水箱（池）最低水位信息和管网最低压力报警信息；

③ 除应采用联动控制方式外，尚应能手动控制喷淋泵的启、停，并显示手动启、停和自动启、停的反馈信号。

（2）消火栓系统

① 应能显示消防水泵电源的工作状态；

② 应能显示消防水泵（稳压或增压泵）的启、停状态和故障状态，并显示消火栓按钮的正常工作状态和消防动作状态、消防水箱（池）最低水位信息和管网最低压力报警信息；

③ 除应采用联动控制方式外，尚应能手动控制消防水泵的启、停，并显示其动作反馈信号。

（3）气体灭火系统

① 应能显示系统的手动、自动工作状态及故障状态；

② 应能显示驱动装置的正常工作状态和动作状态，并能显示防护区域中的防火门（窗）、防火阀、通风空调等设备的正常工作状态和消防动作状态；

③ 应能自动和手动控制系统的启动，并显示延时状态信号、紧急停止信号和管网压力信号。

（4）泡沫灭火系统

① 应能显示消防水泵、泡沫液泵电源的工作状态；

② 应能显示系统的手动、自动工作状态及故障状态；

③ 应能显示消防水泵、泡沫液泵的启、停状态和故障状态，并显示消防水池（箱）最低水位和泡沫液罐最低液位信息；

④ 应能手动控制消防水泵和泡沫液泵的启、停，并显示其动作反馈信号。

（5）干粉灭火系统

① 应能显示系统的手动、自动工作状态及故障状态；

② 应能显示驱动装置的正常工作状态和消防动作状态，并能显示防护区域中的防火门（窗）、防火阀、通风空调等设备的正常工作状态和动作状态；

③ 应能自动和手动控制系统的启动和停止，并显示延时状态信号、紧急停止信号和管网压力信号。

（6）防烟排烟系统及通风空调系统

① 应能显示防烟排烟系统风机电源的工作状态；

② 应能显示防烟排烟系统的手动、自动工作状态及防烟排烟风机的正常工作状态和消防动作状态；

③ 除应采用联动控制方式外，尚应能手动直接控制防烟排烟风机和电动排烟防火阀、电动挡烟垂壁、电动防火阀、常闭送风口、排烟阀（口）、电动排烟窗的动作，并显示其反馈信号。

（7）防火门及防火卷帘系统

① 应能显示防火门控制器、防火卷帘控制器的工作状态和故障状态等动态信息；

② 应能显示防火卷帘、常开防火门、人员密集场所中因管理需要平时常闭的疏散门及具有信号反馈功能的防火门的工作状态；

③ 应能联动关闭防火卷帘和常开防火门，并显示其联动或手动控制的反馈信号。

（8）电梯

① 在确认火灾后，应能控制电梯全部回降首层，非消防电梯应开门停用，消防电梯应开门待用；

② 显示电梯反馈信号及消防电梯运行时所在楼层；

③ 显示消防电梯故障状态和停用状态。

（9）火灾警报和应急广播系统

火灾警报器应均匀设置在每个报警区域内；应急广播扬声器应设置在走道和大厅等公共场所。位于区域最远点听到警报和广播声压级不应小于 60dB；在环境噪声大于 60dB 的场所，警报和广播声压级应高于背景噪声 15dB。其他有关设置要求如下：

① 火灾自动报警系统应设置火灾声光警报器，并应在确认火灾后启动建筑内的所有火灾声光警报器；平时使用电铃的场所，不应使用警铃作为火灾声警报器；

② 火灾声警报器设置带有语音提示功能时，应同时设置语音同步器；

③ 同一建筑内设置多个火灾声警报器时，火灾自动报警系统应能同时启动和停止所有火灾声警报警器工作；

④ 集中报警系统和控制中心报警系统应设置消防应急广播；当确认火灾后，应同时向全楼进行广播；

⑤ 应能分别通过手动和按照预设控制逻辑联动控制选择广播分区、启动或停止应急广播，并通过传声器紧急广播时自动对广播内容进行录音；

⑥ 应能显示消防应急广播状态的广播分区的工作状态；

⑦ 消防应急广播与普通广播或背景音乐广播合用时，应具有强制切入消防应急广播的功能。

（10）消防应急照明和疏散指示系统

① 应能手动控制自带电源型消防应急照明和疏散指示系统的主电工作状态和应急工作状态的转换；

② 当确认火灾后，应能由发生火灾的警报区域开始，顺序启动全楼疏散通道的消防应急照明和疏散指示系统，系统全部投入应急状态的启动时间不应大于 5s。[41]

（11）相关联动控制

① 消防联动控制器应具有切断火灾区域及相关区域非消防电源的功能，当需要切断正常照明时，宜在自动喷淋系统、消火栓系统动作前切断；

② 消防联动控制器应具有自动打开涉及疏散的电动栅杆等的功能，并宜开启相关区域安全技术防范系统的摄像机监视火灾现场；

③ 消防联动控制器应具有打开疏散通道上由门禁系统控制的门和庭院电动大门的功能，并应具有打开停车场出入口挡杆的功能。

4）消防专用电话

① 消防专用电话网络应为独立的消防通信系统。

② 对外，消防控制室、消防值班室（或企业消防站）应设置可直接报警的外线电话。

③ 对内，消防控制室应设置消防专用电话总机。各重要部位设分机（如：消防水泵房、发电机房、变配电室、计算机网络机房、通风空调机房、排烟机房、电梯机房、消防值班室、建筑高度超过 250m 的建筑的疏散楼梯间内以及其他与消防联动控制有关的各分机）应与总机单独连接。

④ 应有消防电话通话录音功能。

⑤ 应能显示消防电话的故障状态。[25][41]

5）消防电源

应能显示消防用电设备的供电电源的工作状态和欠压报警信息。[41]

2. 信息记录和信息传输

信息记录和信息传输的系统功能要求，应符合现行国家标准《消防控制室通用技术要求》GB 25506 的有关规定。

11 木 结 构 建 筑

11.1 木结构建筑构件的燃烧性能和耐火极限

木结构建筑的耐火等级可分为Ⅰ、Ⅱ、Ⅲ级。不同耐火等级木结构建筑构件的燃烧性能和耐火极限不应低于表 11-1 要求。[20]

木结构建筑构件的燃烧性能和耐火极限（h）　　表 11-1

构件名称		Ⅰ级	Ⅱ级	Ⅲ级
墙	防火墙	不燃性 3.00	不燃性 3.00	不燃性 3.00
	承重墙	难燃性 2.00	难燃性 1.00	难燃性 0.50
	非承重墙	难燃性 1.00	难燃性 0.75	可燃性
	电梯井的墙	不燃性 1.50	不燃性 1.00	难燃性 0.50
	楼梯间和前室的墙、住宅单元间隔和分户墙	难燃性 2.00	难燃性 1.00	难燃性 0.50
	疏散走道两侧隔墙	难燃性 1.00	难燃性 0.75	难燃性 0.25
	房间隔墙	难燃性 0.75	难燃性 0.50	难燃性 0.25
承重柱		可燃性 2.50	可燃性 1.00	可燃性 1.00
梁		可燃性 2.00	可燃性 1.00	可燃性 1.00
楼板		难燃性 1.50	难燃性 0.75	可燃性
屋顶承重构件		可燃性 1.00	可燃性 0.50	可燃性
疏散楼梯		可燃性 1.50	可燃性 0.50	可燃性
吊顶		难燃性 0.25	难燃性 0.15	可燃性

注：1. 当同一座Ⅱ、Ⅲ级建筑存在不同高度的屋顶时，较低部分的屋顶承重构件和屋面不应采用可燃构件，当采用难燃屋顶承重构件时，耐火极限不应低于 0.75h。

2. 轻型木屋顶除防水层、保温层及屋面板外，其余部分均应视为屋顶承重构件，且不应采用可燃构件，耐火极限不应低于 0.50h。

3. 当Ⅱ级木结构建筑为 4 层时，本表内承重墙、承重柱、楼梯间和前室的墙、住宅建筑单元之间的墙和分户墙、疏散楼梯的耐火极限分别提高 0.50h，楼板耐火极限不应低于 1.00h。

4. 除房间隔墙和吊顶外，Ⅰ级木结构建筑构件不应使用轻型木结构构件。

11.2 木骨架组合墙体

除木结构建筑外，其他类型的建筑采用木结构组合墙体时，应符合下列要求：

1）应为非承重房间的隔墙和非承重墙。

2）用于建筑面积不小于 100m² 的房间隔墙时，住宅建筑的建筑高度不应大于 54m；用于其他情形的房间隔墙和外墙时，住宅建筑的建筑高度不应大于 18m。

3）用于建筑面积不小于 100m² 的房间隔墙时，办公建筑和宿舍建筑的建筑高度不应大于 50m；用于其他情形的房间隔墙和外墙时，办公建筑和宿舍建筑的建筑高度不应大于 24m。

4）用于厂房和库房时，建筑的火灾危险性应为丁、戊类。

5）墙体填充材料和墙面材料的燃烧性能应为 A 级。

木骨架组合墙体的燃烧性能和耐火极限应符合表 11-2 的要求。其他防火要求应符合现行国家标准《木骨架组合墙体技术标准》GB/T 50361 的规定。[20]

6）木骨架组合墙体的燃烧性能和耐火极限应符合表 11-2 的要求。

木骨架组合墙体的燃烧性能和耐火极限（h） 表 11-2

构件名称	耐火等级				
	一级	二级	三级	木结构建筑	四级
非承重外墙	不允许	难燃性 1.25	难燃性 0.75	难燃性 0.75	无要求
房间隔墙	难燃性 1.00	难燃性 0.75	难燃性 0.50	难燃性 0.50	难燃性 0.25

其他防火要求应符合现行国家标准《木骨架组合墙体技术标准》GB/T 50361 的规定。

11.3 木结构建筑和组合建筑的防火要求

11.3.1 木结构建筑和组合建筑防火的基本要求

1. 木结构建筑的允许层数、高度和限制面积

甲、乙、丙类厂（库）房不应采用木结构建筑或木结构组合建筑。丁、戊类厂（库）房采用木结构建筑和木结构组合建筑时，应为单层。民用木结构建筑或民用木结构组合建筑的允许层数和允许建筑高度应符合表 11-3 的要求。[20]

木结构建筑和组合建筑的允许层数、建筑高度和防火墙间的允许长度及每层允许建筑面积 表 11-3

建筑名称		允许层数（层）	允许建筑高度（m）	防火墙间的允许长度（m）	防火墙间的每层最大允许建筑面积（m²）
普通木结构建筑	Ⅰ级	1	不限	不限	1200
		8	32	100	1200
	Ⅱ级	4	18	80	1800
	Ⅲ级	2	10	60	600
木结构组合建筑	Ⅰ级	9	32	100	1800
	Ⅱ级	7	24	80	900
	Ⅲ级	3	15	60	600

注：1. 当设置自动喷水灭火系统时，防火墙间的允许长度和每层最大允许建筑面积可按本表要求增加 1.0 倍；当为丁、戊类地上厂房时，防火墙间的每层最大允许建筑面积不限。
2. 体育场馆等高大空间建筑，其建筑高度和建筑面积可适当增加。
3. 5 层以上木结构建筑仅适用于居住建筑和办公建筑。

2. 木结构建筑的使用层数要求

1）Ⅰ级木结构建筑中的下列场所应布置在首层、2 层或 3 层：

（1）商店营业厅、公共展览厅等；

（2）老年人照料设施、儿童活动场所；

（3）医疗建筑中的住院病房；

（4）歌舞娱乐放映游艺场所。

2）Ⅱ级木结构建筑中的下列场所应布置在首层或2层：

（1）商店营业厅、公共展览厅等；

（2）儿童活动场所、老年人照料设施；

（3）医疗建筑中的住院病房。

3）Ⅲ级木结构建筑中的下列场所应布置在首层：

（1）商店营业厅、公共展览厅；

（2）儿童活动场所。[72]

11.3.2 木结构建筑与其他民用建筑组合建造的防火要求

木结构建筑与钢结构、钢筋混凝土结构或砌体结构与其他结构部分组合建造时，应符合下列要求：

1）竖向组合建造时，木结构部分应设置在建筑的上部，木结构部分与其他结构部分宜采用耐火极限不低于1.00h的不燃性楼板分隔。

2）水平组合建造时，木结构部分与其他结构部分宜采用防火墙分隔。

3）当木结构的建筑防火设计符合相关要求，与其他类型符合规范要求的建筑之间贴邻时，应采用不开门窗洞口的防火墙和耐火极限不低于2.00h的不燃性楼板分隔。

当木结构部分与其他结构部分采用防火墙分隔时，木结构部分和其他部分的防火设计，应分别符合木结构和其他结构的防火设计要求。[5]

11.3.3 木结构建筑的防火间距要求

1）民用木结构建筑与厂房和仓库等建筑物之间的防火间距，应符合厂房、仓库、可燃液体（气体）储罐（区）、可燃材料堆场等与四级耐火等级建筑的防火间距要求确定。

2）当水平方向组合建造且采用耐火极限不低于2.00h的不燃烧体分隔时，其他结构部分与相邻建筑间的防火间距，应根据其耐火等级、建筑高度和使用功能分别按厂房、仓库、可燃液体（气体）储罐（区）、可燃材料堆场和民用建筑的防火间距要求确定。

3）民用木结构建筑之间或与其他民用建筑的防火间距不应小于表11-4的要求。

木结构建筑之间及其与其他民用建筑的防火间距（m）　　表11-4

建筑耐火等级或类别		高层民用建筑	单、多层民用建筑			木结构建筑	
			一、二级	三级	四级	Ⅰ级	Ⅱ、Ⅲ级
木结构建筑	Ⅰ级	12	7	8	10	8	10
	Ⅱ、Ⅲ级	14	9	10	12	10	12

注：1. 两座木结构建筑之间或与其他民用建筑之间的外墙均无任何门、窗、洞口时，其防火间距可为4m。

2. 两座木结构建筑之间或与其他民用建筑之间，外墙上的门、窗、洞口不正对且面积之和不大于该外墙面积的10%时，其防火间距可按本表减少25%。

3. 当相邻建筑外墙有一面为防火墙，或建筑物之间设置有防火墙且墙体截断不燃性屋面或高出难燃性或可燃性屋面不低于0.5m时，防火间距不限。[20]

4）民用木结构建筑与厂（库）房等建筑之间的防火间距，应符合厂房、仓库、储罐、堆场等有关与四级耐火等级建筑的防火间距要求。

5）木结构厂（库）房之间及与其他民用建筑之间的防火间距，应符合四级耐火等级的厂房、仓库等建筑与民用建筑的防火间距要求。[5]

11.3.4 木结构建筑的防火隔断

1）除住宅建筑外，建筑内的发电机间、配电间、锅炉间的设置及其防火要求，应符合 3.4.5“民用建筑的分类、耐火等级、层数和防火分区”的不同功能区合建（或贴邻）时防火分区设施的有关要求和 7.5.1“防火隔断”中有易燃和爆炸危险部位的防火隔断的有关要求。

2）附设在木结构住宅建筑内的机动车库、发电机间、配电间、锅炉间，应采用耐火极限不低于 2.00h 的防火隔墙和耐火极限不低于 1.00h 的不燃性楼板与其他部位分隔，不宜开设与室内相通的门、窗、洞口，确需开设时，可开设一樘不直通卧室的单扇乙级防火门。

车库的建筑面积不宜超过 60m^2。

3）管道、电气线路敷设在墙体内或穿过建筑物内楼板、墙体时，应采取防火保护措施，与墙体、楼板之间的缝隙应采取防火封堵材料填塞密实。

住宅建筑内厨房中的明火或高温部位及排油烟管道等应采取防火隔热措施。

4）木结构墙体、楼板及封闭吊顶或屋顶下的密闭空间内应采取防火分隔措施，且水平分隔长度或宽度不应超过 20m，面积不应大于 300m^2，墙体的竖向分隔高度不应大于 3m。

在轻型木结构建筑的每层楼梯梁处应采取防火分隔措施。[5]

11.3.5 木结构建筑的安全疏散

1. 厂房建筑的疏散

1）丁、戊类厂房内任意一点至最近安全出口的疏散距离，分别不应大于 50m 和 60m。

2）其他有关疏散方面设计应符合厂房建筑安全疏散方面的要求。

2. 民用建筑的安全疏散

对于木结构或组合民用建筑中木结构部分的安全疏散设计，应符合下列要求：

1）当Ⅰ、Ⅱ级木结构建筑设置 1 部疏散楼梯时，每层建筑面积不应大于 200m^2 且第二层和第三层的人数之和不应超过 25 人；当Ⅲ级木结构建筑设置 1 部疏散楼梯时，每层的建筑面积不应大于 200m^2 且第 2 层人数不应超过 15 人。对于 5 层及以上的木结构建筑或组合建筑的疏散楼梯，应采用封闭楼梯间。建筑的安全出口和房间疏散门等其他设置要求应符合建筑防火疏散相关要求。[20]

2）直通疏散走道的房间疏散门至最近安全出口的距离，不应大于表 11-5 的要求。[20]

直通疏散走道的房间疏散门至最近安全出口的距离（m） **表 11-5**

名称	位于两个安全出口之间的疏散门		位于袋形走道两侧或尽端的疏散门	
	Ⅰ级	Ⅱ、Ⅲ级	Ⅰ级	Ⅱ、Ⅲ级
托儿所、幼儿园	20	15	15	10

续表

名称	位于两个安全出口之间的疏散门		位于袋形走道两侧或尽端的疏散门	
	Ⅰ级	Ⅱ、Ⅲ级	Ⅰ级	Ⅱ、Ⅲ级
歌舞娱乐放映游艺场所	20	15	6	—
医院和疗养院建筑、教学建筑	30	25	15	10
其他民用建筑	35	25	20	15

注：当建筑内全部采用自动灭火系统时，表中疏散距离可分别增加25%。

3）房间内任一点到该房间直通疏散走道的疏散门的距离不应大于表11-5要求的袋形走道两侧或尽端的房间疏散门至最近安全出口的直线距离。

4）建筑内疏散走道、安全出口、疏散楼梯和房间疏散门的净宽度应根据疏散人数每100人的最小疏散净宽度不应小于表11-6的要求计算确定。

疏散走道、安全出口、疏散楼梯和房间疏散门每100人的最小疏散净宽度（m）表11-6

层　数	每100人的疏散净宽度
地上1、2层	0.75
地上3层	1.00
地上4层及以上	1.25

11.3.6 木结构建筑的消防给水和其他要求

1）木结构建筑的室内消防给水应根据建筑的总高度、体积或层数和用途按照国家相关技术标准确定室内消防给水设施。室内应设置消防软管卷盘。4层及以上的其他木结构建筑（包括木结构组合建筑）应设置自动喷水灭火系统。室外消防给水应按四级耐火等级建筑的有关要求确定。

2）木结构居住建筑内，应设置火灾自动报警装置。总建筑面积大于1500m^2的木结构公共建筑、4层及以上的其他木结构建筑（包括木结构组合建筑）应设置火灾自动报警系统。

3）Ⅰ级木结构建筑的其他防火设计要求，应按三级耐火等级建筑的相关要求确定。Ⅱ级、Ⅲ级木结构建筑的其他防火要求，应按四级耐火等级建筑的相关防火要求确定。木结构建筑的防火构造设计尚应符合现行国家标准《木结构设计标准》GB 50005等标准的规定。

12 城 市 交 通 隧 道

城市交通隧道一般包括公路隧道、地铁隧道和其他交通隧道等。不同类别的隧道在火灾防护上没有本质的区别。原则上均应根据隧道允许通行的车辆和货物来考虑其可能的火灾场景，从而确定有效的消防安全措施。因隧道是一种与外界直接连通口有限的相对封闭空间，其内有限的逃生条件和热烟排出口使隧道火灾具有燃烧后周围温度升高快、持续时间长、着火范围往往较大、消防扑救与进入困难等特点。因此，隧道的消防安全控制目标主要是：提供可能的疏散设施，减少人员伤亡；方便救援和灭火行动；避免隧道内衬爆裂，通过对隧道结构、设备的防护，减小隧道修复和因隧道中断所造成的损失。

城市交通隧道的防火设计，应综合考虑隧道内的交通组成、隧道的用途、自然条件、长度等因素。主要原因是：

1. 因为隧道的用途及交通组成、可燃物数量与种类，决定了隧道火灾的可能规模及其火灾的增长过程，影响隧道火灾时可能逃生人员的数量及其疏散设施的布置；

2. 因为隧道的地理条件和隧道长度等，决定了消防人员的到达速度和隧道内人员逃生的难易程度，以及防、排烟与通风的技术要求；

3. 因为隧道的通风与排烟等因素，会对火灾中人员的逃生、消防人员对火灾的控制与扑救等产生很大的影响。所以，在设计中必须综合考虑诸方面的因素。[42]

12.1 隧道防火设计的一般要求

12.1.1 隧道类别的划分

根据交通隧道的火灾危险因素，要合理划分隧道的类别。

1. 隧道的潜在火灾危险

隧道的潜在火灾危险，有如下因素：

1）隧道越长火灾危险性越大；

2）隧道内运输危险材料增加火灾危险；

3）隧道内多为双向行车道，加大了其火灾危险性；

4）车流量和车载量的日益增加而增大了隧道的火灾荷载；

5）机动车因机械故障而造成的火灾概率增加。

2. 隧道的分类

根据单孔和双孔隧道的封闭段长度及交通情况，划分为一、二、三、四类，见表 12-1。

城市隧道分类　　表 12-1

隧道用途	隧道的封闭段长度 L（m）			
	一类	二类	三类	四类
可通行危险化学品等机动车	$L>1500$	$500<L\leqslant 1500$	$L\leqslant 500$	—
仅限通行非危险化学品机动车	$L>3000$	$1500<L\leqslant 3000$	$500<L\leqslant 1500$	$L\leqslant 500$
仅限人行或通行非机动车	—	—	$L>1500$	$L\leqslant 1500$

12.1.2 隧道结构的防火及装修要求

1. 隧道结构的耐火极限要求

隧道建筑构件耐火极限的测定，因为特定环境及燃烧发展状况与其他的火灾有区别，故采用不同方法。

隧道的空间相对封闭、热量难以扩散，采用的 RABT 曲线，模拟了火灾初期升温快、有较强的热冲击，随后由于缺氧状态快速降温的隧道火灾。

隧道内承重结构体的耐火极限不应低于表 12-2 的要求。

隧道内承重结构体的耐火极限　　表 12-2

<table>
<tr><th colspan="2">隧道分类</th><th>耐火极限（h）</th><th>采用的测定曲线和判定标准</th><th>备注</th></tr>
<tr><td colspan="2">一类</td><td>2.00</td><td>RABT 曲线</td><td rowspan="5">水底隧道的顶部应设置抗热冲击、耐高温的防火衬砌。其耐火极限应按相应隧道的类别确定</td></tr>
<tr><td colspan="2">二类</td><td>1.50</td><td>RABT 曲线</td></tr>
<tr><td rowspan="2">三类</td><td>通行机动车</td><td>2.00</td><td>HC 曲线</td></tr>
<tr><td>仅限人行和通行机动车</td><td>2.00</td><td>ISO 标准时间—温度曲线</td></tr>
<tr><td colspan="2">四类</td><td>不限</td><td>ISO 标准时间—温度曲线</td></tr>
</table>

隧道内附设的地下设备用房、风井、消防出入口的耐火等级应为一级。地面重要的设备用房、运营管理中心及其他地面附属用房的耐火等级不应低于二级。

交通隧道承重结构体的耐火性能，应与其车流量、隧道封闭端长度、通行车辆类型和隧道修复难度等情况相适应。

2. 隧道内地下设备用房的防火分区与出口设置

1）隧道内附设的地下设备用房，每个防火分区的最大允许建筑面积不应大于 1500m^2；

2）每个防火分区的安全出口数量不应少于 2 个；

3）与车道或其他防火分区相通的出口可作为第二安全出口，但必须有一个直通室外的安全出口；

4）当无人值守的设备用房设置 1 个直通室外的安全出口时，该设备用房的建筑面积不应大于 500m^2；当该安全出口利用通向相邻防火分区的甲级防火门或利用隧道中邻近的人员疏散通道或安全出口时，该设备用房建筑面积不应大于 200m^2；[20]

5）交通隧道内的变电站、管廊、专用疏散通道、通风机房及其他辅助用房等，应采用耐火极限不低于 2.0h 防火隔墙等与车行隧道分隔。[72]

3. 装修材料要求

隧道内的装修材料除填缝材料外，应采用不燃材料。

12.1.3 隧道内机动车道的设置

通行机动车的双孔隧道，其车行横通道或车行疏散通道设置应符合下列要求：

1）水底隧道宜设置车行横通道或车行疏散通道。车行横通道间隔及隧道通向车行疏散通道的入口间隔，宜为1000～1500m。

2）非水底隧道应设置车行横通道或车行疏散通道。车行横通道的间隔和隧道通向车行疏散通道入口的间隔不宜大于1000m。

3）车行横道应沿垂直隧道长度方向布置，并应通向相邻隧道；车行疏散通道应沿隧道长度方向布置在双孔中间，并应直通隧道外。

4）车行横道和车行疏散通道的净宽度不应小于4.0m，净高度不应小于4.5m。

5）隧道与车行横道或车行疏散通道的连通处，应采取防火分隔措施。

6）隧道内的变电所、管廊、专用疏散通道、通风机房及其他辅助用房等，应采取耐火极限不低于2.00h的防火隔墙和乙级防火门等分隔措施与车行隧道分隔。

12.1.4 通车隧道内人行通道的设置

双孔隧道应设置人行横通道或人行疏散通道。其人行横通道或人行疏散通道的设置应符合下列要求：

1）人行横通道间隔及隧道通向人行横通道的入口间隔，宜为250～300m。

2）人行疏散横通道应沿垂直双孔隧道长度方向设置，并应通向相邻隧道。人行疏散通道应沿隧道长度方向设置在双孔中间，并应直通隧道外。

3）人行横通道可利用车行横通道。

4）人行横通道或人行疏散通道的净宽度不应小于1.2m，净高度不应小于2.1m。

5）隧道与人行横通道或人行疏散通道的连通处，应采取防火分隔措施，门应采用乙级防火门。

6）单孔隧道宜设置直通室外的人员疏散门或独立避难所等避难设施。[5]

12.2 消防给水与灭火设施

12.2.1 消防给水系统

在进行城市交通隧道的规划和设计时，应同时设计消防给水系统。对于四类隧道和行人或通行非机动车辆的三类隧道可不设置消防给水系统。

消防给水系统的设置应符合下列要求：

1）消防水源和供水管网应符合国家现行有关规范的规定；可由城市给水管网、天然水源或消防水池解决，天然水源应有可靠的取水设施。供水管网的设计应符合建筑室外消防给水管道的布置要求。

2）消防用水量应按隧道的火灾延续时间和隧道全线同一时间内发生一次火灾计算确

定。一、二类隧道的火灾延续时间不应小于 3.00h；三类隧道不应小于 2.00h。

3）隧道内宜设置独立的消防给水系统。严寒和寒冷地区的消防给水管道及室外消火栓应采取防冻措施。当采取干式系统时，应在管网最高部位设置排气阀，管道充水时间不宜大于 90s。

4）隧道内的消火栓用水量不应小于 20L/s，隧道洞口外的消火栓用水量不应小于 30L/s。长度小于 1000m 的三类隧道，其隧道内和隧道洞口外的消火栓用水量可分别为 10L/s 和 20L/s。

隧道内的消防用水量应按需要同时开启所有灭火设施的用水量之和计算；当隧道内设置有消火栓系统和自动灭火系统并需要同时启动时，隧道内的消火栓用水量可减少 50%，但不得小于 10L/s。

5）管道内的消防供水压力应保证用水量最大时的最不利点的充实水柱不应小于 10m。当消火栓的出水压力超过 0.5MPa 时，应设置减压设施。

6）在隧道出入口处应设置消防水泵结合器和室外消火栓。

7）隧道内消火栓的间距不应大于 50m。消火栓的栓口距地面的高度宜为 1.1m。

8）设置消防水泵供水设施的隧道，应在消火栓箱内设置消防水泵启动按钮。

9）应在隧道内单侧设置室内消火栓，消火栓箱内应配置 1 支喷嘴口径 19mm 的水枪、1 盘长 25m、直径 65mm 的水带，并宜配置消防软管卷盘。[5]

12.2.2 排水设施

1）隧道内应设置排水设施。排水设施除应考虑排除如下水量：

(1) 排除渗水、雨水、隧道清洗等水量；

(2) 排除灭火时的消防用水量。

2）应采取防止事故时可燃液体或有害液体沿隧道漫流的措施。[5]

12.2.3 灭火器配置

灭火器的配置应符合下列要求：

1）通行机动车的一、二类隧道和通行机动车并设置 3 条及以上车道的三类隧道，应在隧道两侧设置 ABC 类灭火器。每个设置点不应少于 4 具。

2）其他隧道，应在隧道一侧设置 ABC 类灭火器。每个设置点不应少于 2 具。

3）灭火器设置点的间距不应大于 100m。[5]

12.3 通风和排烟系统

12.3.1 排烟设施的设置范围

通行机动车的一、二、三类隧道应设置排烟设施。

12.3.2 排烟和通风系统的设计要求

当隧道设置机械排烟系统时，应符合下列要求：

1. 排烟方式的选择

1）长度大于3000m的隧道，宜采用纵向分段排烟方式或重点排烟方式；

2）长度不大于3000m的单洞单向交通隧道，宜采用纵向排烟方式；

3）单洞双向交通隧道，宜采用重点排烟方式。

2. 隧道的机械排烟系统与通风系统宜分开设置

设置机械排烟系统的要求如下：

（1）采用全横向和半横向通风方式时，可通过排风管道排烟；采取纵向通风方式时，应能迅速组织气流、有效排烟；

（2）采用纵向通风方式的隧道，其排烟风速应根据隧道内的最不利火灾规模确定，且纵向气流的速度不应小于2m/s，并应大于临界风速；

（3）排烟风机必须能在250℃环境条件下连续正常运行不小于1.00h；

（4）排烟管道的耐火极限不应低于1.00h。

如合用时，合用的通风系统应具备在火灾时快速转换的功能，并应符合机械排烟系统的要求。

3. 隧道火灾避难设施内的送风要求

1）隧道的火灾避难设施内应设置独立的机械加压送风系统，其送风的余压值应为30～50Pa；

2）排烟风机和烟气流经的风阀、消声器、软接等辅助设备，应能承受设计的隧道火灾烟气排放温度，并应能在250℃温度下连续正常运行不少于1.0h；

3）排烟管道的耐火极限不应低于1.00h；

4）隧道内用于火灾排烟的射流风机，应至少备用一组。[5]

12.4 隧道火灾的报警装置

12.4.1 隧道外设置火灾警示装置

隧道入口外100～150m处，应设置火灾事故发生后提示车辆禁入隧道的报警信号装置。因为通行车辆的速度较快，不了解隧道内发生火灾的情况，必须通过设置在路程提前段上的警示装置，来达到防止车辆误入火灾隧道的目的。

12.4.2 隧道内火灾自动报警系统的设置

隧道内自动报警系统的设计应符合现行国家标准《火灾自动报警系统设计规范》GB 50116的有关规定。

1）一、二类隧道应设置火灾自动报警系统，通行机动车的三类隧道宜设置火灾自动报警系统。火灾自动报警系统的设置应符合下列要求：

（1）隧道内应设置自动探测火灾装置；

（2）隧道出入口处以及隧道内每隔100～150m处，应设置报警电话和报警按钮；

（3）隧道封闭段的长度超过1000m时，应设置消防控制室，建筑设施应符合有关要求；

(4) 应设置火灾应急广播。未设置火灾应急广播的隧道，每隔 100～150m 处，应设置发光警报装置。

2) 电缆通道和主要设备用房内应设置火灾自动报警系统。

3) 隧道内应有保证通信联络措施。

对于可能产生屏蔽的隧道，应设置无线通信等保证火灾时通信联络畅通的设施。[5]

12.5 供电及其他

隧道的消防电源及其供电、配电线路等的设计应按照现行国家标准《建筑设计防火规范》GB 50016 的有关规定执行。

12.5.1 供电负荷及供、配电要求

1) 一、二类隧道的消防用电应按一级负荷要求供电；

2) 三类隧道的消防用电应按二级负荷要求供电；

3) 隧道的消防电源、供（配）电线路等应符合 10.1 “消防电源及其配电” 的有关要求。

12.5.2 应急照明及疏散指示标志

隧道两侧、人行横道和人行疏散通道应设置消防应急照明和疏散指示标志。

1) 消防应急照明灯具和疏散指示标志的安装高度不宜大于 1.5m；

2) 隧道内的应急照明灯具和疏散指示标志的连续供电时间应符合下列要求：

(1) 一、二类隧道，不应小于 1.50h；

(2) 其他隧道不应小于 1.00h。

12.5.3 线缆敷设

1) 隧道内严禁设置可燃气体管道；

2) 电缆线槽应与其他管道分开敷设；

3) 当设置 10kV 及以上的高压电线、电缆时，应采用耐火极限不低于 2.00h 的防火分隔体与其他区域分隔。

12.5.4 设施保护与疏散指示

1) 隧道内设置的各类消防设施均应采取与隧道内环境条件相适应的保护措施；

2) 隧道内应设置明显的发光疏散指示标志。[5]

主 要 参 考 文 献

[1] 中华人民共和国消防法.（2021年4月29日修正).
[2] 中华人民共和国城乡规划法(2015年修订版).
[3] 中华人民共和国国家标准. 建筑设计防火规范 GBJ 16—1987[S].
[4] 中华人民共和国国家标准. 建筑设计防火规范 GB 50016—2006[S].
[5] 中华人民共和国国家标准. 建筑设计防火规范 GB 50016—2014(2018版)[S].
[6] 中华人民共和国国家标准. 输油管道工程设计规范 GB 50253—2014[S].
[7] 中华人民共和国国家标准. 汽车库、修车库、停车场设计防火规范 GB 50067—2014[S].
[8] 中华人民共和国国家标准. 汽车加油加气加氢站技术标准 GB 50156—2021[S].
[9] 中华人民共和国国家标准. 地铁设计规范 GB 50157—2003[S].
[10] 时振梁，汪素云. 地震烈度和建筑物破坏率[J]. 中国地震，1992(03).
[11] 高家富. 城市抗震防灾规划[M]. 长春：长春出版社，1990.
[12] 中华人民共和国国家标准. 铁路线路设计规范 GB 50090—2006[S].
[13] 谷安永等. 谈我国消防救援应急联动通信系统的建设[S]. 消防科学与技术，2005(02).
[14] 中华人民共和国国家标准. 石油化工企业设计防火标准 GB 50160—2018[S].
[15] 中华人民共和国国家标准. 人民防空工程设计防火规范 GB 50098—2009[S].
[16] 中华人民共和国国家标准. 冷库设计标准 GB 50072—2021[S].
[17] 中华人民共和国国家标准. 城市居住区规划设计标准 GB 50180—2018[S].
[18] 中华人民共和国国家标准. 住宅建筑规范 GB 50368—2005[S].
[19] 中华人民共和国国家标准. 民用建筑通用规范 GB 55031—2022[S].
[20] 中华人民共和国应急管理部. 国家标准《建筑设计防火规范》GB 50016—2014 局部修订文(2023)(报批稿)[R].
[21] 中华人民共和国行业标准. 商店建筑设计规范 JGJ 48—2014[S].
[22] 中华人民共和国国家标准. 建筑地面工程施工质量验收规范 GB 50209—2010[S].
[23] 曾清樵. 建筑防爆设计[M]. 北京：中国建筑工业出版社，1981.
[24] 程世玉，丁财根. 防火防爆[M]. 北京：电子工业出版社，1988.
[25] 中华人民共和国国家标准. 火灾自动报警系统设计规范 GB 50116—2013[S].
[26] 阮志大，蒋维. 建筑工程防火设计指南[R]. 1990.
[27] 中华人民共和国国家标准. 消防词汇 第1部分：通用术语 GB/T 5907. 1—2014[S].
[28] 中华人民共和国国家标准. 爆炸危险环境电力装置设计规范 GB 50058—2014[S].
[29] 中华人民共和国国家标准. 自动喷水灭火系统设计规范 GB 50084—2017[S].
[30] 中华人民共和国国家标准. 泡沫灭火系统设计标准 GB 50151—2021[S].
[31] 中华人民共和国国家标准. 气体灭火系统施工及验收规范 GB 50263—2007[S].
[32] 中华人民共和国国家标准. 建筑灭火器配置设计规范 GB 50140—2005[S].
[33] 中华人民共和国国家标准. 水喷雾灭火系统技术规范 GB 50219—2014[S].
[34] 中华人民共和国国家标准. 石油库设计规范 GB 50074—2014[S].
[35] 中华人民共和国国家标准. 二氧化碳灭火系统设计规范 GB 50193—1993(2010年版)[S].

[36] 城市消防站建设标准(建标 152—2017)[S].
[37] 中华人民共和国国家标准．城镇燃气设计规范 GB 50028—2006[S].
[38] 中华人民共和国国家标准．供配电系统设计规范 GB 50052—2009[S].
[39] 中华人民共和国国家标准．火灾分类 GB/T 4968—2008[S].
[40] 陈文贵，吴建勋，朱吕通．中国消防全书[M]．长春：吉林人民出版社，1994.
[41] 中华人民共和国国家标准．消防控制室通用技术要求 GB 25506—2010[S].
[42] 倪照鹏，陈海云．国内外隧道防火技术现状及发展趋势[J]．交通世界，2003(Z1).
[43] 中华人民共和国立法法.
[44] 城市消防规划建设管理规定(公消字第 70 号)[S].
[45] 中华人民共和国国家标准．防火门 GB 12955—2008[S].
[46] 中华人民共和国国家标准．防火窗 GB 16809—2008[S].
[47] 中华人民共和国国家标准．建筑用安全玻璃　第 1 部分：防火玻璃 GB/T 15763.1—2009[S].
[48] 电力设施保护条例．1998 年 1 月 7 日修正.
[49] 电力设施保护条例实施细则．1999.
[50] 中华人民共和国国家标准．中国地震烈度表 GB/T 17742—2020[S].
[51] 中华人民共和国国家标准．住宅设计规范 GB 50096—2011[S].
[52] 中华人民共和国国家标准．城市规划基本术语标准 GB/T 50280—1998[S].
[53] 中华人民共和国国家标准．城市工程管线综合规划规范 GB 50289—2016[S].
[54] 中华人民共和国国家标准．电气装置安装工程　电缆线路施工及验收标准 GB 50168—2018[S].
[55] 中华人民共和国行业标准．液化天然气(LNG)汽车加气站技术规范 NB/T 1001—2011[S].
[56] 《新西兰建筑规范》消防安全 C1C2C3 和 C4 条款合规文件(内部参考资料)[R].
[57] 《加拿大国家建筑规范》(2005)第二卷(内部参考资料)[R].
[58] 中华人民共和国行业标准．城市道路路线设计规范 CJJ 193—2012[S].
[59] 中华人民共和国国家标准．城镇老年人设施规划规范 GB 50437—2007[S].
[60] 中华人民共和国国家标准．消防给水及消火栓系统技术规范 GB 50974—2014[S].
[61] 中华人民共和国国家标准．建筑防烟排烟系统技术标准 GB 51251—2017[S].
[62] 中华人民共和国国家标准．建筑材料及制品燃烧性能分级 GB 8624—2012[S].
[63] 中华人民共和国国家标准．66kV 及以下架空电力线路设计规范 GB 50061—2010[S].
[64] NFPA204 排烟排热标准 2012 年版(内部参考资料).
[65] 中华人民共和国国家标准．医用气体工程技术规范 GB 50751—2012[S].
[66] 中华人民共和国国家标准．消防通信指挥系统设计规范 GB 50313—2013[S].
[67] 中华人民共和国国家标准．城市消防规划规范 GB 51080—2015[S].
[68] 中华人民共和国国家标准．110kV～750kV 架空输电线路设计规范 GB 50545—2010[S].
[69] 中华人民共和国标准．消防设施通用规范 GB 55036—2022[S].
[70] 中华人民共和国标准．固定消防炮灭火系统设计规范 GB 50338—2003[S].
[71] 中华人民共和国标准．独立式感烟火灾探测报警器 GB 20517—2006[S].
[72] 中华人民共和国标准．建筑防火通用规范 GB 55037—2022[S].

后　记

在人生的旅途中，我有幸步入建筑防火设计的行列，将学习、总结、探索建筑防火设计技术的微弱烛光融汇到消防技术界异彩纷呈的光彩中，感到无比自豪。能以此书向建筑设计界、工程管理界、消防监督界等读者略陈本人学习和贯彻执行国家标准建筑防火设计技术法规、探索采取适当技术措施的设计经验和体会，交流学习心得、力求解难析疑，并期望能对建筑防火设计的周密对策提供参考，实属幸运。致力编撰《建筑防火设计指南》一书，是我心蕴多年的夙愿。

在历尽苦功，夙愿得偿之时，无限感慨。自接触建筑防火设计业务 40 多年来，心智一直倾注于建筑防火设计技术的思索。脑海里一直不断积累沉淀着对防火安全检查、火灾原因调查、建筑设计防火审核、消防工程竣工验收、火险隐患整改督导及城市消防规划设计管理等方面的切身经验和体会。是吉林市城乡规划设计院这片土地，使我得以在受聘顾问之余，将积淀的学习总结建筑防火设计技术的经验和体会资料梳理，并密切跟踪遵循时行的消防法规规定酝酿编撰《建筑防火设计指南》书稿，经多年反复修订，终于初版面世。为更好遵循现行国家标准《消防设施通用规范》《建筑防火通用规范》和《建筑设计防火规范》等规定，现将文本又作补充修订，呈献第二版本。

回首本书酝酿写作、反复修订的漫长历程，无时不伴随着贤内助朱镜如的鼎力支持和护佑。在我构思编撰这本旨在为建筑防火设计指路的篇里行间，均蕴涵着这位贤妻良母的功德和她对和谐社会需求安全的美好愿望和祝福。

本书文稿的积成，是基于二十年前的讲稿——《建筑防火设计技术讲座》。随着消防科学技术的发展进步和国家有关消防技术法规的陆续颁布和修订更新，本书稿也得以不断丰实、补充和修改。为力求内容的丰富和完善，陆续增补了城市消防规划、汽车加油加气加氢、汽车库、建筑防爆、地铁、建筑幕墙、火灾自动报警和建筑防烟排烟等相关内容。由于近年来，一直面临国家标准《建筑设计防火规范》与《高层民用建筑设计防火规范》整合、《汽车加油加气加氢技术标准》《汽车库、修车库、停车场设计防火规范》《火灾自动报警系统设计规范》《城市消防站建设标准》《城市工程管线综合规划规范》等法规的陆续修订更新和《消防给水及消火栓系统技术规范》《建筑防排烟系统技术规范》《消防通信指挥系统设计规范》《城市消防规划规范》等法规的新编，本书稿也因之处于不断修改更新中。几经反复修订，终于出版面世。

于 2023 年 2 月，根据国家标准《消防设施通用规范》GB 55036—2022、《建筑防火通用规范》GB 55037—2022 和《建筑设计防火规范》GB 50016—2014（2023 年局部修订报批稿），又详细核对本书稿，将文本作以通篇修改订正，现以第二版本呈献读者。

本书的编著和出版，得助于多路贵人的至诚帮扶。值此，深致谢忱。

张格梁
2023 年 7 月